Božina Perović

Fertigungstechnik

Verfahren, Maschinen, Vorrichtungen

Grundlagen zur Berechnung
und Konstruktion

Mit 287 Bildern und 48 Tabellen

Springer-Verlag
Berlin Heidelberg New York London
Paris Tokyo Hong Kong Barcelona 1990

Prof. Dr.-Ing. Božina Perović

Blohmstraße 3, 1000 Berlin 49

ISBN-13:978-3-540-51870-9   e-ISBN-13:978-3-642-84009-8
DOI: 10.1007/978-3-642-84009-8

CIP-Titelaufnahme der Deutschen Bibliothek

Perović, Božina:
Fertigungstechnik : Verfahren, Maschinen, Vorrichtungen /
Božina Perović. – Berlin ; Heidelberg ; New York ; London ;
Paris ; Tokyo ; Hong Kong ; Barcelona : Springer, 1990
ISBN-13:978-3-540-51870-9

WG: 36   DBN 90.072848.5   90.04.25
4572 Pr

2068/3020 543 210 – Gedruckt auf säurefreiem Papier

Vorwort

Ziel dieser Arbeit ist es, dem Studierenden wie auch dem praktizierenden Konstrukteur die Grundlagen zu vermitteln, die es ihm ermöglichen, Fertigungsprozesse, Fertigungsmaschinen und Vorrichtungen zu bestimmen, zu berechnen und zu konstruieren. Besonderer Wert wird dabei auf die Darstellung des engen Zusammenhangs von Fertigungsverfahren, Vorrichtungen und Maschine gelegt, um die (immer künstliche) Trennung dieser Bereiche in didaktische Einheiten ein wenig zu relativieren. Eine solche gleichsam synthetische Darstellung erscheint mir als der ökonomischste Weg, die Grundlagen und das Rüstzeug für eine erfolgreiche Konstruktionspraxis bereitzustellen.

Das Buch befaßt sich, von der Schnittstelle zwischen Werkstück und Werkzeug ausgehend, mit Vorrichtungen und schließlich mit der Berechnung und Konstruktion von Bauelementen der Fertigungsmaschine. Es ist in folgende Kapitel gegliedert:

1 Fertigungsverfahren,
2 Vorrichtungen,
3 Werkzeugmaschinen.

Der theoretische Teil wird in jedem Kapitel kurzgefaßt. Er dient vor allem dem Studierenden an Hoch- und Fachschulen und in der Weiterbildung zur Orientierung über die zum Verständnis benötigten physikalischen Grundlagen.

Die Berechnungen und die Konstruktionsbeispiele werden sowohl für Studierende als auch für Praktiker, besonders für die Konstrukteure von Werkzeugmaschinen und Vorrichtungen und für Betriebsingenieure von Nutzen sein.

Im ersten Kapitel werden zuerst für alle Fertigungsverfahren allgemeingültige Vorgänge und anschließend alle wichtigen Fertigungsverfahren wie Drehen, Bohren, Fräsen, Räumen, Schleifen und Honen behandelt. Zu den klassischen und noch immer gültigen, durch Versuche ermittelten Tabellen für die Ermittlung der Schnittkraft nach Kienzle, Victor, Pahlitzsch, Spur, König, Essel, Haidt u. a. wurden für die Bestimmung der Schnittgeschwindigkeit die neuesten Tabellen und Berechnungsunterlagen von den Schneidstofffirmen Krupp Widia, Stock, Titex Plus, Fette u. a. hinzugefügt. Damit ist es möglich, die Schnittgeschwindigkeit unter Berücksichtigung des Werkstoffes, seiner Behandlung und Härte mit genauen Angaben moderner Schneidstoffe und des Werkstück-Schnitt-Einflusses zu ermitteln.

Im zweiten Kapitel wird zunächst die Lagebestimmung des Werkstücks in der Vorrichtung behandelt. Ausgehend von der Schnittstelle zwischen Werkstück und Werkzeug werden für alle Berechnungs- und Konstruktionsbeispiele zuerst die Schnittkräfte nach den Unterlagen des ersten Hauptabschnitts ermittelt und die erforderlichen Spannkräfte zum Spannen des Werkstückes in der Vorrichtung errechnet. Anschließend werden die geeigneten Spann- und Kraftübertragungselemente bestimmt und die Spannkräfte errechnet, die mit ihnen erreicht werden können. Sämtliche Spannelemente zum starren und elastischen Spannen und Kraftübertragungselemente werden beschrieben und ihre Berechnung erläutert.

Im dritten Hauptabschnitt werden hauptsächlich die Bauelemente der Werkzeugmaschine:

- Antriebe,
- Führungen,
- Spindellagerungen,
- Gestelle

behandelt. Es werden nur die an Werkzeugmaschinen neueren Typs angewandten Elemente der Maschine behandelt. Die neuesten Gleichstrom- und Drehstromservoantriebe werden eingehend mit Berechnungs- und Konstruktionsbeispielen behandelt, die veralteten gestuften und stufenlosen mechanischen Antriebe nur erwähnt und ihre Arbeitsweise beschrieben. Ebenso werden alle wichtigen Unterlagen für die Auslegung, Berechnung und Konstruktion von hydrostatischen, hydrodynamischen und wälzenden Führungen und Spindellagerungen gegeben. Für die gleitenden Führungen sind nur die Werkstoffgleitbahnpaarungen angegeben, die derzeit noch an Werkzeugmaschinen angewandt werden.

Für alle Fertigungsverfahren, Spann- und Kraftübertragungselemente und Bauelemente der Maschine wurden Berechnungsbeispiele ausgearbeitet.

Für die Vorrichtungen und Bauelemente der Werkzeugmaschine wurden mehrere, aus der eigenen Konstruktionspraxis entnommene Konstruktionsbeispiele zusammengestellt. Aus dem umfangreichen Spektrum des Vorrichtungs- und Werkzeugmaschinenbaus werden charakteristische und repräsentative Konstruktionsbeispiele angeboten, die zum Lernen besonders geeignet sind. So werden z. B. bei den Werkzeugmaschinen die wichtigsten Bauelemente behandelt, die an CNC- und an Sonderwerkzeugmaschinen angewandt werden.

Alle diese Konstruktionsbeispiele sind als positionierte Zusammenstellungszeichnungen auf Formaten DIN A 0, A 1, A 2 und A 3 gezeichnet und erscheinen im Druck verkleinert.

Alle Konstruktionsbeispiele werden ausführlich erläutert und die Berechnung der wichtigsten Bauelemente hinzugefügt.

Die bewußt knapp gehaltenen, stets auf die praktische Verwertbarkeit konzentrierten Ausführungen ermöglichen es dem Studenten, sich mit verhältnismäßig geringem Aufwand mit dem Wissen vertraut zu machen, das ihm einen schnellen Einstieg in die Berufspraxis ermöglicht. Insofern soll mein Buch auch dazu beitragen, daß der oft schwierige Übergang von der Hochschule in die berufliche Tätigkeit erleichtert wird.

Auch der praktizierende Konstrukteur wird inbesondere bei den Konstruktionsbeispielen eine Menge nützlicher Details finden. Das Buch ist das Ergebnis von Erfahrungen, die ich als langjähriger praktischer Konstrukteur und zuletzt als Hochschullehrer des Werkzeugmaschinenbaues zu sammeln Gelegenheit hatte.

Für alle Hauptabschnitte werden gesondert die verwendeten Kurzzeichen angegeben. Für den ersten Hauptabschnitt werden sie für jedes Fertigungsverfahren nach DIN-Normen angegeben. Für den zweiten Hauptabschnitt werden sie in den für die Berechnung der Spannkräfte zweckmäßigen Einheiten aufgeführt. In dem dritten Hauptabschnitt sind verwendete Kurzzeichen in SI-Einheiten angegeben, da mit ihnen alle Berechnungen einfach durchgeführt werden können.

Ich danke dem Springer-Verlag für die vertrauensvolle Zusammenarbeit.
Danken möchte ich ferner den Herren O. Herweg, R. Klein, K. Lugnier, D. Martin, H. Pesch, S. Rath, S. Reucher, R. Rübe, S. Scheuß, F. Sündermann, H. Weber, I. Wendorff, T. Wilczek und allen anderen, die durch ihre konstruktive und zeichnerische Mitwirkung bei der Herstellung und Überarbeitung von Zusammenstellungszeichnungen einen wichtigen Beitrag zu diesem Buch geleistet haben. Mein Dank gebührt auch meinem Assistenten Herrn W. Müller für seinen Einsatz auf dem Gebiet des Vorrichtungsbaues.
Zuletzt möchte ich noch meiner Familie für ihre großartige Unterstützung danken, insbesondere meinem Sohn Aleksandar Perović, der das Manuskript aufmerksam gelesen und zahlreiche stilistische Verbesserungen angeregt hat. Ich bin auch Frau A. Walz für das mühselige Tippen des Manuskriptes sehr dankbar.

Berlin, Februar 1990   Božina Perović

Inhaltsverzeichnis

1 Fertigungsverfahren

1.1 Einführung in Fertigungsverfahren

1.1.1 Einteilung der Fertigungsverfahren

Nach DIN 8580 werden Fertigungsverfahren entsprechend Bild 1.1 eingeteilt.

Die in diesem Buch ausführlich behandelte Hauptgruppe „Trennen" wird weiter nach Bild 1.2 unterteilt.

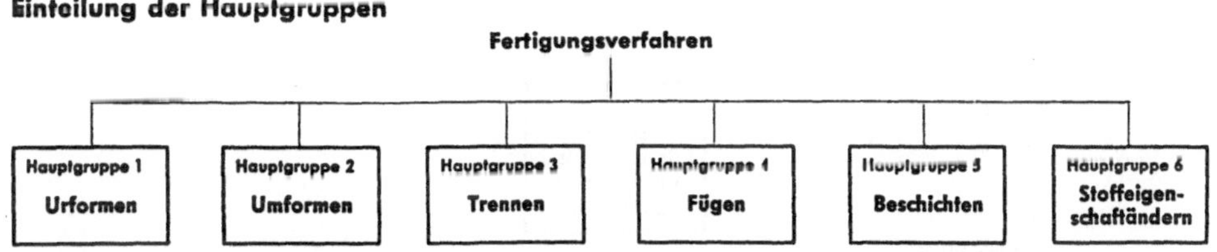

Bild 1.1. Einteilung der Fertigungsverfahren nach DIN 8580

1.1.2 Gestaltsabweichungen

Es gibt folgende Abweichungen:

— Lageabweichungen, d. h. Abweichungen von der geometrisch idealen Lage von Einzelelementen eines Körpers zueinander (Bild 1.4),
— Formabweichungen, sowie Welligkeit und Rauheit sind Abweichungen der fertigungstechnisch erzeugten Oberfläche zur geometrisch idealen Gestalt (Bild 1.5 bis 1.7).

Die Maßabweichungen werden auf der Zeichnung in Form von Toleranzen, z. B. $\varnothing\,60^{H7}$, angegeben. Dies bedeutet, daß die Passung H mit ISO-Toleranzreihe 7, abgekürzt IT 7, erreicht werden soll. In Bild 1.3 sind IT-Qualitäten aufgestellt, die mit den jeweiligen Fertigungsverfahren erreicht werden können.

ISO-Toleranzen für Außenmaße (Wellen) und Innenmaße (Bohrungen) sind nach DIN 7160 und 7161 genormt. IT-Qualitäten sind nach DIN 7151 genormt. In Bild 1.4 wird erläutert, wie die Lageabweichungen auf den Zeichnungen eingetragen werden.

In Bild 1.5 sind Gestaltsabweichungen 1. bis 4. Ordnung dargestellt.

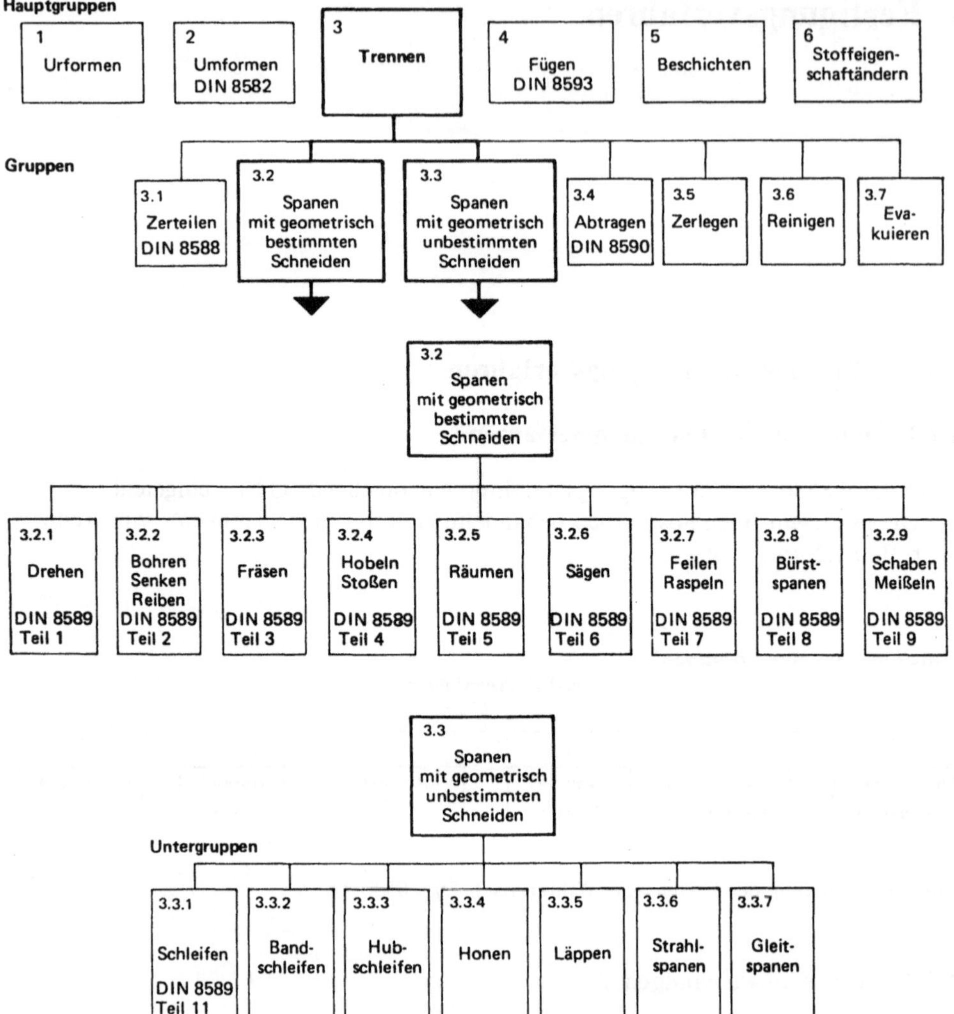

Bild 1.2. Einteilung der Hauptgruppe „Trennen" nach DIN 8589

Gestaltsabweichungen 1. Ordnung sind Formabweichungen, Gestaltsabweichungen 2. Ordnung sind Welligkeiten, Gestaltsabweichungen 3. und 4. Ordnung, die durch Rillen und Riefen dargestellt werden, sind Rauheiten.
In Bild 1.6 wird erläutert, wie die Formabweichungen auf den Zeichnungen eingetragen werden.

In Bild 1.7 sind Rauhtiefen aufgestellt, die mit den jeweiligen Fertigungsverfahren erreicht werden können.

Rauheit wird auf Zeichnungen entweder durch die Rauhtiefe R_z oder durch den Mittenrauhwert R_a angegeben.

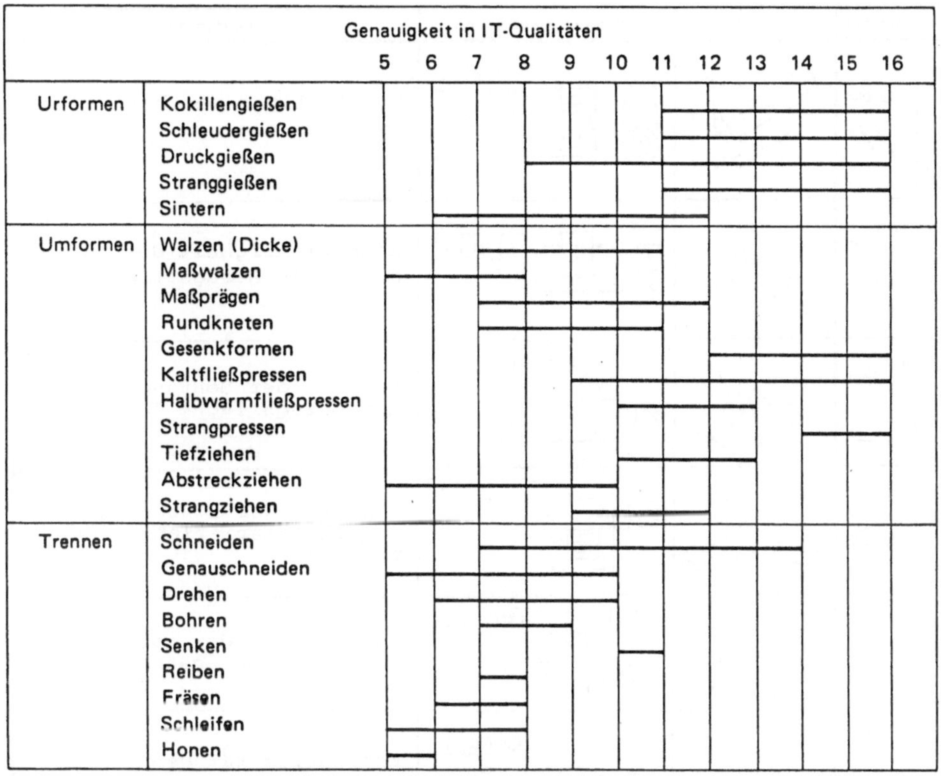

		Genauigkeit in IT-Qualitäten											
		5	6	7	8	9	10	11	12	13	14	15	16
Urformen	Kokillengießen												
	Schleudergießen												
	Druckgießen												
	Stranggießen												
	Sintern												
Umformen	Walzen (Dicke)												
	Maßwalzen												
	Maßprägen												
	Rundkneten												
	Gesenkformen												
	Kaltfließpressen												
	Halbwarmfließpressen												
	Strangpressen												
	Tiefziehen												
	Abstreckziehen												
	Strangziehen												
Trennen	Schneiden												
	Genauschneiden												
	Drehen												
	Bohren												
	Senken												
	Reiben												
	Fräsen												
	Schleifen												
	Honen												

Bild 1.3. Erreichbare IT-Qualitäten in Abhängigkeit vom jeweiligen Fertigungsverfahren [1]

Die Rauhtiefe R_z ist der Mittelwert aus den Einzelrauhtiefen fünf aufeinander folgenden Einzelmeßstrecken l_e (Bild 1.8). Sie wird nach folgender Gleichung bestimmt:

$$R_z = \frac{z_1 + z_2 + z_3 + z_4 + z_5}{5}.$$

Die Einzelmeßstrecke l_e ist der 5. Teil der Meßstrecke l_m und entspricht einer Grenzwellenlänge (cut off).

R_{max} ist die größte Einzelrauhtiefe z_i der fünf aufeinander folgenden Einzelmeßstrecken l_e.

R_t entspricht dem Abstand der höchsten Profilerhebung zum tiefsten Profiltal innerhalb der Meßstrecke l_m und sollte heute nicht mehr verwendet werden.

R_a ist der arithmetische Mittenrauhwert aller Abweichungen „y" des Rauheitsprofils von der mittleren Linie innerhalb der Gesamtmeßstrecke l_m (Bild 1.9):

$$R_a = \frac{y_1 + y_2 + y_3 + y_4 + \dots + y_n}{n}.$$

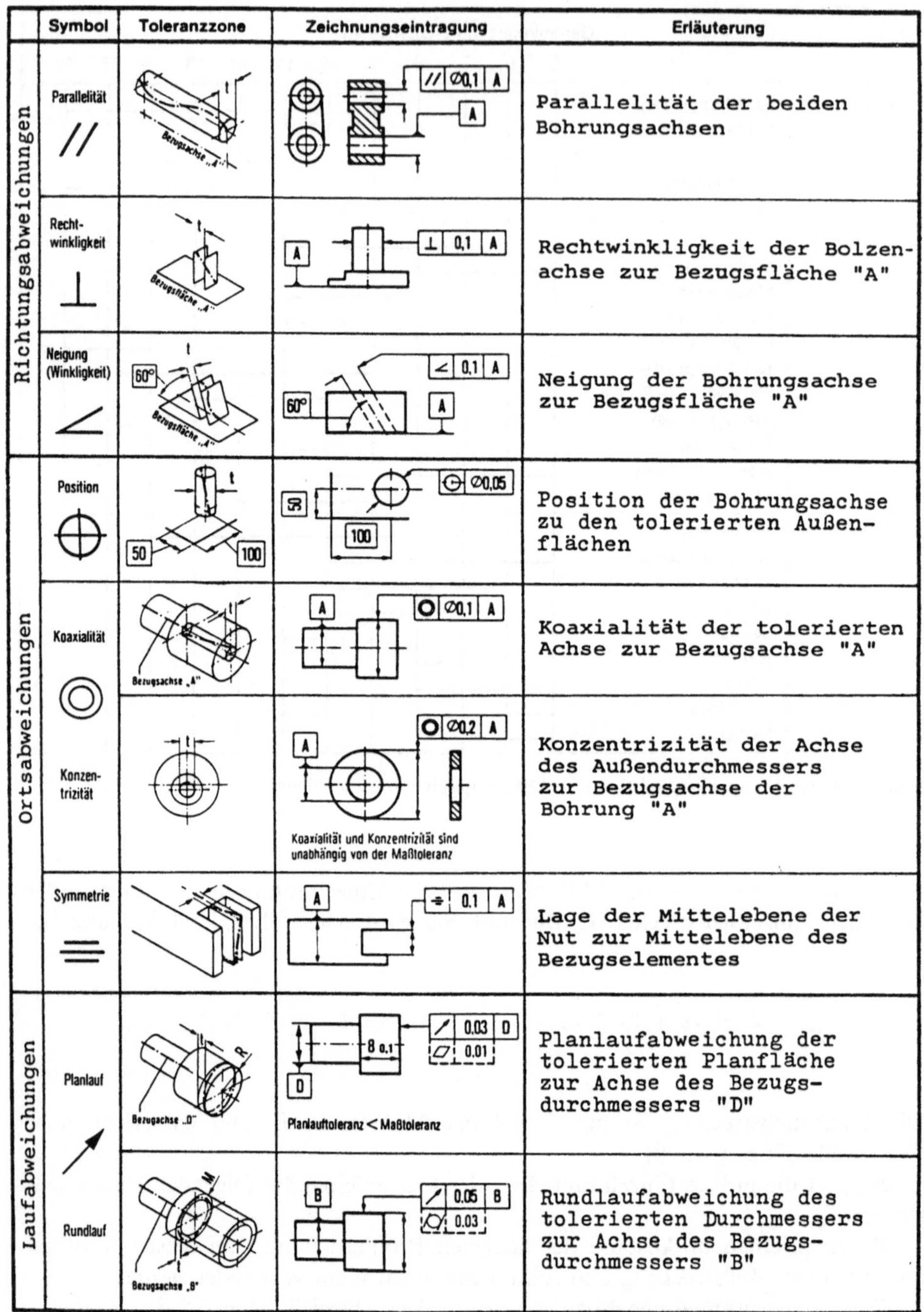

	Symbol	Toleranzzone	Zeichnungseintragung	Erläuterung
Richtungsabweichungen	Parallelität `//`			Parallelität der beiden Bohrungsachsen
	Rechtwinkligkeit			Rechtwinkligkeit der Bolzenachse zur Bezugsfläche "A"
	Neigung (Winkligkeit)			Neigung der Bohrungsachse zur Bezugsfläche "A"
Ortsabweichungen	Position			Position der Bohrungsachse zu den tolerierten Außenflächen
	Koaxialität			Koaxialität der tolerierten Achse zur Bezugsachse "A"
	Konzentrizität		Koaxialität und Konzentrizität sind unabhängig von der Maßtoleranz	Konzentrizität der Achse des Außendurchmessers zur Bezugsachse der Bohrung "A"
	Symmetrie			Lage der Mittelebene der Nut zur Mittelebene des Bezugselementes
Laufabweichungen	Planlauf		Planlauftoleranz < Maßtoleranz	Planlaufabweichung der tolerierten Planfläche zur Achse des Bezugsdurchmessers "D"
	Rundlauf			Rundlaufabweichung des tolerierten Durchmessers zur Achse des Bezugsdurchmessers "B"

Bild 1.4. Lageabweichungen nach DIN 7184

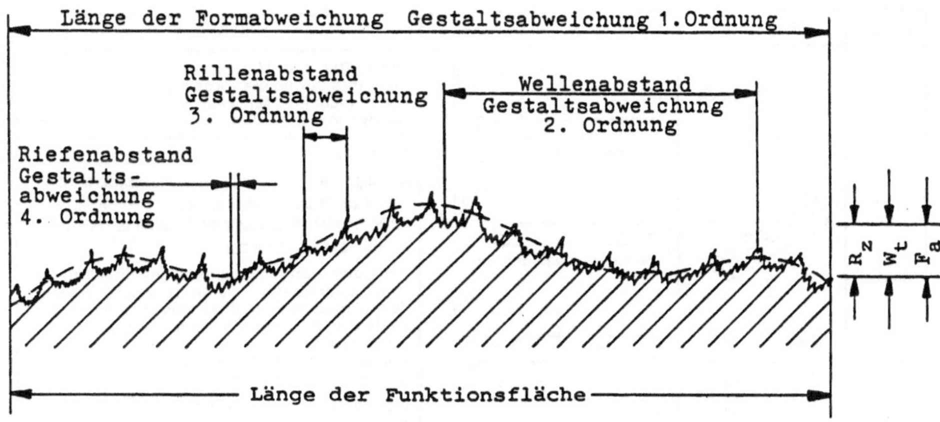

Bild 1.5. Überlagerung der Gestaltsabweichungen 1. bis 4. Ordnung (Formabweichung, Welligkeit, Rauheit) [2]

R_a entspricht dem Abstand zweier Linien, die entstehen würden, wenn das Volumen der werkstofferfüllten Flächen über der mittleren Linie — sowie das der Täler unter der mittleren Linie — in Rechtecke umgewandelt würden.

Die alten und die neuen Oberflächenzeichen bzw. die Umstellung auf Rauhtiefe R_z und Mittenrauhwert R_a sind in Bild 1.10 und 1.11 dargestellt.

Die Reihe 2 wird bei der Fertigung im Werkzeugmaschinenbau bevorzugt angewandt.

1.1.3 Schneidstoffe

Als Schneidstoff bezeichnet man den Werkstoff, aus dem der aktive Teil der Werkzeuge (Schneidenteil) besteht.

An Schneidstoffe werden folgende Anforderungen gestellt:

— hohe Härte,
— hohe Biegefestigkeit,
— hohe Verschleißfestigkeit,
— hohe Temperaturbeständigkeit.

Die ersten Schneidstoffe waren unlegierte und legierte Werkzeugstähle, die heute keine Anwendung finden. Ihre Temperaturbeständigkeit reichte nur bis etwa 300 °C.

1.1.3.1 Hochleistungs-Schnellarbeitsstähle

Hochleistungs-Schnellarbeitsstähle (HSS) bestehen aus Wolfram (W), Molybdän (Mo), Vanadin (V) und Kobalt (Co).

Sie werden heute mit dem Buchstaben S und der prozentualen Angabe der Legierungselemente (Reihenfolge: W–Mo–V–Co) gekennzeichnet.

Beispiel: S 12–1–2–3.

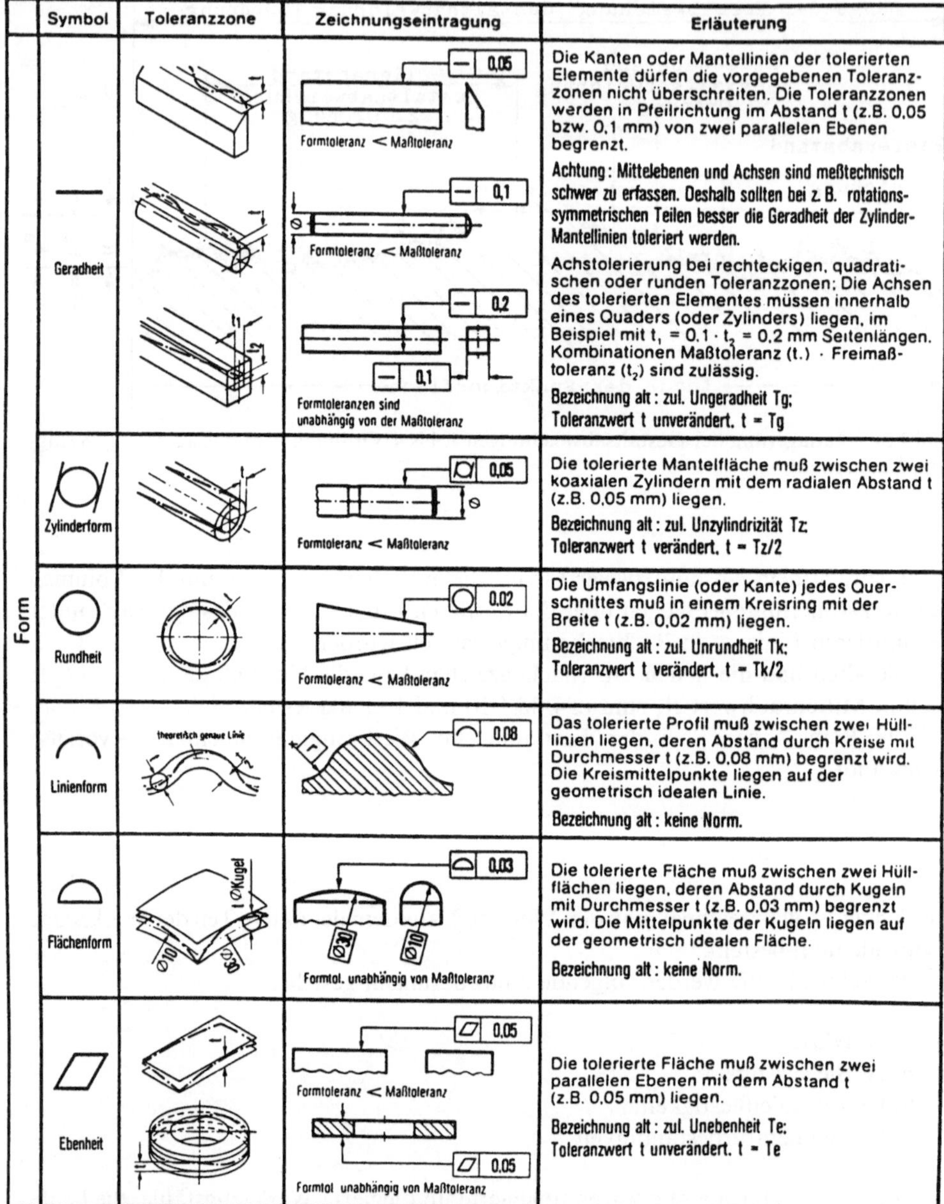

	Symbol	Toleranzzone	Zeichnungseintragung	Erläuterung
Form	Geradheit		Formtoleranz < Maßtoleranz — 0,05 / Formtoleranz < Maßtoleranz — 0,1 / Formtoleranzen sind unabhängig von der Maßtoleranz — 0,2 / — 0,1	Die Kanten oder Mantellinien der tolerierten Elemente dürfen die vorgegebenen Toleranzzonen nicht überschreiten. Die Toleranzzonen werden in Pfeilrichtung im Abstand t (z.B. 0,05 bzw. 0,1 mm) von zwei parallelen Ebenen begrenzt. Achtung: Mittelebenen und Achsen sind meßtechnisch schwer zu erfassen. Deshalb sollten bei z.B. rotationssymmetrischen Teilen besser die Geradheit der Zylinder-Mantellinien toleriert werden. Achstolerierung bei rechteckigen, quadratischen oder runden Toleranzzonen: Die Achsen des tolerierten Elementes müssen innerhalb eines Quaders (oder Zylinders) liegen, im Beispiel mit $t_1 = 0,1 \cdot t_2 = 0,2$ mm Seitenlängen. Kombinationen Maßtoleranz (t.) · Freimaßtoleranz (t_2) sind zulässig. Bezeichnung alt: zul. Ungeradheit Tg; Toleranzwert t unverändert. t = Tg
	Zylinderform		Formtoleranz < Maßtoleranz ⌀ 0,05	Die tolerierte Mantelfläche muß zwischen zwei koaxialen Zylindern mit dem radialen Abstand t (z.B. 0,05 mm) liegen. Bezeichnung alt: zul. Unzylindrizität Tz; Toleranzwert t verändert. t = Tz/2
	Rundheit		Formtoleranz < Maßtoleranz ⌀ 0,02	Die Umfangslinie (oder Kante) jedes Querschnittes muß in einem Kreisring mit der Breite t (z.B. 0,02 mm) liegen. Bezeichnung alt: zul. Unrundheit Tk; Toleranzwert t verändert. t = Tk/2
	Linienform	theoretisch genaue Linie	0,08	Das tolerierte Profil muß zwischen zwei Hülllinien liegen, deren Abstand durch Kreise mit Durchmesser t (z.B. 0,08 mm) begrenzt wird. Die Kreismittelpunkte liegen auf der geometrisch idealen Linie. Bezeichnung alt: keine Norm.
	Flächenform	t ⌀ Kugel	0,03 / Formtol. unabhängig von Maßtoleranz	Die tolerierte Fläche muß zwischen zwei Hüllflächen liegen, deren Abstand durch Kugeln mit Durchmesser t (z.B. 0,03 mm) begrenzt wird. Die Mittelpunkte der Kugeln liegen auf der geometrisch idealen Fläche. Bezeichnung alt: keine Norm.
	Ebenheit		Formtoleranz < Maßtoleranz ⌀ 0,05 / Formtol. unabhängig von Maßtoleranz ⌀ 0,05	Die tolerierte Fläche muß zwischen zwei parallelen Ebenen mit dem Abstand t (z.B. 0,05 mm) liegen. Bezeichnung alt: zul. Unebenheit Te; Toleranzwert t unverändert. t = Te

Bild 1.6. Formabweichungen nach DIN 7184

Die Einteilung der Schnellarbeitsstähle erfolgt nach ihrem Wolfram- und Molybdän-Gehalt in vier Legierungsgruppen:
- 18% W,
- 12% W,
- 6% W + 5% Mo,
- 2% W + 9% Mo.

Verfahren nach DIN 8580	Herstellverfahren	Rautiefe R_t µm
		0,04 0,1 0,25 0,63 1,6 4 10 25 63 160 400
Urformen	Kokillengießen	
Umformen	Glattwalzen	
	Ziehen	
	Pressen	
Trennen	Schneiden	
	Drehen	
	Bohren	
	Reiben	
	Fräsen	
	Räumen	
	Schleifen	
	Läppen	
	Honen	

Bild 1.7. Erreichbare Rauhtiefen in Abhängigkeit des jeweiligen Fertigungsverfahrens [3], ergänzt für Läppen und Honen durch eigene Ermittlung

Die Temperaturbeständigkeit bzw. Warmhärte für Hochleistungs-Schnellarbeitsstähle beträgt ca. 600 °C. Schnellarbeitsstähle haben eine relativ hohe Biegefestigkeit (2000 bis 3000 N/mm²) und eine relativ niedrige Vickershärte HV 30 (8000 bis 9000). Schnittgeschwindigkeiten, die mit diesem Schneidstoff bei der Bearbeitung von unlegierten Stählen (St 50) auf der Basis von 60 min Standzeit erreicht werden, betragen ca. 40 m/min.

1.1.3.2 Hartmetalle

Hartmetalle (HM) bestehen aus Wolframkarbid (WC), Titankarbid (TiC), Tantalkarbid (TaC) und Kobalt (Co).

Nach ISO werden sie in drei Anwendungsgruppen eingeteilt: P, M und K (Tabelle 1.1).

Hartmetalle haben eine hohe Vickershärte HV 30 (13000 bis 18000) und relativ niedrige Biegefestigkeit (800 bis 2200 N/mm²). Die Warmhärte der Hartmetalle beträgt ca. 1000 °C. Es wird deutlich, daß die Hartmetalle gegenüber Schnellarbeitsstählen wesentlich härter und spröder und damit schlagempfindlicher sind.

Mit den Hartmetallen können wesentlich höhere Schnittgeschwindigkeiten als mit den Schnellarbeitsstählen erreicht werden. So können, je nach der Hartmetallsorte, bei der Bearbeitung von unlegierten Stählen (St 50) Schnittgeschwindigkeiten bis ca. 400 m/min erreicht werden. Die niedrigsten Schnittgeschwindigkeiten, die in diesem Beispiel erreicht werden, dürfen nicht unter 100 m/min liegen (sonst entsteht eine ungünstigere Standzeit).

1.1.3.3 Schneidkeramik

Als Schneidkeramik (SK) werden heute die keramischen Schneidstoffe bezeichnet, die fast ausschließlich auf Aluminiumoxidbasis (Al_2O_3) aufgebaut sind.

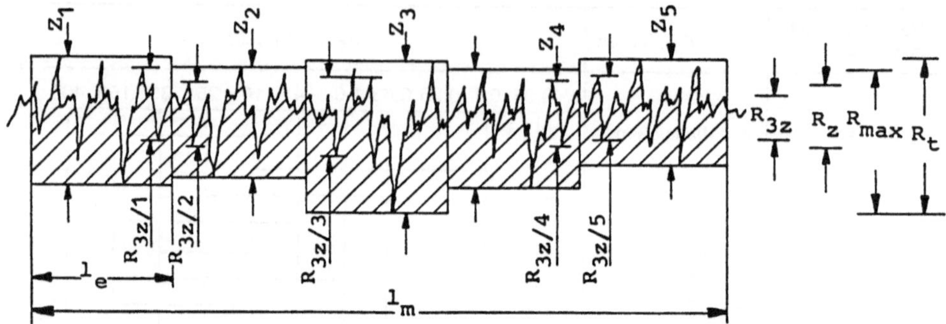

Bild 1.8. Rauheitswerte R_z, R_{max} nach DIN 4768

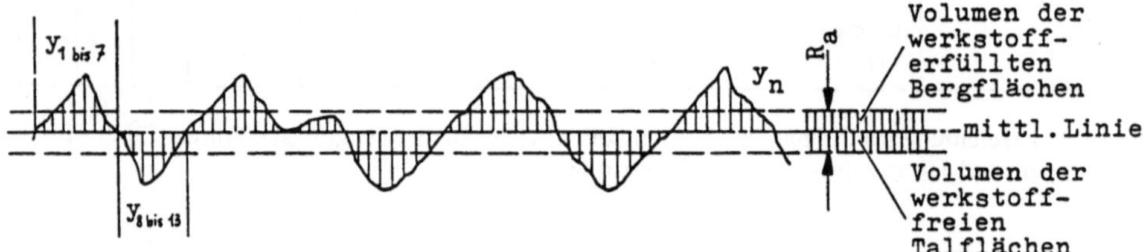

Bild 1.9. Mittenrauhwert R_a

Es handelt sich im wesentlichen um folgende Schneidkeramikarten:

— Oxidkeramik (Al_2O_3),
— Oxidmetallkeramik (Al_2O_3 mit Molybdän oder Titan),
— Oxidkarbidkeramik (Al_2O_3 mit Wolframkarbid, Titankarbid, Molybdänkarbid),
— Siliziumnitrid (keramische Schneidstoffe auf Basis von Siliziumnitrid).

Schneidkeramik zeichnet sich durch sehr hohe Härte (HV 30 = 14000 bis 20000 N/mm^2) und sehr niedrige Biegefestigkeit (bis 600 N/mm^2) aus. Deshalb wird Schneidkeramik in der Hauptsache für die Feinbearbeitung mit kleinem Vorschub und relativ kleinen Schnittiefen angewandt. Die Warmhärte ist sehr hoch (bei Siliziumnitrid bis 2000 °C). Die höchsten Schnittgeschwindigkeiten, die bei der Bearbeitung von unlegierten Stählen (St 50) erreicht werden, liegen bei ca. 600 m/min, die niedrigsten bei ca. 150 m/min. Bei der Bearbeitung von Gußeisen der Härte HB 120 können mit Siliziumnitrid maximale Schnittgeschwindigkeiten bis zu $v_c = 1700$ m/min erreicht werden.

1.1.3.4 Superharte Schneidstoffe

Hierzu gehören die Schneidstoffe, die eine Vickershärte von mehr als 50000 N/mm^2 aufweisen:

— Diamant (natürlich und synthetisch),
— Bornitrid.

Oberflächenzeichen nach DIN 3141	Angabe der Oberflächenbeschaffenheit nach DIN ISO 1302 Rauheitswerte R_z [1]) den Reihen nach DIN 3141 zugeordnet				
	Reihe 1	Reihe 2 [2])	Reihe 3	Reihe 4	Bedeutung
(Oberfläche ohne Zeichen)					Oberflächen, an die keine bestimmten Anforderungen gestellt werden
		geputzt			Oberflächen, frei von groben Unebenheiten, gegebenenfalls geglättet
		roh			Rohe Oberflächen, an denen eine spanende Nacharbeit nur zulässig ist, wenn das Maß nicht eingehalten worden ist.
					Oberfläche, die nicht materialabtrennend bearbeitet werden darf oder im Anlieferungszustand verbleiben muß.
		R_z 63			Saubere rohe Oberfläche mit höheren Anforderungen
▽	R_z 160	R_z 100	R_z 63	R_z 25	
▽▽	R_z 40	R_z 25	R_z 16	R_z 10	Oberflächen mit einer Rauheit, die die größte gemittelte Rauhtiefe nicht überschreiten darf. Das Fertigungsverfahren ist nicht festgelegt.
▽▽▽	R_z 16	R_z 6,3	R_z 4	R_z 2,5	
▽▽▽▽	—	R_z 1	R_z 1	R_z 0,4	
geschliffen		geschliffen R_z 6,3			Oberfläche mit festgelegtem Fertigungsverfahren

[1]) Die Zahlenwerte der Rauheitsmeßgröße R_t wurden in gleicher Größe der Rauheitsmeßgröße R_z nach DIN 4768 Teil 1 zugeordnet (siehe auch VDI/VDE 2601).

Bei dieser festgelegten Zuordnung von Oberflächenzeichen zu den Rauheits-Werten ist zu beachten, daß die Rauhtiefe R_t nach unterschiedlichen Meßverfahren unter verschiedenen Meßbedingungen ermittelt werden kann. Hierdurch ergeben sich voneinander abweichende Meßergebnisse. Bei der Messung der Rauhtiefe R_t mit elektrischen Tastschnittgeräten wurden häufig die größten auf einer Oberfläche gefundenen Rauheitswerte (Ausreißer) nicht berücksichtigt. Bei dieser Meßpraxis entspricht der ermittelte R_t-Wert der gemittelten Rauhtiefe R_z nach DIN 4768 Teil 1.

[2]) Die Reihe 2 wird bei der Fertigung im Werkzeugmaschinenbau bevorzugt angewandt.

Bild 1.10. Umstellung auf Rauhtiefe R_z nach DIN ISO 1302

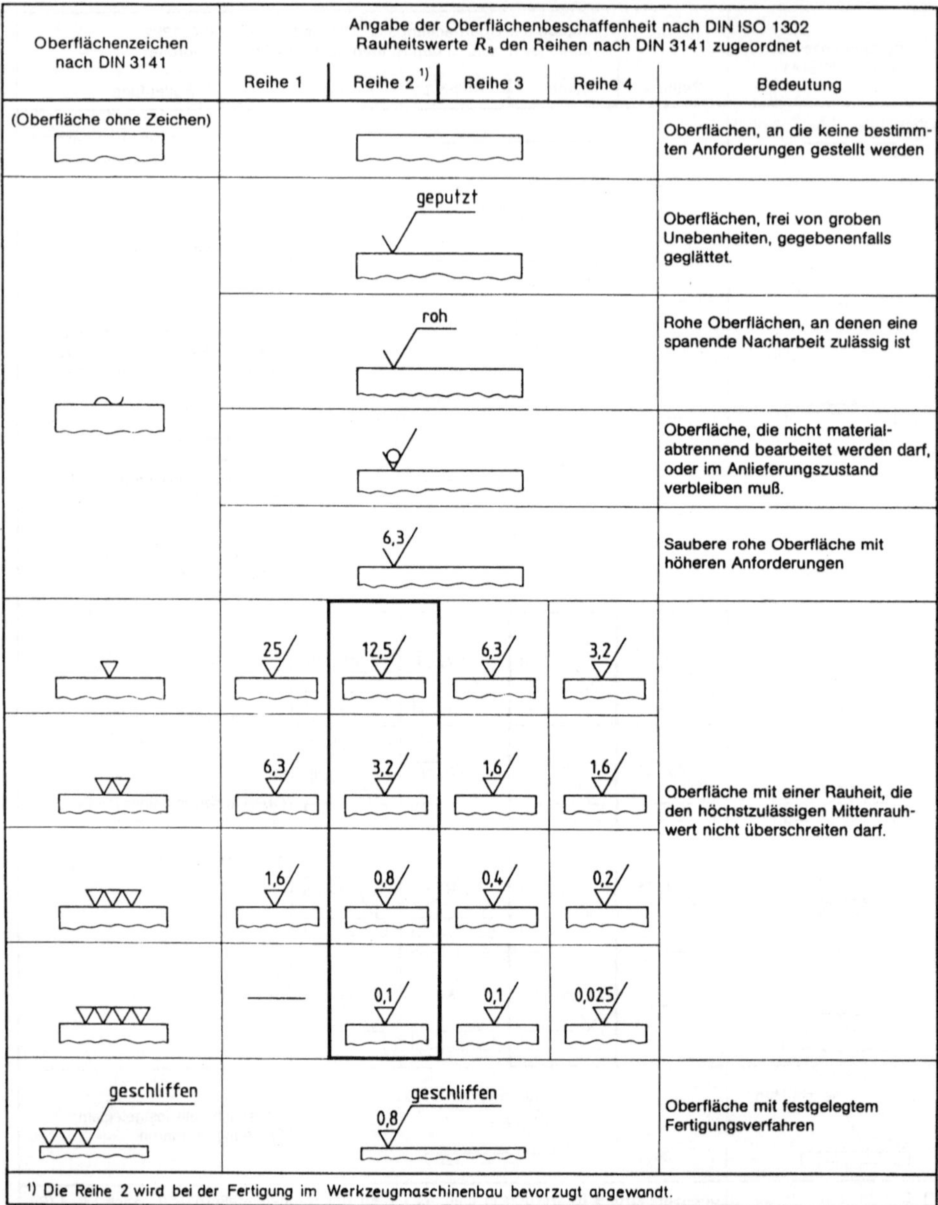

Bild 1.11. Umstellung auf Mittenrauhwert R_a nach DIN ISO 1302

Schneiddiamanten (SD) sind für das Spanen von Gußeisen, Stahlguß und Stahl nicht gut geeignet, vor allem wegen der geringen Warmhärte (nur bis ca. 800 °C). Leichtmetalle sowie Nichtmetalle lassen sich dagegen mit Schneiddiamanten gut bearbeiten. Die Schneidstoffe auf Bornitridbasis (BN) liegen in ihrer Härte etwas niedriger als Diamant, sind aber wegen der höheren Warmhärte (1200 bis 1400 °C)

Tabelle 1.1. Eigenschaften der Hartmetallsorten [4]

Zerspa-nungsan-wendungs-gruppe nach ISO	In Pfeil-richtung zuneh-mend	Zusammen-setzung			Vickers-härte	Biege-festig-keit	Druck-festig-keit	Elastizi-täts-modul	Wärme-dehnung
		WC [%]	TiC + TaC [%]	Co [%]	HV 30	[N/mm²]	[N/mm²]	[N/mm²]	[µm/m grd]
P 02		33	59	8	16 500	800	5 100	440 000	7,5
P 03		32	56	12	15 000	1 000	5 250	430 000	8
P 04		62	33	5	17 000	1 000	5 250	500 000	7
P 10		55	36	9	16 000	1 300	5 200	530 000	6,5
P 15		71	20	9	15 000	1 400	5 100	530 000	6,5
P 20		76	14	10	15 000	1 500	5 000	540 000	6
P 25		70	20	10	14 500	1 750	4 900	550 000	5,5
P 30		82	8	10	14 500	1 800	4 800	560 000	5,5
P 40		74	12	14	13 500	1 900	4 600	540 000	5,5
M 10		84	10	6	17 000	1 350	6 000	580 000	5,5
M 15		81	12	7	15 500	1 550	5 500	570 000	5,5
M 20		82	10	8	15 500	1 650	5 000	560 000	5,5
M 40		79	6	15	13 500	2 100	4 400	540 000	5,5
K 03		92	4	4	18 000	1 200	6 200	630 000	5
K 05		92	2	6	17 500	1 350	6 000	630 000	5
K 10		92	2	6	16 500	1 500	5 800	630 000	5
K 20		92	2	6	15 500	1 700	5 500	620 000	5
K 30		93		7	14 000	2 000	4 600	600 000	5,5
K 40		88		12	13 000	2 200	4 500	580 000	5,5

den Diamanten überlegen. So können mit kubisch kristallinem Bornitrid (CBN) auch gehärtete Werkstücke durch Drehen bearbeitet werden, was bis dahin nur durch Schleifen möglich war.

1.2 Spanende Bearbeitung beim Drehen

1.2.1 Verwendete Kurzzeichen

A in mm²	Spanungsquerschnitt (Gl. (1.2))
a_p in mm	Schnittiefe (Bild 1.12)
b in mm	Spanbreite (Gl. (1.3), Bild 1.12)
C	Konstante (Gl. (1.16), Tab. 1.6 bis 1.8)
d in mm	Werkstückdurchmesser (Gl. (1.18))
E	Exponent (Gl. (1.16), Tab. 1.6 bis 1.8)
F	Exponent (Gl. (1.16), Tab. 1.6 bis 1.8)
F in N	Resultierende Zerspankraft (Gl. (1.11))
F_c in N	Schnittkraft (Gl. (1.2), (1.3))
F_f in N	Vorschubkraft (Gl. (1.9))
F_p in N	Passivkraft (Gl. (1.10))
f in mm	Vorschub (Gl. (1.12), (1.16), Bild 1.12)
G	Exponent (Gl. (1.16), Tab. 1.6 bis 1.8)

h in mm	Spanungsdicke (Bild 1.12)
i	Anzahl der Schnitte (Gl. (1.14))
K_c in N/mm²	Spezifische Schnittkraft (Gl. (1.1), (1.2), Tab. 1.3, 1.4)
$K_{c1.1}$ in N/mm²	Hauptwert der spezifischen Schnittkraft (Gl. (1.1), (1.3), Tab. 1.2)
$K_{f1.1}$ in N/mm²	Hauptwert der spezifischen Vorschubkraft (Gl. (1.9), Tab. 1.5)
$K_{p1.1}$ in N/mm²	Hauptwert der spezifischen Passivkraft (Gl. (1.10), Tab. 1.5)
K_{SCH}	Schneidstoffkorrektur (Gl. (1.2), (1.3))
K_T	Verschleißkorrektur (Gl. (1.2), (1.3))
K_v	Schnittgeschwindigkeitskorrektur (Gl. (1.2), (1.3), Bild 1.14)
K_γ	Spanwinkelkorrektur (Gl. (1.2), (1.3), (1.4))
L in mm	Vorschubweg (Gl. (1.14), (1.15), (1.16))
l in mm	Werkstücklänge (Gl. (1.15), Bild 1.16)
l_a in mm	Anlauf des Werkzeugs (Gl. (1.15), Bild 1.16)
l_u in mm	Überlauf des Werkzeugs (Gl. (1.15), Bild 1.16)
n in min^{-1}	Werkstückdrehzahl (Gl. (1.12), (1.18))
P_c in kW	Schnittleistung (Gl. (1.5), (1.6), (1.8))
P_f in kW	Vorschubleistung (Gl. (1.13))
P_M in kW	Antriebsleistung (Gl. (1.6))
T in min	Standzeit (Gl. (1.16), Tab. 1.7, 1.8)
t_h in min	Hauptzeit (Gl. (1.14)
v_c in m/min	Schnittgeschwindigkeit für die gegebenen Betriebsverhältnisse (Gl. (1.5), (1.7), (1.17), (1.18))
v_c' in m/min	Schnittgeschwindigkeit für vorbearbeitetes Material, nichtunterbrochenen Schnitt und guten Maschinenzustand (Gl. (1.16), (1.17), Tab. 1.12)
v_f in mm/min	Vorschubgeschwindigkeit (Gl. (1.12), (1.13), (1.14))
WS	Werkstück-Schnitt-Einfluß (Gl. (1.17), Tab. 1.9)
$1 - x$	Anstiegswert der Vorschubkraft (Gl. (1.9), Tab. 1.5)
$1 - y$	Anstiegswert der Passivkraft (Gl. (1.10), Tab. 1.5)
$1 - z$	Anstiegswert der Schnittkraft (Gl. (1.1), (1.3), Tab. 1.2)
Z_c in cm³/s	Zerspantes Volumen (Gl. (1.7), (1.8))
Z_{csp} in cm³/s kW	Spezifische Spanmenge (Gl. (1.8))
Z_l in mm	Längenzugabe (Gl. (1.15))
γ in Grad	Tatsächlich vorliegender Spanwinkel (Gl. (1.4))
γ_0 in Grad	Versuchsspanwinkel (Gl. (1.4))
$\varkappa_r$ in Grad	Einstellwinkel (Bild 1.12)
η	Wirkungsgrad des Hauptantriebs (Gl. (1.16))

1.2.2 Schnittkraft, Schnittleistung, zerspantes Volumen

Die Schnittkraft beim Drehen wird nach Kienzle [5] in Abhängigkeit vom Spanungsquerschnitt und der spezifischen Schnittkraft ermittelt durch

$$F_c = AK_c .$$

In Bild 1.12 ist der Spanungsquerschnitt beim Außendrehen und Innendrehen dargestellt.

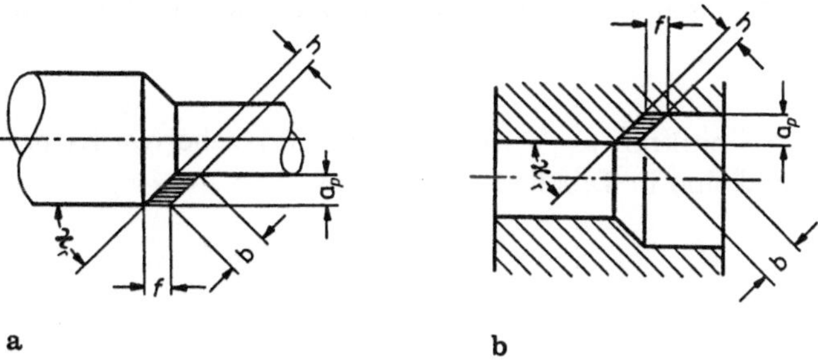

Bild 1.12 a, b. Spanungsquerschnitt beim Drehen. **a** Außendrehen, **b** Innendrehen

Der Spanungsquerschnitt wird wie folgt bestimmt:

$$a = bh = a_\mathrm{p}f; \qquad b = \frac{a_\mathrm{p}}{\sin \varkappa_r}; \qquad h = f \sin \varkappa_r .$$

Bei $b = 1$ mm und $h = 1$ mm wird die spezifische Schnittkraft mit $K_{c1.1}$ bezeichnet, so daß eine Relation zwischen diesen beiden Schnittkräften in der folgenden Form besteht:

$$K_c = \frac{K_{c1.1}}{h^z} . \tag{1.1}$$

Tabelle 1.2. Hauptwerte der spezifischen Schnittkraft und Anstiegswerte beim Drehen nach Kienzle, Victor [5, 6] und König, Essel [10] (für Al-Legierung)

Werkstoff	R_m Festigkeit (N/mm^2) bzw. Härte	Anstiegswert $1 - z$	$k_{c1.1}$ (N/mm^2)
St 50	520	0,74	1990
St 60	620	0,83	2110
St 70	720	0,70	2260
CK 45	670	0,86	2220
CK 60	770	0.82	2130
16 MnCr 5	770	0,74	2100
18 CrNi 6	630	0,70	2260
42 CrMo 4	730	0,74	2500
34 CrMo 4	600	0,79	2240
50 CrV 4	600	0,74	2220
55 NiCrMoV 6 geglüht	940	0,76	1740
55 NiCrMoV 6 vergütet	HB 352	0,76	1920
EC Mo 80	590	0,83	2290
Meehanite A	360	0,74	1270
Hartguß	HRC 46	0,81	2060
Hartguß	HRC 55	0,81	2430
GG 25	HB 200	0,74	1160
G-AlMg4SiMn	260	0,80	487
G-AlSi6Cu 4	170	0,73	460

Setzt man diesen Wert und die Spanungsquerschnittsformel in die Gleichung für
die Schnittkraft ein, ergibt sich

$$F_c = bh^{1-z}K_{c1.1} \, .$$

Hauptwerte der spezifischen Schnittkraft $K_{c1.1}$ wurden durch Versuche von Kienzle und Victor [5, 6] ermittelt und sind in Tabelle 1.2 aufgestellt.

Versuchsbedingungen

Einstellwinkel: $\varkappa_r = 45°$,
Spanwinkel bei Stahlbearbeitung: $\gamma_0 = 6°$,
Spanwinkel bei Gußbearbeitung: $\gamma_0 = 2°$,
Schnittgeschwindigkeit: $v_c = 100$ m/min,
Schneidstoff: Hartmetall,
Werkzeugschärfe: arbeitsscharf.

Die Geometrie der Schneide ist in Bild 1.13 dargestellt.

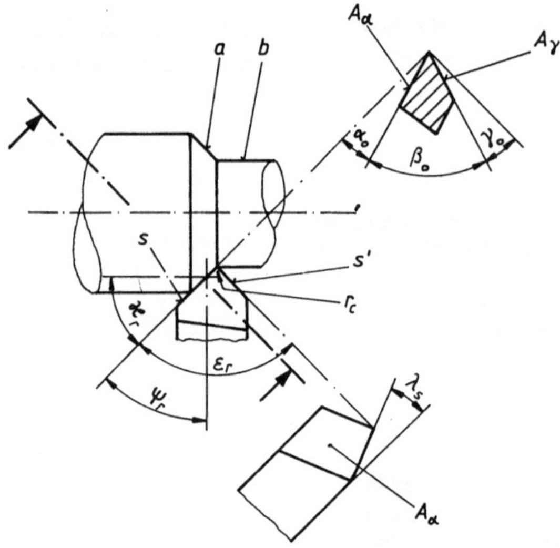

Bild 1.13. Geometrie der Schneide

Hierin bedeuten:

α_0	Freiwinkel,	a	Schnittfläche,
β_0	Keilwinkel,	b	Arbeitsfläche,
γ_0	Spanwinkel,	s	Hauptschneide,
ε_r	Spitzenwinkel,	s'	Nebenschneide,
$\varkappa_r$	Einstellwinkel,	A_γ	Spanfläche,
λ_s	Neigungswinkel,	A_α	Freifläche.
ψ_r	Einstellergänzungswinkel,		

Kienzle und Victor haben durch Versuche die Hauptwerte der spezifischen Schnittkraft
für verschiedene Einstellwinkel ermittelt ($\varkappa_r = 30°, 45°, 60°, 90°$). Nach diesen Versuchsergebnissen für $K_{c1.1}$ sind die spezifischen Schnittkräfte K_c in Abhängigkeit von
der Spanungsdicke h (Gl. (1.1)), bzw. vom Vorschub f umgerechnet und in den
Tabellen 1.3 und 1.4 aufgestellt.

Tabelle 1.3. Spezifische Schnittkräfte beim Drehen K_c in N/mm^2 in Abhängigkeit von dem Vorschub ($f = 0,063$ bis 0,4 mm) und Einstellwinkel ($\varkappa_r = 30°$, 45°, 60° und 90°) für verschiedene Werkstoffe nach Kienzle und Victor [5, 6]

Werkstoff	f(mm)	0,063				0,1				0,16				0,25				0,4			
	$\varkappa_r$	30°	45°	60°	90°	30°	45°	60°	90°	30°	45°	60°	90°	30°	45°	60°	90°	30°	45°	60°	90°
St 42		3139	2953	2825	2766	2894	2709	2600	2551	2659	2502	2404	2354	2453	2315	2237	2197	2276	2158	2060	2021
St 50		4807	4385	4140	4022	4267	3904	3659	3541	3777	3434	3237	3129	3335	3041	2845	2776	2943	2688	2531	2453
St 60		3777	3551	3394	3316	3473	3237	3090	3022	3169	2953	2835	2776	2894	2727	2619	2570	2678	2531	2433	2384
St 70		6180	5572	5219	5052	5396	4885	4572	4415	4723	4257	3983	3846	4120	3728	3483	3345	3590	3237	3041	2933
C 45, Ck 45		3532	3385	3257	3198	3316	3139	3041	2982	3090	2933	2835	2786	2884	2747	2649	2610	2698	2570	2492	2453
C 60, Ck 60		3875	3620	3463	3385	3541	3316	3169	3090	3237	3041	2923	2865	2992	2806	2698	2649	2757	2600	2502	2443
16 MnCr 5		5052	4630	4365	4238	4503	4120	3875	3757	4002	3649	3434	3335	3541	3237	3061	2963	3149	2874	2698	2609
18 CrNi 6		6180	5572	5219	5052	5396	4885	4571	4424	4728	4267	3983	3846	4120	3728	3483	3345	3590	3237	3041	2943
34 CrMo 4		4562	4218	4022	3924	4120	3826	3630	3541	3729	3463	3306	3227	3384	3159	3021	2943	3090	2884	2766	2698
42 CrMo 4		4836	5346	5052	4905	5199	4787	4532	4415	4660	4287	4042	3924	4169	3816	3590	3483	3708	3384	3189	3090
50 CrV 4		5356	4904	4611	4473	4758	4356	4130	4022	4248	3904	3659	3541	3787	3434	3237	3129	3335	3041	2855	2766
15 CrMo 4		4042	3806	3639	3590	3738	3522	3384	3326	3453	3257	3139	3071	3198	3012	2894	2845	2953	2796	2688	2629
Mn, CrNi		4807	4444	4228	4120	4336	4022	3826	3728	3924	3640	3375	3384	3551	3316	3159	3090	3237	3021	2865	2796
CrMo u. a. St.		5052	4689	4475	4365	4581	4267	4071	3973	4169	3885	3718	3630	3806	3541	3375	3286	3453	3218	3100	3041
Nichtrost. St.		4709	4415	4218	4120	4316	4042	3865	3777	3953	3698	3541	3463	3620	3394	3257	3188	3326	3120	3002	2943
Mn-Hartstahl		7014	6475	6151	5984	6318	5837	5543	5396	5690	5268	5003	4885	5140	4768	4532	4414	4650	4316	4101	4002
Hartguß		3875	3649	3502	3434	3571	3355	3208	3129	3277	3071	2953	2884	3012	2825	2698	2629	2757	2570	2453	2403
GS-45		2865	2668	2560	2511	2619	2462	2364	2315	2413	2276	2178	2139	2227	2099	2001	1962	2050	1923	1864	1825
GS-52		3139	2953	2825	2766	2844	2708	2600	2551	2659	2502	2403	2354	2453	2315	2237	2197	2276	2158	2060	2021
GG-15		1903	1766	1678	1638	1727	1599	1521	1481	1560	1452	1373	1344	1413	1315	1256	1226	1285	1197	1148	1118
GG-25		2747	2521	2384	2315	2453	2256	2139	2070	2197	2021	1893	1834	1962	1785	1678	1628	1727	1579	1491	1442
GTW, GTS		2600	2394	2256	2197	2325	2139	2021	1962	2080	1913	1815	1766	1864	1717	1619	1570	1668	1530	1472	1432
Gußbronze		3139	2953	2825	2766	2894	2708	2600	2551	2659	2502	2403	2354	2453	2315	2237	2197	2276	2158	2060	2021
Rotguß		1452	1334	1256	1226	1295	1197	1128	1099	1158	1069	1010	981	1040	961	903	883	932	863	804	785
Messing		1471	1354	1295	1275	1324	1256	1197	1177	1226	1158	1099	1079	1128	1059	1001	981	1030	961	922	903
Al-Guß		1452	1334	1256	1226	1295	1197	1128	1099	1158	1069	1010	981	1040	961	903	883	932	863	804	785
Mg-Leg.		510	481	466	461	471	446	427	422	432	412	397	392	402	383	363	353	373	343	329	324

Tabelle 1.4. Spezifische Schnittkräfte beim Drehen K_c in N/mm^2 in Abhängigkeit von dem Vorschub (f = 0,63 bis 2,5 mm) und Einstellwinkel ($\varkappa_r$ = 30°, 45°, 60° und 90°) für verschiedene Werkstoffe nach Kienzle und Victor [5, 6]

Werkstoff	f (mm)	0,63				1				1,6				2,5			
	$\varkappa_r$	30°	45°	60°	90°	30°	45°	60°	90°	30°	45°	60°	90°	30°	45°	60°	90°
St 42		2109	1991	1923	1884	1962	1854	1795	1766	1825	1746	1687	1668	1717	1648	1509	1570
St 50		2600	2384	2256	2197	2315	2139	2021	1952	2080	1903	1785	1727	1844	1678	1579	1530
St 60		2482	2354	2266	2227	2305	2178	2099	2070	2139	2040	1962	1936	2001	1903	1844	1815
St 70		2139	2845	2649	2551	2747	2472	2296	2217	2384	2184	2011	1942	2080	1884	1766	1717
C 45, Ck 45		2531	2413	2335	2296	2374	2266	2207	2178	2237	2139	2100	2070	2119	2040	1982	1962
C 60, Ck 60		2551	2403	2305	2256	2354	2217	2139	2090	2178	2060	1982	1952	2021	1923	1864	1834
16 MnCr 5		2786	2531	2394	2315	2462	2256	2119	2060	2188	2011	1903	1844	1952	1785	1687	1638
18 CrNi 6		3139	2845	2649	2541	2747	2472	2296	2217	2384	2148	2011	1942	2080	1884	1766	1717
34 CrMo 4		2825	2619	2482	2413	2551	2378	2256	2197	2305	2148	2050	2001	2099	1962	1864	1815
42 CrMo 4		3286	3002	3835	2747	2923	2668	2531	2423	2600	2384	2256	2197	2325	2139	2021	1962
50 CrV 4		2943	2678	2531	2453	2600	2384	2246	2178	2315	2119	2001	1942	2060	1884	1785	1727
15 CrMo 4		2737	2580	2472	2423	2531	2374	2296	2246	2335	2197	2119	2080	2158	2040	1982	1942
Mn, CrNi		2943	2727	2609	2550	2668	2502	2394	2355	2453	2286	2188	2139	2237	2099	2001	1962
CrMo u. a. St.		3159	2972	2855	2796	2914	2747	2696	2570	2688	2521	2423	2374	2472	2335	2237	2197
Nichtrost. St.		3061	2884	2786	2727	2835	2678	2580	2531	2629	2492	2403	2354	2443	2315	2237	2193
Mn-Hartstahl		4206	3904	3728	3630	3816	3551	3375	3296	3463	3218	3080	3002	3149	2943	2906	2743
Hartguß		2511	2354	2256	2197	2305	2158	2070	2021	2109	1982	1903	1864	1942	1825	1746	1717
GS-45		1893	1785	1718	1687	1765	1658	1599	1570	1628	1550	1491	1472	1521	1452	1393	1373
GS-52		2109	1991	1923	1884	1962	1854	1795	1766	1825	1746	1687	1668	1717	1648	1589	1570
GG-15		1177	1099	1040	1020	1069	1001	952	932	981	912	873	853	893	834	804	785
GG-25		1530	1403	1315	1275	1354	1256	1177	1138	1226	1099	1040	1010	1069	981	932	907
GTW, GTS		1501	1393	1324	1295	1364	1265	1207	1177	1236	1156	1099	1079	1128	1059	1001	981
Gußbronze		2109	1991	1923	1884	1962	1854	1795	1766	1825	1746	1687	1668	1717	1648	1589	1570
Rotguß		834	765	716	697	736	687	657	638	667	628	603	589	618	579	559	549
Messing		942	883	853	834	863	824	785	765	804	755	716	697	736	687	667	657
Al-Guß		834	765	716	697	736	687	657	638	667	628	603	589	618	579	559	544
Mg-Leg.		334	314	299	294	304	294	280	275	284	275	260	255	265	245	245	245

Für die Tabellen 1.3 und 1.4 gelten die folgenden

Versuchsbedingungen:

Spanwinkel bei Stahlbearbeitung: $\gamma_0 = 6°$,
Spanwinkel bei Gußbearbeitung: $\gamma_0 = 2°$,
Schnittgeschwindigkeit: $v_c = 100\ \text{m/min}$,
Schneidstoff: Hartmetall,
Werkzeugschärfe: arbeitsscharf.
Bei Abweichung von den beim Versuch vorliegenden Spanungsbedingungen soll die
Schnittkraftsgleichung durch Korrekturfaktoren ergänzt werden:

$$F_c = AK_c K_\gamma K_v K_{\text{SCH}} K_T , \tag{1.2}$$

oder

$$F_c = bh^{1-z} K_{c1.1} K_\gamma K_v K_{\text{SCH}} K_T . \tag{1.3}$$

Die Spanwinkelkorrektur kann wie folgt bestimmt werden:

$$K_\gamma = 1 - \frac{\gamma - \gamma_0}{66,7} . \tag{1.4}$$

γ in Grad = tatsächlich vorliegender Spanwinkel,
γ_0 in Grad = Versuchsspanwinkel ($\gamma_0 = 6°$ für Stahl, $\gamma_0 = 2°$ für Gußeisen).
Die Schnittgeschwindigkeitskorrektur wird nach Bild 1.14 ermittelt.
Da bei den Versuchen (Tabelle 1.2–1.4) Hartmetalle verwendet wurden, kann man
die Schneidstoffkorrektur wie folgt veranschlagen:
$K_{\text{SCH}} = 1$ beim Spanen von Stahl und Gußeisen mit Hartmetall, $K_{\text{SCH}} = 0,9$ bis $0,95$
beim Spanen von Stahl und Gußeisen mit Schneidkeramik

Für Schnellarbeitsstahl sind keine Korrekturfaktoren bekannt. Da die obenge-
nannten Versuche mit arbeitsscharfer Schneide ermittelt wurden und die Kraft gegen
Standzeitende zunimmt, kann die Verschleißkorrektur wie folgt [13] bestimmt
werden: $K_T = 1,3$ bis $1,5$ (gegen Standzeitende).

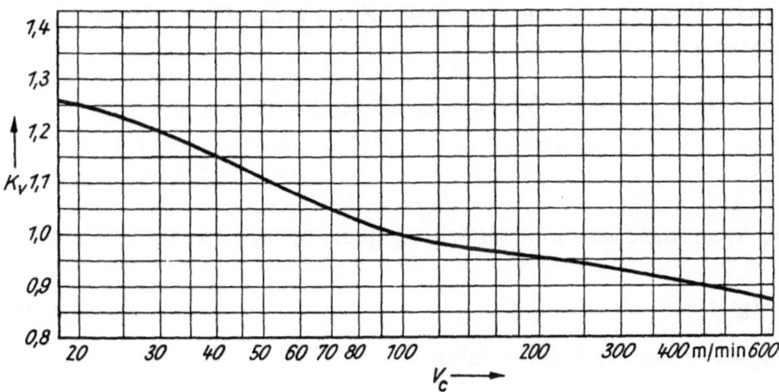

Bild 1.14. Abhängigkeit des Korrekturfaktors K_v von der Schnittgeschwindigkeit — gültig für
Stahl, Stahlguß und Gußeisen [7]

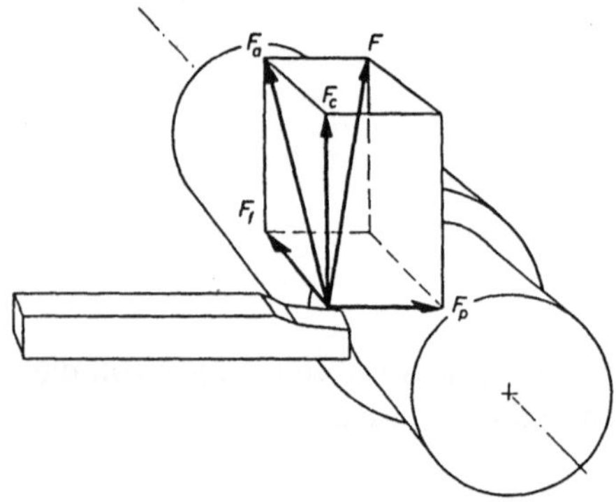

Bild 1.15. Zerlegung der resultierenden Zerspankraft F in Schnittkraft F_c, Vorschubkraft F_f und Passivkraft F_p nach DIN 6584

Bild 1.15 zeigt die räumliche Lage der resultierenden Zerspankraft F und deren Zerlegung in Komponenten F_c, F_f unf F_p. Die Schnittleistung wird aus der Schnittkraft und der Schnittgeschwindigkeit bestimmt:

$$P_c = \frac{F_c v_c}{60 \cdot 1000}. \tag{1.5}$$

Bei der Bestimmung der Antriebsleistung muß der Wirkungsgrad des Hauptantriebs berücksichtigt werden:

$$P_M = \frac{P_c}{\eta}. \tag{1.6}$$

Zerspantes Volumen und spezifische Spanmenge können nach folgenden Gleichungen berechnet werden:

$$Z_c = \frac{A v_c}{60}, \tag{1.7}$$

$$Z_{csp} = \frac{Z_c}{P_c}. \tag{1.8}$$

1.2.3 Vorschubkraft, Passivkraft, resultierende Zerspankraft, Vorschubleistung

Ähnlich wie die Schnittkraft wird die Vorschubkraft bestimmt:

$$F_f = A \frac{K_{f1.1}}{h^x}.$$

Nach Einsetzen der Spanungsquerschnittsgleichung in die obere Gleichung bekommt man

$$F_f = bh^{1-x} K_{f1.1}. \tag{1.9}$$

Für die Berechnung der Passivkraft gilt analog

$$F_p = A \frac{K_{p1.1}}{h^y},$$

oder

$$F_{\mathrm{p}} = bh^{1-y}K_{\mathrm{p1.1}} \, . \tag{1.10}$$

Die Hauptwerte der spezifischen Vorschub- und Passivkraft einschließlich ihrer Anstiegswerte sind nach Lutze [8] und Hommel [9] in Tabelle 1.5 zusammengefaßt.

Tabelle 1.5. Haupt- und Anstiegswerte der spezifischen Vorschub- und Passivkraft nach Lutze [8], Hommel [9] und König, Essel [10] (für Al-Legierungen)

Werkstoff	$1-x$	$k_{\mathrm{f1.1}}$ (N/mm^2)	$1-y$	$k_{\mathrm{p1.1}}$ (N/mm^2)
St 50	0,2987	351	0,5089	274
St 70	0,3835	364	0,5067	311
C 15	0,1993	333	0,4648	260
CK 45	0,3248	343	0,5244	263
CK 60	0,2877	347	0,5870	250
15 CrMo 5	0,2488	290	0,4430	232
16 MnCr 5	0,3024	391	0,5410	324
18 CrNi 6	0,2750	326	0,5352	247
20 MnCr 5	0,3190	337	0,4778	246
30 CrNiMo 8	0,3844	355	0,5657	255
34 CrMo 4	0,3190	337	0,3715	237
37 MnSi 5	0,3622	259	0,7432	277
42 CrMo 4	0,3295	334	0,5239	271
50 CrV 4	0,2345	317	0,6106	315
GGL-20	0,3010	240	0,5400	178
GGL-25	0,3020	251	0,5410	190
GGG-60	0,2400	290	0,5657	240
G-AlMg4SiMn	0,1300	20	0,2500	32
G-AlSi6Cu 4	0,1300	20	0,2500	32

Die resultierende Zerspankraft (Bild 1.15) wird wie folgt bestimmt:

$$F = \sqrt{F_{\mathrm{c}}^2 + F_{\mathrm{f}}^2 + F_{\mathrm{p}}^2} \, . \tag{1.11}$$

Die Vorschubgeschwindigkeit wird nach folgender Gleichung berechnet:

$$v_{\mathrm{f}} = fn \, . \tag{1.12}$$

Die Vorschubleistung wird aus der Vorschubkraft und der Vorschubgeschwindigkeit bestimmt durch

$$P_{\mathrm{f}} = \frac{F_{\mathrm{f}}v_{\mathrm{f}}}{60 \cdot 10^6} \, . \tag{1.13}$$

1.2.4 Hauptzeit

Die Hauptzeit ist die Zeit, die das Werkzeug vom Beginn bis zum Ende des Bearbeitungsvorgangs in Anspruch nimmt.

Die Hauptzeit beim Längsdrehen mit konstanter Vorschubgeschwindigkeit ergibt sich zu

$$t_h = \frac{L}{v_f} \, i \, .$$
(1.14)

Der Vorschubweg wird wie folgt bestimmt (Bild 1.16):

$$L = l + 2Z_1 + l_a + l_u \, .$$
(1.15)

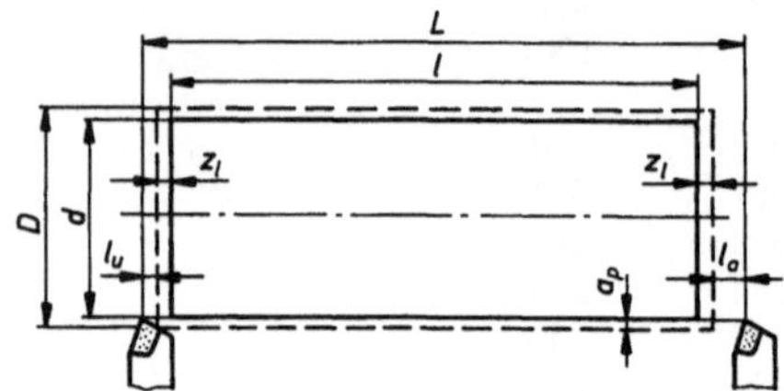

Bild 1.16. Vorschubweg und Bearbeitungszugaben beim Längsdrehen

1.2.5 Schnittgeschwindigkeit, Standzeit

Die Schnittgeschwindigkeit ist die Geschwindigkeit des Werkstücks in Schnittrichtung.

Taylor hat schon im Jahre 1907 die Schnittgeschwindigkeit in Abhängigkeit von der Standzeit ausgedrückt:

$$v_c = \frac{C}{T^G} \, ,$$

v_c = Schnittgeschwindigkeit,
C = Schnittgeschwindigkeitskonstante,
T = Standzeit,
G = Exponent der Standzeit.
Kronenberg [11] hat die Taylorsche Gleichung erweitert, indem er den Spanungsquerschnitt einbezogen hat:

$$v_c = \frac{C \left(\dfrac{a_p}{f} \right)^F}{A^E \left(\dfrac{T}{60} \right)^G} \, ,$$

A = Spanungsquerschnitt,
a_p = Schnittiefe,
f = Vorschub
F, E, G = Exponenten.
Aus dieser Gleichung wird deutlich, daß bei größeren Spanungsquerschnitten und größeren Standzeiten niedrigere Schnittgeschwindigkeiten gewählt werden müssen.

Diese Gleichung hat noch heute rein physikalisch ihre Gültigkeit, kann aber nicht mehr für die Ermittlung der Schnittgeschwindigkeit mit heutigen Schneidstoffen angewandt werden, da die Konstanten und Exponenten pauschal für Stahl, Gußeisen und Hartmetall angegeben wurden. Deshalb wird die Ermittlung der Schnittgeschwindigkeit unter Berücksichtigung des Werkstoffes, seiner Behandlung und Härte mit genauer Angabe des Schneidstoffes und des Werkstück-Schnitt-Einflusses durchgeführt.

1.2.5.1 Schnittgeschwindigkeit für Werkzeuge aus Hartmetall und Schneidkeramik

Die Schnittgeschwindigkeit für vorbearbeitetes Material, nichtunterbrochenen Schnitt und guten Maschinenzustand wird nach der erweiterten Taylorschen Gleichung

$$v'_c = C a_p^F f^E T^G \tag{1.16}$$

ermittelt.

Tabelle 1.6. Werkstoff-Vergleichstabelle für die Ermittlung der zuständigen Tafeln [12]

Werkstoff	Zustand Härte HB	Siehe Tafel	Werkstoff	Zustand Härte HB	Siehe Tafel
St 50	U, N	4/5	St 60	U, N	5/6
St 70	U, N	6/7			
			C 10	U, N 105	1
C 15	U, N 120	1	C 22	U, N 150	2
C 35	U, N 160	3	C 35	U, V 190	4
C 35	V 220	5	C 45	U, N 190	5
C 45	V 250	6	C 55	U, N 220	6
C 55	U, V 250	7	C 55	V 280	8
C 60	U, N 220	7	C 60	U, N 260	8
C 60	V 300	9			
			GS-38	N	3
GS-45	N	4	GS-52	N	5
GS-60	N	6	GS-70	N	7
C80W1	G 180	6	C105W1	G 190	6
100Cr6	G 200	8	X210Cr12	G 230	8
55NiCrMoV6	G 220	8	55NiCrMoV6	V 320	10
18CrNi8	BG 180	5	34CrNiMo6	B, V 240	7
34CrNiMo6	V 380	10	16MnCr5	BG 160	4
20MnCr5	BG 170	4	20MnCr5	BF 210	6
34CrMo4	B, V 200	5	34CrMo4	V 300	7
42CrMo4	B, V 220	6	42CrMo4	V 280	8
41CrAlMo7	V 250	6	41CrAlMo7	V 320	9
34CrAlNi7	V 320	9			
GG-10 bis GG-40	120	12	GGG-35 bis	160	12
	160	14	GGG-80	200	14
	220	16		260	16
	290	18		330	18
GTW-35 bis	120	14	GTS-35 bis	140	11
GTW-65	190	16	GTS-70	180	13
	290	18		230	15
				290	17

Die Schnittgeschwindigkeit für die gegebenen Betriebsverhältnisse wird nach der folgenden Gleichung bestimmt:

$$v_c = v'_c WS . \tag{1.17}$$

Zuerst wird für den gewünschten Werkstoff aus Tabelle 1.6 die Tafel ermittelt, die dann in Tabelle 1.7 und 1.8 die Bestimmung der Konstanten C und der Exponenten F, E und G gestattet.

Kurzzeichen für den Zustand des Werkstoffes in Tabelle 1.6

U unbehandelt, N normalisiert, V vergütet, G geglüht, B behandelt, BG behandelt auf ein bestimmtes Gefüge, BV behandelt auf eine bestimmte Festigkeit.
WIDIA-Hartmetalle haben folgende Bezeichnungen:
TTI, TTX, TTM/TTS, TTR.
Beschichtete Hartmetalle Widalon und WIDADUR haben folgende Bezeichnungen:
WIDALON: TK 15,
WIDADUR: TZ 15, TN 25, TN 35.

Die Konstanten C und die Exponenten F, E und G sind beim Drehen mit Schneidkeramik in der Tabelle 1.8 zusammengestellt.

Oxidkeramik wird als WIDALOX G, WIDALOX H und WIDALOX R bezeichnet. Keramische Schneidstoffe auf Siliziumnitridbasis werden als WIDIANIT bezeichnet.

Das Kurzzeichen VB bezeichnet die Verschleißmarkenbreite (vgl. Bild 1.17).

Tabelle 1.7. Konstante C und Exponenten F, E und G beim Drehen mit Hartmetall nach Krupp Widia [12]

für WIDIA, WIDALON und WIDADUR

| $v_c = Ca_p^F f^E T^G$ | | C | F | E | G | Gültigkeitsbereich* | | |
						a_p/mm	f/mm	T/min
Tafel 1	TTI	1150	−0,10	−0,06	−0,38	1 … 4	0,10 … 0,3	6 … 60
	TTX	950	−0,10	−0,12	−0,38	1 … 10	0,10 … 0,8	6 … 100
	TTM/TTS	780	−0,11	−0,17	−0,38	1 … 12	0,15 … 1,0	6 … 100
	TTR	588	−0,12	−0,28	−0,38	1 … 16	0,20 … 1,2	6 … 100
	TK 15	1214	−0,10	−0,12	−0,38	1 … 10	0,15 … 1,0	6 … 30
	TZ 15	1182	−0,10	−0,10	−0,36	1 … 10	0,15 … 1,0	6 … 30
	TN 25	937	−0,10	−0,13	−0,34	1 … 10	0,15 … 1,2	6 … 30
	TN 35	745	−0,11	−0,23	−0,34	2 … 16	0,15 … 1,2	6 … 30
Tafel 2	TTI	955	−0,10	−0,09	−0,35	1 … 4	0,10 … 0,3	6 … 60
	TTX	754	−0,10	−0,15	−0,35	1 … 10	0,10 … 0,8	6 … 100
	TTM/TTS	613	−0,11	−0,20	−0,35	1 … 12	0,15 … 1,0	6 … 100
	TTR	461	−0,12	−0,31	−0,35	1 … 16	0,20 … 1,2	6 … 100
	TK 15	1007	−0,10	−0,15	−0,35	1 … 10	0,15 … 1,0	6 … 30
	TZ 15	981	−0,10	−0,13	−0,33	1 … 10	0,15 … 1,0	6 … 30
	TN 25	774	−0,10	−0,16	−0,31	1 … 10	0,15 … 1,2	6 … 30
	TN 35	569	−0,11	−0,30	−0,31	2 … 16	0,15 … 1,2	6 … 30

Tabelle 1.7. (Fortsetzung)

für WIDIA, WIDALON und WIDADUR

$v_c = C a_p^F f^E T^G$		C	F	E	G	Gültigkeitsbereich* a_p/mm	f/mm	T/min
Tafel 3	TTI	725	$-0{,}10$	$-0{,}12$	$-0{,}32$	1 ... 4	0,10 ... 0,3	6 ... 60
	TTX	600	$-0{,}10$	$-0{,}18$	$-0{,}32$	1 ... 10	0,10 ... 0,8	6 ... 100
	TTM/TTS	478	$-0{,}11$	$-0{,}24$	$-0{,}32$	1 ... 12	0,15 ... 1,0	6 ... 100
	TTR	362	$-0{,}12$	$-0{,}34$	$-0{,}32$	1 ... 16	0,20 ... 1,2	6 ... 100
	TK 15	763	$-0{,}10$	$-0{,}18$	$-0{,}32$	1 ... 10	0,15 ... 1,0	6 ... 30
	TZ 15	743	$-0{,}10$	$-0{,}16$	$-0{,}30$	1 ... 10	0,15 ... 1,0	6 ... 30
	TN 25	588	$-0{,}10$	$-0{,}19$	$-0{,}28$	1 ... 10	0,15 ... 1,2	6 ... 30
	TN 35	440	$-0{,}11$	$-0{,}33$	$-0{,}28$	2 ... 16	0,15 ... 1,2	6 ... 30
Tafel 4	TTI	578	$-0{,}11$	$-0{,}15$	$-0{,}29$	1 ... 4	0,10 ... 0,3	6 ... 60
	TTX	479	$-0{,}11$	$-0{,}21$	$-0{,}29$	1 ... 10	0,10 ... 0,8	6 ... 100
	TTM/TTS	377	$-0{,}12$	$-0{,}27$	$-0{,}29$	1 ... 12	0,15 ... 1,0	6 ... 100
	TTR	286	$-0{,}13$	$-0{,}37$	$-0{,}29$	1 ... 16	0,20 ... 1,2	6 ... 100
	TK 15	591	$-0{,}11$	$-0{,}21$	$-0{,}29$	1 ... 10	0,15 ... 1,0	6 ... 30
	TZ 15	576	$-0{,}11$	$-0{,}19$	$-0{,}27$	1 ... 10	0,15 ... 1,0	6 ... 30
	TN 25	458	$-0{,}11$	$-0{,}22$	$-0{,}25$	1 ... 10	0,15 ... 1,2	6 ... 30
	TN 35	344	$-0{,}12$	$-0{,}36$	$-0{,}25$	2 ... 16	0,15 ... 1,2	6 ... 30
Tafel 5	TTI	464	$-0{,}11$	$-0{,}18$	0,26	1 ... 4	0,10 ... 0,3	6 ... 60
	TTX	384	$-0{,}11$	$-0{,}24$	$-0{,}26$	1 ... 10	0,10 ... 0,8	6 ... 100
	TTM/TTS	299	$-0{,}12$	$-0{,}30$	$-0{,}26$	1 ... 12	0,15 ... 1,0	6 ... 100
	TTR	225	$-0{,}13$	$-0{,}40$	$-0{,}26$	1 ... 16	0,20 ... 1,2	6 ... 100
	TK 15	497	$-0{,}11$	$-0{,}25$	$-0{,}26$	1 ... 10	0,15 ... 1,0	6 ... 30
	TZ 15	484	$-0{,}11$	$-0{,}23$	$-0{,}24$	1 ... 10	0,15 ... 1,0	6 ... 30
	TN 25	385	$-0{,}11$	$-0{,}25$	$-0{,}22$	1 ... 10	0,15 ... 1,2	6 ... 30
	TN 35	270	$-0{,}12$	$-0{,}39$	$-0{,}22$	2 ... 16	0,15 ... 1,2	6 ... 30
Tafel 6	TTI	350	$-0{,}11$	$-0{,}21$	$-0{,}22$	1 ... 4	0,10 ... 0,3	6 ... 60
	TTX	298	$-0{,}11$	$-0{,}26$	$-0{,}22$	1 ... 10	0,10 ... 0,8	6 ... 100
	TTM/TTS	226	$-0{,}12$	$-0{,}34$	$-0{,}22$	1 ... 12	0,15 ... 1,0	6 ... 100
	TTR	171	$-0{,}13$	$-0{,}43$	$-0{,}22$	1 ... 16	0,20 ... 1,2	6 ... 100
	TK 15	392	$-0{,}11$	$-0{,}27$	$-0{,}22$	1 ... 10	0,15 ... 1,0	6 ... 30
	TZ 15	382	$-0{,}11$	$-0{,}25$	$-0{,}20$	1 ... 10	0,15 ... 1,0	6 ... 30
	TN 25	306	$-0{,}11$	$-0{,}28$	$-0{,}19$	1 ... 10	0,15 ... 1,2	6 ... 30
	TN 35	211	$-0{,}12$	$-0{,}42$	$-0{,}19$	2 ... 16	0,15 ... 1,2	6 ... 30
Tafel 7	TTI	280	$-0{,}11$	$-0{,}24$	$-0{,}19$	1 ... 4	0,10 ... 0,3	6 ... 60
	TTX	237	$-0{,}11$	$-0{,}29$	$-0{,}19$	1 ... 10	0,10 ... 0,8	6 ... 100
	TTM/TTS	177	$-0{,}12$	$-0{,}37$	$-0{,}19$	1 ... 12	0,15 ... 1,0	6 ... 100
	TTR	137	$-0{,}14$	$-0{,}46$	$-0{,}19$	1 ... 16	0,20 ... 1,2	6 ... 100
	TK 15	302	$-0{,}11$	$-0{,}29$	$-0{,}19$	1 ... 10	0,15 ... 1,0	6 ... 30
	TZ 15	294	$-0{,}11$	$-0{,}27$	$-0{,}17$	1 ... 10	0,15 ... 1,0	6 ... 30
	TN 25	234	$-0{,}11$	$-0{,}31$	$-0{,}16$	1 ... 10	0,15 ... 1,2	6 ... 30
	TN 35	168	$-0{,}12$	$-0{,}45$	$-0{,}16$	2 ... 16	0,15 ... 1,2	6 ... 30
Tafel 8	TTI	224	$-0{,}12$	$-0{,}27$	$-0{,}16$	1 ... 4	0,10 ... 0,25	6 ... 60
	TTX	190	$-0{,}12$	$-0{,}32$	$-0{,}16$	1 ... 10	0,10 ... 0,63	6 ... 60
	TTM/TTS	142	$-0{,}13$	$-0{,}40$	$-0{,}16$	1 ... 12	0,15 ... 0,8	6 ... 60
	TTR	108	$-0{,}14$	$-0{,}49$	$-0{,}16$	1 ... 16	0,20 ... 1,0	6 ... 60

Tabelle 1.7 (Fortsetzung)

für WIDIA, WIDALON und WIDADUR

$v_c = Ca_p^F f^E T^G$		C	F	E	G	Gültigkeitsbereich*		
						a_p/mm	f/mm	T/min
Tafel 8	TK 15	247	$-0,12$	$-0,32$	$-0,16$	1 … 10	0,15 … 0,8	6 … 30
	TZ 15	247	$-0,12$	$-0,30$	$-0,15$	1 … 10	0,15 … 0,8	6 … 30
	TN 25	198	$-0,12$	$-0,34$	$-0,14$	1 … 10	0,15 … 1,0	6 … 30
	TN 35	133	$-0,13$	$-0,48$	$-0,14$	2 … 16	0,15 … 1,0	6 … 30
Tafel 9	TTI	178	$-0,12$	$-0,30$	$-0,13$	1 … 4	0,10 … 0,25	6 … 45
	TTX	151	$-0,12$	$-0,35$	$-0,13$	1 … 10	0,10 … 0,63	6 … 45
	TTM/TTS	110	$-0,13$	$-0,44$	$-0,13$	1 … 10	0,15 … 0,8	6 … 45
	TK 15	202	$-0,12$	$-0,34$	$-0,13$	1 … 10	0,15 … 0,8	6 … 20
	TZ 15	202	$-0,12$	$-0,32$	$-0,12$	1 … 10	0,15 … 0,8	6 … 20
	TN 25	163	$-0,12$	$-0,37$	$-0,12$	1 … 10	0,15 … 1,0	6 … 20
Tafel 10	TTI	145	$-0,12$	$-0,33$	$-0,10$	1 … 4	0,10 … 0,25	6 … 30
	TTX	120	$-0,12$	$-0,38$	$-0,10$	1 … 8	0,10 … 0,63	6 … 30
	TTM/TTS	87	$-0,13$	$-0,47$	$-0,10$	1 … 8	0,15 … 0,8	6 … 30
	TK 15	159	$-0,12$	$-0,39$	$-0,10$	1 … 8	0,15 … 0,8	6 … 20
	TZ 15	159	$-0,12$	$-0,37$	$-0,09$	1 … 8	0,15 … 0,8	6 … 20
	TN 25	136	$-0,12$	$-0,40$	$-0,10$	1 … 8	0,15 … 1,0	6 … 20
Tafel 11	THM-F	634	$-0,10$	$-0,13$	$-0,32$	2 … 5	0,10 … 0,5	6 … 100
	AT 15/THM	502	$-0,12$	$-0,21$	$-0,32$	2 … 16	0,10 … 1,6	6 … 80
	HK 15	830	$-0,12$	$-0,13$	$-0,32$	2 … 16	0,10 … 1,2	6 … 60
Tafel 12	THM-F	454	$-0,10$	$-0,14$	$-0,29$	2 … 5	0,10 … 0,5	6 … 80
	AT 15/THM	355	$-0,12$	$-0,23$	$-0,29$	2 … 16	0,10 … 1,6	6 … 60
	HK 15	591	$-0,12$	$-0,16$	$-0,29$	2 … 16	0,10 … 1,2	6 … 45
Tafel 13	THM-F	348	$-0,11$	$-0,15$	$-0,26$	2 … 5	0,10 … 0,5	6 … 80
	AT 15/THM	263	$-0,13$	$-0,25$	$-0,26$	2 … 16	0,10 … 1,6	6 … 60
	HK 15	441	$-0,12$	$-0,17$	$-0,26$	2 … 16	0,10 … 1,2	6 … 45
Tafel 14	THM-F	255	$-0,11$	$-0,17$	$-0,22$	2 … 5	0,10 … 0,5	6 … 80
	AT 15/THM	186	$-0,13$	$-0,27$	$-0,22$	2 … 16	0,10 … 1,6	6 … 60
	HK 15	327	$-0,12$	$-0,18$	$-0,22$	2 … 16	0,10 … 1,2	6 … 45
Tafel 15	THM-F	191	$-0,12$	$-0,19$	$-0,19$	2 … 5	0,10 … 0,5	6 … 60
	AT 15/THM	136	$-0,14$	$-0,29$	$-0,19$	2 … 16	0,10 … 1,6	6 … 45
	HK 15	247	$-0,13$	$-0,19$	$-0,19$	2 … 16	0,10 … 1,2	6 … 30
Tafel 16	THM-F	139	$-0,12$	$-0,21$	$-0,16$	2 … 5	0,10 … 0,5	6 … 60
	AT 15/THM	97	$-0,14$	$-0,31$	$-0,16$	2 … 16	0,10 … 1,6	6 … 45
	HK 15	184	$-0,13$	$-0,21$	$-0,16$	2 … 16	0,10 … 1,2	6 … 30
Tafel 17	THM-F	103	$-0,13$	$-0,23$	$-0,13$	2 … 5	0,10 … 0,4	6 … 45
	AT 15/THM	70	$-0,15$	$-0,33$	$-0,13$	2 … 12	0,10 … 1,2	6 … 30
	HK 15	131	$-0,13$	$-0,24$	$-0,13$	2 … 12	0,10 … 1,0	6 … 20
Tafel 18	THM-F	79	$-0,13$	$-0,25$	$-0,10$	2 … 4	0,10 … 0,4	6 … 45
	AT 15/THM	53	$-0,15$	$-0,35$	$-0,10$	2 … 12	0,10 … 1,2	6 … 30
	HK 15	102	$-0,13$	$-0,27$	$-0,10$	2 … 12	0,10 … 1,0	6 … 20

Der Gültigkeitsbereich der in den Tabellen 1.7 und 1.8 zusammengestellten Richtwerte für die Ermittlung der Schnittgeschwindigkeit beträgt

— für den Spanwinkel: $\gamma = 5°$ bis $10°$,
— für den Einstellwinkel: $\varkappa_r = 60°$ bis $90°$.

Tabelle 1.8. Konstante C und Exponenten F, E und G beim Drehen mit Schneidkeramik nach Krupp Widia [12]

für WIDALOX G

$v_c = Ca_p^F f^E T^G$				Gültigkeitsbereich*			VB
C	F	E	G	a_p/mm	f/mm	T/mm	[mm]
Tafel 1							
Tafel 2	2250	−0,10	−0,10	−0,50	1 … 6	0,16 … 0,63	3 … 45	0,2 … 0,3
Tafel 3	1780	−0,10	−0,12	−0,47	1 … 6	0,16 … 0,63	3 … 45	0,2 … 0,3
Tafel 4	1530	−0,10	−0,14	−0,47	1 … 6	0,16 … 0,63	3 … 45	0,2 … 0,3
Tafel 5	1210	−0,11	−0,16	−0,44	1 … 6	0,16 … 0,63	3 … 45	0,2 … 0,3
Tafel 6	1040	−0,11	−0,18	−0,44	1 … 6	0,16 … 0,63	3 … 45	0,2 … 0,3
Tafel 7	830	−0,11	−0,20	−0,41	1 … 6	0,16 … 0,63	3 … 45	0,2 … 0,3
Tafel 8	710	−0,12	−0,22	−0,41	1 … 6	0,16 … 0,50	3 … 45	0,2 … 0,3
Tafel 9	570	−0,12	−0,24	−0,38	1 … 6	0,16 … 0,50	3 … 45	0,2 … 0,3
Tafel 10	490	−0,12	−0,26	−0,38	1 … 6	0,16 … 0,50	3 … 45	0,2 … 0,3
Tafel 11	2420	0,10	−0,16	−0,50	2 … 10	0,16 … 0,80	3 … 45	0,4
Tafel 12	2060	0,11	−0,17	−0,48	2 … 10	0,16 … 0,80	3 … 45	0,4
Tafel 13	1750	−0,12	−0,18	−0,46	2 … 10	0,16 … 0,80	3 … 45	0,4
Tafel 14	1480	−0,13	−0,19	−0,44	2 … 10	0,16 … 0,80	3 … 45	0,4
Tafel 15	1260	−0,14	−0,20	−0,42	2 … 10	0,16 … 0,80	3 … 45	0,4
Tafel 16	1060	−0,14	−0,21	−0,40	2 … 10	0,16 … 0,80	3 … 45	0,4
Tafel 17	900	−0,15	−0,22	−0.38	2 … 10	0,16 … 0,63	3 … 45	0,4
Tafel 18	750	−0,15	−0,23	−0,36	2 … 10	0,16 … 0,63	3 … 45	0,4

für WIDALOX H und R

	C	F	E	G	a_p/mm	f/mm	T/mm	[mm]
Tafel 1								
Tafel 2	1912	−0,10	−0,10	−0,50	1 … 3	0,16 … 0,40	3 … 45	0,1 … 0,2
Tafel 3	1513	−0,10	−0,12	−0,47	1 … 3	0,16 … 0,40	3 … 45	0,1 … 0,2
Tafel 4	1301	−0,10	−0,14	−0,47	1 … 3	0,16 … 0,40	3 … 45	0,1 … 0,2
Tafel 5	1029	−0,11	−0,16	−0,44	1 … 3	0,16 … 0,40	3 … 45	0,1 … 0,2
Tafel 6	884	−0,11	−0,18	−0,44	1 … 3	0,16 … 0,40	3 … 45	0,1 … 0,2
Tafel 7	706	−0,11	−0,20	−0,41	1 … 3	0,16 … 0,40	3 … 45	0,1 … 0,2
Tafel 8	604	−0,12	−0,22	−0,41	1 … 3	0,16 … 0,32	3 … 45	0,1 … 0,2
Tafel 9	485	−0,12	−0,24	−0,38	1 … 3	0,16 … 0,32	3 … 45	0,1 … 0,2
Tafel 10	417	−0,12	−0,26	−0,38	1 … 3	0,16 … 0,32	3 … 45	0,1 … 0,2
Tafel 11	2057	−0,10	−0,16	−0,50	1 … 4	0,16 … 0,50	3 … 45	0,2 … 0,3
Tafel 12	1751	−0,11	−0,17	−0,48	1 … 4	0,16 … 0,50	3 … 45	0,2 … 0,3
Tafel 13	1488	−0,12	−0,18	−0,46	1 … 4	0,16 … 0,50	3 … 45	0,2 … 0,3
Tafel 14	1258	−0,13	−0,19	−0,44	1 … 4	0,16 … 0,50	3 … 45	0,2 … 0,3
Tafel 15	1071	−0,14	−0,20	−0,42	1 … 4	0,16 … 0,50	3 … 45	0,2 … 0,3
Tafel 16	901	−0,14	−0,21	−0,40	1 … 4	0,16 … 0,50	3 … 45	0,2 … 0,3
Tafel 17	765	−0,15	−0,22	−0,38	1 … 4	0,16 … 0,40	3 … 45	0,2 … 0,3
Tafel 18	638	−0,15	−0,23	−0,36	1 … 4	0,16 … 0,40	3 … 45	0,2 … 0,3

Tabelle 1.8. (Fortsetzung)

für WIDIANIT (nur GG-Werkstoffe)

$v_c = Ca_p^F f^E T^G$				Gültigkeitsbereich*			VB
C	F	E	G	a_p/mm	f/mm	T/mm	[mm]
Tafel 12 4120	−0,11	−0,17	−0,48	2 … 10	0,16 … 1,2	6 … 180	0,6 … 1,0
Tafel 13 3500	−0,12	−0,18	−0,46	2 … 10	0,16 … 1,2	6 … 180	0,6 … 1,0
Tafel 14 2960	−0,13	−0,19	−0,44	2 … 10	0,16 … 1,2	6 … 180	0,6 … 1,0
Tafel 15 2520	−0,14	−0,20	−0,42	2 … 10	0,16 … 1,2	6 … 180	0,6 … 1,0
Tafel 16 2120	−0,14	−0,21	−0,40	2 … 10	0,16 … 1,2	6 … 180	0,6 … 1,0
Tafel 17 1530	−0,15	−0,22	−0,38	2 … 10	0,16 … 1,0	6 … 180	0,6 … 1,0
Tafel 18 1275	−0,15	−0,23	−0,36	2 … 10	0,16 … 1,0	6 … 180	0,6 … 1,0

Die Verschleißmarkenbreite als Freiflächenverschleiß ist schematisch in Bild 1.17 dargestellt. α Freiwinkel, β Keilwinkel, γ Spanwinkel, VB Verschleißmarkenbreite.

Die Werkstück-Schnitt-Einflüsse sind in der Tabelle 1.9 zusammengestellt. Bei Multiplikation mehrerer WS-Faktoren darf $(WS)_{min} = 0,7$ nicht unterschritten werden.

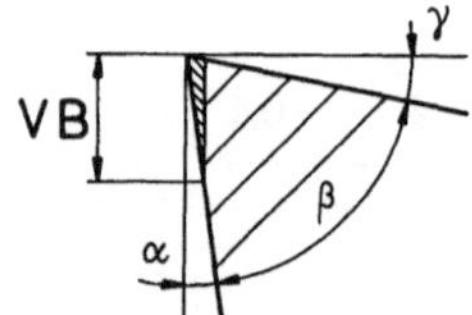

Bild 1.17. Schema des Freiflächenverschleißes

Tabelle 1.9. Werkstück-Schnitt-Einflüsse [12]

WS-Faktoren

Werkstück-Schnitt-Einfluß	WS-Faktor
Schmiede-, Walz- oder Gußhaut	WS = 0,70 … 0,80
Schwer spanbare Werkstücke	WS = 0,80 … 0,95
Leicht spanbare Werkstücke	WS = 1,05 … 1,20
Innendrehen	WS = 0,75 … 0,85
Schnittunterbrechungen/Anschnitte	WS = 0,80 … 0,90
Maschinenzustand besonders gut	WS = 1,05 … 1,20
Maschinenzustand besonders schlecht	WS = 0,80 … 0,95

Es muß noch geprüft werden, ob die nach (1.16) und (1.17) ermittelte Schnittgeschwindigkeit zwischen den für die Schneidstoffe zugelassenen Geschwindigkeiten $v_{c\,min}$ und $v_{c\,max}$ liegt (Tabellen 1.10 und 1.11).

Die kostengünstigste Standzeit für Drehwerkzeuge mit Wendeschneidplatten liegt derzeit im Durchschnitt zwischen 5 und 30 min, für gelötete Werkzeuge zwischen 10 und 45 min.

Tabelle 1.10. Grenzwerte für Schnittgeschwindigkeiten beim Drehen mit Hartmetall nach Krupp Widia [12]

Für WIDIA, WIDALON und WIDADUR

	Sorte	$v_{c\,min}$ [m/min]	$v_{c\,max}$ [m/min]		Sorte	$v_{c\,min}$ [m/min]	$v_{c\,max}$ [m/min]
Tafel 1	TTI	130	480	Tafel 5	TTI	105	350
	TTX	100	450		TTX	70	340
	TTM/TTS	75	360		TTM/TTS	50	240
	TTR	50	300		TTR	35	190
	TK 15	145	550		TK 15	95	400
	TZ 15	155	540		TZ 15	100	390
	TN 15	130	480		TN 25	85	340
	TN 35	95	430		TN 35	55	290
Tafel 2	TTI	130	460	Tafel 6	TTI	100	320
	TTX	90	420		TTX	65	310
	TTM/TTS	65	330		TTM/TTS	45	220
	TTR	45	270		TTR	30	170
	TK 15	135	520		TK 15	90	370
	TZ 15	145	510		TZ 15	95	360
	TN 25	120	460		TN 25	75	310
	TN 35	80	410		TN 35	50	260
Tafel 3	TTI	120	420	Tafel 7	TTI	100	300
	TTX	80	390		TTX	60	280
	TTM/TTS	60	300		TTM/TTS	40	200
	TTR	40	240		TTR	30	150
	TK 15	115	460		TK 15	90	320
	TZ 15	125	450		TZ 15	90	310
	TN 25	105	410		TN 25	70	290
	TN 35	70	370		TN 35	45	240
Tafel 4	TTI	110	380	Tafel 8	TTI	100	280
	TTX	75	360		TTX	60	270
	TTM/TTS	55	270		TTM/TTS	40	190
	TTR	35	210		TTR	30	140
	TK 15	100	410		TK 15	85	300
	TZ 15	105	400		TZ 15	85	290
	TN 25	90	370		TN 25	65	270
	TN 35	60	330		TN 35	45	220

Tabelle 1.10. (Fortsetzung)

Für WIDIA, WIDALON und WIDADUR

	Sorte	$v_{c_{min}}$ [m/min]	$v_{c_{max}}$ [m/min]		Sorte	$v_{c_{min}}$ [m/min]	$v_{c_{max}}$ [m/min]
Tafel 9	TTI	100	260	Tafel 13	THM-F	75	290
	TTX	60	250		AT 15/THM	40	270
	TTM/TTS	40	170		HK 15	80	400
	TK 15	80	280				
	TZ 15	80	270	Tafel 14	THM-F	65	250
	TN 25	60	250		AT 15/THM	35	230
					HK 15	70	340
Tafel 10	TTI	100	240				
	TTX	55	230	Tafel 15	THM-F	60	220
	TTM/TTS	40	160		AT 15/THM	30	190
	TK 15	70	260		HK 15	65	280
	TZ 15	75	250				
	TN 25	55	230	Tafel 16	THM-F	50	180
					AT 15/THM	25	150
					HK 15	50	230
Tafel 11	THM-F	95	420				
	AT 15/THM	60	370	Tafel 17	THM-F	45	140
	HK 15	120	500		AT 15/THM	20	120
					HK 15	45	180
Tafel 12	THM-F	85	350	Tafel 18	THM-F	40	120
	AT 15/THM	50	330		AT 15/THM	20	100
	HK 15	100	450		HK 15	40	150

1.2.5.2. Schnittgeschwindigkeit für Werkzeuge aus Hochleistungs-Schnellarbeitsstahl (HSS)

Die Schnittgeschwindigkeiten beim Drehen mit Schnellarbeitsstahl (HSS) sind für verschiedene Werkstoffe in Abhängigkeit vom Vorschub und der Standzeit in Tabelle 1.12 zusammengestellt.

Die nach Tabelle 1.12 ermittelte Schnittgeschwindigkeit v'_c muß mit dem entsprechenden WS-Faktor multipliziert werden, um die Schnittgeschwindigkeit für die gegebenen Betriebsverhältnisse zu ermitteln:

$$v_c = v'_c \, \text{WS} \, .$$

1.2.6 Werkstückdrehzahl

Die Werkstückdrehzahl kann nach folgender Gleichung bestimmt werden:

$$n = \frac{1000 v_c}{\pi d} \, . \tag{1.18}$$

Tabelle 1.11. Grenzwerte für Schnittgeschwindigkeiten beim Drehen
mit Schneidkeramik nach Krupp Widia [12]

für WIDALOX G

	$v_{c_{min}}$ [m/min]	$v_{c_{max}}$ [m/min]		$v_{c_{min}}$ [m/min]	$v_{c_{max}}$ [m/min]
Tafel 1			Tafel 10	80	500
Tafel 2	220	700	Tafel 11	220	1800
Tafel 3	190	650	Tafel 12	200	1700
Tafel 4	170	600	Tafel 13	180	1500
Tafel 5	150	600	Tafel 14	160	1300
Tafel 6	130	600	Tafel 15	145	1150
Tafel 7	115	600	Tafel 16	130	1000
Tafel 8	100	600	Tafel 17	120	900
Tafel 9	90	500	Tafel 18	110	800

für WIDALOX H und R

	$v_{c_{min}}$ [m/min]	$v_{c_{max}}$ [m/min]		$v_{c_{min}}$ [m/min]	$v_{c_{max}}$ [m/min]
Tafel 1			Tafel 10	85	500
Tafel 2	200	600	Tafel 11	220	1600
Tafel 3	180	600	Tafel 12	200	1400
Tafel 4	160	600	Tafel 13	180	1250
Tafel 5	145	600	Tafel 14	165	1100
Tafel 6	125	600	Tafel 15	150	1000
Tafel 7	115	600	Tafel 16	135	850
Tafel 8	105	600	Tafel 17	130	750
Tafel 9	95	500	Tafel 18	120	650

für WIDIANIT (nur GG-Werkstoffe)

	$v_{c_{min}}$ [m/min]	$v_{c_{max}}$ [m/min]		$v_{c_{min}}$ [m/min]	$v_{c_{max}}$ [m/min]
Tafel 11			Tafel 15	145	1150
Tafel 12	185	1700	Tafel 16	135	1000
Tafel 13	175	1500	Tafel 17	110	900
Tafel 14	160	1300	Tafel 18	100	800

Die so ermittelte Drehzahl soll nach DIN 804 (Tabelle 1.13) genormt werden. Die reale Schnittgeschwindigkeit auf Basis der genormten Drehzahl wird nach folgender Gleichung bestimmt:

$$v_c = \frac{\pi dn}{1000}.$$

1.2.7 Berechnungsbeispiel beim Drehen mit Hartmetall

Gegeben:

Ein 2000 mm langes Werkstück aus C45, vergütet 250 HB, soll von $\varnothing$180 mm auf $\varnothing$170 mm in einem Schnitt mit einem WIDIA-Hartmetall-Werkzeug der Bezeichnung TTX längsgedreht werden.

Vorschub $f = 0,4$ mm; Einstellwinkel $\varkappa_r = 60°$; Spanwinkel $\gamma = 6°$; Längenzugabe $z_l = 0$; Anlauf $l_a = 6,5$ mm; Überlauf $l_u = 6,5$ mm; Drehzahlreihe des Antriebes R 20/2 ($\varphi = 1,25$); Wirkungsgrad des Hauptantriebes $\eta = 0,8$; Werkstück ist mit Schmiedehaut versehen; Maschinenzustand: besonders gut; Standzeit des Werkzeuges $T = 20$ min.

Tabelle 1.12. Richtwerte für Schnittgeschwindigkeiten in m/min beim Drehen mit Hochleistungs-Schnellarbeitsstahl (HSS) [13]

Werkstoff	Vorschub f in mm																				
	0,1			0,16			0,25			0,4			0,63			1,0			1,6		
	Standzeit in min																				
	30	60	240	30	60	240	30	60	240	30	60	240	30	60	240	30	60	240	30	60	240
St60				51	43	31	43	36	26	35	30	21	30	25	18	25	21	15	20	17	12
St70				41	35	24	34	29	20	19	24	17	24	20	14	21	17	12	16	13	9,5
C15				66	48	40	55	40	33	45	32	27	37	27	22	35	31	20	30	25	18
C22				66	48	40	55	40	33	45	32	27	37	27	22	35	31	20	30	25	18
C35				62	52	37	51	43	31	43	36	25	35	29	21	29	24	17	24	20	14
GS-40				67	56	40	55	46	33	46	38	27	37	31	22	31	26	18	26	21	15
16MnCr5				32	27	19	26	21	15	20	17	12	16	13	9,5	12	10	7,6	10	8,5	6
20MnCr5				32	27	19	26	21	15	20	17	12	16	13	9,5	12	10	7,6	10	8,5	6
25CrMo4				40	34	25	32	27	19	25	21	15	21	17	12	16	14	9,6	12	10	7,6
37MnV7				21	18	12	16	14	10	12	11	8	10	8,7	6,3	8,3	7,1	5,4	6,2	5,3	4
41Cr4				21	18	12	16	14	10	12	11	8	10	8,7	6,3	8,3	7,1	5,4	6,2	5,3	4
GG-20				43	37	26	33	28	20	23	20	14	19	16	11	15	12	8,5	11	9,5	6,7
GG-25				32	27	19	25	21	15	17	15	11	14	12	8,3	11	9,5	6,8	8,5	7,1	5
GTW							46	38	26	35	29	20	26	22	15	20	17	12	15	13	9,5
Al-Leg. mit hoh. Si-Geh.	130	100	56	98	76	43	77	59	33	58	44	25	46	35	20						
Al–Si (zäh) Kolb. Leg.	179	132	75	133	100	57	100	75	42	73	56	32	55	42	24						
GAl–Si	165	125	71	123	93	54	92	70	40	70	53	30	53	40	23						
Mg-Leg.	1320	1000	560	1230	930	530	1170	870	500	1050	800	450	1025	780	534	980	740	420	950	710	400
Gußbronze							70	60	45	63	53	40	53	46	34	47	40	30	41	36	27

Tabelle 1.13. Lastdrehzahlen für Werkzeugmaschinen nach DIN 804

1	2	3	4	5	6	7	8	9	10
Nennwerte min^{-1}						Grenzwerte min^{-1} der Grundreihe R 20			
Grund-reihe	Abgeleitete Reihen								
R 20	R 20/2	R 20/3 (…2800…)	R 20/4 (…1400…)	(…2800…)	R 20/6 (…2800…)	bei mech. Abweichung		bei mech. und elektr. Abweichung	
$\varphi = 1,12$	$\varphi = 1,25$	$\varphi = 1,4$	$\varphi = 1,6$		$\varphi = 2$	−2%	+3%	−2%	+6%
100						98	103	98	106
112	112	11,2		112	11,2	110	116	110	119
125		125				123	130	123	133
140	140	1400	140		1400	138	145	138	150
160		16				155	163	155	168
180	180	180		180	180	174	183	174	188
200		2000				196	206	196	212
224	224	22,4	224		22,4	219	231	219	237
250		250				246	259	246	266
280	280	2800		280	2800	276	290	276	299
315		31,5				310	326	310	335
355	355	355	355		355	348	365	348	376
400		4000				390	410	390	422
450	450	45		450	45	438	460	438	473
500		500				491	516	491	531
560	560	5600	560		5600	551	579	551	596
630		630				618	650	618	669
710	710	710		710	710	694	729	694	750
800		8000				778	818	778	842
900	900	90	900		90	873	918	873	945
1000		1000				980	1030	980	1060

Die Reihen R 20, R 20/2 und R 20/4 können nach unten und oben durch Teilen bzw. Vervielfachen mit 10, 100 usw. fortgesetzt werden.
Die Reihen R 20/3 und R 20/6 sind für drei Dezimalbereiche angegeben, weil sich ihre Zahlen erst in jedem vierten Dezimalbereich wiederholen.

Gesucht:

Resultierende Zerspankraft, Antriebsleistung, spezifische Spanmenge, Vorschubleistung, Hauptzeit, Anzahl der Werkstücke in der Standzeit.

Lösung:

1. Spanungsquerschnitt:

$$A = a_p f;$$

$$a_p = \frac{180 - 170}{2} = 5\,\text{mm};$$

$$A = 5 \cdot 0,4 = 2\,\text{mm}^2 .$$

2. Schnittgeschwindigkeit für die Standzeit $T = 20$ min: Nach Tabelle 1.6 wird für C45, V 250, Tafel 6 ermittelt. Nach Tabelle 1.7 werden aus Tafel 6 für Schneidstoff TTX die Konstante C und die Exponenten F, E und G ermittelt:

$$C = 298; \quad F = -0,11; \quad E = -0,26; \quad G = -0,22 .$$

Die Schnittgeschwindigkeit wird nach (1.16) berechnet:

$$\begin{aligned}
v_c' &= C a_p^F f^E T^G \\
&= 298 \cdot 5^{-0,11} \cdot 0,4^{-0,26} \cdot 20^{-0,22} \\
&= 298 \cdot 0,8377 \cdot 1,269 \cdot 0,5173 \\
&= 163,89\,\text{m/min.}
\end{aligned}$$

Nach Tabelle 1.9 werden die WS-Faktoren bestimmt. Für Werkstücke mit Schmiedehaut: WS = 0,7 ... 0,8 = 0,75, für besonders guten Maschinenzustand: WS = 1,05 ... 1,2 = 1,12. Der WS-Faktor ergibt sich damit zu

$$WS = 0,75 \cdot 1,12 = 0,84 .$$

Kontrolle:

$$WS > WS_{min}; \quad 0,84 > 0,7 .$$

Die Schnittgeschwindigkeit für die gegebenen Betriebsverhältnisse ergibt sich nach (1.17) zu

$$v_c = v_c' WS = 163,89 \cdot 0,84 = 137,67\,\text{m/min} .$$

Es wird nun überprüft, ob die Schnittgeschwindigkeit zwischen $v_{c\,min}$ und $v_{c\,max}$ liegt. Nach Tabelle 1.10 werden aus Tafel 6 für TTX entnommen:

$$v_{c\,min} = 65\,\text{m/min}; \quad v_{c\,max} = 310\,\text{m/min} .$$

$$v_{c\,min} < v_c < v_{c\,max}; \quad 65 < 137,67 < 310 .$$

3. Werkstückdrehzahl:
   Nach (1.18) gilt

$$n = \frac{1000 v_c}{\pi d} = \frac{1000 \cdot 137,67}{\pi 180} = 243,45\,\text{min}^{-1} .$$

Nach Tabelle 1.13 wird für R20/2 die nächstliegende Drehzahl ermittelt:

$$n = 224\,\text{min}^{-1} .$$

4. Reale Schnittgeschwindigkeit:

$$v_c = \frac{\pi d n}{1000} = \frac{\pi \cdot 180 \cdot 224}{1000} = 126{,}669 \text{ m/min} .$$

5. Schnittkraft:
Nach Tabelle 1.3 ergibt sich für C45, $f = 0{,}4$ und $\varkappa_r = 60°$ die spezifische Schnittkraft als

$$K_c = 2492 \text{ N/mm}^2 .$$

Nach (1.4) wird die Spanwinkelkorrektur berechnet:

$$K_\gamma = 1 - \frac{\gamma - \gamma_0}{66{,}7} = 1 - \frac{6 - 6}{66{,}7} = 1 .$$

Nach Bild 1.14 ergibt sich für $v_c = 126{,}669$ m/min die Schnittgeschwindigkeitskorrektur zu

$$K_v = 0{,}98 .$$

Da mit Hartmetall bearbeitet wird, folgt für die Schneidstoffkorrektur

$$K_{\text{SCH}} = 1 .$$

Die Verschleißkorrektur wird als Mittelwert bestimmt:

$$K_T = 1{,}3 \text{ bis } 1{,}5 = 1{,}4 .$$

Damit erhält man für die Schnittkraft aus (1.2) schließlich

$$\begin{aligned}
F_c &= A K_c K_\gamma K_v K_{\text{SCH}} K_T \\
&= 2 \cdot 2492 \cdot 1 \cdot 0{,}98 \cdot 1 \cdot 1{,}4 \\
&= 6838{,}04 \text{ N} .
\end{aligned}$$

6. Vorschubkraft:
Nach Tabelle 1.5 werden für CK45 entnommen:

$$1 - x = 0{,}3248 ,$$

$$K_{f1.1} = 343 \text{ N/mm}^2 .$$

Die Spanbreite und die Spanungsdicke sind gegeben durch

$$b = \frac{a_p}{\sin \varkappa_r} = \frac{5}{\sin 60°} = 5{,}7735 \text{ mm};$$

$$h = f \sin \varkappa_r = 0{,}4 \sin 60° = 0{,}3464 \text{ mm} .$$

Für die Vorschubkraft ergibt sich nach (1.9)

$$F_f = b h^{1-x} K_{f1.1} = 5{,}7735 \cdot 0{,}3464^{0{,}3248} \cdot 343 = 1.403{,}43 \text{ N} ,$$

7. Passivkraft:
$K_{p1.1}$ und $1 - y$ werden aus Tabelle 1.5 für CK45 entnommen:

$$1 - y = 0{,}5244;$$

$$K_{p1.1} = 263 \text{ N/mm}^2 .$$

Für die Passivkraft erhält man aus (1.10)

$$f_p = b h^{1-y} K_{p1.1} = 5{,}7735 \cdot 0{,}3464^{0{,}5244} \cdot 263 = 870{,}88 \text{ N} .$$

8. Resultierende Zerspankraft:
   Die resultierende Zerspankraft ist nach (1.11)

$$F = \sqrt{F_c^2 + F_f^2 + F_p^2} = \sqrt{6838{,}04^2 + 1403{,}32^2 + 870{,}88^2}$$
$$= 7034{,}68 \text{ N} .$$

9. Schnittleistung:
   Für die Schnittleistung ergibt sich mit (1.5)

$$P_c = \frac{F_c v_c}{60 \cdot 1000} = \frac{6838{,}04 \cdot 126{,}669}{60 \cdot 100} = 14{,}43 \text{ kW} .$$

10. Antriebsleistung:
    Die Antriebsleistung wird nach (1.6) berechnet zu

$$P_M = \frac{P_c}{\eta} = \frac{14{,}43}{0{,}8} = 18{,}04 \text{ kW} .$$

11. Zerspantes Volumen:
    Mit (1.7) hat man

$$Z_c = \frac{A v_c}{60} = \frac{2 \cdot 126{,}669}{60} = 4{,}22 \text{ cm}^3/\text{s} .$$

12. Spezifische Spanmenge:
    Für die spezifische Spanmenge ergibt sich nach (1.8)

$$Z_{csp} = \frac{Z_c}{P_c} = \frac{4{,}22}{14{,}43} = 0{,}2924 \, \frac{\text{cm}^3}{\text{s kW}} .$$

13. Vorschubgeschwindigkeit:
    Die Vorschubgeschwindigkeit errechnet man nach (1.12) zu

$$f_f = f n = 0{,}4 \cdot 224 = 89{,}6 \text{ mm/min} .$$

14. Vorschubleistung:
    Die Vorschubleistung wird nach (1.13)

$$P_f = \frac{F_f v_f}{60 \cdot 10^6} = \frac{1403{,}43 \cdot 89{,}6}{60 \cdot 10^6} = 0{,}0021 \text{ kW} .$$

15. Hauptzeit:
    Der Vorschubweg ergibt sich mit (1.15) zu

$$L = l + 2Z_1 + l_a + l_u = 2000 + 2 \cdot 0 + 6{,}5 + 6{,}5 = 2013 \text{ mm} .$$

Für die Hauptzeit erhält man daraus mit (1.14)

$$t_h = \frac{L}{v_f} i = \frac{2013}{89{,}6} 1 = 22{,}46 \text{ min} .$$

16. Anzahl der Werkstücke in der Standzeit:

$$z = \frac{T}{t_h} = \frac{20}{22{,}46} = 0{,}89 .$$

1.2.8 Berechnungsbeispiel beim Drehen mit Schnellarbeitsstahl

Gegeben:
Eine Welle aus St70 soll von $\varnothing$ 80 mm auf $\varnothing$ 64 mm in zwei Schnitten mit einem HSS-Werkzeug längsgedreht werden.
Vorschub $f = 0{,}4$ mm; Einstellwinkel $\varkappa_r = 60°$; Spanwinkel $\gamma = 9°$; Drehzahlreihe der Maschine R20 ($\varphi = 1{,}12$); Standzeit $T = 30$ min; Werkstück ist vorbearbeitet; Maschinenzustand: besonders schlecht.

Gesucht:
Werkstückdrehzahl, Schnittkraft, Vorschubkraft, Passivkraft.

Lösung:
1. Schnittgeschwindigkeit für die Standzeit $T = 30$ min:
   Schnittgeschwindigkeit v'_c wird aus Tabelle 1.12 für St70, $f = 0{,}4$ mm und $T = 30$ min entnommen:

$$v'_c = 19 \text{ m/min} .$$

Nach Tabelle 1.9 werden die WS-Faktoren bestimmt.
Für vorbearbeitete Werkstücke (ohne Schmiedehaut) WS = 1; für Maschinenzustand besonder schlecht WS = 0,8 ... 0,95 = 0,875. Der WS-Faktor ergibt sich damit zu

$$WS = 1 \cdot 0{,}875 = 0{,}875 .$$

Die Schnittgeschwindigkeit für die gegebenen Betriebsverhältnisse wird nach (1.17) bestimmt:

$$v_c = v'_c \, WS = 19 \cdot 0{,}875 = 16{,}625 \text{ m/min} .$$

2. Werkstückdrehzahl:
   Mit (1.18) folgt

$$n = \frac{1000 v_c}{\pi d} = \frac{1000 \cdot 16{,}625}{\pi \cdot 80} = 66{,}14 \text{ min}^{-1} .$$

Die nächstliegende Drehzahl wird aus Tabelle 1.13 für R20 entnommen:

$$n = 63 \text{ min}^{-1} .$$

3. Reale Schnittgeschwindigkeit:

$$v_c = \frac{\pi d n}{1000} = \frac{\pi 80 \cdot 63}{1000} = 15{,}83 \text{ m/min} .$$

4. Spanungsquerschnitt:
   Da das Werkstück in zwei Schnitten von $\varnothing$ 80 auf $\varnothing$ 64 bearbeitet wird, ergibt sich für die Schnittiefe

$$a_p = \frac{80 - 64}{4} = 4 \text{ mm} .$$

Der Spanungsquerschnitt wird damit

$$A = a_p f = 4 \cdot 0{,}4 = 1{,}6 \text{ mm}^2 .$$

5. Schnittkraft:
Die spezifische Schnittkraft K_c wird aus Tabelle 1.3 für St70, $f = 0,4$ mm, $\varkappa_r = 60°$ entnommen:

$$K_c = 3041 \text{ N/mm}^2 \,.$$

Die Spanwinkelkorrektur ist nach (1.4)

$$K_\gamma = 1 - \frac{\gamma - \gamma_0}{66,7} = 1 - \frac{9 - 6}{66,7} = 0,955 \,.$$

Die Schnittgeschwindigkeitskorrektur K_v wird nach Bild 1.14 für $v_c = 15,83$ ermittelt:

$$K_v = 1,25 \,.$$

Da es sich um Schnellarbeitsstahl handelt, ergibt sich die Schneidstoffkorrektur zu

$$K_{SCH} = 1 \,.$$

Die Verschleißkorrektur wird als Mittelwert angenommen:

$$K_T = 1,3 \dots 1,5 = 1,4 \qquad \text{(Standzeitende)}.$$

Für die Schnittkraft bei Standzeitende ergibt sich nach (1.2) schließlich

$$\begin{aligned}
F_c\, A K_c K_\gamma K_v K_{SCH} K_T \\
&= 1,6 \cdot 3041 \cdot 0,955 \cdot 1,25 \cdot 1 \cdot 1,4 \\
&= 8131.634 \text{ N} \,.
\end{aligned}$$

6. Vorschubkraft:
$1 - x$ und $K_{f1.1}$ werden aus Tabelle 1.5 für St70 entnommen:

$$1 - x = 0,3835; \qquad K_{f1.1} = 364 \text{ N/mm}^2 \,.$$

Die Spanbreite wird

$$b = \frac{a_p}{\sin \varkappa_r} = \frac{4}{\sin 60°} = 4,6188 \text{ mm} \,.$$

Für die Spanungsdicke hat man

$$h = f \sin \varkappa_r = 0,4 \sin 60° = 0,3464 \text{ mm} \,.$$

Die Vorschubkraft ergibt sich nach (1.9)

$$F_f = b h^{1-x} K_{f1.1} = 4,6188 \cdot 0,3463^{0,3835} \cdot 364 = 1119,62 \text{ N} \,.$$

7. Passivkraft:
$K_{p1.1}$ und $1 - y$ wurden aus Tabelle 1.5 für St70 entnommen:

$$1 - y = 0,5067; \qquad K_{p1.1} = 311 \text{ N/mm}^2 \,.$$

Die Passivkraft ist damit nach (1.10)

$$F_p = b h^{1-y} K_{p1.1} = 4,6188 \cdot 0,3463^{0,5067} \cdot 311 = 839,47 \text{ N} \,.$$

1.3 Spanende Bearbeitung beim Bohren

1.3.1 Verwendete Kurzzeichen

A in mm^2	Spanungsquerschnitt je Hauptschneide
a_p in mm	Schnittiefe (Bild 1.18)
b in mm	Spanbreite (Gl. (1.19), Bild 1.18)
D in mm	Bohrerdurchmesser (Gl. (1.20), (1.21), (1.22), (1.23), (1.24), (1.25), (1.27), (1.28), (1.29), Bild 1.18, 1.20)
d in mm	Bohrungsdurchmesser (Gl. (1.21), (1.22), (1.23), Bild 1.18)
F_c in N	Schnittkraft je Hauptschneide (Gl. (1.20), (1.21), (1.22), Bild 1.20)
F_f in N	Vorschubkraft (Gl. (1.13), (1.24), (1.25), Bild 1.20)
f in mm	Vorschub je Umdrehung (Gl.(1.12), (1.20), (1.21), (1.25), (1.26), Bild 1.18)
h in mm	Spanungsdicke (Gl. (1.19), (1.24), Bild 1.18)
i	Anzahl der Späneauswürfe (Gl. (1.26))
$K_{c1.1}$ in N/mm^2	Hauptwert der spezifischen Schnittkraft (Gl. (1.1), (1.19), (1.20), (1.21), Tab. 1.14)
$K_{f1.1}$ in N/mm^2	Hauptwert der spezifischen Vorschubkraft (Gl. (1.24), (1.25), Tab. 1.15)
K_T	Verschleißkorrektur (Gl. (1.19), (1.20), (1.21))
L in mm	Vorschubweg (Gl. (1.27), (1.28), Bild 1.21)
l in mm	Werkstückdicke (Gl. (1.26), (1.27), Bild 1.21)
l_a in mm	Anlauf des Werkzeuges (Gl. (1.27), Bild 1.21)
l_u in mm	Überlauf des Werkzeuges (Gl. (1.27), Bild 1.21)
n in min^{-1}	Bohrerdrehzahl (Gl. (1.12), (1.29))
P_c in kW	Schnittleistung (Gl. (1.5), (1.8), (1.22))
P_f in kW	Vorschubleistung (Gl. (1.13))
P_M in kW	Antriebsleistung (Gl. (1.6))
t_h in min	Hauptzeit (Gl. (1.28))
v_c in m/min	Schnittgeschwindigkeit bezogen auf Außendurchmesser (Gl. (1.5), (1.7), (1.22), (1.23), (1.29))
v_f in mm/min	Vorschubgeschwindigkeit (Gl. (1.12), (1.13), (1.28))
$1 - x$	Anstiegswert der Vorschubkraft (Gl. (1.24), (1.25), Tab. 1.15)
$1 - z$	Anstiegswert der Schnittkraft (Gl. (1.19), (1.20), (1.21), Tab. 1.14)
Z_c in cm^3/s	Zerspantes Volumen (Gl. (1.7), (1.8), (1.23))
$Z_{c.sp}$ in cm^3/s kW	Spezifische Spanmenge (Gl. (1.8))
ε_r in Grad	Spitzenwinkel (Gl. (1.20), (1.21), (1.25), (1.27), Bild 1.18)
η	Wirkungsgrad des Hauptantriebes (Gl. (1.6))

1.3.2 Schnittkraft, Schnittleistung, zerspantes Volumen

Die Schnittkraft beim Bohren kann wie beim Drehen nach Kienzle [5] in Abhängigkeit vom Spanungsquerschnitt und der spezifischen Schnittkraft ermittelt werden:

$$F_c = A K_c \, .$$

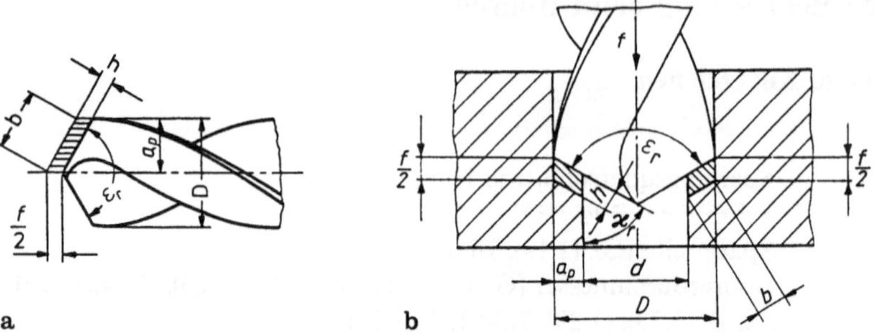

Bild 1.18 a, b. Spanungsquerschnitt beim Bohren. **a** Bohren ins Volle, **b** Aufbohren

In Bild 1.18 ist die Spangeometrie beim Bohren ins Volle und beim Aufbohren dargestellt. Der Spanungsquerschnitt je Hauptschneide (der Spiralbohrer hat zwei Hauptschneiden, s. Bild 1.19 ergibt sich beim Bohren ins Volle zu

$$A = bh = a_\mathrm{p}\,\frac{f}{2} = \frac{Df}{4}; \qquad a_\mathrm{p} = \frac{D}{2}.$$

Erläuterungen zu Bild 1.19:

α_0	Freiwinkel,	s'	Querschneide
β_0	Keilwinkel,	c	Seele,
γ_0	Spanwinkel,	A_γ	Spanfläche
ε_r	Spitzenwinkel,	A_α	Freifläche.
s	Hauptschneide,		

Für den Spanungsquerschnitt beim Aufbohren gilt

$$A = bh = a_\mathrm{p}\,\frac{f}{2} = \frac{(D - d)f}{4}; \qquad a_\mathrm{p} = \frac{D - d}{2}.$$

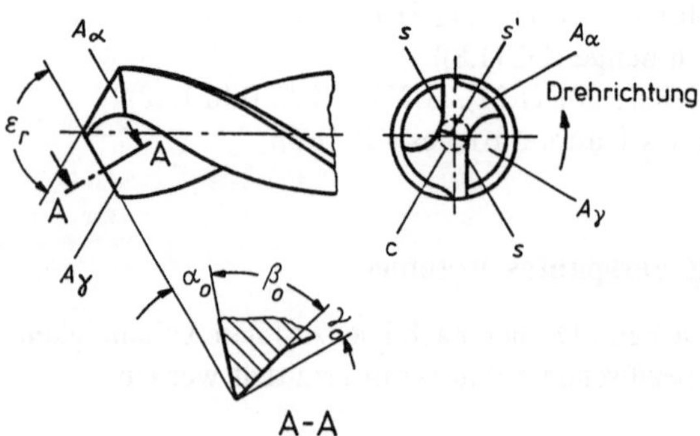

Bild 1.19. Geometrie der Schneide beim Bohren

Die Spanbreite und die Spanungsdicke können beim Bohren ins Volle und beim Aufbohren nach folgender Gleichung bestimmt werden:

$$b = \frac{a_\mathrm{p}}{\sin\dfrac{\varepsilon_\mathrm{r}}{2}}; \qquad h = \frac{f}{2}\sin\frac{\varepsilon_\mathrm{r}}{2}.$$

Der Vorschub pro Schneide beträgt die Hälfte des Vorschubs pro Umdrehung (Bild 1.18). Der Zusammenhang zwischen K_c und $K_{\mathrm{c}1.1}$ läßt sich wie beim Drehen durch (1.1) beschreiben:

$$K_\mathrm{c} = \frac{K_{\mathrm{c}1.1}}{h^z}.$$

Setzt man diesen Wert in die Schnittkraftsgleichung, ergibt sich die Schnittkraft je Hauptschneide zu

$$F_\mathrm{c} = bh^{1-z}K_{\mathrm{c}1.1}.$$

Da sich beim Bohren Spanwinkel, Schnittgeschwindigkeit und Schneidstoff in einem relativ niedrigen und begrenzten Gebiet bewegen, ist es hier zweckmäßig, nur mit Verschleißkorrekturfaktoren zu arbeiten.

Somit ergibt sich die Schnittkraft je Hauptschneide zu

$$F_\mathrm{c} = bh^{1-z}K_{\mathrm{c}1.1}K_\mathrm{T}. \tag{1.19}$$

Betrachtet man gemäß der obigen Formeln b und h als Funktionen von a_p bzw. von D, d und h, ergibt sich die Schnittkraft beim Bohren ins Volle zu

$$F_\mathrm{c} = \frac{D}{2\sin\dfrac{\varepsilon_\mathrm{r}}{2}}\left(\frac{f}{2}\sin\frac{\varepsilon_\mathrm{r}}{2}\right)^{1-z}K_{\mathrm{c}1.1}K_\mathrm{T}. \tag{1.20}$$

und beim Aufbohren

$$F_\mathrm{c} = \frac{D-d}{2\sin\dfrac{\varepsilon_\mathrm{r}}{2}}\left(\frac{f}{2}\sin\frac{\varepsilon_\mathrm{r}}{2}\right)^{1-z}K_{\mathrm{c}1.1}K_\mathrm{T}. \tag{1.21}$$

Die Hauptwerte der spezifischen Schnittkraft $K_{\mathrm{c}1.1}$ und die Anstiegswerte $1-z$ beim Bohren wurden durch Versuche von Pahlitzsch [14] und Spur [15] ermittelt und sind in Tabelle 1.14 aufgestellt. Der Korrekturfaktor für den Schneidenverschleiß K_T liegt bei $K_\mathrm{T} = 1{,}25$ bis $1{,}4$, wobei der untere Wert für Gußwerkstoffe, der obere für Stahl genommen werden soll [13]. Die auf den Spiralbohrer wirkende Schnittkraft F_c und Vorschubkraft F_f sind in Bild 1.20 dargestellt. Die Schnittleistung wird aus der Schnittkraft F_c und der mittleren Schnittgeschwindigkeit v_m bestimmt:

$$P_\mathrm{c} = \frac{2F_\mathrm{c}v_\mathrm{m}}{60\cdot 1000}.$$

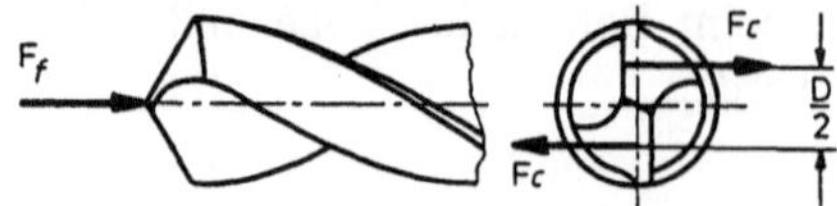

Bild 1.20. Kräfte am Spiralbohrer

Die mittlere Schnittgeschwindigkeit, d. h. die Geschwindigkeit am mittleren Bohrerdurchmesser, wird beim Bohren ins Volle durch folgende Gleichung bestimmt

$$v_{\mathrm{m}} = \frac{v_{\mathrm{c}}}{2}.$$

Tabelle 1.14. Hauptwerte der spezifischen Schnittkraft und Anstiegswerte beim Bohren nach
Pahlitzsch [14], Spur [15] und König, Essel [10] (für Gußeisen und Al-Legierung)

Werkstoff		R_{m} Festigkeit (N/mm²) bzw. Härte	Anstiegswert $1 - z$	$k_{\mathrm{c}1.1}$ (N/mm²)
Baustahl	St50 gewälzt	560	0,82	1960
Unlegierter Einsatz- und Vergütungsstahl	C15 kalt-gezogen	650	0,65	1780
	C35 kalt-gezogen	850	0,75	1700
	C35	620	0,78	1800
	C45 blank-gezogen	980	0,81	1900
	C45 normal-geglüht	670	0,84	2480
	CK60 weich-geglüht	850	0,87	2200
Legierter Einsatzstahl	16MnCr5 normal-geglüht	560	0,83	2020
	18CrNi8 normal-geglüht	600	0,82	2690
Legierter Vergütungsstahl	46MnSi4 weich-geglüht	650	0,85	2390
	34CrMo4 weich-geglüht	610	0,80	1840
	42CrMo4 vergütet	1080	0,86	2720
Unlegierter Werkzeugstahl	C60W3 gezogen und geglüht	830	0,87	2680
	C100W2 gezogen und geglüht	950	0,79	2630
Legierter Werkzeugstahl	100Cr6 weich-geglüht	710	0,76	2780
Gußeisen	GG-25	HB 200	0,74	1160
Al-Legierung	G-AlMg4SiMn	260	0,80	487

Setzt man diesen Wert in die Schnittleistung, ergibt sich beim Bohren ins Volle die schon bekannte Gl. (1.5)

$$P_c = \frac{F_c v_c}{60 \cdot 1000}.$$

Beim Aufbohren ist

$$v_m = \frac{v_c(D + d)}{2D}.$$

Setzt man diesen Wert in die Schnittleistung, ergibt sich beim Aufbohren die Schnittleistung zu

$$P_c = \frac{F_c v_c(D + d)}{D60 \cdot 1000}. \qquad (1.22)$$

Die Antriebsleistung wird wie beim Drehen nach (1.6) bestimmt:

$$P_M = \frac{P_c}{\eta}.$$

Das am Spiralbohrer wirkende Drehmoment kann beim Bohren ins Volle nach folgender Gleichung errechnet werden:

$$Md = F_c\frac{D}{2}.$$

Beim Aufbohren gilt

$$Md = F_c\frac{D + d}{2}.$$

Für das zerspante Volumen hat man

$$Z_c = \frac{2Av_m}{60}.$$

Setzt man die Werte v_m in diese Gleichung ein, ergibt sich beim Bohren ins Volle (vgl. (1.7))

$$Z_c = \frac{Av_c}{60},$$

und beim Aufbohren

$$Z_c = \frac{Av_c(D + d)}{60D}. \qquad (1.23)$$

Die spezifische Spanmenge wird wie beim Drehen nach (1.8) bestimmt:

$$Z_{csp} = \frac{Z_c}{P_c}.$$

1.3.3 Vorschubkraft, Vorschubleistung

Die Vorschubkraft beim Bohren ins Volle errechnet sich nach Pahlitzsch [14] nach folgenden Gleichungen

$$F_f = Dh^{1-x}K_{f1.1} ,$$ (1.24)

oder

$$F_f = D \left(\frac{f}{2} \sin \frac{\varepsilon_r}{2}\right)^{1-x} K_{f1.1} .$$ (1.25)

Tabelle 1.15. Hauptwerte der spezifischen Vorschubkraft und Anstiegswerte beim Bohren nach Pahlitzsch [14] und König, Essel [10] (für Gußeisen)

Werkstoff		R_m Festigkeit (N/mm^2) bzw. Härte	Anstieg der Vorschub-kraft $(1 - x)$	$k_{f1.1}$ (N/mm^2)
Baustahl	St50 gewälzt	560	0,71	1250
Unlegierter	C15	650	0,54	1280
Einsatz- und	kalt-gezogen			
Vergütungsstahl	C35	850	0,63	1220
	kalt-gezogen			
	C35	620	0,60	1180
	C45	980	0,73	1800
	blank-gezogen			
	C45	670	0,72	1620
	normal-geglüht			
	CK60	850	0,57	1170
	weich-geglüht			
Legierter	16MnCr5	560	0,64	1220
Einsatzstahl	normal-geglüht			
	18CrNi8	600	0,55	1240
	normal-geglüht			
Legierter	46MnSi4	650	0,62	1360
Vergütungsstahl	weich-geglüht			
	34CrMo4	610	0,64	1460
	weich-geglüht			
	42CrMo4	1080	0,71	2370
	vergütet			
Unlegierter	C60W3	830	0,79	2370
Werkzeugstahl	gezogen und geglüht			
	C100W2	950	0,77	2670
	gezogen und geglüht			
Legierter	100Cr6	710	0,56	1630
Werkzeugstahl	weich-geglüht			
Gußeisen	GG-30	HB 200	0,09	170

Die Hauptwerte $K_{f1.1}$ und die Anstiegswerte sind durch Versuche ermittelt und in Tabelle 1.15 aufgestellt. Diese Tabelle wurde für Gußeisen mit den Werten für $K_{f1.1}$ und $(1 - x)$ nach König und Essel [10] ergänzt, die für alle spanenden Fertigungsverfahren gültig sind. Die Vorschubkraft beim Aufbohren konnte nicht genau ermittelt werden, da die spezifischen Vorschubkräfte durch Versuche [14] nur beim Bohren ins Volle ermittelt wurden.

Eine annähernde Berechnung der Vorschubkraft beim Aufbohren als Kraftdifferenz zwischen Vorschubkräften nach Durchmesser D und d (s. Bild 1.18) ist über (1.25) nicht richtig, da beim Bohren ins Volle auch die Querschneide mitwirkt (vgl. Bild 1.19). Die Vorschubgeschwindigkeit wird wie beim Drehen nach (1.12) gegeben durch

$$v_f = fn.$$

Die Vorschubleistung ist nach (1.13)

$$P_f = \frac{F_f v_f}{60 \cdot 10^6}.$$

1.3.4 Hauptzeit, Anzahl der Späneauswürfe

Bei langen Bohrungen muß der Bohrer mehrmals aus der noch nicht auf die vorgesehene Tiefe gebohrten Bohrung hinausfahren, damit die Späne beseitigt werden. Die Anzahl der Späneauswürfe läßt sich praktisch nach folgender empirischer Gleichung bestimmen:

$$i = \frac{l - 2{,}5D}{D}. \tag{1.26}$$

Aus dieser Gleichung wird deutlich, daß bei Bohrungen mit

$$l > 2{,}5D$$

ausgespänt werden muß.

Der Vorschubweg L wird nach Bild 1.21 bestimmt:

$$L = l + l_a + l_u + l_{sp}.$$

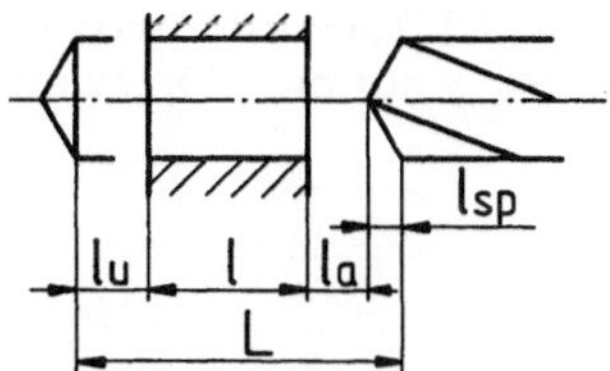

Bild 1.21. Vorschubweg, Anlauf und Überlauf

Für die Länge der Bohrerspitze gilt

$$l_{sp} = \frac{D}{2} \tan\left(90° - \frac{\varepsilon_r}{2}\right).$$

Die Gleichung für den Vorschubweg wird somit

$$L = l + l_a + l_u + \frac{D}{2} \tan\left(90° - \frac{\varepsilon_r}{2}\right). \tag{1.27}$$

Die Hauptzeit kann beim Bohren durch

$$t_h = \frac{L}{v_f} \tag{1.28}$$

berechnet werden, wenn nicht ausgespänt wird. Beim Ausspänen, d. h. bei

$$l > 2,5D ,$$

muß dazu noch die Zeit berücksichtigt werden, die für das Hinaus- und Hineinfahren in das Werkstück benötigt wird.

1.3.5 Schnittgeschwindigkeit

Beim Bohren sollten, wie beim Drehen, bei größeren Spannungsquerschnitten und größeren Standzeiten bzw. Standwegen niedrigere Schnittgeschwindigkeiten gewählt werden.

Die Ermittlung der Schnittgeschwindigkeiten nach der Taylorschen Gleichung (s. (1.16) und (1.17)) ist beim Bohren nicht möglich, da alle Einflußfaktoren (Werkstück-Schnitt-Einflüsse, Kühlung, Bohrerprofil, Werkstückdicke) nicht berücksichtigt werden können.

Die Richtwerte für die Ermittlung der Schnittgeschwindigkeit beim Bohren mit Hartmetall und Schnellarbeitsstahl sind für verschiedene Werkstoffe in Tabelle 1.16 zusammengestellt. Die Vorschübe sind in Abhängigkeit vom Bohrerdurchmesser angegeben.

1.3.6 Bohrerdrehzahl

Die Bohrerdrehzahl kann nach folgender Gleichung berechnet werden:

$$n = \frac{1000 v_c}{\pi D}. \tag{1.29}$$

Die nach (1.29) ermittelte Drehzahl soll nach DIN 804 (Tabelle 1.13) genormt werden. Anschließend muß die reale Schnittgeschwindigkeit nach der genormten Drehzahl ermittelt werden:

$$v_c = \frac{\pi D n}{1000}.$$

Tabelle 1.16. Richtwerte für Schnittgeschwindigkeiten beim Bohren nach Stock [16], Titex Plus [17] und Fette [18]

Werkstoff	Beispiel	Schneidstoff	v_c m/mm	Vorschub f in mm Bohrerdurchmesser D in mm									
				1	1,6	2,5	4	6,3	10	16	25	40	63
Unleg. Stahl, R_m bis 700 N/mm²	CK15, 9S20K, St42, St50	HSS	25–28	v. Hd.	v. Hd.	0,05	0,08	0,12	0,18	0,22	0,28	0,36	0,45
		HM	100–120	0,01	0,01	0,01	0,03	0,05	0,08	0,12	0,18	0,22	
Unleg. u. leg. St. R_m bis 1000 N/mm²	16MnCr5, 34CrV4, 42CrMo5	HSS	20–25	v. Hd.	v. Hd.	0,04	0,06	0,10	0,16	0,20	0,25	0,32	0,40
		HM	80–100	0,01	0,01	0,02	0,03	0,05	0,08	0,10	0,16	0,20	
Leg. St. über R_m = 1000 N/mm² Werkzeugstahl	42MnV7, 50CrV4, X210Cr12	HSS	10–15	v. Hd.	v. Hd.	0,03	0,05	0,08	0,14	0,18	0,22	0,28	0,36
		HM	60–80	0,01	0,01	0,02	0,03	0,04	0,06	0,10	0,16	0,20	
Rost-, Säure- u. hitzebest. St.	X10Cr13, X20CrMo1, X12CrNi8	HSS	8–12	v. Hd.	v. Hd.	0,03	0,05	0,08	0,14	0,18	0,22	0,28	0,35
		HM	20–35	0,005	0,008	0,01	0,02	0,03	0,05	0,08	0,10	0,12	
Co–Ni-Legier. hochwarmfest, Titanlegierung	Hastelloy, Inconel Nimonic, TiAl6V4	HSS	6–10	v. Hd.	v. Hd.	0,01	0,03	0,05	0,10	0,14	0,18	0,22	0,28
		HM	20–40	0,005	0,008	0,01	0,02	0,04	0,05	0,08	0,10	0,12	
Stahlguß bis R_m = 800 N/mm²	GS-38, GS-60	HSS	18–25	v. Hd.	v. Hd.	0,03	0,07	0,10	0,12	0,20	0,25	0,32	0,40
		HM	50–100	0,01	0,01	0,01	0,02	0,05	0,06	0,10	0,16	0,20	
Grauguß, HB ≤ 220	GG-15, GG-20	HSS	16–25	v. Hd.	v. Hd.	0,08	0,12	0,16	0,22	0,28	0,36	0,45	0,56
		HM	80–100	0,02	0,02	0,02	0,03	0,06	0,12	0,16	0,20	0,25	
Grauguß, HB ≥ 220	GG-30, GG-40	HSS	10–16	v. Hd.	v. Hd.	0,04	0,06	0,10	0,16	0,20	0,25	0,32	0,40
		HM	40–80	0,02	0,02	0,02	0,03	0,06	0,12	0,16	0,20	0,25	
Temperguß, Sphäroguß	GTS-35, GGG-50	HSS	18–25	v. Hd.	v. Hd.	0,08	0,12	0,16	0,22	0,28	0,36	0,45	0,56
		HM	50–90	0,020	0,02	0,02	0,03	0,06	0,12	0,16	0,20	0,22	
Hartguß, Ferro TiC, Ampco-Met.	TiAlMoV811 Ampco 8–22	HSS	5–10	v. Hd.	v. Hd.	0,04	0,06	0,10	0,16	0,20	0,25	0,32	0,40
		HM	20–40	0,005	0,008	0,01	0,02	0,04	0,05	0,08	0,12	0,16	

Tabelle 1.16. (Fortsetzung)

Werkstoff	Beispiel	Schneidstoff	v_c m/mm	Vorschub f in mm Bohrerdurchmesser D in mm									
				1	1,6	2,5	4	6,3	10	16	25	40	63
Kupfer	E2-Cu58, F-Cu, Se-Cu	HSS	32–60	v. Hd.	v. Hd.	0,05	0,10	0,15	0,18	0,22	0,28	0,36	0,45
		HM	70–100	0,03	0,03	0,03	0,04	0,08	0,10	0,12	0,16	0,20	
Kupferlegierung, zähharte Bron.	CuA110, G-CuAl11Ni	HSS	18–25	v. Hd.	v. Hd.	0,05	0,08	0,12	0,16	0,25	0,32	0,40	0,50
		HM	80–120	0,02	0,02	0,02	0,03	0,04	0,08	0,14	0,18	0,20	
Messing kurzspanend	CuZn39Pb2, CuZn44Pb2	HSS	60–80	v. Hd.	v. Hd.	0,10	0,14	0,18	0,25	0,32	0,40	0,50	0,63
		HM	50–80	0,02	0,02	0,02	0,02	0,04	0,08	0,14	0,22	0,25	
Messing langspanend, Rotguß	CuZn37, CuZn33, Rg10, Rg7	HSS	30–50	v. Hd.	v. Hd.	0,05	0,05	0,08	0,18	0,25	0,32	0,40	0,50
		HM	100–150	0,02	0,02	0,02	0,02	0,04	0,10	0,16	0,25	0,30	
Alu-Legier., kurzspanend	G-AlSi12, GAlMg5, GD-AlSiCu3	HSS	40–63	v. Hd.	v. Hd.	0,06	0,10	0,14	0,20	0,25	0,32	0,40	0,50
		HHM	60–100	0,02	v.0,02	0,02	0,02	0,05	0,08	0,12	0,20	0,20	
Alu-Legier., langspanend	AlMg7, AlMg3Si, AlZnMgCu15	HSS	80–120	v. Hd.	v. Hd.	0,12	0,18	0,25	0,32	0,45	0,56	0,71	1,0
		HM	100–200	0,02	0,02	0,02	0,03	0,06	0,10	0,14	0,18	0,20	
Magnesium-Legier., Elektron	G-MgAl18Zn1, MgZn6Zr	HSS	80–160	v. Hd.	v. Hd.	0,12	0,16	0,20	0,28	0,36	0,45	0,56	0,71
		HM	100–150	0,02	0,02	0,02	0,03	0,06	0,10	0,14	0,20	0,30	
Zink-Legier., Zinkdruckguß	GD-ZnAl4, GK-ZnAl6Cu1	HSS	32–50	v. Hd.	v. Hd.	0,05	0,08	0,10	0,18	0,22	0,28	0,36	0,45
		HM	80–120	0,02	0,02	0,02	0,02	0,04	0,08	0,14	0,22	0,25	
Kunststoffe hart (Duroplaste)	Bakelit, Pertinax	HSS	15–25	v. Hd.	v. Hd.	0,04	0,08	0,12	0,16	0,25	0,32	0,40	0,60
		HM	80–120	0,02	0,02	0,03	0,03	0,05	0,10	0,16	0,25	0,30	
Kunststoffe weich (Thermoplaste)	PVC, Plexiglas, Nylon	HSS	28–40	v. Hd.	v. Hd.	0,08	0,14	0,20	0,25	0,36	0,45	0,56	0,71
		HM	80–120	0,02	0,02	0,03	0,03	0,05	0,10	0,16	0,25	0,30	

v. Hd. = von Hand
Bei titannitridbeschichteten (TiN) Bohrern wird v_c 50 bis 100%
und f bis 50% erhöht.

1.3.7 Berechnungsbeispiel beim Bohren und Aufbohren mit Werkzeug aus Hochleistungs-Schnellarbeitsstahl

Gegeben:

Eine 25 mm dicke Platte aus 16MnCr5 soll mit einem HSS-Spiralbohrer $\varnothing$ 10 mm ins Volle gebohrt werden. Anschließend wird auf $\varnothing$ 16 mm aufgebohrt.
Spitzenwinkel $\varepsilon_r = 118°$,
Anlauf $l_a = 2$ mm,
Überlauf $l_u = 2$ mm,
Wirkungsgrad des Hauptantriebs $\eta = 0,9$,
Drehzahlreihe des Antriebes R20 ($\varphi = 1,12$).

Gesucht:

Bohrerdrehzahl, Antriebsleistung, spezifische Spanmenge, Vorschubleistung, Hauptzeit, Anzahl der Späneauswürfe.

Lösung:

1. Schnittgeschwindigkeit:
   Nach Tabelle 1.16 wird die Schnittgeschwindigkeit beim Bohren von legierten Stählen, R_m bis 1000 N/mm^2 (16MnCr5) mit HSS-Spiralbohrer ermittelt:

$$v_c = 20 \ldots 25 \text{ m/min} \,.$$

Es wird der Mittelwert angenommen,

$$v_c = 22,5 \text{ m/min} \,.$$

2. Bohrerdrehzahl:
   2.1 Beim Bohren ins volle

$$n = \frac{1000 v_c}{\pi D} = \frac{1000 \cdot 22,5}{\pi 10} = 716,19 \text{ min}^{-1} \,.$$

Nach Tabelle 1.13 wird für R20 die nächstliegende Drehzahl ermittelt:

$$n = 710 \text{ min}^{-1} \,.$$

   2.2 Beim Aufbohren

$$n = \frac{1000 v_c}{\pi D} = \frac{1000 \cdot 22,5}{\pi 16} = 447,62 \text{ min}^{-1} \,.$$

Nach Tabelle 1.13 bekommt man

$$n = 450 \text{ min}^{-1} \,.$$

3. Reale Schnittgeschwindigkeit:
   3.1 Beim Bohren ins Volle

$$v_c = \frac{\pi D n}{1000} = \frac{\pi 10 \cdot 710}{1000} = 22,3 \text{ m/min} \,.$$

   3.2 Beim Aufbohren

$$v_c = \frac{\pi D n}{1000} = \frac{\pi 16 \cdot 450}{1000} = 22,6 \text{ m/min} \,.$$

4. Vorschub:
Nach Tabelle 1.16 wird der Vorschub beim Bohren von 16MnCr5 mit HSS-Spezialbohrer
in Abhängigkeit vom Bohrerdurchmesser ermittelt.
4.1 Beim Bohren ins Volle ($D = 10$ mm)

$$f = 0{,}16 \text{ mm}.$$

4.2 Beim Aufbohren ($D = 16$ mm)

$$f = 0{,}20 \text{ mm}.$$

5. Vorschubgeschwindigkeit:
Die Vorschubgeschwindigkeit wird nach (1.12) bestimmt.
5.1 Beim Bohren ins Volle

$$v_f = fn = 0{,}16 \cdot 710 = 113{,}6 \text{ mm/min}.$$

5.2 Beim Aufbohren

$$v_f = fn = 0{,}20 \cdot 450 = 90 \text{ mm/min}.$$

6. Spanungsquerschnitt je Hauptschneide:
6.1 Beim Bohren ins Volle

$$A = \frac{Df}{4} = \frac{10 \cdot 0{,}16}{4} = 0{,}4 \text{ mm}^2.$$

6.2 Beim Aufbohren

$$A = \frac{(D - d)f}{4} = \frac{(16 - 10)\,0{,}20}{4} = 0{,}3 \text{ mm}^2.$$

7. Schnittkraft je Hauptschneide:
Nach Tabelle 1,14 werden für 16MnCr5 die spezifischen Schnittkräfte und die Anstiegswerte
ermittelt:

$$K_{c1.1} = 2020 \text{ N/mm}^2; \qquad 1 - z = 0{,}83.$$

Die Verschleißkorrektur für Stahl beträgt

$$K_T = 1{,}4.$$

7.1 Beim Bohren ins Volle gilt nach (1.20)

$$F_c = \frac{D}{2 \sin \frac{\varepsilon_r}{2}} \left(\frac{f}{2} \sin \frac{\varepsilon_r}{2} \right)^{1-z} K_{c1.1} K_T$$

$$= \frac{10}{2 \sin \frac{118°}{2}} \left(\frac{0{,}16}{2} \sin \frac{118°}{2} \right)^{0{,}83} 2020 \cdot 1{,}4$$

$$= 1783{,}99 \text{ N}.$$

7.2 Beim Aufbohren ist nach (1.21)

$$F_c = \frac{D-d}{2\sin\frac{\varepsilon_r}{2}}\left(\frac{f}{2}\sin\frac{\varepsilon_r}{2}\right)^{1-z} K_{c1.1}K_T$$

$$= \frac{16-10}{2\sin\frac{118°}{2}}\left(\frac{0{,}20}{2}\sin\frac{118°}{2}\right)^{0{,}83} 2020\cdot 1{,}4$$

$$= 1288{,}18\ \mathrm{N}.$$

8. Schnittleistung:
   8.1 Beim Bohren ins Volle gilt nach (1.5)

$$P_c = \frac{F_c v_c}{60\cdot 1000} = \frac{1783{,}99\cdot 22{,}3}{60\cdot 1000} = 0{,}663\ \mathrm{kW}.$$

   8.2 Beim Aufbohren gilt mit (1.22)

$$P_c = \frac{F_c v_c(D+d)}{D60\cdot 1000} = \frac{1288{,}18\cdot 22{,}6(16+10)}{16\cdot 60\cdot 1000} = 0{,}788\ \mathrm{kW}.$$

9. Antriebsleistung:
   Die Antriebsleistung wird nach (1.6) bestimmt.
   9.1 Beim Anbohren ins Volle

$$P_M = \frac{P_c}{\eta} = \frac{0{,}663}{0{,}9} = 0{,}736\ \mathrm{kW}.$$

   9.2 Beim Aufbohren

$$P_M = \frac{P_c}{\eta} = \frac{0{,}788}{0{,}9} = 0{,}876\ \mathrm{kW}.$$

10. Zerspantes Volumen:
    10.1 Beim Bohren ins Volle gilt nach (1.7)

$$Z_c = \frac{Av_c}{60} = \frac{0{,}4\cdot 22{,}3}{60} = 0{,}1487\ \mathrm{cm^3/s}.$$

    10.2 Beim Aufbohren liefert (1.23)

$$Z_c = \frac{Av_c(D+d)}{60D} = \frac{0{,}3\cdot 22{,}6(16+10)}{60\cdot 16} = 0{,}1836\ \mathrm{cm^3/s}.$$

11. Spezifische Spanmenge:
    Die spezifische Spanmenge wird nach (1.8) ermittelt.
    11.1 Beim Bohren ins Volle

$$Z_{csp} = \frac{Z_c}{P_c} = \frac{0{,}1487}{0{,}663} = 0{,}2243\ \frac{\mathrm{cm^3}}{\mathrm{s\,kW}}.$$

    11.2 Beim Aufbohren

$$Z_{csp} = \frac{Z_c}{P_c} = \frac{0{,}1836}{0{,}788} = 0{,}2328\ \frac{\mathrm{cm^3}}{\mathrm{s\,kW}}.$$

12. Vorschubkraft beim Bohren ins Volle:
Aus Tabelle 1.15 werden für 16MnCr5 $K_{f1.1}$ und $1 - x$ entnommen:

$$K_{f1.1} = 1220 \, \text{N/mm}^2; \qquad 1 - x = 0,64 \, .$$

Für die Vorschubkraft ergibt sich nach (1.25)

$$F_f = D \left(\frac{f}{2} \sin \frac{\varepsilon_r}{2} \right)^{1-x} K_{f1.1} = 10 \left(\frac{0,16}{2} \sin \frac{118°}{2} \right)^{0,64} 1220$$

$$= 2195,32 \, \text{N} \, .$$

13. Vorschubleistung:
Die Vorschubleistung errechnet sich nach (1.13) zu

$$P_f = \frac{F_f v_f}{60 \cdot 16^6} = \frac{2195,32 \cdot 113,6}{60 \cdot 10^6} = 0,0042 \, \text{kW} \, .$$

14. Anzahl der Späneauswürfe:
Da $l = 2,5D$, ist die Anzahl der Späneauswürfe

$$i = 0 \, ,$$

d. h. es muß nicht extra ausgespänt werden.
15. Hauptzeit:
15.1 Beim Bohren ins Volle
Der Vorschubweg wird nach (1.27)

$$L = l + l_a + l_u + \frac{D}{2} \tan \left(90° - \frac{\varepsilon_r}{2} \right)$$

$$= 25 + 2 + 2 + \frac{10}{2} \tan \left(90° - \frac{118°}{2} \right)$$

$$= 32 \, \text{mm} \, .$$

Mit (1.28) folgt daraus für die Hauptzeit

$$t_h = \frac{L}{v_f} = \frac{32}{113,6} = 0,2817 \, \text{min} \, .$$

15.2 Beim Aufbohren

$$L = l + l_a + l_u + \frac{D}{2} \tan \left(90° - \frac{\varepsilon_r}{2} \right)$$

$$= 25 + 2 + 2 + \frac{16}{2} \tan \left(90° - \frac{118°}{2} \right)$$

$$= 33,8 \, \text{mm} \, .$$

$$t_h = \frac{L}{v_f} = \frac{33,8}{90} = 0,3756 \, \text{min} \, .$$

1.4 Spanende Bearbeitung beim Fräsen

1.4.1 Verwendete Kurzzeichen

A_z in mm^2	Mittlerer Spanungsquerschnitt je Zahn
a_e in mm	Werkstückbreite (Gl. (1.36), (1.40), (1.44), (1,45), Bild 1.23, 1.26)
a_p in mm	Schnittiefe (Gl. (1.36), (1.37), (1.40), Bild 1.23)
a_1 in mm	Teil der Werkstückbreite (Bild 1.23)
a_2 in mm	Teil der Werkstückbreite (Bild 1.23)
b in mm	Spanbreite (Gl. (1.34), (1.35), Bild 1.23)
C	Konstante (Gl. (1.40), Tab. 1.20)
C	Festwert (Gl. (1.37), Tab. 1.18)
D in mm	Fräserdurchmesser (Gl. (1.29), (1.39), (1.40), (1.41), Bild 1.23, 1.25, 1.26, 1.27)
e in mm	Schnittiefe (Gl. (1.41), (1.42), (1.45), Bild 1.26)
F_c in N	Mittlere Schnittkraft des Fräsers (Gl. (1.5), (1.34), (1.35), (1.43), (1.44), Bild 1.23, 1.26)
F_{cz} in N	Mittlere Schnittkraft je Zahn (Gl. (1.37), Bild 1.24)
F_f in N	Augenblickliche Vorschubkraft, die auf den Fräser wirkt (Gl. (1.13), (1.38))
F_{fz} in N	Augenblickliche Vorschubkraft, die auf einen Zahn wirkt (Gl. (1.37))
F_1	Exponent (Gl. (1.40), Tab. 1.20)
F_2	Exponent (Gl. (1.40), Tab. 1.20)
F_3	Exponent (Gl. (1.40), Tab. 1.20)
F_4	Exponent (Gl. (1.40), Tab. 1.20)
F_5	Exponent (Gl. (1.40), Tab. 1.20)
f in mm	Vorschub je Fräserumdrehung
f_z in mm	Vorschub je Zahn (Gl. (1.30), (1.31), (1.37), (1.40), (1.42), Bild 1.23)
h_M in mm	Mittlere spanungsdicke (Gl. (1.30), (1.31), (1.42), (1.43), (1.44), Bild 1.23)
i	Anzahl der Schnitte (Gl. (1.14))
K_c in N/mm^2	Spezifische Schnittkraft (Gl. (1.32))
$K_{c1.1}$ in N/mm^2	Hauptwert der spezifischen Schnittkraft (Gl. (1.32), (1.34), (1.35), (1.43), (1.44), Tab. 1.17)
K_T	Verschleißkorrektur (Gl. (1.34), (1.35), (1.43), (1.44))
K_v	Schnittgeschwindigkeitskorrektur (Gl. (1.34), (1.35), (1.43), (1.44), Bild 1.14)
K	Spanwinkelkorrektur (Gl. (1.4), (1.34), (1.35), (1.43), (1.44))
L in mm	Vorschubweg (Gl. (1,14), (1.15), (1.39), (1.46), Bild 1.25, 1.27)
l in mm	Werkstücklänge (Gl. (1.15), (1.39), (1.46), Bild 1.25, 1.27)
l_a in mm	Anlauf des Werkzeuges (Gl. (1.15), Bild 1.27)
l_u in mm	Überlauf des Werkzeuges (Gl. (1.15), (1.46), Bild 1.27)
n in min^{-1}	Drehzahl des Fräsers (Gl. (1.12), (1.29))
P_c in kW	Schnittleistung (Gl. (1.5), (1.6), (1.8))
P_f in kW	Vorschubleistung (Gl. (1.13))
P_M in kW	Antriebsleistung (Gl. (1.6))

R in N	Radialkraft, die von der Reibung des Spanes an der Oberfläche abhängt (Gl. (1.37), Bild 1.24)
T_f in min	Standzeit bezogen auf die Vorschubrichtung (Gl. (1.40))
t_h in min	Hauptzeit (Gl. (1.14))
v_c in m/min	Schnittgeschwindigkeit für die gegebenen Betriebsverhältnisse (Gl. (1.5), (1.17), (1.29))
v'_c in m/min	Schnittgeschwindigkeit für vorbearbeitetes Material und guten Maschinenzustand (Gl. (1.40), Tab. 1.22, 1.23)
v_f in mm/min	Vorschubgeschwindigkeit (Gl. (1.12), (1.13), (1.14), (1.36), (1.45))
VB in mm	Verschleißmarkenbreite (Gl. (1.40))
WS	Werkstück-Schnitt-Einfluß (Gl. (1.17), Tab. 1.21)
Z	Schnittkraftexponent (Gl. (1.32), (1.37)
z	Zähnezahl des Fräsers (Gl. (1.33), (1.35), (1.44))
Z_c in cm³/s	Zerspantes Volumen (Gl. (1.8), (1.36), (1.45))
Z_{csp} in cm³/s kW	Spezifische Spanmenge (Gl. (1.8))
z_{iE}	Anzahl der Zähne im Eingriff (Gl. (1.33), (1.34), (1.43))
Z_1 in mm	Längenzugabe (Gl. (1.39), (1.46), Bild 1.25, 1.27)
$1 - z$	Anstiegswert der Schnittkraft (Gl. (1.34), (1.35), (1.37), (1.43), (1.44))
ε_1 in Grad	Teil des Schnittbogenwinkels (Bild 1.23)
ε_2 inGrad	Teil des Schnittbogenwinkels (Bild 1.23)
γ in Grad	Tatsächlich vorliegender Spanwinkel (Gl. (1.4))
γ_0 in Grad	Versuchsspanwinkel (Gl. (1.4), Tab. 1.17)
φ_s in Grad	Schnittbogenwinkel (Gl. (1.30), (1.31), (1.41), (1.42), (1.44), Bild 1.23, 1.26)
$\varkappa_r$ in Grad	Einstellwinkel (Gl. (1.30), (1.31), (1.37), Bild 1.22, 1.23)
ω in Grad	Stellungswinkel (Gl. (1.37), Bild 1.24)
η in Grad	Wirkungsgrad des Hauptantriebes (Gl. (1.6))

1.4.2 Stirnfräsen

1.4.2.1 Schnittkraft, Schnittleistung, zerspantes Volumen

Beim Fräsen stehen mehrere Zähne (Schneiden) gleichzeitig mit dem Werkstück im Eingriff. Die Spanungsdicke ändert sich ständig, so daß in einem bestimmten Moment alle sich im Eingriff befindlichen Zähne eine verschiedene Spanungsdicke aufweisen.

In Bild 1.22 ist die Geometrie der Schneide, in Bild 1.23 sind der Spanungsquerschnitt und die Kräfte am Stirnfräser dargestellt.

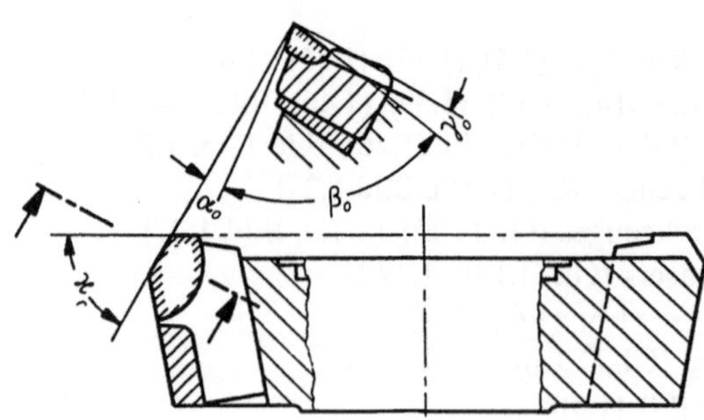

Bild 1.22. Geometrie der Schneide beim Stirnfräsen

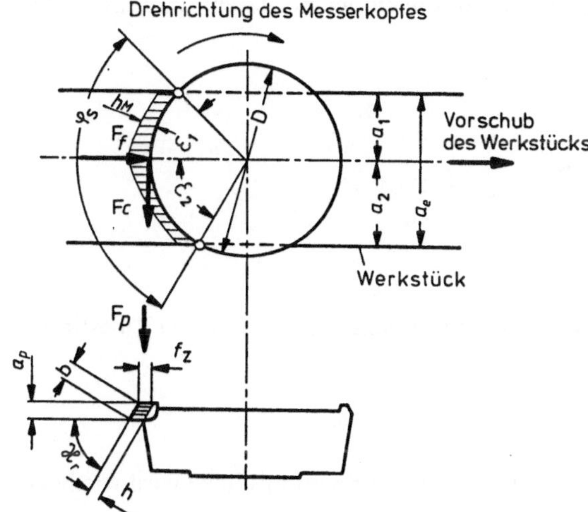

Bild 1.23. Spanungsquerschnitt und Kräfte am Stirnfräser

Dabei bedeuten:

α_0 Freiwinkel, $\qquad \varkappa_r$ Einstellwinkel,

β_0 Keilwinkel $\qquad \lambda_s$ Neigungswinkel .

γ_0 Spanwinkel,

Für den Schnittbogenwinkel φ_s (s. Bild 1.23) gilt:

$$\varphi_s = \varepsilon_1 + \varepsilon_2; \qquad \sin \varepsilon_1 = \frac{a_1}{D/2}; \qquad \sin \varepsilon_2 = \frac{a_2}{D/2}.$$

Für den Fall, daß

$$a_1 = a_2 = a_e/2 ,$$

gilt

$$\varepsilon_1 = \varepsilon_2 = \frac{\varphi_s}{2}; \qquad \sin \frac{\varphi_s}{2} = \frac{a_e}{D}.$$

Die mittlere Spanungsdichte kann nach der Näherungsgleichung

$$h_M = \frac{57{,}3 f_z \sin \varkappa_r [\cos (90 - \varepsilon_1) - \cos (90 + \varepsilon_2)]}{\varphi_s} \tag{1.30}$$

berechnet werden.

Für den Fall, daß

$$\varepsilon_1 = \varepsilon_2 = \frac{\varphi_s}{2} ,$$

wird die mittlere Spanungsdicke nach folgender Gleichung bestimmt:

$$h_M = \frac{114{,}6}{\varphi_s} f_z \sin \varkappa_r \frac{a_e}{D}. \tag{1.31}$$

Der mittlere Spanungsquerschnitt je Zahn kann nach der mittleren Spanungsdichte bestimmt werden:

$$A_z = bh_M \, .$$

Für die Spanbreite gilt die Gleichung

$$b = \frac{a_p}{\sin \varkappa_r} \, .$$

Die mittlere Schnittkraft je Zahn kann wie beim Drehen nach Kienzle [5] bestimmt werden:

$$F_{cZ} = A_Z K_c \, .$$

Die Abhängigkeit der spezifischen Schnittkraft von der Spanungsdicke wird wie beim Drehen ermittelt durch

$$K_c = \frac{K_{c1.1}}{h_M^z} \, . \tag{1.32}$$

Setzt man diesen Wert und die Spanungsquerschnittsformel in die Schnittkraftgleichung ein, ergibt sich

$$F_{cZ} = bh^{1-z}K_{c1.1} \, .$$

Die mittlere Schnittkraft des Fräsers wird durch die Multiplikation der mittleren Schnittkraft je Zahn mit der Anzahl der Zähne im Eingriff

$$z_{iE} = \frac{\varphi_s}{360} z \tag{1.33}$$

bestimmt:

$$F_c = F_{cZ} z_{iE} = z_{iE} bh_M^{1-z} K_{c1.1} \, .$$

Beim Fräsen müssen auch die Korrekturfaktoren K_γ, K_v und K_T berücksichtigt werden (K_{SCH} entfällt, weil beim Fräsen keine Schneidkeramik angewandt wird).

Die endgültige Gleichung für die mittlere Schnittkraft lautet dann

$$F_c = z_{iE} bh_M^{1-z} K_{c1.1} K_\gamma K_v K_T \, , \tag{1.34}$$

oder

$$F_c = \frac{\varphi_s}{360} zbh_M^{1-z} K_{c1.1} K_\gamma K_v K_T \, . \tag{1.35}$$

Die Hauptwerte der spezifischen Schnittkraft und die Anstiegswerte beim Fräsen sind für verschiedene zu bearbeitende Werkstoffe in Tabelle 1.17 zusammengestellt.

Tabelle 1.17. Hauptwerte der spezifischen Schnittkraft und Anstiegswerte beim Fräsen nach Haidt [19]

Werkstoff	Festigkeit (N/mm²) bzw. Härte	Wahrer Spanwinkel (Grad) γ_0	Anstiegs- wert $1 - z$	$k_{c1.1}$ (N/mm²)
St50	520	8	0,81	1390
St60	620	8	0,87	1440
St70	720	8	0,79	1500
CK45	670	8	0,88	1470
CK60	770	8	0,86	1430
16MnCr5	770	8	0,81	1440
18CrNi6	630	8	0,74	1450
42crMo4	730	8	0,80	1550
34CrMo4	600	8	0,84	1480
50CrV4	600	8	0,80	1470
55NiCrMoV6 geglüht	940	8	0,82	1290
55NiCrMoV6 vergütet	HB 352	8	0,82	1350
ECMo80	590	8	0,86	1500
GS-52	520	8	0,82	1800
Hartguß	HRC42	8	0,81	1900
Meehanite A	360	8	0,74	1200
Grauguß GG-25	HB 200	8	0,66	760
Messing CuZn40Pb2	500	8	0,66	500
Leichtmetall G-AlM9	160	20	0,66	250
Leichtmetall G-AlSi	200	20	0,66	300

Die Spanwinkelkorrektur wird wie beim Drehen nach (1.4) bestimmt:

$$K_\gamma = 1 - \frac{\gamma - \gamma_0}{66,7};$$

γ tatsächlich vorliegender Spanwinkel,
γ_0 Versuchsspanwinkel (s. Tabelle 1.17).

Für die Schnittgeschwindigkeitskorrektur K_v kann wie beim Drehen Bild 1.14 benutzt werden.

Die Verschleißkorrektur kann nach Weilemann [20] als

$$K_T = 1,2 \text{ bis } 1,4$$

angenommen werden.

Die Schnittleistung errechnet sich nach (1.5) zu

$$P_c = \frac{F_c v_c}{60 \cdot 1000}.$$

Für die Antriebsleistung erhält man aus (1.6)

$$P_M = \frac{P_c}{\eta}.$$

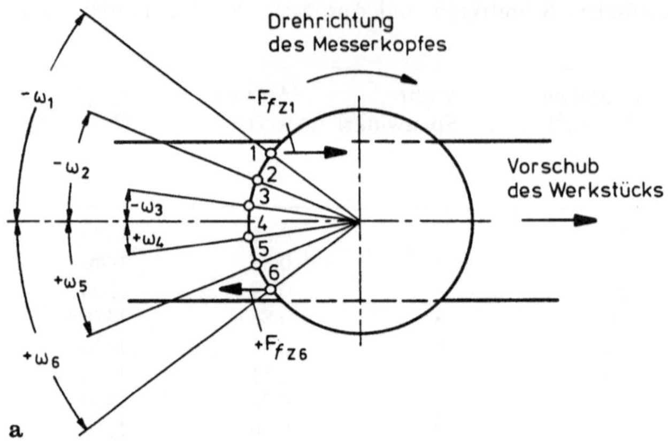

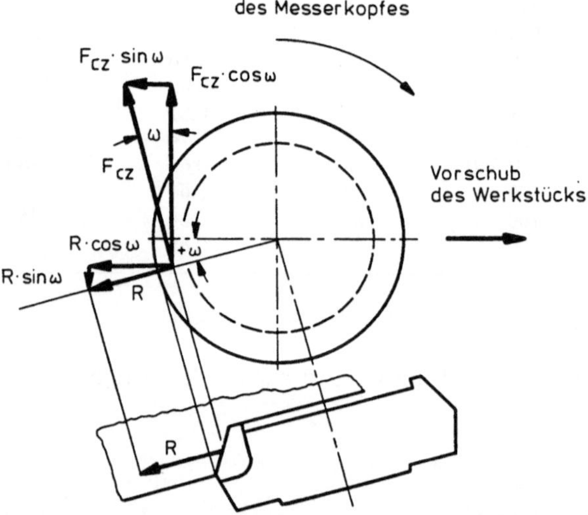

Bild 1.24 a, b. Augenblickliche Kräfte, die auf Zähne beim Stirnfräsen wirken. **a** Vorschubkräfte,
b Schnitt- und Radialkräfte

Das zerspante Volumen wird nach folgender Gleichung berechnet

$$Z_c = \frac{a_e a_p v_f}{60 \cdot 1000}. \tag{1.36}$$

Die spezifische Spanmenge berechnet sich nach (1.8) zu

$$Z_{csp} = \frac{Z_c}{P_c}.$$

1.4.2.2 Vorschubkraft, Vorschubleistung

Die Vorschubkraft ist eine pulsierende Kraft, die sich bei der Drehung des Fräsers ständig ändert. An jedem sich im Eingriff befindlichen Zahn wirkt eine bestimmte augenblickliche Vorschubkraft, die nach Kronenberg [21] durch folgende Gleichung bestimmt werden kann:

$$F_{fz} = 10 C a_p f_z^{1-z} [\cos 90 - \varkappa_r)]^{-z} (\cos \omega)^{1-z} \left(\sin \omega + \frac{R}{F_{cz}} \cos \omega \right). \quad (1.37)$$

Wie in Bild 1.24 dargestellt, nimmt jeder im Eingriff befindliche Zahn in einem Augenblick einen bestimmten Stellungswinkel ω an. Der Zahn 1 z. B. nimmt den Stellungswinkel $-\omega_1$ an, auf den Zahn 1 wirkt die Vorschubkraft $-F_{fz1}$. Stellungswinkel unter der Fräserachse sind positiv, so daß z. B. auf den Zahn 6, der den Stellungswinkel $+\omega_6$ annimmt, die Vorschubkraft $+F_{fz6}$ wirkt.

Die Festwerte C sind nach Unterlagen von Kronenberg [21] in Tabelle 1.18 zusammengestellt.

Das Verhältnis R/F_{cz} kann nach Kronenberg [21] angenommen werden als

$$\frac{R}{F_{cz}} = 0,1 \text{ bis } 0,5 \, .$$

Die Vorschubkraft, die in einem bestimmten Moment auf den Fräser wirkt, wird als Summe aller gleichzeitig wirkenden Vorschubzahnkräfte berechnet,

$$F_f = \sum_{i=1}^{n} F_{fzi} = F_{fz1} + F_{fz2} + \ldots + F_{fzn} \, . \quad (1.38)$$

Für den Vorschub je Fräserumdrehung gilt die Gleichung

$$f = f_z z \, ,$$

und für die Vorschubgeschwindigkeit gilt (1.12)

$$v_f = f n \, .$$

Für die Vorschubleistung gilt (1.13)

$$P_f = \frac{F_f v_f}{60 \cdot 10^6} \, .$$

Tabelle 1.18. Festwerte C nach Kronenberg [21]

Werkstoff	Brinell-Härte [N/mm²]	Festwert C
GG26	2000	110
St50	1400	135
St60	1670	150
St70	1900	160
16MnCr5 gehärtet	3000	200
50CrV4 vergütet	3200	230

Tabelle 1.19. Werkstoff-Vergleichstabelle für die Ermittlung der zuständigen Tafeln [22]

Werkstoff	Zustand Härte HB	Siehe Tafel	Werkstoff	Zustand Härte HB	Siehe Tafel
St50	U, N	4/5	St60	U, N	5/6
St70	U, N	6/7			
			C10	U, N 105	1
C15	U, N 120	1	C22	U, N 150	2
C35	U, N 160	3	C35	U, V 190	4
C35	V 220	5	C45	U, N 190	5
C45	V 250	6	C55	U, N 220	6
C55	U, V 250	7	C55	V 280	8
C60	U, N 220	7	C60	U, N 260	8
C60	V 300	9			
			GS-38	N	3
GS-45	N	4	GS-52	N	5
GS-60	N	6	GS-70	N	7
C80W1	G 180	6	C105W1	G 190	6
100Cr6	G 200	8	X210Cr12	G 230	8
55NiCrMoV6	G 220	8	55NiCrMoV6	V 320	10
18CrNi8	BG 180	5	34CrNiMo6	B, V 240	7
34CrNiMo6	V 380	10	16MnCr5	BG 160	4
20MnCr5	BG 170	4	20MnCr5	BF 210	6
34CrMo4	B, V 200	5	34CrMo4	V 300	7
42CrMo4	B, V 220	6	42CrMo4	V 280	8
41CrAlMo7	V 250	6	41CrAlMo7	V 320	9
34CrAlNi7	V 320	9			
GG-10 bis GG-40	120	12	GGG-35 bis	160	12
	160	14	GGG-80	200	14
	220	16		260	16
	290	18		330	18
GTW-35 bis	120	14	GTS-35 bis	140	11
GTW-65	190	16	GTS-70	180	13
	290	18		230	15
				290	17

1.4.2.3 Hauptzeit

Die Hauptzeit wird beim Stirnfräsen nach (1.14) berechnet

$$t_\mathrm{h} = \frac{L}{v_\mathrm{f}} i \,.$$

Der Vorschubweg wird nach Bild 1.25 bestimmt durch

$$L = l + 2Z_1 + D + 3 \,. \tag{1.39}$$

Tabelle 1.20. Konstante C und Exponenten F_1, F_2, F_3, F_4 und F_5 beim Stirnfräsen mit Hartmetall nach Krupp Widia [22]

Exponententafel für Stahlwerkstoffe

$$v_c = Cf_z^{F_1}\, a_p^{F_2}\, T_f^{F_3}\, VB^{F_4}\, a_e/D^{F_5}$$

| | | | | | | | | Gültigkeitsbereich | | | | |
		C	F_1	F_2	F_3	F_4	F_5	f_z in mm	a_p in mm	T_f in min	VB in mm	a_e/D
Tafel 1	TTM	563	−0,21	−0,10	−0,28	+0,34	−0,24	0,1 … 0,4	1 … 12	25 … 120	0,2 … 0,6	0,4 … 0,8
	TN25M	942	−0,22	−0,10	−0,26	+0,38	−0,28	0,1 … 0,4	1 … 12	20 … 100	0,2 … 0,5	0,4 … 0,8
Tafel 2	TTM	507	−0,18	−0,10	−0,24	+0,46	−0,25	0,1 … 0,4	1 … 12	25 … 120	0,2 … 0,6	0,4 … 0,8
	TN25M	1378	−0,20	−0,10	−0,40	+0,27	−0,23	0,1 … 0,4	1 … 12	20 … 100	0,2 … 0,5	0,4 … 0,8
Tafel 3	TTM	465	−0,20	−0,10	−0,26	+0,38	−0,23	0,1 … 0,4	1 … 12	25 … 120	0,2 … 0,6	0,4 … 0,8
	TN25M	1013	−0,22	−0,10	−0,38	+0,18	−0,25	0,1 … 0,4	1 … 12	20 … 100	0,2 … 0,5	0,4 … 0,8
Tafel 4	TTM	543	−0,23	−0,10	−0,30	+0,61	−0,28	0,1 … 0,4	1 … 12	25 … 120	0,2 … 0,6	0,4 … 0,8
	TN25M	807	−0,26	−0,10	−0,34	+0,25	−0,21	0,1 … 0,4	1 … 12	20 … 100	0,2 … 0,5	0,4 … 0,8
Tafel 5	TTM	355	−0,21	−0,10	−0,24	+0,39	−0,20	0,1 … 0,4	1 … 12	25 … 120	0,2 … 0,6	0,4 … 0,8
	TN25M	802	−0,24	−0,10	−0,39	+0,13	−0,24	0,1 … 0,4	1 … 12	20 … 100	0,2 … 0,5	0,4 … 0,8
Tafel 6	TTM	362	−0,24	−0,10	−0,29	+0,42	−0,25	0,1 … 0,4	1 … 12	25 … 120	0,2 … 0,6	0,4 … 0,8
	TN25M	820	−0,28	−0,10	−0,43	+0,20	−0,23	0,1 … 0,3	1 … 12	20 … 100	0,2 … 0,5	0,4 … 0,8
Tafel 7	TTM	427	−0,26	−0,10	−0,32	+0,73	−0,27	0,1 … 0,4	1 … 12	20 … 80	0,2 … 0,6	0,4 … 0,8
	TN25M	830	−0,27	−0,10	−0,45	+0,24	−0,29	0,1 … 0,3	1 … 12	20 … 60	0,2 … 0,4	0,4 … 0,8
Tafel 8	TTM	559	−0,27	−0,10	−0,47	+0,53	−0,28	0,1 … 0,4	1 … 12	20 … 60	0,2 … 0,6	0,4 … 0,8
	TN25M	712	−0,29	−0,10	−0,46	+0,26	−0,26	0,1 … 0,4	1 … 12	20 … 50	0,2 … 0,4	0,4 … 0,8
Tafel 9	TTM	223	−0,21	−0,10	−0,22	+0,29	−0,26	0,1 … 0,3	1 … 12	20 … 60	0,2 … 0,5	0,4 … 0,8
Tafel 10	TTM	738	−0,30	−0,10	−0,54	+0,57	−0,24	0,1 … 0,3	1 … 12	20 … 60	0,2 … 0,5	0,4 … 0,8

Tabelle 1.20. (Fortsetzung)

Exponententafel für Eisengußwerkstoffe

$v_c = Cf_z^{F_1} a_p^{F_2} T_f^{F_3} VB^{F_4} a_e/D^{F_5}$

| | | C | F_1 | F_2 | F_3 | F_4 | F_5 | Gültigkeitsbereich | | | | |
								f_z in mm	a_p in mm	T_f in min	VB in mm	a_e/D
Tafel 11	THM	643	−0,13	−0,10	−0,23	+0,38	−0,18	0,1 … 0,4	1 … 12	30 … 180	0,2 … 0,6	0,4 … 0,8
	HK15M	833	−0,15	−0,10	−0,21	+0,32	−0,18	0,1 … 0,4	1 … 12	30 … 150	0,2 … 0,5	0,4 … 0,8
Tafel 12	THM	615	−0,15	−0,10	−0,27	+0,25	−0,20	0,1 … 0,4	1 … 12	30 … 180	0,2 … 0,6	0,4 … 0,8
	HK15M	809	−0,16	−0,10	−0,23	+0,29	−0,21	0,1 … 0,4	1 … 12	30 … 150	0,2 … 0,5	0,4 … 0,8
Tafel 13	THM	581	−0,16	−0,10	−0,29	+0,27	−0,21	0,1 … 0,4	1 … 12	30 … 180	0,2 … 0,6	0,4 … 0,8
	HK15M	770	−0,18	−0,10	−0,26	+0,30	−0,23	0,1 … 0,4	1 … 12	30 … 150	0,2 … 0,5	0,4 … 0,8
Tafel 14	THM	557	−0,17	−0,10	−0,32	+0,28	−0,24	0,1 … 0,4	1 … 12	30 … 180	0,2 … 0,6	0,4 … 0,8
	HK15M	697	−0,19	−0,10	−0,27	+0,34	−0,24	0,1 … 0,4	1 … 12	30 …150	0,2 … 0,5	0,4 … 0,8
Tafel 15	THM	531	−0,18	−0,10	−0,36	+0,24	−0,25	0,1 … 0,4	1 … 12	30 … 180	0,2 … 0,6	0,4 … 0,8
	HK 15M	678	−0,21	−0,10	−0,32	+0,28	−0,23	0,1 … 0,4	1 … 12	30 … 150	0,2 … 0,5	0,4 … 0,8
Tafel 16	THM	496	−0,19	−0,10	−0,38	+0,30	−0,24	0,1 … 0,4	1 … 12	30 … 180	0,2 … 0,6	0,4 … 0,8
	HK15M	588	−0,23	−0,10	−0,34	+0,24	−0,21	0,1 … 0,4	1 … 12	30 … 150	0,2 … 0,5	0,4 … 0,8
Tafel 17	THM	362	−0,18	−0,10	−0,34	+0,42	−0,18	0,1 … 0,4	1 … 12	30 … 180	0,2 … 0,5	0,4 … 0,8
	HK15M	461	−0,24	−0,10	−0,36	+0,20	−0,18	0,1 … 0,4	1 … 12	30 … 150	0,2 … 0,5	0,4 … 0,8
Tafel 18	THM	334	−0,20	−0,10	−0,39	+0,32	−0,20	0,1 … 0,4	1 … 12	30 … 180	0,2 … 0,5	0,4 … 0,8
	HK15M	405	−0,25	−0,10	−0,41	+0,18	−0,19	0,1 … 0,4	1 … 12	30 … 150	0,2 … 0,5	0,4 … 0,8

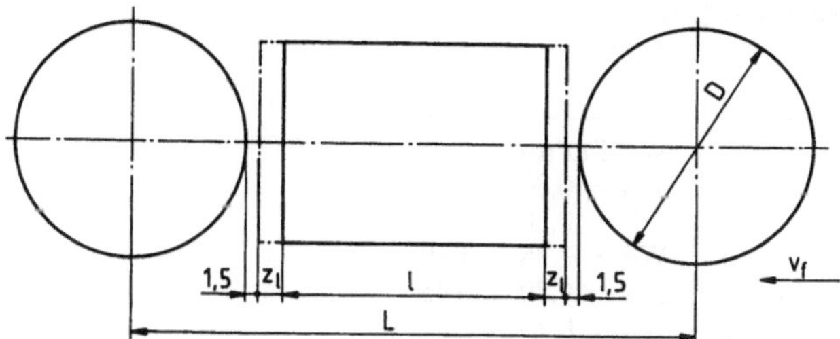

Bild 1.25. Vorschubweg und Bearbeitungszugaben beim Stirnfräsen

1.4.2.4 Schnittgeschwindigkeit, Standzeit für Werkzeuge aus Hartmetall

Die Schnittgeschwindigkeit für vorbearbeitetes Material und guten Maschinenzustand wird nach der erweiterten Taylorschen Gleichung

$$v'_c = C f_z^{F_1} a_p^{F_2} T_f^{F_3} V B^{F_4}(a_e/D)^{F_5} \tag{1.40}$$

ermittelt.

Die Schnittgeschwindigkeit für die gegebenen Betriebsverhältnisse wird nach (1.17) bestimmt:

$$v_c = v'_c W S .$$

Nun wird erläutert, wie die Ermittlung der Schnittgeschwindigkeit nach den Richtwerten von Widia Krupp [22] durchgeführt wird. Die zuständigen Tafeln für die Ermittlung der Konstanten C und Exponenten F_1, F_2, F_3, F_4 und F_5 werden der Tabelle 1.19 entnommen.

Kurzzeichen für den Zustand des Werkstoffes:
U unbehandelt; N normalisiert; V vergütet; G geglüht; B behandelt; BG behandelt auf ein bestimmtes Gefüge; BF behandelt auf eine bestimmte Festigkeit.
Anschließend werden die Konstante C und die Exponenten F_1, F_2, F_3, F_4 und F_5 nach Tabelle 1.20 ermittelt.

WIDIA-Hartmetalle haben folgende Bezeichnung: TTM, THM. Beschichtetes Hartmetall WIDALON wird als HK15M bezeichnet. Beschichtetes Hartmetall · WIDADUR hat folgende Bezeichnung: TN25M.

Der Gültigkeitsbereich der in Tabelle 1.20 zusammengestellten Richtwerte für die Ermittlung der Schnittgeschwindigkeit beträgt

— für den Einstellwinkel $\varkappa_r = 45°$ bis $90°$,
— für den Spanwinkel $\gamma = 5°$ bis $10°$.

Die kostengünstigste Standzeit, bezogen auf die Vorschubrichtung für Stirnfräsen mit Wendeschneidplatten, liegt derzeit für Stahl zwischen 25 und 120 min, für Gußeisen und Temperguß zwischen 30 und 180 min (s. Tabelle 1.20).
Die Werkstück-Schnitt-Einflüsse können der Tabelle 1.21 entnommen werden.

Tabelle 1.21. Werkstück-Schnitt-Einflüsse [22]

WS-Faktoren

Werkstück-Schnitt-Einfluß	WS-Faktor
Schmiede-, Walz- oder Gußhaut	WS = 0,80 ... 0,90
Labile Werkstücke	WS = 0,80 ... 0,90
Maschinenzustand besonders gut	WS = 1,05 ... 1,10
Maschinenzustand besonders schlecht	WS = 0,80 ... 0,95
Gleichzeitiges Vorliegen	WS = 0,7
mehrerer negativer Einflüsse	

1.4.2.5 Drehzahl des Fräsers

Die Drehzahl des Fräsers wird nach (1.29) errechnet:

$$n = \frac{1000 v_{\mathrm{c}}}{\pi D}.$$

Die so errechnete Drehzahl wird zuerst nach Tabelle 1.13 genormt. Anschließend wird die reale Schnittgeschwindigkeit nach der genormten Drehzahl berechnet mittels

$$v_{\mathrm{c}} = \frac{\pi D n}{1000}.$$

1.4.3 Umgangsfräsen

1.4.3.1 Schnittkraft, Schnittleistung, zerspantes Volumen

In Bild 1.26 sind der Spanungsquerschnitt und die Kräfte beim Umgangsfräsen dargestellt. Daraus folgt

$$\cos \varphi_{\mathrm{s}} = \frac{D/2 - e}{D/2} = 1 - \frac{2e}{D}. \tag{1.41}$$

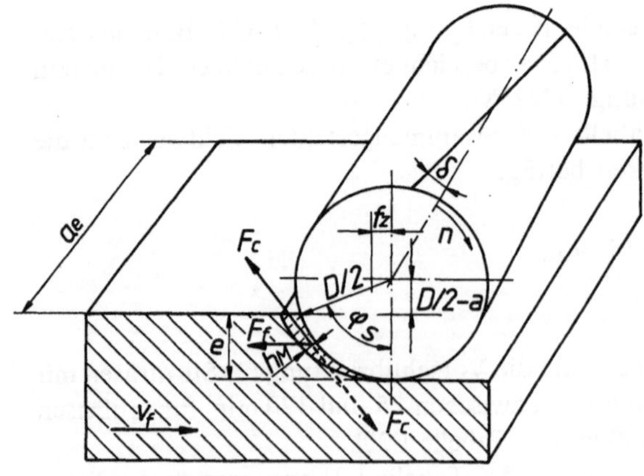

Bild 1.26 Spanungsquerschnitt und Kräfte beim Umfangsfräsen

Die mittlere Spanungsdicke wird errechnet durch

$$h_{\mathrm{M}} = \frac{114{,}6}{\varphi_{\mathrm{s}}} f_{\mathrm{z}} \frac{e}{D} \, . \tag{1.42}$$

Für den mittleren Spanungsquerschnitt je Zahn gilt

$$A_{\mathrm{z}} = a_{\mathrm{e}} h_{\mathrm{M}} \, .$$

Die mittlere Schnittkraft je Zahn

$$F_{\mathrm{cz}} = A_{\mathrm{z}} K_{\mathrm{c}} = a_{\mathrm{e}} h_{\mathrm{M}}^{1-z} K_{\mathrm{c}1.1} \, ,$$

multipliziert mit der Anzahl der Zähne im Eingriff

$$z_{\mathrm{iE}} = \frac{\varphi_{\mathrm{s}}}{360} z \, ,$$

ergibt die mittlere Schnittkraft des Fräsers

$$F_{\mathrm{c}} = F_{\mathrm{cz}} z_{\mathrm{iE}} = z_{\mathrm{iE}} a_{\mathrm{e}} h_{\mathrm{M}}^{1-z} K_{\mathrm{c}1.1} \, .$$

Die endgültige Gleichung mit den Korrekturfaktoren lautet

$$F_{\mathrm{c}} = z_{\mathrm{iE}} a_{\mathrm{e}} h_{\mathrm{M}}^{1-z} K_{\mathrm{c}1.1} K_{\gamma} K_{\mathrm{v}} K_{\mathrm{T}} \tag{1.43}$$

oder

$$F_{\mathrm{c}} = \frac{\varphi_{\mathrm{s}}}{360} z a_{\mathrm{e}} h_{\mathrm{M}}^{1-z} K_{\mathrm{c}1.1} K_{\gamma} K_{\mathrm{v}} K_{\mathrm{T}} \, . \tag{1.44}$$

Die Werte $K_{\mathrm{c}1.1}$, $1 - z$, K_{γ}, K_{v} und K_{T} werden auf gleiche Art wie beim Stirnfräsen bestimmt.

Für die Schnittleistung gilt (1.5)

$$P_{\mathrm{c}} = \frac{F_{\mathrm{c}} v_{\mathrm{c}}}{60 \cdot 1000} \, .$$

Das zerspante Volumen wird nach folgender Gleichung berechnet:

$$Z_{\mathrm{c}} = \frac{a_{\mathrm{e}} e v_{\mathrm{f}}}{60 \cdot 1000} \, . \tag{1.45}$$

Für die spezifische Spanmenge gilt (1.8):

$$Z_{\mathrm{csp}} = \frac{Z_{\mathrm{c}}}{P_{\mathrm{c}}} \, .$$

1.4.3.2 Vorschubkraft, Vorschubleistung

Die Vorschubkraft kann beim Umfangsfräsen annähernd mit der Schnittkraft gleichgesetzt werden:

$$F_f \approx F_c \, .$$

Für den Vorschub je Fräserumdrehung gilt die Gleichung

$$f = f_z z \, ,$$

und für die Vorschubgeschwindigkeit (1.12)

$$v_f = f n \, .$$

Die Vorschubleistung wird nach (1.13) berechnet:

$$P_f = \frac{F_f v_f}{60 \cdot 10^6} \, .$$

1.4.3.3 Hauptzeit

Die Hauptzeit berechnet sich nach (1.14)

$$t_h = \frac{L}{v_f} i \, .$$

Für den Vorschubweg gilt (1.15)

$$L = 1 + 2Z_1 + 1_a + 1_u \, .$$

Der Anlauf des Werkzeuges ist nach Bild 1.27

$$l_a = 1{,}5 + \sqrt{\left(\frac{D}{2}\right)^2 - \left(\frac{D}{2} - e\right)^2} \, .$$

Der Vorschubweg kann auch in dieser Form geschrieben werden:

$$L = l + 2Z_1 + l_u + 1{,}5 + \sqrt{\left(\frac{D}{2}\right)^2 - \left(\frac{D}{2} - e\right)^2} \, . \tag{1.46}$$

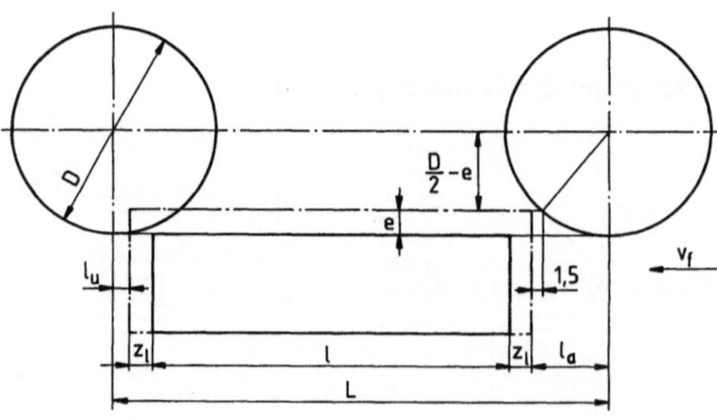

Bild 1.27. Vorschubweg
und Bearbeitungszugaben
beim Umfangsfräsen

Tabelle 1.22. Richtwerte für Schnittgeschwindigkeiten in m/min beim Umfangsfräsen mit Walzenfräser, Walzenstirnfräser und Formfräser aus Hochleistungs-Schnellarbeitsstahl [13, 23]

Werkstoff	Bearbeitungsart	Walzenfräser				Walzenstirnfräser				Formfräser			
		f_z (mm)	e (mm) v_{L15000}			f_z (mm)	e (mm) v_{L15000}			f_z (mm)	e (mm) v_{L15000}		
			1	4	8		1	4	8		1	4	8
St50, C35	Schlichten	0,1	36	29	26	0,1	34	29	27	0,02	30	24	21
	Schruppen	0,22	28	22	20	0,2	26	22	21	0,04	23	18	16
St60, C45	Schlichten	0,1	31	25	22	0,09	29	25	23	0,02	26	21	18
	Schruppen	0,2	24	19	17	0,18	22	19	18	0,04	20	16	14
St70, C60	Schlichten	0,08	29	22	20	0,07	26	22	21	0,01	23	18	16
	Schruppen	0,16	22	17	15	0,14	20	19	16	0,03	18	14	12
18CrNi18	Schlichten	0,07	31	24	22	0,06	29	25	23	0,02	26	21	18
	Schruppen	0,14	24	19	17	0,12	22	19	18	0,04	20	16	14
16MnCr5	Schlichten	0,1	36	29	26	0,09	34	29	27	0,02	30	24	21
	Schruppen	0,2	28	22	20	0,18	26	22	21	0,04	23	18	16
20MnCr5	Schlichten	0,09	36	29	26	0,08	34	29	27	0,02	30	24	21
	Schruppen	0,18	28	22	20	0,16	26	22	21	0,04	23	18	16
25CrMo4	Schlichten	0,06	31	25	22	0,05	29	25	23	0,01	26	21	18
	Schruppen	0,12	24	19	17	0,1	22	19	18	0,03	20	16	14
42CrMo4	Schlichten	0,06	29	22	20	0,05	26	22	21	0,01	23	18	16
	Schruppen	0,12	22	17	15	0,1	20	17	16	0,03	18	14	12
GS-45	Schlichten	0,1	29	22	20	0,08	29	25	23	0,03	23	18	14
	Schruppen	0,2	22	17	15	0,16	22	19	18	0,06	18	14	12
GS-50	Schlichten	0,08	29	22	20	0,06	29	25	23	0,02	23	18	14
	Schruppen	0,16	22	17	15	0,12	22	19	18	0,04	18	14	12
GGL-20	Schlichten	0,1	29	22	20	0,09	29	25	23	0,02	23	18	14
	Schruppen	0,2	22	17	15	0,18	22	19	18	0,05	18	14	12
GGL-25	Schlichten	0,07	26	21	18	0,06	23	20	18	0,01	21	17	14
	Schruppen	0,14	20	16	14	0,12	18	15	14	0,03	16	13	11
GTW/ GTS	Schlichten	0,1	31	25	22	0,09	31	27	25	0,02	26	21	14
	Schruppen	0,2	24	19	17	0,18	24	21	19	0,04	20	16	11
Reinaluminium	Schlichten	0,09	520	420	360	0,09	520	450	420	0,02	430	340	300
	Schruppen	0,18	400	320	280	0,18	400	340	320	0,04	330	265	230
Al-Knetleg. weich $\sigma_B \leqq 250$ (N/mm²)	Schlichten	0,06	390	310	270	0,06	390	335	310	0,03	325	260	230
	Schruppen	0,12	300	240	210	0,12	300	260	240	0,03	250	200	175
Al-Knetlegierung ausgehär. $\sigma_B \leqq 420$ (N/mm²)	Schlichten	0,03	325	260	230	0,03	325	280	260	0,01	260	210	180
	Schruppen	0,06	250	200	175	0,06	250	215	200	0,02	200	160	140
Al-Gußlegierung	Schlichten	0,07	285	230	200	0,07	285	245	230	0,01	230	180	160
	Schruppen	0,14	220	175	155	0,14	220	190	175	0,03	180	140	120
Magnesi.-legierung	Schlichten	0,07	580	470	410	0,07	580	500	460	0,01	500	400	350
	Schruppen	0,14	450	360	315	0,14	450	390	360	0,03	370	300	260

Tabelle 1.23. Richtwerte für Schnittgeschwindigkeiten in m/min beim Umfangsfräsen mit Scheibenfräser und Schaftfräser aus Hochleistungs-Schnellarbeitsstahl [13, 23]

Werkstoff	Bearbei-tungsart	Scheibenfräser				Schaftfräser			
		f_z (mm)	Fräserbreite (mm)			Fräser-Dmr. D (mm)			
			< 10	10 bis 20	> 20	< 20		> 20	
			v_{L15000}			f_z	f_{L15000}	f_z	v_{L15000}
St50, C35	Schlichten	0,06	23	20	19	0,02	30	0,05	23
	Schruppen	0,12	18	15	14	0,05	25	0,08	19
St60, C45	Schlichten	0,05	20	18	16,5	0,02	26	0,04	20
	Schruppen	0,1	16	14	13	0,04	22	0,06	17
St70, C60	Schlichten	0,05	18	16	15	0,01	24	0,03	18
	Schruppen	0,1	14	12	11	0,03	20	0,05	15
18CrNi18	Schlichten	0,05	20	18	16,5	0,02	26	0,04	20
	Schruppen	0,1	16	14	13	0,04	22	0,06	17
16MnCr5	Schlichten	0,06	23	20	19	0,02	30	0,05	23
	Schruppen	0,12	18	15	14	0,05	25	0,08	19
20MnCr5	Schlichten	0,06	23	20	19	0,02	30	0,05	23
	Schruppen	0,12	18	15	14	0,05	25	0,08	19
25CrMo4	Schlichten	0,05	20	18	16,5	0,01	26	0,03	20
	Schruppen	0,1	16	14	13	0,03	22	0,05	17
42CrMo4	Schlichten	0,05	18	16	15	0,01	24	0,03	18
	Schruppen	0,1	14	12	11	0,03	20	0,05	15
GS-45	Schlichten	0,06	20	18	16,5	0,03	26	0,06	20
	Schruppen	0,12	16	14	13	0,06	22	0,09	17
GS-50	Schlichten	0,04	20	18	16,5	0,02	26	0,05	20
	Schruppen	0,08	16	14	13	0,05	22	0,08	17
GGL-20	Schlichten	0,08	20	18	16,5	0,03	26	0,06	20
	Schruppen	0,14	16	14	13	0,06	22	0,09	17
GGL-25	Schlichten	0,06	16	14	13	0,02	21	0,04	16
	Schruppen	0,12	12	11	10	0,04	18	0,06	13
GF 5505/	Schlichten	0,06	22	19	18	0,03	29	0,06	22
GF 4505E	Schruppen	0,12	17	15	14	0,06	24	0,09	18
Rein-aluminium	Schlichten	0,06	360	315	295	0,02	480	0,05	360
	Schruppen	0,12	280	245	225	0,05	400	0,08	300
Al-Knet-leg. weich $\sigma_B \leq 250$ (N/mm²)	Schlichten	0,05	270	240	220	0,01	360	0,03	270
	Schruppen	0,1	210	185	170	0,03	300	0,05	220
Al-Knet-legierung ausgehär. $\sigma_B \leq 420$ (N/mm²)	Schlichten	0,03	230	200	190	0,01	300	0,02	230
	Schruppen	0,06	180	150	140	0,02	250	0,03	190
Al-Guß-legierung	Schlichten	0,05	200	180	165	0,01	260	0,03	200
	Schruppen	0,1	160	140	130	0,03	220	0,05	165
Magnesium-legierung	Schlichten	0,05	410	360	340	0,02	540	0,04	410
	Schruppen	0,1	315	280	260	0,04	450	0,06	335

1.4.3.4 Schnittgeschwindigkeit für Werkzeuge aus Schnellarbeitsstahl

Die Schnittgeschwindigkeiten beim Umfangsfräsen mit Walzenfräser, Walzenstirnfräser und Formfräser aus HSS sind für verschiedene Werkstoffe in Tabelle 1.22 zusammengestellt.

Beim Umfangsfräsen mit Scheibenfräser und Schaftfräser aus HSS ist Tabelle 1.23 heranzuziehen.

Mit v_{L15000} wird die Schnittgeschwindigkeit für einen Standweg von L = 15000 mm bezeichnet.

Die nach den Tabellen 1.22 und 1.23 ermittelten Richtwerte v_c' werden mit WS-Faktoren nach Tabelle 1.21 multipliziert, um die Schnittgeschwindigkeit für die gegebenen Betriebsverhältnisse zu ermitteln (s. (1.17)):

$$v_c = v_c' \mathrm{WS} \, .$$

1.4.3.5 Drehzahl des Fräsers

Für die Drehzahl des Fräsers gilt (1.29)

$$n = \frac{1000 v_c}{\pi D} \, .$$

Nach der Normung der Drehzahl mittels Tabelle 1.13 wird die reale Schnittgeschwindigkeit errechnet durch

$$v_c = \frac{\pi D n}{1000} \, .$$

1.4.4 Berechnungsbeispiel beim Stirnfräsen mit Hartmetall

Gegeben:

Ein 1800 mm langes Werkstück aus GG-25, 160 HB, soll in einem Schnitt mit einem WIDIA-Hartmetallmesserkopf mit Bezeichnung THM stirnschruppgefräst werden. Fräserdurchmesser D = 800 mm; Einstellwinkel $\varkappa_r$ = 45°; Spanwinkel γ = 5°; Zähnezahl des Fräsers z = 36; Verschleißmarkenbreite VB = 0,5 mm; Werkstückbreite a_e = 700 mm; Schnittiefe a_p = 6 mm; Längenzugabe Z_1 = 10 mm; Vorschub je Zahn f_z = 0,3 mm; Wirkungsgrad des Hauptantriebes η = 0,8; Drehzahlreihe des Antriebes R 20/2 (φ = 1,25); Werkstück ist mit Gußhaut versehen; Maschinenzustand: besonders schlecht; Standzeit bezogen auf die Vorschubrichtung T_f = 40 min; Werkstück wird symmetrisch in bezug auf den Fräser gespannt:

$$\varepsilon_1 = \varepsilon_2 = \varphi_s/2 \, .$$

Gesucht:

Drehzahl des Fräsers; mittlere Schnittkraft des Fräsers; Antriebsleistung; spezifische Spanmenge; augenblickliche Vorschubkraft, die auf einen Zahn beim Stellungswinkel ω = 40° wirkt; Hauptzeit.

Lösung:

1. Schnittgeschwindigkeit für die Standzeit T_f = 40 min:
   Aus Tabelle 1.19 wird für GG-25, 160 HB Tafel 14 ermittelt. Nach Tabelle 1.20 werden aus Tafel 14 für Schneidstoffe THM die Konstante C und die Exponenten F_1 bis F_5 ermittelt zu

$$C = 557; \quad F_1 = -0{,}17; \quad F_2 = -0{,}10; \quad F_3 = -0{,}32; \quad F_4 = +0{,}28; \quad F_5 = -0{,}24 \, .$$

Die Schnittgeschwindigkeit für vorbearbeitetes Material und guten Maschinenzustand wird nach (1.40) berechnet:

$$v'_c = Cf_z^{F1}a_p^{F2}T_f^{F3}VB^{F4}(a_e/D)^{F5}$$
$$= 557 \cdot 0{,}3^{-0{,}17} \cdot 6^{-0{,}10} \cdot 40^{-0{,}32} \cdot 0{,}5^{0{,}28} \cdot (700/800)^{-0{,}24}$$
$$= 557 \cdot 1{,}227 \cdot 0{,}836 \cdot 0{,}3071 \cdot 0{,}8236 \cdot 1{,}0326$$
$$= 149{,}245 \ \text{m/min.}$$

Nach Tabelle 1.21 werden die WS-Faktoren bestimmt:

Für Werkstücke mit Gußhaut WS $= 0{,}8 \ldots 0{,}9 = 0{,}85$; für besonders schlechten Maschinenzustand WS $= 0{,}8 \ldots 0{,}95 = 0{,}875$. Der WS-Faktor ergibt sich damit zu

$$\text{WS} = 0{,}85 \cdot 0{,}875 = 0{,}7438.$$

Kontrolle:

$$\text{WS} > \text{WS}_{min},$$
$$0{,}7438 > 0{,}7.$$

Die Schnittgeschwindigkeit für die gegebenen Betriebsverhältnisse wird nach (1.17) berechnet:

$$v_c = v'_c\text{WS} = 149{,}245 \cdot 0{,}7438 = 111 \ \text{m/min.}$$

2. Drehzahl des Fräsers:
Die Drehzahl des Fräsers wird nach (1.29) berechnet:

$$n = \frac{1000v_c}{\pi D} = \frac{1000 \cdot 111}{\pi \cdot 800} = 44{,}16 \ \text{min}^{-1}.$$

Nach Tabelle 1.13 wird für R 20/2 die nächstliegende Drehzahl ermittelt:

$$n = 45 \ \text{min}^{-1}.$$

3. Reale Schnittgeschwindigkeit:

$$v_c = \frac{\pi D n}{1000} = \frac{\pi \cdot 800 \cdot 45}{1000} = 113{,}0973 \ \text{m/min.}$$

4. Mittlere Schnittkraft des Fräsers:
Für den Spanbogenwinkel gilt im Falle $\varepsilon_1 = \varepsilon_2$

$$\sin\frac{\varphi_s}{2} = \frac{a_e}{D} = \frac{700}{800} = 0{,}875; \qquad \frac{\varphi_s}{2} = 61{,}045°; \qquad \varphi_s = 122{,}09°.$$

Die mittlere Spanungsdicke ist nach (1.31)

$$h_M = \frac{114{,}6}{\varphi_s}f_z\sin\varkappa_r\frac{a_e}{D} = \frac{114{,}6}{122{,}09}0{,}3\sin 45°\frac{700}{800} = 0{,}1742 \ \text{mm}.$$

Für die Spanbreite gilt

$$b = \frac{a_p}{\sin\varkappa_r} = \frac{6}{\sin 45°} = 8{,}4853 \ \text{mm}.$$

Der mittlere Spanungsquerschnitt je Zahn wird

$$A_z = bh_M = 8{,}4853 \cdot 0{,}1742 = 1{,}4781 \ \text{mm}^2.$$

Für die Anzahl der Zähne im Eingriff gilt (1.33)

$$z_{iE} = \frac{\varphi_s}{360}\, z = \frac{122{,}09}{360}\, 36 = 12{,}209\,.$$

Nach Tabelle 1.17 werden für GG-25 die Werte $K_{c1.1}$ und $1 - z$ bestimmt:

$$K_{c1.1} = 760\ \text{N/mm}^2\,, \qquad 1 - z = 0{,}66\,, \qquad \gamma_0 = 8°\,.$$

Für die Spanwinkelkorrektur ergibt sich aus (1.4)

$$K_\gamma = 1 - \frac{\gamma - \gamma_0}{66{,}7} = 1 - \frac{5-8}{66{,}7} = 1{,}045\,.$$

Nach Bild 1.14 wird für $v_c = 113{,}09$ m/min die Schnittgeschwindigkeitskorrektur ermittelt:

$$K_v = 0{,}98\,.$$

Für die Verschleißkorrektur wird der Mittelwert angenommen,

$$K_T = 1{,}2 \ldots 1{,}4 = 1{,}3\,.$$

Die mittlere Schnittkraft des Fräsers wird nach (1.34)

$$\begin{aligned}
F_c &= z_{iE} b h_M^{1-z} K_{c1.1} K_\gamma K_v K_T \\
&= 12{,}209 \cdot 8{,}4853 \cdot 0{,}1742^{0{,}66} \cdot 760 \cdot 1{,}045 \cdot 0{,}98 \cdot 1{,}3 \\
&= 33077{,}93\ \text{N}\,.
\end{aligned}$$

5. Schnittleistung:
Nach (1.5) ist

$$P_c = \frac{F_c v_c}{60 \cdot 1000} = \frac{33077{,}93 \cdot 113{,}0973}{60 \cdot 1000} = 62{,}35\ \text{kW}\,.$$

6. Antriebsleistung:
Nach (1.6) folgt

$$P_M = \frac{P_c}{\eta} = \frac{62{,}35}{0{,}8} = 77{,}93\ \text{kW}\,.$$

7. Zerspantes Volumen:
Für den Vorschub je Fräserumdrehung gilt

$$f = f_z z = 0{,}3 \cdot 36 = 10{,}8\ \text{mm}.$$

Für die Vorschubgeschwindigkeit gilt nach (1.12)

$$v_f = f n = 10{,}8 \cdot 45 = 486\ \text{mm/min}\,.$$

Das zerspante Volumen wird nach (1.36)

$$Z_c = \frac{a_e a_p v_f}{60 \cdot 1000} = \frac{700 \cdot 6 \cdot 486}{60 \cdot 1000} = 34\ \text{cm}^3/\text{s}\,.$$

8. Spezifische Spanmenge:
Nach (1.8) hat man

$$Z_{csp} = \frac{Z_c}{P_c} = \frac{34}{62,35} = 0,5453 \; \frac{cm^3}{s\,kW}$$

9. Augenblickliche Vorschubkraft, die auf einen Zahn beim Stellungswinkel $\omega = 40°$ wirkt:
Nach Tabelle 1.18 wird für GG-25 der Festwert ermittelt, $C = 110$.
Nach Tabelle 1.17 wird für GG-25 der Anstiegswert ermittelt, $l - z = 0,66$.
Für die augenblickliche Vorschubkraft gilt nach (1.37)

$$F_{fz} = 10 C a_p f_z^{1-z}[\cos(90 - \varkappa_r)]^{-z} (\cos \omega)^{1-z} \left(\sin \omega + \frac{R}{F_{cz}} \cos \omega \right).$$

Wenn für R/F_{cz} der Mittelwert

$$\frac{R}{F_{cz}} = 0,1 \ldots 0,5 = 0,3$$

angenommen wird, bekommt man also

$$F_{fz} = 10 \cdot 110 \cdot 6 \cdot 0,3^{0,66} \cdot [\cos (90° - 45°)]^{-0,34} \cdot (\cos 40°)^{0,66} \times$$
$$\times \; (\sin 40° + 0,3 \cdot \cos 40°)$$
$$= 2455,03 \; N \,.$$

10. Hauptzeit:
Für den Vorschubweg gilt nach (1.39)

$$L = 1 + 2 \cdot Z_1 + D + 3 = 1800 + 2 \cdot 10 + 800 + 3 = 2623 \; mm \,.$$

Die Hauptzeit ergibt sich nach (1.14) zu

$$t_h = \frac{L}{v_f} i = \frac{2623}{486} 1 = 5,3971 \; min \,.$$

1.4.5 Berechnungsbeispiel beim Umgangsfräsen mit Schnellarbeitsstahl

Gegeben:

Ein Werkstück aus 16MnCr5 soll in einem Schnitt mit einem Walzenfräser aus HSS schruppge-fräst werden.

Fräsendurchmesser $D = 100$ mm; Spanwinkel $\gamma = 6°$; Zähnezahl des Fräsers $z = 10$; Werkstückbreite $a_e = 80$ mm; Schnittiefe $e = 8$ mm; Längenzugabe $Z_1 = 10$ mm; Wirkungsgrad des Hauptantriebs $\eta = 0,8$; Drehzahlreihe des Antriebs R 20/2 ($\varphi = 1,25$); Werkstücklänge $l = 400$ mm; Überlauf des Werkzeuges $l_u = 10$ mm; das Werkstück ist mit Schmiedehaut versehen; Maschinenzustand: besonders gut; Standweg $L_s = 15000$ mm.

Gesucht:

Drehzahl des Fräsers; mittlere Schnittkraft des Fräsers; Antriebsleistung; spezifische Spanmenge; Vorschubkraft; Vorschubleistung; Hauptzeit; Standzeit.

Lösung:

1. Schnittgeschwindigkeit für Standweg von 15000 mm:
Nach Tabelle 1.22 werden für Schruppen von 16MnCr5 mit einem Walzenfräser bei Schnittiefe von 8 mm die Schnittgeschwindigkeit und Vorschub je Zahn ermittelt:

$$v_c' = 20 \; m/min; \qquad f_z = 0,2 \; mm \,.$$

Nach Tabelle 1.21 werden die *WS*-Faktoren bestimmt. Für Werkstücke mit Schmiedehaut $WS = 0,8 \ldots 0,9 = 0,85$, für besonders guten Maschinenstand $WS = 1,05 \ldots 1,1 = 1,075$. Der WS-Faktor ergibt sich damit zu

$$WS = 0,85 \cdot 1,075 = 0,9138 \,.$$

Kontrolle:

$$WS > WS_{MIN} \,.$$
$$0,9138 > 0,7 \,.$$

Die Schnittgeschwindigkeit für die gegebenen Betriebsverhältnisse wird nach (1.17) bestimmt zu

$$v_c = v_c' WS = 20 \cdot 0,9138 = 18,275 \,\text{m/min} \,.$$

2. Drehzahl des Fräsers:
   Nach (1.29) ist

$$n = \frac{1000 v_c}{\pi D} = \frac{1000 \cdot 18,275}{\pi \cdot 100} = 58,17 \,\text{min}^{-1} \,.$$

Nach Tabelle 1.13 (für R 20/2) ist

$$n = 56 \,\text{min}^{-1} \,.$$

3. Reale Schnittgeschwindigkeit:

$$v_c = \frac{\pi D n}{1000} = \frac{\pi \cdot 100 \cdot 56}{1000} = 17,59 \,\text{m/min} \,.$$

4. Mittlere Schnittkraft des Fräsers:
   Für den Schnittbogenwinkel gilt mit (1.41)

$$\cos \varphi_s = 1 - \frac{2e}{D} = 1 - \frac{2 \cdot 8}{100} = 0,84; \qquad \varphi_s = 32,8599° \,.$$

Die mittlere Spanungsdicke wird nach (1.42) bestimmt:

$$h_M = \frac{114,6}{\varphi_s} f_z \frac{e}{D} = \frac{114,6}{32,8599} \, 0,2 \, \frac{8}{100} = 0,0558 \,\text{mm} \,.$$

Die Anzahl der Zähne im Eingriff ist dann

$$z_{iE} = \frac{\varphi_s}{360} z = \frac{32,8599}{360} \, 10 = 0,9125 \,.$$

Nach Tabelle 1.17 werden für 16MnCr5 die Werte $K_{c1.1}$ und $1 - z$ bestimmt:

$$K_{c1.1} = 1440 \,\text{N/mm}^2; \qquad 1 - z = 0,81; \qquad \gamma_0 = 8° \,.$$

Für die Spanwinkelkorrektur gilt mit (1.4)

$$K_\gamma = 1 - \frac{\gamma - \gamma_0}{66,7} = 1 - \frac{6-8}{66,7} = 1,03 \,.$$

Nach Bild 1.14 ergibt sich für $v_c = 17,59 \,\text{m/min}$

$$K_v = 1,25 \,.$$

Für die Verschleißkorrektur wird der Mittelwert angenommen

$$K_{\mathrm{T}} = 1{,}3\,.$$

Die mittlere Schnittkraft des Fräsers wird nach (1.43)

$$
\begin{aligned}
F_{\mathrm{c}} &= z_{\mathrm{iE}}a_{\mathrm{e}}h_{\mathrm{M}}^{1-z}K_{\mathrm{c}1.1}K_{\gamma}K_{\mathrm{v}}K_{\mathrm{T}} \\
&= 0{,}9125 \cdot 80 \cdot 0{,}0558^{0{,}81} \cdot 1440 \cdot 1{,}03 \cdot 1{,}25 \cdot 1{,}3 \\
&= 16988{,}28\ \mathrm{N}\,.
\end{aligned}
$$

5. Schnittleistung:
   Nach (1.5) ist

$$P_{\mathrm{c}} = \frac{F_{\mathrm{c}}v_{\mathrm{c}}}{60 \cdot 1000} = \frac{16988{,}28 \cdot 17{,}59}{60 \cdot 1000} = 4{,}9804\ \mathrm{kW}\,.$$

6. Antriebsleistung:
   Mit (1.6) folgt

$$P_{\mathrm{M}} = \frac{P_{\mathrm{c}}}{\eta} = \frac{4{,}9804}{0{,}8} = 6{,}2255\ \mathrm{kW}\,.$$

7. Zerspantes Volumen:
   Der Vorschub je Fräserumdrehung errechnet sich zu

$$f = f_z z = 0{,}2 \cdot 10 = 2\ \mathrm{mm}\,.$$

Die Vorschubgeschwindigkeit wird nach (1.12) bestimmt:

$$v_{\mathrm{f}} = fn = 2 \cdot 56 = 112\ \mathrm{mm/min}\,.$$

Das zerspante Volumen ergibt sich damit nach (1.45) zu

$$Z_{\mathrm{c}} = \frac{a_{\mathrm{e}}ev_{\mathrm{f}}}{60 \cdot 1000} = \frac{80 \cdot 8 \cdot 112}{60 \cdot 1000} = 1{,}1947\ \mathrm{cm}^3/\mathrm{s}\,.$$

8. Spezifische Spanmenge:
   Nach (1.8) folgt

$$Z_{\mathrm{csp}} = \frac{Z_{\mathrm{c}}}{P_{\mathrm{c}}} = \frac{1{,}1947}{4{,}9804} = 0{,}2399\ \frac{\mathrm{cm}^3}{\mathrm{s\,kW}}\,.$$

9. Vorschubkraft:
   Die Vorschubkraft ist annähernd

$$f_{\mathrm{f}} \approx F_{\mathrm{c}} = 16988{,}28\ \mathrm{N}\,.$$

10. Vorschubleistung:
    Nach (1.13) folgt

$$P_{\mathrm{f}} = \frac{F_{\mathrm{f}}v_{\mathrm{f}}}{60 \cdot 10^6} = \frac{16988{,}28 \cdot 112}{60 \cdot 10^6} = 0{,}0317\ \mathrm{kW}\,.$$

11. Hauptzeit:
Nach (1.46) wird der Vorschubweg berechnet:

$$L = l + 2Z_1 + l_u + 1{,}5 + \sqrt{\left(\frac{D}{2}\right)^2 - \left(\frac{D}{2} - e\right)^2}$$

$$= 400 + 2 \cdot 10 + 1{,}5 + \sqrt{\left(\frac{100}{2}\right)^2 - \left(\frac{100}{2} - 8\right)^2}$$

$$= 458{,}62 \text{ mm}\,.$$

Die Hauptzeit ergibt sich nach (1.14) zu

$$t_h = \frac{L}{v_f} i = \frac{458{,}62}{112} \, 1 = 4{,}0948 \text{ min}\,.$$

12. Standzeit:
Den Standweg von $L_s = 15000$ mm fährt der Fräser in der Standzeit

$$T = \frac{L_s}{v_f} = \frac{15000}{112} = 133{,}92 \text{ min}\,.$$

1.5 Spanende Bearbeitung beim Räumen

1.5.1 Verwendete Kurzzeichen

A_{min} in mm^2	Querschnitt des Räumwerkzeuges an der schwächsten Stelle
A_z in mm^2	Spannungsquerschnitt je Zahn
a_e in mm	Werkzeugbreite (Gl. (1.49), (1.50), Bild 1.28)
b in mm	Spanbreite (Bild 1.28)
F_c in N	Maximale Schnittkraft beim Räumen (Gl.(1.49), (1.50), Bild 1.28)
F_{cz} in N	Maximale Schnittkraft je Zahn
f_z in mm	Zahnvorschub für Schruppzähne (Gl. (1.47), (1.49), (1.50), Tab. 1.24)
$f_{z\nabla\nabla}$ in mm	Zahnvorschub für Schlichtzähne (Gl. (1.51))
H in mm	Bearbeitungsaufmaß (Gl. (1.51))
K_c in N/mm^2	Spezifische Schnittkraft (Gl. (1.48))
$K_{c1.1}$ in mm^2	Hauptwert der spezifischen Schnittkraft (Gl. (1.1), (1.48), (1.49), (1.50), Tab. 1.2)
K_R	Verfahrensfaktor (Gl. (1.49), (1.50))
K_T	Verschleißkorrektur (Gl. (1.49), (1.50))
K_γ	Spanwinkelkorrektur (Gl. (1.4), (1.49), (1.50))
L in mm	Werkzeugweg (Gl. (1.54), Bild 1.29)
l in mm	Werkstücklänge (Gl. (1.47), (1.54), Bild 1.28, 1.29)
l_s in mm	Länge des Schneidteiles (Gl. (1.52), (1.53), (1.54), Bild 1.29)
l_u in mm	Überlauf des Werkzeuges (Gl. (1.54), Bild 1.29)
P_c in kW	Schnittleistung (Gl. (1.5))
P_M in kW	Antriebsleistung (Gl. (1.6))
t in mm	Teilung des Räumwerkzeuges (Gl. (1.52), (1.53), Bild 1.28)
$t_{\nabla\nabla}$ in mm	Teilung der Schlicht- und Kalibrierzähne (Gl. (1.53))
t_h in min	Hauptzeit (Gl. (1.55))

t_{min} in mm	Minimale Teilung des Räumwerkzeuges (Gl. (1.47))
v_c in m/min	Schnittgeschwindigkeit (Gl. (1.5), (1.55), Tab. 1.24)
X	Spanraumfaktor (Gl. (1.47), Tab. 1.25)
z_{iE}	Anzahl der Zähne im Eingriff (Gl. (1.49))
z_K	Anzahl der Kalibrierzähne (Gl. (1.52))
z_s	Anzahl der Schneiden (Gl. (1.52))
$z_{s\nabla}$	Anzahl der Schruppzähne (Gl. (1.51), (1.52), (1.53))
$z_{s\nabla\nabla}$	Anzahl der Schlichtzähne (Gl. (1.52), (1.53))
$1 - z$	Anstiegswert der Schnittkraft (Gl. (1.49), (1.50), Tab. 1.2)
σ_z in mm^2	Zugfestigkeit des Werkzeuges
η	Wirkungsgrad der Maschine (Gl. (1.6))
λ in Grad	Neigungswinkel (Gl. (1.51))
γ in Grad	Tatsächlicher Spanwinkel (Gl. (1.4))
γ_0 in Grad	Versuchsspanwinkel (Gl. (1.4), Tab. 1.24)

1.5.2 Schnittkraft, Schnittleistung

Das Räumen ist ein Fertigungsverfahren mit geradliniger Hauptschnittbewegung. Das vielschneidige Werkzeug, dessen Schneiden nacheinander zum Eingriff kommen, muß nach dem Schnitt in einem Leerhub in seine Ausgangslage zurückgeführt werden. Die Vorschubbewegung wird durch die Staffelung der Schneidzähne des Werkzeuges ersetzt.

In Bild 1.28 ist die Schneidengeometrie am Räumwerkzeug dargestellt. Dabei sind:

α_0	Freiwinkel,	C	Spankammertiefe,
γ_0	Spanwinkel,	r	Spanflächenradius.
$b_{f\alpha}$	Fasenbreite der Freifläche,		

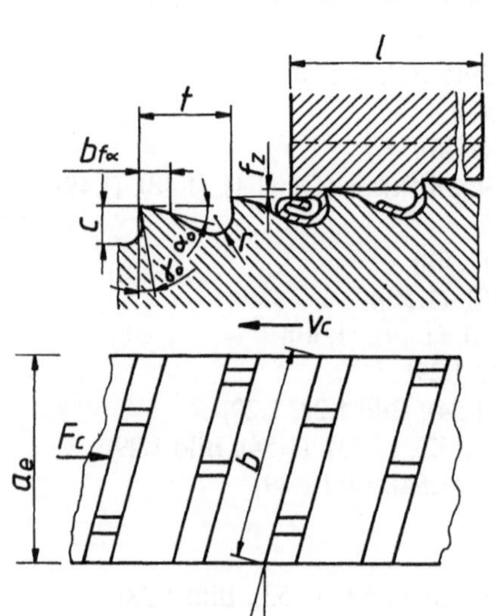

Bild 1.28. Schneidengeometrie am Räumwerkzeug

Tabelle 1.24. Richtwerte für Spanwinkel, Freiwinkel, Zahnvorschub und Schnittgeschwindigkeit beim Räumen mit Werkzeug aus Schnellarbeitsstahl [24]

Werkstoff	Spanwinkel γ_0 in Grad		Freiwinkel α_0 in Grad		Zahnvorschub f_z in mm		Schnittgeschw. v_c in m/min	
	Schruppen	Schlichten	Schruppen	Schlichten	Schruppen	Schlichten	Innen-räumen	Außen-räumen
Stahl, hart	10 … 12	15	1,5 … 3	0,5 … 1	0,02 … 0,05	0,01	1 … 2	1 … 2
Stahl, mittl. Festig.	14 … 16	18	1,5 … 3	0,5 … 1	0,03 … 0,08	0,01	4 … 8	6 … 10
Gußeisen	4 … 6	10	1,5 … 3	0,5 … 1	0,1 … 0,25	0,02	6 … 8	8 … 10
Temperguß	7	10	2 … 4	0,5 … 1	0,1 … 0,3	0,01	4 … 8	8 … 10
Stahlguß	10	12	1,5 … 3	0,5 … 1	0,05 … 0,1	0,01	3 … 6	6 … 8
Messing	5 … 8	8 … 10	1,5 … 3	0,5 … 1	0,1 … 0,3	0,02	7,5 … 10	8 … 12
Gußbronze	8	8	0,5	0 … 0,05	0,1 … 0,6	0,02	7,5 … 10	8 … 12
Al-Knetleg. (Cu-Leg.)	10 … 15	12 … 18	4 … 7	2 … 3	0,08 … 0,2	0,02	10 … 14	35 … 45
Al-Gußleg. (Si-Leg.)	18 … 22	25	4 … 7	2 … 4	0,08 … 0,2	0,02	10 … 14	35 … 45
Al-Mg-Leg.	10	15	4 … 7	2 … 4	0,2 … 0,4	0,04	10 … 14	35 … 45

Tabelle 1.25. Spanraumfaktor bei verschiedenen Werkstoffen und Räumbedingungen [13]

Werkstoff	Spanraumfaktor x	
	Schruppen	Schlichten
Spröde, bröckelnde Werkstoffe (GG, NE-Metalle)	3 bis 4	6
Zähe, langspanende Werkstoffe (Stahl, GS)	4 bis 7	8

Für die Spanbreite gilt

$$b = \frac{a_e}{\cos \lambda} .$$

Der Neigungswinkel wird meistens zwischen $\lambda = 15°$ und $20°$ angenommen.

Die Teilung t wird nach folgender empirischer Beziehung bestimmt:

$$t_{min} = 3\sqrt{f_z l x} . \tag{1.47}$$

In Tabelle 1.24 sind Richtwerte für den Spanwinkel γ_0, den Freiwinkel α_0, den Zahnvorschub f_z und für die Schnittgeschwindigkeit v_c zusammengestellt.

Der Spanraumfaktor x ist ein werkstoffabhängiger Erfahrungswert, der das Verhältnis des aufgerollten Spanes zum festen Werkstoff wiedergibt (Tabelle 1.25).

Die Anzahl der Zähne im Eingriff wird nach folgender Gleichung bestimmt:

$$z_{iE} = \frac{l}{t} .$$

Für den Spanungsquerschnitt je Zahn gilt

$$A_z = a_e f_z .$$

Die maximale Schnittkraft je Zahn kann wie beim Drehen und Fräsen nach Kienzle [5] bestimmt werden:

$$F_{cz} = A_z K_c = a_e f_z K_c .$$

Die Abhängigkeit der spezifischen Schnittkraft von der Spannungsdicke wird wie beim Drehen nach (1.1) bestimmt:

$$K_c = \frac{K_{c1.1}}{h^z} .$$

Beim Räumen ist die Spanungsdicke h mit dem Zahnvorschub identisch:

$$h = f_z,$$

also wird die spezifische Schnittkraft

$$K_c = \frac{K_{c1.1}}{f_z^z}. \qquad (1.48)$$

Setzt man diesen Wert in die Schnittkraftsgleichung ein, ergibt sich

$$F_{cz} = a_e f_z^{1-z} K_{c1.1}.$$

Die maximale Schnittkraft beim Räumen wird wie beim Fräsen durch die Multiplikation der maximalen Schnittkraft je Zahn mit der Anzahl der Zähne im Eingriff bestimmt:

$$F_c = F_{cz} z_{iE} = z_{iE} a_e f_z^{1-z} K_{c1.1}.$$

Die Unterschiede in Spanablauf, Schnittgeschwindigkeit, Schneidenform, Kühlung und Schmierung, die zwischen Drehen und Räumen bestehen, werden mit einem Verfahrensfaktor K_R erfaßt, so daß die Hauptwerte der spezifischen Schnittkraft $K_{c1.1}$ und die Anstiegswerte $1 - z$ nach Tabelle 1.2 bestimmt werden können. Beim Räumen müssen die Korrekturfaktoren K_γ und K_T berücksichtigt werden.

Die endgültige Gleichung für die maximale Schnittkraft lautet dann

$$F_c = z_{iE} a_e f_z^{1-z} K_{c1.1} K_R K_\gamma K_T, \qquad (1.49)$$

oder

$$F_c = \frac{l}{t} a_e f_z^{1-z} K_{c1.1} K_R K_\gamma K_T. \qquad (1.50)$$

Die Spanwinkelkorrektur wird wie beim Drehen nach (1.4) bestimmt:

$$K_\gamma = 1 - \frac{\gamma - \gamma_0}{66{,}7}.$$

Für den Verfahrensfaktor gilt [13]

$$K_R = 1{,}10 \text{ beim Innenräumen},$$

$$K_R = 1{,}05 \text{ beim Außenräumen}.$$

Die Verschleißkorrektur beträgt wie beim Drehen

$$K_T = 1{,}3 \ldots 1{,}5.$$

Die Zugfestigkeit einer Räumnadel zum Innenräumen soll der folgenden Beziehung genügen:

$$\sigma_z = \frac{F_c}{A_{\min}} < \sigma_{z\,zul},$$

wobei $\sigma_{z\,zul} = 350 \text{ N/mm}^2$ bei Schnellarbeitsstahl.

Die Schnittleistung errechnet sich nach (1.5) zu

$$P_c = \frac{F_c v_c}{60 \cdot 1000} \,.$$

Richtwerte für die Schnittgeschwindigkeit beim Räumen v_c sind in Tabelle 1.24 zusammengestellt.

Für die Antriebsleistung gilt nach (1.6)

$$P_M = \frac{P_c}{\eta} \,.$$

1.5.3 Hauptzeit

Generell gilt für die erforderliche Zähnezahl

$$z_s = \frac{H}{f_z} \,.$$

Das Bearbeitungsaufmaß H ist diejenige Tiefe des Werkstückes, die mit dem Räumwerkzeug bearbeitet wird.

In Bild 1.29 ist der Arbeitsweg des Räumwerkzeuges schematisch dargestellt.

Für das Schlichten werden meistens fünf Zähne verwendet, d. h. $z_{s\nabla\nabla} = 5$.

Die Anzahl der Schruppzähne errechnet sich demzufolge nach

$$z_{s\nabla} = \frac{H - 5f_{z\nabla\nabla}}{f_z} \,. \tag{1.51}$$

Zu den Schlichtezähnen werden i. allg. noch vier bis sechs Kalibrierzähne vorgesehen,

$$z_K = 4 \dots 6 \,,$$

die das gleiche Profilmaß wie der letzte schneidende Zahn, jedoch eine andere Form haben. Beim Nachschleifen stumpf gewordener Werkzeuge werden die Kalibrierzähne nach und nach in den Schneidteil übernommen.

Bei konstanter Teilung wird die Länge des Schneidteiles nach folgender Gleichung berechnet:

$$l_s = t(z_s + z_K) = t(z_{s\nabla} + z_{s\nabla\nabla} + z_K) \,. \tag{1.52}$$

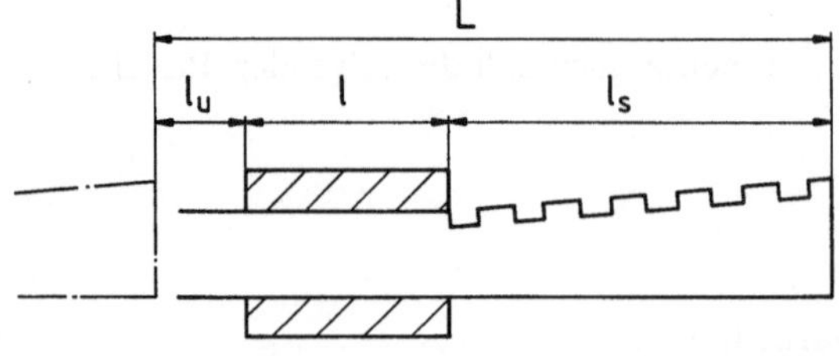

Bild 1.29. Arbeitsweg beim Innenräumen

Wenn der Hub der Maschine die Länge des Räumwerkzeugs begrenzt, wird bei Schlicht- und Kalibrierzähnen eine kleinere Teilung vorgesehen,

$$t_{\nabla\nabla} = (0,6 \dots 0,7)\, t\,.$$

Die Länge des Schneidteils errechnet sich zu

$$l_{\mathrm{s}} = t z_{\mathrm{s}\nabla} + t_{\nabla\nabla}(z_{\mathrm{s}\nabla\nabla} + z_{\mathrm{K}})\,. \tag{1.53}$$

Der Werkzeugweg L (s. Bild 1.29) wird

$$L = l_{\mathrm{s}} + l + l_{\mathrm{u}}\,. \tag{1.54}$$

Die Hauptzeit errechnet sich beim Räumen zu

$$t_{\mathrm{h}} = \frac{L}{1000 v_{\mathrm{c}}}\,. \tag{1.55}$$

1.5.4 Berechnungsbeispiel beim Innenräumen

Gegeben:
Es ist eine Nut, Breite $a_{\mathrm{e}} = 12$ mm, Tiefe $H = 2$ mm, Länge $l = 80$ mm in ein Werkstück aus legiertem Stahl 16MnCr5 zu räumen (s. Bild 1.30).
 Querschnitt des Räumwerkzeuges an der schwächsten Stelle

$$A_{\min} = 12 \cdot 20 = 240\ \mathrm{mm}^2\,.$$

Spanwinkel $\gamma = 10°$; Überlauf des Werkzeuges $l_{\mathrm{u}} = 10$ mm; Wirkungsgrad der Maschine $\eta = 0,9$; Räumwerkzeug aus Schnellarbeitsstahl.

Gesucht:
Maximale Schnittkraft, Zugfestigkeit, Antriebsleistung, Hauptzeit bei konstanter und verschiedener Teilung des Räumwerkzeugs.

Lösung:
1. Teilung des Räumwerkzeugs:
 Nach Tabelle 1.24 werden für Stahl, hart, die Zahnvorschübe ermittelt:

   Schruppen $f_{\mathrm{z}} = 0,02 \dots 0,05 = 0,035$ mm;

   Schlichten $f_{\mathrm{z}\nabla\nabla} = 0,01$ mm.

Nach Tabelle 1.25 wird der Spanraumfaktor für Stahl beim Schruppen bestimmt:

$$x = 4 \dots 7 = 5,5\,.$$

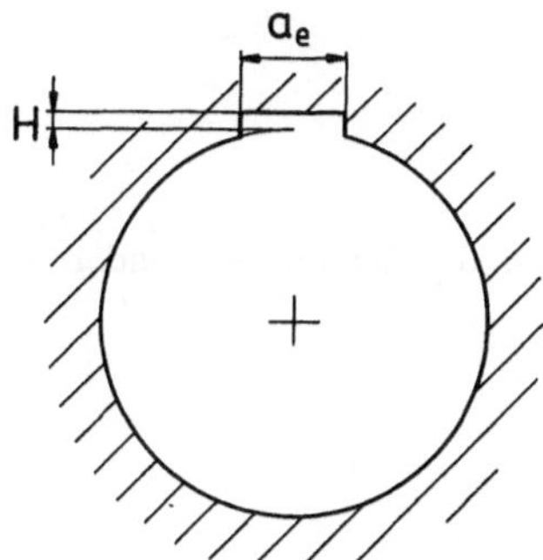

Bild 1.30. Form des zu räumenden Werkstücks

Die Teilung wird nach (1.47) berechnet:

$$t_{\min} = 3\sqrt{f_z l x} = 3\sqrt{0{,}035 \cdot 80 \cdot 5{,}5} = 11{,}77 \text{ mm} ,$$

gewählt wird

$$t = 13{,}5 \text{ mm} .$$

2. Maximale Schnittkraft:
Für die Anzahl der Zähne im Eingriff gilt

$$z_{\mathrm{iE}} = \frac{l}{t} = \frac{80}{13{,}5} = 5{,}92 .$$

Nach Tabelle 1.24 wird der Spanwinkel γ_0 ermittelt zu $\gamma_0 = 15°$ (Schlichträumen von Stahl, hart).
    Für die Spanwinkelkorrektur gilt mit (1.4)

$$K_\gamma = 1 - \frac{\gamma - \gamma_0}{66{,}7} = 1 - \frac{10-15}{66{,}7} = 1{,}075 .$$

Der Hauptwert $K_{\mathrm{c1.1}}$ und Anstiegswert $1 - z$ werden für 16MnCr5 der Tabelle 1.2 entnommen:

$$K_{\mathrm{c1.1}} = 2100 \text{ N/mm}^2 ; \qquad 1 - z = 0{,}74 .$$

Für den Verfahrensfaktor K_{R} gilt beim Innenräumen

$$K_{\mathrm{R}} = 1{,}1 .$$

Für die Verschleißkorrektur wird der Mittelwert angenommen,

$$K_{\mathrm{T}} = 1{,}3 \ldots 1{,}5 = 1{,}4 .$$

Die maximale Schnittkraft wird nach (1.49) errechnet:

$$\begin{aligned}
F_{\mathrm{c}} &= z_{\mathrm{iE}} a_{\mathrm{e}} f_z^{1-z} K_{\mathrm{c1.1}} K_{\mathrm{R}} K_\gamma K_{\mathrm{T}} \\
&= 5{,}92 \cdot 12 \cdot 0{,}035^{0{,}74} \cdot 2100 \cdot 1{,}1 \cdot 1{,}075 \cdot 1{,}4 \\
&= 20666{,}25 \text{ N} .
\end{aligned}$$

3. Zugfestigkeit:
Für Schnellarbeitsstahl gilt

$$\sigma_{\mathrm{z\,zul}} = 350 \text{ N/mm}^2 .$$

Für die Zugfestigkeit gilt damit

$$\sigma_{\mathrm{z}} = \frac{F_{\mathrm{c}}}{A_{\min}} = \frac{20666{,}25}{240} = 86{,}1 \text{ N/mm}^2 < \sigma_{\mathrm{z\,zul}} .$$

4. Antriebsleistung:
Nach Tabelle 1.24 wird für Stahl, hart, beim Innenräumen die Schnittgeschwindigkeit ermittelt,

$$v_{\mathrm{c}} = 1 \ldots 2 \text{ m/min} ,$$

gewählt wird der Mittelwert

$$v_{\mathrm{c}} = 1{,}5 \text{ m/min} .$$

Für die Schnittleistung gilt mit (1.5)

$$P_c = \frac{F_c v_c}{60 \cdot 1000} = \frac{20\,666,25 \cdot 1,5}{60 \cdot 1000} = 0,51 \text{ kW} .$$

Für die Antriebsleistung gilt nach (1.6)

$$P_M = \frac{P_c}{\eta} = \frac{0,51}{0,9} = 0,57 \text{ kW} .$$

5. Hauptzeit:
Die Anzahl der Schlichtzähne wird angenommen als

$$z_{s\nabla\nabla} = 5 .$$

Für die Anzahl der Schruppzähne gilt mit (1.51)

$$z_{s\nabla} = \frac{H - 5f_{z\nabla\nabla}}{f_z} = \frac{2 - 5 \cdot 0,01}{0,035} = 55,71 ,$$

gewählt wird

$$z_{s\nabla} = 56 .$$

Die Anzahl der Kalibrierzähne wird angenommen als

$$z_K = 4 \dots 6 = 5 .$$

Bei konstanter Teilung gilt für die Länge des Schneidteils mit (1.52)

$$l_s = t(z_{s\nabla} + z_{s\nabla\nabla} + z_K) = 13,5(56 + 5 + 5) = 891 \text{ mm} .$$

Der Vorschubweg wird nach (1.54) errechnet:

$$L = l_s + l + l_u = 891 + 80 + 10 = 981 \text{ mm} .$$

Für die Hauptzeit gilt nach (1.55)

$$t_h = \frac{L}{1000 v_c} = \frac{981}{1000 \cdot 1,5} = 0,654 \text{ min} .$$

Bei verschiedener Teilung wird bei Schlicht- und Kalibrierzähnen folgende Teilung vorgesehen:

$$t_{\nabla\nabla} = (0,6 \dots 0,7)\, t = 0,65 \cdot 13,5 = 8,77 \text{ mm} ,$$

gewählt werde $t_{\nabla\nabla} = 9$ mm.
Für die Länge des Schneidteils gilt mit (1.53)

$$l_s = t z_{s\nabla} + t_{\nabla\nabla}(z_{s\nabla\nabla} + z_K) = 13,5 \cdot 56 + 9 \cdot (5 + 5) = 846 \text{ mm} .$$

Der Vorschubweg ergibt sich damit zu

$$L = l_s + l + l_u = 846 + 80 + 10 = 936 \text{ mm} ,$$

für die Hauptzeit folgt in diesem Fall

$$t_h = \frac{L}{1000 v_c} = \frac{936}{1000 \cdot 1,5} = 0,624 \text{ min} .$$

1.6 Spanende Bearbeitung beim Schleifen

1.6.1 Verwendete Kurzzeichen

A_z in mm^2	Spanungsquerschnitt
a in mm	Schnittiefe (Gl. (1.70), Bild 1.31)
b in mm	Wirksame Schleifbreite (Gl. (1.66))
b_s in mm	Schleifkörperbreite (Gl. (1.68), Bild 1.35, Tab. 1.30)
D_s in mm	Schleifkörperdurchmesser (Gl. (1.57), (1.59), (1.60), (1.61), (1.63) (1.64))
d_w in mm	Werkstückdurchmesser (Gl. (1.58), (1.59), (1.60), (1.63), (1.64))
F_c in N	Mittlere Schnittkraft (Gl. (1.66))
F_{cz} in N	Mittlere Schnittkraft je Schneide
f in mm	Längsvorschub je Werkstückumdrehung (Gl. 1.69, Tab. 1.30)
f_z in mm	Zustellung je Hub (Gl. (1.59), (1.60), (1.61), (1.63), (1.64), Bild 1.33, Tab. 1.30)
h_M in mm	Mittlere Spanungsdicke (Gl. (1.59), (1.60), (1.61), Bild 1.34)
i	Anzahl der Schnitte (Gl. (1.69), (1.70))
K_c in N/mm^2	Spezifische Schnittkraft (Gl. (1.62))
$K_{c1.1}$ in N/mm^2	Hauptwert der spezifischen Schnittkraft (Gl. (1.62), (1.66), Tab. 1.2)
K_v	Schnittgeschwindigkeitskorrektur (Gl. (1.66))
K_{VER}	Verfahrensfaktor (Gl. (1.62), (1.66), Bild 1.34)
L in mm	Vorschubweg (Gl. (1.68), (1.69), Bild 1.35)
l in mm	Werkstücklänge (Gl. (1.68), Bild 1.35)
n_s in min^{-1}	Schleifspindeldrehzahl (Gl. (1.57))
n_w in min^{-1}	Werkstückdrehzahl (Gl. (1.58))
P_c in kW	Schnittleistung (Gl. (1.67))
P_M in kW	Antriebsleistung
q	Geschwindigkeitsverhältnis (Gl. (1.56), Tab. 1.29)
t_h in min	Hauptzeit (Gl. (1.69))
v_c in m/s	Schnittgeschwindigkeit (Gl. (1.56), (1.57), (1.67), Tab. 1.29)
v_w in m/min	Werkstückgeschwindigkeit (Gl. (1.56), (1.58), (1.69))
z	Schnittkraftexponent (Gl. (1.62), (1.66), Tab. 1.2)
z_{iE}	Anzahl der Schneiden, die sich im Eingriff befinden (Gl. (1.65), (1.66))
φ in Grad	Eingriffswinkel (Gl. (1.63), (1.64), (1.65))
λ_{ke} in mm	Effektiver Kornabstand (Gl. (1.59), (1.60), (1.61), Bild 1.33)
η	Wirkungsgrad

1.6.2 Einteilung der Schleifverfahren

In Anlehnung an DIN 8589 lassen sich die Schleifverfahren wie in (Bild 1.31) unterteilen.

Längsschleifen bezeichnet Schleifen, bei dem die Hauptvorschubrichtung parallel zu der zu erzeugenden Fläche liegt.

Querschleifen (Einstechschleifen) bezeichnet Schleifen, bei dem die Hauptvorschubrichtung rechtwinklig (quer) zu der zu erzeugenden Fläche liegt.

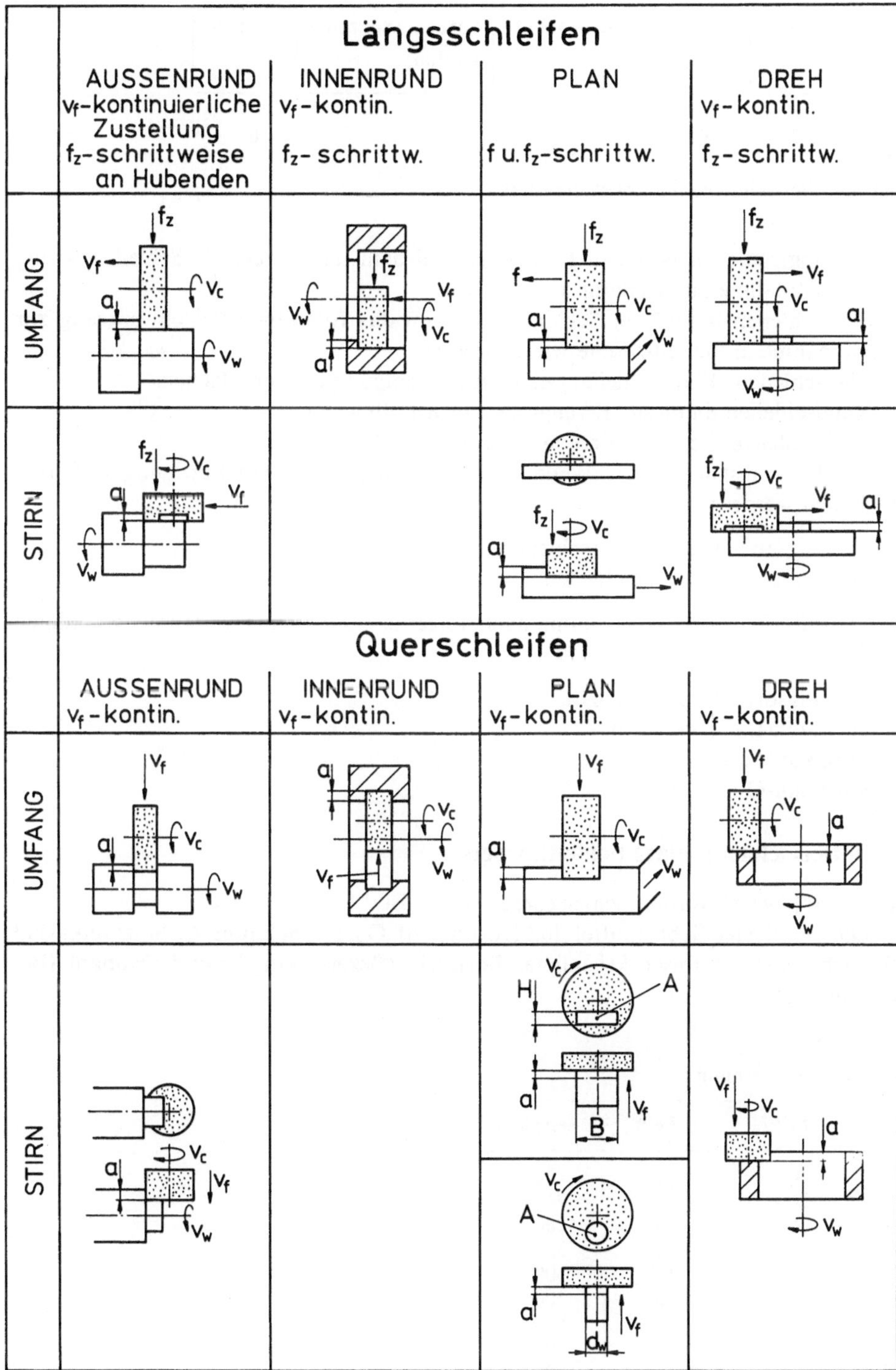

Bild 1.31. Unterteilung des Fertigungsverfahrens Schleifen

Schleifmittel	Körnung	Bindungshärte	Gefüge (Konzentration)	Bindung

Beispiel: A   60   L   5   B

Bild 1.32. Bezeichnung eines Schleifkörpers

Umfangsschleifen bezeichnet Schleifen, bei dem das rotierende Schleifwerkzeug zur Spanabnahme am Umfang wirksam wird.

Stirnschleifen bezeichnet Schleifen, bei dem das rotierende Schleifwerkzeug zur Spanabnahme an der Stirnseite wirksam wird.

Planschleifen (Flachschleifen) dient zur Erzeugung ebener Flächen.

Rundschleifen dient zur Erzeugung von Rundflächen.

Drehschleifen dient zur Erzeugung von Drehstirnflächen.

Die Umfangsfläche einer Welle kann z. B. nach folgenden Fertigungsverfahren geschliffen werden:

- Umfangsaußenrund-Längsschleifen,
- Stirnaußenrund-Längsschleifen.

Die Stirnfläche einer Welle kann nach folgenden Fertigungsverfahren geschliffen werden:

- Umfangsdreh-Längsschleifen,
- Stirndreh-Längsschleifen,
- Stirnplan-Längsschleifen,
- Stirnplan-Querschleifen.

1.6.3 Bezeichnung eines Schleifkörpers

Nach DIN 69100 werden Schleifkörper wie in Bild 1.32 bezeichnet.

Die wichtigsten Schleifmittel sind Korund (Al_2O_3, Bezeichnung A), Siliziumkarbid (Bezeichnung C), kubisch kristallines Bornitrid (Bezeichnung B) und Diamant (Bezeichnung D).

Tabelle 1.26. Körnung

Grob	Mittel	Fein	Sehr fein
6	30	70	220
8	36	80	240
10	46	90	280
12	54	100	320
14	60	120	400
16		150	500
20		180	600
24			800
			1000
			1200

Tabelle 1.27. Bindungshärte

A	B	C	D	äußerst weich
E	F	G	–	sehr weich
H	I	J	K	weich
L	M	N	O	mittel
P	Q	R	S	hart
T	U	V	W	sehr hart
X	Y	Z	–	äußerst hart

Die Körnung ist ein Maß für die Größe des Schleifkorns. Nach DIN 69100 unterscheidet man die Körnungen von grob bis sehr fein (Tabelle 1.26).

Die Bindungshärte ist definiert als Widerstand des Bindemittels gegen das Herausbrechen des Schleifkorns aus dem Bindungsverband. Nach DIN 69100 unterscheidet man die Härtegrade zwischen äußerst weich bis äußerst hart (Tabelle 1.27).
Das Gefüge oder die Struktur des Schleifkörpers ist eng mit dem Abstand der einzelnen Körner verknüpft. Nach DIN 69100 wird das Gefüge durch die Zahlen 0 bis 14 gekennzeichnet, wobei mit 0 ein geschlossenes und mit 14 ein offenes Gefüge bezeichnet wird.

Die Bindung hat die Aufgabe, die Schleifkörner zu halten und soll diese nach Erreichen eines bestimmten Verschleißzustands während des Schleifvorgangs freigeben (Tab. 1.28).

1.6.4 Schnittgeschwindigkeit, Geschwindigkeitsverhältnis

Die Schnittgeschwindigkeit wird beim Schleifen in Abhängigkeit vom Fertigungsverfahren nach Tabelle 1.29 bestimmt:

I   Außenrundschleifen,   III   Umfangsplanschleifen,

II Innenrundschleifen,   IV   Stirnplanschleifen.

Schwer zerspanbare Stähle und Schnellarbeitsstähle werden heute zunehmend mit kubisch kristallinem Bornitrid (CBN) geschliffen. Das Geschwindigkeitsverhältnis wird nach folgender Gleichung bestimmt:

$$q = \frac{60 v_c}{v_w} . \tag{1.56}$$

Tabelle 1.28. Bindung

V	Keramische Bindung
S	Silikatbindung
R	Gummibindung
RF	Gummibindung – faserstoffverstärkt
B	Kunstharzbindung
BF	Kunstharzbindung – faserstoffverstärkt
E	Schellackbindung
MG	Magnesitbindung

Tabelle 1.29. Richtwerte für Schnittgeschwindigkeiten und Geschwindigkeitsverhältnisse beim Schleifen [25]

Schleifen		Körnung	Härte	v_c (m/s)	$q = 60 \cdot v_c/v_w$
Stahl,	I	60	M	32	125
weich	II	36	L	25	80
Korund	III	36	L	32	80
	IV	24	K	32	50
Stahl,	I	60	K	32	125
hart	II	54	I	25	80
Korund	III	36	K	32	80
	IV	24	I	32	50
Gußeisen	I	60	L	25	100
Sil.-	II	36	K	20	63
Karbid	III	36	L	25	63
	IV	24	I	25	50
Leicht-	I	60	I	16	50
metall	II	54	H	12	32
Sil.-	III	36	I	16	32
Karbid	IV	24	H	16	20

Für die Schleifspindeldrehzahl gilt die Gleichung

$$n_s = \frac{60 \cdot 1000 v_c}{\pi D_s}. \tag{1.57}$$

Nach der Bestimmung der Werkstückgeschwindigkeit mittels (1.56) berechnet sich die Werkstückdrehzahl beim Rund- und Drehschleifen nach der Gleichung

$$n_w = \frac{1000 v_w}{\pi d_w}. \tag{1.58}$$

1.6.5 Schnittkraft, Schnittleistung

Die benötigte mittlere Spanungsdicke errechnet sich nach Preger [26] für runde Werkstückflächen beim Außenschleifen zu

$$h_M = \frac{\lambda_{ke}}{q} \sqrt{f_z \left(\frac{1}{D_s} + \frac{1}{d_w} \right)}, \tag{1.59}$$

beim Innenschleifen zu

$$h_M = \frac{\lambda_{ke}}{q} \sqrt{f_z \left(\frac{1}{D_s} - \frac{1}{d_w} \right)}, \tag{1.60}$$

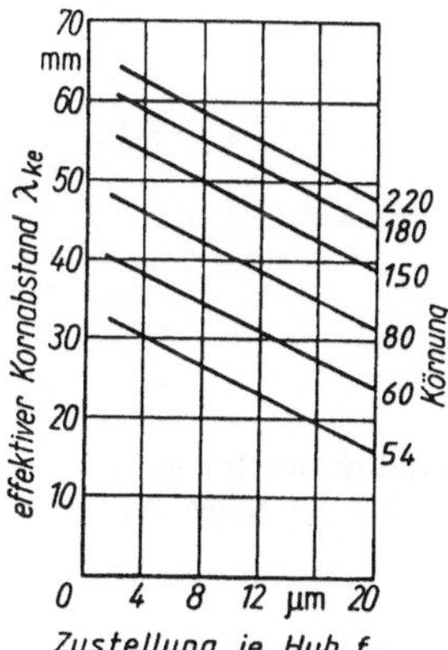

Bild 1.33. Effektiver Kornabstand in Abhängigkeit von der Zustellung [26, 27]

und für ebene Werkstückflächen zu

$$h_{\mathrm{M}} = \frac{\lambda_{\mathrm{ke}}}{q} \sqrt{\frac{f_z}{D_{\mathrm{s}}}} \,. \tag{1.61}$$

Der effektive Kornabstand λ_{ke} wird für verschiedene Schleifscheibenkörnungen in Abhängigkeit von der Zustellung bestimmt (Bild 1.33).

Die mittlere Schnittkraft je Schneide kann wie beim Drehen und Fräsen nach Kienzle [5] bestimmt werden:

$$F_{\mathrm{cz}} = A_z K_{\mathrm{c}} \,.$$

Die Anzahl der im Eingriff befindlichen Schneiden (Körner) kann beim Schleifen nur annähernd bestimmt werden. Damit liegt auch der Wert der spezifischen Schnittkraft außerhalb der linearen Gesetzmäßigkeit des Verlaufes,

$$K_{\mathrm{c}} = f(h_{\mathrm{M}}) \,.$$

Mit Hilfe eines Verfahrensfaktors K_{VER} kann die spezifische Schnittkraft ähnlich wie beim Drehen und Fräsen ermittelt werden:

$$K_{\mathrm{c}} = \frac{K_{\mathrm{c1.1}}}{h_{\mathrm{M}}^{z}} K_{\mathrm{VER}} \,. \tag{1.62}$$

Der Verfahrensfaktor K_{VER} kann annähernd nach Bild 1.34 bestimmt werden.

$K_{\mathrm{c1.1}}$ und z sind für den gegebenen Werkstoff nach Tabelle 1.2 zu bestimmen.

Der für die Berechnung der im Eingriff befindlichen Körner (Schneiden) benötigte Eingriffswinkel φ errechnet sich näherungsweise beim Umfangsaußenrundschleifen wie folgt [13]:

$$\varphi = \frac{360}{\pi} \sqrt{\frac{f_z}{D_{\mathrm{s}}(1 + D_{\mathrm{s}}/d_{\mathrm{w}})}} \,, \tag{1.63}$$

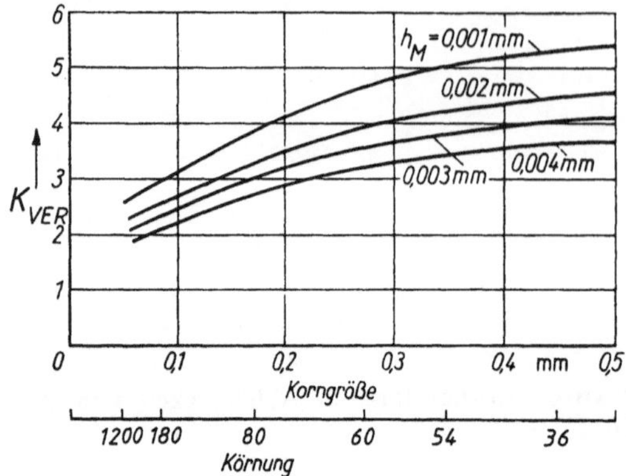

Bild 1.34. Verfahrensfaktor in Abhängigkeit von der Körnung [26, 27]

beim Umfangsinnenrundschleifen:

$$\varphi = \frac{360}{\pi} \sqrt{\frac{f_z}{D_s(1 - D_s/d_w)}} \,. \tag{1.64}$$

Die Gleichung gilt bis $\varphi = 60°$ [13]. Beim Rundschleifen liegt der Eingriffswinkel φ bei 0,2 bis 0,4°. Beim Stirnschleifen ist der Eingriffswinkel φ von der Werkstückbreite (wie beim Stirnfräsen) abhängig.

Die im Eingriff befindliche Schneidenzahl ergibt sich zu

$$z_{iE} = \frac{\pi D_s \varphi}{\lambda_{ke} \cdot 360} \,. \tag{1.65}$$

Die mittlere Schnittkraft F_c kann errechnet werden aus der mittleren Schnittkraft je Schneide F_{cz}, multipliziert mit der im Eingriff befindlichen Schneidenzahl z_{iE}, d. h.

$$F_c = z_{iE} F_{cz} = z_{iE} A_z K_c \,.$$

Nur beim Hochgeschwindigkeitsschleifen soll die Schnittkraftsgleichung vervollständigt werden, d. h.

$$K_v = 0,8 \ldots 0,9 \,,$$

sonst wird für die normale Schnittgeschwindigkeit K_v gleich 1 gesetzt.

Die endgültige Gleichung für die mittlere Schnittkraft lautet

$$F_c = z_{iE} F_{cz} K_v = z_{iE} A_z K_c K_v \,.$$

Für den Spanungsquerschnitt gilt

$$A_z = b h_M \,.$$

Berücksichtigt man (1.62), so erhält man daraus die endgültige Gleichung für die mittlere Schnittkraft in dieser Form:

$$F_c = z_{iE} b h_M^{1-z} K_{c1.1} K_{VER} K_v \,. \tag{1.66}$$

Die wirksame Schleifbreite b ist mit dem Vorschub je Umdrehung f identisch, d. h.

$$b = f \,.$$

Tabelle 1.30. Zustellung je Hub und Längsvorschub für verschiedene Schleifvorgänge [13]

Zustellung	Vorschliff	20 ... 50
je Hub f_z	Fertigschliff	2,5 ... 10
(µm)	Einstechen	2 ... 8
Längsvorschub	Vorschliff	$(^2/_3 \ldots {}^4/_5)\, b_s$
(mm/U)	Fertigschliff	$(^1/_4 \ldots {}^1/_2)\, b_s$

Die Zustellung je Hub f_z und der Längsvorschub je Umdrehung f werden nach Tabelle 1.30 bestimmt.

Die Schnittleistung wird

$$P_c = \frac{F_c v_c}{1000}. \tag{1.67}$$

Für die Antriebsleistung gilt

$$P_M = \frac{P_c}{\eta}.$$

1.6.6 Hauptzeit beim Außenrund-Längsschleifen

Für die Hauptzeit gilt i. allg.

$$t_h = \frac{Li}{v_f}.$$

Der Vorschubweg L wird nach Bild 1.35 bestimmt:

$$L = l - \frac{1}{3} b_s. \tag{1.68}$$

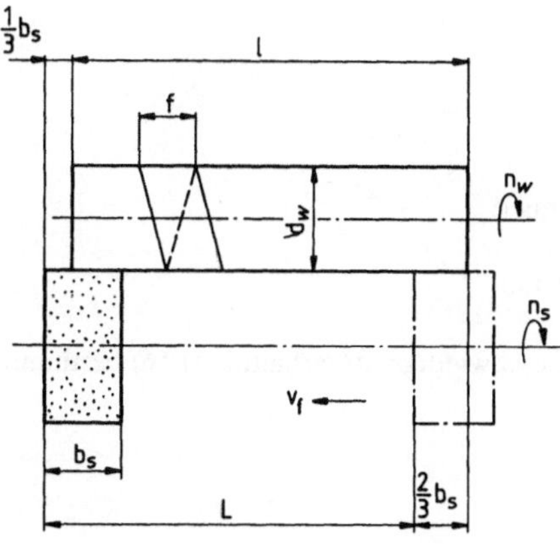

Bild 1.35. Vorschubweg beim Außenrundschleifen

Für die Vorschubgeschwindigkeit gilt

$$v_f = f n_w \,.$$

Berücksichtigt man (1.58), so erhält man daraus

$$t_h = \frac{L i \pi d_w}{1000 f v_w} \,. \tag{1.69}$$

Die Anzahl der Schnitte wird nach der Schnittiefe a und der Zustellung je Hub errechnet:

$$i = \frac{a}{f_z} \,. \tag{1.70}$$

Die Schnittiefe errechnet sich als Radiusdifferenz des Werkstückes vor und nach dem Schleifen.

1.6.7 Berechnungsbeispiel

Gegeben:
Umfangsaußenrund-Längsschleifen einer Welle aus St 60, Durchmesser $d_w = 60$ mm, Länge $l = 350$ mm.
    Der Schleifkörperdurchmesser betrage $D_s = 250$ mm, die Schleifkörperbreite $b_s = 40$ mm. Wirkungsgrad $\eta = 0{,}8$, Schnittiefe $a = 0{,}1$ mm.

Gesucht:
Mittlere Schnittkraft, Schnittleistung, Hauptzeit.

Lösung:
1. Schleifspindeldrehzahl, Werkstückdrehzahl:
Nach Tabelle 1.29 werden für Stahl beim Außenrundschleifen gewählt:
Körnung 60,

$$v_c = 32 \text{ m/s} \,,$$

$$q = 125 \,.$$

Die Zustellung je Hub wird nach Tabelle 1.30 bestimmt:
$f_z = 2{,}5 \ldots 10$ µm für Fertigschliff, gewählt werde $f_z = 10$ µm. Für den Längsvorschub wird bei Fertigschliff empfohlen:

$$f = \left(\frac{1}{4} \ldots \frac{1}{2} \right) b_s \,, \quad \text{gewählt wird}$$

$$f = \frac{1}{4} b_s = \frac{1}{4} \, 40 = 10 \text{ mm} \,.$$

Die Schleifspindeldrehzahl wird nach (1.57) errechnet:

$$n_s = \frac{60 \cdot 1000 v_c}{\pi D_s} = \frac{60 \cdot 1000 \cdot 32}{\pi \cdot 250} = 2444{,}6 \text{ min}^{-1} \,.$$

Die Werkstückgeschwindigkeit kann nach dem Geschwindigkeitsverhältnis (1.56) bestimmt werden,

$$v_w = \frac{60 v_c}{q} = \frac{60 \cdot 32}{125} = 15{,}36 \text{ m/min} \,.$$

Für die Werkstückdrehzahl gilt nach (1.58)

$$n_w = \frac{1000 v_w}{\pi d_w} = \frac{1000 \cdot 15{,}36}{\pi \cdot 60} = 81{,}48 \text{ min}^{-1} \,.$$

2. Mittlere Schnittkraft, Schnittleistung:
Der effektive Kornabstand wird für $f_z = 10\ \mu$m und Körnung 60 nach Bild 1.33 bestimmt:

$$\lambda_{ke} = 32 \text{ mm} \,.$$

Damit wird die mittlere Spanungsdicke nach (1.59)

$$h_M = \frac{\lambda_{ke}}{q} \sqrt{f_z \left(\frac{1}{D_s} + \frac{1}{d_w} \right)}$$

$$= \frac{32}{125} \sqrt{0{,}01 \left(\frac{1}{250} + \frac{1}{60} \right)}$$

$$= 0{,}0037 \text{ mm} \,.$$

Der Verfahrensfaktor wird für Körnung 60 und $h_M = 0{,}0037$ mm nach Bild 1.34 ermittelt,

$$K_{VER} = 3{,}4 \,.$$

$K_{c1.1}$ und z werden für St 60 nach Tabelle 1.2 bestimmt:

$$K_{c1.1} = 2110 \text{ N/mm}^2; \qquad 1 - z = 0{,}83; \qquad z = 0{,}17 \,.$$

Für den Eingriffswinkel φ gilt nach (1.63)

$$\varphi = \frac{360}{\pi} \sqrt{\frac{f_z}{D_s(1 + D_s/d_w)}}$$

$$= \frac{360}{\pi} \sqrt{\frac{0{,}01}{250(1 + 250/60)}}$$

$$= 0{,}319° \,.$$

Damit erhält man aus (1.65) für die im Eingriff befindliche Schneidenzahl

$$z_{iE} = \frac{\pi D_s \varphi}{\lambda_{ke} \cdot 360} = \frac{\pi \cdot 250 \cdot 0{,}319°}{32 \cdot 360} = 0{,}0217 \,.$$

Die Schnittgeschwindigkeitskorrektur K_v wird 1 gesetzt, $K_v = 1$ (normale Schnittgeschwindigkeit).
Die wirksame Schleifbreite b ist mit dem Vorschub je Umdrehung identisch, also

$$b = f = 10 \text{ mm} \,.$$

Die mittlere Schnittkraft wird nach (1.66)

$$F_c = z_{iE} b h_M^{1-z} K_{c1.1} K_{VER} K_v$$

$$= 0{,}0217 \cdot 10 \cdot 0{,}0037^{0{,}83} \cdot 2110 \cdot 3{,}4 \cdot 1$$

$$= 14{,}92 \text{ N} \,.$$

Die Schnittleistung beträgt nach (1.67)

$$P_c = \frac{F_c v_c}{1000} = \frac{14{,}92 \cdot 32}{1000} = 0{,}47\ \text{kW}\ .$$

Die Antriebsleistung wird

$$P_M = \frac{P_c}{\eta} = \frac{0{,}47}{0{,}8} = 0{,}58\ \text{kW}\ .$$

3. Hauptzeit:
Für den Vorschubweg gilt mit (1.68)

$$L = l - \frac{1}{3}\, b_s = 350 - \frac{1}{3}\, 40 = 336{,}66\ \text{mm}\ .$$

Für die Anzahl der Schnitte gilt wegen (1.70)

$$i = \frac{a}{f_z} = \frac{0{,}1}{0{,}01} = 10\ .$$

Die Hauptzeit ergibt sich aus (1.69) zu

$$t_h = \frac{L i \pi d_w}{1000 f v_w} = \frac{336{,}6 \cdot 10 \cdot \pi \cdot 60}{1000 \cdot 10 \cdot 15{,}36} = 4{,}13\ \text{min}\ .$$

1.7 Spanende Bearbeitung beim Honen

1.7.1 Verwendete Kurzzeichen

A_k in cm^2	Kolbenfläche (Gl. (1.74), Bild 1.38)
A_s in cm^2	Honsteinfläche (Gl. (1.74), Bild 1.38))
a in m	Auslenkung des Honsteines
a_{max} in m	Amplitude (Gl. (1.77))
d in mm	Bohrungsdurchmesser beim Langhubhonen, Außendurchmesser des Werkstücks beim Kurzhubhonen (Gl. (1.73), (1.75), (1.79))
F_a in N	Axiale Zustellkraft (Bild 1.38)
F_n in N	Normalkraft (Bild 1.38)
F_r in N	Radialkraft (Gl. (1.74), Bild 1.38)
F_c in N	Schnittkraft (Bild 1.37)
f in min^{-1}	Schwingfrequenz (Gl. (1.77), (1.79))
n in min^{-1}	Spindeldrehzahl (Gl. (1.73))
n_w in min^{-1}	Werkstückdrehzahl (Gl. (1.75))
p_h in N/cm^2	Öldruck (Gl. (1.74), Bild 1.38)
p_s in N/cm^2	Anpreßdruck (Gl. (1.74))
t in min	Zeitablauf (Gl.(1.76))
v_a in m/min	Geschwindigkeit des Axialhubes (Gl. (1.71), (1.72), (1.76))
$v_{a\,max}$ in m/min	Größte axiale Geschwindigkeit (Gl. (1.76), (1.77), (1.78))
v_c in m/min	Schnittgeschwindigkeit (Gl. (1.71))

$v_{c\,max}$ in m/min	Größte Schnittgeschwindigkeit
$v_{c\,min}$ in m/min	Kleinste Schnittgeschwindigkeit
v_f in mm/min	Vorschubgeschwindigkeit (Bild 1.39)
v_u in m/min	Umfangsgeschwindigkeit (Gl. (1.71), (1.72), (1.73), (1.75), Bild 1.36, 1.39)
α in Grad	Schnittwinkel (Gl. (1.72), Bild 1.36)
α_{max} in Grad	Größter Schnittwinkel (Gl. (1.78), (1.79))
β in Grad	Winkel der Aufweitkonen am Honwerkzeug (Gl. (1.74), Bild 1.38)
ω in min^{-1}	Kreisfrequenz (Gl. (1.76))

1.7.2 Einführung

Honen ist ein spanendes Fertigungsverfahren mit vielschneidigen Werkzeugen, deren geometrisch unbestimmte Schneiden von einer Vielzahl gebundener Körner gebildet werden, und die unter ständiger Berührung zwischen Werkstück und Werkzeug den Werkstoff abtrennen. Dieses Feinbearbeitungsverfahren dient nicht nur zur Erzeugung hoher Oberflächengüten, sondern es werden auch Verbesserungen der Maß- und Formgenauigkeit erreicht.

Weitere Begriffsbestimmungen enthalten die Normen DIN 4766, 8589, 8635, 69 100 und 69 186.

Die wichtigste Unterteilung der Honverfahren ergibt sich aus der Kinematik des Bewegungsvorgangs. Je nach der Umkehrlänge von Werkzeug bzw. Werkstück unterscheidet man zwischen Langhubhonen und Kurzhubhonen.

1.7.3 Langhubhonen

Beim Langhubhonen führt das Honwerkzeug gleichzeitig eine Dreh- und Hubbewegung aus (Bild 1.36).

Die Schnittgeschwindigkeit setzt sich aus der Umfangsgeschwindigkeit und der Geschwindigkeit des Axialhubes zusammen:

$$v_c = \sqrt{v_u^2 + v_a^2} \, . \tag{1.71}$$

Auf der Werkstückoberfläche entstehen dadurch Honspuren (Bild 1.36b), die sich unter dem Winkel α schneiden, wobei

$$\alpha = 2 \arctan \frac{v_a}{v_u} \, . \tag{1.72}$$

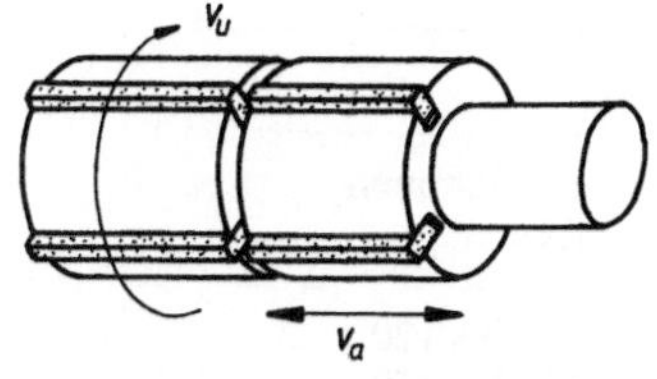

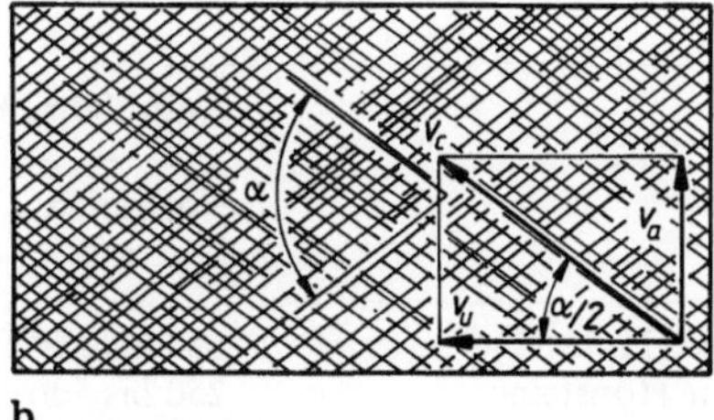

Bild 1.36a, b. Arbeitsvorgang beim Langhubhonen [28]. **a** Honbewegung des Werkzeuges, **b** Oberflächenstruktur

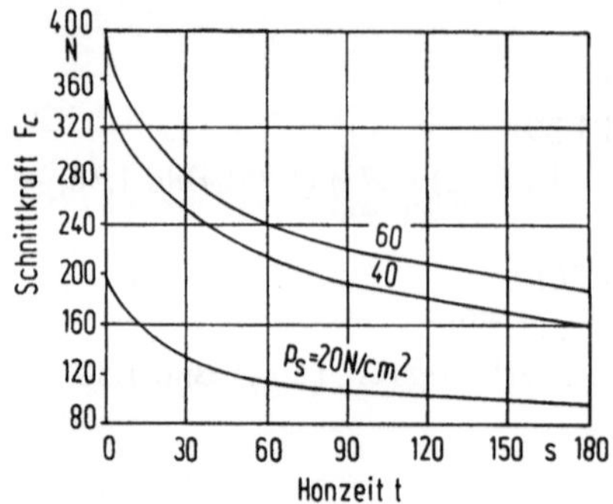

Bild 1.37. Verlauf der Schnittkraft beim Langhubhonen [29, 30]

Will man in dem günstigen Bereich $60° < \alpha < 90°$ bleiben, muß man ein Geschwindigkeitsverhältnis von

$$\frac{v_\mathrm{a}}{v_\mathrm{u}} = 0,6 \ldots 1,0$$

wählen [28].

Die üblichen Schnittgeschwindigkeiten v_c liegen heute zwischen 50 und 65 m/min, die Umfangsgeschwindigkeiten v_u zwischen 20 und 50 m/min und die Geschwindigkeiten des Axialhubes v_a zwischen 15 und 40 m/min.

Für die Spindeldrehzahl gilt bei einem Bohrungsdurchmesser d die Beziehung

$$n = \frac{1000 v_\mathrm{u}}{\pi d} . \tag{1.73}$$

Die Abhängigkeit zwischen der Schnittkraft und der Honzeit bei verschiedenen Anpreßdrücken ist in Bild 1.37 dargestellt.

Zu Beginn des Honvorgangs treten relativ große Schnittkräfte auf, da das Honwerkzeug auf erhebliche Unrundheiten und Oberflächenrauhigkeiten trifft.

Der Anpreßdruck der Honbeläge hat auf den Honvorgang den größten und wichtigsten Einfluß. Je nach der geforderten Oberflächengüte kann er stufenlos eingestellt werden. Richtwerte hierfür sind in Tabelle 1.31 angegeben.

Bei hydraulischen Zustelleinrichtungen läßt sich der Anpreßdruck p_s aus dem am hydraulischen Zustellzylinder eingestellten Öldruck p_h berechnen (Bild 1.38).

Tabelle 1.31. Empfohlene Anpreßdrücke der Honsteine, Diamant- und Bornitridleisten [31]

Honwerkzeug	Anpreßdruck p_s	
	Vorhonen [N/cm²]	Fertighonen [N/cm²]
keramisch gebundene Honsteine	150 bis 250	80 bis 120
kunststoffgebundene Honsteine	250 bis 500	100 bis 150
Diamant-Honleisten	300 bis 800	150 bis 300
Bornitrid-Honleisten	200 bis 400	100 bis 200

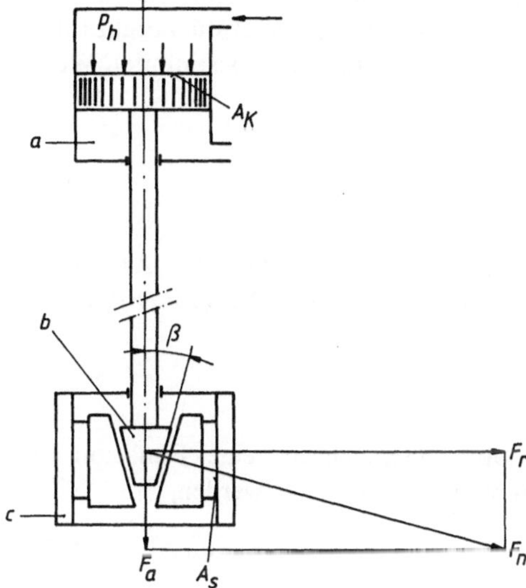

Bild 1.38. Schema einer hydraulischen Zustelleinrichtung [32]

Aus der Gleichung für die axiale Zustellkraft

$$F_a = p_h A_k$$

und der Gleichung für die Radialkraft

$$F_r = \frac{F_a}{\tan \beta}$$

erhält man den Anpreßdruck

$$p_s = \frac{F_r}{A_s} = \frac{p_h A_k}{A_s \tan \beta}. \tag{1.74}$$

Das Langhubhonen wird überwiegend für die Innenrundbearbeitung angewandt.

1.7.4 Kurzhubhonen

Beim Kurzhubhone (Superfinish) führt das Honwerkzeug eine Schwingbewegung aus und die Drehbewegung wird von der zu bearbeitenden Welle ausgeführt (Bild 1.39).

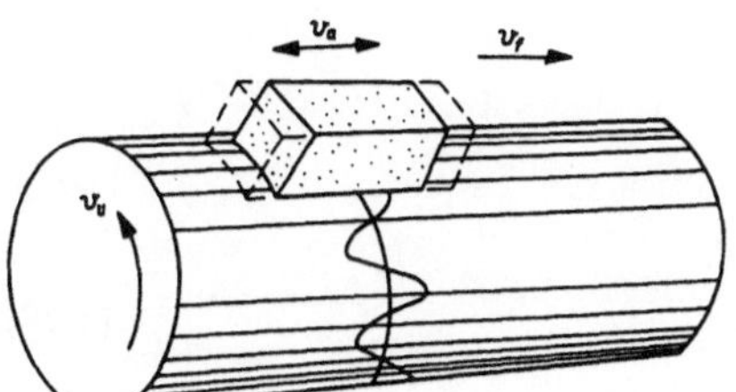

Bild 1.39. Honbewegung beim Kurzhubhonen [28]

Die Vorschubbewegung mit der Vorschubgeschwindigkeit v_f ist notwendig, damit das Werkstück auf der gesamten Länge gehont wird. Für die Werkstückdrehzahl n_w gilt nach der vorgegebenen Umfangsgeschwindigkeit v_u für einen bestimmten Werkstückdurchmesser d die Beziehung

$$n_w = \frac{1000 v_u}{\pi d} \, . \tag{1.75}$$

Unter Voraussetzung einer sinusförmigen oszillierenden Bewegung des Axialhubes kann die Auslenkung des Honsteines a als eine Funktion der Amplitude a_{max} und dem Wert ωt ausgedrückt werden,

$$a = a_{max} \sin \omega t \, .$$

Die Geschwindigkeit des Axialhubes v_a kann demnach als eine Funktion des Geschwindigkeitsmaximums $v_{a\,max}$ und dem Wert ωt abgeleitet werden,

$$v_a = v_{a\,max} \cdot \cos \omega t \, . \tag{1.76}$$

Die Geschwindigkeit v_a kann auch durch Differenzieren ermittelt werden,

$$v_a = \frac{da}{dt} = a_{max} \omega \cos \omega t \, .$$

Aus den oberen zwei Gleichungen erhält man

$$v_{a\,max} = a_{max} \omega = a_{max} 2\pi f \, . \tag{1.77}$$

Aus (1.76) wird deutlich, daß die Schwinggeschwindigkeit v_a ständig zwischen 0 und $v_{a\,max}$ schwankt und ihre Richtung wechselt.

Die Schnittgeschwindigkeit v_c wird nach (1.71)

$$v_c = \sqrt{v_u^2 + v_a^2} \, .$$

Sie schwankt zwischen ihrem kleinsten Wert

$$v_{c\,min} = v_u$$

und ihrem größten Wert

$$v_{c\,max} = \sqrt{v_u^2 + v_{a\,max}^2} \, .$$

Der Schnittwinkel α kann nach (1.72) berechnet werden,

$$\alpha = 2 \arctan \frac{v_a}{v_u} \, .$$

Für den größten Schnittwinkel gilt

$$\alpha_{max} = 2 \arctan \frac{v_{a\,max}}{v_u} \, . \tag{1.78}$$

Drückt man v_u gemäß (1.75) aus und setzt für $v_{a\,max}$ (1.77) ein, so erhält man

$$\alpha_{max} = 2 \arctan \frac{2000 a_{max} f}{d n_w}.\tag{1.79}$$

Übliche Vorschubgeschwindigkeiten v_f liegen zwischen 100 und 6000 mm/min, Anpreßdrücke p_s zwischen 30 und 100 N/cm^2, Schwinghübe $2 \cdot a_{max}$ zwischen 3 und 6 mm und Schwingfrequenzen f zwischen 800 und 2800 min^{-1}.
Übliche Schnittgeschwindigkeiten v_c liegen für die Vorbearbeitung zwischen 8 und 15 m/min und für die Fertigbearbeitung zwischen 30 und 80 m/min.

1.7.5 Berechnungsbeispiel beim Langhubhonen

Gegeben:

Bohrungsdurchmesser $d = 100$ mm,
Schnittgeschwindigkeit $v_c = 60$ m/min,
Anpreßdruck $p_s = 60$ N/cm^2,
Honsteinfläche $A_s = 314$ cm^2,
Kolbendurchmesser $d_k = 100$ mm,
Winkel der Aufweitkonen am Honwerkzeug $\beta = 20°$,
Geschwindigkeitsverhältnis $v_a/v_u = 0,8$,
Honzeit $t = 90$ s.

Gesucht:

Spindeldrehzahl n, Schnittwinkel α, Öldruck p_h, Schnittkraft F_c.

Lösung:

1. Spindeldrehzahl:
   Nach (1.71) gilt für die Schnittgeschwindigkeit

$$v_c = \sqrt{v_u^2 + v_a^2} = \sqrt{v_u^2 + (0,8 v_u)^2} = 1,28 v_u\,,$$

also,

$$v_u = \frac{v_c}{1,28} = \frac{60}{1,28} = 46,85 \text{ m/min}\,.$$

Die Geschwindigkeit des Axialhubes ist

$$v_a = 0,8 v_u = 0,8 \cdot 46,85 = 37,48 \text{ m/min}\,.$$

Die Spindeldrehzahl wird nach (1.73) berechnet:

$$n = \frac{1000 v_u}{\pi d} = \frac{1000 \cdot 46,85}{\pi \cdot 100} = 149,12 \text{ min}^{-1}\,.$$

2. Schnittwinkel:
   Der Schnittwinkel wird nach (1.72)

$$\alpha = 2 \arctan \frac{v_a}{v_u} = 2 \arctan \frac{37,48}{46,85} = 77,31°\,.$$

3. Öldruck:
   Für die Kolbenfläche gilt

$$A_k = \frac{d_k^2 \pi}{4} = \frac{10^2 \pi}{4} = 78,53 \text{ cm}^2\,.$$

Der Öldruck wird nach (1.74)

$$p_\mathrm{h} = \frac{p_\mathrm{s} A_\mathrm{s} \tan \beta}{A_\mathrm{k}} = \frac{60 \cdot 314 \tan 20°}{78,53} = 87,31 \ \mathrm{N/cm^2} \ .$$

4. Schnittkraft:
   Nach Bild 1.37 wird für die Honzeit von $t = 90$ s und den Anpreßdruck von $p_\mathrm{s} = 60 \ \mathrm{N/cm^2}$ die Schnittkraft ermittelt:

$$F_\mathrm{c} = 220 \ \mathrm{N} \ .$$

1.7.6 Berechnungsbeispiel beim Kurzhubhonen

Gegeben:
Außendurchmesser des Werkstücks $d = 50$ mm,
Werkstückdrehzahl $n_\mathrm{w} = 400 \ \mathrm{min^{-1}}$,
Schwinghub $2 \cdot a_\mathrm{max} = 5$ mm $= 0,005$ m,
Schwingfrequenz $f = 1800 \ \mathrm{min^{-1}}$.

Gesucht:
Größte Schnittgeschwindigkeit $v_\mathrm{c\,max}$, kleinste Schnittgeschwindigkeit $v_\mathrm{c\,min}$, größter Schnittwinkel α_max.

Lösung:
1. Größte und kleinste Schnittgeschwindigkeit:
   Nach (1.75) wird die Umfangsgeschwindigkeit

$$v_\mathrm{u} = \frac{\pi d n_\mathrm{w}}{1000} = \frac{\pi \cdot 50 \cdot 400}{1000} = 62,83 \ \mathrm{m/min} \ .$$

Die größte axiale Geschwindigkeit wird nach (1.77) berechnet:

$$v_\mathrm{a\,max} = a_\mathrm{max} 2\pi f = (0,005/2) \cdot 2\pi \cdot 1800 = 28,27 \ \mathrm{m/min} \ .$$

Die größte Schnittgeschwindigkeit ist damit

$$v_\mathrm{c\,max} = \sqrt{v_\mathrm{u}^2 + v_\mathrm{a\,max}^2} = \sqrt{62,83^2 + 28,27^2}$$
$$= 68,89 \ \mathrm{m/min} \ .$$

Für die kleinste Schnittgeschwindigkeit gilt

$$v_\mathrm{c\,min} = v_\mathrm{u} = 62,83 \ \mathrm{m/min} \ .$$

2. Größter Schnittwinkel:
   Der größte Schnittwinkel wird nach (1.78)

$$\alpha_\mathrm{max} = 2 \arctan \frac{v_\mathrm{a\,max}}{v_\mathrm{u}} = 2 \arctan \frac{28,27}{62,83} = 48,45° \ .$$

Er kann auch nach (1.79) bestimmt werden:

$$\alpha_\mathrm{max} = 2 \arctan \frac{2000 a_\mathrm{max} \cdot f}{d n_\mathrm{w}}$$
$$= 2 \arctan \frac{2000 \cdot 0,005 \cdot 1800}{2 \cdot 50 \cdot 400}$$
$$= 48,45° \ .$$

2 Vorrichtungen

2.1 Einleitung

Vorrichtungen sind Fertigungsmittel, die an Werkstücke gebunden sind und unmittelbar in Beziehung zum Arbeitsvorgang stehen. Sie dienen dazu, Werkstücke zu positionieren, zu halten oder zu spannen und gegebenenfalls ein oder mehrere Werkzeuge zu führen (Definition nach DIN 6300).

Die Stückzeit der Fertigung eines Werkstücks ohne Vorrichtung besteht aus folgenden Operationszeiten:

- Einlegen des Werkstücks auf den Maschinentisch,
- Lagebestimmen (auch Positionieren genannt),
- Spannen,
- Hauptzeit (Fertigungszeit),
- Entspannen,
- Herausnehmen des Werkstücks,
- Säubern des Werkstücks.

Beim Einsatz einer einfachen Vorrichtung entfällt die Zeit zum Lagebestimmen, die Zeiten zum Spannen und Entspannen werden verkürzt. Beim Einsatz von Mehrfachspannvorrichtungen für eine Maschine werden auch die Hauptzeiten verkürzt. Bei einer Mehrstück-Wendevorrichtung und bei der Mehrmaschinenbedienung können Einsparungen der Stückzeit von mehr als 70% erreicht werden. Der Kontrollaufwand für das Werkstück wird bei der Verwendung von Vorrichtungen auf das Minimum beschränkt, da die Vorrichtung selbst einen Teil der Kontrolle übernehmen kann.

Zu diesen rein wirtschaftlichen Gesichtspunkten kommen noch technische hinzu, da die Maßgenauigkeit und in manchen Fällen auch die Lagegenauigkeit durch die Werkzeugführung erhöht werden können.

Die Vorrichtungen können in zwei Untergruppen unterteilt werden:

- Sondervorrichtungen, die speziell für ein bestimmtes Werkstück und eine bestimmte Aufgabe konstruiert werden,
- Baukastenvorrichtungen, die für das entsprechende Werkstück und die Fertigungsaufgabe aus einzelnen Bausteinen zusammengesetzt werden.

2.2 Lagebestimmen des Werkstücks in der Vorrichtung

Lagebestimmen ist das Einordnen des Werkstücks in eine eindeutige, für die Durchführung des Bearbeitungsvorgangs erforderliche Lage.

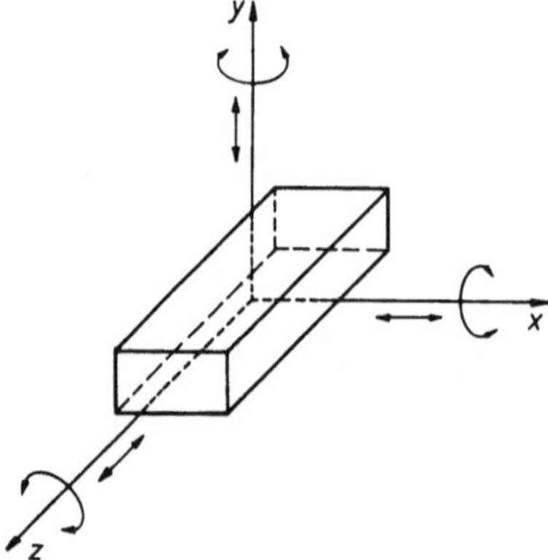

Bild 2.1. Bewegungsmöglichkeiten eines prismatischen Werkstücks

Ein Körper, der sich frei bewegen kann, besitzt sechs Freiheitsgrade: drei Bewegungen in Richtung der drei Achsen x, y und z und drei Drehungen um jede der drei Achsen x, y und z (Bild 2.1).

2.2.1 Lagebestimmen prismatischer Werkstücke

Spannt man eine Ebene zwischen zwei beliebigen Achsen, z. B. x- und z-Achse, auf (Bild 2.2), so werden dem prismatischen Körper folgende Freiheitsgrade entzogen:

— Bewegung in Richtung der y-Achse,
— Rotation um die x-Achse,
— Rotation um die z-Achse.

Die Fläche e in Bild 2.2, auf die zu ihrer Lagebestimmung drei Bestimmpunkte angeordnet werden, wird Einstellfläche genannt. Die Lagebestimmung ist um so günstiger, je weiter die Bestimmpunkte auseinander liegen.

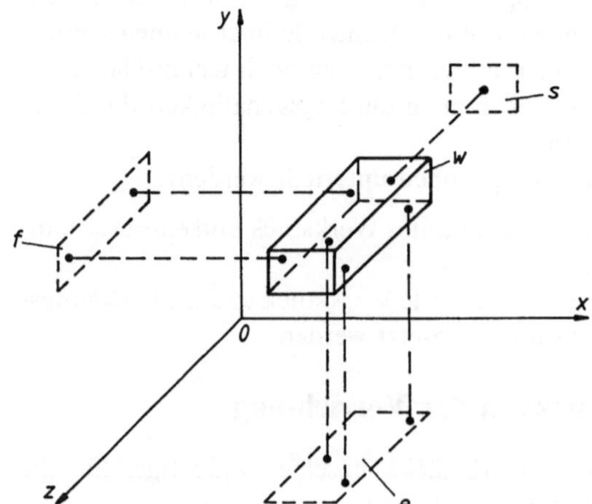

Bild 2.2. Lagebestimmen prismatischer Werkstücke [33]

Eine zweite Ebene, z. B. zwischen der y- und z-Achse aufgespannt, entzieht dem Quader zwei weitere Freiheitsgrade:

— Bewegung in Richtung der x-Achse,
— Rotation um die y-Achse.

Die Fläche f in Bild 2.2, auf der zu ihrer Lagebestimmung zwei Bestimmpunkte angeordnet werden, wird Führungsfläche genannt. Stützt man das prismatische Werkstück w mit der Fläche s in der x–y-Ebene, so wird dem Körper der letzte Freiheitsgrad entzogen:

— Bewegung in Richtung der z-Achse.

Die Stützfläche ist die Fläche am prismatischen Körper, die für die Lagebestimmung einen Bestimmpunkt erfordert.

2.2.2 Bezugsebene — Bestimmebene — Bestimmfläche, Vollbestimmen — Teilbestimmen — Überbestimmen

Bezugsebenen sind funktionsbedingte Ebenen, auf die die maßlichen Festlegungen bezogen werden. Bezugsebenen sind z. B. die in den xz-, yz- und xy-Ebenen liegenden Ebenen des prismatischen Werkstücks in Bild 2.2.

Bestimmebenen sind geometrisch ideale Ebenen, die durch den Kontakt zwischen Werkstück und Vorrichtungselementen entstehen. Als Bestimmflächen werden die Flächen bezeichnet, die der Vorrichtungskonstrukteur festlegt (Einstellfläche, Führungsfläche, Stützfläche in Bild 2.2). Die Bestimmpunkte befinden sich auf den Bestimmflächen und dienen zu ihren Lagebestimmungen. Das in Bild 2.2 dargestellte

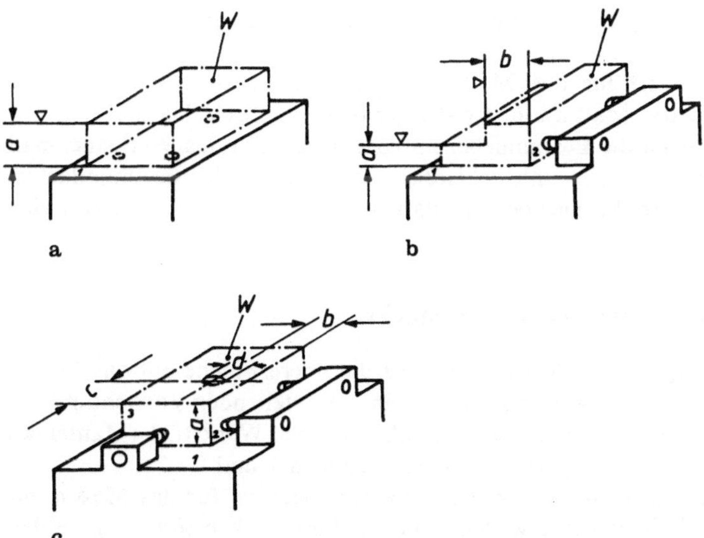

Bild 2.3a–c. Lagebestimmen bei verschiedenen Bearbeitungsfällen [33]. **a** Teilbestimmung durch Einstellfläche, **b** Teilbestimmung durch Einstell- und Führungsfläche, **c** Vollbestimmung durch alle drei Flächen

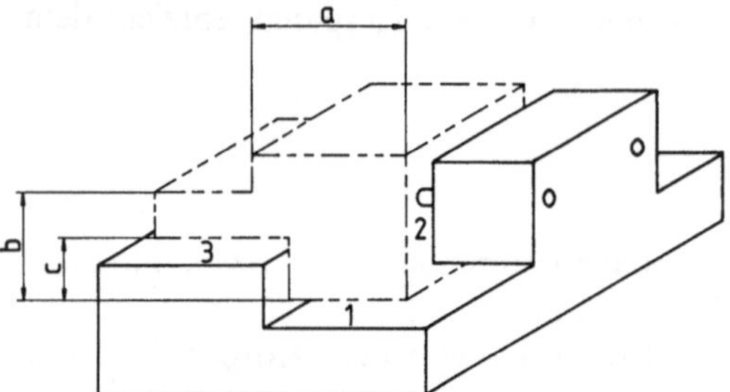

Bild 2.4. Überbestimmen durch die Bestimmebene 3

Werkstück w ist vollbestimmt, da ihm die sechs möglichen Freiheitsgrade entzogen wurden. Bei manchen Bearbeitungsfällen braucht man dem Werkstück nicht alle Freiheitsgrade zu entziehen, man kommt mit einer „Teilbestimmung" aus.

Das in Bild 2.3a) dargestellte Werkstück w wird nur durch die Einstellfläche lagebestimmt, da die obere Fläche planparallel gefräst oder geschliffen werden soll. Dem Werkstück wurden drei Freiheitsgrade entzogen.

In Bild 2.3b) ist ein Werkstück dargestellt, das auf die Maße „a" und „b" bearbeitet werden soll. Die größte Fläche (Bezeichnung 1) wurde als Einstellfläche gewählt; sie entzieht dem Werkstück drei Freiheitsgrade. Die lange, aber schmale Fläche (Bezeichnung 2) wurde als Führungsfläche gewählt; sie entzieht dem Werkstück zwei weitere Freiheitsgrade.

Den sechsten Freiheitsgrad muß man dem Werkstück entziehen, wenn an dem prismatischen Werkstück eine Bohrung d bei den angegebenen Abständen b und c gebohrt werden muß (Bild 2.3c). Für die Lagebestimmung wurde auch die Stützfläche (Bezeichnung 3) in Anspruch genommen.

Eine Überbestimmung liegt dann vor, wenn für eine Bezugsebene des Werkstücks in einer Richtung mehr als eine Bestimmebene vorgesehen wird. Als Beispiel ist in Bild 2.4 ein Werkstück dargestellt, bei dem die oberen Flächen planparallel gefräst werden.

Die Bestimmebene 1 ist für das Maß b mit der Bezugsebene identisch. Die Bestimmebene 2 ist für das Maß a mit der Bezugsebene identisch. Da der Steg $b-c$ wenig steif ist, wurde noch die Bestimmebene 3 vorgesehen. Da das Werkstückmaß c bei den einzelnen Werkstücken unterschiedlich, der Abstand der Bestimmflächen 1 und 3 in der Spannvorrichtung aber konstant ist, handelt es sich hier um eine Überbestimmung.

2.2.3 Lagebestimmen zylindrischer Werkstücke

Bei dem in Bild 2.5 dargestellten Werkstück wird die obere Fläche auf das Maß a gefräst. Das Werkstück wird in zwei senkrecht aufeinander stehenden Vorrichtungsbestimmflächen (Prisma) aufgenommen. Der Kontakt zwischen Werkstück (Mantel des Zylinders) und Vorrichtung erfolgt durch die Mantellinien 1 und 2.

Die untere Mantellinie 1, die in der Bestimmebene liegt, ist für das Maß a mit der Bezugsebene identisch. Bei den wellenförmigen Werkstücken ($l/d > 1$) werden die linienförmigen Bestimmebenen durch je zwei, bei den scheibenförmigen Werkstücken ($l/d < 1$) durch je einen Bestimmpunkt in Bezug zur xz- und yz-Ebene lagebestimmt.

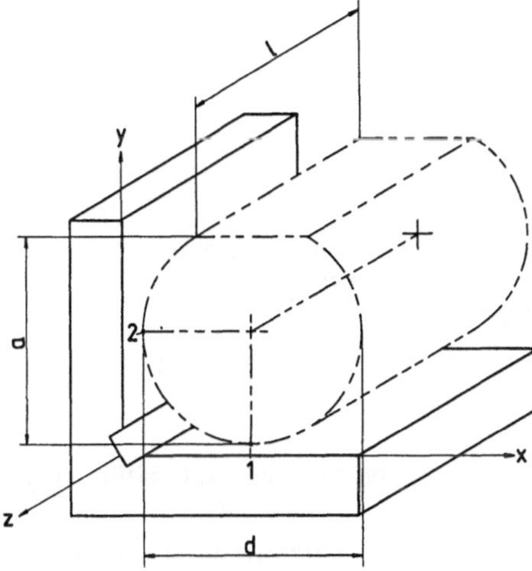

Bild 2.5. Lagebestimmen zylindrischer Werkstücke nach einer Bezugsebene

Das Lagebestimmen des Werkstücks in Bild 2.5 erfolgt also nach einer Bezugsebene und durch zwei Bestimmebenen. Durch diese Lagebestimmung wurden dem zylindrischen Werkstück vier Freiheitsgrade entzogen. Es bleiben noch

— die Bewegung in Richtung der z-Achse,
— die Rotation um die z-Achse.

Bei dem in Bild 2.6 dargestellten Werkstück wird das Lagebestimmen nach zwei senkrecht aufeinander stehenden Mittelbezugsebenen durch die Spannzangen durchgeführt. Durch die geschlitzte kegelige Spannzange werden die Durchmesserunterschiede der zylindrischen Werkstücke ausgeglichen. Eine prismatische Aufnahme wie in Bild 2.5 scheidet aus, weil mit ihr nur nach einer Bezugsebene fehlerfrei lagebestimmt werden kann. Eine Bestimmung nach zwei Mittelbezugsebenen ist erforderlich, wenn an der freien Mantel- und Stirnfläche koaxiale Bearbeitungen durchgeführt werden müssen.

Wenn das Lagebestimmen nach zwei Mittelbezugsebenen erforderlich ist, das Spannzangenprinzip aber nicht angewandt werden kann, da eine Längsnut auf der

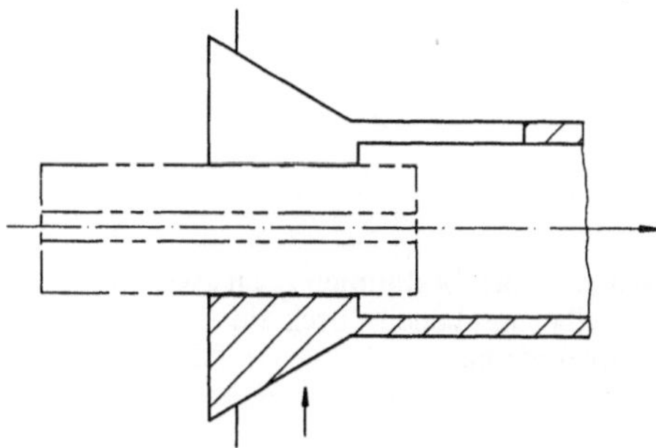

Bild 2.6. Lagebestimmen nach zwei Mittelbezugsebenen durch eine Spannzange

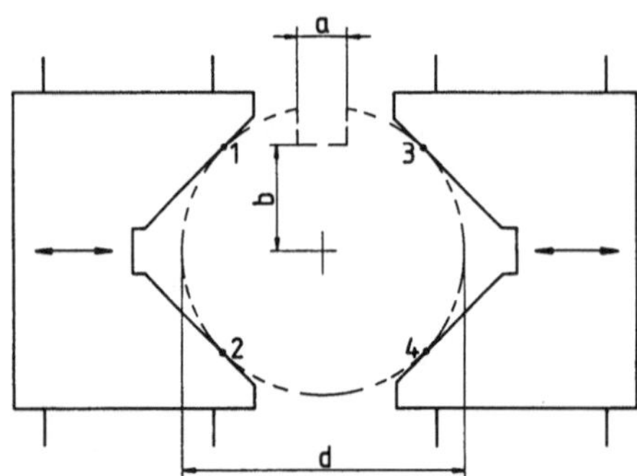

Bild 2.7. Lagebestimmen nach zwei
Mittelbezugsebenen durch ein
Doppelprisma

ganzen Länge gefräst werden muß, wird das Lagebestimmen mit Hilfe eines
Doppelprismas durchgeführt (Bild 2.7).

Da die Nut (Maße a und b) für alle Durchmesser d (Toleranzzone) mittig sein
muß, sind zwei Mittelbezugsebenen erforderlich. Beide Prismen müssen in jeder
Stellung stets den gleichen Abstand von der senkrechten Bezugsebene haben. Die
Prismen müssen sich gegenläufig durch eine Kurvenscheibe oder durch eine spielfreie
Gewindespindel mit Links- und Rechtsgewinde zur Mitte bewegen. Diese Konstruktion ist immer recht aufwendig. Der Kontakt zwischen Werkstück und Vorrichtung
erfolgt durch die Mantellinien 1, 2, 3 und 4.

Bei den wellenförmigen Werkstücken gibt es insgesamt acht Bestimmpunkte
(Überbestimmung), das Werkstück hat trotzdem noch zwei Freiheitsgrade:

— Bewegung in Richtung der eigenen Achse,
— Rotation um die eigene Achse.
Bei dem in Bild 2.8 dargestellten Werkstück wird die Nut (Maße a und b) mittig und
symmetrisch zu vorhandener Nut (Maße c und d) gefräst. Das Lagebestimmen wird
mit Hilfe eines Doppelprismas durchgeführt. Das Werkstück muß in der vorhandenen
Nut durch die Vorrichtung aufgenommen werden; sie entzieht dem Werkstück einen
Freiheitsgrad:

— Rotation um die eigene Achse.

Das Werkstück kann sich noch translatorisch in Richtung der eigenen Achse bewegen.

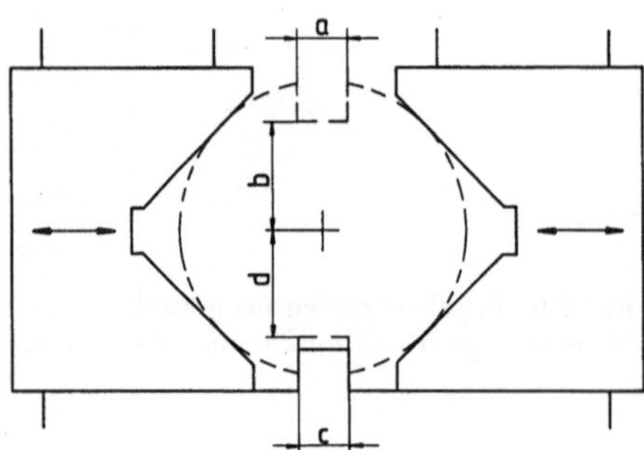

Bild 2.8. Lagebestimmen nach zwei
Mittelbezugsebenen durch ein
Doppelprisma

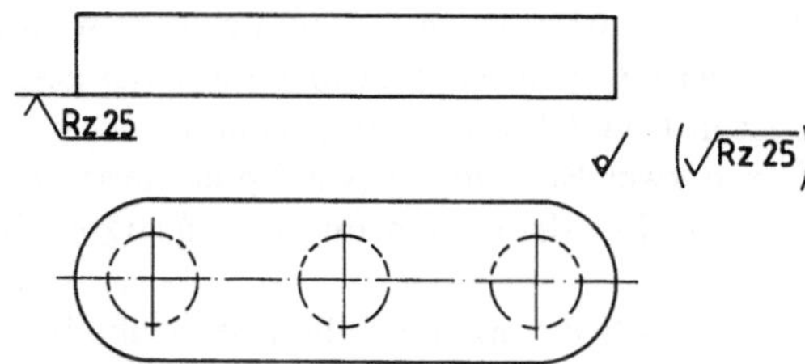

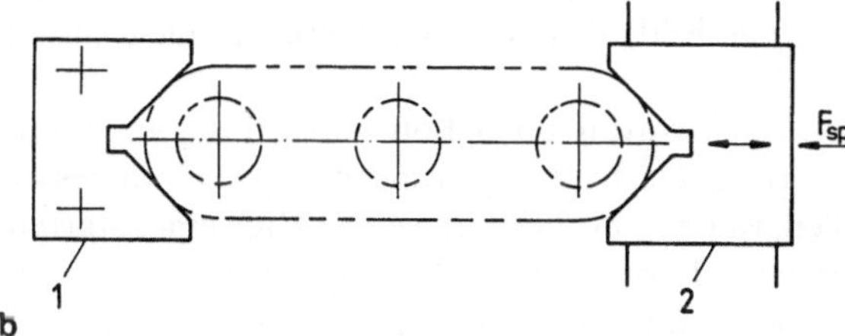

Bild 2.9a, b. Lagebestimmen eines Flansches für Arbeitsgang Bohren.
a Werkstück,
b Lagebestimmen

2.2.4 Konstruktionsbeispiele

In Bild 2.9 ist ein Flansch dargestellt, dessen Bohrungen in einer Bohrvorrichtung hergestellt werden sollen.

Da alle drei Bohrungen auf einer Linie und gleichzeitig in der Mitte des Flansches liegen sollen, ist eine Lagebestimmung nach zwei Mittelbezugsebenen erforderlich.

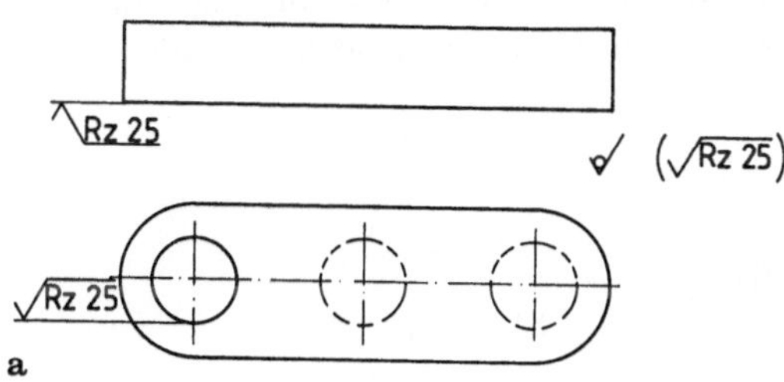

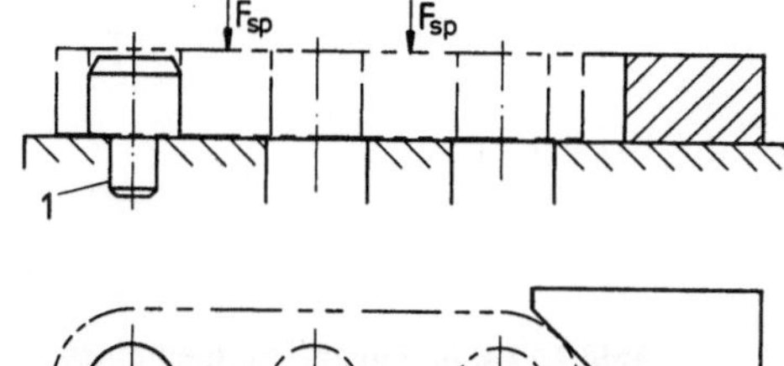

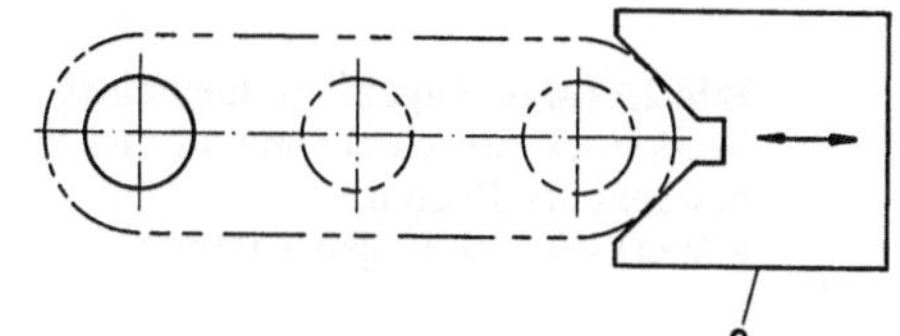

Bild 2.10a, b. Lagebestimmen eines Flansches durch einen Aufnahmebolzen und ein bewegliches Prisma.
a Werkstück, b Lagebestimmen

Dieses Lagebestimmen wird mit Hilfe eines starren Prismas 1 und eines beweglichen Prismas 2 durchgeführt. Das Werkstück wird gegenüber des starren Prismas gespannt (die dabei aufgewendete Spannkraft ist in Bild 2.9 mit F_{sp} bezeichnet).

Bild 2.10 zeigt einen Flansch, dessen zwei Bohrungen (strichpunktiert) in einer Bohrvorrichtung hergestellt werden sollen. Die dritte Bohrung liegt fertigbearbeitet vor.

Das Werkstück wird in der vorliegenden Bohrung mit Hilfe eines Aufnahmebolzens 1 (DIN 6321) aufgenommen und anschließend mit Hilfe eines beweglichen Prismas 2 lagebestimmt. Das Lagebestimmen durch ein Doppelprisma wie in Bild 2.9 und durch den Aufnahmenbolzen würde zur Überbestimmung führen. Das Werkstück soll von oben gespannt werden (vgl. F_{sp} im Bild), da der Aufnahmebolzen nicht durch große Querkräfte belastet werden darf.

Das in Bild 2.11 dargestellte Werkstück wird in einer Bohrvorrichtung gespannt, damit zwei Bohrungen hergestellt werden. Da beide Bohrungen vom Durchmesser d in der Mitte der Nabe D liegen sollen, ist das Lagebestimmen mit Hilfe eines starren Prismas 1 und eines beweglichen Prismas 2 vorgesehen. Das Lagebestimmen durch zwei starre Prismen würde zur Überbestimmung führen. Das Werkstück soll gegenüber den Prismen gespannt werden (vgl. F_{sp} im Bild).

In Bild 2.4 ist ein überbestimmtes Werkstück dargestellt. Da das Überbestimmen in keinem Fall zulässig ist, wird in Bild 2.12 gezeigt, wie dies am gleichen Werkstück zu vermeiden ist. Da der Steg (b–c) nicht genügend steif ist, wird er durch eine selbsttätig einstellbare Stütze 1 gestützt. Der Bolzen 2, der durch eine Feder nach oben elastisch gehalten wird, wird anschließend auf der kegeligen Fläche durch die Schraube 3 arretiert. Beim Fräsen der oberen Fläche (Maße a, b) bleibt der Steg ($b - c$) starr. Da die zu stützende Fläche nicht in allen Fällen exakt bearbeitet wird, ist noch eine Pendelauflage 4 vorgesehen.

Bei dem in Bild 2.13 dargestellten unbearbeiteten Werkstück soll eine Nut der Breite a in Abständen b und c von der Nabe (Durchmesser d) gefräst werden. Das

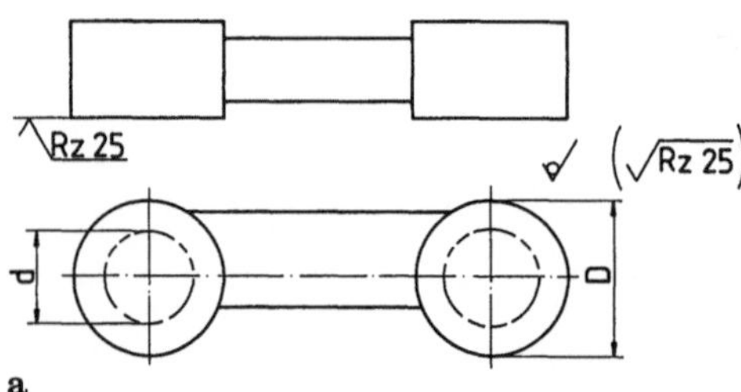

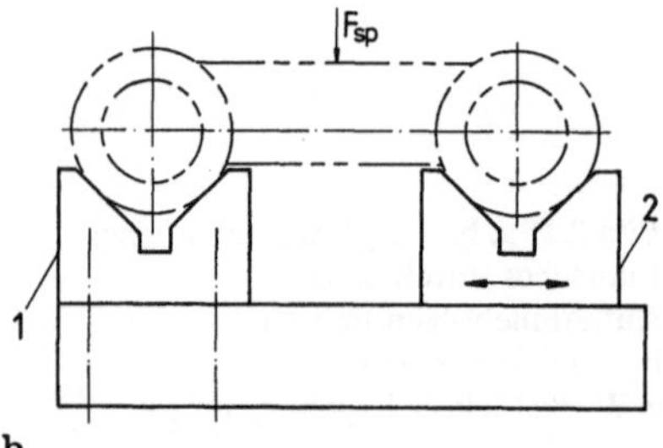

Bild 2.11 a, b. Lagebestimmen eines Werkstücks durch ein starres und ein bewegliches Prisma.
a Werkstück, b Lagebestimmen

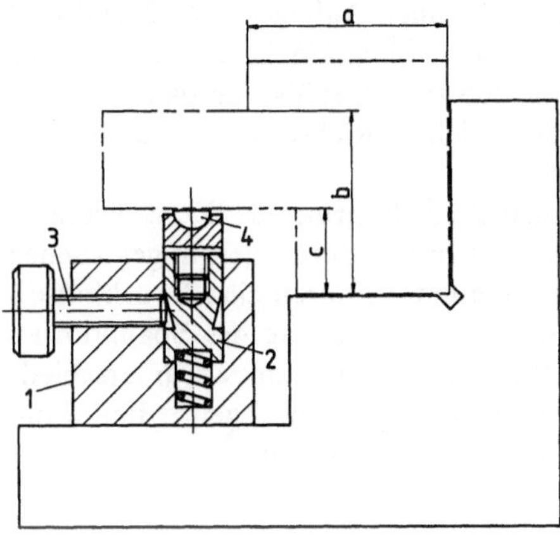

Bild 2.12. Lagebestimmen eines Werkstücks für Arbeitsgang Fräsen

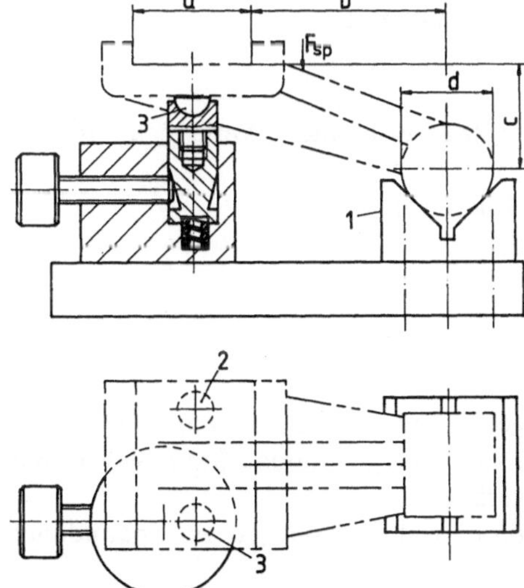

Bild 2.13. Lagebestimmen eines Werkstücks für Arbeitsgang Fräsen

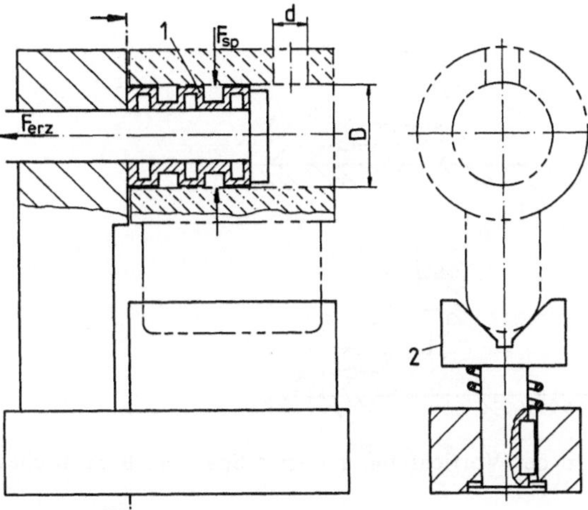

Bild 2.14. Lagebestimmen eines Werkstücks durch einen Spanndorn und ein selbsttätig einstellbares Prisma für Arbeitsgang Bohren

Lagebestimmen erfolgt durch ein starres Prisma 1, einen Auflagebolzen 2 und eine selbsttätig einstellbare Stütze 3, die Unebenheiten der rohen Fläche ausgleichen soll. Das Werkstück soll dem Prisma und den Auflagebolzen gegenüber gespannt werden (s. F_{sp}). Dieses Werkstück ist teilbestimmt, da es sich in Richtung der Nabenachse bewegen kann.

Bild 2.14 zeigt ein Werkstück mit fertigbearbeiteter Bohrung D. Die Bohrung d, die in einer Bohrvorrichtung bearbeitet wird, soll mittig durch den angegossenen Steg verlaufen. Das Werkstück wird auf einen Spanndorn durch eine Druckhülse 1 (Fabrikat Spieth) aufgenommen und durch die axiale Bewegung des Spanndornes gespannt (s. F_{sp}). Dadurch werden (wie in Bild 2.6) die Durchmesserunterschiede verschiedener Werkstücke ausgeglichen. Die Mittigkeit der Bohrungen D und d mit dem Steg wird durch das selbsttätig einstellbare Prisma 2 erreicht.

2.3 Spannen des Werkstücks in der Vorrichtung

Spannen ist das sichere Festhalten bereits lagebestimmter Werkstücke in der Vorrichtung während der Fertigung.

Es gibt zwei grundsätzliche Spannarten (Bild 2.15):

— starres Spannen,
— elastisches Spannen.

Beim starren Spannen wird die Spannung gelöst, sobald das Spannmaß verändert wird, dargestellt im rechten Teil von Bild 2.15a. Das Spannmaß kann sich durch thermische Dehnungen und Schwingungen verändern.

Beim elastischen Spannen ist die Spannkraft während der ganzen Spanndauer wirksam (Bild 2.15b).

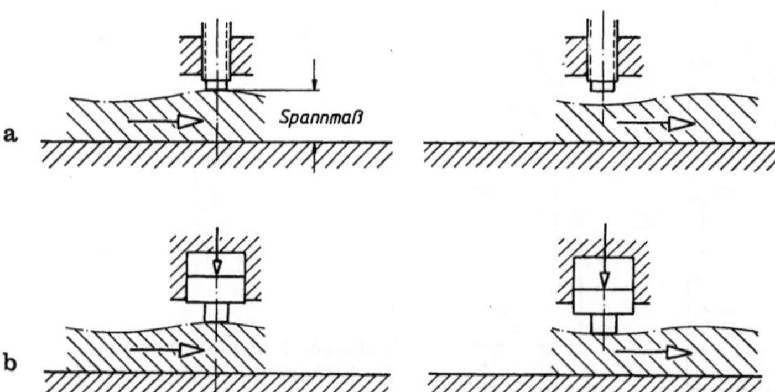

Bild 2.15a, b. Spannen des Werkstücks in der Vorrichtung. **a** starres Spannen, **b** elastisches Spannen

Starres Spannen erfolgt durch mechanische Spannelemente:

- Spannkeile,
- Spannschrauben,
- Spannexzenter,
- Spannspiralen,
- Kniehebelspanner.

Elastisches Spannen erfolgt durch

- plastische Medien,
- Spannen mit Flüssigkeiten,
- Spannen mit Luft,
- Magnetspannplatten,
- elektromechanische Spanner.

Diese Bauelemente können auch miteinander kombiniert werden, z. B. ein Spannkeil mit einem pneumatischen Zylinder.

Starre Spannelemente werden bei einfachen Spannvorrichtungen angewandt. In vielen Fällen werden die starren Spannelemente durch Einbau eines federnden Elementes zwischen Spannelement und Werkstück in elastische Spannelemente umgewandelt.

2.3.1 Verwendete Kurzzeichen

D in cm	Durchmesser
d in cm	Durchmesser
d_2 in cm	Mittlerer Gewindedurchmesser (Gl. (2.4), (2.5), (2.6))
e in cm	Exzentrizität (Gl. (2.7), Bild 2.18, 2.21)
e in cm	Abstand zwischen Kraft und geometrischer Mitte der Spannspirale (Gl. (2.8), Bild 2.21)
F in N	Maximale Betätigungskraft pro Tellerspannscheibe (Gl. (2.13), (2.14), (2.15), (2.16))
F in N	Axialschub, der von einem Konusspannelement bei $p = 100$ N/mm^2 übertragen wird
F in N	Übertragbare Axialkraft von Druckhülsen, Dehnhülsen und Klemmhülsen
F_a in N	Betriebsmäßig zu übertragende Axialkraft (Gl. (2.14), (2.15), (2.16), (2.17), Bild 2.32, 2.33, 2.35, 2.36, 2.37)
F_{erz} in N	Erzeugende Kraft
F_G in N	Gewichtskraft (Gl. (2.27) bis (2.29))
F_h in N	Handkraft (Gl. (2.5), (2.7), (2.8), Bild 2.17, 2.18, 2.21)
F_R in N	Radialwirkende Klemmkraft von Klemmhülsen
F_{sp} in N	Spannkraft
F_v in N	Erforderliche Vorspannkraft eines Konusspannelementes zur Erzeugung von $p = 100$ N/mm^2 (Gl. (2.19))

F_{va} in N	Erforderliche Vorspannkraft der Konusspannelemente zur Erzeugung des Drehmomentes M_a (Gl. (2.19))
$F_{v.ges}$ in N	Erforderliche Gesamtvorspannkraft der Konusspannelemente (Gl. (2.20))
F_{vs} in N	Spannkraft zur Überbrückung des Spieles zwischen Konusspannelementen (Gl. (2.20))
$F_{v.SCH}$ in N	Schraubenvorspannkraft (Gl. (2.21), Tab. 2.5)
h in cm	Spannweg der Spannspirale (Gl. (2.8), Bild 2.21)
K	Korrekturfaktor (Gl. (2.12), Tab. 2.3)
L in cm	Länge der Klemmhülse (Gl. (2.22), Bild 2.42)
l in cm	Hebellänge (Gl. (2.5), (2.7), (2.8), Bild 2.17, 2.18, 2.21)
l_1, l_2 in cm	Abstand (Bild 2.46, 2.47, 2.48)
M in Ncm	Übertragbares Moment einer Tellerspannscheibe (Gl. (2.11), (2.14), (2.15), (2.16))
M in Ncm	Von einem Konusspannelement bei $p = 100$ N/mm² übertragbares Drehmoment (Gl. (2.11), (2.18), (2.19))
M_a in Ncm	Betriebsmäßig zu übertragendes Drehmoment (Gl. (2.11), (2.17), (2.19), Bild 2.32, 2.33)
M_h in Ncm	Handmoment (Gl. (2.4), Bild 2.17)
M_R in Ncm	Resultierendes Drehmoment (Gl. (2.17), (2.18))
n	Anzahl der Spannelemente (Gl. (2.12), (2.13), Tab. 2.3)
n'	Anzahl der Spannelemente unter den angegebenen Bedingungen (Gl. (2.11), (2.12), (2.18), Tab. 2.3, 2.4)
p in cm	Gewindesteigung (Gl. (2.6))
p in N/cm²	Druck
r in cm	Grundradius der Spannspirale (Gl. (2.8), Tab. 2.2)
z	Anzahl der Spannschrauben (Gl. (2.21))
α in Grad	Keilwinkel (Gl. (2.1), (2.2), Bild 2.16, 2.18, 2.19, 2.21)
α_G in Grad	Gewindeneigungswinkel (Gl. (2.5), (2.6))
β in Grad	Bereich der Selbsthemmung (Tab. 2.1)
γ in Grad	Neigungswinkel (Gl. (2.9), (2.10), Bild 2.30, 2.34)
φ in Grad	Schwenkwinkel (Bild 2.18, 2.19, 2.20, 2.21, Tab. 2.1, 2.2)
ϱ in Grad	Reibungswinkel (Gl. (2.1), (2.2), (2.3))
ϱ' in Grad	Reduzierter Reibungswinkel (Gl. (2.5))
μ	Reibungskoeffizient

2.3.2 Mechanische Spannelemente

2.3.2.1 Spannkeile

Die erzeugende Kraft F_{erz} kann mit Hilfe eines Spannkeils in eine größere Spannkraft F_{sp} umgewandelt werden. Bei hydraulisch oder pneumatisch betätigten Spannvorrichtungen spielt die Selbsthemmung keine große Rolle, bei mechanisch betätigten Vorrichtungen sollen die Spannkeile selbsthemmend sein.

Bei einem Reibungskoeffizienten $\mu = \tan \varrho = 0{,}1$ ergibt sich Selbsthemmung, wenn $\alpha < 5{,}7°$.

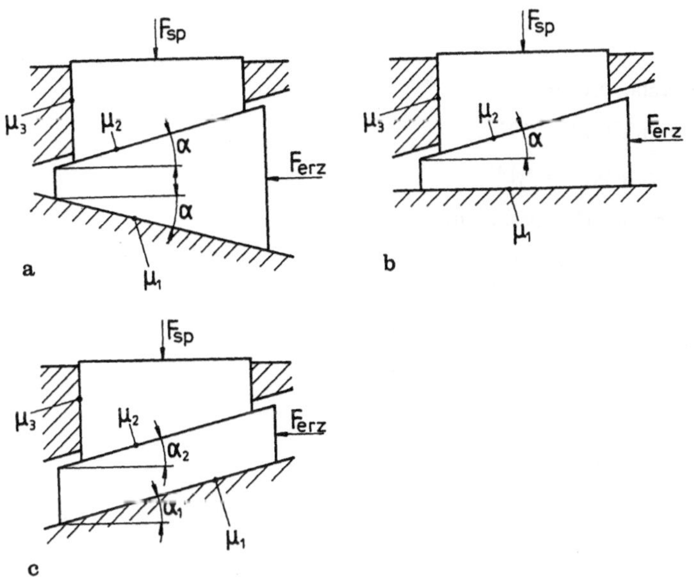

Bild 2.16a–c. Spannkeile. **a** gleichwinkliger Schubkeil, **b** einseitiger Schubkeil, **c** ungleichwinkliger Schubkeil

Die im Vorrichtungsbau üblichen Spannkeile sind in Bild 2.16 dargestellt.

Die Beziehung zwischen der Spannkraft F_{sp} und der erzeugenden Kraft F_{erz} ist bei dem gleichwinkligen Schubkeil (Bild 2.16a)

$$F_{\text{sp}} = F_{\text{erz}} \left[\frac{1 - \tan(\alpha + \varrho_2)\tan\varrho_3}{\tan(\alpha + \varrho_1) + \tan(\alpha + \varrho_2)} \right]. \tag{2.1}$$

Für den einseitigen Schubkeil (Bild 2.16b) gilt die Beziehung

$$F_{\text{sp}} = F_{\text{erz}} \left[\frac{1 - \tan(\alpha + \varrho_2)\tan\varrho_3}{\tan\varrho_1 + \tan(\alpha + \varrho_2)} \right]. \tag{2.2}$$

Für den ungleichwinkligen Schubkeil (Bild 2.16c) gilt

$$F_{\text{sp}} = F_{\text{erz}} \left[\frac{1 - \tan(\alpha_2 + \varrho_2)\tan\varrho_3}{\tan(\varrho_1 - \alpha_1) + \tan(\alpha_2 + \varrho_2)} \right]. \tag{2.3}$$

2.3.2.2 Berechnungsbeispiel

Gegeben:

Eine Spannvorrichtung besteht aus einem Spannkeil, der durch einen pneumatischen Zylinder über einen einseitigen Schubkeil (Bild 2.16b) geschoben wird.
Druckluft $p = 60\ \text{N/cm}^2$;
Reibungskoeffizienten $\mu_1 = 0{,}13$, $\mu_2 = 0{,}14$, $\mu_3 = 0{,}09$;
Erforderliche Spannkraft $F_{\text{sp}} = 9000\ \text{N}$;
Keilwinkel $\alpha = 5°$.

Gesucht:

Zylinderdurchmesser D.

Lösung:

Die Reibungswinkel sind

$$\varrho_1 = \arctan \mu_1 = \arctan 0{,}13 = 7{,}41° \,,$$

$$\varrho_2 = \arctan \mu_2 = \arctan 0{,}14 = 7{,}97° \,,$$

$$\varrho_3 = \arctan \mu_3 = \arctan 0{,}09 = 5{,}14° \,.$$

Die erzeugende Kraft F_{erz} wird nach (2.2) bestimmt:

$$F_{\mathrm{erz}} = F_{\mathrm{sp}} \left[\frac{\tan \varrho_1 + \tan (\alpha + \varrho_2)}{1 - \tan (\alpha + \varrho_2) \tan \varrho_3} \right]$$

$$= 9000 \left[\frac{\tan 7{,}41° + \tan (5° + 7{,}97°)}{1 - \tan (5° + 7{,}97°) \tan 5{,}14°} \right]$$

$$= 3311{,}96 \,\mathrm{N} \,.$$

Für die erzeugende Kraft gilt die Gleichung

$$F_{\mathrm{erz}} = p\, \frac{D^2 \pi}{4} \,.$$

Daraus ergibt sich

$$D = \sqrt{\frac{4 F_{\mathrm{erz}}}{\pi p}} = \sqrt{\frac{4 \cdot 3311{,}96}{\pi \cdot 60}} = 8{,}38 \,\mathrm{cm} \,.$$

2.3.2.3 Spannschrauben

Spannschrauben und Spannmuttern werden häufig beim muskelkraftbetätigten Spannen angewandt. Die Anschaffungskosten sind niedrig, ihre Fertigung problemlos, die Spannwirkung sicher.

Bevorzugt werden

— metrisches ISO-Gewinde,
— metrisches ISO-Feingewinde,
— Trapezgewinde, eingängig.

Für die Beziehung zwischen Handmoment M_{h} und Sraubenspannkraft F_{sp} gilt

$$M_{\mathrm{h}} = F_{\mathrm{sp}} \frac{d_2}{2} \tan (\alpha_{\mathrm{G}} + \varrho') \,. \tag{2.4}$$

Da das Handmoment meistens über einen Spannhebel (Bild 2.17) erreicht wird, gilt

$$M_{\mathrm{h}} = F_{\mathrm{h}} l \,,$$

so daß die Spannkraft nach folgender Gleichung berechnet werden kann:

$$F_{\mathrm{sp}} = \frac{2 F_{\mathrm{h}} l}{d_2 \tan (\alpha_{\mathrm{G}} + \varrho')} \,. \tag{2.5}$$

Für Gewindeneigungswinkel gilt die Beziehung

$$\tan \alpha_{\mathrm{G}} = \frac{p}{\pi d_2} \,. \tag{2.6}$$

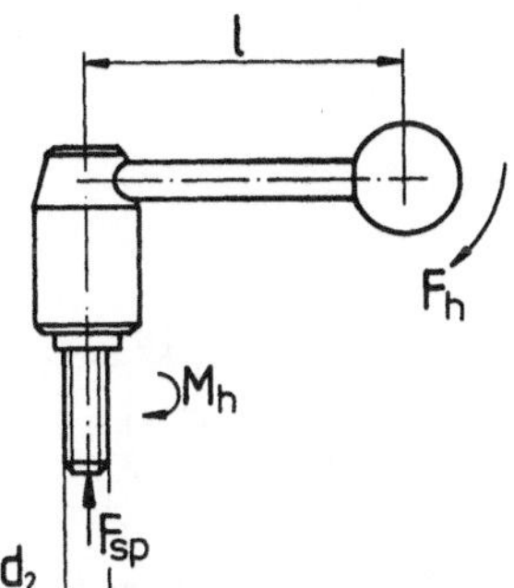

Bild 2.17. Spannschraube

Durch die Anwendung von Links- und Rechtsgewinde ist es durch die Addition der zwei Axialbewegungen möglich, den Spannweg zu vergrößern (Schnellspanner).

2.3.2.4 Berechnungsbeispiel

Gegeben:
Eine Spannvorrichtung besteht aus einer Spannschraube M 10 (d_2 = 9,026 mm, p = 1,5 mm) und einem Spannhebel l = 100 mm. Die Handkraft betrage F_h = 100 N.

Gesucht:
Spannkraft F_{sp}.

Lösung:
Für den Gewindesteigungswinkel gilt mit (2.6)

$$\tan \alpha_G = \frac{p}{\pi d_2} = \frac{0,15}{\pi \cdot 0,9026} = 0,0529 , \qquad \alpha_G = 3,028° .$$

Wenn für den Reibungskoeffizienten μ' = 0,1 angenommen wird, ergibt sich

$$\varrho' = \arctan \mu' = \arctan 0,1 = 5,71° .$$

Die Spannkraft wird nach (2.5) berechnet:

$$F_{sp} = \frac{2 F_h l}{d_2 \tan(\alpha_G + \varrho')} = \frac{2 \cdot 100 \cdot 10}{0,9026 \tan(3,028° + 5,71°)} = 14416,5 \text{ N} .$$

2.3.2.5 Spannexzenter

Der Spannexzenter ist ein zuverlässiges Spannelement mit geringen Herstellungskosten und langer Lebensdauer, der für relativ hohe Spannkräfte geeignet ist. Der Spannexzenter hat jedoch den Nachteil, daß der Spannhub und die Spannfläche klein sind und sicheres Spannen in besonderem Maße von der richtigen Gestaltung und Ausführung der Spannfläche abhängt. Mit der Zunahme des Durchmessers des Spannexzenters D nimmt der spezifische Druck auf die Spannfläche ab, die Abnutzung der Spannfläche wird geringer.

Bild 2.18 zeigt einen Spannexzenter in drei verschiedenen Lagen. In der ersten Lage (Bild 2.18a) ist der Schwenkwinkel φ = 0°. In dieser Lage ist auch der Keilwinkel α = 0°, das Werkstück w kann noch nicht gespannt werden.

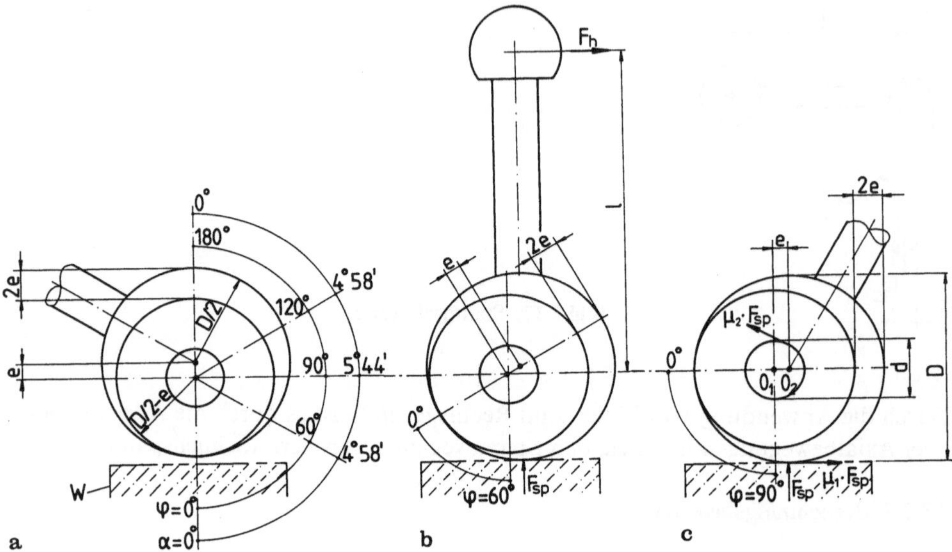

Bild 2.18a–c. Spannexzenter in verschiedenen Lagen. **a** bei $\varphi = 0°$, **b** bei $\varphi = 60°$, **c** bei $\varphi = 90°$

Bild 2.18b zeigt die Lage nach dem Schwenken des Spannhebels um 60°. In dieser Lage ist $\varphi = 60°$ und $\alpha = 4°58'$; das Werkstück kann gespannt werden.

In Bild 2.18c ist der Schwenkwinkel $\varphi = 90°$, der Keilwinkel $\alpha = 5°44'$ (maximaler Wert).

Die Abhängigkeit des Keilwinkels α und des Spannweges vom Schwenkwinkel φ ist in Bild 2.19 dargestellt.

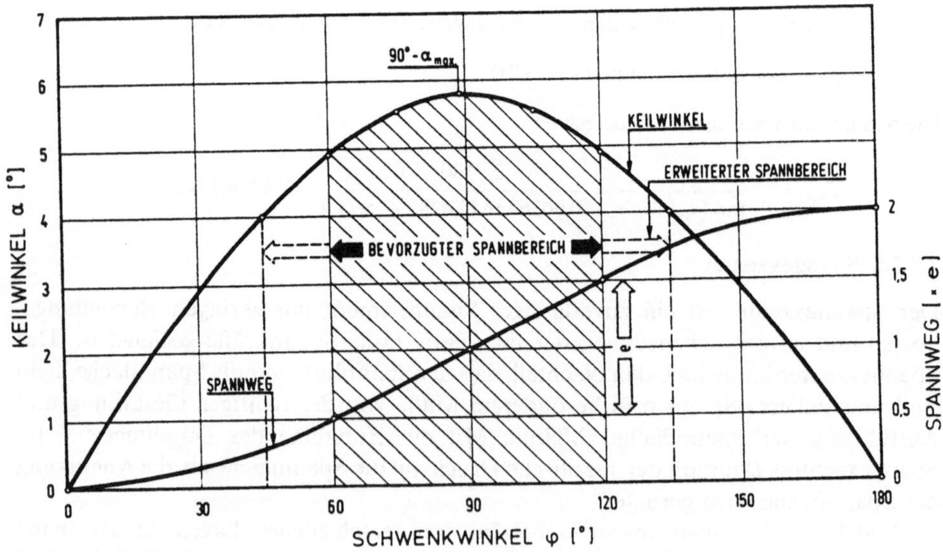

Bild 2.19. Keilwinkel α und Spannweg als Funktion des Schwenkwinkels [35]

Tabelle 2.1. Abmessungen für Spannexzenter in mm [34]

D/e	Bereich der Selbsthemmung β in °	D	Exzentrizität e	Hub bei Schwenkwinkel β	φ 90°	φ 180°	D	Exzentrizität e	Hub bei Schwenkwinkel β	φ 90°	φ 180°	D	Exzentrizität e	Hub bei Schwenkwinkel β	φ 90°	φ 180°
6	23	16	2,7	0,28	2,7	5,4	32	5,3	0,56	5,3	10,6	63	10,5	1,10	10,5	21
8	29		2	0,32	2	4		4	0,64	4	8		7,9	1,26	7,9	15,8
10	36		1,6	0,36	1,6	3,2		3,2	0,72	3,2	6,4		6,3	1,42	6,3	12,6
12	43		1,3	0,42	1,3	2,6		2,7	0,84	2,7	5,4		5,2	1,66	5,3	10,6
16	58		1	0,53	1	2		2	1,06	2	4		3,9	2,10	3,9	7,8
20	180		0,8	1,6	0,8	1,6		1,6	3,2	1,6	3,2		3,2	6,30	3,2	6,4
6	23	20	3,3	0,35	3,3	6,6	40	6,7	0,70	6,7	13,4	80	13,3	1,40	13,3	26,6
8	29		2,5	0,40	2,5	5		5	0,80	5	10		10	1,60	10	20
10	36		2	0,45	2	4		4	0,90	4	8		8	1,80	8	16
12	43		1,7	0,53	1,7	3,4		3,3	1,06	3,3	6,6		6,7	2,12	6,7	13,4
16	58		1,3	0,66	1,3	2,6		2,5	1,32	2,5	5		5	2,64	5	10
20	180		1	2	1	2		2	4	2	4		4	8	4	8
6	23	25	4,2	0,44	4,2	8,4	50	8,3	0,88	8,3	16,6	100	16,7	1,75	16,7	33,4
8	29		3,1	0,50	3,1	6,2		6,3	1,00	6,3	12,6		12,5	2,00	12,5	25
10	36		2,5	0,56	2,5	5		5	1,13	5	10		10	2,25	10	20
12	43		2,1	0,66	2,1	4,2		4,2	1,33	4,2	8,2		8,3	2,65	8,3	16,6
16	58		1,6	0,83	1,6	3,2		3,1	1,65	3,1	6,2		6,3	3,30	6,3	12,6
20	180		1,3	2,6	1,3	2,6		2,5	5	2,5	5		5	10	5	10

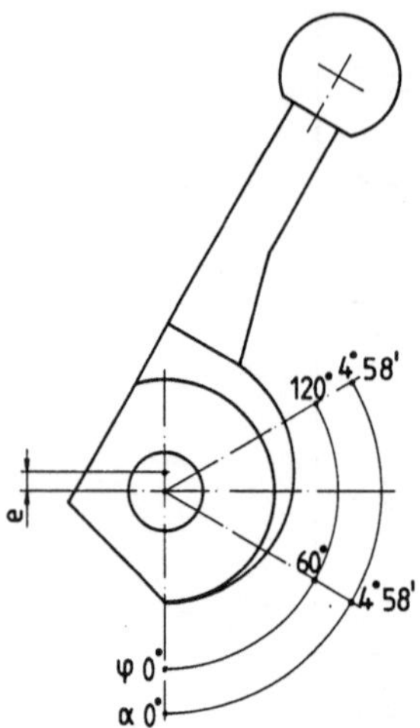

Bild 2.20. Spannexzenter für Einsatz bis $\varphi = 120°$

Es wird deutlich, daß der zu bevorzugende Spannbereich zwischen $\varphi = 60°$ und $\varphi = 120°$ liegt. Deshalb werden die Spannexzenter meistens so ausgeführt, daß sie in diesem Bereich eingesetzt werden können (Bild 2.20).

Der Spannexzenter muß in jedem Fall selbsthemmend sein. Wenn $D/e \geqq 20$ ist, ist der Spannexzenter in jeder Winkelstellung φ selbsthemmend. Der Bereich der Selbsthemmung β nimmt mit abnehmendem Verhältnis D/e ab (Tabelle 2.1).

Beim Verhältnis $D/e = 10$ etwa liegt der Selbsthemmungsbereich bei $\beta = 36°$.

Die Spannkraft F_{sp} kann nach der Momentgleichung bestimmt werden (vgl. Bild 2.18c).

Aus dem Gesetz $\Sigma M = 0$ im Bezug auf den Punkt O_1 bekommt man

$$F_{sp}e + \mu_1 F_{sp} \frac{D}{2} + \mu_2 F_{sp} \frac{d}{2} - F_h l = 0 \, .$$

Aus dieser Gleichung folgt

$$F_{sp} = \frac{F_h l}{e + \mu_1 \dfrac{D}{2} + \mu_2 \dfrac{d}{2}} \, . \tag{2.7}$$

2.3.2.6 Berechnungsbeispiel

Gegeben:

Durchmesser des Spannexzenters $D = 50\,\text{mm}$,
Exzentrizität $e = 6{,}3\,\text{mm}$,
Wellendurchmesser $d = 12\,\text{mm}$,
Hebellänge $l = 185\,\text{mm}$,
Handkraft $F_h = 150\,\text{N}$.
Reibungskoeffizient zwischen Spannexzenter und Werkstück $\mu_1 = 0{,}12$,
Reibungskoeffizient zwischen Spannexzenter und Welle $\mu_2 = 0{,}08$.

Gesucht:

Spannkraft F_{sp},
Bereich der Selbsthemmung β,
Hub bei Schwenkwinkel β.

Lösung:

Nach (2.7) wird die Spannkraft

$$F_{sp} = \frac{F_h l}{e + \mu_1 \dfrac{D}{2} + \mu_2 \dfrac{d}{2}} = \frac{150 \cdot 18,5}{0,63 + 0,12 \dfrac{5}{2} + 0,08 \dfrac{1,2}{2}} = 2837,42 \text{ N} .$$

Aus Tabelle 2.1 werden für $D = 50$ mm und $e = 6,3$ mm ($D/e \cong 8$) der Bereich der Selbsthemmung β und der Hub bei Schwenkwinkel β ermittelt:

$$\beta = 29° ,$$

Hub bei $\beta = 29° : 1$ mm.

2.3.2.7 Spannspirale

Die Fertigung von Spannspiralen ist aufwendiger als die von Spannexzentern. Für die Form der Spannfläche der Spannspirale wird die archimedische Spirale gewählt. Ihre Hübe sind für gleiche Schwenkwinkel gleich, der Keilwinkel α ist für alle Schwenkwinkel von $\varphi = 0°$ bis $\varphi = 360°$ konstant, $\alpha \cong 5°10' = $ const (Bild 2.21). Die Spannwirkung ist deshalb über die gesamte Spannfläche gleich groß, die Spannspirale immer selbsthemmend.

Die Spannkraft F_{sp} kann nach der Momentgleichung bestimmt werden. Aus dem Gesetz $\Sigma M = 0$ in Bezug auf den Punkt O (Bild 2.21) bekommt man

$$F_{sp} e + \mu_1 F_{sp}(r + h) + \mu_2 F_{sp} \frac{d}{2} - F_h l = 0 .$$

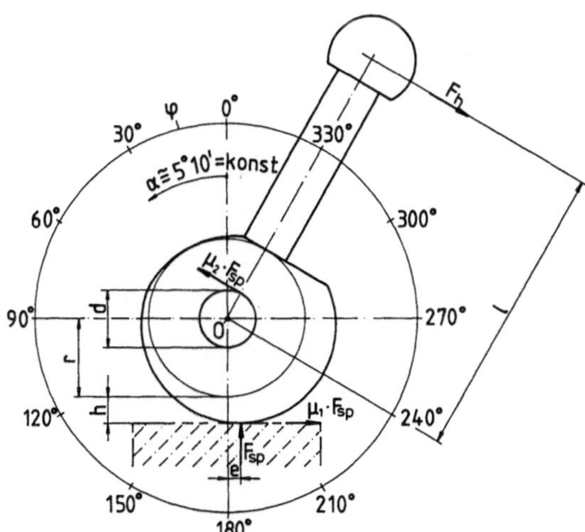

Bild 2.21. Spannspirale

Tabelle 2.2. Hübe für Spannspiralen mit archimedischer Spirale für verschiedene Grundradien in mm [34]

r	Hübe in mm bei Schwenkwinkel φ																				
$\varphi = 0°$	5°	10°	15°	30°	45°	60°	75°	90°	105°	120°	135°	150°	165°	180°	195°	210°	225°	240°	255°	270°	360°
8	0,06	0,13	0,19	0,38	0,58	0,77	0,96	1,15	1,34	1,54	1,73	1,90	2,11	2,30	2,50	2,69	2,88	3,07	3,26	3,46	4,60
10	0,08	0,16	0,24	0,48	0,72	0,96	1,20	1,44	1,68	1,92	2,16	2,40	2,64	2,88	3,12	3,36	3,60	3,84	4,08	4,32	5,76
12	0,09	0,19	0,29	0,58	0,86	1,15	1,44	1,79	2,02	2,30	2,59	2,88	3,17	3,46	3,74	4,03	4,32	4,61	4,90	5,18	6,91
16	0,13	0,26	0,38	0,79	1,15	1,54	1,92	2,30	2,69	3,07	3,46	3,84	4,22	4,61	5,06	5,38	5,76	6,14	6,53	6,91	9,22
20	0,16	0,32	0,48	0,96	1,44	1,92	2,40	2,88	3,36	3,84	4,32	4,80	5,28	5,76	6,24	6,72	7,20	7,68	8,18	8,64	11,52
25	0,20	0,40	0,60	1,20	1,80	2,40	3,00	3,60	4,20	4,80	5,40	6,00	6,60	7,20	7,80	8,40	9,00	9,60	10,20	10,80	14,40
32	0,26	0,51	0,77	1,54	2,30	3,07	3,84	4,61	5,38	6,14	6,91	7,68	8,45	9,21	10,11	10,75	11,52	12,20	13,06	13,82	18,42
40	0,32	0,64	0,96	1,92	2,88	3,84	4,80	5,76	6,72	7,68	8,64	9,60	10,56	11,52	12,48	13,44	14,40	15,36	16,32	17,28	23,04
50	0,40	0,80	1,20	2,40	3,60	4,80	6,00	7,20	8,40	9,60	10,80	12,00	13,20	14,40	15,60	16,80	18,00	19,20	20,40	21,60	28,80

Es folgt

$$F_{sp} = \frac{F_h l}{e + \mu_1(r + h) + \mu_2 \dfrac{d}{2}} \, . \tag{2.8}$$

Hübe für Spannspiralen mit archimedischer Spirale sind für verschiedene Grundradien r in Tabelle 2.2 aufgestellt.

2.3.2.8 Berechnungsbeispiel

Gegeben:

Grundradius der Spirale $r = 10$ mm,
Wellendurchmesser $d = 10$ mm,
Hebellänge $l = 190$ mm,
Reibungskoeffizient zwischen Spannspirale und Werkstück $\mu_1 = 0{,}15$,
Reibungskoeffizient zwischen Spannspirale und Welle $\mu_2 = 0{,}1$,
Handkraft $F_h = 100$ N,
Abstand zwischen Kraftangriffsstelle und geometrischer Mitte der Spirale $e = 1{,}44$ mm,
Spannhub $h = 2{,}9$ mm.

Gesucht:

Spannkraft;
Schwenkwinkel, bei welchem der angegebene Spannhub gegeben ist.

Lösung:

1. Nach (2.8) wird die Spannkraft

$$F_{sp} = \frac{F_h l}{e + \mu_1(r + h) + \mu_2 \dfrac{d}{2}} = \frac{100 \cdot 19}{0{,}144 + 0{,}15(1 + 0{,}29) + 0{,}1 \dfrac{1}{2}}$$

$$= 4903{,}22 \text{ N} \, .$$

2. Aus Tabelle 2.2 wird für $r = 10$ mm und $H = 2{,}9$ mm der Schwenkwinkel ermittelt: $\varphi = 180°$. Weitere Überprüfung: Abstand zwischen Kraftangriffsstelle und geometrischer Mitte $e = 1{,}44$ mm ist nach Tabelle 2.2 gleich dem Hub bei 90°. Dies bedeutet, daß die Spannspirale wie in Bild 2.21 in Eingriff kommt, denn

$$\frac{h_{90} + h_{270} + 2 \cdot h}{2} - (h_{90} + r) = \frac{h_{270} - h_{90}}{2} = h_{90} \quad \text{wegen} \quad h_{270} = 3h_{90} \, .$$

2.3.3 Spannen mit Druckübertragungsmedien

Elastisches Spannen erfolgt durch Druckübertragungsmedien:

— plastische Medien,
— Flüssigkeiten und Luft.

2.3.3.1 Plastische Medien

Den Vorrichtungen mit plastischen Medien liegt das physikalische Gesetz von Pascal zugrunde:

Ein äußerer, in einer Richtung wirkender Druck pflanzt sich in einer Flüssigkeit nach allen Richtungen unverändert fort. So ist es möglich, mit relativ geringen äußeren Kräften

$$F = pA_1$$

auf den Druckkolben, wesentlich höhere Spannkräfte

$$F_{sp} = pA_2$$

über den Spannkolben auf das Werkstück zu erreichen (Bild 2.22). Grundsätzlich können alle Flüssigkeiten und Luft angewandt werden. Vorteilhaft werden hier die plastischen Medien eingesetzt, da die Abdichtung des Druck- und des Spannkolbens auch bei Arbeitsdrücken von 500 bis 1000 bar problemlos gelöst werden kann.

Plastische Medien sollen große Kohäsion bei geringer Adhäsion gegenüber Metallen und Wärmebeständigkeit bis ca. 60 °C aufweisen. Sie sollen außerdem geringen Widerstand gegen Verformung leisten, damit geringe Verformungsarbeit erforderlich ist. Diese Aufgaben erfüllen am besten Polyvinylchloride $(H_2C : CHCl)_n$, die im Verhältnis 15 : 85 mit einem Weichmacher vermengt die gewünschte plastische Masse ergeben. Plastische Medien werden auf etwa 100 bis 150 °C erwärmt, damit sie in flüssigem Zustand die Kanäle der Vorrichtung füllen.

Vorteile der plastischen Medien gegenüber dem Drucköl sind:

— keine Pumpen erforderlich,
— für höchste Arbeitsdrücke geeignet.

Nachteile der plastischen Medien sind:

— für lange Fließwege (über 500 mm) ungeeignet,
— Druckschwankung bei Temperaturveränderung durch den hohen Wärmedehnungskoeffizienten.

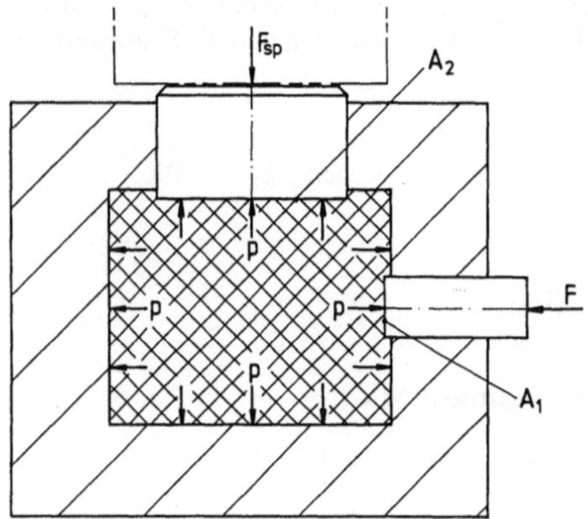

Bild 2.22. Prinzipieller Aufbau von Vorrichtungen mit plastischen Medien

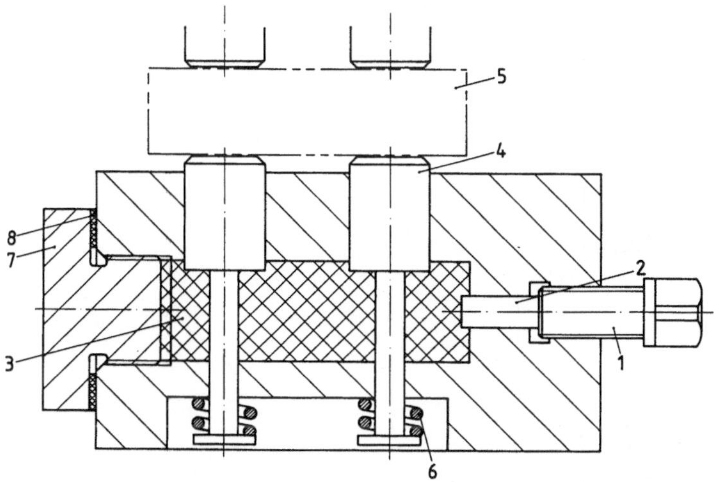

Bild 2.23. Mehrfachspannvorrichtung mit plastischem Medium

Plastische Medien werden vorteilhaft für Mehrfachspannvorrichtungen angewandt, da von einem Bedienelement mehrere Spannkolben betätigt werden.

Bei der im Bild 2.23 dargestellten Mehrfachspannvorrichtung wird die Kraft über die Druckschraube 1 auf den Druckkolben 2, von dort über plastisches Medium 3 auf den Spannkolben 4 und so auf das Werkstück 5 übertragen. Die Schraubenfedern 6 dienen zur Rückführung der Kolben, weil die plastischen Medien nicht selbst zurückfließen können. Die Innenräume der Vorrichtung werden mit plastischem Medium gefüllt und mit Verschlußschraube 7 und Dichtung 8 verschlossen.

Vorrichtungen mit plastischen Medien werden häufig als Spanndorn (Bild 2.24) oder als Spannfutter (Bild 2.25) ausgeführt. In beiden Fällen wird die Kraft über die Druckschraube 1 auf den Druckbolzen 2, von dort über plastisches Medium 3 auf die Dehnhülse 4 und dann auf das Werkstück 5 übertragen. Die Entlüftung übernehmen Gewindestifte 6. Die Dehnhülsen werden im Grundkörper 7 aufgenommen.

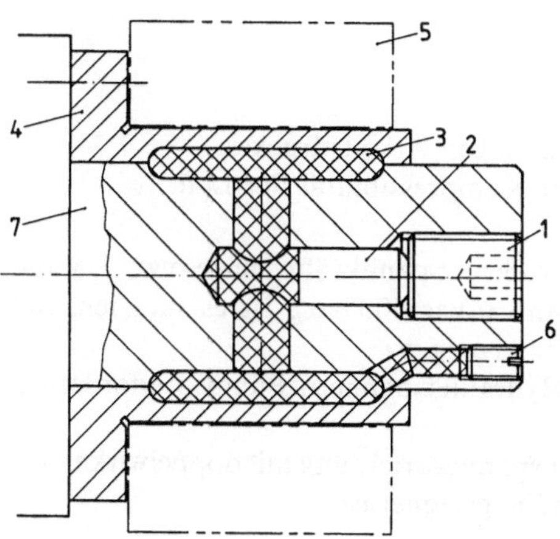

Bild 2.24. Spanndorn mit plastischem Medium

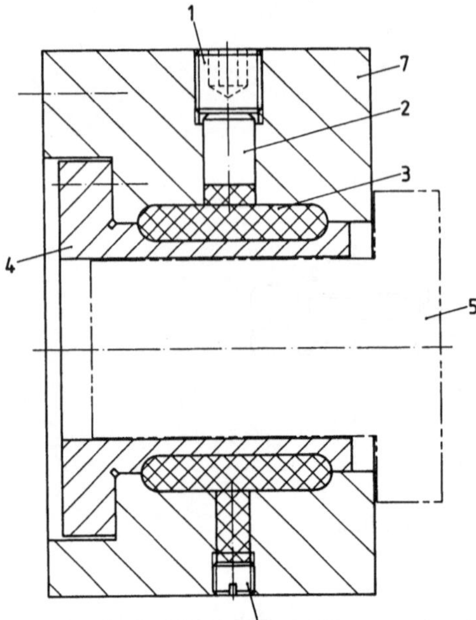

Bild 2.25. Spannfutter mit
plastischem Medium

Nach Wegnahme der Kraft auf den Druckbolzen tritt ein Rückfedern der Dehnhülse
ein, das Werkstück wird frei.

2.3.3.2 Spannen mit Flüssigkeiten und mit Luft

Der Einsatz der Pneumatikspanner im Vorrichtungsbau bietet folgende Vorteile:

— Große Betriebssicherheit,
— Druckluft ist in den meisten Betrieben vorhanden,
— geringer Kostenaufwand,
— geringe Unfallgefahr bei Bruch der Leitung und Kurzschluß.

Nachteile der Pneumatikspanner sind

— großer Zylinderdurchmesser infolge des geringen Arbeitsdruckes,
— keine gleichförmige Bewegung infolge der Kompressibilität der Luft.

Hydraulikspanner werden vorteilhaft für größere Spannkräfte eingesetzt. Da mit
hohem Betriebsdruck gearbeitet werden kann (über 400 bar), ist es möglich, mit
kleinen Spannzylindern große Spannkräfte zu erzeugen.
    Nachteilhaft ist, daß beim Einsatz von Hydraulikspannern Pumpen erforderlich
sind.
    Bild 2.26 zeigt eine hydraulische Mehrfachspannvorrichtung mit doppelwirkenden
Hydraulikzylindern, die für größere Spannhübe geeignet ist.

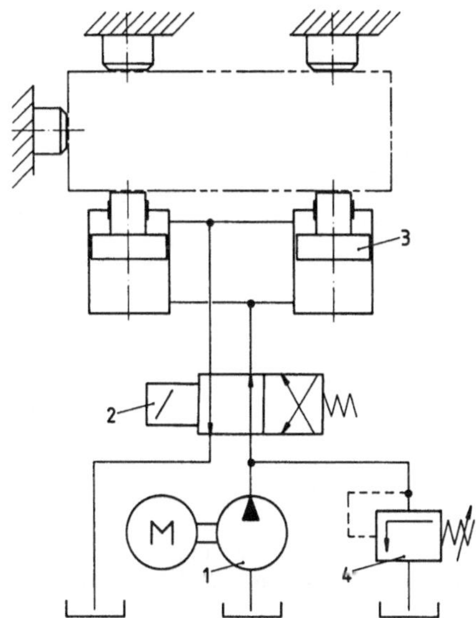

Bild 2.26. Mehrfachspannvorrichtung mit doppelwirkenden Hydraulikzylindern

In Bild 2.27 ist eine für kleinere Spannhübe einsetzbare Mehrfachspannvorrichtung mit einfachwirkenden Hydraulikzylindern und Rückholfedern dargestellt.

In beiden Fällen wird Drucköl durch die Pumpe 1 über die Ventile 2 in die Spannzylinder 3 befördert. Der Öldruck wird am Druckbegrenzungsventil 4 eingestellt.

Einfachwirkende Hydraulikzylinder mit Rückholfedern werden für den wirtschaftlichen Einsatz mehrerer Spannstellen als Einschraubzylinder ausgeführt.

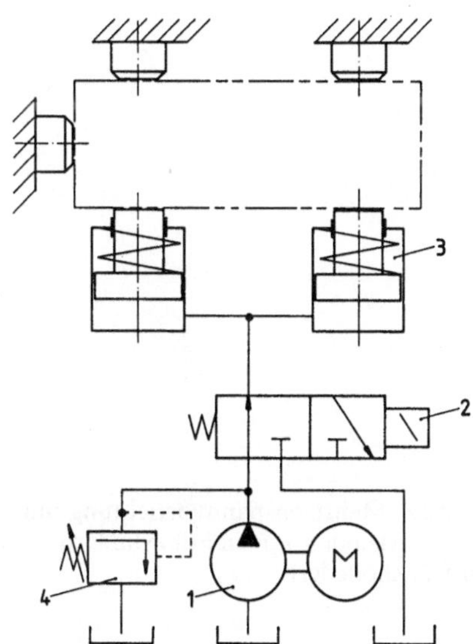

Bild 2.27. Mehrfachspannvorrichtung mit einfachwirkenden Hydraulikzylindern und Rückholfedern

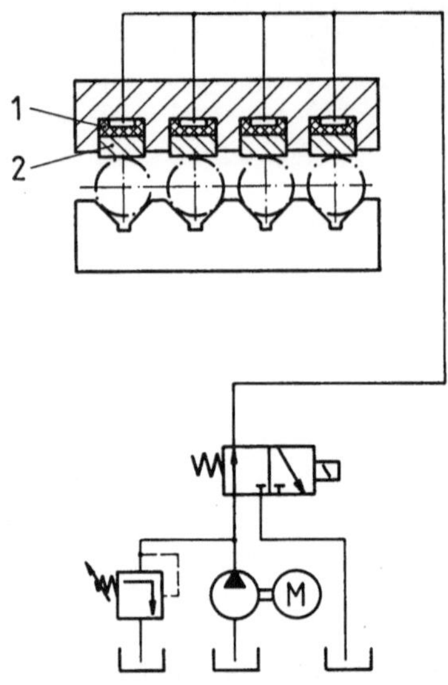

Bild 2.28. Mehrfachspannvorrichtung mit
hydraulischen Klemmscheiben, Fabrikat METRON

Für ganz kleine Spannhübe und mehrere Spannstellen werden hydraulische
Klemmscheiben (Bild 2.28) angewandt. Ihre Wirkungsweise ist mit den einfach-
wirkenden Hydraulikzylindern mit Rückholfedern aus Bild 2.27 identisch. Der
Öldruck betätigt die Manschette 1 und die Klemmscheibe 2. Nach Wegnahme des
Öldrucks tritt ein Rückfedern des Klemmelements um ca. 0,01 mm ein, wodurch es
von dem zu spannenden Werkstück abgehoben wird.

In Bild 2.29 ist eine Mehrfachspannvorrichtung mit einfachwirkenden Pneumatikzylindern und Rückholfedern dargestellt.

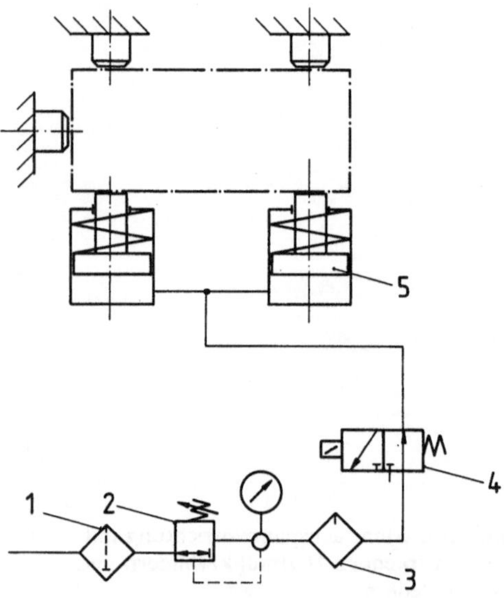

Bild 2.29. Mehrfachspannvorrichtung mit
einfachwirkenden Pneumatikzylindern
und Rückholfedern

Die Druckluft wird über Filter 1, Druckregelventil 2 und Druckluftöler 3 sowie durch Ventil 4 in den Spannzylinder 5 befördert. Da beim Pneumatikspanner keine Rückflußleitungen erforderlich sind, werden immer einfachwirkende Pneumatikzylinder eingesetzt.

2.3.3.3 Berechnungsbeispiel

Gegeben:
Eine Spannvorrichtung besteht aus mehreren hydraulischen Klemmscheiben (ähnlich wie in Bild 2.28).
Durchmesser der Klemmscheiben $D = 32$ mm,
Öldruck $p = 50$ bar,
erforderliche Spannkraft $F_{sp} = 20000$ N.

Gesucht:
Anzahl der Klemmscheiben n.

Lösung:
Für die Spannkraft gilt

$$F_{sp} = npD^2\,\frac{\pi}{4}\,.$$

Daraus folgt

$$n = \frac{4F_{sp}}{pD^2\pi} = \frac{4 \cdot 20000}{500 \cdot 3{,}2^2\pi} = 4{,}97\,.$$

Daher werden 5 Klemmscheiben vorgesehen.

2.3.4 Elemente zur Kraftübertragung

Die wichtigsten Elemente zur Kraftübertragung sind

- Spannzangen,
- Tellerspannscheiben,
- Konusspannelemente,
- Druckhülsen,
- Klemmhülsen,
- Dehnhülsen,
- Spanneisen,
- Winkelhebel.

2.3.4.1 Spannzangen

Spannzangen wurden schon im Abschnitt 2.2.3 (Lagebestimmen zylindrischer Werkstücke) in ihrer Wirkungsweise beschrieben (Bild 2.6). Sie bilden als Kraftübertragungselement mit einem Spannelement, z. B. mit einer Schraube, ein Spannfutter zur Aufnahme und zum Spannen wellenförmiger Werkstücke.

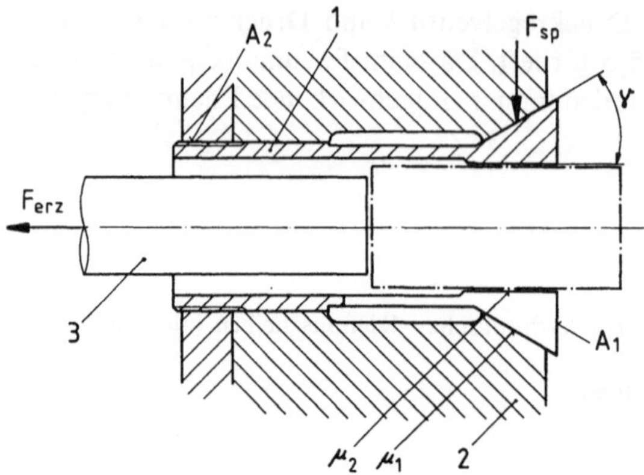

Bild 2.30. Spannzange mit
Werkstückanschlag

Bild 2.30 zeigt eine Spannzange mit Werkstückanschlag, Bild 2.31 ohne Werkstückanschlag.

Das Spannelement betätigt die Spannzange 1 entweder durch eine Schubkraft auf der Fläche A_1; die geschlitzte Spannzange wird in den Kegel des Spannfuttergrundkörpers 2 hineingeschoben. Im zweiten Falle wird die Spannzange, durch eine auf der Fläche A_2 wirkenden Zugkraft des Spannelementes in den Kegel des Grundkörpers hineingezogen.

Bei dem in Bild 2.30 dargestellten Spannfutter wurde ein Anschlag 3 für das Werkstück eingebaut. Beim Hineinziehen der Spannzange entsteht zwischen Spannzange und Grundkörper Reibung mit Reibungskoeffizienten μ_1, beim Anschlag des Werkstücks auf den Anschlagbolzen entsteht zusätzliche Reibung zwischen Spannzange und Werkstück mit Reibungskoeffizienten μ_2.

Die Spannkraft errechnet sich nach folgender Gleichung [36]:

$$F_{sp} = \frac{F_{erz}}{\tan(\gamma + \varrho_1) + \tan \varrho_2}. \tag{2.9}$$

Bei dem Spannfutter ohne Werkstückanschlag (Bild 2.31) entsteht durch das Verschieben der Spannzange keine Reibung zwischen Spannzange und Werkstück.

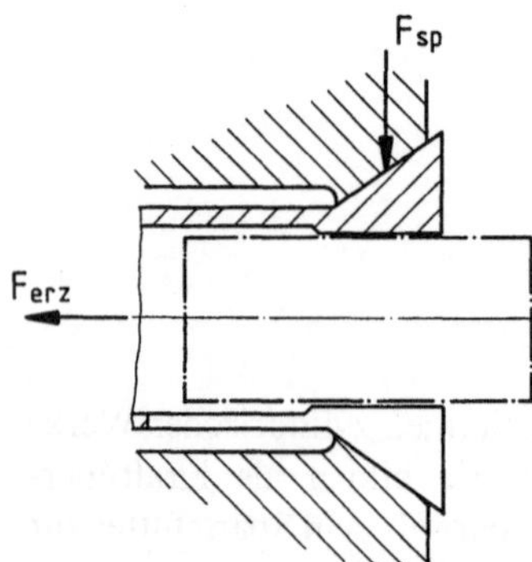

Bild 2.31. Spannzange ohne Werkstückanschlag

Die Spannkraft wird daher

$$F_{sp} = \frac{F_{erz}}{\tan(\gamma + \varrho_1)}.$$

(2.10)

2.3.4.2 Berechnungsbeispiel

Gegeben:

Ein Spannfutter besteht aus einer Spannzange und einem Werkstückanschlag.
Neigungswinkel $\gamma = 8°$,
Reibungskoeffizient zwischen Spannzange und Grundkörper $\mu_1 = 0{,}1$,
Reibungskoeffizient zwischen Spannzange und Werkstück $\mu_2 = 0{,}14$.
Die axiale Schubkraft wird durch ein Handrad $D = 240\ \text{mm}$, mit Handkraft $F_h = 120\ \text{N}$ über
eine Schraube Tr80 × 4 ($\varrho' = 6°$) auf die Spannzange übertragen.

Gesucht:

Spannkraft F_{sp}.

Lösung:

1. Für den Gewindeneigungswinkel (Trapezgewinde) gilt mit (2.6)

$$\tan\alpha_G = \frac{p}{\pi d_2} = \frac{0{,}4}{\pi \cdot 7{,}8} = 0{,}0163; \quad \alpha_G = 0{,}935°.$$

2. Die axiale Schubkraft, d. h. die erzeugende Kraft für die Spannkraft im Spannfutter, errechnet
sich nach (2.5) zu

$$F_{erz} = \frac{2F_h l}{d_2 \tan(\alpha_G + \varrho')} = \frac{2 \cdot 120 \cdot 12}{7{,}8 \tan(0{,}935° + 6°)} = 3035{,}6\ \text{N}.$$

3. Mit $\varrho_1 = \arctan\mu_1 = \arctan 0{,}1 = 5{,}71°$ und $\varrho_2 = \arctan\mu_2 = \arctan 0{,}14 = 7{,}96°$ ergibt
sich für die Spannkraft aus (2.9)

$$F_{sp} = \frac{F_{erz}}{\tan(\gamma + \varrho_1) + \tan\varrho_2} = \frac{3035{,}6}{\tan(8° + 5{,}71°) + \tan 7{,}96°}$$
$$= 7909{,}58\ \text{N}.$$

2.3.4.3 Tellerspannscheiben

Tellerspannscheiben werden häufig als Kraftübertragungselement für die Spanndorne
(Bild 2.32) und das Spannfutter (Bild 2.33) eingesetzt.

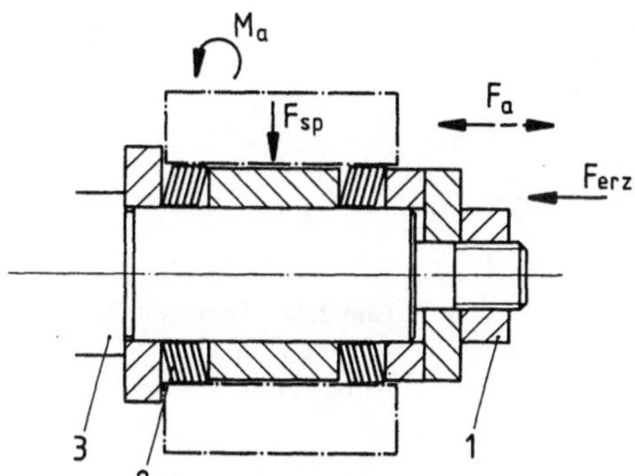

Bild 2.32. Spanndorn mit
Tellerspannscheiben

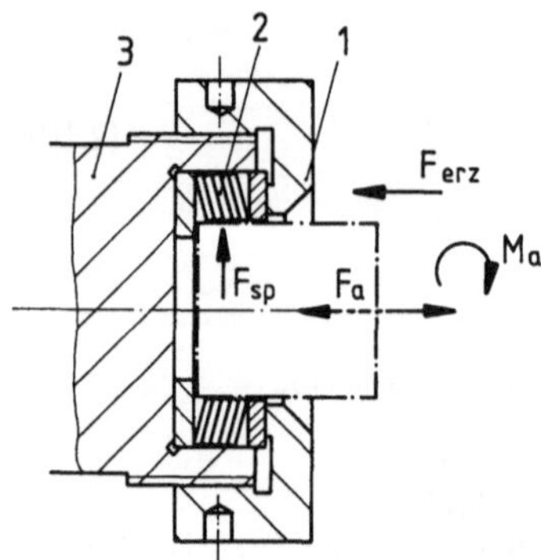

Bild 2.33. Spannfutter mit Tellerspannscheiben

In beiden Fällen wird die Axialkraft F_{erz} über eine Spannmutter 1 auf die Tellerspannscheiben 2 übertragen.

Beim Spanndorn (Bild 2.32) stützen sich die Tellerspannscheiben auf der Welle des Grundkörpers 3 und verformen sich so, daß ihr Außendurchmesser größer wird.

Beim Spannfutter (Bild 2.33) stützen sich die Tellerspannscheiben in der Bohrung des Grundkörpers 3 und verformen sich so, daß ihr Innendurchmesser kleiner wird.

In Bild 2.34 ist eine Tellerspannscheibe (Fabrikat Ringspann) dargestellt.

Im Firmenkatalog [37] werden die Abmessungen, die Werte von F (maximale Betätigungskraft pro Spannscheibe) und M (übertragbares Moment einer Spannscheibe bei gegebener Vorspannkraft F) angegeben.

Die Anzahl der Tellerspannscheiben kann bestimmt werden, wenn das betriebsmäßig zu übertragende Drehmoment M_a bekannt ist:

$$n' = \frac{M_a}{M}. \tag{2.11}$$

Die nach Gleichung (2.11) errechneten Scheibenzahlen gelten für eine Brinellhärte der Werkstoffe von Welle und Außenteil von mindestens $HB = 1800\ \text{N/mm}^2$ (das entspricht bei Stahl einer Streckgrenze von $300\ \text{N/mm}^2$).

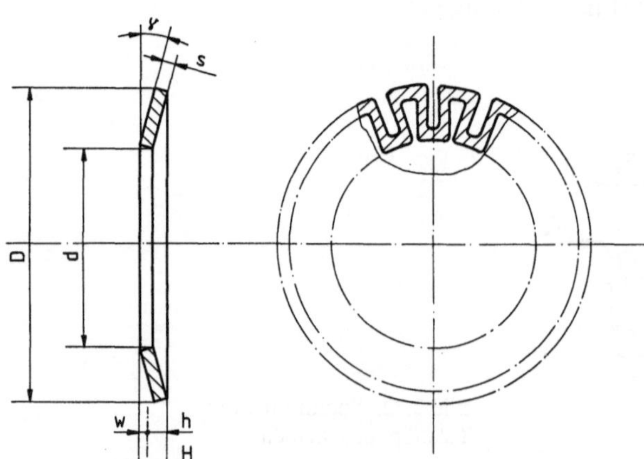

Bild 2.34. Tellerspannscheibe (Fabrikat Ringspann)

Tabelle 2.3. Zuschlag zur Scheibenzahl n [37]

Brinellhärte [N/mm²]	1800	1500	1200	1000	800
Streckgrenze Stahl σ 0,2 [N/mm²]	300	270	230	190	170
Werkstoff-Beispiele	St 60	St 50	St 42	St 34	G-ALSi
	C 45	C 35	C 15	G-FeALBz	10 Mg a
		C 22	GG-12		(Silumin
	GG-22	GG-18	GTS-35		warm aus-
	GGG 50	GGG 42	GTW-35		gehärtet)
Zuschlag zur Scheibenzahl n	0	20%	50%	80%	125%

Wenn Welle oder Außenteil in ihrer Festigkeit niedriger liegen, muß ein Zuschlag zur Scheibenzahl n gemacht werden. Die Höhe dieses Zuschlages ist nachstehender Tabelle 2.3 zu entnehmen. Die Anzahl der Tellerspannscheiben bei gegebenen Paarungen nach Tabelle 2.3 wird nach der Gleichung

$$n = Kn'$$ (2.12)

errechnet.

Die erforderliche Betätigungskraft F_{erz} beträgt dann

$$F_{erz} = nF .$$ (2.13)

Bei einer Klemmung gegen Axialverschiebung werden die betriebsmäßig zu übertragenden Axialkräfte F_a nach den Unterlagen der Firma Ringspann [37] für die Belastungsfälle I (Bild 2.35), II (Bild 2.36) und III (Bild 2.37) wie folgt berechnet. Für Belastungsfall I (Bild 2.35)

$$F_{erz} = F_a \left(\frac{dF}{2M} - 1 \right) .$$ (2.14)

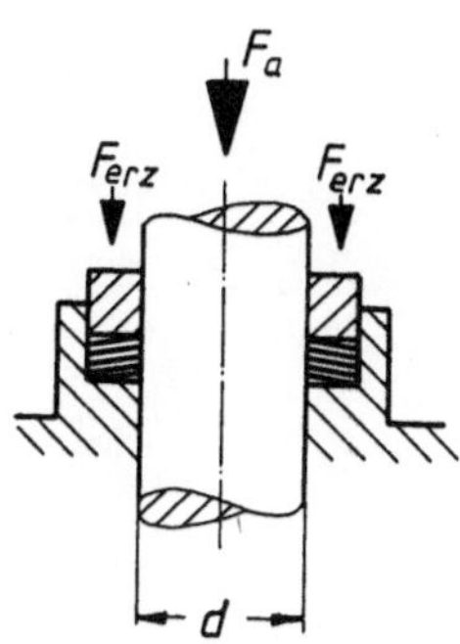

Bild 2.35. Belastungsfall I

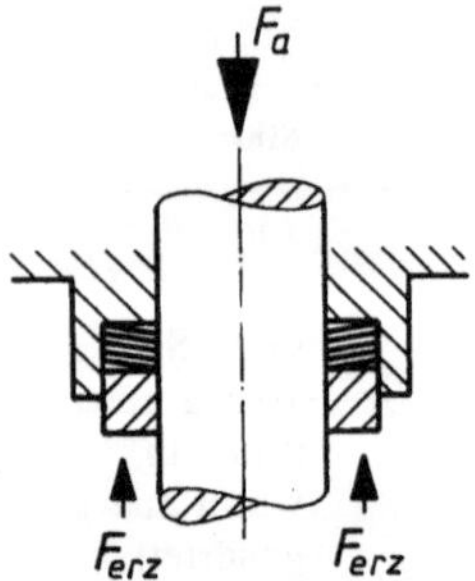

Bild 2.36. Belastungsfall II

Für Belastungsfall II (Bild 2.36):

$$F_{erz} = F_a \left(\frac{dF}{2M} + 1 \right).$$
(2.15)

Für Belastungsfall III (Bild 2.37)

$$F_{erz} = F_a \left(\frac{dF}{2M} \right).$$
(2.16)

Bei dem in Bild 2.32 dargestellten Spanndorn handelt es sich um den Belastungsfall I, wenn die Kräfte F_a und F_{erz} gleichsinnig einwirken (volle Linie für die Kraft F_a). Das gleiche gilt auch für das in Bild 2.33 dargestellte Spannfutter: Bei den gegensinnig angegebenen Kräften (volle Linie für F_a) handelt es sich um den Belastungsfall II.

2.3.4.4 Berechnungsbeispiel

Gegeben:
Ein Spannfutter besteht aus einem Grundkörper aus GG-12 und Tellerspannscheiben mit $d = 50$ mm, $D = 80$ mm, $s = 1{,}15$ mm. Im Ringspann-Katalog [37] werden für diese Spannscheiben angegeben

$$F = 2450 \,\text{N},$$
$$M = 42 \,\text{Nm}.$$

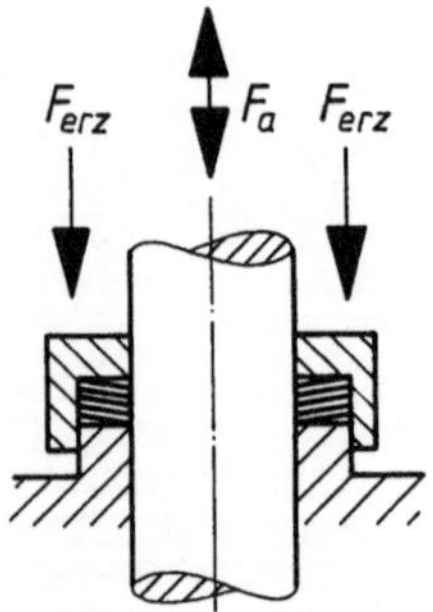

Bild 2.37. Belastungsfall III

Ein zylindrisches Werkstück $\varnothing$ 50 mm aus St60 soll gespannt werden. Betriebsmäßig zu übertragendes Drehmoment $M_a = 336$ Nm.

Gesucht:

1. Anzahl der Tellerspannscheiben n,
2. betriebsmäßig zu übertragende Axialkraft F_a bei einer Klemmung gegen Axialverschiebung, wenn die Kräfte F_a und F_{erz} gleichsinnig wirken.

Lösung:

1. Für die Anzahl der Spannscheiben gilt nach (2.11)

$$n' = \frac{M_a}{M} = \frac{33\,600}{4\,200} = 8 .$$

Diese Anzahl gilt für die Paarung St60/GG-22.
Nach Tabelle 2.3 wird für die Paarung St60/GG-12 der Korrekturfaktor K bestimmt zu

$$K = 1,5 .$$

Die Anzahl der Spannscheiben für die gegebene Paarung beträgt nach (2.12)

$$n = Kn' = 1,5 \cdot 8 = 12 .$$

2. Die erforderliche Betätigungskraft F_{erz} ist nach (2.13) gegeben durch

$$F_{erz} = nF = 12 \cdot 2450 = 29\,400 \text{ N} .$$

Die betriebsmäßig zu übertragende Axialkraft F_a bei einer Klemmung gegen Axialverschiebung errechnet sich für gleichsinnig wirkende Kräfte nach (2.14):

$$F_a = \frac{F_{erz}}{\dfrac{dF}{2M} - 1} = \frac{29\,400}{\dfrac{5 \cdot 2450}{2 \cdot 4200} - 1} = 64\,145,45 \text{ N} .$$

2.3.4.5 Konusspannelemente

Konusspannelemente werden als Kraftübertragungselemente für die Spanndorne (Bild 2.38) und Spannfutter (Bild 2.39) eingesetzt. Die Axialkraft wird in beiden Fällen über die Spannschrauben auf die Konusspannelemente 1 übertragen. Beim Spanndorn (Bild 2.38) stützen sich die unteren Konuselemente auf der Welle des Grundkörpers 2, der Außendurchmesser der oberen Konusspannelemente wird beim axialen Verschieben vergrößert.

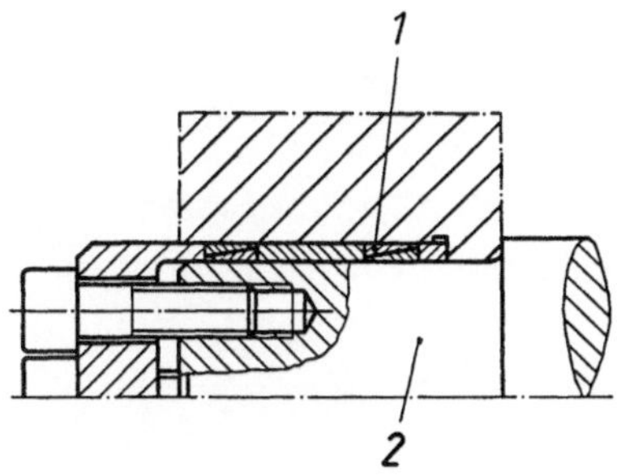

Bild 2.38. Spanndorn mit Konusspannelementen [38]

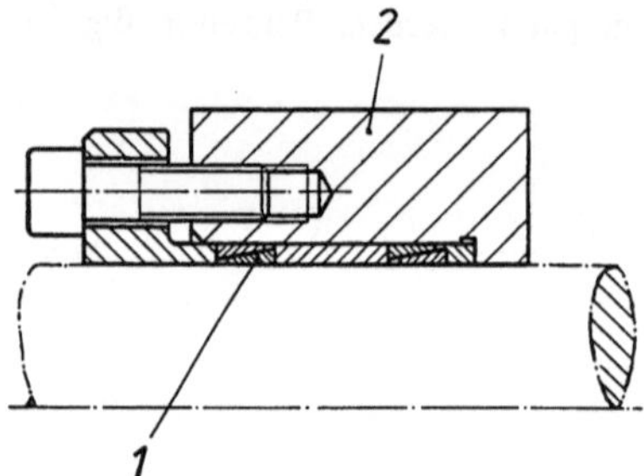

Bild 2.39. Spannfutter mit Konusspannelementen [38]

Beim Spannfutter (Bild 2.39) stützen sich die oberen Konuselemente in der Bohrung des Grundkörpers 2 und verschieben sich axial so, daß der Innendurchmesser der unteren Spannelemente kleiner wird.

Im Firmenkatalog der Fa. Ringfeder [38] werden die Abmessungen sowie folgende Daten angegeben:

- Spannkraft F_{vs} zur Überbrückung des Spiels zwischen Konusspannelementen,
- erforderliche Vorspannkraft F_v eines Spannelements zur Erzeugung von
  $p = 100 \text{ N/mm}^2$,
- von einem Spannelement bei $p = 100 \text{ N/mm}^2$ übertragbares Drehmoment M,
- von einem Spannelement bei $p = 100 \text{ N/mm}^2$ übertragbarer Axialschub F.

Die Anzahl der Konusspannelemente kann nach (2.11) berechnet werden, wenn das betriebsmäßig zu übertragende Drehmoment M_a bekannt ist:

$$n' = \frac{M_a}{M} .$$

Bei Hintereinanderschaltung von n Spannelementen läßt sich n' aus Tabelle 2.4 bestimmen.

Bei gleichzeitigem Wirken von Drehmoment M_a und Axialkraft F_a wird das resultierende Drehmoment M_R nach folgender Gleichung bestimmt:

$$M_R = \sqrt{M_a^2 + \left(\frac{F_a d}{2}\right)^2} . \tag{2.17}$$

Tabelle 2.4. Bestimmung der Anzahl der Konusspannelemente

Anzahl der Konusspannelemente	
n	n'
1	1
2	1,555
3	1,86
4	2,03

Die Anzahl der Konusspannelemente erhält man daraus durch

$$n' = \frac{M_R}{M}.$$
(2.18)

Für die Beziehung zwischen n' und n gilt wieder Tabelle 2.4. Zur Erzeugung von M ist die Vorspannkraft F_v erforderlich. Zur Erzeugung des betriebsmäßig übertragbaren Drehmoments M_a wird folgende Vorspannkraft benötigt:

$$F_{va} = \frac{F_v M_a}{M}.$$
(2.19)

Die erforderliche Gesamtvorspannkraft wird

$$F_{vges} = F_{vs} + F_{va}$$
(2.20)

Die Anzahl der Spannschrauben erhält man aus

$$z = \frac{F_{vges}}{F_{vSCH}}.$$
(2.21)

Schraubenvorspannkräfte F_{vSCH} werden nach Tabelle 2.5 [38] ermittelt.

Tabelle 2.5. Schraubenvorspannkräfte in N und Anziehdrehmomente in Nm

d_G	8.8		10.9		12.9	
	M_{SCH}	F_{vSCH}	M_{SCH}	F_{vSCH}	M_{SCH}	F_{vSCH}
M 4	2,9	3900	4,1	5450	4,9	6550
M 5	6,0	6350	8,5	8950	10	10700
M 6	10	9000	14	12600	17	15100
(M 7)	16	13200	23	18500	28	22200
M 8	25	16500	35	23200	41	27900
(M 9)	36	22000	51	30900	61	37100
M 10	49	26200	69	36900	83	44300
M 12	86	38300	120	54000	145	64500
M 14	135	52500	190	74000	230	88500
M 16	210	73000	295	102000	355	123000
M 18	290	88000	405	124000	485	148000
M 20	410	114000	580	160000	690	192000
M 22	550	141000	780	199000	930	239000
M 24	710	164000	1000	230000	1200	276000
M 27	1050	215000	1500	302000	1800	363000
M 20	1450	262000	2000	368000	2400	442000

2.3.4.6 Berechnungsbeispiel

Gegeben:

Ein Spannfutter besteht aus mehreren Konusspannelementen 30×35 ($d = 30$ mm), Fabrikat Ringfeder. Im Ringfeder-Katalog [38] wird angegeben:

$$F_{vs} = 8500\,\text{N}, \qquad F_v = 27000\,\text{N}, \qquad M = 90\,\text{Nm}, \qquad F = 6000\,\text{N}.$$

Ein zylindrisches Werkstück $d = 30$ mm soll gespannt werden.
Betriebsmäßig übertragbares Drehmoment $M_a = 120$ Nm.
Betriebsmäßig übertragbare Axialkraft $F_a = 8000$ N.

Gesucht:

1. Anzahl der Konusspannelemente bei einer Klemmung gegen Drehverschiebung,
2. Anzahl der Konusspannelemente bei gleichzeitigem Wirken von Drehmoment M_a und Axialkraft F_a.
3. Erforderliche Vorspannkraft zur Erzeugung von M_a.
4. Erforderliche Gesamtvorspannkraft.
5. Anzahl der Spannschrauben M 8 für Werkstoff 8.8.

Lösung:

1. Bei einer Klemmung gegen Drehverschiebung gilt (2.11):

$$n' = \frac{M_a}{M} = \frac{12000}{9000} = 1{,}333\,.$$

Nach Tabelle 2.4 wird n gewählt:

$$n = 2\ \text{Konusspannelemente.}$$

2. Bei gleichzeitigem Wirken von Drehmoment und Axialkraft gilt (2.17):

$$M_R = \sqrt{M_a^2 + \left(\frac{F_a d}{2}\right)^2} = \sqrt{12000^2 + \left(\frac{8000 \cdot 3}{2}\right)^2}$$
$$= 16970{,}56\ \text{N cm}\,.$$

Für die Anzahl der Konusspannelemente liefert (2.18)

$$n' = \frac{M_R}{M} = \frac{16970{,}56}{9000} = 1{,}885\,,$$

aus Tabelle 2.4 wähle daher

$$n = 4\ \text{Konusspannelemente.}$$

3. Die erforderliche Vorspannkraft zur Erzeugung des Drehmoments M_a beträgt nach (2.19)

$$F_{va} = \frac{F_a M_a}{M} = \frac{27000 \cdot 12000}{9000} = 36000\ \text{N}\,.$$

4. Die erforderliche Gesamtvorspannkraft wird nach (2.20)

$$F_{v\,ges} = F_{vs} + F_{va} = 8500 + 36000 = 44500\ \text{N}\,.$$

5. Für die Anzahl der Spannschrauben gilt mit (2.21)

$$z = \frac{F_{v\,ges}}{F_{v\,SCH}} = \frac{44500}{16500} = 2{,}69\,,$$

gewählt wird $z = 3$. $F_{v\,SCH}$ wurde für M 8 nach Tabelle 2.5 ermittelt.

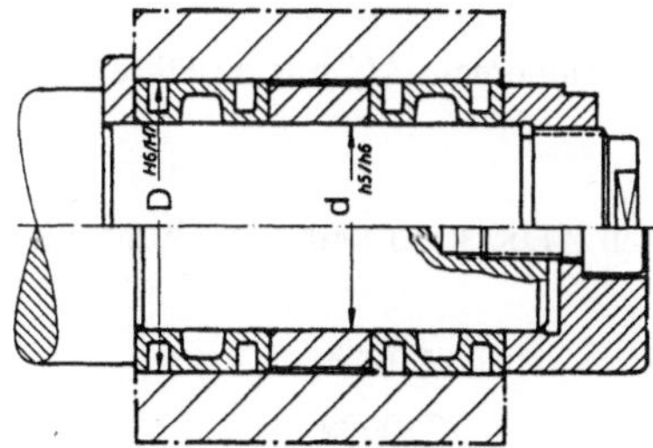

Bild 2.40. Spanndorn mit Druckhülsen IDK [39]

2.3.4.7 Druckhülsen

Druckhülsen werden als Kraftübertragungselemente für Spanndorne (Bild 2.40) und Spannfutter (Bild 2.41) eingesetzt. Diese Druckhülsen werden ebenso wie die in Bild 2.14 beschriebenen von Fa. Spieth gebaut. Die Axialkraft wird beim Spanndorf und beim Spannfutter über eine Spannmutter auf die Kraftübertragungselemente übertragen. Die Druckhülsen verformen sich genau zentrisch nach außen (beim Spanndorn) und innen (beim Spannfutter) und verspannen die Werkstücke genau mittig zur Drehachse. Bei Aufhebung der Spannkraft gibt die Hülse die Anschlußteile mit anfangs vorhandenem Spiel wieder frei.

Im Firmenkatalog [39] werden die Abmessungen sowie folgende Daten angegeben:

— Erforderliche axiale Vorspannkraft F_v,
— übertragbares Drehmoment M,
— übertragbare Axialkraft F.

Bei gleichzeitigem Wirken von Drehmoment M_a und Axialkraft F_a wird das resultierende Drehmoment M_R nach (2.17) bestimmt durch

$$M_R = \sqrt{M_a^2 + \left(\frac{F_a d}{2}\right)^2}.$$

2.3.4.8 Berechnungsbeispiel

Gegeben:
Ein Spannfutter besteht aus zwei Druckhülsen.
Wellendurchmesser $d = 30$ mm.
Betriebsmäßig übertragbares Drehmoment $M_a = 400$ Nm.
Betriebsmäßig übertragbare Axialkraft $F_a = 30000$ N.

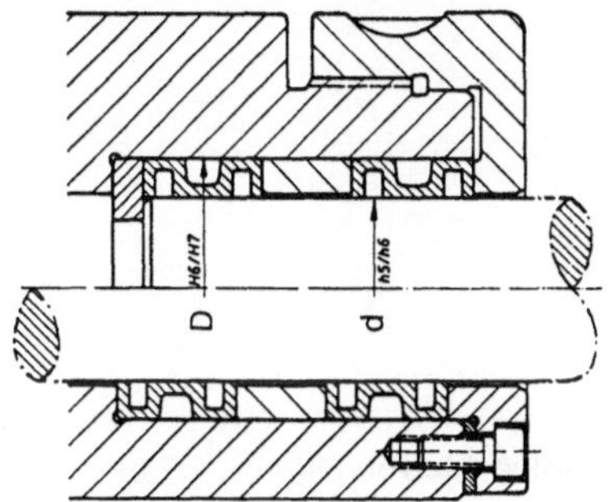

Bild 2.41. Spannfutter mit Druckhülsen ADK [39]

Gesucht:

Welche Druckhülsen sollen vorgesehen werden, wenn nur Drehmoment M_a, nur Axialkraft F_a oder beide gleichzeitig auf das Werkstück einwirken.

Lösung:

Im Spieth-Katalog [39] werden für $d = 30\,\text{mm}$ Druckhülsen ADK 30.50 und ADL 30.50 mit folgenden Daten angegeben:

$$\text{ADK 30.50:}\quad F_v = 60000\,\text{N}\,,\qquad M = 210\,\text{Nm}\,,\qquad F = 15100\,\text{N};$$

$$\text{ADL 30.50:}\quad F_v = 60000\,\text{N}\,,\qquad M = 370\,\text{Nm}\,,\qquad F = 27100\,\text{N}\,.$$

Es werden Druckhülsen ADL 30.50 angenommen. Bei einer Klemmung gegen Drehverschiebung gilt

$$2M \overset{\text{soll}}{>} M_a\,,$$

$$2 \cdot 370 > 400\,.$$

Bei einer Klemmung gegen Axialverschiebung gilt

$$2F \overset{\text{soll}}{>} F_a\,,$$

$$2 \cdot 27000 > 30000\,.$$

Bei gleichzeitigem Wirken von Drehmoment und Axialkraft gilt nach (2.17)

$$M_R = \sqrt{M_a^2 + \left(\frac{F_a d}{2}\right)^2} = \sqrt{40000^2 + \left(\frac{30000 \cdot 3}{2}\right)^2}$$

$$= 60207{,}77\,\text{N cm}\,.$$

$$2M \overset{\text{soll}}{>} M_R\,,$$

$$2 \cdot 370 > 602{,}07\,.$$

2.3.4.9 Klemmhülsen

Klemmhülsen werden zum Aufbau der Spannfutter eingesetzt. Sie setzen Öldruck in direkt radial wirkende Klemmkraft um. Der erzielbare Verschiebewiderstand schwankt stark mit der Beschaffenheit der Klemmflächen.

Bild 2.42 zeigt eine Klemmhülse, Fabrikat Metron.

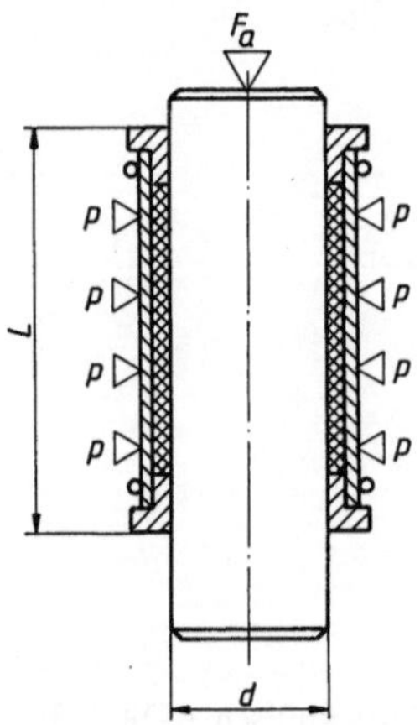

Bild 2.42. Klemmhülse, Fabrikat Metron [40]

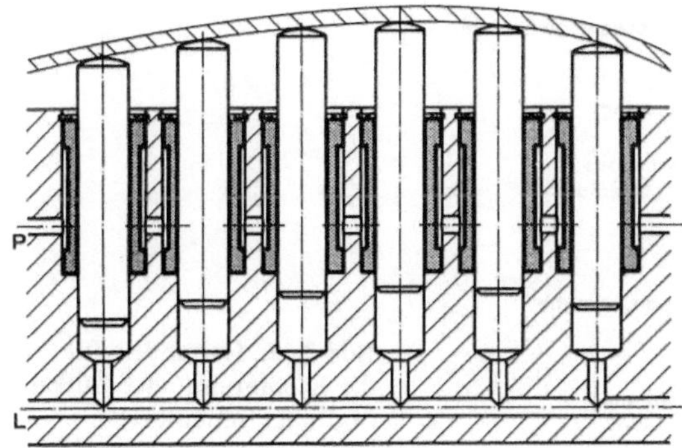

Bild 2.43. Klemmvorrichtung für Turbinenschaufeln [40]

Die übertragbare Axialkraft F bzw. der Verschiebewiderstand wird nach folgender Gleichung berechnet:

$$F - \pi dLp\mu . \tag{2.22}$$

In Bild 2.43 ist eine Klemmvorrichtung für Turbinenschaufeln dargestellt. Da die Turbinenschaufeln sehr geringe Steifigkeit haben, werden sie während der Bearbeitung durch Unterstützungsbolzen mittels Druckluft (s. Anschluß L) abgestützt. Nach dem Beaufschlagen mittels Drucköls (s. Anschluß P) entsteht ein unnachgiebiges Widerlager, welches ein schwingungsfreies Bearbeiten zuläßt.

In Bild 2.44 ist eine Spannvorrichtung mit Klemmhülsen dargestellt [40]. Beide Spannkolben werden gleichzeitig beaufschlagt, das Werkstück W wird gespannt. Die Klemmhülse fängt erst dann an, den Spannkolben zu klemmen (arretieren), wenn beide Kolben bereits am Werkstück anliegen. Für die Klemmhülsen werden Drücke von 60 bis 500 bar gebraucht.

2.3.4.10 Berechnungsbeispiel

Gegeben:
Eine Spannvorrichtung besteht aus zwei Spannkolben, Zylinderdurchmesser $D = 40$ mm, Kolbendurchmesser $d = 30$ mm. Ein Spannkolben wird wie in Bild 2.44 mit einer Klemmhülse Type 5350.030.100 ($d = 30$ mm, $L = 100$ mm), Fabrikat Metron arretiert.
Öldruck $p = 150$ bar,
Reibungskoeffizient zwischen Spannkolben und Druckhülse $\mu = 0{,}1$.

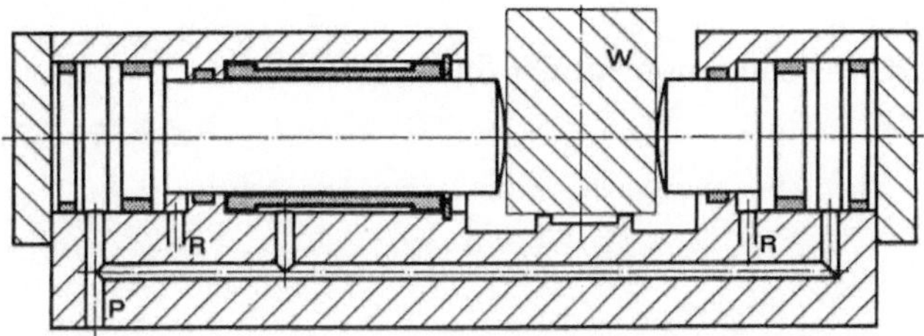

Bild 2.44. Spannvorrichtung mit Klemmhülsen

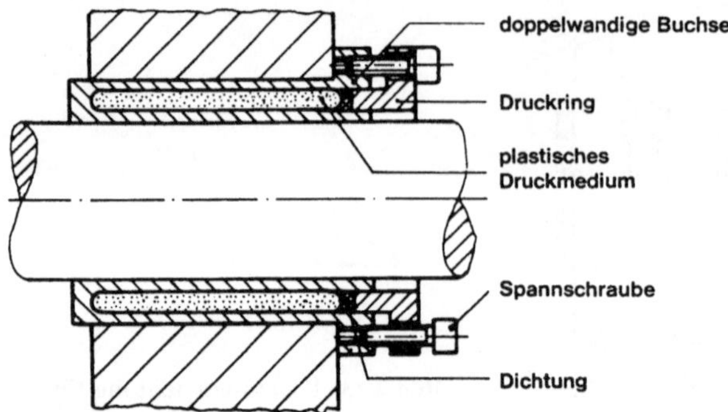

Bild 2.45. Dehnhülse für die Klemmung nach außen und nach innen [41]

Gesucht:

Spannkraft F_{sp},
radial wirkende Klemmkraft F_R,
Verschiebewiderstand F.

Lösung:

1. Die Spannkraft wird

$$F_{sp} = pD^2 \frac{\pi}{4} = 1500 \cdot 4^2 \frac{\pi}{4} = 18\,849{,}55 \text{ N} .$$

2. Die radial wirkende Klemmkraft beträgt

$$F_R = p\pi dL = 1500\pi \cdot 3 \cdot 10 = 141\,371{,}66 \text{ N} .$$

3. Der Verschiebewiderstand ist nach (2.22)

$$F = \pi dLp\mu = F_R\mu = \pi \cdot 3 \cdot 10 \cdot 1500 \cdot 0{,}1 = 14\,137{,}16 \text{ N} .$$

2.3.4.11 Dehnhülsen

Die Dehnhülsen wurden schon in den Bildern 2.24 und 2.25 dargestellt und ihre Funktion beschrieben.

In Bild 2.45 ist eine Dehnhülse dargestellt, die für die Klemmung nach außen (Spanndorn) und für die Klemmung nach innen (Spannfutter) geeignet ist.

Im Firmenkatalog [41] der Fa. Südtechnik Maroldt werden für alle Durchmesser von $d = 15$ mm bis $d = 100$ mm die Abmessungen der Dehnhülse und folgende Daten angegeben:

— übertragbares Drehmoment M,
— übertragbare Axialkraft F,
— Abmessungen, Anzahl und Anziehdremoment der Spannschrauben.

2.3.4.12 Berechnungsbeispiel

Gegeben:

Ein Spannfutter $d = 30$ mm soll durch eine Dehnhülse aufgebaut werden.

Gesucht:

Abmessungen und technische Daten der Dehnhülse.

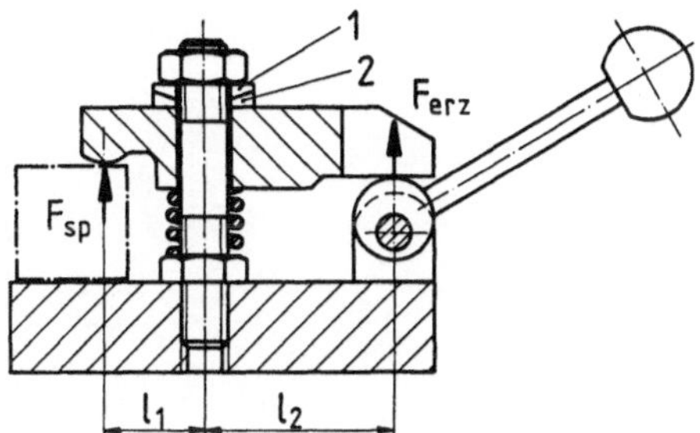

Bild 2.46. Spanneisen mit Spannexzenter

Lösung:

Es wird die Spannbuchse ETP-30/41-32, Fabrikat Südtechnik Maroldt, mit folgenden Abmessungen und technischen Daten eingebaut:

— Innendurchmesser $d = 30$ mm,
— Außendurchmesser $D = 41$ mm,
— Länge $L = 32$ mm,
— übertragbares Drehmoment $M = 340$ Nm,
— übertragbare Axialkraft $F = 23\,100$ N,
— Anzahl der Spannschrauben $z = 4$,
— Abmessung der Spannschrauben M 5,
— Anziehdrehmoment der Spannschrauben $M_{SCH} = 8$ Nm.

2.3.4.13 Spanneisen

Spanneisen werden als Elemente zur Kraftübertragung eingesetzt, wenn die Spannelemente nicht direkt auf das Werkstück eingreifen können.

Ein durch Spannexzenter betätigtes Spanneisen ist in Bild 2.46 dargestellt. Das Schwenken des Spanneisens wird durch Kugelscheiben 1 auf den Kegelpfannen 2 ermöglicht.

Aus dem Momentsatz folgt

$$F_{erz}l_2 - F_{sp}l_1 = 0\,,$$

und damit

$$F_{sp} = F_{erz}\frac{l_2}{l_1}\,. \tag{2.23}$$

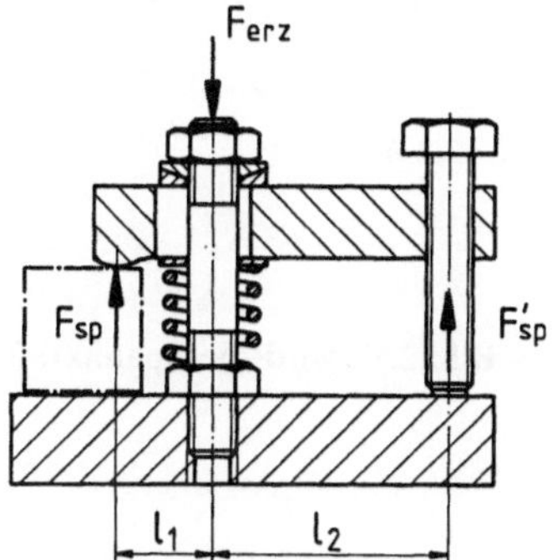

Bild 2.47. Spanneisen mit Spannmutter und Stützelement

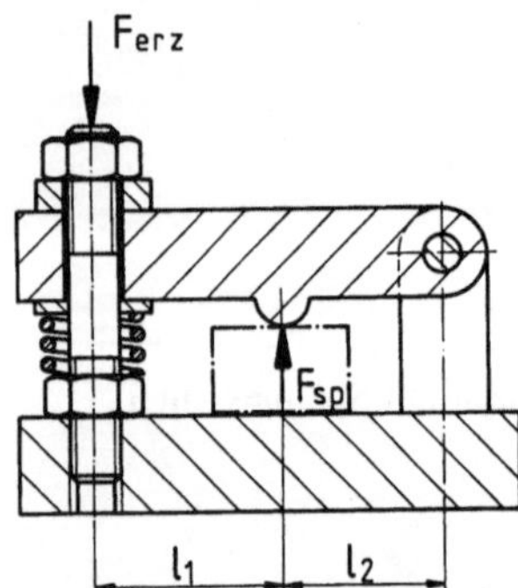

Bild 2.48. Spanneisen mit Spannmutter

In Bild 2.47 ist ein durch eine Spannmutter betätigtes Spanneisen dargestellt.
Aus der Summe aller Kräfte folgt

$$F_{erz} = F_{sp} + F'_{sp} \cdot$$

Aus dem Momentsatz ergibt sich

$$F_{sp}(l_1 + l_2) - F_{erz}l_2 = 0 \, ,$$

$$F_{sp} = \frac{F_{erz}l_2}{l_1 + l_2} \, ,$$

oder

$$F_{sp} = \frac{F_{erz}}{1 + l_1/l_2} \cdot \tag{2.24}$$

Ein durch Spannmutter betätigtes Spanneisen ist in Bild 2.48 dargestellt.
Aus dem Momentsatz folgt

$$F_{erz}(l_1 + l_2) - F_{sp} \cdot l_2 = 0 \, ,$$

$$F_{sp} = \frac{F_{erz}(l_1 + l_2)}{l_2} \cdot \tag{2.25}$$

2.3.4.14 Berechnungsbeispiel

Gegeben und *gesucht*:

Für die in den Bildern 2.46, 2.47 und 2.48 dargestellten Spanneisen mit den Abmessungen $l_1 = 100$ mm, $l_2 = 130$ mm, die mit einer erzeugenden Kraft $F_{erz} = 10000$ N betätigt werden, soll die Spannkraft ermittelt werden.

Lösung:

1. Für das Spanneisen mit Spannexzenter aus Bild 2.46 gilt nach (2.23)

$$F_{sp} = F_{erz}\frac{l_2}{l_1} = 10000\,\frac{13}{10} = 13000 \, \text{N} \, .$$

2. Für das Spanneisen mit Spannmutter und Stützelement aus Bild 2.47 wird die Spannkraft nach (2.24) ermittelt:

$$F_{sp} = \frac{F_{erz}}{1 + l_1/l_2} = \frac{10000}{1 + (10/13)} = 5652,17 \, \text{N} \, .$$

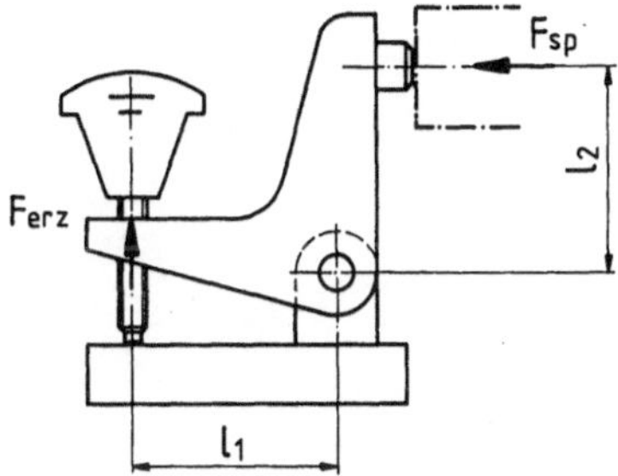

Bild 2.49. Winkelhebel mit Spannschraube

3. Für das Spanneisen mit Spannmutter nach Bild 2.48 gilt wegen (2.25)

$$F_{sp} = \frac{F_{erz}(l_1 + l_2)}{l_2} = \frac{10000(10 + 13)}{13} = 17\,692,3 \text{ N} .$$

2.3.4.15 Winkelhebel

Winkelhebel werden als Elemente zur Kraftübertragung eingesetzt, wenn die Kraftumlenkung benötigt wird.

In Bild 2.49 ist ein Winkelhebel dargestellt.

Aus dem Momentsatz folgt

$$F_{sp}l_2 - F_{erz}l_1 = 0 ,$$

$$F_{sp} = F_{erz}\frac{l_1}{l_2} . \tag{2.26}$$

2.3.4.16 Berechnungsbeispiel

Gegeben und *gesucht*:

Für den in Bild 2.49 dargestellten Winkelhebel mit den Abmessungen $l_1 = 100$ mm, $l_2 = 130$ mm, der mit einer erzeugenden Kraft $F_{erz} = 10000$ N betätigt wird, soll die Spannkraft ermittelt werden.

Lösung:

Für die Spannkraft gilt mit (2.26)

$$F_{sp} = F_{erz}\frac{l_1}{l_2} = 10000\,\frac{10}{13} = 7\,692,3 \text{ N} .$$

2.3.5 Beziehung zwischen Schnittkraft und Spannkraft

Das Werkstück soll in der Spannvorrichtung so aufgenommen und gespannt werden, daß es unter der Einwirkung der Spannkraft F_{sp} und der resultierenden Schnittkraft F nicht aus der beim Lagebestimmen definierten Lage gebracht wird. Die Spannkraft soll deshalb gegen feste Auflageflächen der Vorrichtung wirken. Der günstigste Fall tritt auf, wenn die resultierende Schnittkraft in gleicher Richtung wie die Spannkraft wirkt. Da es meistens sehr schwierig ist, die Spann- und Schnittkräfte genau zu ermitteln, sollen bei der Berechnung Sicherheitsfaktoren eingeführt werden. Sie betragen:

— beim starren Spannen $x = 2$,
— beim elastischen Spannen $x = 1,5$.

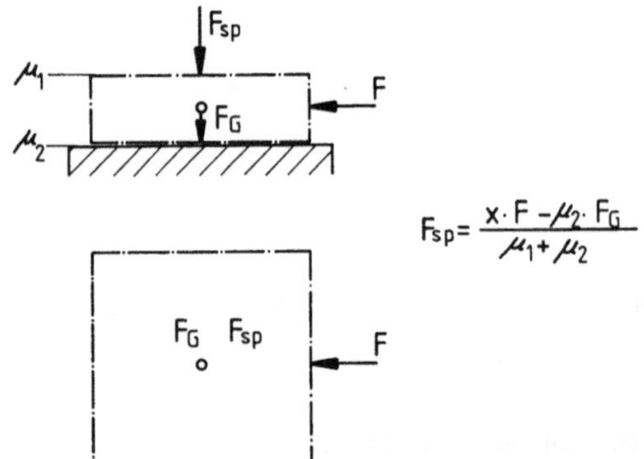

$$F_{sp} = \frac{x \cdot F - \mu_2 \cdot F_G}{\mu_1 + \mu_2}$$

Bild 2.50. Spannfall: F_{sp} und F_G wirken in gleicher Richtung

In den Bildern 2.50 bis 2.58 werden charakteristische Spannfälle prismatischer Werkstücke aufgeführt und die Gleichungen für die Berechnung der Spannkraft angegeben.

In den Bildern 2.50, 2.51 und 2.52 sind Spannfälle dargestellt, bei welchen die Spannkräfte F_{sp} und die Gewichtskräfte F_G in gleicher Richtung gegen feste Auflageflächen der Vorrichtung wirken.

Die Gleichgewichtsgleichung für den Spannfall in Bild 2.50 lautet

$$F_{sp}(\mu_1 + \mu_2) + \mu_2 F_G - xF = 0 \, .$$

Nach dieser Gleichung bekommt man

$$F_{sp} = \frac{xF - \mu_2 F_G}{\mu_1 + \mu_2} \, . \tag{2.27}$$

Die Spannfälle in den Bildern 2.51 und 2.52 unterscheiden sich von dem eben berechneten nur durch mehrere Spannstellen.

In den Bildern 2.53, 2.54 und 2.55 befindet sich die feste Auflagefläche der Vorrichtung in der senkrechten Ebene, die resultierende Schnittkraft F steht unter 90° zur Spannkraft F_{sp}. Die Gleichgewichtsgleichung für den Spannfall nach Bild 2.53 lautet

$$F_{sp}(\mu_1 + \mu_2) - \sqrt{(xF)^2 + F_G^2} = 0 \, .$$

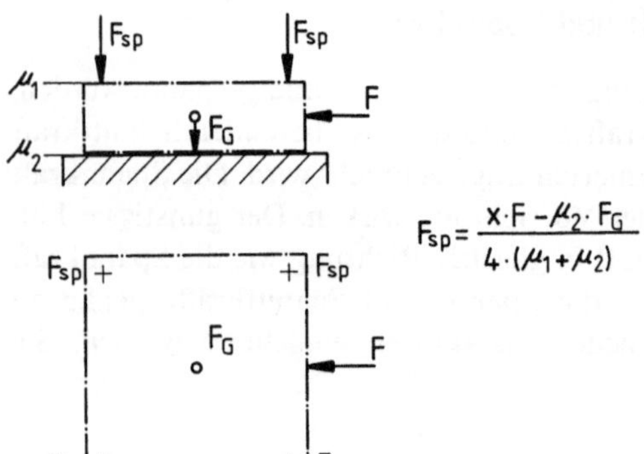

$$F_{sp} = \frac{x \cdot F - \mu_2 \cdot F_G}{4 \cdot (\mu_1 + \mu_2)}$$

Bild 2.51. Spannfall: $4 \times F_{sp}$ und F_G wirken in gleicher Richtung

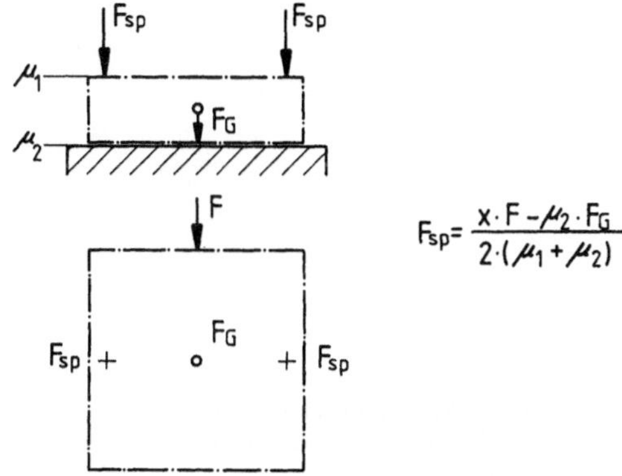

$$F_{sp} = \frac{x \cdot F - \mu_2 \cdot F_G}{2 \cdot (\mu_1 + \mu_2)}$$

Bild 2.52. Spannfall: $2 \times F_{sp}$ und F_G wirken in gleicher Richtung

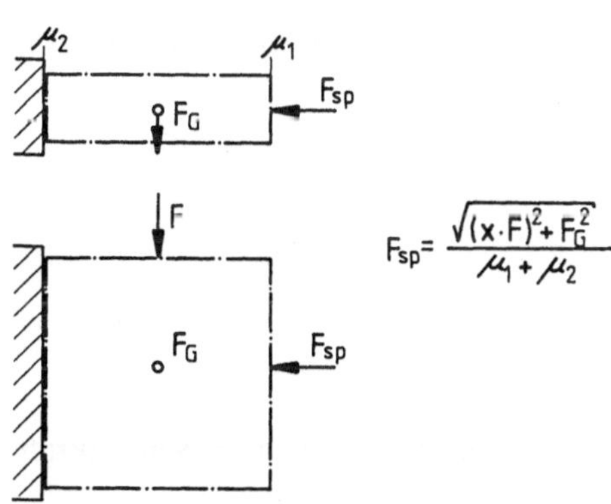

$$F_{sp} = \frac{\sqrt{(x \cdot F)^2 + F_G^2}}{\mu_1 + \mu_2}$$

Bild 2.53. Spannfall: senkrechte Auflagefläche, F wirkt unter $90°$ zu F_{sp}

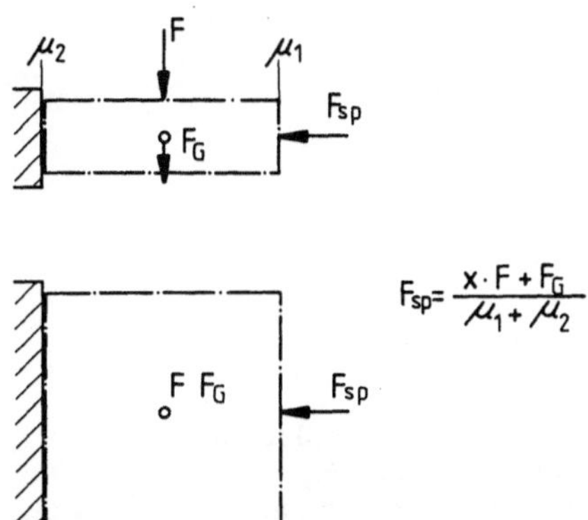

$$F_{sp} = \frac{x \cdot F + F_G}{\mu_1 + \mu_2}$$

Bild 2.54. Spannfall: senkrechte Auflagefläche, F und F_G wirken in gleicher Richtung

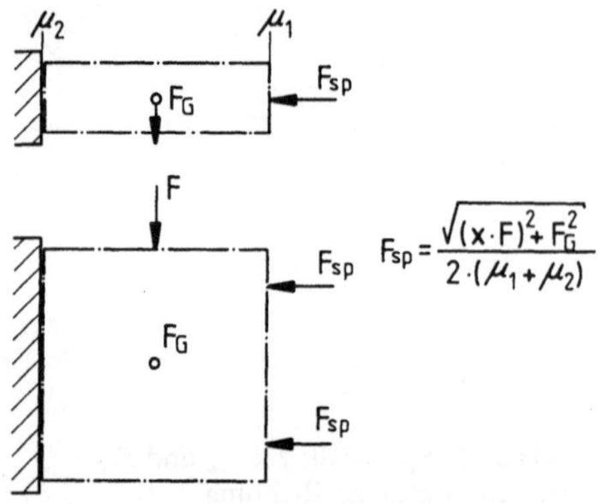

Bild 2.55. Spannfall: senkrechte Auflagefläche, $2 \times F_{sp}$ wirkt unter 90° zu F

Die Spannkraft beträgt demnach

$$F_{sp} = \frac{\sqrt{(xF)^2 + F_G^2}}{\mu_1 + \mu_2}. \tag{2.28}$$

Bei dem in Bild 2.56 dargestellten Spannfall befindet sich die feste Auflagefläche der Vorrichtung in der senkrechten Ebene, die resultierende Schnittkraft F wirkt in gleicher Richtung wie die Spannkräfte F_{sp}.

Die Gleichgewichtsgleichung lautet

$$2F_{sp}(\mu_1 + \mu_2) + xF(\mu_1 + \mu_2) - F_G = 0\,,$$

die Spannkraft beträgt demnach

$$F_{sp} = \frac{F_G - xF(\mu_1 + \mu_2)}{2(\mu_1 + \mu_2)}.$$

Da die Spannkraft F_{sp} die Gewichtskraft F_G auch vor der Einwirkung der Schnittkraft F halten muß, ist jedoch

$$F_{sp} = \frac{F_G}{2(\mu_1 + \mu_2)} \tag{2.29}$$

zu wählen.

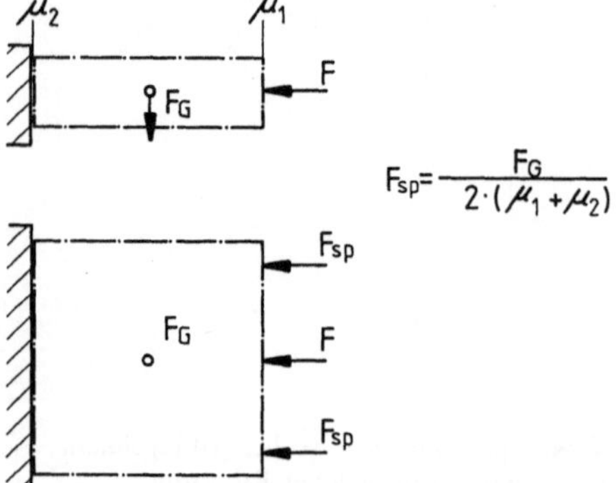

Bild 2.56. Spannfall: senkrechte Auflagefläche, F und F_{sp} wirken in gleicher Richtung

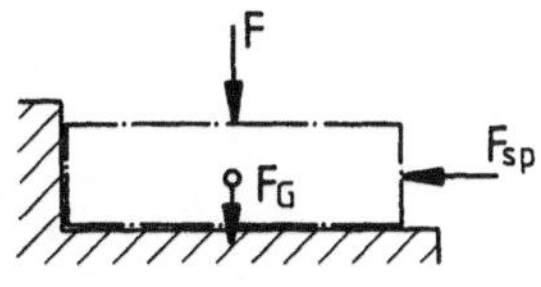

Alle Kräfte wirken gegen
feste Auflageflächen

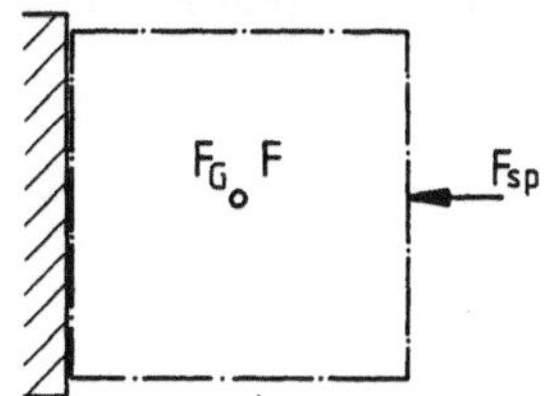

Bild 2.57. Spannfall: alle Kräfte wirken gegen feste Auflageflächen, F und F_G wirken in gleicher Richtung

Bei den in den Bildern 2.57 und 2.58 dargestellten Spannfällen wirken die Spannkräfte F_{sp}, die Schnittkräfte F und die Gewichtskräfte F_G gegen feste Auflageflächen der Spannvorrichtung, deshalb ist keine Berechnung der Spannkraft erforderlich.

In den folgenden Bildern werden einige charakteristische Spannfälle zylindrischer Werkstücke aufgeführt.

In dem Spannfall nach Bild 2.59 wirkt die Spannkraft F_{sp} gegen eine feste prismatische Auflagefläche, für die Schnittkraft F gibt es keine Auflagefläche in der Spannvorrichtung. Die Gleichgewichtsgleichung lautet

$$F_{sp}(\mu_1 + \mu_2) - xF = 0 \, .$$

Daraus ergibt sich

$$F_{sp} = \frac{xF}{\mu_1 + \mu_2} \, . \tag{2.30}$$

In dem Spannfall nach Bild 2.60 wirkt die Spannkraft F_{sp} gegen eine feste prismatische Auflagefläche, die Schnittkraft F wirkt auf einem anderen Abstand in entgegengesetzter Richtung. Die Gleichgewichtsgleichung lautet in diesem Fall

$$F_{sp}l_1 - xFl_2 = 0 \, .$$

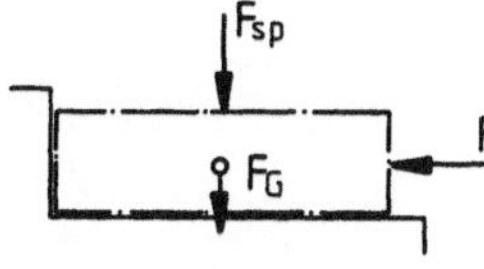

Alle Kräfte wirken gegen
feste Auflageflächen

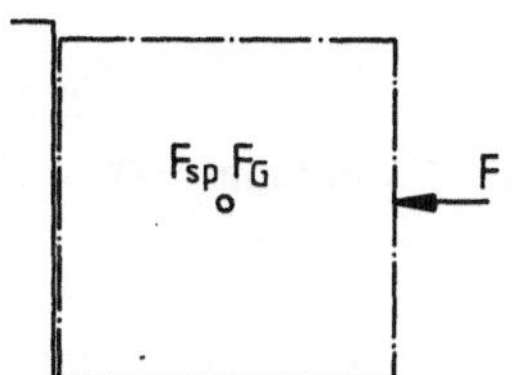

Bild 2.58. Spannfall: alle Kräfte wirken gegen feste Auflageflächen, F_{sp} und F_G wirken in gleicher Richtung

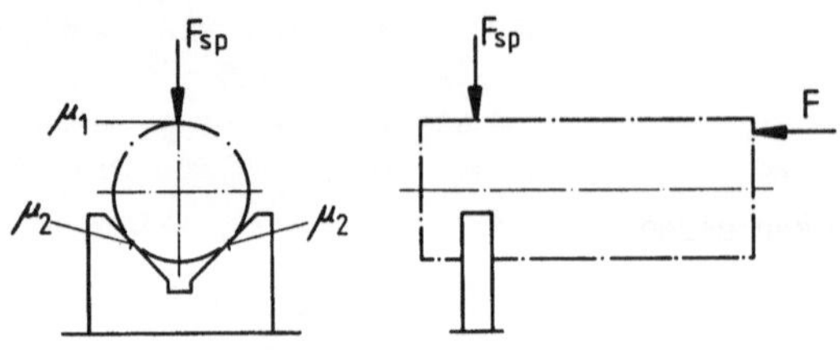

Bild 2.59. Spannfall: keine feste Auflagefläche für Schnittkraft F

$$F_{sp} = \frac{x \cdot F}{\mu_1 + \mu_2}$$

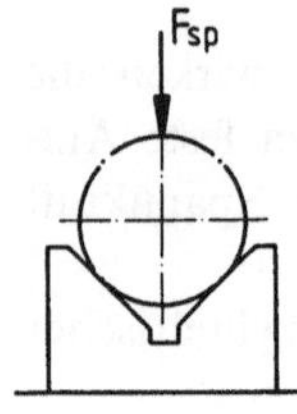
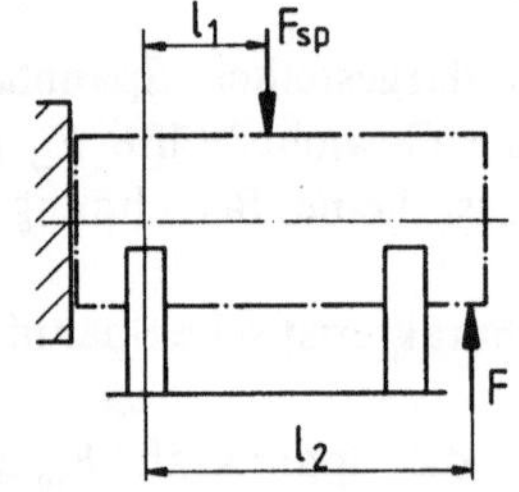

Bild 2.60. Spannfall: F und F_{sp} wirken gegensinnig

$$F_{sp} = \frac{l_2 \cdot x \cdot F}{l_1}$$

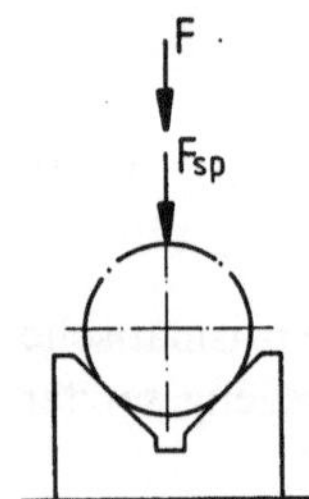
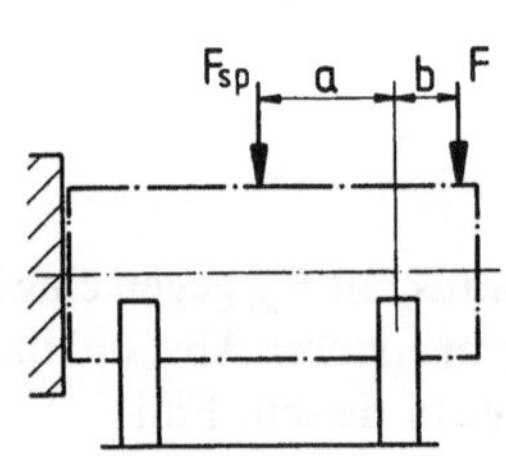

Bild 2.61. Spannfall: F und F_{sp} wirken gleichsinnig

$$F_{sp} = \frac{b \cdot x \cdot F}{a}$$

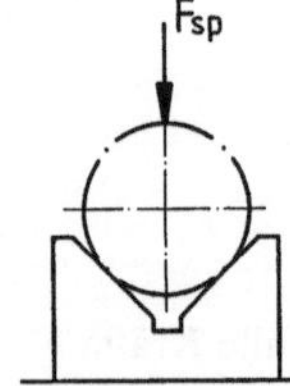
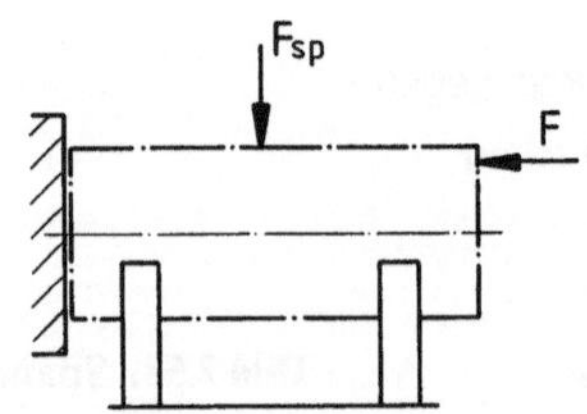

Bild 2.62. Spannfall: F wirkt unter $90°$ zu F_{sp}

$$F_{sp} = x \cdot F$$

Damit ist

$$F_{\text{sp}} = \frac{l_2 x F}{l_1} \,. \tag{2.31}$$

Bei dem in Bild 2.61 dargestellten Spannfall wirken die Schnittkraft und die Spannkraft gegen die feste prismatische Auflagefläche der Spannvorrichtung. Die Gleichgewichtsgleichung lautet daher

$$F_{\text{sp}} a - x F b = 0 \,.$$

Daraus ergibt sich

$$F_{\text{sp}} = \frac{b x F}{a} \,. \tag{2.32}$$

Bild 2.62 zeigt einen Spannfall, bei welchem die Spannkraft und die Schnittkraft gegen feste Auflageflächen der Vorrichtung wirken und deshalb keine Berechnung der Spannkraft erforderlich ist. Auf jeden Fall soll hier die Spannkraft größer als die Schnittkraft sein:

$$F_{\text{sp}} = x F \,. \tag{2.33}$$

2.3.5.1 Berechnungsbeispiel 1

Gegeben:

Eine Spannvorrichtung nach Bild 2.63 besteht aus einer waagerechten Grundplatte, die durch Stirnfräsen bearbeitet wird. Vier Spannkräfte (starre Spannung) wirken in gleicher Richtung wie die Gewichtskraft, und zwar gegen feste Auflagefläche der Vorrichtungsgrundplatte.

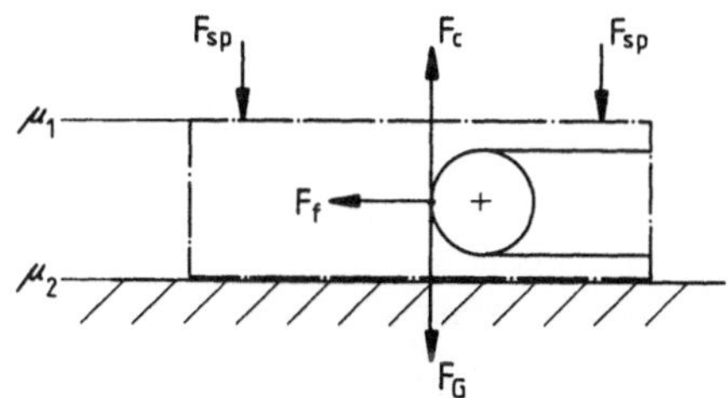

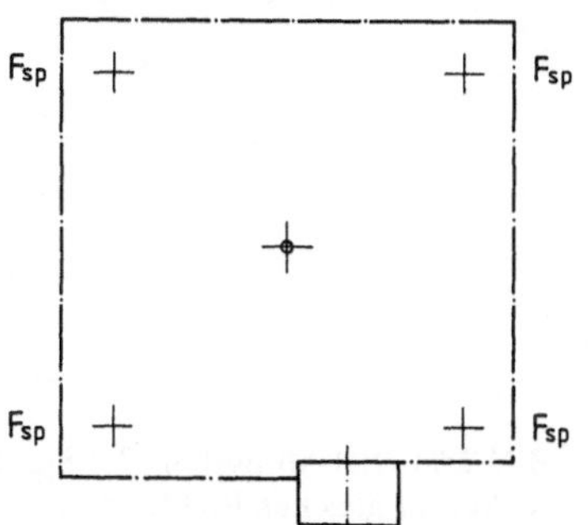

Bild 2.63. Belastungsfall: $4 \times F_{\text{sp}}$, F_G und F_c wirken in gleicher Richtung

Mittlere Gesamtschnittkraft $F_c = 4000\ \text{N}$,
resultierende Vorschubkraft $F_f = 8000\ \text{N}$,
Gewichtskraft $F_G = 9000\ \text{N}$,
Reibungskoeffizient an der Spannstelle $\mu_1 = 0{,}12$,
Reibungskoeffizient zwischen Werkstück und Vorrichtung $\mu_2 = 0{,}14$.

Gesucht:

Spannkraft F_{sp} unter der Voraussetzung, daß nur die Kräfte (keine Momente) berücksichtigt werden.

Lösung:

Die Gleichgewichtsgleichung lautet

$$4F_{sp}(\mu_1 + \mu_2) + \mu_2(F_G - xF_c) - xF_f = 0\,.$$

Daraus ergibt sich

$$F_{sp} = \frac{xF_f - \mu_2(F_G - xF_c)}{4(\mu_1 + \mu_2)}$$

$$= \frac{2 \cdot 8000 - 0{,}14(9000 - 2 \cdot 4000)}{4(0{,}12 + 0{,}14)}$$

$$= 15250\ \text{N}\,.$$

2.3.5.2 Berechnungsbeispiel 2

Gegeben:

Eine Spannvorrichtung nach Bild 2.64 besteht aus einer waagerechten Grundplatte, die durch Stirnfräsen bearbeitet wird. Zwei Spannkräfte (starre Spannung) wirken in gleicher Richtung wie die Gewichtskraft und zwar gegen die feste Auflagefläche der Vorrichtungsgrundplatte.
Mittlere Gesamtschnittkraft $F_c = 6000\ \text{N}$,
resultierende Vorschubkraft $F_f = 3000\ \text{N}$,
Gewichtskraft $F_G = 1500\ \text{N}$,

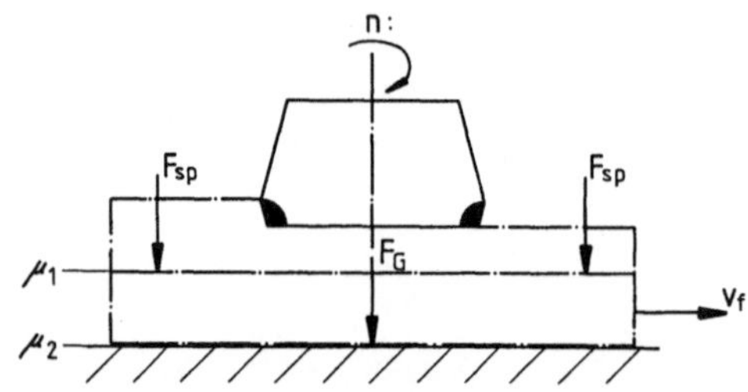

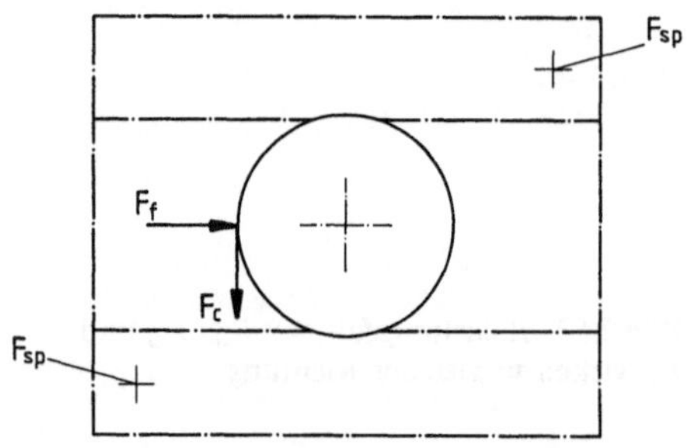

Bild 2.64. Belastungsfall: $2 \times F_{sp}$ und F_G wirken in gleicher Richtung

Reibungskoeffizient an der Spannstelle $\mu_1 = 0,12$, Reibungskoeffizient zwischen Werkstück und Vorrichtung $\mu_2 = 0,14$.

Gesucht:

Spannkraft.

Lösung:

Die Gleichgewichtsgleichung lautet

$$2F_{sp}(\mu_1 + \mu_2) + \mu_2 F_G - x\sqrt{F_c^2 + F_f^2} = 0\,.$$

Damit folgt

$$F_{sp} = \frac{x\sqrt{F_c^2 + F_f^2} - \mu_2 F_G}{2(\mu_1 + \mu_2)}$$

$$= \frac{2\sqrt{6000^2 + 3000^2} - 0,14 \cdot 1500}{2(0,12 + 0,14)}$$

$$= 25396,9\ \text{N}\,.$$

2.3.5.3 Berechnungsbeispiel 3

Gegeben:

Eine Spannvorrichtung nach Bild 2.65 besteht aus einer waagerechten Grundplatte, die durch Umfangsfräsen bearbeitet wird. Vier Spannkräfte (starre Spannung) wirken in gleicher Richtung wie die Gewichtskraft und die senkrechte Komponente der Schnittkraft F_c.
Schnittkraft $F_c = 5000$ N,
Vorschubkraft $F_f = 5000$ N,
Gewichtskraft $F_G = 2500$ N,
Winkel zwischen F_c und F_f $\Psi = 30°$,
Reibungskoeffizient an der Spannstelle $\mu_1 = 0,1$,
Reibungskoeffizient zwischen Werkstück und Vorrichtung $\mu_2 = 0,15$.

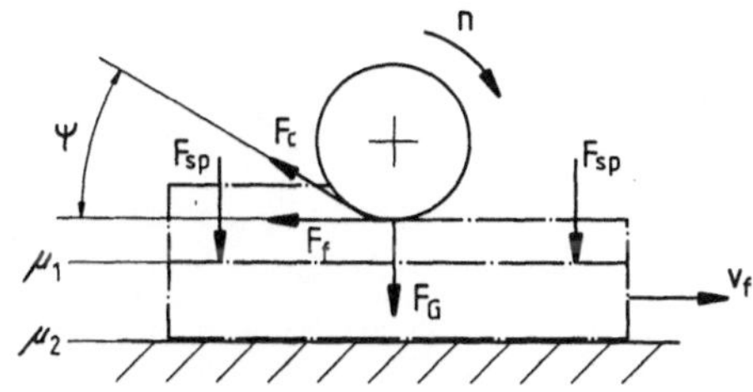

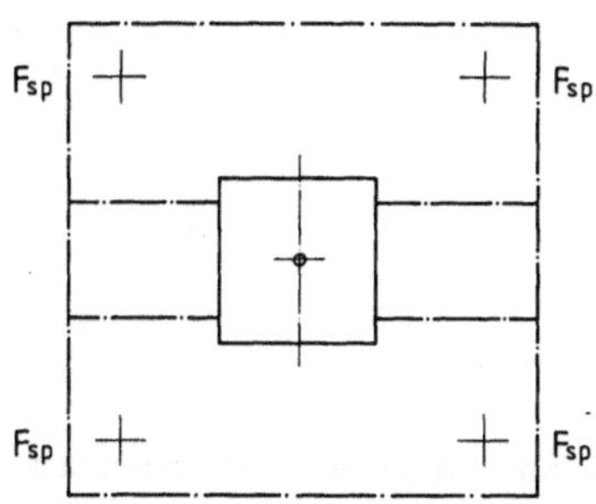

Bild 2.65. Belastungsfall: $4 \times F_{sp}$, F_G und senkrechte Komponente der Schnittkraft F_c wirken in gleicher Richtung

Gesucht:
Spannkraft.

Lösung:
Die Gleichgewichtsgleichung lautet

$$4F_{sp}(\mu_1 + \mu_2) + \mu_2(F_G - xF_c \sin \Psi) - x(F_f + F_c \cos \Psi) = 0\,,$$

also

$$F_{sp} = \frac{x(F_f + F_c \cos \Psi) - \mu_2 (F_G - xF_c \sin \Psi)}{4(\mu_1 + \mu_2)}$$

$$= \frac{2(5000 + 5000 \cos 30°) - 0{,}15(2500 - 2 \cdot 5000 \sin 30°)}{4(0{,}1 + 0{,}15)}$$

$$= 19035{,}25 \text{ N}\,.$$

2.3.5.4 Berechnungsbeispiel 4

Gegeben:
Eine Welle, Durchmesser $D = 180$ mm, wird in einem Spannfutter durch drei Spannbacken
gespannt und auf Durchmesser $d = 170$ mm durch Drehen bearbeitet (Bild 2.66). Die Vorschub-
kraft wirkt gegen die feste Auflagefläche des Spannfutters.
Schnittkraft $F_c = 6838$ N,
Sicherheitsfaktor $x = 1{,}5$,
Reibungskoeffizient zwischen Spannbacken und Werkstück $\mu = 0{,}12$.

Gesucht:
Spannkraft.

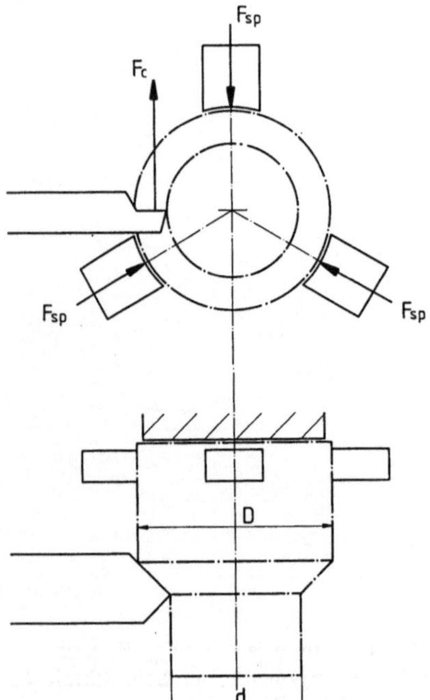

Bild 2.66. Spannfutter mit drei Spannbacken

Lösung:

Die Gleichgewichtsgleichung lautet

$$3F_{sp}\mu\frac{D}{2} - xF_c\frac{d}{2} = 0\,.$$

Die Spannkraft beträgt damit

$$F_{sp} = \frac{xdF_c}{3\mu D} = \frac{1{,}5 \cdot 17 \cdot 6838}{3 \cdot 0{,}12 \cdot 18} = 26908{,}79\ \text{N}\,.$$

2.3.5.5 Berechnungsbeispiel 5

Gegeben:

Eine Spannvorrichtung nach Bild 2.67 besteht aus einer waagerechten Platte, die durch einen Spiralbohrer $D = 10$ mm gebohrt wird. Drei Spannkräfte (starre Spannung) wirken auf einem Abstand $a = 100$ mm.
Schnittkraft $F_c = 1784$ N,
Vorschubkraft $F_f = 2195$ N,
Gewichtskraft $F_G = 1000$ N,
Reibungskoeffizient an der Spannstelle $\mu_1 = 0{,}12$,
Reibungskoeffizient zwischen Werkstück und Vorrichtung $\mu_2 = 0{,}13$.

Gesucht:

Spannkraft.

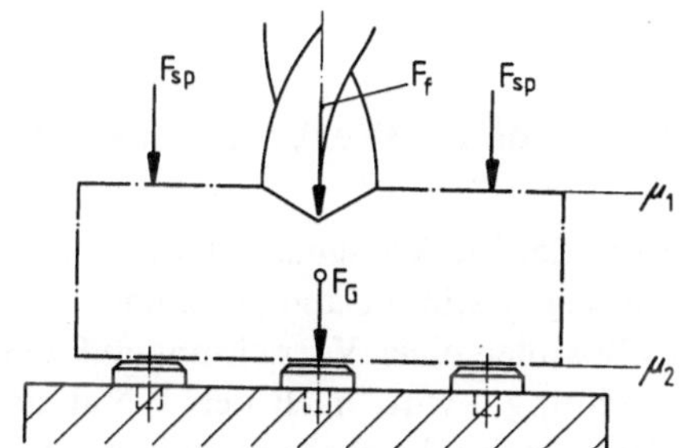

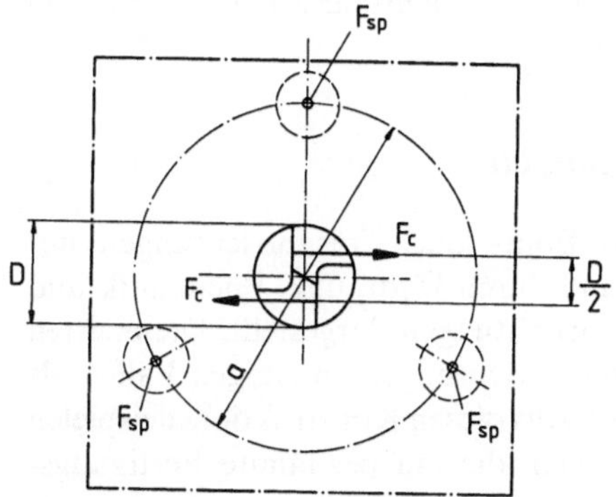

Bild 2.67. Bohrvorrichtung mit drei Spannstellen

Lösung:

Drei Spannkräfte F_{sp}, die Vorschubkraft F_f und die Gewichtskraft F_G wirken gegen drei Auflagebolzen der Vorrichtungsgrundplatte. Alle diese Kräfte erzeugen Reibungsmomente, die gegen das Bohrerdrehmoment $F_c D/2$ wirken. Die Gleichgewichtsgleichung lautet

$$3F_{sp}(\mu_1 + \mu_2)\frac{a}{2} + \mu_2\left(x3\frac{F_f}{3} + 3\frac{F_G}{3}\right)\frac{a}{2} - xF_c\frac{D}{2} = 0.$$

Aus dieser Gleichung folgt

$$F_{sp} = \frac{xF_c D/2 - \mu_2(xF_f + F_G)\,a/2}{3(\mu_1 + \mu_2)\,a/2}$$

$$= \frac{2 \cdot 1784 \cdot 1/2 - 0{,}13(2 \cdot 2195 + 1000)\,10/2}{3(0{,}12 + 0{,}13)\,10/2}$$

$$= -458{,}53\ \text{N}.$$

Man bekommt eine negative Spannkraft, da die Vorschubkraft und die Gewichtskraft so groß sind, daß sie auch ohne Spannkraft das Bohrerdrehmoment aufnehmen können. Bei dieser Berechnung wurden konsequenterweise die Schnittkraft F_c und die Vorschubkraft F_f mit dem Sicherheitsfaktor x versehen.

Größere Sicherheit entsteht, wenn nur die Schnittkraft mit dem Sicherheitsfaktor multipliziert wird. Die Spannkraft würde sich in diesem Falle ergeben als

$$F_{sp}\frac{xF_c D/2 - \mu_2(F_f + F_G)\,a/2}{3(\mu_1 + \mu_2)\,a/2}$$

$$= \frac{2 \cdot 1784 \cdot 1/2 - 0{,}13(2195 + 1000)\,10/2}{3(0{,}12 + 0{,}13)\,10/2}$$

$$= -78{,}06\ \text{N}.$$

2.4 Aufnahme und Spannen der Vorrichtung auf der Werkzeugmaschine

Die Vorrichtung wird auf das entsprechende Bauteil der Werkzeugmaschine (Tisch bei Fräsmaschinen, Spindelkopf bei Drehmaschinen) lagebestimmt und gespannt.

In Bild 2.68 ist das Lagebestimmen und das Spannen einer Vorrichtung auf dem Werkzeugmaschinentisch dargestellt. Die Vorrichtung 1 wird nach der T-Nut des Werkzeugmaschinentisches 2 ausgerichtet, die Nutensteine 3 werden dann in die Nut der Vorrichtung eingeschoben und anschließend durch die Befestigungsschrauben 4 und T-Nutensteine 5 gespannt. An den Enden der Vorrichtungsgrundplatte 1 sind Schlitze vorzusehen.

2.5 Konstruktionsbeispiele für Vorrichtungen

In mehreren Konstruktionsbeispielen werden Bohr- und Fräsvorrichtungen mit starrem und elastischem Spannen, von Hand und durch Hydraulik, Pneumatik und plastische Medien, als Einfach- und Mehrfachvorrichtungen dargestellt. Die meisten hier behandelten Vorrichtungen sind als Sondervorrichtungen, in einigen Fällen als Vorrichtungen nach Baukastensystem konzipiert. Aus diesen Konstruktionsbeispielen werden auch die Unterschiede von Vorrichtungen, die auf bestimmte Fertigungs-

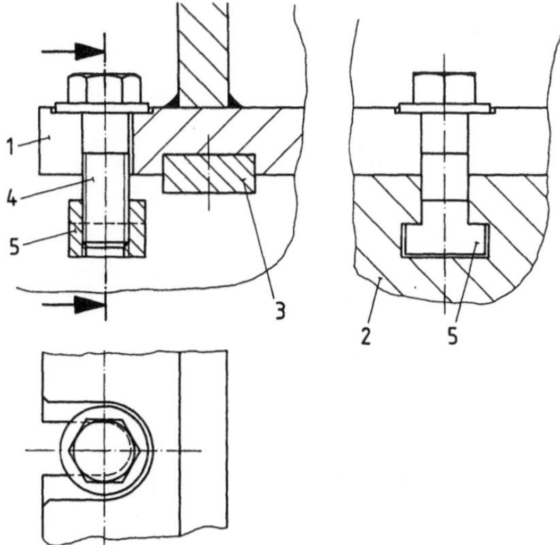

Bild 2.68. Lagebestimmen und Spannen einer Vorrichtung auf dem Werkzeugmaschinentisch

verfahren bezogen werden, deutlich. Für Bohrvorrichtungen z. B., die infolge geringerer Schnittkräfte etwas leichter gebaut werden, benötigt man Bohrplatten mit Bohrbuchsen, die Fräsvorrichtungen werden so ausgeführt, daß sie die Schnitt- und Vorschubkräfte aufnehmen können, die beim Stirn- oder Umfangsfräsen auftreten.

Baukastensysteme für Vorrichtungen, Vorrichtungen für CNC-gesteuerte Werkzeugmaschinen, Vorrichtungen für Transferstraßen und Vorrichtungen für flexible Fertigungssysteme werden gesondert in den Abschnitten 2.6, 2.7, 2.8 und 2.9 behandelt.

2.5.1 Pneumatisch betätigte Spannkeilvorrichtung

Bild 2.69 zeigt eine Spannkeilvorrichtung, die durch einen Druckluftzylinder betätigt wird.

Die Spannvorrichtung besteht aus einem Spannkeil (Pos. 7), der durch einen pneumatischen Zylinder (Pos. 2) über einen einseitigen Schubkeil (Pos. 6) betätigt wird. Die Spannkraft wird vom Spannkeil über das Spanneisen (Pos. 4) auf das Werkstück übertragen. Die Zugfeder (Pos. 18) zieht das Spanneisen beim Herausziehen des Schubkeiles zurück, damit das Werkstück frei wird. Der Kolben (Pos. 29) des Druckluftzylinders ist auf dem Schubkeil verschiebbar, damit der Schubkeil auch bei kleinerem Keilwinkel durch den dynamischen Schlag aus dem Spannkeil sicher herausgezogen wird.

Die erzeugende Kraft des Druckluftzylinders bei $D = 120$ mm und $p = 6$ bar beträgt

$$F_{erz} = pD^2 \frac{\pi}{4} = 60 \cdot 12^2 \frac{\pi}{4} = 6785,8 \text{ N} \,.$$

Es werden angenommen:

$$\alpha = 10°, \qquad \mu_1 = 0,15, \qquad \mu_2 = 0,1, \qquad \mu_3 = 0,15 \,.$$

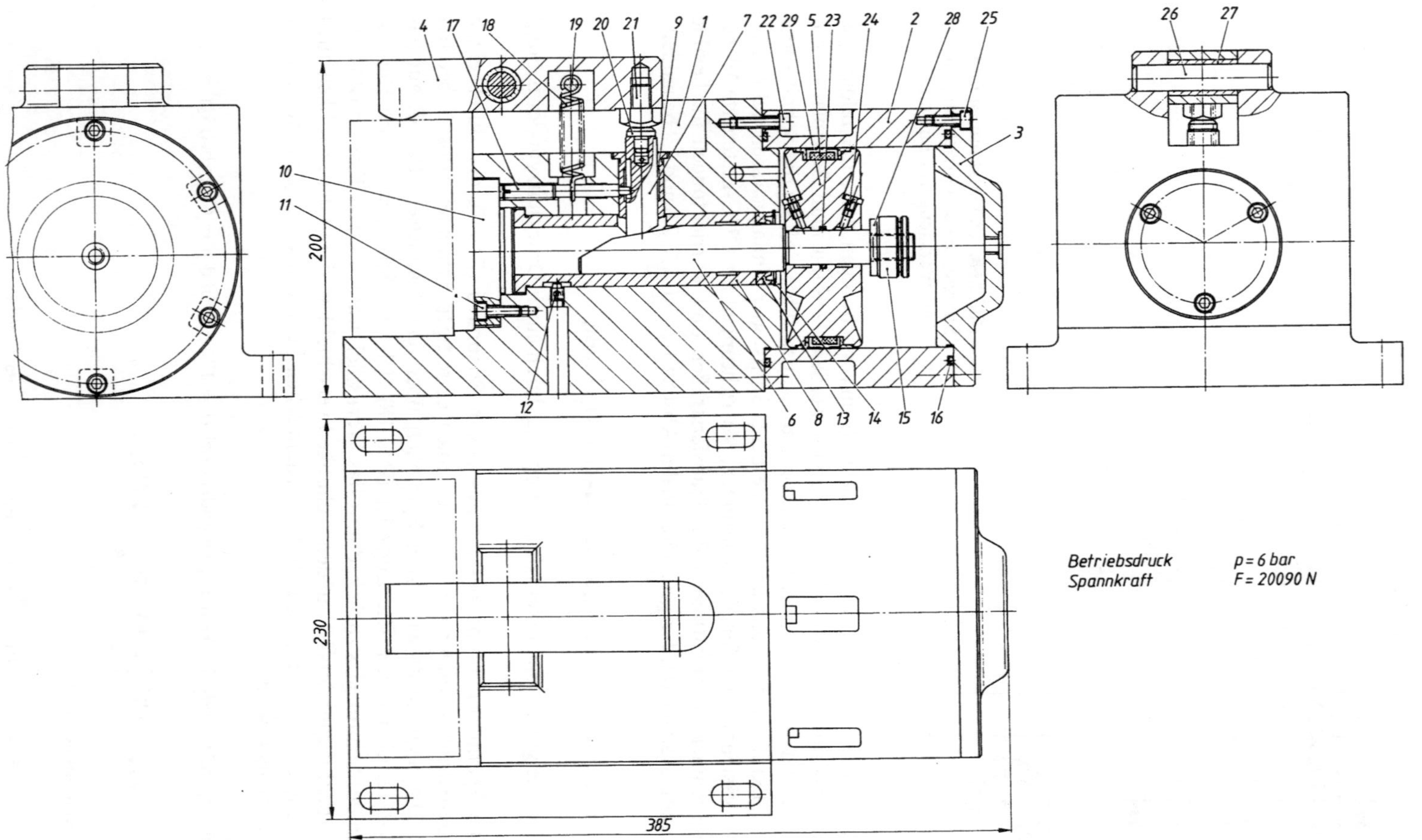

Bild 2.69. Pneumatisch betätigte Spannkeilvorrichtung

Für die Reibungswinkel gilt damit

$$\varrho_1 = \arctan \mu_1 = \arctan 0{,}15 = 8{,}53°\,,$$

$$\varrho_2 = \arctan \mu_2 = \arctan 0{,}1 = 5{,}71°\,,$$

$$\varrho_3 = \arctan \mu_3 = \arctan 0{,}15 = 8{,}53°\,.$$

Für die Spannkraft vom Spannkeil auf das Spanneisen gilt nach (2.2)

$$F'_{sp} = F_{erz} \left[\frac{1 - \tan(\alpha + \varrho_2)\tan\varrho_3}{\tan\varrho_1 + \tan(\alpha + \varrho_2)} \right]$$

$$= 6785{,}8 \left[\frac{1 - \tan(10° + 5{,}71°)\tan 8{,}53°}{\tan 8{,}53° + \tan(10° + 5{,}71°)} \right]$$

$$= 15070{,}9 \text{ N}\,.$$

Für die Spannkraft vom Spanneisen auf das Werkstück gilt mit (2.23)

$$F_{sp} = F'_{sp}\frac{l_2}{l_1} = 15070{,}9\,\frac{8}{6} = 20094{,}5 \text{ N}\,.$$

2.5.2 Handspannfutter mit Spannzange

Bild 2.70 zeigt ein Handspannfutter mit Spannzange.

Das Spannfutter besteht aus einer Spannzange (Pos. 17) mit Werkstückanschlag (Pos. 13). Die axiale Schubkraft wird durch ein Handrad (Pos. 18) über eine Spannschraube (Pos. 10) und einen Druckring (Pos. 15) auf die Spannzange übertragen. Die Spannschraube ist gegen Mitdrehen durch die Paßfeder (Pos. 3) gesichert. Die Mutter (Pos. 5), die die Spannschraube betätigt, ist auf dem Spannfuttergrundkörper (Pos. 1) durch Kugeln (Pos. 4) gelagert.

Es werden angenommen:
Schraube (Teil 10): Tr. 80×4,
Reibungswinkel beim Gewinde: $\varrho' = 10{,}8°$,
Handrad: $D = 250$ mm (Hebellänge $l = 125$ mm),
Handkraft: $F_h = 155$ N,
Neigungswinkel: $\gamma = 15°$,
Reibungskoeffizient zwischen Spannzange und Futter: $\mu_1 = 0{,}1$,
Reibungskoeffizient zwischen Spannzange und Werkstück: $\mu_2 = 0{,}1$.
Für den Gewindesteigungswinkel gilt mit (2.6)

$$\tan\alpha_G = \frac{p}{\pi d_2} = \frac{0{,}4}{\pi \cdot 7{,}8} = 0{,}0163\,,$$

$$\alpha_G = 0{,}935°\,.$$

Die axiale Schubkraft bzw. erzeugende Kraft wird nach (2.5) berechnet:

$$F_{erz} = \frac{2F_h \cdot l}{d_2 \tan(\alpha_G + \varrho')} = \frac{2 \cdot 155 \cdot 12{,}5}{7{,}8 \tan(0{,}935° + 10{,}8°)} = 2391{,}57 \text{ N}\,.$$

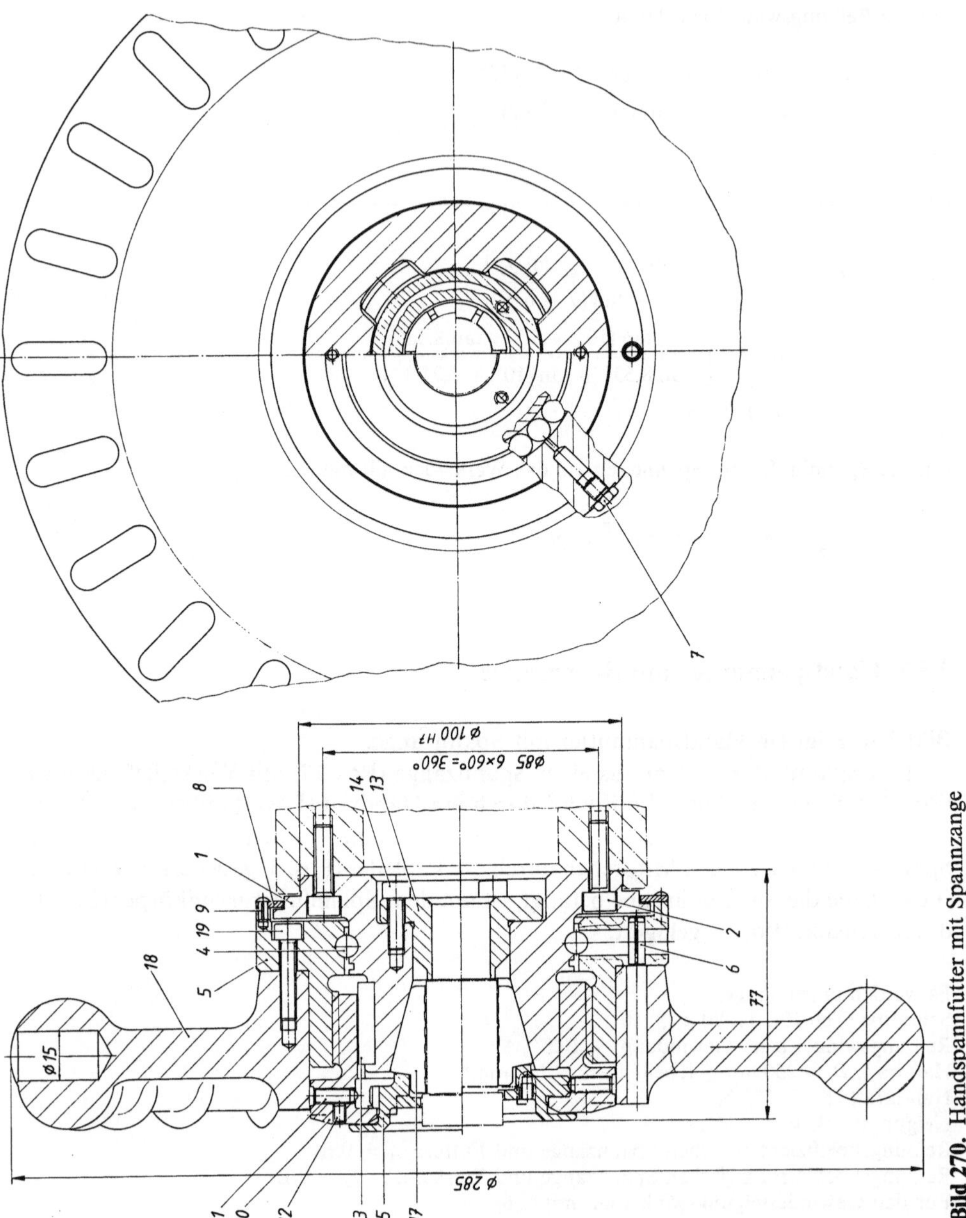

Bild 270. Handspannfutter mit Spannzange

Für die Spannkraft gilt nach (2.9)

$$F_{sp} = \frac{F_{erz}}{\tan(\gamma + \varrho_1) + \tan \varrho_2} = \frac{2391,57}{\tan(15° + 5,71°) + \tan 5,71°}$$
$$= 5002,68 \text{ N} .$$

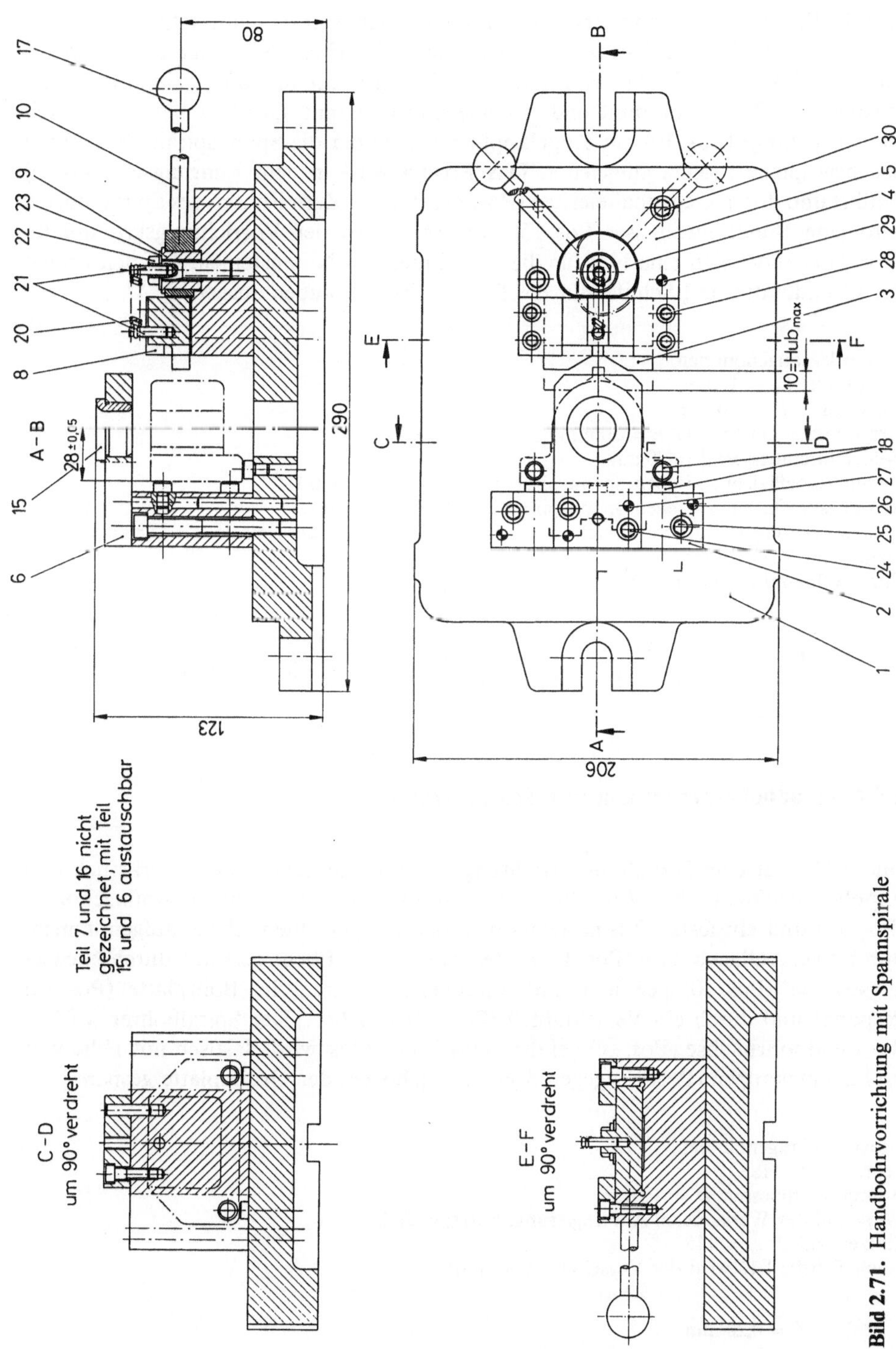

Bild 2.71. Handbohrvorrichtung mit Spannspirale

2.5.3 Handbohrvorrichtung mit Spannspirale

In Bild 2.71 ist eine Handbohrvorrichtung mit Spannspirale dargestellt.

Das Werkstück wird durch drei Auflagebolzen (Pos. 18) in der Einstellfläche, durch zwei Auflagebolzen (Pos. 18) in der Führungsfläche und durch ein bewegliches Prisma (Pos. 3) lagebestimmt und anschließend gespannt. Das Spannen wird durch eine Griffstange (Pos. 10) mit Kugelkopf (Pos. 17) über die Spannspirale (Pos. 4) auf das bewegliche Prisma eingeleitet. Das Prisma wird in dem Führungsteil (Pos. 5) geführt und durch Gegenhalteleisten (Pos. 8) gehalten. Zum Führen des Spiralbohrers wird eine Bundbohrbuchse (Pos. 15) vorgesehen. In der Vorrichtungsgrundplatte (Pos. 1) befindet sich eine Nut für die Aufnahme von Nutensteinen. Auf den Enden der Grundplatte sind Schlitze für die Befestigungsschrauben ausgefräst.

Es werden angenommen:
Handkraft: $F_h = 150\,\mathrm{N}$,
Hebellänge: $l = 150\,\mathrm{mm}$,
Grundradius der Spirale: $r = 20\,\mathrm{mm}$,
Wellendurchmesser: $d = 20\,\mathrm{mm}$,
Reibungskoeffizient zwischen Spannspirale und Prisma: $\mu_1 = 0{,}1$,
Reibungskoeffizient zwischen Spannspirale und Welle: $\mu_2 = 0{,}1$,
Abstand zwischen Kraftangriffsstelle und geometrischer Mitte der Spirale: $e = 2{,}88\,\mathrm{mm}$,
Spannhub: $h = 5{,}76\,\mathrm{mm}$.
Für die Spannkraft liefert (2.8)

$$F_{sp} = \frac{F_h l}{e + \mu_1(r + h) + \mu_2 d/2} = \frac{150 \cdot 15}{0{,}288 + 0{,}1(2 + 0{,}576) + 0{,}1 \cdot 2/2}$$
$$= 3485{,}13\,\mathrm{N}\,.$$

2.5.4 Handbohrvorrichtung mit Spannexzenter

Bild 2.72 zeigt eine Handbohrvorrichtung mit Spannexzenter. Das Werkstück (ein Kipphebel) wird auf dem Vorrichtungsgrundkörper (Pos. 1) durch drei Auflagebolzen (Pos. 18) und ein festes Prisma (Pos. 3) in der waagerechten Ebene aufgenommen, durch zwei Auflagebolzen (Pos. 18) in der senkrechten Ebene gestützt, durch Niederzugspanner (Pos. 20) gehalten und anschließend durch die Bohrplatte (Pos. 10) gespannt und durch ein Verschlußteil (Pos. 12) gesichert. Der Spiralbohrer wird in der Bundbohrbuchse (Pos. 16) geführt. Das Werkstück wird elastisch mit Hilfe von drei Schutzkappen (Pos. 17) gegen drei Auflagebolzen der Grundplatte gespannt.

Es werden angenommen:
Schneidstoff: HSS,
Bohrerdurchmesser: $D = 10\,\mathrm{mm}$,
Werkstoff des Werkstücks: Alu-Legierung, kurzspanend,
Spitzenwinkel: $\varepsilon_r = 118°$.
Nach Tabelle 1.16 wird der Vorschub f bestimmt:

$$f = 0{,}20\,\mathrm{mm}\,.$$

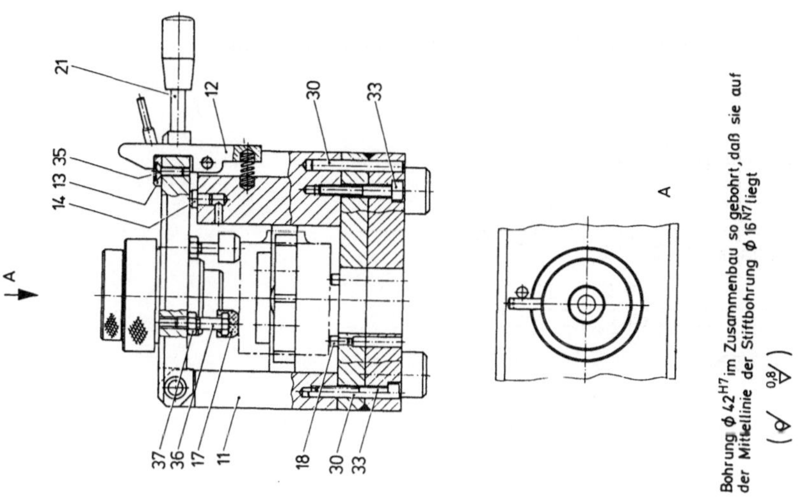

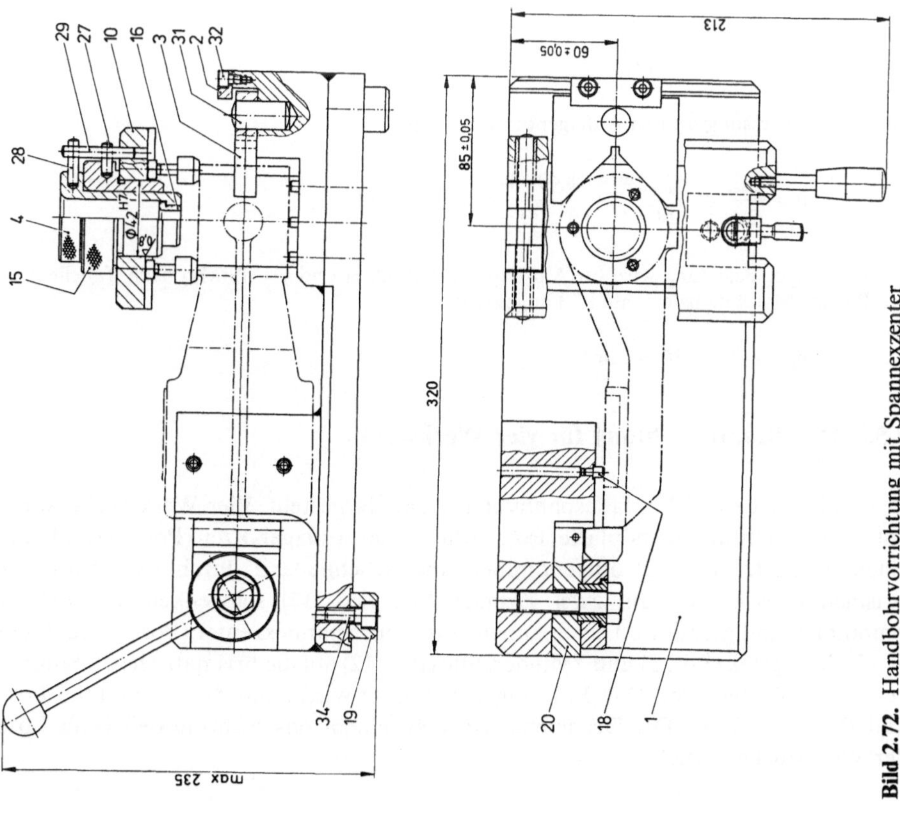

Bild 2.72. Handbohrvorrichtung mit Spannexzenter

Aus Tabelle 1.14 werden Haupt- und Anstiegswerte der spezifischen Schnittkraft ermittelt:

$$K_{c1.1} = 487 \, \text{N/mm}^2 \,, \qquad 1 - z = 0{,}80 \,.$$

Der Korrekturfaktor für den Schneidenverschleiß wird angenommen als

$$K_T = 1{,}25 \,.$$

Die Schnittkraft je Hauptschneide wird nach (1.20) berechnet:

$$
\begin{aligned}
F_c &= \frac{D}{2 \sin (\varepsilon_r/2)} \left(\frac{f}{2} \sin \frac{\varepsilon_r}{2} \right)^{1-z} K_{c1.1} K_T \\
&= \frac{10}{2 \sin (118°/2)} \left(\frac{0{,}20}{2} \sin \frac{118°}{2} \right)^{0{,}80} 487 \cdot 1{,}25 \\
&= 497{,}5 \, \text{N} \,.
\end{aligned}
$$

Das Drehmoment beim Bohren wird (s. Bild 1.20) damit

$$M_c = F_c \frac{D}{2} = 497{,}5 \, \frac{10}{2} = 2487{,}5 \, \text{N mm} \,.$$

Der Abstand zwischen dem Spiralbohrer und den zwei Auflagebolzen in der senkrechten Ebene beträgt $l = 135$ mm. Die Gegenhaltekraft von zwei Auflagebolzen wird damit

$$F_{\text{geg}} = \frac{M_c}{l} = \frac{2487{,}5}{135} = 18{,}42 \, \text{N} \,.$$

Die Flächenpressung an den Auflagebolzen beträgt

$$p = \frac{F_{\text{geg}}}{2A} = \frac{F_{\text{geg}} \cdot 4}{2 d^2 \pi} = \frac{18{,}42 \cdot 4}{2 \cdot 4^2 \pi} = 0{,}73 \, \text{N/mm}^2 \,.$$

Bei stoßartiger Belastung wird für Alu-Legierung (G-AlSi und G-AlSiMg) nach Tabelle A 1–3 des Buches Maschinenelemente [42] angegeben:

$$p_{\text{zul}} = 25 \ldots 30 \, \text{N/mm}^2 \,.$$

2.5.5 Handfräsvorrichtung für vier Werkstücke

In Bild 2.73 ist eine Mehrfachspannvorrichtung dargestellt. Vier Werkstücke werden auf der Vorrichtungsgrundplatte (Pos. 1) durch vier Auflagebolzen (Pos. 11) und durch einen Anlageteil (Pos. 2) aufgenommen und anschließend durch zwei bewegliche Prismen (Pos. 4), die um zwei Zylinderstifte (Pos. 12) schwenken können, aufgenommen und gespannt. Das Spannen wird vom Spannexzenter (Pos. 6 und 7) über den Führungsteil (Pos. 5) und Zylinderstifte (Pos. 12) auf die prismatischen Spannbakken (Pos. 4) eingeleitet. Das Führungsteil (Pos. 5) wird axial durch die Teile Pos. 3 und Pos. 13 geführt. Die Druckfeder (Pos. 8) schiebt das Führungsteil beim Lösen der Werkstücke zurück.

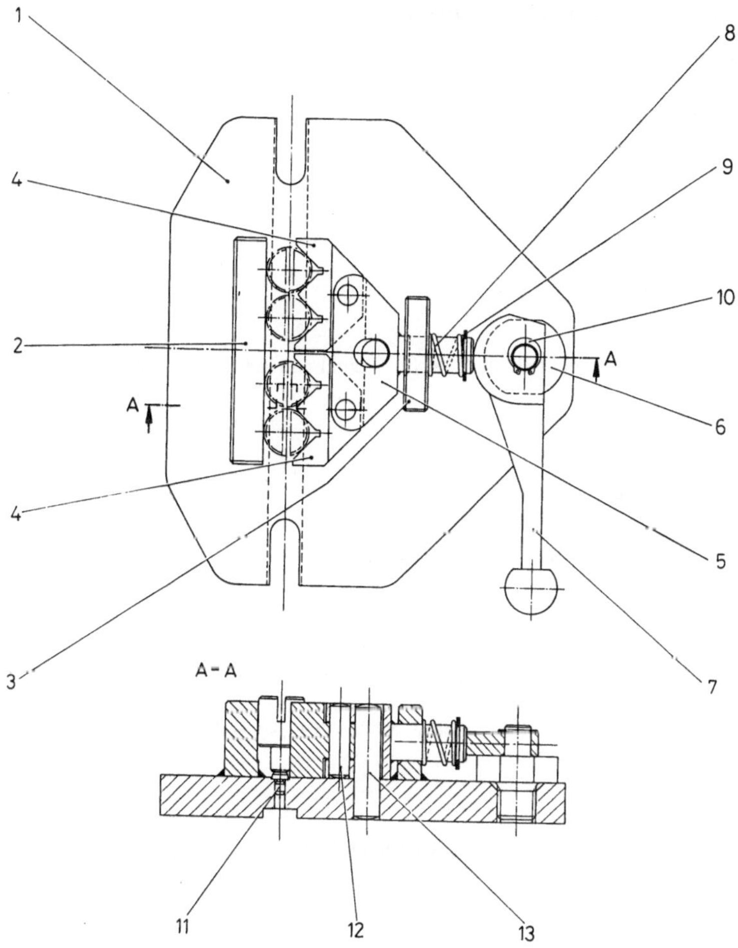

Bild 2.73. Handfräsvorrichtung für vier Werkstücke

Es werden angenommen:

Werkstückdurchmesser: $D_w = 40$ mm,
Werkstücklänge: $L = 35$ mm,
Werkstoff des Werkstücks: Leichtmetall G-Al-Legierung,
Durchmesser des Spannexzenters: $D = 63$ mm,
Wellendurchmesser des Spannexzenters: $d = 12$ mm,
Hebellänge: $l = 163{,}5$ mm,
Handkraft: $F_h = 150$ N,
Reibungskoeffizient zwischen Spannexzenter und Führungsteil: $\mu_1 = 0{,}1$,
Reibungskoeffizient zwischen Spannexzenter und Welle: $\mu_2 = 0{,}1$,
Exzentrizität: $e = 3{,}9$ mm,
Elastizitätsmodul des Werkstücks: $E = 110000$ N/mm^2.
Das Werkstück wird mit einem Scheibenfräser aus HSS bearbeitet,
Durchmesser $D = 80$ mm, Breite $a_e = 5$ mm, Zähnezahl $z = 14$, umfangsgefräst; Schnittiefe:
$e = 8$ mm,
Reibungskoeffizient zwischen Werkstück und Prisma: $\mu_1 = 0{,}2$,
Reibungskoeffizient zwischen Werkstück und Anlageteil: $\mu_2 = 0{,}2$,
Sicherheitsfaktor: $x = 1{,}5$.

2.5.5.1 Berechnung der resultierenden Zerspankraft

Für den Schnittbogenwinkel gilt nach (1.41)

$$\cos \varphi_s = 1 - \frac{2e}{D} = 1 - \frac{2 \cdot 8}{80} = 0,80 \, ,$$

$$\varphi_s = 36,86° \, .$$

Die Anzahl der Zähne im Eingriff ergibt sich zu

$$z_{iE} = \frac{\varphi_s}{360} z = \frac{36,86}{360} 14 = 1,43 \, .$$

Der Vorschub je Zahn beträgt nach Tabelle 1.23 für Scheibenfräser beim Schlichten von G-Al-Legierung

$$f_z = 0,05 \text{ mm} \, .$$

Für die mittlere Spanungsdicke gilt mit (1.42)

$$h_M = \frac{114,6}{\varphi_s} f_z \; \frac{e}{D} = \frac{114,6}{36,86} 0,05 \frac{8}{80} = 0,0155 \text{ mm} \, .$$

Nach Tabelle 1.17 werden $K_{c1.1}$ und $1 - z$ bestimmt:

$$K_{c1.1} = 250 \text{ N/mm}^2 \, , \qquad 1 - z = 0,66 \, , \qquad \gamma_0 = 20° \, .$$

Die Spanwinkelkorrektur wird nur bei Gußeisen und Stahl berücksichtigt, d. h. bei Alu-Guß-Legierung kann

$$K_\gamma = 1$$

angenommen werden. Die Schnittgeschwindigkeit wird nach Tabelle 1.23 bestimmt:

$$v_c = 200 \text{ m/min} \, .$$

Nach Bild 1.14 ermittelt man K_v zu

$$K_v = 0,95 \, .$$

Für die Verschleißkorrektur wird

$$K_T = 1,3$$

angenommen. Für die mittlere Schnittkraft gilt mit (1.43)

$$\begin{aligned}
F_c &= z_{iE} a_e h_M^{1-z} K_{c1.1} K_\gamma K_v K_T \\
&= 1,43 \cdot 5 \cdot 0,0155^{0,66} \cdot 250 \cdot 1 \cdot 0,95 \cdot 1,3 \\
&= 141,1 \text{ N} \, .
\end{aligned}$$

Für die Vorschubkraft gilt beim Umfangsfräsen

$$F_f \approx F_c = 141,1 \text{ N} \, .$$

Die resultierende Zerspankraft beträgt damit

$$F = \sqrt{F_c^2 + F_f^2} = \sqrt{141,1^2 + 141,1^2} = 199,54 \text{ N} \, .$$

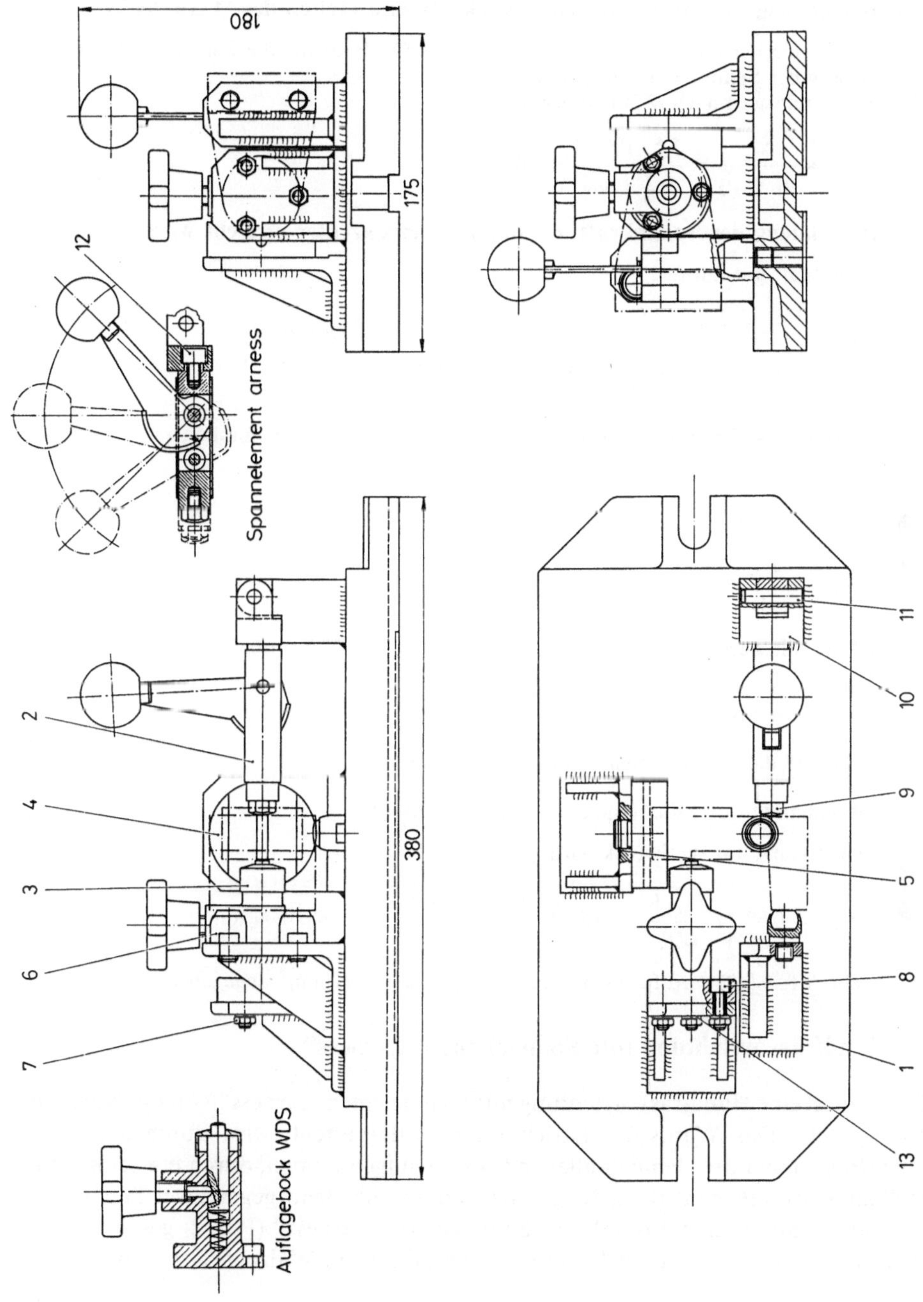

Bild 2.74. Handfräsvorrichtung mit Spannelement „arness"

2.5.5.2 Berechnung der erforderlichen Spannkraft zum Halten des Werkstücks

Es handelt sich hierbei um den Spannfall nach Bild 2.59, da es für die Schnittkraft F keine Auflagefläche in der Spannvorrichtung gibt.

Die Spannkraft wird nach (2.30) berechnet:

$$F_{sp} = \frac{xF}{\mu_1 + \mu_2} = \frac{1{,}5 \cdot 199{,}54}{0{,}2 + 0{,}2} = 748{,}27 \text{ N} .$$

2.5.5.3 Berechnung der Spannkraft, die durch Spannexzenter erreicht wird

Für die Spannkraft gilt mit (2.7)

$$F_{sp} = \frac{F_h l}{e + \mu_1 \dfrac{D}{2} + \mu_2 \dfrac{d}{2}} = \frac{150 \cdot 163{,}5}{3{,}9 + 0{,}1 \dfrac{63}{2} + 0{,}1 \dfrac{12}{2}} = 3205{,}88 \text{ N} .$$

Es ist $D/e = 63/3{,}9 = 16$. Nach Tabelle 2.1 ist der Bereich der Selbsthemmung

$$\beta = 58° .$$

Auf ein Werkstück wirkt die Spannkraft

$$F_{sp.1} = \frac{F_{sp}}{4} = \frac{3205{,}88}{4} = 801{,}47 \text{ N} .$$

Die Spannkraft, die durch Spannexzenter erreicht werden kann, ist größer als die erforderliche Spannkraft:

$$801{,}47 > 748{,}27;$$

dies bedeutet, daß die Spannelemente gut ausgelegt wurden.

2.5.5.4 Berechnung der Flächenpressung am Werkstück

Die Flächenpressung am Werkstück wird nach Hertz bestimmt:

$$p_{max} = 0{,}59 \sqrt{\frac{F_{sp.1} E}{L D_w}} = 0{,}59 \sqrt{\frac{801{,}47 \cdot 110000}{35 \cdot 40}} = 148{,}05 \text{ N/mm}^2 .$$

Nach Tabelle A 1–3 [42] wird für G-Al-Legierung $p_{zul} \approx 160$ N/mm^2 angegeben.

2.5.6 Handfräsvorrichtung mit Spannelement „arness"

In Bild 2.74 ist eine Handfräsvorrichtung mit Spannelement „arness" von Fa. Norelem [43] dargestellt. Das Werkstück (strichpunktiert dargestellt) wird durch ein festes Prisma (Pos. 4) und drei Pendelauflagen (Pos. 6) aufgenommen, durch ein selbsttätig einstellbares Stützelement (Pos. 3) gestützt und anschließend gegen zwei Pendelauflagen und ein Stützelement durch das Spannelement „arness" (Pos. 2) gespannt.

Das Werkstück wird durch Umfangsfräsen mit einem Walzenfräser bearbeitet.

Es werden angenommen:
Werkstückbreite: $a_e = 59$ mm,
Schnittiefe: $e = 2{,}5$ mm,
Werkstoff des Werkstücks: G-Al-Legierung,
Fräserdurchmesser: $D = 50$ mm,
Zähnezahl des Fräsers: $z = 8$,
Schneidstoff: HSS.

2.5.6.1 Berechnung der Schnitt- und Vorschubkraft

Der Schnittbogenwinkel wird nach (1.41)

$$\cos \varphi_s = 1 - \frac{2e}{D} = 1 - \frac{2 \cdot 2{,}5}{50} = 0{,}9 \,, \qquad \varphi_s = 25{,}84° \,.$$

Für die Anzahl der Zähne im Eingriff gilt

$$z_{iE} = \frac{\varphi_s}{360} \, z = \frac{25{,}84}{360} \; 8 = 0{,}57 \,.$$

Der Vorschub je Zahn wird für Walzenfräser beim Schlichten von G-Al-Legierung nach Tabelle 1.22 bestimmt,

$$f_z = 0{,}07 \text{ mm} \,.$$

Für die mittlere Spanungsdicke gilt nach (1.42)

$$h_M = \frac{114{,}6}{\varphi_s} \, f_z \, \frac{e}{D} = \frac{114{,}6}{25{,}84} \, 0{,}07 \, \frac{2{,}5}{50} = 0{,}0155 \text{ mm} \,.$$

Nach Tabelle 1.17 werden $K_{c1.1}$, $1 - z$ und γ_0 bestimmt:

$$K_{c1.1} = 250 \text{ N/mm}^2 \,, \qquad 1 - z = 0{,}66 \,, \qquad \gamma_0 = 20° \,.$$

Die Schnittgeschwindigkeit wird nach Tabelle 1.22 ermittelt,

$$v_c = 230 \text{ m/min} \,.$$

Nach Bild 1.14 wird K_v ermittelt,

$$K_v = 0{,}94 \,.$$

Für die Verschleißkorrektur wird

$$K_T = 1{,}3$$

angenommen.

Für die mittlere Schnittkraft gilt nach (1.43)

$$\begin{aligned}
F_c &= z_{iE} a_e h_M^{1-z} K_{c1.1} K_\gamma K_v K_T \\
&= 0{,}57 \cdot 59 \cdot 0{,}0155^{0{,}66} \cdot 250 \cdot 1 \cdot 0{,}94 \cdot 1{,}3 \\
&= 656{,}68 \text{ N} \,.
\end{aligned}$$

Die Vorschubkraft wird angenommen als

$$F_f \approx F_c = 656{,}68 \text{ N} \,.$$

2.5.6.2 Berechnung der erforderlichen Spannkraft

Die erforderliche Spannkraft wird nach Bild 2.75 so bestimmt, daß das Werkstück infolge der in der Vorschubrichtung liegenden Kräfte nicht um den Stützpunkt mit zwei Pendelauflagen kippt. Wenn man annimmt, daß der Winkel zwischen der Vorschub- und der Schnittkraft Ψ annähernd gleich dem Schnittbogenwinkel φ_s ist, wird die in der Vorschubrichtung liegende resultierende Kraft bestimmt durch

$$F = F_f + F_c \cos \varphi_s = 656{,}68 + 656{,}68 \cos 25{,}84° = 1247{,}7 \text{ N} \,.$$

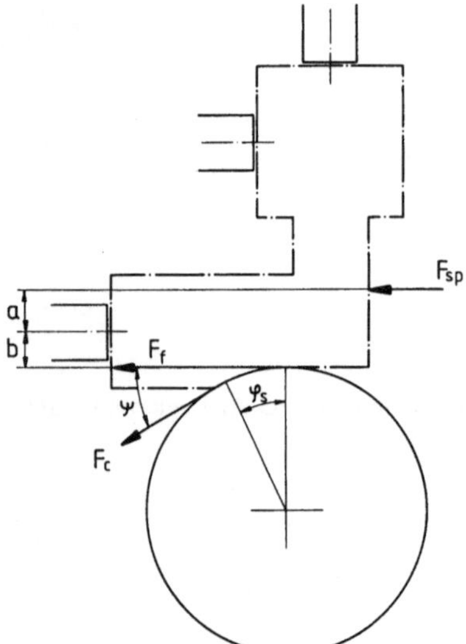

Bild 2.75. Skizze für die Berechnung der Spannkraft

Da es sich hier um den Spannfall nach Bild 2.61 handelt, wird die erforderliche Spannkraft nach (2.32) bestimmt:

$$F_{sp} = \frac{bxF}{a} = \frac{1,2 \cdot 2 \cdot 1247,7}{1} = 2994,48 \text{ N} .$$

Das Spannelement „arness" kann laut Firmenkatalog [43] für Spannkräfte bis 4905 N eingesetzt werden.

2.5.7 Handfräsvorrichtung mit zwei Spannkeilen

Bei der in Bild 2.76 dargestellten Fräsvorrichtung wird die axiale Schubkraft von einem einseitigen Schubkeil (Pos. 8) über zwei Spannkeile (Pos. 9) und zwei Spanneisen (Pos. 10) auf das Werkstück durch zwei Spannkräfte übertragen. Der Schubkeil wird durch eine Spannschraube (Pos. 23) über ein Handrad (Pos. 24) betätigt und durch einen Gewindestift (Pos. 17) gegen Verdrehung gesichert. Damit man die Unebenheiten und Maßabweichungen der rohen Flächen des Werkstückes ausgleichen kann, werden die Spanneisen elastisch über Tellerfedern (Pos. 13) betätigt. Sie ziehen das Spanneisen beim Herausziehen des Schubkeiles zurück, damit das Werkstück frei wird.

Es werden angenommen:
Das Werkstück (T-Profil) wird mit einem Schrupp-Walzenstirnfräser stirngefräst,
Fräser aus HSS, Fräserdurchmesser: $D = 30\ \text{mm}$,
Zähnezahl des Fräsers: $z = 5$,
Spanwinkel: $\gamma = 5°$,
Einstellwinkel: $\varkappa_r = 45°$,
Werkstoff des Werkstücks: St 50,
Schnittiefe: $a_p = 5\ \text{mm}$,
Werkstückbreite: $a_e = 15\ \text{mm}$,
Reibungskoeffizient zwischen Spanneisen und Werkstück: $\mu_4 = 0{,}1$,
Reibungskoeffizient zwischen Werkstück und Vorrichtung: $\mu_5 = 0{,}1$,
Handrad (Pos. 24): $\varnothing\ 200\ \text{mm}$ (Hebellänge $l = 100\ \text{mm}$),

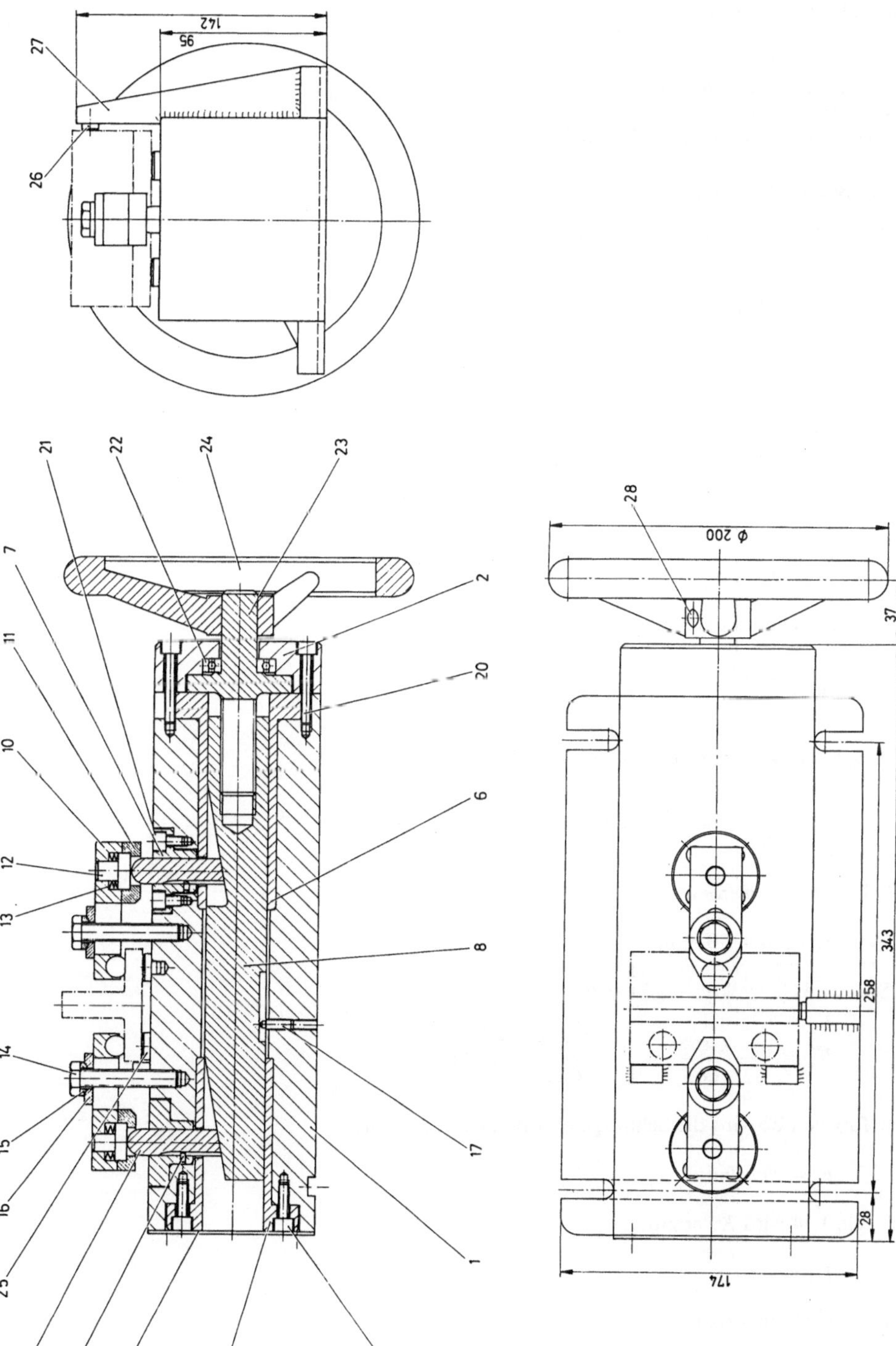

Bild 2.76. Handfräsvorrichtung mit zwei Spannkeilen

Handkraft: $F_h = 100\,\text{N}$,
Schraube (Teil, Pos. 23): M 20×1,
Reibungswinkel beim Gewinde: $\varrho' = 6°$,
Reibungskoeffizient beim Schub- und Spannkeil: $\mu_1 = \mu_2 = \mu_3 = 0,1$,
Keilwinkel: $\alpha = 10°$,
Spanneisen: $l_1 = 18\,\text{mm}$, $l_2 = 36\,\text{mm}$.

2.5.7.1 Berechnung der mittleren Schnittkraft

Der Schnittbogenwinkel wird (wenn $\varepsilon_1 = \varepsilon_2$)

$$\sin \frac{\varphi_s}{2} = \frac{a_e}{D} = \frac{15}{30} = 0,5\,, \qquad \frac{\varphi_s}{2} = 30°\,, \qquad \varphi_s = 60°\,.$$

Für die mittlere Spanungsdicke gilt nach (1.31)

$$h_M = \frac{114,6}{\varphi_s}\, f_z \sin \varkappa_r \frac{a_e}{D}\,.$$

Der Vorschub je Zahn wird beim Schruppfräsen von St50 mit einem HSS-Walzenstirnfräser nach Tabelle 1.22 ermittelt als

$$f_z = 0,2\,\text{mm}\,.$$

Die mittlere Spanungsdichte beträgt damit

$$h_M = \frac{114,6}{60}\, 0,2 \sin 45° \frac{15}{30} = 0,135\,\text{mm}\,.$$

Die Anzahl der Zähne im Eingriff ist nach (1.33)

$$z_{iE} = \frac{\varphi_s}{360}\, z = \frac{60}{360}\, 5 = 0,83\,.$$

Nach Tabelle 1.17 werden $K_{c1.1}$, $1 - z$ und γ_0 ermittelt:

$$K_{c1.1} = 1390\,\text{N/mm}^2\,, \qquad 1 - z = 0,81\,, \qquad \gamma_0 = 8°\,.$$

Die Spanwinkelkorrektur ergibt sich zu

$$K_\gamma = 1 - \frac{\gamma - \gamma_0}{66,7} = 1 - \frac{5 - 8}{66,7} = 1,045\,.$$

Nach Tabelle 1.22 wird die Schnittgeschwindigkeit ermittelt:

$$v_c = 29\,\text{m/min}\,.$$

Nach Bild 1.14 wird K_v ermittelt:

$$K_v = 1,2\,.$$

Für die Verschleißkorrektur wird

$$K_T = 1,3$$

angenommen.

Die mittlere Schnittkraft beträgt nach (1.34) somit

$$F_c = z_{iE} b h_M^{1-z} K_{c1.1} K_\gamma K_v K_T \,.$$

Die Spanbreite beträgt

$$b = \frac{a_p}{\sin \varkappa_r} = \frac{5}{\sin 45°} = 7{,}07 \text{ mm} \,.$$

Damit folgt

$$F_c = 0{,}83 \cdot 7{,}07 \cdot 0{,}135^{0{,}81} \cdot 1390 \cdot 1{,}045 \cdot 1{,}2 \cdot 1{,}3 = 2626{,}5 \text{ N} \,.$$

2.5.7.2 Berechnung der erforderlichen Spannkraft

Die Spannkraft muß eine Reibungskraft erzeugen, die größer als die Schnittkraft ist. Man rechnet nur mit der Schnittkraft, da die resultierende Vorschubkraft sehr klein ist (sie kann sogar gleich Null sein).

Es gilt also

$$(\mu_4 + \mu_5)\, 2F_{sp} = xF_c \,,$$

d. h.

$$F_{sp} = \frac{xF_c}{2(\mu_4 + \mu_5)} = \frac{2 \cdot 2626{,}5}{2(0{,}1 + 0{,}1)} = 13\,132{,}5 \text{ N} \,.$$

2.5.7.3 Berechnung der Spannkraft, die durch Spannkeil und Spanneisen erzeugt wird

Die axiale Schubkraft bzw. die erzeugende Kraft wird nach (2.5) berechnet:

$$F_{erz} = \frac{2F_h l}{d_2 \tan(\alpha_G + \varrho')} = \frac{2 \cdot 100 \cdot 10}{1{,}93 \tan(0{,}945° + 6°)} = 8507{,}2 \text{ N} \,.$$

Der Gewindesteigungswinkel wird nach (2.6) errechnet:

$$\tan \alpha_G = \frac{p}{\pi d_2} = \frac{0{,}1}{\pi \cdot 1{,}93} = 0{,}0165 \,, \qquad \alpha_G = 0{,}945° \,.$$

Die Spannkraft vom Spannkeil auf das Spanneisen F'_{sp} errechnet sich bei dem einseitigen Schubkeil nach (2.2) zu

$$\begin{aligned}
F'_{sp} &= F_{erz} \left[\frac{1 - \tan(\alpha + \varrho_2)\tan\varrho_3}{\tan\varrho_1 + \tan(\alpha + \varrho_2)} \right] \\
&= 8507{,}2 \left[\frac{1 - \tan(10° + 5{,}71°)\tan 5{,}71°}{\tan 5{,}71° + \tan(10° + 5{,}71°)} \right] \\
&= 21\,685{,}5 \text{ N} \,.
\end{aligned}$$

Die Spannkraft am Werkstück wird nach (2.23) bestimmt (s. Bild 2.46):

$$F_{sp} = F'_{sp} \frac{l_2}{l_1} = 21\,685{,}5 \, \frac{36}{18} = 43\,371{,}06 \text{ N} \,.$$

Die Spannkraft, die durch Spannschraube, Spannkeil und Spanneisen erreicht werden kann, ist also größer als die erforderliche Spannkraft, was bedeutet, daß die Spannelemente gut ausgelegt wurden.

Kurz gesagt:

$$F_{sp\,IST} > F_{sp\,SOLL}$$

$$43\,371{,}06 > 13\,132{,}5 \,.$$

2.5.8 Pneumatisch betätigte Fräsvorrichtung mit zwei Spannkeilen

Bei der in Bild 2.77 dargestellten Fräsvorrichtung werden die Schubkräfte durch zwei
getrennte Pneumatikzylinder (Pos. 12) auf die einseitigen Schubkeile (Pos. 4) und dann
weiter über Spannkeile (Pos. 5) und Spanneisen (Pos. 8) auf das Werkstück übertragen. Die Zugfeder (Pos. 15) zieht das Spanneisen beim Herausziehen des Schubkeiles zurück, damit das Werkstück herausgezogen werden kann.

Die Kolbenstange des Pneumatikzylinders ist mit dem Schubkeil über ein Kupplungsteil (Pos. 1, 2 und 3) verbunden, damit der Schubkeil auch bei kleinerem
Keilwinkel durch den dynamischen Schlag aus dem Spannkeil sicher herausgezogen
wird.

Dazu, das Werkstück in seiner geometrischen Mitte fräsen zu können, dient ein
durch einen Pneumatikzylinder (Pos. 11) betätigtes Prisma (Pos. 7), das das Werkstück gegen zwei Auflagebolzen (Pos. 19) zum Anschlag bringt. Das Spannen des
Werkstücks über Spanneisen erfolgt gegen zwei feste Auflageleisten der Vorrichtung
(Pos. 25). Das bewegliche Prisma (Pos. 7) wird in den Führungsleisten (Pos. 6) geführt.

2.5.9 Fräsvorrichtung durch Pneumatikspanner über Kniehebelsystem

Bei der in Bild 2.78 dargestellten Fräsvorrichtung wird das Werkstück durch drei
Auflagebolzen (Pos. 10) in der Einstellfläche und zwei Auflagebolzen (Pos. 2) in der
Führungsfläche lagebestimmt. Das Werkstück wird über den Pneumatikzylinder
(Pos. 4) und den Anschlag (Pos. 5) gegen zwei feste Auflagebolzen (Pos. 2) gehalten,
bevor es durch Pneumatikspanner über ein Kniehebelsystem (Pos. 3), Fabrikat
Norelem [43], gespannt wird. Die Flächen „A" und „B" werden mit einem Walzen-
stirnfräser stirngefräst.

Es werden angenommen:
Das Werkstück wird mit einem Schlicht-Walzenstirnfräser stirngefräst,
Fräser aus HSS, Fräserdurchmesser: $D = 50$ mm,
Zähnezahl des Fräsers: $z = 6$,
Spanwinkel: $\gamma = 5°$,
Einstellwinkel: $\varkappa_r = 45°$,
Werkstoff des Werkstücks: G–Al-Legierung,
Schnittiefe: $a_p = 2$ mm,
Werkstückbreite: $a_e = 40$ mm,
Reibungskoeffizient zwischen Spannelement und Werkstück: $\mu = 0{,}3$,
Sicherheitsfaktor: $x = 1{,}5$.

2.5.9.1 Berechnung der mittleren Schnittkraft

Für den Schnittbogenwinkel gilt

$$\sin \frac{\varphi_s}{2} = \frac{a_e}{D} = \frac{40}{50} = 0{,}8 \,, \qquad \frac{\varphi_s}{2} = 53{,}13° \,, \qquad \varphi_s = 106{,}26° \,.$$

Der Vorschub je Zahn wird nach Tabelle 1.22 ermittelt zu $f_z = 0{,}07$ mm.
Für die mittlere Spannungsdicke gilt mit (1.31)

$$h_M = \frac{114{,}6}{\varphi_s} f_z \sin \varkappa_r \frac{a_e}{D} = \frac{114{,}6}{106{,}26} \, 0{,}07 \sin 45° \, \frac{40}{50} = 0{,}0427 \text{ mm} \,.$$

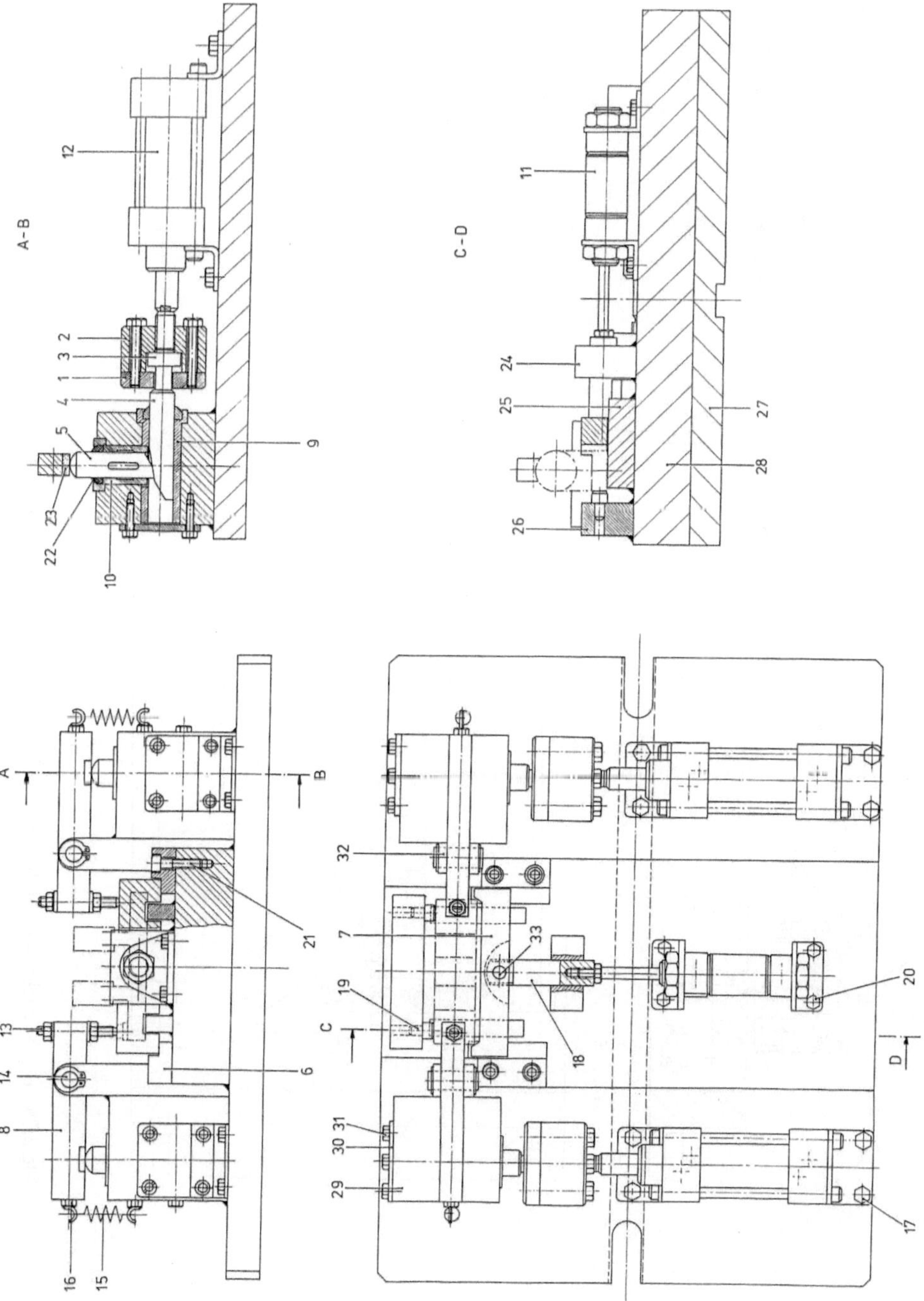

Bild 2.77. Pneumatisch betätigte Fräsvorrichtung mit zwei Spannkeilen

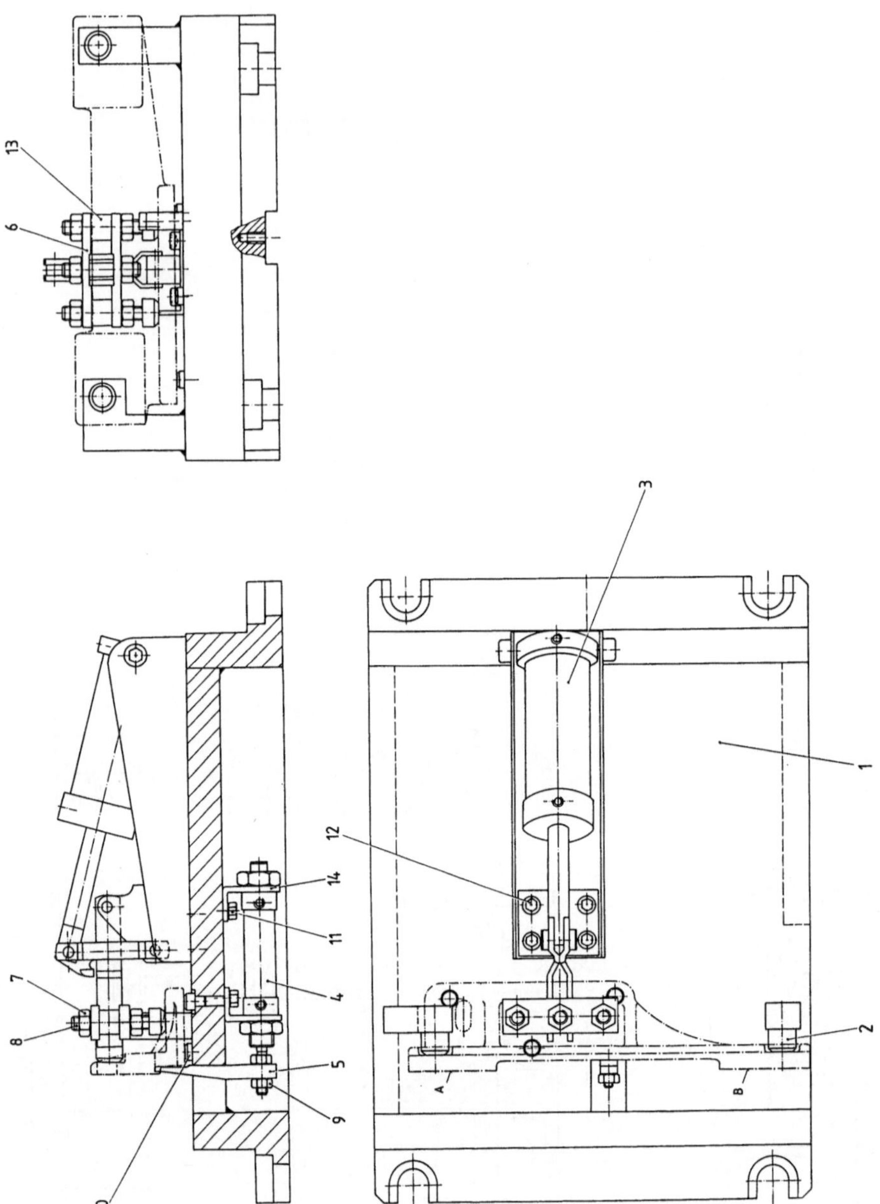

Bild 2.78. Fräsvorrichtung durch Pneumatikspanner über Kniehebelsystem

Für die Anzahl der Zähne im Eingriff gilt wegen (1.33)

$$z_{iE} = \frac{\varphi_s}{360} z = \frac{106,26}{360} \cdot 6 = 1,77 \,.$$

Nach Tabelle 1.17 werden $K_{c1.1}$, $1 - z$ und γ_0 ermittelt:

$$K_{c1.1} = 250 \,\text{N/mm}^2, \quad 1 - z = 0,66, \quad \gamma_0 = 20°.$$

Die Schnittgeschwindigkeit wird nach Tabelle 1.22 bestimmt,

$$v_c = 285 \,\text{m/min}\,.$$

Nach Bild 1.14 wird K_v bestimmt,

$$K_v = 0,925.$$

Die Verschleißkorrektur wird angenommen als

$$K_T = 1,3.$$

Für die Spannbreite gilt

$$b = \frac{a_b}{\sin \varkappa_r} = \frac{2}{\sin 45°} = 2,82 \,\text{mm}.$$

Für die mittlere Schnittkraft folgt aus (1.34)

$$F_c = z_{iE}bh_M^{1-z}K_{c1.1}K_\gamma K_v K_T = 1,77 \cdot 2,82 \cdot 0,427^{0,66} \cdot 250 \cdot 1 \cdot 0,925 \cdot 1,3$$

$$= 187,21 \,\text{N}\,.$$

2.5.9.2 Berechnung der erforderlichen Spannkraft

Man rechnet beim Stirnfräsen nur mit der Schnittkraft, da die resultierende Vorschubkraft sehr klein ist. Da die Spannkraft eine Reibungskraft erzeugen muß, die größer als die Schnittkraft ist, gilt

$$\mu F_{sp} = x F_c \,.$$

So bekommt man

$$F_{sp} = \frac{x F_c}{\mu} = \frac{1,5 \cdot 187,21}{0,3} = 936 \,\text{N}\,.$$

Der eingebaute Pneumatikspanner kann nach Firmenkatalog [43] eine Spannkraft von 1100 N erzeugen.
Es gilt also

$$F_{sp\,IST} > F_{sp\,SOLL}$$

$$1100 > 936\,.$$

2.5.10 Handfräsvorrichtung für zwei Werkstücke

Bild 2.79 zeigt eine Handfräsvorrichtung für zwei Werkstücke. Bei dem Rohling aus
G–Al-Legierung werden in der linken Spannung Flächen A und B, in der rechten
Spannung Fläche C durch Walzenstirnfräser stirngefräst. Das Werkstück wird in der
linken Spannung in der Einstellfläche durch drei Kugeldruckschrauben (Pos. 12) und
in der Führungsfläche durch eine Kugeldruckschraube (Pos. 13) und eine Pendelauflage (Pos. 11) aufgenommen. Damit beim Fräsen von Fläche „B" keine Schwingungen entstehen, wird das Werkstück durch eine Pendelauflage (Pos. 10) mit Hilfe
eines Ausgleichspanners (Pos. 9) unterstützt. Damit die Fläche „B" auf Maß gefräst
werden kann, wird das Werkstück in der Stützfläche durch eine Kugeldruckschraube
(Pos. 13) gestützt. Das Werkstück wird durch Spannhebel (Pos. 14) über eine
Spannschraube gegen zwei Auflagebolzen der Führungsfläche gespannt.

Die Werkstücke mit gefrästen Flächen „A" und „B" werden in der rechten
Spannung mit der Fläche „A" auf der Vorrichtungsgrundplatte (Pos. 1) aufgenommen,
in der Führungsfläche durch eine Kugeldruckschraube (Pos. 12) und eine Pendel-
auflage (Pos. 11) geführt und in der Stützfläche durch eine Kugeldruckschraube
(Pos. 12) gestützt. Das Werkstück wird durch Spannhebel (Pos. 14) über eine
Druckschraube gegen zwei Auflagebolzen der Führungsfläche gespannt.

Der Ausgleichspanner (Pos. 9) ist ein Fabrikat der Fa. Erwin Halder [44].

2.5.11 Mehrfachspannvorrichtung mit plastischen Medien

In den Bildern 2.80 und 2.81 ist eine Mehrfachspannvorrichtung mit plastischen
Medien dargestellt.

Ähnlich wie bei der in Bild 2.23 dargestellten Mehrfachspannvorrichtung, wird
auch bei dieser Spannvorrichtung die Kraft von Hebel 10 über die Schraube 11 auf
den Druckkolben 8 und weiter auf ein plastisches Medium übertragen. Von dem
plastischen Medium wird die Kraft auf 16 Spannkolben 6 und somit auf das Werkstück
(strichpunktiert dargestellt) weitergeleitet. Die Druckfedern 7 dienen zur Rückführung
der Kolben.

Das verdrängte Volumen des Druckkolbens

$$\text{Kolbenfläche} \times \text{Hub} = D^2 \frac{\pi}{4} H$$

ist gleich dem verdrängten Volumen von 16 Spannkolben,

$$D^2 \frac{\pi}{4} H = 16 d^2 \frac{\pi}{4} h.$$

Aus dieser Beziehung kann der Hub des Druckkolbens bestimmt werden:

$$H = \frac{16 d^2 h}{D^2}.$$

Bei dieser Vorrichtung wurden

$$D = 30\,\text{mm}, \qquad d = 20\,\text{mm}$$

gewählt und

$$h = 1\,\text{mm}$$

angenommen.

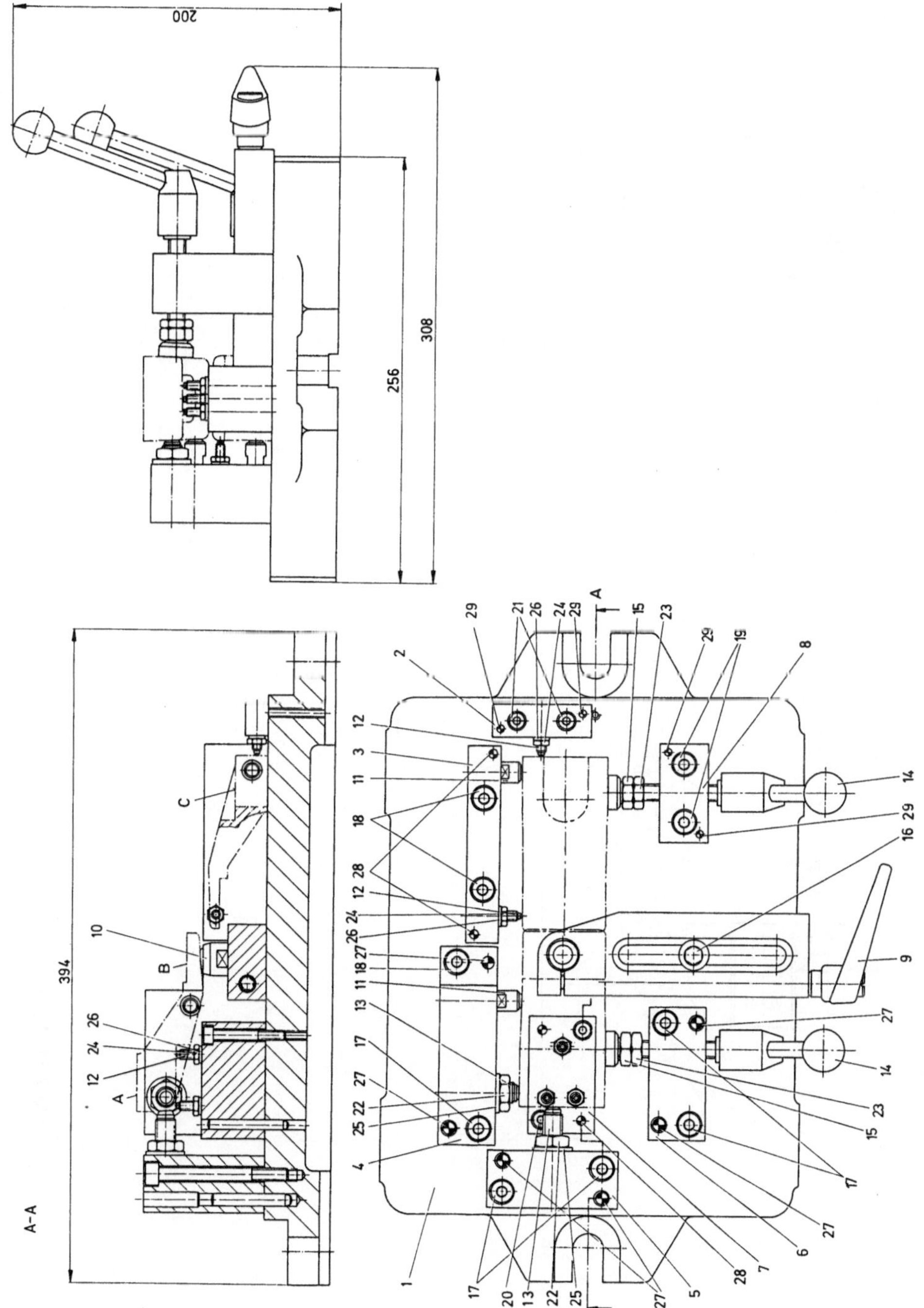

Bild 2.79. Handfräsvorrichtung für zwei Werkstücke

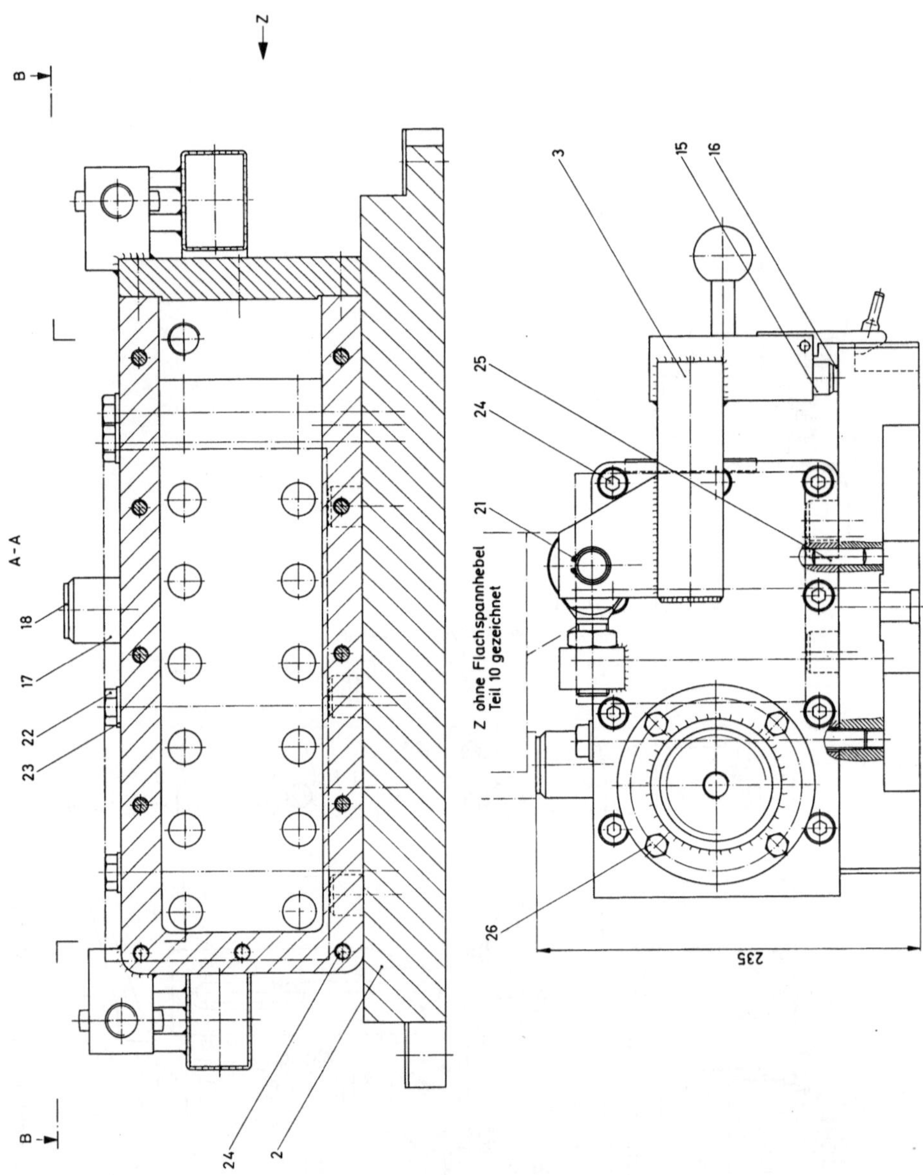

Bild 2.80. Mehrfachspannvorrichtung mit plastischen Medien, Schnitt *A–A*

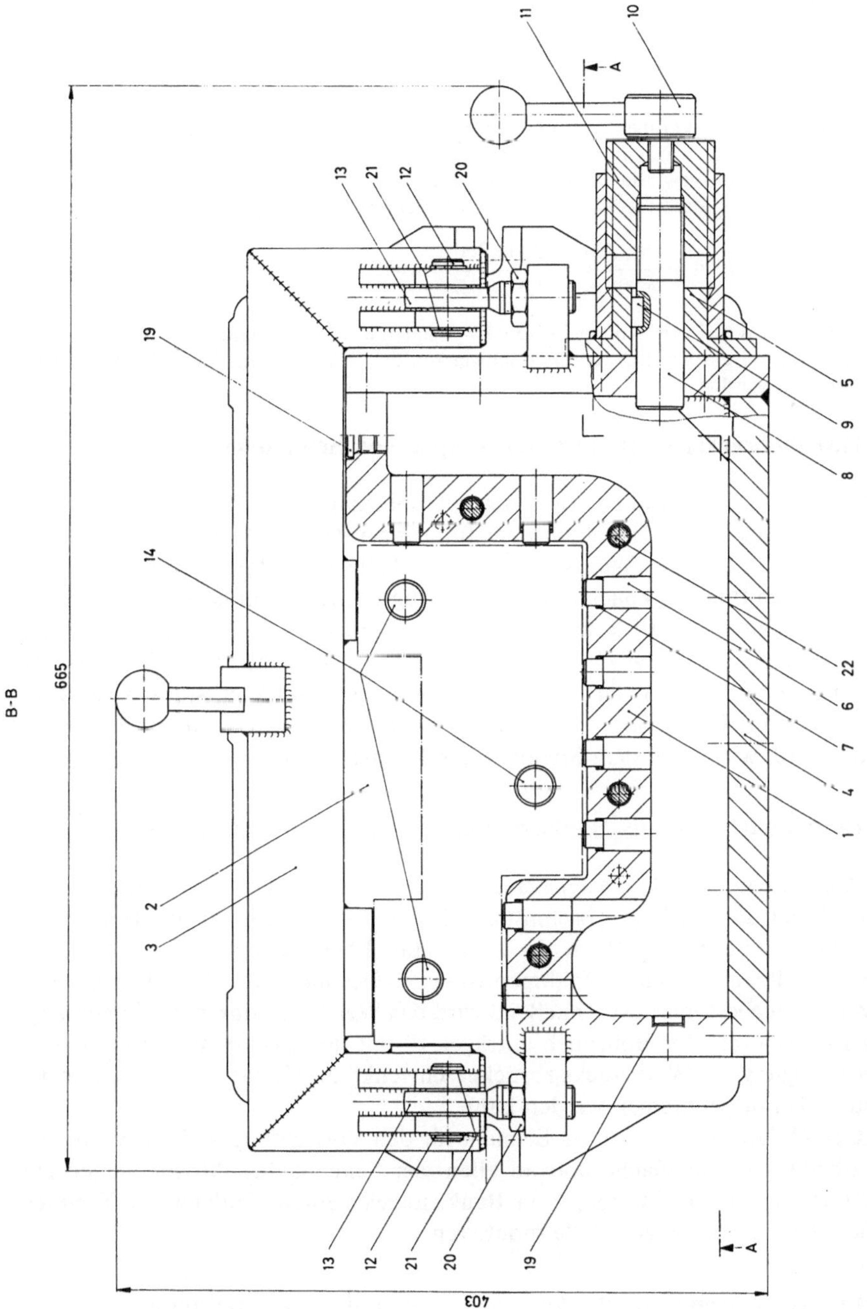

Bild 2.81. Mehrfachspannvorrichtung mit plastischen Medien, Schnitt *B–B*

So ergibt sich

$$H = \frac{16 \cdot 2^2 \cdot 0,1}{3^2} = 0,71 \text{ cm} .$$

Damit ein so großer Druckkolbenhub von 7,1 mm bei einem vertretbar großen Schwenkwinkel realisiert werden kann, wurden die Schraube 11 als Rechtsgewinde Tr. 60 × 16 und der Druckkolben 8 als Linksgewinde Tr. 30 × 8 ausgeführt.

Der Schwenkwinkel des Hebels 10 wird nach folgender Beziehung bestimmt:

$$\text{Schwenkwinkel} = \frac{H \cdot 360}{p_1 + p_2} = \frac{0,71 \cdot 360}{1,6 + 0,8} = 106,5° .$$

Das Werkstück wird auf drei Auflagebolzen 14 gelegt und anschließend durch Spannkolben gegen Schwenkarm 3 gespannt. Nach dem Schwenken des Schwenkarms kann das Werkstück herausgenommen werden.

2.5.12 Handbohrvorrichtung mit Bohrklappe und Schnapper

Bild 2.82 zeigt eine Handbohrvorrichtung mit Bohrklappe und Schnapper.

Das Werkstück ist ein Hebel, an dem Bohrungen von $\varnothing$ 20 mm und $\varnothing$ 10 mm gebohrt werden sollen. Das Werkstück wird mit Hilfe eines starren Prismas 18 und eines beweglichen Prismas 4 nach zwei Mittelbezugsebenen in der horizontalen Ebene lagebestimmt. Das Werkstück wird auf den Stützbock 19 gelegt und durch eine selbsttätig einstellbare Stütze 11 mit Pendelauflage 12 gestützt. Auf diese Art ist ein Überbestimmen in der vertikalen Ebene ausgeschlossen. Das Werkstück wird durch Bohrklappe 14 mit Druckklotz 17 gespannt; die Bohrklappe, die durch Griffstange 13 betätigt wird, wird nach dem Spannen durch einen Schnapper gehalten.

2.5.13 Bohrvorrichtung aus Baukastenelementen des T-Nutsystems

In Bild 2.83 ist eine aus Baukastenelementen des T-Nutsystems zusammengesetzte Bohrvorrichtung dargestellt (s. Abschnitt 2.6). Das Werkstück wird auf der Bohrunterlage 12 und Auflagemutter 19 in die senkrechte Ebene gelegt und dann in der waagerechten Ebene durch Aufnahmeprisma 9, Gewindestift 33 und zwei Auflagebolzen 20 lagebestimmt. Anschließend wird das Werkstück durch den Niederzugspanner 14 gespannt. Der Bohrbuchsenträger 10 mit der Steckbohrbuchse 11 wird nach der Fertigung des Werkstücks zurückgeschwenkt, damit das Werkstück aus der Vorrichtung herausgenommen werden kann.

Die Grundplatte 1 ist tragendes Element für den Vorrichtungsaufbau. Sie besitzt auf der oberen Aufspannfläche und an allen vier Seitenflächen Möglichkeiten zur Lagebestimmung und Befestigung von Baukastenelementen. Entlang der T-Nuten lassen sich diese an beliebiger Stelle montieren.

2.5.14 Fräsvorrichtung aus Baukastenelementen des T-Nutsystems

Bild 2.84 zeigt eine Fräsvorrichtung, die aus Baukastenelementen des T-Nutsystems zusammengesetzt ist (s. Abschnitt 2.6).

Das Werkstück wird auf drei Auflagebolzen 8 gelegt, durch Niederzugspanner 6 gegen Spannkörper 2 gehalten und anschließend durch Niederzugspanner 7 gegen vier

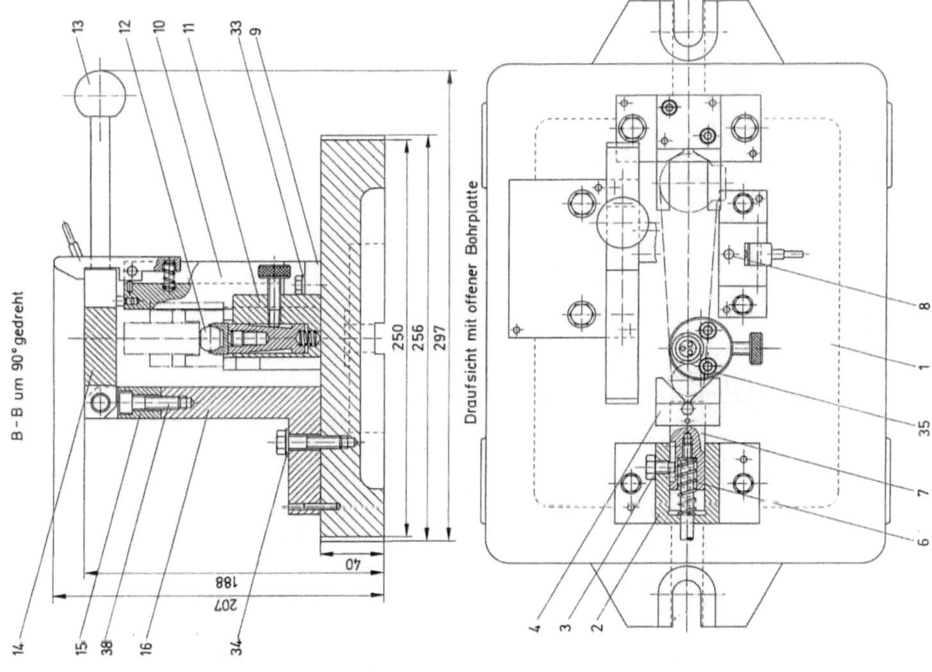

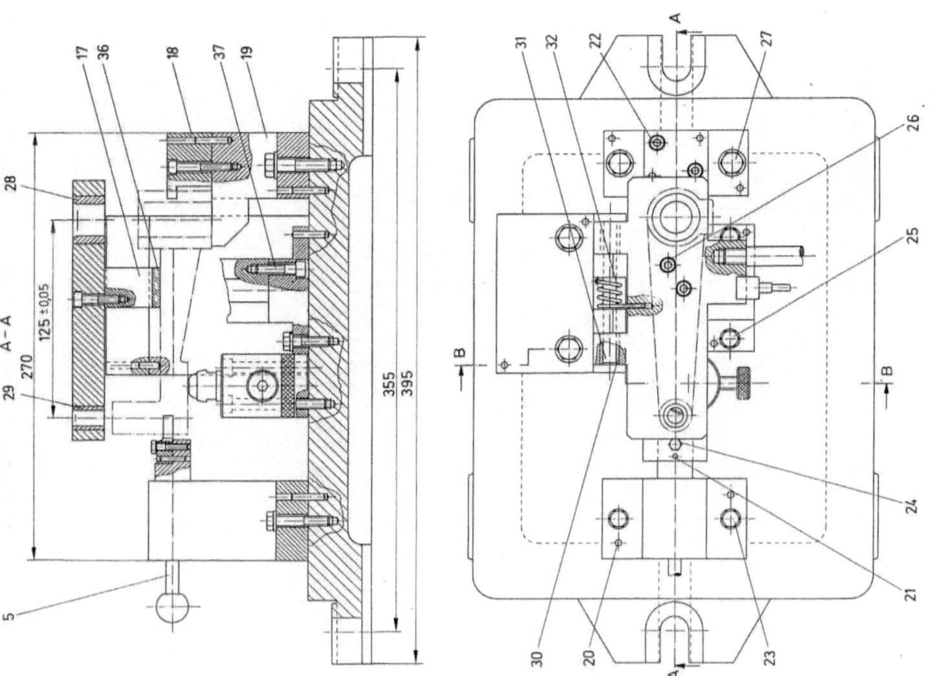

Bild 2.82. Handbohrvorrichtung mit Bohrklappe und Schnapper

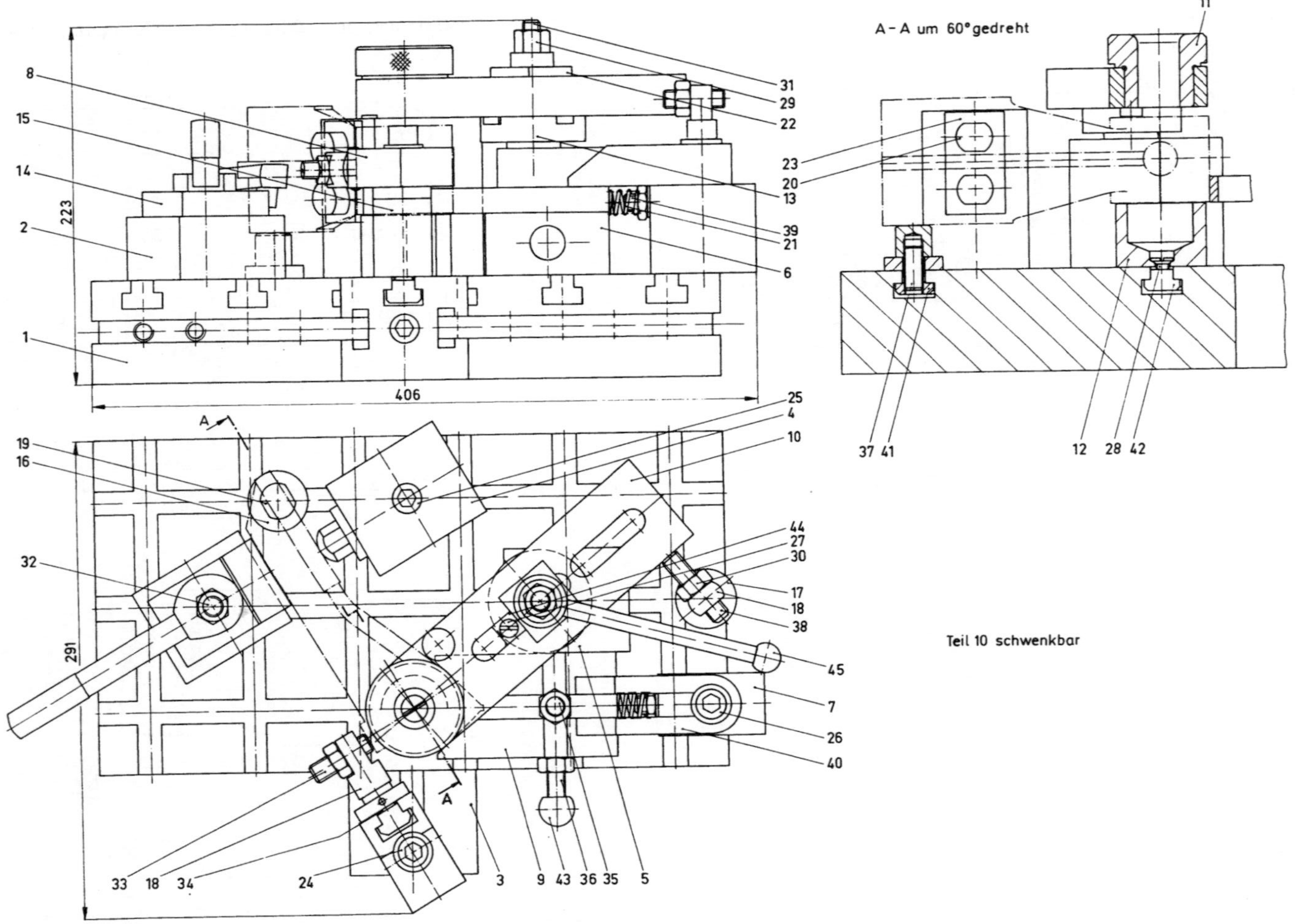

Bild 2.83. Bohrvorrichtung aus Baukastenelementen des T-Nutsystems

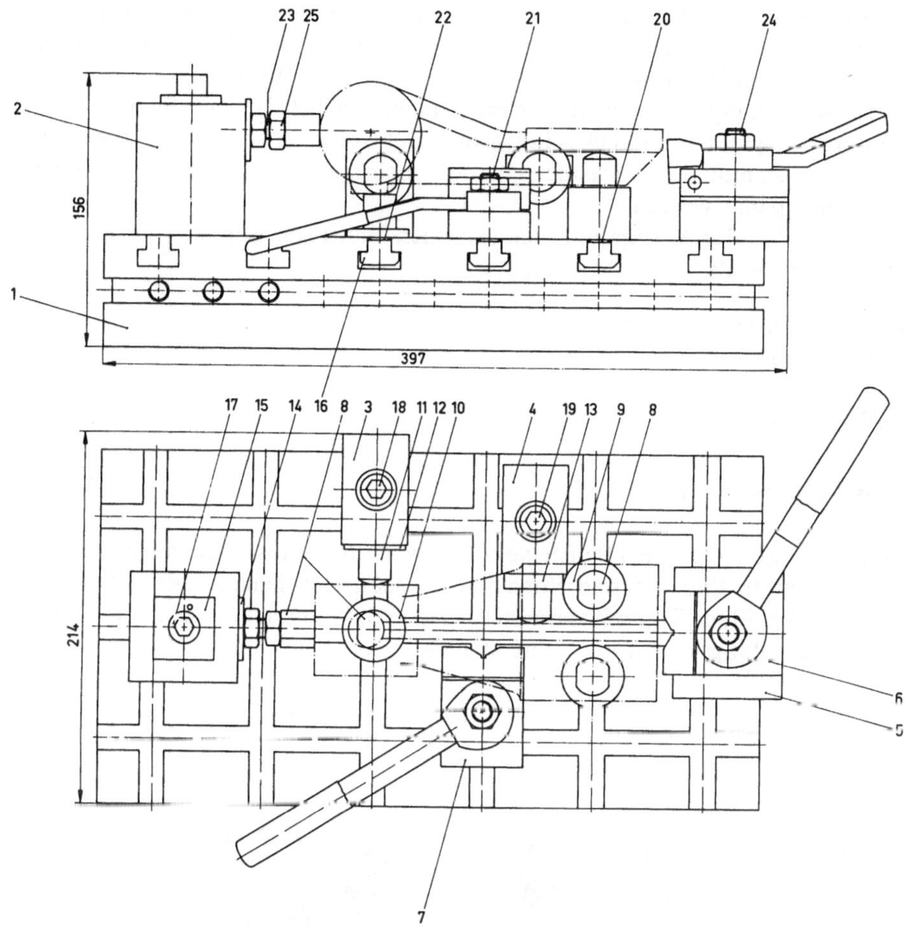

Bild 2.84. Fräsvorrichtung aus Baukastenelementen des T-Nutsystems

Auflagebolzen gespannt. Die Grundplatte 1 ist auch bei dieser Vorrichtung tragendes Element für den Vorrichtungsaufbau. Alle dargestellten Elemente sind aus dem Baukasten.

2.6 Vorrichtungs-Baukastensysteme

Baukastensysteme für Vorrichtungen wurden entwickelt, damit in kürzester Zeit mit geringem Kostenaufwand gewünschte Vorrichtungen zusammengesetzt werden können.

Diese Vorrichtungen sind für vielfältige Bearbeitungsaufgaben geeignet und lassen sich einer großen Werkstückform- und -größenvielfalt anpassen. Deshalb werden sie an flexiblen Fertigungssystemen und für Nullserien, bei denen im allgemeinen noch mit Änderungen des Werkstücks gerechnet wird, angewandt.

Gewicht und Volumen dieser Vorrichtungen sind in den meisten Fällen größer als bei Sondervorrichtungen, ihre Steifigkeit ist begrenzt, die Vorrichtungselemente verbauen in großem Maße die zu bearbeitenden Seiten des Werkstückes, so daß eine allseitige Bearbeitung des Werkstücks meist nicht möglich ist. Da die angestrebte Fertigbearbeitung des Werkstückes in einem Durchlauf und in einer Spannung meist nicht möglich ist, muß das Werkstück ein- oder mehrmals außerhalb des Fertigungssystems umgespannt werden.

Nach der Art der Verbindung der einzelnen Bausteine können Vorrichtungs-Baukastensysteme als

— Bohrungssysteme und als
— T-Nutsysteme

konzipiert werden.

2.6.1 Bohrungssysteme

Die Verbindung der einzelnen Bausteine erfolgt beim Bohrungssystem durch Paßstifte und Schrauben. In Bild 2.85 sind Vorrichtungs-Baukastenelemente beim Bohrungssystem, Fabrikat Blüco Technik, dargestellt. Dieses System zeichnet sich durch relativ niedrige Anschaffungskosten und hohe Steifigkeit der Bauelemente aus.

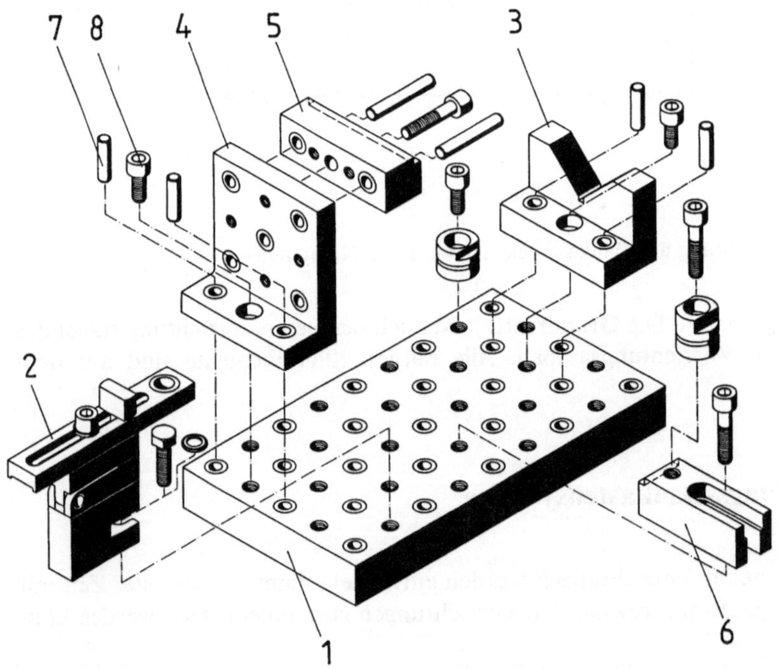

Bild 2.85. Vorrichtungs-Baukastenelemente des Bohrungssystems, Fabrikat Blüco Technik: *1* Grundplatte, *2* Spanner, *3* Prisma, *4* Winkel, *5* Anlageleiste, *6* Adapterplatte, *7* Paßstift, *8* Schraube

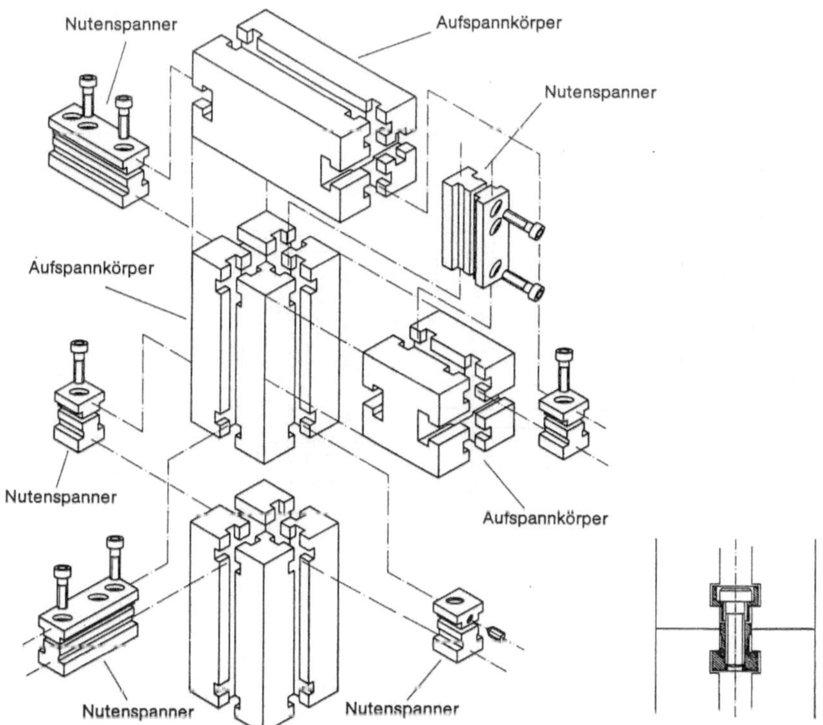

Bild 2.86. Vorrichtungs-Baukastenelemente des T-Nutsystems, die auf der Grundplatte (hier nicht dargestellt) aufgebaut werden, Fabrikat Erwin Halder

2.6.2 T-Nutsysteme

Die Verbindung der einzelnen Bausteine erfolgt bei diesem System durch T-Nuten. In Bild 2.86 sind Vorrichtungs-Baukastenelemente beim T-Nutsystem, Fabrikat Erwin Halder, dargestellt. Die Grundplatten dieses Systems sind kostenaufwendiger und haben geringere Steifigkeit als die des Bohrungssystems. Dieses System wird am häufigsten angewandt, da die Anpassungsfähigkeit an das Werkstück sehr groß ist.

Konstruktionsbeispiele für dieses System sind in den Bildern 2.83 (Abschnitt 2.5.13) und 2.84 (Abschnitt 2.5.14) dargestellt.

2.7 Vorrichtungen für CNC-gesteuerte Werkzeugmaschinen

Folgende technologische Anforderungen werden an Vorrichtungen für CNC-gesteuerte Werkzeugmaschinen gestellt:

— schnelles und exaktes Lagebestimmen und schnelles Spannen des Werkstücks,
— kurze Umrüstzeit von einem Werkstück zum anderen,
— kurze Hilfszeiten zum Säubern (Späne entfernen),
— universeller Einsatz für eine bestimmte Teilegruppe,
— Anwendung von Mehrfachspannvorrichtungen (Vorrichtungen für mehrere Werkstücke) soll möglich sein.

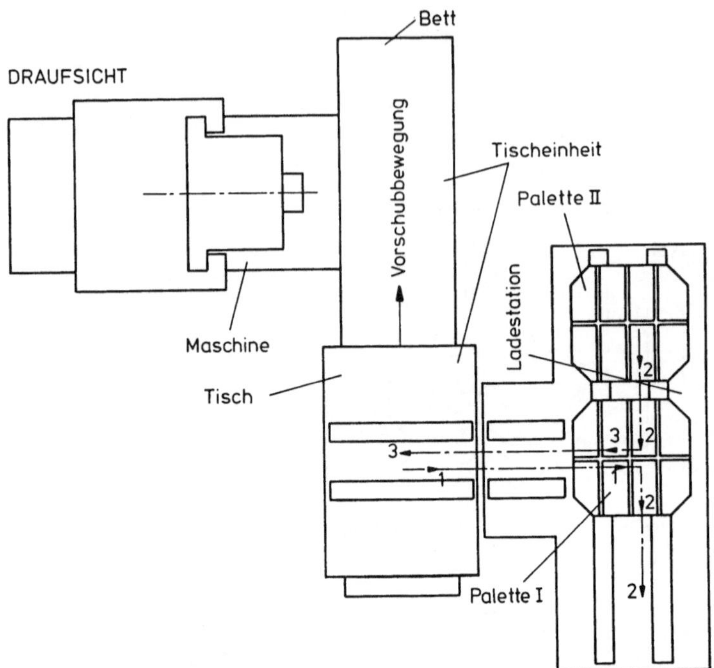

Bild 2.87. Palettenwechseleinrichtung eines Bearbeitungszentrums

In vielen Fällen werden für ein Werkstück zwei Vorrichtungen vorgesehen, damit die Werkstückwechselzeit verkürzt wird.

Bei den Palettenwechseleinrichtungen (Bild 2.87) werden zum Beispiel zwei Paletten eingesetzt, damit die Nebenzeit auf ein Minimum reduziert wird. Ein Werkstück wird auf einer Palette ausgerichtet, fixiert und gespannt, während das andere, sich auf der anderen Palette auf dem Arbeitstisch befindliche Werkstück bearbeitet wird. Diese Einrichtungen werden häufig an Bearbeitungszentren angewandt.

Die Funktion der Palettenwechseleinrichtung von Bild 2.87 wird wie folgt erläutert:

1. Die Palette I, die auf den Maschinentisch fixiert und gespannt war, wird entspannt. Sie bewegt sich dann in Richtung 1 zur Lagestation.
2. Die Palette I mit dem fertigbearbeiteten Werkstück und die Palette II mit dem unbearbeiteten Werkstück bewegen sich gleichzeitig in Richtung 2.
3. Die Palette II bewegt sich in Richtung 3 zum Arbeitstisch, wo sie fixiert und gespannt wird. Die Vorschubbewegung des Tisches wird eingeleitet. Während der Bearbeitung wird das fertige Werkstück auf der Ladestation entspannt, das unbearbeitete Werkstück wird ausgerichtet, fixiert und gespannt.

2.8 Vorrichtungen für Transferstraßen

Transferstraßen sind aus Baueinheiten zusammengesetzte Fertigungssysteme mit vollautomatischem Arbeitsablauf, die bei Großserienfertigung eingesetzt werden. Eine Werkstücktransporteinrichtung dient zur Beförderung der Werkstücke zur nächsten

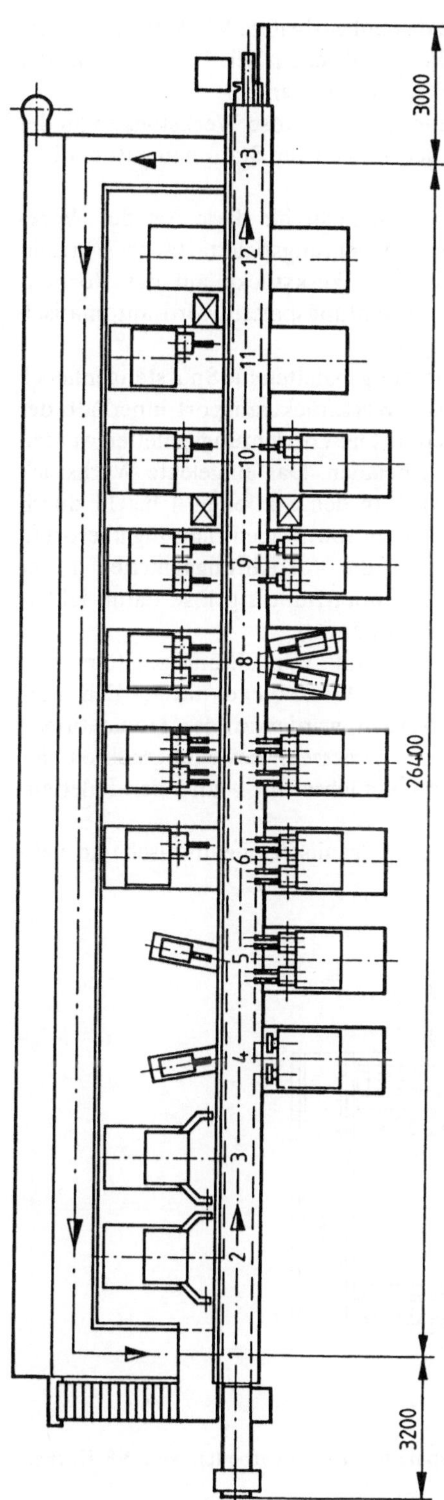

Bild 2.88. Transferstraße mit Vorrichtungspaletten für Spurstangenhebel [74]

Bearbeitungsstation. In der ersten Station wird das unbearbeitete Werkstück geladen, in allen anderen Stationen werden Werkstücke zur gleichen Zeit bearbeitet, in der letzten Station wird das fertigbearbeitete Werkstück entladen.

Bei manchen Werkstücktransporteinrichtungen werden lose Werkstücke von der ersten bis zur letzten Station automatisch befördert und an den Stationen automatisch ausgerichtet und gespannt.

Die meisten Werkstücke sind durch ihre Form nicht für diese Art des Werkstücktransportes geeignet und benötigen eine Vorrichtungspalette (auch Vorrichtungswagen genannt). In diesem Falle werden die Werkstücke auf der Vorrichtungspalette lagebestimmt und gespannt, die Vorrichtungspalette wird automatisch befördert und an den Stationen fixiert und gespannt.

Bild 2.88 zeigt eine Transferstraße mit Vorrichtungspaletten für Spurstangenhebel. Die Transferstraße besteht aus 13 Stationen, der Werkstücktransport innerhalb der Maschine erfolgt paarweise in Vorrichtungspaletten. Die Vorrichtungspaletten werden in der Station 2 gelöst sowie manuell ent- und beladen. Das eingelegte Werkstück wird in Station 3 gespannt. Das Werkstück wird an den Stationen 4 bis 11 durch CNC-Einheiten bearbeitet und an der Station 12 durch eine Meßeinrichtung überprüft. Durch eine Kodierung der Vorrichtungen werden die Vorrichtungspaletten in der Station 2 nicht automatisch, sondern über Druckknopf-Impuls gelöst, damit fehlerhafte Werkstücke entsprechend aussortiert werden können.

In Bild 2.89 ist eine Transfer-Honmaschine mit Vorrichtungspaletten zum Bearbeiten von V8-Kurbelgehäusen dargestellt. Die Werkstücke, die auf den Vorrichtungspaletten lagebestimmt und gespannt werden, werden an den Honstationen a_1, a_2 und c bearbeitet und an der Station b gemessen. Bewegungsachsen der NC-Tische werden mit d, das Schwenken der Querachse mit e und der Paletten-Umlauftransport mit g und h bezeichnet.

Die Vorrichtungen für Transferstraßen werden hydraulisch, pneumatisch und elektrisch positioniert und gespannt.

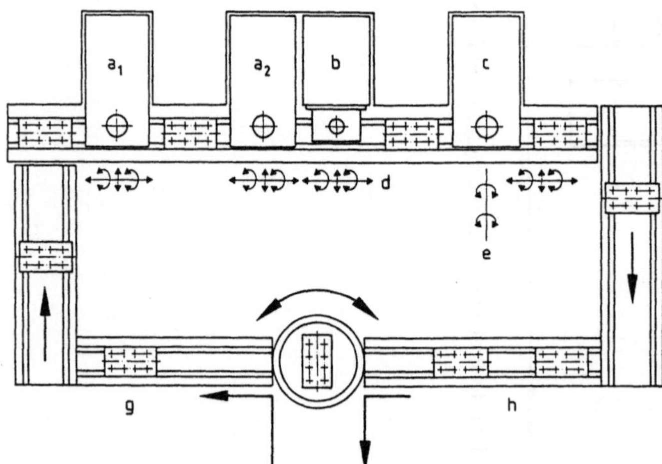

Bild 2.89. Transfer-Honmaschine mit Vorrichtungspaletten zum Bearbeiten von V8-Kurbelgehäusen [75]

2.9 Vorrichtungen für flexible Fertigungssysteme

Flexible Fertigungssysteme bestehen aus mehreren (meist CNC-) Werkzeugmaschinen und Bearbeitungszentren, die durch eine Werkstücktransporteinrichtung oder durch einen Industrieroboter miteinander verkettet sind. Diese Systeme sind für kleine bis mittlere Losgrößen konzipiert.

Die Vorrichtungen für flexible Fertigungssysteme müssen so konstruiert werden, daß sie für vielfältige Bearbeitungsaufgaben und für große Werkstückform- und -größenvielfalt geeignet sind. Oft wird die Forderung gestellt, daß mehrere Werkstückseiten in einer Spannung und in einem Durchlauf bearbeitet werden können. Besonders gute Späneabfuhr ist eine weitere Forderung, die an diese Vorrichtungen gestellt wird.

Grundsätzlich werden für flexible Fertigungssysteme folgende Vorrichtungen verwendet:

— Sondervorrichtung für eine Teilefamilie, die auf einer Palette aufgebaut wird,
— Vorrichtung nach Baukastensystem.

Auf Paletten aufgebaute Sondervorrichtungen werden häufig angewandt, wenn viele zu bearbeitende Werkstücke sich zu Werkstückgruppen innerhalb einer Teilefamilie zusammenfassen lassen. Vorrichtungen nach Baukastensystem werden dann angewandt, wenn die Anforderung, daß mehrere Werkstückseiten in einer Spannung und in einem Durchlauf bearbeitet werden, nicht gestellt wird.

3 Werkzeugmaschinen

3.1 Einleitung

In diesem Kapitel werden Bauelemente von Werkzeugmaschinen, d. h.

- Antriebe (Abschn. 3.2),
- Führungen für geradlinige Bewegungen (Abschn. 3.3),
- Spindellagerungen (Abschn. 3.4) und
- Gestelle (Abschn. 3.5)

behandelt.

In Abschn. 3.6 werden typische Konstruktionsbeispiele erläutert und die wichtigsten Berechnungen durchgeführt. Besonderer Wert wurde darauf gelegt, den zweckmäßigen Einsatz der heutzutage verwendeten Bauelemente genau darzustellen und dabei weitestmöglich den neuesten Stand der Technologie widerzuspiegeln. Es wurde darauf verzichtet, einzelne Werkzeugmaschinentypen zu beschreiben, da solche Darstellungen bei der heutigen Entwicklung auf dem Gebiet des Maschinenbaus sehr schnell veralten.

3.2 Antriebe

3.2.1 Einleitung und Einteilung

Antriebe werden nach der Anwendung in Haupt-, Vorschub- und Hilfsantriebe gegliedert.

Hilfsantriebe werden zum Antrieb von Aggregaten und Anlagen eingesetzt und werden in diesem Abschnitt nicht behandelt. Hauptantriebe dienen zum Antrieb der Hauptspindel bzw. zur Erzeugung der Schnittkraft.

Vorschubantriebe dienen zur Erzeugung der Vorschubkraft. Bei einer Drehmaschine treibt der Hauptantrieb die Hauptspindel und somit das Werkstück an, der Vorschubantrieb treibt den Kreuzschlitten mit dem Werkzeughalter an.

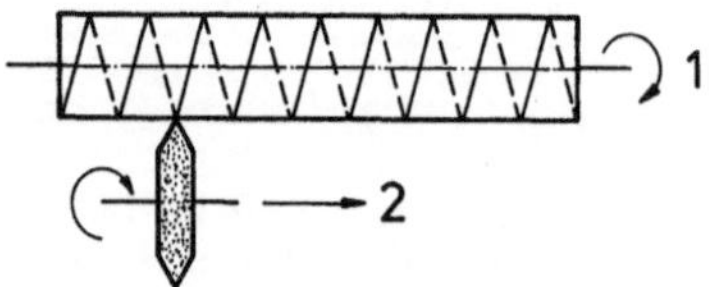

Bild 3.1. Getrennte Antriebe beim Gewindeschleifen

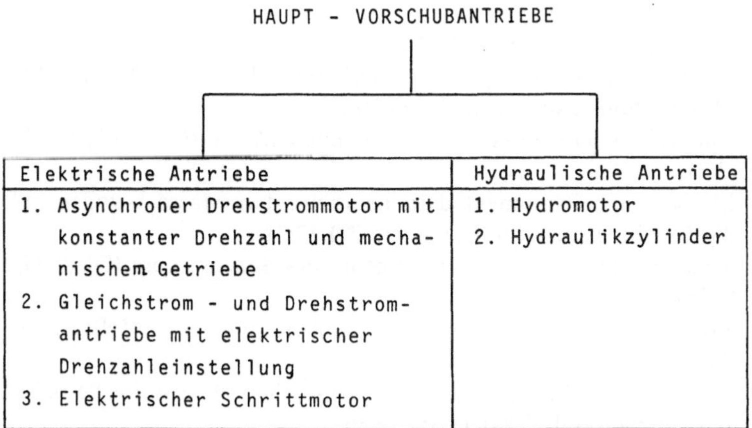

Elektrische Antriebe	Hydraulische Antriebe
1. Asynchroner Drehstrommotor mit konstanter Drehzahl und mechanischem Getriebe 2. Gleichstrom - und Drehstromantriebe mit elektrischer Drehzahleinstellung 3. Elektrischer Schrittmotor	1. Hydromotor 2. Hydraulikzylinder

Bild 3.2. Einteilung der Haupt- und Vorschubantriebe nach der Antriebsart

Bei einer Fräsmaschine wird mit dem Hauptantrieb die Hauptspindel mit dem Fräser angetrieben, der Vorschubantrieb dient zur Erzeugung der Vorschubbewegung.

Vorschubantriebe sind bei den meisten Werkzeugmaschinen durch den Anbau eines eigenen Motors vom Hauptantrieb unabhängig. Bei Maschinen älterer Bauart wurden stets Zentralantriebe, d. h. Antriebe mit einem Antriebsmotor, verwendet. Solche Antriebe werden heute nur noch bei Maschinen angewandt, bei welchen zwischen der drehenden Bewegung des Werkstücks (Bewegung 1) und der translatorischen Bewegung des Werkstücks (Bewegung 2) ein sehr genauer Funktionszusammenhang hergestellt werden muß. Als Beispiel kann das Gewindeschleifen angeführt werden (Bild 3.1).

Nach der Art des Antriebes werden Haupt- und Vorschubantriebe wie folgt eingeteilt (Bild 3.2).

3.2.2 Verwendete Kurzzeichen

D in m	Werkstück- und Werkzeugdurchmesser
D in m	Kolbendurchmesser des Hydraulikzylinders (Gl. (3.46))
d_s in m	Durchmesser der Kugelrollspindel (Gl. (3.40))
d_2 in m	Mittlerer Gewindedurchmesser der Gewindespindel, bzw. Rollenbahndurchmesser der Kugelrollspindel (Gl. (3.6), (3.7), Bild 3.23)
E in N/m^2	Elastizitätsmodul (Gl. (3.40))
E_h in N/m^2	Elastizitätsmodul des Öles (Gl. (3.45), (3.46))
F_c in N	Schnittkraft
F_f in N	Vorschubkraft (Gl. (3.14))
F_G in N	Gewichtskraft des Schlittens (Gl. (3.12))
F_{SCH} in N	Schubkraft des Vorschubantriebes (Gl. (3.6), (3.13))
F_μ in N	Reibungskraft zwischen Schlitten und Bett (Gl. (3.12))
f in s^{-1}	Resonanzfrequenz des Vorschubantriebes (Gl. (3.37), (3.48))
f_h in s^{-1}	Hydraulische Resonanzfrequenz des Hydromotors (Gl. (3.44))

G in N/m^2	Gleitmodul (Gl. (3.49))
g in m/s^2	Erdbeschleunigung (Gl. (3.12))
H in m	Kleinster, impulsmäßig kontrollierbarer Schlittenhub (Gl. (3.43))
I in kg m^2	Massenträgheitsmoment (Gl. (3.30))
I_D in kg m^2	Massenträgheitsmoment der drehenden Masse (Gl. (3.17), (3.19), (3.21))
I_L in kg m^2	Massenträgheitsmoment der linearbewegten Masse bezogen auf die Gewindespindel (Gl. (3.26), (3.27), (3.28))
I_M in kg m^2	Massenträgheitsmoment des Rotors des Servomotors (Gl. (3.35), (3.36)
I_{MS} in kg m^2	Massenträgheitsmoment des drehenden Teiles des Meßsystems (Gl. (3.48))
I_R in kg m^2	Summe aller Massenträgheitsmomente, die auf Motorwelle reduziert werden (Gl. (3.29), (3.35), (3.36))
I_{RD} in kg m^2	Massenträgheitsmoment der drehenden Masse reduziert auf Motorwelle (Gl. (3.21), (3.29))
I_{RL} in kg m^2	Massenträgheitsmoment der linearbewegten Masse reduziert auf Motorwelle (Gl. (3.28), (3.29))
I_1	Ankerstrom (Gl. (3.8))
i	Untersetzungsverhältnis des Getriebes zwischen Motor und Gewindespindel (Gl. (3.16), (3.21), (3.22), (3.23), (3.24), (3.25), (3.28))
i_{el}	Elektrische Untersetzung des Servoantriebes, die zum Erreichen von $n_{s\,max}$ erforderlich ist (Gl. (3.22))
i_R	Maximaler Regelbereich des Servoantriebes (Gl. (3.23))
J_p in m^4	Polares Flächenträgheitsmoment (Gl. (3.49))
K in N/m	Resultierende axiale Federkonstante des Vorschubantriebes (Gl. (3.37), (3.38), (3.39), (3.47))
K_h in N/m	Federkonstante des Hydraulikzylinders (Gl. (3.46), (3.47))
K_{hm} in Nm	Federkonstante der Ölsäule des Hydromotors (Gl. (3.44), (3.45))
K_L in N/m	Federkonstante der Axiallager der Kugelrollspindel (Gl. (3.38), (3.39))
K_M in N/m	Axiale Federkonstante der Kugelumlaufmutter (Gl. (3.38), (3.39))
K_s in N/m	Axiale Federkonstante der Kugelrollspindel (Gl. (3.38), (3.39), (3.40))
K_T in Nm	Torsionsfederkonstante der Antriebswelle des rotatorischen Meßsystems (Gl. (3.48), (3.49))
K_1	Proportionalitätsfaktor (Gl. (3.8))
K_2	Proportionalitätsfaktor (Gl. (3.9))
L_a	Ankerinduktivität (Gl. (3.8))
l in m	Länge des zylindrischen Körpers (Gl. (3.18), (3.20))
l in m	Länge der Ölsäule (Gl. (3.46))
l_s in m	Länge der Kugelrollspindel von Lager zu Lager (Gl. (3.40))
M in Nm	Hauptspindeldrehmoment (Gl. (3.4), Bild 3.15)
M in Nm	Drehmoment an der Gewindespindel (Gl. (3.6), (3.14), (3.15), (3.16))
M_M in Nm	Stillstandsdrehmoment des Motors (Gl. (3.15), (3.16))
$M_{M\,max}$ in Nm	Maximales Motordrehmoment im dynamischen Bereich (Gl. (3.35), (3.36))
M_{max} in Nm	Maximales Hauptspindeldrehmoment (Gl. (3.5), Bild 3.15)

m_d in kg	Drehende Masse eines zylindrischen Körpers (Gl. (3.17), (3.18), (3.19), (3.20)
m_l in kg	Linearbewegte Masse (Gl. (3.12), (3.26), (3.27), (3.37))
n in min^{-1}	Hauptspindeldrehzahl (Gl. (3.4))
n in min^{-1}	Drehzahl (Gl. (3.32), (3.34))
n_M in min^{-1}	Motordrehzahl (Bild 3.24, 3.25)
$n_{M\,max}$ in min^{-1}	Maximal erreichbare Motordrehzahl (Gl. (3.22), (3.23))
$n_{M\,max\,D}$ in min^{-1}	Höchste Motordrehzahl im dynamischen Bereich (Gl. (3.24), (3.25), (3.35), (3.36))
n_{max} in min^1	Höchste Hauptspindeldrehzahl (Bild 3.15)
n_{min} in min^{-1}	Niedrigste Hauptspindeldrehzahl (Bild 3.15)
n_N in min^{-1}	Nenndrehzahl (Gl. (3.5), Bild 3.15)
$n_{s\,max}$ in min^{-1}	Höchste Drehzahl der Kugelrollspindel (Gl. (3.10), (3.22))
$n_{s\,max\,D}$ in min^{-1}	Höchste Drehzahl der Kugelrollspindel im dynamischen Bereich (Gl. (3.25), (3.26))
$n_{s\,min}$ in min^{-1}	Niedrigste Drehzahl der Kugelrollspindel (Gl. (3.11), (3.23))
n_z in min^{-1}	Höchste Hauptspindeldrehzahl (Gl. (3.1), (3.2), (3.3))
n_1 in min^{-1}	Niedrigste Hauptspindeldrehzahl (Gl. (3.1), (3.2), (3.3))
P in W	Hauptantriebsleistung (Gl. (3.4))
p in m	Steigung der Gewindespindel (Gl. (3.7), (3.10), (3.11), (3.24), (3.27))
R in m	Radius des zylindrischen Körpers (Gl. (3.17), (3.18), (3.19), (3.20))
R_a	Ankerwiderstand (Gl. (3.8))
r in m	Innenradius des Hohlzylinders (Gl. (3.19), (3.20))
t_B in s	Beschleunigungszeit (Gl. (3.35), (3.36))
U_a	Ankerspannung (Gl. (3.8))
V_i in m^3	Komprimiertes Volumen von einer Seite (Gl. (3.45))
V_s in m^3	Schluckvolumen des Hydromotors (Gl. (3.45))
v_{EILG} in m/min	Eilganggeschwindigkeit (Gl. (3.10))
v_{max} in m/min	Höchste Tischgeschwindigkeit im dynamischen Bereich (Gl. (3.24), (3.26))
v_{min} in m/min	Niedrigste Tischgeschwindigkeit (Gl. (3.11))
z	Stufenzahl, bzw. Anzahl der Drehzahlen (Gl. (3.2), (3.3))
z_1	Zähnezahl des Zahnrades 1 (Bild 3.9)
z_8	Zähnezahl des Zahnrades 8 (Bild 3.9)
α in Grad	Steigungswinkel der Gewindespindel (Gl. (3.6), (3.7), (3.14))
α in rad/s^2	Winkelbeschleunigung (Gl. (3.10), (3.31), (3.33))
γ in kg/m^3	Dichte (Gl. (3.18), (3.20))
Δt in s	Zeitabschnitt (Gl. (3.31), (3.33))
φ	Stufensprung (Gl. (3.1), (3.2), (3.3), Tab. 1.13)
Φ	Magnetfluß des Motors (Gl. (3.8), (3.9))
ϱ in Grad	Reibungswinkel zwischen Gewindespindel und Gewindemutter (Gl. (3.6), (3.14))
μ	Reibungskoeffizient zwischen Schlitten und Bett (Gl. (3.12))
μ_s	Reibungskoeffizient zwischen Gewindespindel und Mutter
ω in rad/s	Winkelgeschwindigkeit (Gl. (3.31), (3.32))
ω_0 in rad/s	Anfangswinkelgeschwindigkeit (Gl. (3.31))

3.2.3 Antrieb durch asynchronen Drehstrommotor mit konstanter Drehzahl und mechanischem Getriebe

Diese Antriebe, die sich durch den einfachen Aufbau, hohe Betriebssicherheit und relativ niedrige Herstellungskosten auszeichnen, finden noch immer bei Werkzeugmaschinen Anwendung. Das Bild 3.3 verdeutlicht die Einteilung dieser Antriebe.

3.2.3.1 Drehzahlstufung

Damit jeder beliebige Werkstückdurchmesser mit einer bestimmten Schnittgeschwindigkeit bearbeitet werden kann, müßte die Drehzahl innerhalb des Drehzahlbereiches stufenlos einstellbar sein. Die Drehzahleinstellung bei den gestuften Antrieben kann nach arithmetischer Stufung (Bild 3.4), nach geometrischer Stufung (Bild 3.5) und nach logarithmischer Stufung (Bild 3.6) erfolgen.

Bei der arithmetischen Stufung ist der Abstand benachbarter Drehzahlen konstant,

$$n_2 - n_1 = n_3 - n_2 = \dots = n_z - n_{z-1} = \text{const}.$$

Diese Drehzahlstufung findet kaum Anwendung, da die optimalen Schnittgeschwindigkeiten bei großen Werkstückdurchmessern zu schlecht, bei kleinen Durchmessern besser als notwendig gewählt werden können.

Meistens wird eine geometrische Drehzahlstufung, bei der das Verhältnis zweier benachbarter Drehzahlen konstant ist, angewandt. Hier gilt

$$\frac{n_2}{n_1} = \frac{n_3}{n_2} = \dots = \frac{n_z}{n_{z-1}} = \text{const} = \varphi. \tag{3.1}$$

Das konstante Drehzahlverhältnis φ wird Stufensprung genannt. Die Anzahl der Drehzahl, die sogenannte Stufenzahl z, wird nach dem Drehzahlverhältnis n_z/n_1 bestimmt durch

$$\frac{n_z}{n_1} = \varphi^{z-1}, \tag{3.2}$$

d. h.

$$z = \frac{\log (n_z/n_1)}{\log \varphi} + 1. \tag{3.3}$$

Die Lastdrehzahlen für Werkzeugmaschinen sind nach DIN 804 bei geometrischer Stufung für verschiedene Werte genormt (s. Tabelle 1.13).

Die Vorteile der geometrischen Stufung liegen im gleichbleibenden prozentualen Schnittgeschwindigkeitsabfall von Stufe zu Stufe.

3.2.3.2 Riemenantrieb

In Bild 3.7 ist ein Riemenantrieb dargestellt.

Ein asynchroner Drehstrommotor 1 mit konstanter Drehzahl treibt mittels Keilriemen 3 die Fräs-Spindeleinheit 5 an. Verschiedene Hauptspindeldrehzahlen werden durch Auswechseln der Riemenscheiben 2 und 4 erreicht. Nach dem Riemenwechsel wird das Getriebegehäuse durch Deckel 6 und 7 verschlossen. Durch die Kombinationen verschiedener Riemenscheiben und verschiedener Drehstrom-

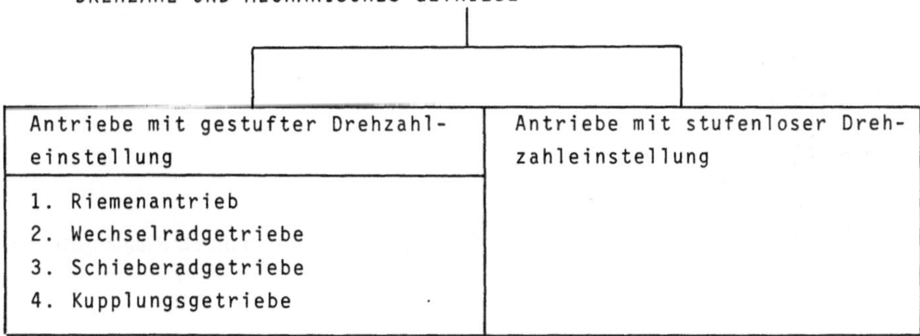

Bild 3.3. Einteilung der Antriebe durch asynchronen Drehstrommotor nach der Bauart des Getriebes

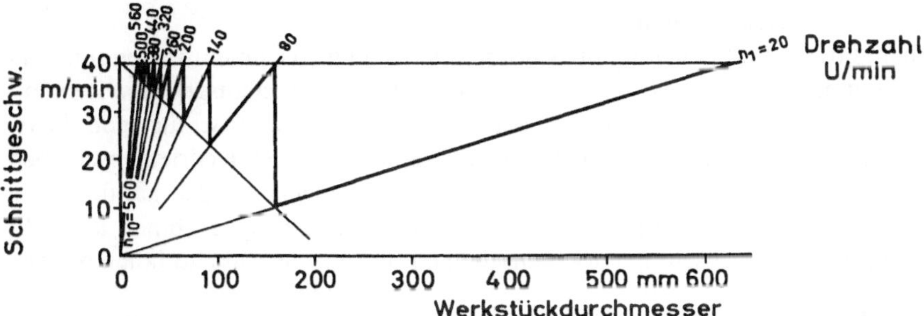

Bild 3.4. Sägediagramm für arithmetische Stufung

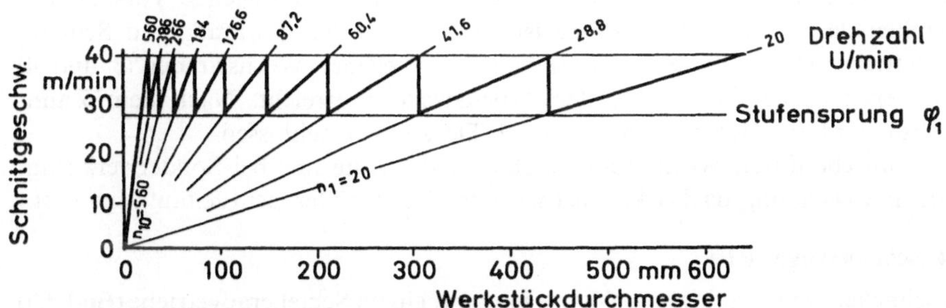

Bild 3.5. Sägediagramm für geometrische Stufung

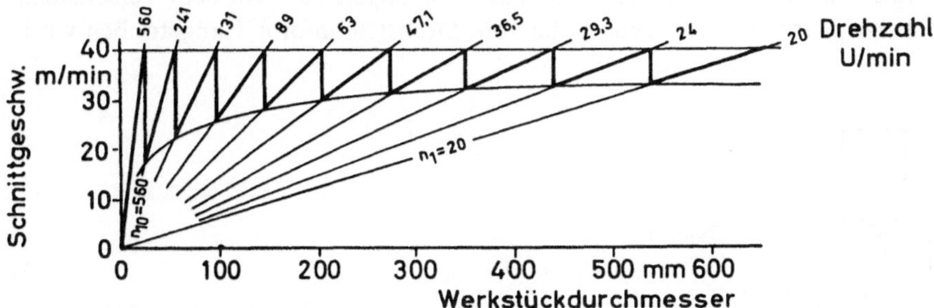

Bild 3.6. Sägediagramm für logarithmische Stufung

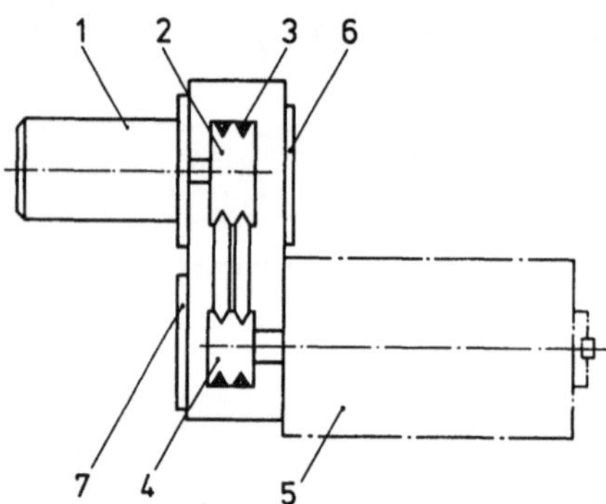

Bild 3.7. Hauptantrieb durch Riemengetriebe

motoren (mit n = 750, 1000, 1500 und 3000 min^{-1}) konnten in diesem Beispiel Hauptspindeldrehzahlen von 355 bis 4500 min^{-1}, gestuft nach Reihe R 20/2 (φ = 1,25, s. Tabelle 1.13) erreicht werden.

Riemenantriebe finden heute nur bei Sonderwerkzeugmaschinen Anwendung, da sie für ein bestimmtes Werkstück konzipiert werden. Die universalausgelegten Riemenantriebseinheiten werden für jede Sonderwerkzeugmaschine bzw. für jede Bearbeitungsstation einer Transferstraße mit Antriebsmotoren und Keilriemenscheiben bestückt, damit eine bestimmte Hauptspindeldrehzahl erreicht werden kann.

Die Anwendung der Riemenantriebe an Universalwerkzeugmaschinen ist nicht möglich, da das Auswechseln der Riemenscheiben und des Motors zu lange dauert.

3.2.3.3 Wechselradgetriebe

In Bild 3.8 ist eine aus zwei Drehstrommotoren (1 und 2) bestehende Vorschubantriebseinheit dargestellt. Das Getriebe ist ein kombiniertes Stirnrad- und Schnekkenradgetriebe. Durch die Kombinationen verschiedener Wechselräder (3 und 4) werden verschiedene Drehzahlen der Arbeitswelle 5 erreicht. Nach dem Zahnradwechsel wird das Getriebegehäuse durch Deckel 6 verschlossen.

Die Antriebe durch Wechselradgetriebe finden heute nur bei Sonderwerkzeugmaschinen Anwendung, da das Auswechseln der Wechselräder recht zeitaufwendig ist.

3.2.3.4 Schieberadgetriebe

Einen schnelleren Drehzahlwechsel kann man mit einem Schieberadgetriebe (Bild 3.9) erreichen.

Es handelt sich hier um ein vierstufiges Dreiwellengetriebe. Mit dem Verschieben des Schieberadpaares auf der Welle I, die vom Drehstrommotor 1 angetrieben wird,

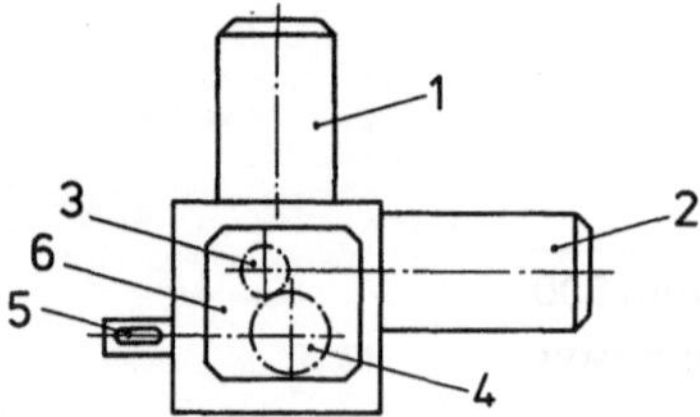

Bild 3.8. Vorschubantrieb durch Wechselradgetriebe

Getriebeplan

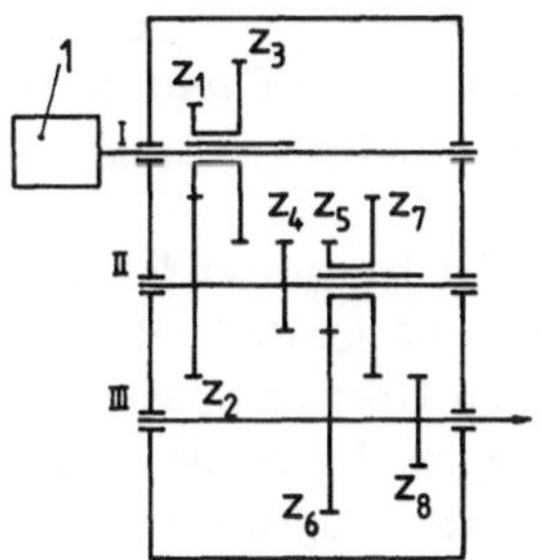

Bild 3.9. Hauptantrieb durch vierstufiges Schieberadgetriebe

werden auf der Zwischenwelle II zwei verschiedene Drehzahlen erreicht. Durch das Verschieben des Schieberadpaares auf der Zwischenwelle bekommt man auf der Hauptspindel III vier verschiedene Drehzahlen:

$$n_\mathrm{M} \cdot \frac{z_1}{z_2}\frac{z_5}{z_6},$$

$$n_\mathrm{M} \frac{z_3}{z_4}\frac{z_5}{z_6},$$

$$n_\mathrm{M} \frac{z_1}{z_2}\frac{z_7}{z_8},$$

$$n_\mathrm{M} \frac{z_3}{z_4}\frac{z_7}{z_8}.$$

In Bild 3.10 ist ein neunstufiges Dreiwellengetriebe dargestellt. Mit dem Verschieben der Schieberadgruppe, die aus drei Rädern besteht, werden auf der Zwischenwelle drei verschiedene Drehzahlen erreicht. Durch das Verschieben der Schieberadgruppe auf der Zwischenwelle bekommt man auf der Hauptspindel III neun verschiedene Drehzahlen.

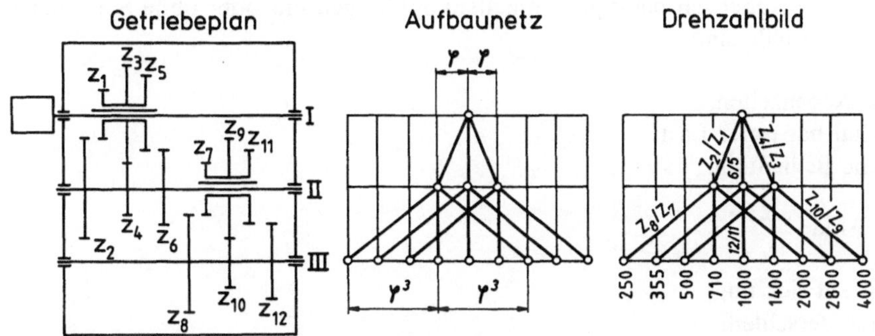

Bild 3.10. Hauptantrieb durch neunstufiges Schieberadgetriebe

Der innere gesetzmäßige Aufbau eines Getriebes wird im Aufbaunetz verdeutlicht. So wird in diesem Beispiel deutlich, daß die Drehzahlen vom Antriebsmotor mit einem Drehzahlverhältnis φ (ins Langsame und ins Schnelle) und $\varphi^\circ = 1$ auf die Zwischenwelle übertragen werden. Von der Zwischenwelle werden die Drehzahlen mit dem Drehzahlverhältnis φ^3 (ins Langsame und ins Schnelle) und $\varphi^\circ = 1$ auf die Hauptspindel übertragen.

Aus dem Drehzahlbild wird deutlich, daß die Drehzahlen der Hauptspindel von $n_1 = 250 \text{ min}^{-1}$ bis $n_z = 4000 \text{ min}^{-1}$ mit dem Stufensprung $\varphi = 1{,}4$ der Reihe R 20/3 (s. Tabelle 1.13) gewechselt werden. In dem Drehzahlbild werden Übersetzungs- und Untersetzungsverhältnisse zwischen einzelnen Wellen eingetragen. Es werden z. B. von der Zwischenwelle II auf die Hauptspindel III mit der Schieberadgruppe

— das Übersetzungsverhältnis $i = z_{10}/z_9 = 1 : \varphi^3 = 1 : 1{,}4^4 = 1 : 2{,}75,$
— das Untersetzungsverhältnis $i = z_8/z_7 = \varphi^3 = 1{,}4^3 = 2{,}75$ und
— das Drehzahlverhältnis $i = z_{12}/z_{11} = \varphi^\circ = 1{,}4^\circ = 1$

realisiert.

Das Drehzahlverhältnis n_z/n_1 beträgt

$$\frac{n_z}{n_1} = \frac{4000}{250} = 16 = \varphi^{z-1} \,.$$

Die Stufenzahl beträgt nach (3.3) daher

$$z = \frac{\log (n_z/n_1)}{\log \varphi} + 1 = \frac{\log (4000/250)}{\log 1{,}4} + 1 \cong 9$$

Schieberadgetriebe finden an Sonderwerkzeugmaschinen, die für eine Familie ähnlicher Werkstücke konzipiert werden, Anwendung, da hier ein schnellerer Drehzahlwechsel erforderlich ist.

3.2.3.5 Kupplungsgetriebe

Kupplungsgetriebe finden an den heutigen Werkzeugmaschinen mit automatischen Drehzahländerungen als fernschaltbare Getriebe ihre Anwendung. Zu diesem Zwecke werden elektromagnetisch betätigte Lamellenkupplungen mit oder ohne Schleifring angewandt. Vorteile sind:

— Kurze Nebenzeiten,
— fernschaltbar unter Last,
— einfache Bedienung.

Nachteile sind:

— Wärmeentwicklung,
— höherer Verschleiß,
— alle Räder sind ständig im Eingriff.

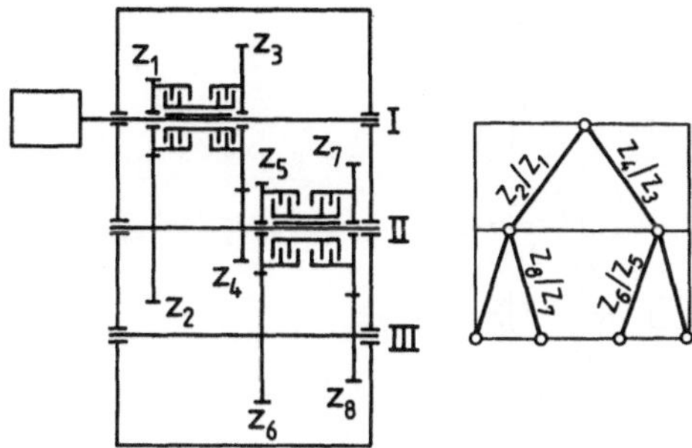

Bild 3.11. Hauptantrieb durch vierstufiges Kupplungsgetriebe

Bild 3.11 zeigt einen Hauptantrieb durch vierstufiges Kupplungsgetriebe. Auf den Wellen I und II befinden sich elektromagnetisch betätigte Lamellendoppelkupplungen. Die Kupplungen, die mit den Wellen I und II formschlüssig verbunden sind, übertragen das Drehmoment durch Lamellen entweder auf die Zahnräder z_1 bzw. z_5, oder z_3 bzw. z_7. Die Hauptspindel hat wie beim Getriebe aus Bild 3.9 folgende Drehzahlen:

$$n_M \frac{z_1}{z_2} \frac{z_5}{z_6},$$

$$n_M \frac{n_3}{z_4} \frac{z_5}{z_6},$$

$$n_M \frac{z_1}{z_2} \frac{z_7}{z_8},$$

$$n_M \frac{z_3}{z_4} \frac{z_7}{z_8}.$$

3.2.3.6 Stufenlose mechanische Antriebe

Die stufenlose Drehzahleinstellung ermöglicht die optimale Anpassung der Schnitt- und der Vorschubgeschwindigkeit an die jeweiligen Arbeitsbedingungen. An heutigen Werkzeugmaschinen werden zunehmend stufenlose elektrische und stufenlose hydraulische Antriebe angewandt, da sich bei den stufenlosen mechanischen Antrieben folgende Nachteile ergeben:

— schlupfbehaftete Bewegungsübertragung,
— hoher Verschleiß und somit geringere Lebensdauer,
— höhere Kosten.

In Bild 3.12 ist ein mechanisch stufenlos einstellbares Getriebe dargestellt. Durch axiales Verschieben der kegeligen Scheiben auf der Antriebswelle I und der Abtriebswelle II entstehen unterschiedliche Laufradien. Auf diese Art ist es möglich, Übersetzungsverhältnisse (Bild A) von $i = R_{min}/R_{max} = 1:3$ und Untersetzungsverhältnisse (Bild B) von $i = R_{max}/R_{min} = 3:1$ zu erreichen.

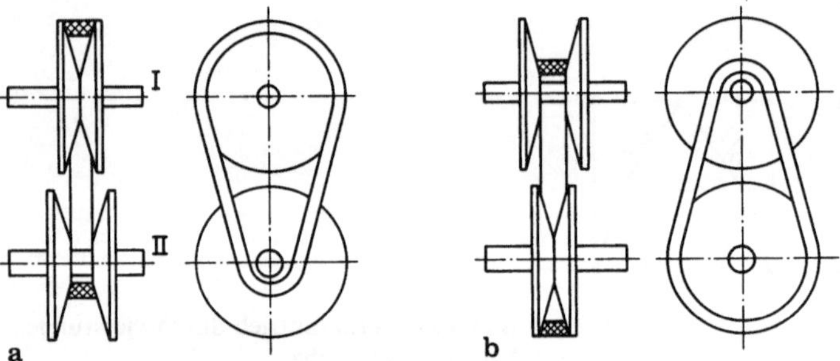

Bild 3.12. Mechanisch stufenlos einstellbares Umschlingungsgetriebe

Als Drehmomentübertragungselement werden Riemen, Lamellenkette und Rollenkette verwendet.

Bild 3.13 zeigt das Drehzahlbild des in Bild 3.12 dargestellten Getriebes.

Beim P.I.V.-Getriebe („Positiv infinitely variable") werden Lamellenketten als Drehmomentübertragungselement verwendet (Bild 3.14). Von der Verstellspindel mit Links- und Rechtsgewinde 1 werden die beiden Hebel 2 gegenläufig bewegt, so daß sich die auf der Antriebswelle I und der Abtriebswelle II befindlichen Kegelpaare im gleichen Verhältnis gegenläufig bewegen.

3.2.4 Gleichstrom- und Drehstromantriebe mit elektrischer Drehzahleinstellung

Gleichstrom- und Drehstromantriebe mit elektrischer Drehzahleinstellung werden in zunehmendem Maße für Haupt- und Vorschubantriebe an heutigen Werkzeugmaschinen angewandt. Die Motordrehzahlen werden durch konstante Widerstände festgelegt, damit sie in dem gegebenen Moment abgerufen werden können. Diese Antriebe zeichnen sich durch ein sehr gutes dynamisches Verhalten und hohen Wirkungsgrad aus.

3.2.4.1 Kennlinie des Haupt- und Vorschubantriebs

Beim Hauptantrieb wird bei der Veränderung der Hauptspindeldrehzahl eine konstante Leistung benötigt,

$$P = F_c v_c = \text{const.}$$

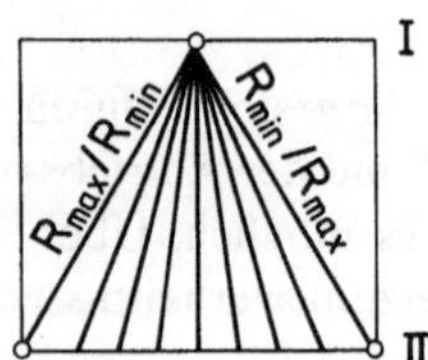

Bild 3.13. Drehzahlbild des stufenlos einstellbaren Getriebes

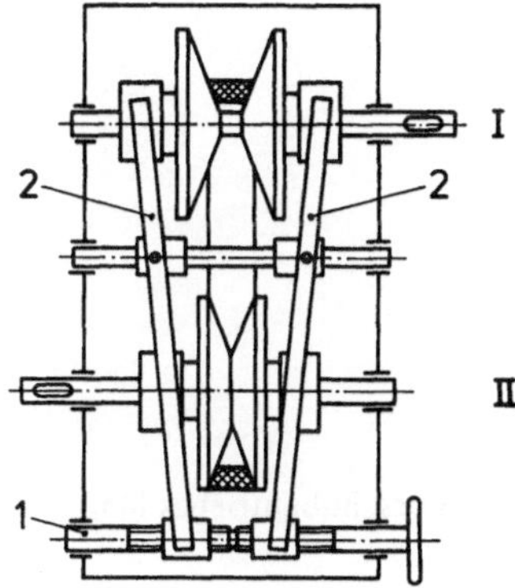

Bild 3.14 P.I.V.-Getriebe

Mit

$$v_c = \frac{\pi D n}{60} \quad \text{und} \quad M = F_c \frac{D}{2}$$

wird die Leistungsgleichung zu

$$P = \frac{2M}{D} \frac{\pi D n}{60} \quad \text{oder}$$

$$P = M n \frac{\pi}{30}. \tag{3.4}$$

Die Kennlinie des Hauptantriebes ist in Bild 3.15 dargestellt. Man erkennt, daß nicht im gesamten Drehzahlbereich die Drehzahlen bei konstanter Leistung geändert werden. Im niedrigeren Drehzahlbereich steigt das Drehmoment bei konstanter Leistung immer schneller an, so daß es zweckmäßig ist, die Drehzahländerung bei konstanter Leistung durch das maximale Antriebsmoment, das die Hauptspindel übertragen kann, zu begrenzen. Diese Drehzahl wird als Nenndrehzahl n_N bezeichnet:

$$n_N = \frac{P}{M_{max}} \frac{30}{\pi}. \tag{3.5}$$

Zwischen n_N und n_{max} werden die Hauptspindeldrehzahlen bei konstanter Leistung, zwischen n_{min} und n_N bei konstantem Moment geändert.

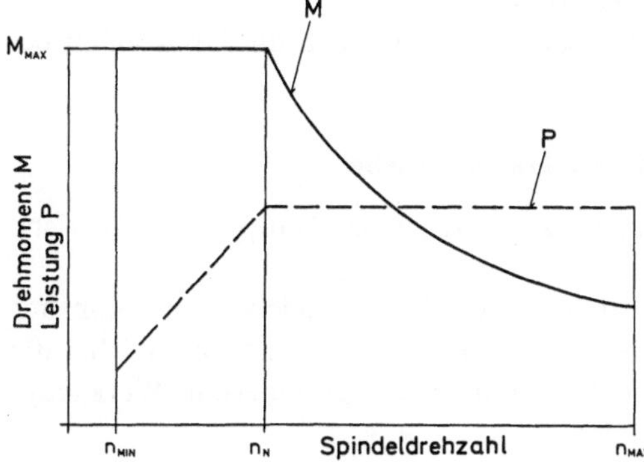

Bild 3.15. Kennlinie des Hauptantriebes [45]

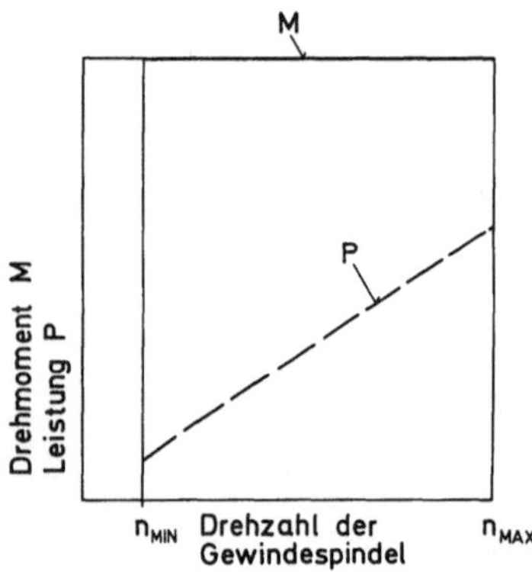

Bild 3.16. Kennlinie des Vorschubantriebes [45]

Beim Vorschubantrieb wird während der Veränderung der Vorschubgeschwindigkeit eine konstante Schubkraft des Vorschubantriebes benötigt. Bei den meisten
Vorschubantrieben wird die drehende Bewegung der Gewindespindel (Kugelrollspindel) mittels einer Gewindemutter (Kugelumlaufmutter) in die translatorische Bewegung des Vorschubtisches umgesetzt. Für die Beziehung zwischen Antriebsmoment
M und Schubkraft des Vorschubantriebes F_{SCH} gilt

$$M = F_{SCH}\,\frac{d_2}{2}\,\tan(\alpha + \varrho)\,. \tag{3.6}$$

Der Steigungswinkel der Gewindespindel α beträgt dabei

$$\tan\alpha = \frac{p}{\pi d_2}\,. \tag{3.7}$$

Der Reibungswinkel ϱ zwischen Gewindespindel und Mutter ist gegeben durch

$$\mu_s = \tan\varrho\,, \qquad \varrho = \arctan\mu_s\,.$$

Das Drehmoment M bleibt bei der Veränderung der Drehzahl konstant, da die
Schubkraft F_f unverändert bleibt,

$$F_f = \text{konstant}\,, \qquad M = \text{konstant}\,.$$

Bild 3.16 zeigt die Kennlinie des Vorschubantriebes.

In dem gesamten Drehzahlbereich von n_{min} bis n_{max} werden die Drehzahlen bei
konstantem Moment geändert.

3.2.4.2 Antriebsmotoren und Steuerung für die Hauptantriebe

Für die Hauptantriebe werden Gleichstrom- und Drehstrom-Hauptspindelantriebe
angewandt.

Gleichstrom-Hauptspindelantriebe bestehen aus einem Gleichstrommotor mit
Fremdbelüftung und einem Stromrichtergerät. Diese Antriebe sind speziell für die
Anforderungen an Hauptspindelantriebe von numerisch gesteuerten Werkzeugmaschinen entwickelt worden.

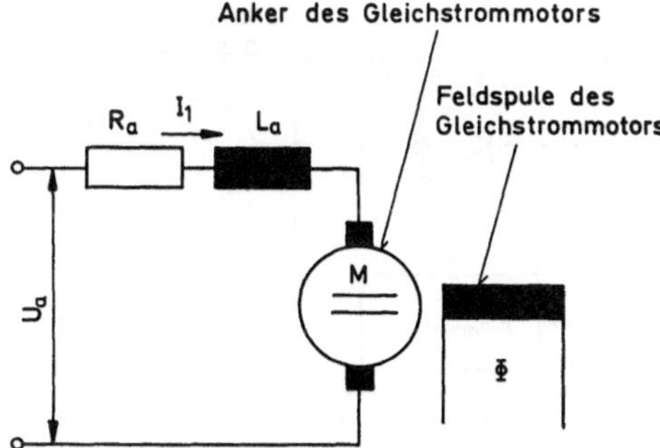

Bild 3.17. Ersatzbild des
Gleichstrommotors [45]

Das Ersatzbild des Gleichstrommotors ist in Bild 3.17 dargestellt.

Die Drehzahlen werden bei konstantem Moment durch die Veränderung der Ankerspannung U_a geändert. Dies wird aus folgender Gleichung deutlich:

$$U_a = K_1 \Phi n + R_a I_1 + L_a \frac{dI_1}{dt}. \tag{3.8}$$

Die Drehzahlen steigen linear an, wenn die Ankerspannung U_a zunimmt, da der Magnetfluß Φ und der Ankerstrom I_1 dabei unverändert bleiben. Das Drehmoment

$$M = K_2 I_1 \Phi \tag{3.9}$$

bleibt konstant.

Bei der Schwächung des Magnetflusses Φ steigt die Drehzahl an, da die Ankerspannung U_a und der Ankerstrom I_1 unverändert bleiben. Das Drehmoment nimmt bei dieser Veränderung ab. Bei gleichzeitiger Zunahme der Drehzahl und Abnahme des Moments bleibt die Leistung unverändert.

Deshalb wird der Teil der Kennlinie mit konstantem Moment als „Ankersteuerung" bezeichnet, der Teil der Kennlinie mit konstanter Leistung wird „Feldsteuerung" genannt.

Die Stromrichtergeräte für die Hauptantriebe werden aus mehreren Thyristormodulen zusammengesetzt.

Durch die Schwächung des Magnetflusses ist es möglich, die Drehzahlen bei konstanter Leistung in folgenden Drehzahlverhältnissen n_{max}/n_N zu ändern:

für die Leistungen bis   10 kW: n_{max}/n_N bis 3,
        von   10 bis 50 kW: n_{max}/n_N bis 4,
        von   50 bis 450 kW: n_{max}/n_N bis 5.

Die maximal erreichbare Drehzahl der Gleichstrommotoren von Fa. Siemens [46] beträgt je nach Motortyp

$$n_{M\,max} = 2500 \text{ min}^{-1}, \quad 4500 \text{ min}^{-1}, \quad 5000 \text{ min}^{-1} \quad \text{und} \quad 7000 \text{ min}^{-1}.$$

Die kleinstmögliche Motordrehzahl im Bereich mit konstantem Drehmoment wird durch die Motortype und durch den eingebauten Tachogeneratortyp bestimmt, sie liegt bei

$$n_{M\,min} = 5 \text{ min}^{-1} \text{ bis } 50 \text{ min}^{-1} \text{ [46]}.$$

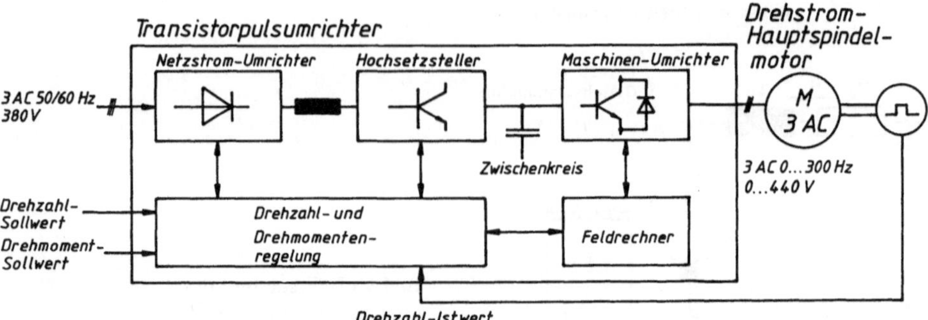

Bild 3.18. Transistorpulsumrichter für Speisung von Drehstrommotoren für Hauptspindelantrieb [46]

Drehstrom-Hauptspindelantriebe bestehen aus einem speziell für die Anforderung an numerisch gesteuerte Werkzeugmaschinen entwickelten Drehstrom-Asynchronmotor mit Käfigläufer mit Fremdbelüftung und einem Transistorpulsumrichter (Bild 3.18), der als Frequenzumrichter ausgelegt ist. Durch die Änderung der Ständerfrequenz ist es möglich, die Drehzahlen bei konstanter Leistung je nach Motortyp in dem Drehzahlverhältnis

$$n_{\mathrm{max}}/n_{\mathrm{M}} = 3 \ldots 5$$

zu ändern.

Maximal erreichbare Drehzahlen von Drehstrommotoren der Fa. Siemens [46] betragen je nach der Motortype

$$n_{\mathrm{M\,max}} = 5000\ \mathrm{min}^{-1}, \quad 6300\ \mathrm{min}^{-1} \quad \mathrm{und} \quad 8000\ \mathrm{min}^{-1}.$$

Die kleinstmögliche Motordrehzahl im Bereich mit konstantem Drehmoment liegt je nach der Motortype bei [46]

$$n_{\mathrm{M\,min}} = 5 \ldots 8\ \mathrm{min}^{-1}.$$

3.2.4.3 Antriebsmotoren und Steuerung für die Vorschubantriebe

Die dauermagneterregten Gleichstrom-Servomotoren und Drehstrom-Servomotoren sind als Vorschubantriebsmotoren für Werkzeugmaschinen entwickelt worden. Bei der Wahl zwischen Drehstrom-Servoantrieben (AC-Antrieb) und Gleichstrom-Servoantrieben (DC-Antrieb) ist zu beachten:

— Werden Wartungsfreiheit sowie bessere Servoeigenschaften und hohe dynamische Belastbarkeit gewünscht, wird ein Drehstrom-Servoantrieb gewählt;
— werden die Kosten in den Vordergrund gestellt, und akzeptiert man eine regelmäßige Bürstenwartung, wird die Wahl auf einen Gleichstrom-Servoantrieb fallen.

Die Ansteuerung der Gleichstrom-Servomotoren erfolgt durch Stromrichtergeräte mit Thyristoren und Transistoren. Die Thyristoren in sechspulsiger kreisstromfreier Gegenparallelschaltung werden wegen kompakter und kostengünstiger Bauweise häufig verwendet (Bild 3.19a). Bei hohen Anforderungen an das Beschleunigungsver-

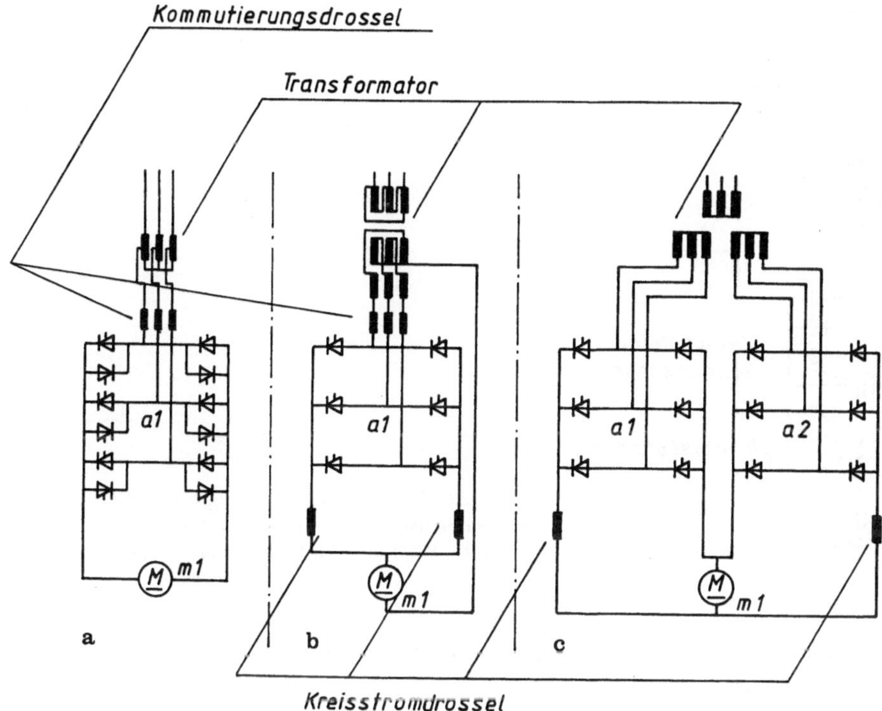

Bild 3.19a–c. Stromrichterschaltungen für Ansteuerung von Gleichstrom-Servomotoren für Vorschubantriebe durch Thyristoren [47]. **a** sechspulsige kreisstromfreie Gegenparallelschaltung, **b** dreipulsige kreisstromführende Gegenparallelschaltung, **c** sechspulsige kreisstromführende Kreuzschaltung, a_1, a_2 = Thyristorsatz

mögen des Vorschubantriebes wird eine dreipulsige kreisstromführende Gegenparallelschaltung von Thyristoren verwendet (Bild 3.19b). Bei den höchsten Anforderungen an die Positioniergenauigkeit und an das dynamische Verhalten des Vorschubantriebes werden Thyristoren in sechspulsiger kreisstromführender Kreuzschaltung eingesetzt (Bild 3.19c).

In zunehmendem Maße werden Stromrichtergeräte mit Transistoren angewandt (Bild 3.20). Sie zeichnen sich durch sehr gutes dynamisches Verhalten, hohe Regelgenauigkeit und gute Motorausnutzung aus. Sie werden für die höchsten Anforderungen an die Positioniergenauigkeit eingesetzt.

Durch die Veränderung der Ankerspannung ist es möglich, die Drehzahlen bei konstantem Moment im Verhältnis bis zu

$$i_R = n_{M\,max}/n_{M\,min} = 10000$$

problemlos zu ändern.

Dieser Steuerbereich kann im Sonderfall mit Transistoren bis zu

$$i_R = n_{M\,max}/n_{M\,min} = 50000$$

erweitert werden.

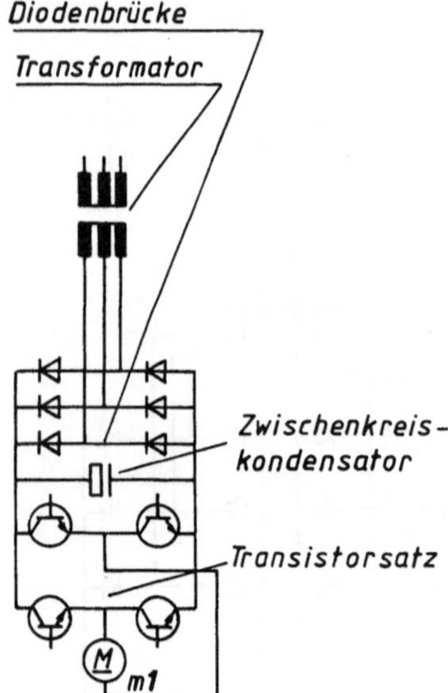

Bild 3.20. Stromrichterschaltung für Ansteuerung von Gleichstrom-Servomotoren für Vorschubantriebe durch Transistoren [47]

Die maximal erreichbare Drehzahl von Gleichstrom-Servomotoren beträgt je nach der Motortype [46]

$$n_{M\,max} = 1200\ \text{min}^{-1}, \qquad 2000\ \text{min}^{-1} \quad \text{und} \quad 3000\ \text{min}^{-1}.$$

Als kleinstmögliche Motordrehzahl kann problemlos

$$n_{M\,min} < 1\ \text{min}^{-1}$$

erreicht werden.

Die Vorschubantriebe, die für die Bahnsteuerung numerisch gesteuerter Werkzeugmaschinen angewandt werden, müssen kurze Beschleunigungs- und Verzögerungszeiten sicherstellen. Die Servomotoren wurden deshalb so entwickelt, daß sie für den Beschleunigungsvorgang, d. h. im dynamischen Bereich, in der Zeit

$$t_B = 200\ \text{ms}$$

das vierfache Stillstandsdrehmoment

$$M_{M\,max}/M_M = 4$$

aufbringen.

Drehstrom-Vorschubantriebe bestehen aus einem dauermagneterregten Drehstrom-Servomotor und einem Transistorpulsumrichter, der als Frequenzumrichter ausgelegt ist (Bild 3.21). Die maximal erreichbaren Drehzahlen von Drehstrom-Servomotoren betragen je nach der Motortype [46]

$$n_{M\,max} = 1200\ \text{min}^{-1}, \quad 2000\ \text{min}^{-1}, \quad 3000\ \text{min}^{-1}, \quad 4000\ \text{min}^{-1},$$
$$4500\ \text{min}^{-1}, \quad 6000\ \text{min}^{-1}.$$

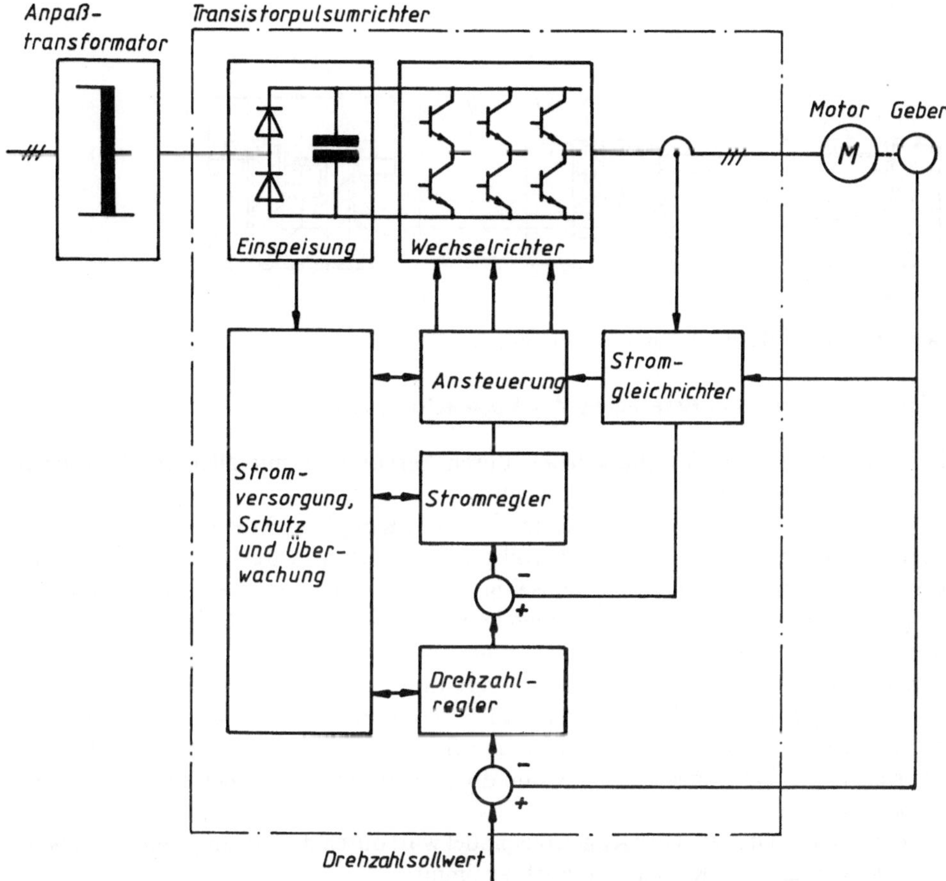

Bild 3.21. Transistorpulsumrichter für Speisung von Drehstrom-Servomotoren für Vorschubantriebe [46]

Als kleinstmögliche Motordrehzahl kann problemlos

$$n_{M\,min} < 1 \text{ min}^{-1}$$

erreicht werden.

Die Drehstrom-Servomotoren können für den Beschleunigungsvorgang, d. h. im dynamischen Bereich, in der Zeit

$$t_B = 200 \text{ ms}$$

das zweifache Stillstandsdrehmoment

$$M_{M\,max}/M_M = 2$$

aufbringen.

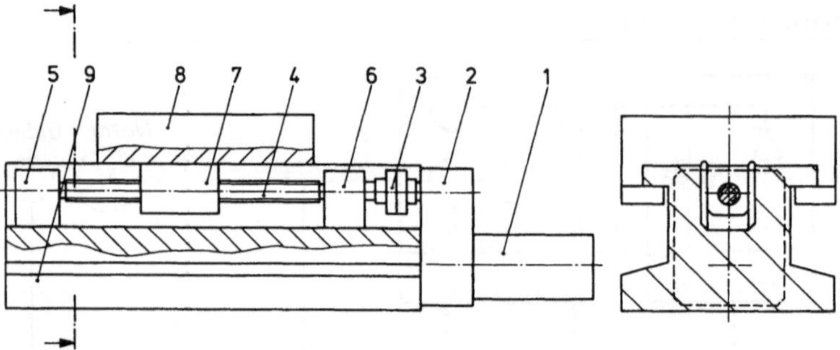

Bild 3.22. Vorschubantrieb durch Servomotor

3.2.4.4 Auslegung und Berechnung des Vorschubantriebs

Im Bild 3.22 ist ein Vorschubantrieb durch Servomotor mit allen mechanischen Antriebselementen vereinfacht dargestellt.

Der Servomotor 1 treibt über Getriebe 2 und Kupplung 3 die Gewindespindel 4 an. Die Gewindespindel, die als Kugelrollspindel ausgeführt wird, ist in den Lagerböcken 5 und 6 radialgelagert und einseitig oder beidseitig axialgelagert. Durch die Kugelumlaufmutter 7 wird die drehende Bewegung der Kugelrollspindel auf die translatorische Bewegung des Tisches 8 umgesetzt. Das Getriebe 2, das am Bett 9 befestigt ist, hat ein festes Untersetzungsverhältnis.

Die Kugelrollspindel wird durch den Servomotor direkt angetrieben, wenn es möglich ist, ohne Getriebe die gewünschte Schubkraft mit dem gewählten Antrieb zu erreichen und alle linearbewegten und drehenden Massen in einer Zeit von 200 ms zu beschleunigen.

Die höchste Drehzahl der Kugelrollspindel wird durch die Eilganggeschwindigkeit und die Steigung der Kugelrollspindel bestimmt:

$$n_{s\,max} = \frac{v_{EILG}}{p} .$$

(3.10)

Die niedrigste Drehzahl der Kugelrollspindel errechnet sich aus der niedrigsten Geschwindigkeit des Tisches:

$$n_{s\,min} = \frac{v_{min}}{p} .$$

(3.11)

Durch die Gewichtskraft des Schlittens F_G wird an den Führungsbahnen zwischen Schlitten und Bett die Reibungskraft

$$F_\mu = \mu F_G = \mu m_l g$$

(3.12)

erzeugt.

Der Antriebsmotor wird so bestimmt, daß die Schubkraft des Vorschubantriebes F_{SCH} die Vorschubkraft F_f und die Reibungskraft F_μ beherrschen kann:

$$F_{SCH} \geqq F_f + F_\mu .$$

(3.13)

Ersetzt man in (3.13) die Schubkraft F_{SCH} durch die Darstellung aus (3.6), erhält man für das erforderliche Drehmoment M an der Gewindespindel

$$M \geqq (F_{\mathrm{f}} + F_{\mu}) \frac{d_2}{2} \tan (\alpha + \varrho) . \tag{3.14}$$

Für den Steigungswinkel der Gewindespindel gilt (3.7)

$$\tan \alpha = \frac{p}{\pi d_2} .$$

Der Reibungswinkel zwischen Gewindespindel und Mutter beträgt wie üblich

$$\varrho = \arctan \mu_{\mathrm{s}} .$$

Wenn die Kugelrollspindel direkt durch den Servomotor angetrieben wird, gilt

$$M = M_{\mathrm{M}} . \tag{3.15}$$

Wenn der Servomotor die Kugelrollspindel über ein Getriebe (wie in Bild 3.22) antreibt, gilt

$$M = M_{\mathrm{M}} i . \tag{3.16}$$

Nun werden die Massenträgheitsmomente der drehenden und der linearbewegten Massen berechnet.

Das Massenträgheitsmoment der drehenden Massen eines zylindrischen Körpers (Kugelrollspindel) beträgt

$$I_{\mathrm{D}} = \frac{1}{2} m_{\mathrm{d}} R^2 . \tag{3.17}$$

Für die Masse des zylindrischen Körpers gilt

$$m_{\mathrm{d}} = \gamma R^2 \pi l . \tag{3.18}$$

Das Massenträgheitsmoment der drehenden Massen eines Hohlzylinders (hohle Spindel, Räder) beträgt

$$I_{\mathrm{D}} = \frac{1}{2} m_{\mathrm{d}} (R^2 + r^2) . \tag{3.19}$$

Für die Masse des Hohlzylinders gilt

$$m_{\mathrm{d}} = \gamma (R^2 - r^2) \pi l . \tag{3.20}$$

Wenn der Servomotor die Kugelrollspindel über ein Getriebe antreibt (s. Bild 3.22), müssen alle Massenträgheitsmomente auf die Motorwelle reduziert werden.

Das Massenträgheitsmoment der drehenden Massen z. B. einer Kugelrollspindel, reduziert auf Motorwelle, beträgt

$$I_{\mathrm{RD}} = I_{\mathrm{D}} \frac{l}{i^2} . \tag{3.21}$$

Die höchste Drehzahl der Kugelrollspindel wird in diesem Falle mit der höchsten Motordrehzahl erreicht,

$$n_{s\,max} = \frac{n_{M\,max}}{ii_{el}} \, . \tag{3.22}$$

Die elektrische Untersetzung i_{el} als Teil des Regelbereiches ist notwendig, um die gewünschte Drehzahl $n_{n\,max}$ zu erreichen. Die niedrigste Drehzahl der Kugelrollspindel ist

$$n_{s\,min} = \frac{n_{M\,max}}{ii_{R}} \, . \tag{3.23}$$

Die höchste Tischgeschwindigkeit im dynamischen Bereich v_{max} wird durch die höchste Motordrehzahl im dynamischen Bereich erreicht,

$$v_{max} = \frac{n_{M\,max\,D}}{i} \, p \, . \tag{3.24}$$

Die höchste Drehzahl der Kugelrollspindel im dynamischen Bereich beträgt

$$n_{s\,max\,D} = \frac{n_{M\,max\,D}}{i} \, . \tag{3.25}$$

Das Massenträgheitsmoment der linearbewegten Masse des Tisches (mit allen auf dem Tisch befindlichen Teilen), bezogen auf die Gewindespindel, beträgt

$$I_{L} = 91 m_{l} \frac{(v_{max}/60)^{2}}{n_{s\,max\,D^{2}}} \, . \tag{3.26}$$

Setzt man (3.24) und (3.25) in (3.26) ein, bekommt man

$$I_{L} = 91 m_{l} \frac{p^{2}}{60^{2}} \, . \tag{3.27}$$

Beim Antrieb über ein Getriebe müssen auch die Massenträgheitsmomente der linearbewegten Masse des Tisches auf die Motorwelle reduziert werden:

$$I_{RL} = I_{L} \frac{1}{i^{2}} \, . \tag{3.28}$$

Die Summe aller Massenträgheitsmomente, die auf die Motorwelle reduziert werden, ist gegeben durch

$$I_{R} = I_{RD} + I_{RL} \, . \tag{3.29}$$

In der Dynamik sind die Gl. (3.10) bis (3.29) als Theorie der drehenden und linearbewegten Massen bekannt.

Das dynamische Grundgesetz der Rotation lautet

$$M = I\alpha, \tag{3.30}$$

d. h. das Drehmoment wird als Produkt aus Massenträgheitsmoment I und Winkelbeschleunigung α ausgedrückt.

Bei gleichförmig beschleunigter Kreisbewegung kann die Winkelbeschleunigung α als Quotient aus Winkelgeschwindigkeit ω und Zeit t ausgedrückt werden,

$$\alpha = \frac{\omega - \omega_0}{\Delta t}. \tag{3.31}$$

Die Winkelgeschwindigkeit ist eine Funktion der Drehzahl n,

$$\omega = \frac{\pi n}{30}. \tag{3.32}$$

Da von $n_0 = 0$ beschleunigt wird, gilt

$$\omega_0 = 0.$$

Für die Winkelbeschleunigung gilt damit

$$\alpha = \frac{\omega}{\Delta t}. \tag{3.33}$$

Setzt man (3.30) und (3.32) in (3.33) ein, erhält man

$$\Delta t = \frac{\pi n I}{30 M}. \tag{3.34}$$

Die Gl. (3.34) kann immer dann angewandt werden, wenn die drehenden Massen von der Drehzahl 0 auf n durch das Drehmoment M beschleunigt werden.

Beim Vorschubantrieb wird diese Gleichung auf die Welle des Servomotors angewandt.

Durch das maximale Motordrehmoment $M_{M\,max}$ werden alle drehenden und linearbewegten Massen (Massenträgheitsmoment I_R) und die Masse des Rotors (Massenträgheitsmoment I_M) von $n_M = 0$ bis $n_{M\,max\,D}$ in der Beschleunigungszeit t_B beschleunigt.

Aus (3.34) folgt dann

$$t_B = \frac{\pi n_{M\,max\,D}(I_R + I_M)}{30 M_{M\,max}}. \tag{3.35}$$

Man findet in den Angaben von Antriebsmotoren-Herstellern auch folgende Näherungsgleichung

$$t_B = \frac{40}{375}\frac{n_{M\,max\,D}(I_R + I_M)}{M_{M\,max}}, \tag{3.36}$$

die sich von (3.35) lediglich dadurch unterscheidet, daß der Faktor π durch den Wert 3,2 ersetzt ist, d. h. die berechneten Beschleunigungs- bzw. Verzögerungszeiten unterscheiden sich nur unwesentlich.

Die Beschleunigungszeiten sollen unter 200 ms liegen,

$$t_\mathrm{B} < 200\,\mathrm{ms}\,,$$

da das maximale Motormoment nur im dynamischen Bereich von 200 ms aufgebracht werden kann [46].

Bei der Auslegung eines Vorschubantriebes soll rechnerisch überprüft werden, ob die Resonanzfrequenzen des Vorschubantriebes unter dem minimal zulässigen Wert liegen, die von der NC-Steuerungsfirma angegeben wird. Auf keinen Fall darf sie den Wert von 40 Hz unterschreiten.

Die Resonanzfrequenz des Vorschubantriebes wird nach folgender Gleichung bestimmt:

$$f = \frac{1}{2\pi}\sqrt{\frac{K}{m_1}}\,. \tag{3.37}$$

Die resultierende axiale Federkonstante des Vorschubantriebes wird, wenn die Gewindespindel, d. h. die Kugelrollspindel, von einer Seite axial gelagert ist, nach dem Prinzip der Reihenschaltung von Federn bestimmt:

$$\frac{1}{K} = \frac{1}{K_\mathrm{s}} + \frac{1}{K_\mathrm{L}} + \frac{1}{K_\mathrm{M}}\,. \tag{3.38}$$

Wenn die Gewindespindel von beiden Seiten (in den Lagerböcken 5 und 6, Bild 3.22) axial gelagert ist, wird die resultierende Federkonstante nach folgender Gleichung berechnet:

$$\frac{1}{K} = \frac{1}{4K_\mathrm{s}} + \frac{1}{2K_\mathrm{L}} + \frac{1}{K_\mathrm{M}}\,. \tag{3.39}$$

Die axiale Federkonstante der Gewindespindel wird bestimmt durch

$$K_\mathrm{s} = \frac{d_\mathrm{s}^2 \pi E}{4 l_\mathrm{s}}\,. \tag{3.40}$$

Genau genommen sollte d_s etwas kleiner als der Außendurchmesser der Kugelrollspindel genommen werden, da die Kugelrollspindel durch die Kugellaufbahn geschwächt wird (Bild 3.23).

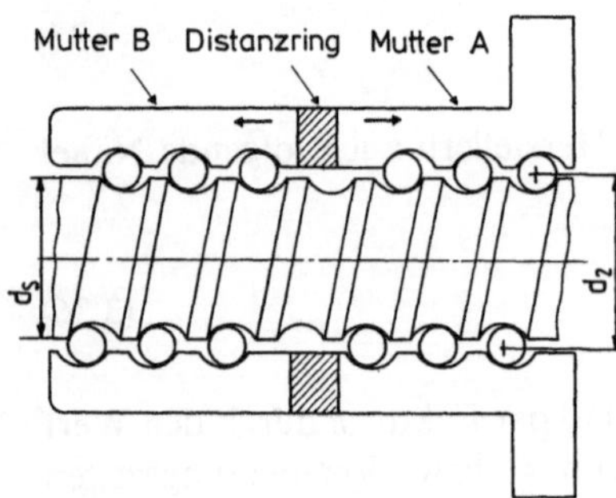

Bild 3.23 Kugelrollspindel und vorgespannte Doppelkugelumlaufmutter

3.2.4.5 Berechnungs- und Auslegungsbeispiel für den Vorschubantrieb

Gegeben:
Ein Vorschubantrieb für eine CNC-Werkzeugmaschine soll ausgelegt werden.

Tisch
Masse des Tisches mit allen auf dem Tisch befindlichen Teilen m_1 = 2265 kg,
Reibungskoeffizient zwischen Tisch (Teflon-Gleitbahnbelag) und Bett (Gußeisen) μ = 0,05,
Eilganggeschwindigkeit v_{EILG} = 10 m/min,
niedrigste Tischgeschwindigkeit v_{min} = 1 mm/min,
Vorschubkraft F_f = 22000 N.

Kugelrollspindel
Durchmesser der Kugelrollspindel d_s = 62,7 mm,
Rollenbahndurchmesser der Kugelrollspindel d_2 = 63 mm,
Steigung p = 10 mm,
Länge der Kugelrollspindel von Lager zu Lager l_s = 1485 mm,
axiale Federkonstante der Kugelumlaufmutter K_M = 18,5 ·10^8 N/m,
Federkonstante der Axiallager der Kugelrollspindel K_L = 24,1 · 10^8 N/m,
die Kugelrollspindel ist von einer Seite axial gelagert,
Reibungskoeffizient zwischen Kugelrollspindel und Kugelumlaufmutter μ_s = 0,005,
Elastizitätsmodul des Stahles für Kugelrollspindel E = 2,1 · 10^{11} N/m^2,
Dichte des Stahles für Kugelrollspindel γ = 7,85 · 10^3 kg/m^3.

Stromrichtergerät
Maximaler Regelbereich des Servoantriebes

$$i_K = n_{M\,max}/n_{M\,min} = 10000.$$

Gesucht:
Auslegung und Berechnung des Vorschubantriebes.

Lösung:
Für die höchste Drehzahl der Kugelrollspindel gilt (3.10)

$$n_{s\,max} = \frac{v_{\text{EILG}}}{p} = \frac{10}{0,01} = 1000\ \text{min}^{-1}.$$

Die niedrigste Drehzahl der Kugelrollspindel beträgt nach (3.11)

$$n_{a\,min} = \frac{v_{\text{min}}}{p} = \frac{0,001}{0,01} = 0,1\ \text{min}^{-1}.$$

Die Reibungskraft ist nach (3.12) gegeben durch

$$F_\mu = \mu m_1 g = 0,05 \cdot 2265 \cdot 9,81 = 1110,98\ \text{N}.$$

Der Steigungswinkel der Gewindespindel (Kugelrollspindel) wird nach (3.7)

$$\tan \alpha = \frac{p}{\pi d_2} = \frac{0,010}{\pi \cdot 0,063} = 0,0505, \qquad \alpha = 2,8924°.$$

Der Reibungswinkel zwischen Gewindespindel und Mutter beträgt

$$\varrho = \arctan \mu_s = \arctan 0,005 = 0,2865°.$$

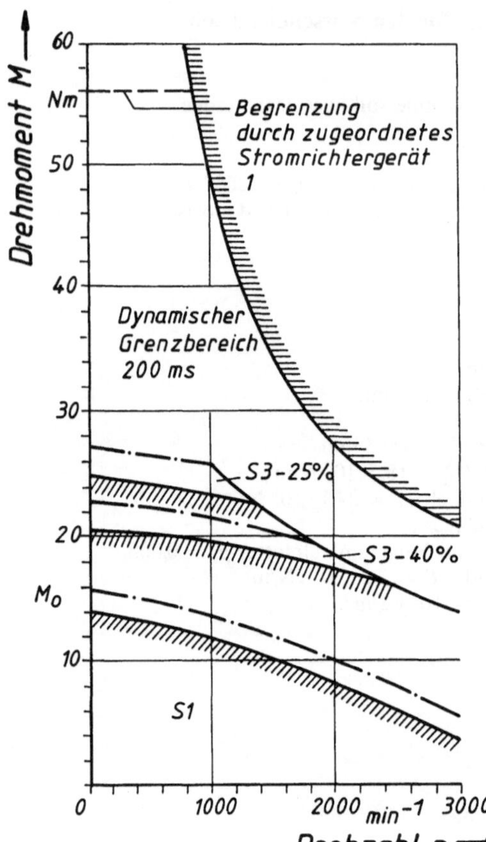

Bild 3.24. Kennlinie des Servo-Gleichstrommotors [46]

Für das erforderliche Drehmoment an der Gewindespindel muß nach (3.14) gelten:

$$M \geqq (F_f + F_\mu) \frac{d_2}{2} \tan(\alpha + \varrho)$$

$$= (22000 + 1110,98) \frac{0,063}{2} \tan(2,89 + 0,28)$$

$$= 40,43 \ \text{Nm} \,,$$

gewählt werde etwa $M = 42\ \text{Nm}$.

Es wird ein Servo-Gleichstrommotor [46] mit der Kennlinie nach Bild 3.24 ausgewählt. Dieser Motor hat ein Stillstandsdrehmoment von $M_M = 14\ \text{Nm}$, ein maximales Drehmoment im dynamischen Bereich von $M_{M\,max} = 56\ \text{Nm}$, maximal erreichbare Motordrehzahl $n_{M\,max}$ = 3000 min^{-1}, höchste Motordrehzahl im dynamischen Bereich $n_{M\,max\,D} = 1000\ \text{min}^{-1}$ und ein Massenträgheitsmoment $I_M = 0,0085\ \text{kg m}^2$.

Da das Stillstandsdrehmoment $M_M = 14\ \text{Nm}$ beträgt und das erforderliche Drehmoment an der Gewindespindel $M = 42\ \text{Nm}$ sein soll, wird zwischen Servomotor und Gewindespindel nach (3.16) ein Getriebe mit dem Untersetzungsverhältnis

$$i = \frac{M}{M_M} = \frac{42}{14} = 3$$

eingebaut.

Die drehende Masse der Kugelrollspindel ist nach (3.18)

$$m_\mathrm{d} = \gamma R^2 \pi l = \gamma (d_s/2)^2\, \pi l_s$$
$$= 7,85 \cdot 10^3\, (0,0627/2)^2\, \pi \cdot 1,485 = 35,99\ \mathrm{kg}\,.$$

Das Massenträgheitsmoment der drehenden Massen (Kugelrollspindel) beträgt nach (3.17)

$$I_\mathrm{D} = \frac{1}{2}\, m_\mathrm{d} R^2 = \frac{1}{2}\, m_\mathrm{d} \left(\frac{d_s}{2}\right)^2 = \frac{1}{2}\, 35,99 \left(\frac{0,0627}{2}\right)^2 = 0,0177\ \mathrm{kg\ m^2}\,.$$

Das Massenträgheitsmoment der Kugelrollspindel, reduziert auf die Motorwelle, ist nach (3.21)

$$I_\mathrm{RD} = I_\mathrm{D}\, \frac{1}{i^2} = 0,0177\, \frac{1}{3^2} = 0,0020\ \mathrm{kg\ m^2}\,.$$

Die höchste Spindeldrehzahl beträgt nach (3.22)

$$n_{s\,\mathrm{max}} = \frac{n_{M\,\mathrm{max}}}{i i_{el}} = \frac{3000}{3 \cdot 1} = 1000\ \mathrm{min}^{-1}\,,$$

$n_{s\,\mathrm{max}}$ konnte hier ohne elektrische Untersetzung erreicht werden. Die niedrigste Spindeldrehzahl wird nach (3.23)

$$n_{s\,\mathrm{min}} = \frac{n_{M\,\mathrm{max}}}{i i_\mathrm{R}} = \frac{3000}{3 \cdot 10000} = 0,1\ \mathrm{min}^{-1}\,.$$

Die maximale Geschwindigkeit des Tisches im dynamischen Bereich beträgt nach (3.24) unter Berücksichtigung der Kennlinie (Bild 3.24)

$$v_\mathrm{max} = \frac{n_{M\,\mathrm{max}\,D}}{i}\, p = \frac{1000}{3}\, 0,01 = 3,33\ \mathrm{m/min}\,.$$

Die maximale Spindeldrehzahl im dynamischen Bereich beträgt nach (3.25)

$$n_{s\,\mathrm{max}\,D} = \frac{n_{M\,\mathrm{max}\,D}}{i} = \frac{1000}{3} = 333,33\ \mathrm{min}^{-1}\,.$$

Das Massenträgheitsmoment der linearbewegten Masse des Tisches, bezogen auf die Gewindespindel, kann nach (3.26)

$$I_\mathrm{L} = 91 \cdot m_1\, \frac{(v_\mathrm{max}/60)^2}{n_{s\,\mathrm{max}\,D}^2} = \frac{91 \cdot 2265 (3,33/60)^2}{333,33^2} = 0,0057\ \mathrm{kg\ m^2}$$

oder (3.27)

$$I_\mathrm{L} = 91 m_1\, \frac{p^2}{60^2} = 91 \cdot 2265\, \frac{0,010^2}{60^2} = 0,0057\ \mathrm{kg\ m^2}$$

berechnet werden.

Das Massenträgheitsmoment der linearbewegten Masse des Tisches, reduziert auf Motorwelle, wird nach (3.28)

$$I_\mathrm{RL} = I_\mathrm{L}\, \frac{1}{i^2} = 0,0057\, \frac{1}{3^2} = 0,0006\ \mathrm{kg\ m^2}\,.$$

Die Summe aller Massenträgheitsmomente, die auf Motorwelle reduziert werden, beträgt nach (3.29) damit

$$I_\mathrm{R} = I_\mathrm{RD} + I_\mathrm{RL} = 0,0020 + 0,0006 = 0,0026\ \mathrm{kg\ m^2}\,.$$

Die Beschleunigungszeit errechnet sich nach (3.35) zu

$$t_B = \frac{\pi n_{M\,max\,D}(I_R + I_M)}{30 M_{M\,max}} = \frac{\pi \cdot 1000(0{,}0026 + 0{,}0085)}{30 \cdot 56} = 0{,}0208\ \text{s}\,,$$

oder nach (3.36)

$$t_B = \frac{40}{375}\,\frac{n_{M\,max\,D}(I_R + I_M)}{M_{M\,max}} = \frac{40}{375}\,\frac{1000(0{,}0026 + 0{,}0085)}{56} = 0{,}021\ \text{s}\,.$$

Der Vorschubantrieb ist gut ausgelegt worden, da alle drehenden und linearbewegten Massen von $n = 0$ bis $n = 1000\ \text{min}^{-1}$ in der Zeit von 21 ms beschleunigt werden. Die maximal zulässige Beschleunigungszeit beim Einsatz des maximalen Motormomentes $M_{M\,max}$ im dynamischen Bereich beträgt 200 ms (s. Bild 3.24).

Es wird nun überprüft, ob die Resonanzfrequenzen des Vorschubantriebes unter dem minimal zulässigen Wert liegen.

Die axiale Federkonstante der Gewindespindel ergibt sich nach Gleichung (3.40) zu

$$K_s = \frac{d_s^2 \pi E}{4 l_s} = \frac{0{,}0627^2 \pi 2{,}1 \cdot 10^{11}}{4 \cdot 1{,}485} = 4{,}36 \cdot 10^8\ \text{N/m}\,.$$

Die resultierende axiale Federkonstante des Vorschubantriebes beträgt nach Gleichung (3.38)

$$\frac{1}{K} = \frac{1}{K_s} + \frac{1}{K_L} + \frac{1}{K_M} = \frac{1}{4{,}36 \cdot 10^8} + \frac{1}{24{,}1 \cdot 10^8} + \frac{1}{18{,}5 \cdot 10^8}$$

$$= 0{,}32 \cdot 10^{-8}\,,$$

$$K = 3{,}0778 \cdot 10^8\ \text{N/m}\,.$$

Für die mechanische Resonanzfrequenz des Vorschubantriebes gilt Gleichung (3.37)

$$f = \frac{1}{2\pi}\sqrt{\frac{K}{m_1}} = \frac{1}{2\pi}\sqrt{\frac{3{,}0778 \cdot 10^8}{2265}} = 58{,}6\ \text{s}^{-1}\,.$$

Der Vorschubantrieb ist gut ausgelegt, da

$$f > 40\ \text{Hz}\,,$$

d. h.

$$58{,}6 > 40\,.$$

Bei dieser Aufgabe wurde ein kleinerer Servomotor eingebaut. Damit die gewünschte Schubkraft erreicht werden kann, wurde zwischen Motor und Kugelrollspindel ein Getriebe mit Untersetzungsverhältnis $i = 3$ eingesetzt.

Die Kugelrollspindel könnte direkt (ohne Getriebe) angetrieben werden, wenn man einen stärkeren Servomotor einsetzen würde. Nehmen wir an, daß ein Servo-Gleichstrommotor (Bild 3.25) mit einem Stillstandsdrehmoment von $M_M = 47\ \text{Nm}$ vorgesehen wird. Dieser Motor hat ein maximales Drehmoment im dynamischen Bereich von $M_{M\,max} = 165\ \text{Nm}$, maximal erreichbare Motordrehzahl $n_{M\,max} = 1000\ \text{min}^{-1}$, höchste Motordrehzahl im dynamischen Bereich $n_{M\,max\,D} = 350\ \text{min}^{-1}$ und ein Massenträgheitsmoment $I_M = 0{,}11\ \text{kg m}^2$.

Die höchste Spindeldrehzahl wird durch die maximal erreichbare Motordrehzahl erreicht:

$$n_{s\,max} = n_{M\,max} = 1000\ \text{min}^{-1}\,.$$

Die niedrigste Spindeldrehzahl kann auch mit der maximal erreichbaren Motordrehzahl und mit der elektrischen Steuerung i_R erreicht werden,

$$n_{s\,min} = \frac{n_{M\,max}}{i_R} = \frac{1000}{10000} = 0{,}1\ \text{min}^{-1}\,.$$

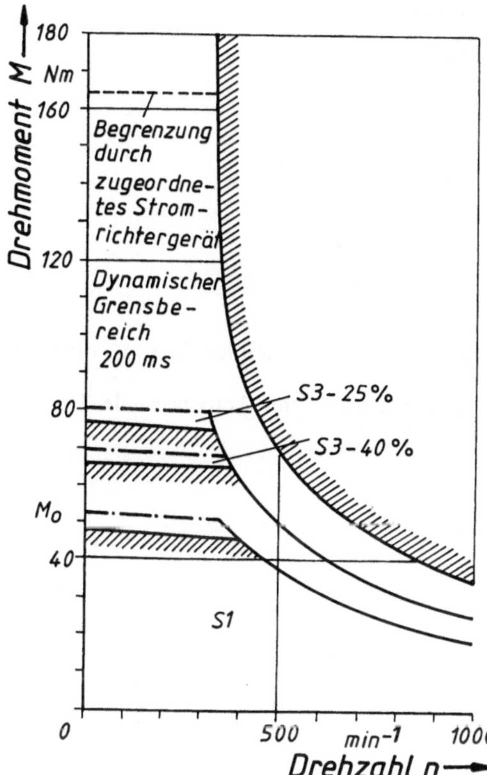

Bild 3.25 Kennlinie des Servo-Gleichstrommotors [46]

Mit diesem Antrieb können die vorgesehenen Vorschub- und Reibungskräfte aufgenommen werden, da

$$M \geqq 40,43 \, \text{Nm} \, ,$$

denn es gilt

$$M = M_\text{M} = 47 \, \text{Nm} \, .$$

Die maximale Geschwindigkeit des Tisches im dynamischen Bereich beträgt

$$v_\text{max} = n_\text{M max D} p = 350 \cdot 0,01 = 3,5 \, \text{m/min} \, .$$

Die maximale Spindeldrehzahl im dynamischen Bereich ist gleich der höchsten Motordrehzahl im dynamischen Bereich,

$$n_\text{s max D} = n_\text{M max D} = 350 \, \text{min}^{-1} \, .$$

Das Massenträgheitsmoment der linearbewegten Masse des Tisches, bezogen auf die Gewindespindel (gleichzeitig Motorwelle), wird nach (3.26)

$$I_\text{L} = 91 m_1 \frac{(v_\text{max}/60)^2}{n_\text{s max D}^2} = 91 \cdot 2265 \frac{(3,5/60)^2}{350^2} = 0,0057 \, \text{kg m}^2 \, .$$

Das Massenträgheitsmoment der Kugelrollspindel bleibt

$$I_\text{D} = 0,0177 \, \text{kg m}^2 \, .$$

Als Summe aller Massenträgheitsmomente erhält man

$$I_R = I_D + I_L = 0,0177 + 0,0057 = 0,0234 \, \text{kg m}^2 \, .$$

Die Beschleunigungszeit beträgt somit nach (3.35)

$$t_B = \frac{\pi n_{M\,max\,D}(I_R + I_M)}{30 \cdot M_{M\,max}} = \frac{\pi \cdot 350(0,0234 + 0,11)}{30 \cdot 165}$$

$$= 0,0296 \, \text{s} = 29 \, \text{ms} \, ,$$

d. h. auch dieser Antrieb ist gut ausgelegt, da

$$t_B < 200 \, \text{ms} \, .$$

Alternativlösungen müssen immer technisch und preislich verglichen werden, damit der optimale Antrieb gewählt wird.

Wenn anstatt einer Kugelrollspindel eine Gewindespindel mit Trapezgewinde Tr63 × 5 vorgesehen wird, würde die Berechnung wie folgt aussehen:

$$n_{s\,max} = \frac{v_{EILG}}{p} = \frac{10}{0,005} = 2000 \, \text{min}^{-1} \, ,$$

$$n_{s\,min} = \frac{v_{min}}{p} = \frac{0,001}{0,005} = 0,2 \, \text{min}^{-1} \, ,$$

$$\tan \alpha = \frac{p}{\pi d_2} = \frac{0,005}{\pi \cdot 0,063} = 0,0253 \, , \qquad \alpha = 1,4471° \, ,$$

$$\varrho = \arctan \mu_s = \arctan 0,1 = 5,71° \, ,$$

$$M = (F_f + F_\mu) \frac{d_2}{2} \tan (\alpha + \varrho)$$

$$= (22000 + 1110,98) \frac{0,063}{2} \tan (1,44° + 5,71°)$$

$$= 91,41 \, \text{Nm} \, .$$

Da die Reibung zwischen Gewindespindel und Mutter wesentlich größer ist ($\mu_s = 0,1$), müßte auch ein wesentlich stärkerer Antrieb vorgesehen werden. Durch die kleinere Steigung p müßten auch höhere Drehzahlen der Gewindespindel vorgesehen werden. Aus diesem Grund werden Antriebe mit Trapezspindel an heutigen Maschinen nicht mehr angewandt.

3.2.4.6 Berechnungs- und Auslegungsbeispiel für den Hauptantrieb

An einem Berechnungsbeispiel wird die Auslegung des Hauptantriebes erläutert.

Gegeben:
Für eine CNC-Drehmaschine soll ein Hauptantrieb ausgelegt werden. Antriebsmotor ist ein Gleichstrommotor.
Höchste Hauptspindeldrehzahl $n_{max} = n_z = 4500 \, \text{min}^{-1}$,
niedrigste Hauptspindeldrehzahl $n_{min} = n_1 = 28 \, \text{min}^{-1}$,
Stufensprung $\varphi = 1,25$ (Drehzahlreihe R 20/2 nach Tabelle 1.13),
Hauptspindelleistung $P = 20000 \, \text{W}$,
maximales Hauptspindeldrehmoment $M_{max} = 2122 \, \text{Nm}$.

Gesucht:
Skizzen verschiedener Drehzahlbilder und Kennlinien,
Skizzen verschiedener Getriebepläne,
Skizzen verschiedener Aufbaunetze.

Die Anzahl der Hauptspindeldrehzahlen, d. h. die Stufenzahl wird nach (3.3) bestimmt als

$$z = \frac{\log (n_z/n_1)}{\log \varphi} + 1 = \frac{\log (4500/28)}{\log 1,25} + 1 = 23,76 \,.$$

Somit wird $z = 23$ (Kontrolle nach Tabelle 1.13).
Für die Nenndrehzahl der Hauptspindel gilt nach (3.5)

$$n_N = \frac{P}{M_{max}} \frac{30}{\pi} = \frac{20000 \cdot 30}{2122\pi} = 90 \min^{-1} \,.$$

Die kleinste Hauptspindelleistung wird nach (3.4) und Bild 3.15 aus dem maximalen Hauptspindeldrehmoment und der niedrigsten Hauptspindeldrehzahl bestimmt:

$$P_{min} = M_{max} n_{min} \frac{\pi}{30} = 2122 \cdot 28 \frac{\pi}{30} = 6222 \text{ W} \,.$$

Das kleinste Hauptspindeldrehmoment wird nach (3.4) und Bild 3.15 aus der nominalen Leistung und der höchsten Hauptspindeldrehzahl errechnet:

$$M_{min} = \frac{P \cdot 30}{n_{max} \pi} = \frac{20000 \cdot 30}{4500\pi} = 42,44 \text{ Nm} \,.$$

In Abschnitt 3.2.4.2 wurde angegeben, daß die Motordrehzahlen bei konstanter Leistung für die Leistungen von 10 bis 50 kW im Drehzahlbereich

$$n_{max}/n_N = 4$$

geändert werden können.
Da in allen Fällen ein größerer Drehzahlbereich bei konstanter Leistung benötigt wird, muß zwischen dem Antriebsmotor und der Hauptspindel ein mehrstufiges Kupplungsgetriebe eingesetzt werden.
Wenn als Wirkungsgrad des Getriebes

$$\eta = 0,83$$

angenommen wird, erhält man für die Motorleistung

$$P_M = \frac{P}{\eta} = \frac{20000}{0,83} = 24100 \text{ N} \,.$$

Es gibt mehrere Lösungen für diese Aufgabe. Für zwei Lösungen werden Drehzahlbilder, Aufbaunetze und Getriebepläne dargestellt.

Lösung A
Bei der ersten Lösung wird ein Gleichstrommotor mit folgenden technischen Daten ausgewählt:

$$P_M = 31,6 \text{ kW} \,,$$

$$n_{MN} = 900 \min^{-1} \,,$$

$$n_{M\,max} = 2800 \min^{-1} \,.$$

Die Motordrehzahlen lassen sich von $n_{MN} = 900 \min^{-1}$ bis $n_{M\,max} = 2800 \min^{-1}$ bei konstanter Leistung mit der Stufenzahl

$$z = \frac{\log (n_{M\,max}/n_{MN})}{\log \varphi} + 1 = \frac{\log (2800/900)}{\log 1,25} + 1 = 6 \,,$$

im Drehzahlverhältnis

$$\frac{n_{M\,max}}{n_{MN}} = \varphi^{z-1} = \varphi^5$$

variieren.

Die Hauptspindeldrehzahlen können von $n_N = 90\ \mathrm{min}^{-1}$ bis $n_{max} = 4500\ \mathrm{min}^{-1}$ bei konstanter Leistung mit einer Stufenzahl

$$z = \frac{\log\,(n_{max}/n_N)}{\log\,\varphi} + 1 = \frac{\log\,(4500/90)}{\log\,1{,}25} + 1 = 18{,}53\,,$$

d. h.

$$z = 18\,,$$

im Drehzahlverhältnis

$$\frac{n_{max}}{n_N} = \varphi^{z-1} = \varphi^{17}$$

geändert werden.

Die Hauptspindeldrehzahlen können von $n_{min} = 28\ \mathrm{min}^{-1}$ bis $n_N = 90\ \mathrm{min}^{-1}$ bei konstantem Moment mit einer Stufenzahl

$$z = \frac{\log\,(n_N/n_{min})}{\log\,\varphi} + 1 = \frac{\log\,(90/28)}{\log\,1{,}25} + 1 = 6{,}23\,,$$

d. h.

$$z = 6\,,$$

im Drehzahlverhältnis

$$\frac{n_N}{n_{min}} = \varphi^{z-1} = \varphi^5$$

variiert werden.

In Bild 3.26 sind Drehzahlbild und Kennlinien des Hauptantriebes für den Antriebsmotor und für die Hauptspindel dargestellt. Aus diesem Bild wird deutlich, daß der Drehzahlbereich φ^5 des Motors bei konstanter Leistung durch ein dreistufiges Getriebe mit dem Drehzahlbereich φ^{12} für die Hauptspindel auf φ^{17} erweitert wurde. Der Drehzahlbereich φ^5 der Hauptspindel bei konstantem Moment bestimmt somit den Drehzahlbereich des Motors bei konstantem Moment (auch φ^5). Der Gesamtdrehzahlbereich des Motors wird somit $\varphi^{10}(\varphi^5\varphi^5)$, für die Hauptspindel $\varphi^{22}(\varphi^{17}\varphi^5)$.

Das größte Motormoment wird bestimmt zu

$$M_{M\,max} = \frac{P_M \cdot 30}{n_{MN}\pi} = \frac{31\,600 \cdot 30}{900\pi} = 335{,}2\ \mathrm{Nm}\,.$$

Für das kleinste Motormoment gilt

$$M_{M\,min} = \frac{P_M \cdot 30}{n_{M\,max}\pi} = \frac{31\,600 \cdot 30}{2800\pi} = 107{,}7\ \mathrm{Nm}\,.$$

Die kleinste Motorleistung beträgt demnach

$$P_{M\,min} = M_{M\,max}n_{M\,min}\frac{\pi}{30} = 335{,}2 \cdot 280\,\frac{\pi}{30} = 10\,400\ \mathrm{W}\,.$$

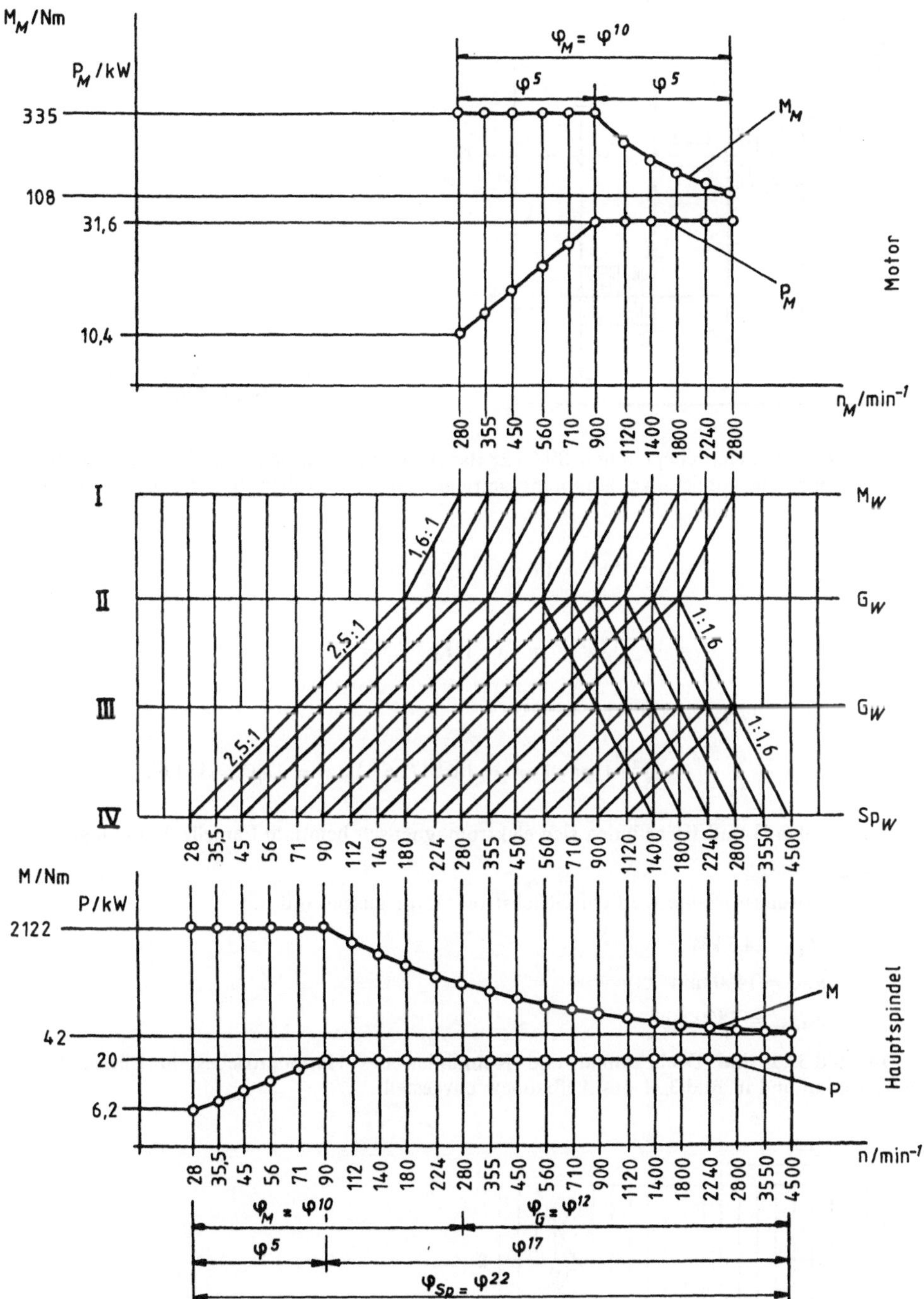

Bild 3.26 Drehzahlbild und Kennlinien des Hauptantriebes für den Antriebsmotor (n_{MN} = 900 min^{-1}, $n_{M\,max}$ = 2800 min^{-1}) und für die Hauptspindel

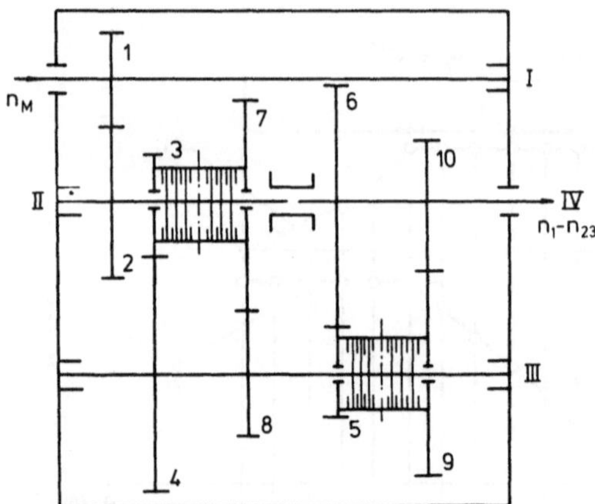

Bild 3.27. Getriebeplan für den Hauptantrieb aus Bild 3.26

Bild 3.27 zeigt den Getriebeplan und Bild 3.28 das Aufbaunetz für den in Bild 3.26 dargestellten Hauptantrieb. Das dreistufige Kupplungsgetriebe mit vier Wellen hat die Untersetzungsverhältnisse

$$i_1 = \frac{z_2}{z_1}\frac{z_4}{z_3}\frac{z_6}{z_5} = \varphi^2\varphi^4\varphi^4 = 1{,}6 \cdot 2{,}5 \cdot 2{,}5 = \varphi^{10} = 10\,,$$

$$i_2 = \frac{z_2}{z_1}\frac{z_8}{z_7}\frac{z_6}{z_5} = \varphi^2 \cdot 1/\varphi^2\varphi^4 = 1{,}6 \cdot 1/1{,}6 \cdot 2{,}5 = \varphi^4 = 2{,}5\,,$$

und das Übersetzungsverhältnis

$$i_3 = \frac{z_2}{z_1}\frac{z_8}{z_7}\frac{z_{10}}{z_9} = \varphi^2 \cdot 1/\varphi^2 \cdot 1/\varphi^2 = 1{,}6 \cdot 1/1{,}6 \cdot 1/1{,}6 = 1/\varphi^2 = 1:1{,}6\,.$$

Auf den Wellen II und III befinden sich elektromagnetisch betätigte Lamellenkupplungen.

Lösung B
Bei dieser Lösungsvariante wird ein Gleichstrommotor ausgewählt mit

$$P_\mathrm{M} = 24{,}5\,\mathrm{kW}\,,$$

$$n_\mathrm{MN} = 1400\,\mathrm{min}^{-1}\,,$$

$$n_\mathrm{M\,max} = 3550\,\mathrm{min}^{-1}\,.$$

In Bild 3.29 sind Drehzahlbild und Kennlinien des Hauptantriebes, in Bild 3.30 der Getriebeplan und in Bild 3.31 das Aufbaunetz dargestellt.

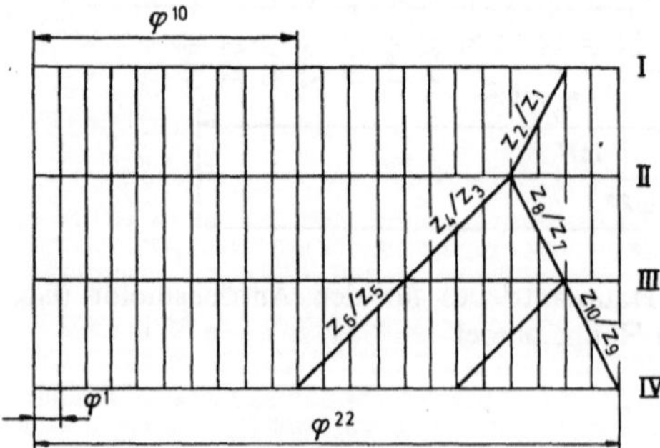

Bild 3.28. Aufbaunetz für den Hauptantrieb aus Bild 3.26

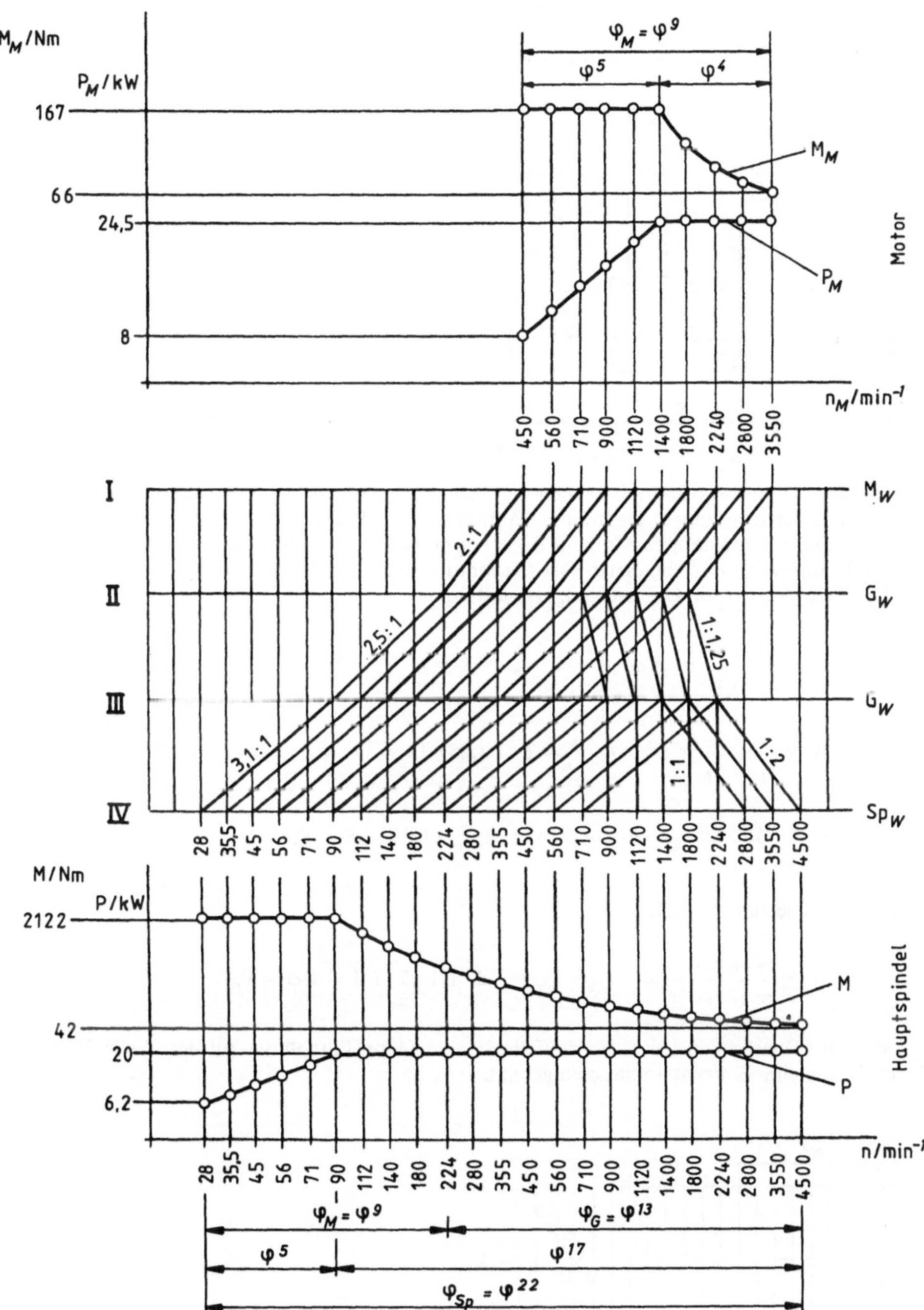

Bild 3.29. Drehzahlbild und Kennlinien des Hauptantriebs für den Antriebsmotor (n_{MN} = 1400 min^{-1}, $n_{M\,max}$ = 3550 min^{-1}) und für die Hauptspindel

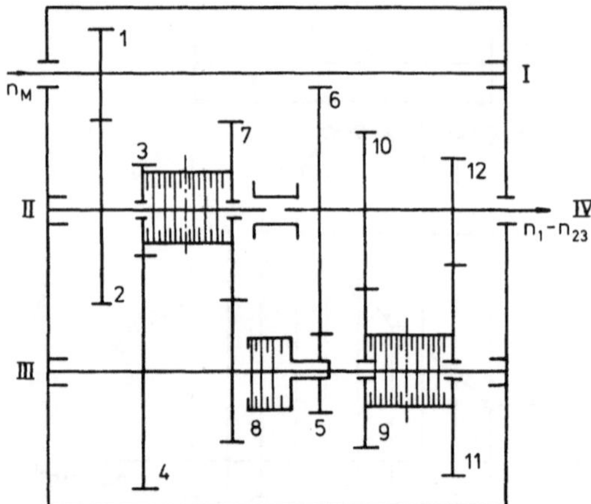

Bild 3.30. Getriebeplan für den
Hauptantrieb aus Bild 3.29

Bei dieser Lösungsvariante werden die Motordrehzahlen bei konstanter Leistung im Drehzahlbereich φ^4 geändert. Da für den Hauptantrieb bei konstanter Leistung ein Drehzahlbereich φ^{17} und bei konstantem Moment φ^5 benötigt werden, wird hier ein vierstufiges Getriebe mit Drehzahlbereich φ^{13} eingesetzt. Der Gesamtdrehzahlbereich des Motors wird somit φ^9.
Das Getriebe hat die Untersetzungsverhältnisse

$$i_1 = \frac{z_2}{z_1}\frac{z_4}{z_3}\frac{z_6}{z_5} = \varphi^3\varphi^4\varphi^5 = 2 \cdot 2{,}5 \cdot 3{,}1 = \varphi^{12} = 15{,}5\,,$$

$$i_2 = \frac{z_2}{z_1}\frac{z_8}{z_7}\frac{z_6}{z_5} = \varphi^3 \cdot 1/\varphi\varphi^5 = 2 \cdot 1/1{,}25 \cdot 3{,}1 = \varphi^7 = 5\,,$$

$$i_3 = \frac{z_2}{z_1}\frac{z_8}{z_7}\frac{z_{10}}{z_9} = \varphi^3 \cdot 1/\varphi\varphi^0 = 2 \cdot 1/1{,}25 \cdot 1 = \varphi^2 = 1{,}6\,,$$

und das Übersetzungsverhältnis

$$i_4 = \frac{z_2}{z_1}\frac{z_8}{z_7}\frac{z_{12}}{z_{11}} = \varphi^3 \cdot 1/\varphi \cdot 1/\varphi^3 = 2 \cdot 1/1{,}25 \cdot 1/2 = 1/\varphi = 0{,}8\,.$$

Bei diesem Getriebe wurden auf der Welle II eine Doppelkupplung, auf der Welle III eine Doppel- und eine Einfachkupplung eingebaut.

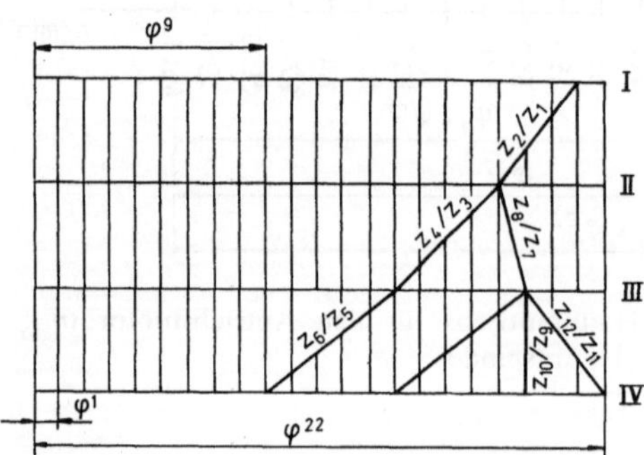

Bild 3.31 Aufbaunetz für den
Hauptantrieb aus Bild 3.29

Für die Motorkennlinie errechnet man

$$M_{M\,max} = \frac{P_M \cdot 30}{n_{MN}\pi} = \frac{24\,500 \cdot 30}{1400\pi} = 167\,\text{Nm}\,,$$

$$M_{M\,min} = \frac{P_M \cdot 30}{n_{M\,max}\pi} = \frac{24\,500 \cdot 30}{3550\pi} = 66\,\text{Nm}\,,$$

$$P_{M\,min} = M_{M\,max}\,n_{M\,min}\,\frac{\pi}{30} = 167 \cdot 450\,\frac{\pi}{30} = 7869\,\text{W}\,.$$

3.2.5 Antrieb durch elektrischen Schrittmotor

Elektrische Schrittmotoren werden für Vorschubantriebe an NC-Maschinen mit kleinen Vorschubkräften, z. B. Schleifmaschinen und kleinen Bohrmaschinen, angewandt. Für die Zustell- und Abrichterachsen der Genauigkeitsschleifmaschinen sind sie häufig unerläßlich, da die kleinsten impulsmäßig kontrollierbaren Schlittenhübe beim Antrieb vom Schrittmotor über ein Untersetzungsgetriebe auf die Leitspindel unter 0,3 µm gehalten werden können.

Die Arbeitsweise des elektrischen Schrittmotors mit der dazu gehörenden Wicklungssteuerung ist in Bild 3.32 dargestellt. Die Winkellage des Rotors des Schrittmotors ist von der Phasenlage der speisenden Spannung abhängig. Wenn z. B. die Spannung an den Wicklungen A und D gleich Null ist, befindet sich die Rotorstellung auf Schritt 1. Ändert sich die Wicklungsspannung so, daß an den Wicklungen A und C die Spannung gleich Null wird, macht der Rotor des Schrittmotors den Schritt 2 und bleibt in der neuen Lage stehen. Eine Umdrehung der Motorwelle setzt sich aus einer genau definierten, vom Motoraufbau abhängigen Anzahl von Winkelschritten zusammen.

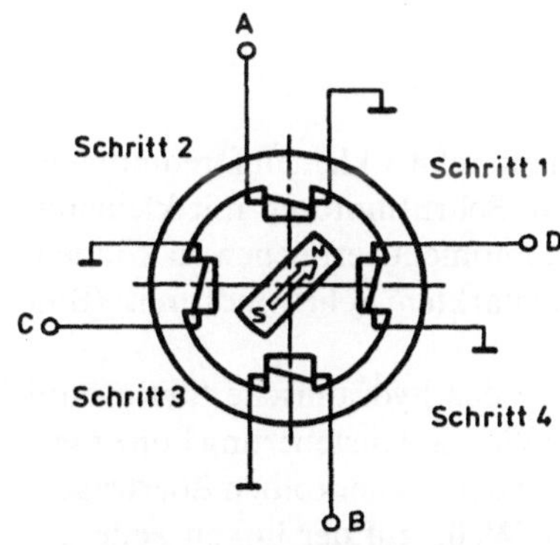

Rotorstellung auf Schritt	Spannung an den Wicklungen			
	A	B	C	D
1	0	+	+	0
2	0	+	0	+
3	+	0	0	+
4	+	0	+	0

Bild 3.32. Arbeitsweise des elektrischen Schrittmotors

Die Motordrehzahlen werden in Abhängigkeit von der Schrittfrequenz und der Schrittanzahl bestimmt,

$$n_{\mathrm{M}} = \frac{\text{Schrittfrequenz}}{\text{Anzahl der Schritte je Umdrehung}} \, 60 \, . \tag{3.41}$$

Aus dieser Gleichung wird deutlich, daß die höchsten Motordrehzahlen bei der maximalen, die niedrigsten bei der minimalen Schrittfrequenz erreicht werden.

Die Anzahl der Schritte je Umdrehung wird nach dem für jeden Schrittmotor bekannten Schrittwinkel bestimmt,

$$\text{Anzahl der Schritte je Umdrehung} = \frac{360}{\text{Schrittwinkel}} \, . \tag{3.42}$$

In den meisten Fällen wird zwischen dem Schrittmotor und der Gewindespindel ein Untersetzungsgetriebe eingebaut, da das erforderliche Drehmoment an der Gewindespindel größer als das Motormoment ist.

Das Untersetzungsverhältnis des Getriebes wird in diesem Falle nach (3.16) bestimmt,

$$i = \frac{M}{M_{\mathrm{M}}} \, .$$

Die höchste Spindeldrehzahl beträgt nach (3.22)

$$n_{\mathrm{s\,max}} = \frac{n_{\mathrm{M\,max}}}{i} \, .$$

Für die Eilganggeschwindigkeit gilt

$$v_{\mathrm{EILG}} = p n_{\mathrm{s\,max}} \, .$$

Der kleinste, impulsmäßig kontrollierbare Schlittenhub wird nach folgender Gleichung errechnet:

$$H = \frac{p}{i(\text{Anzahl der Schritte je Umdrehung})} \, . \tag{3.43}$$

Ursprünglich wurden die elektrischen Schrittmotoren mit relativ kleinen Drehmomenten entwickelt. Heute gibt es eine große Auswahl von Schrittmotoren mit kleineren und größeren Drehmomenten. Um noch größere Drehmomente erreichen zu können, entwickelte man Ausführungen mit hydraulisch verstärkten Schrittmotoren (Bild 3.33).

Der elektrische Schrittmotor treibt über ein Getriebe das hydraulische Stetigventil (Proportionalventil) an, das nach der Arbeitsweise der Vierkantensteuerung konzipiert ist. Das Motordrehmoment wird über das Getriebe auf den Steuerkolben übertragen, dessen andere Seite als Schraube ausgebildet ist. Die Welle auf der linken Seite des Hydromotors ist in Gestalt einer Mutter ausgebildet. Der Steuerkolben schraubt sich bei der Drehung in die Mutter hinein, das Ventil wird geöffnet, das Öl fließt zum Hydromotor, der Rotor des Hydromotors wird gedreht. Durch die Drehung der Welle des Hydromotors wird der Steuerkolben aus der Welle hinausgeschraubt, das Ventil wird geschlossen.

Der elektrische Schrittmotor wird mit Impulsen angesteuert.

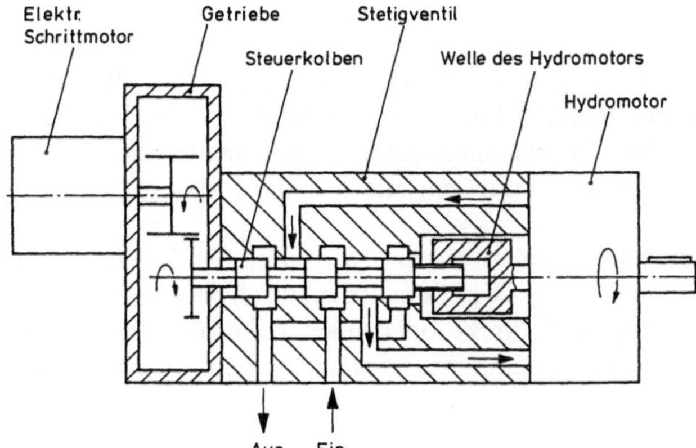

Bild 3.33. Prinzipskizze eines elektrohydraulischen Schrittmotors [45]

3.2.5.1 Berechnungsbeispiel

Gegeben:

Ein Vorschubantrieb soll ausgelegt werden.
Eilganggeschwindigkeit $v_{\mathrm{EILG}} = 3{,}25$ m/min,
Steigung der Kugelrollspindel $p = 5$ mm,
maximale Schrittfrequenz 6500 Hz,
Schrittwinkel 1,8°.

Gesucht:

Untersetzungsverhältnis des Getriebes,
kleinster impulsmäßig kontrollierbarer Schlittenhub.

Lösung:

Für die Anzahl der Schritte je Umdrehung gilt nach (3.42)

$$\text{Anzahl der Schritte je Umdrehung} = \frac{360}{\text{Schrittwinkel}} = \frac{360}{1{,}8} = 200 \, .$$

Die höchste Motordrehzahl wird nach (3.41) berechnet:

$$n_{\mathrm{M\,max}} = \frac{\text{maximale Schrittfrequenz}}{\text{Anzahl der Schritte je Umdrehung}} \cdot 60$$

$$= \frac{6500}{200} \, 60 = 1950 \, \text{min}^{-1} \, .$$

Die höchste Spindeldrehzahl beträgt nach (3.10)

$$n_{\mathrm{s\,max}} = \frac{v_{\mathrm{EILG}}}{p} = \frac{3{,}25}{0{,}005} = 650 \, \text{min}^{-1} \, .$$

Das Untersetzungsverhältnis des Getriebes beträgt nach (3.22)

$$i = \frac{n_{\mathrm{M\,max}}}{n_{\mathrm{s\,max}}} = \frac{1950}{650} = 3 \, .$$

Für den kleinsten impulsmäßig kontrollierbaren Schlittenhub gilt mit (3.43)

$$H = \frac{p}{i(\text{Anzahl der Schritte je Umdrehung})} = \frac{0{,}005}{3200}$$

$$= 8{,}33 \cdot 10^{-6} \, \text{m} = 8{,}33 \, \mu\text{m} \, .$$

3.2.6 Antrieb durch Hydromotor

Hydromotoren werden häufig für Vorschubantriebe angewandt. Von allen Hydromotortypen werden bevorzugt Rollflügelmotoren eingesetzt, da sie einen sehr ruhigen und gleichmäßigen Lauf auch bei den niedrigsten Drehzahlen haben, ein sehr hohes Drehmoment aus dem Stand heraus und ein relativ kleines Massenträgheitsmoment aufweisen.

Die Prinzipskizze eines Vorschubantriebes durch Hydromotor ist identisch mit der in Bild 3.22 dargestellten Skizze für den Vorschubantrieb durch Servomotor. Der Hydromotor kann die Kugelrollspindel direkt oder über Untersetzungsgetriebe antreiben. Bei diesem Antrieb wird die mechanische Resonanzfrequenz ebenfalls nach (3.37) bestimmt,

$$ f = \frac{1}{2\pi} \sqrt{\frac{K}{m_1}} \, . $$

Die hydraulische Resonanzfrequenz des Hydromotors beträgt

$$ f_\mathrm{h} = \frac{1}{2\pi} \sqrt{\frac{K_\mathrm{hm}}{I_\mathrm{R} + I_\mathrm{M}}} \, . \tag{3.44} $$

Die Federkonstante der Ölsäure des Hydromotors K_hm errechnet sich nach der Gleichung [48]

$$ K_\mathrm{hm} = \left(\frac{v_\mathrm{s}}{2\pi}\right)^2 \frac{2E_\mathrm{h}}{V_\mathrm{i}} \, . \tag{3.45} $$

Die mechanische und die hydraulische Resonanzfrequenz dürfen nicht unter dem minimal zulässigen Wert liegen, der von den NC-Steuerungsfirmen angegeben wird. Im allgemeinen dürfen sie den Wert von 40 Hz nicht unterschreiten.

Die Kennlinie des Vorschubantriebes von Bild 3.16, d. h. die Drehzahländerung bei konstantem Drehmoment, kann mit einem Hydromotor mit konstantem Schluckvolumen durch die Veränderung des Förderstromes der Pumpe realisiert werden. In

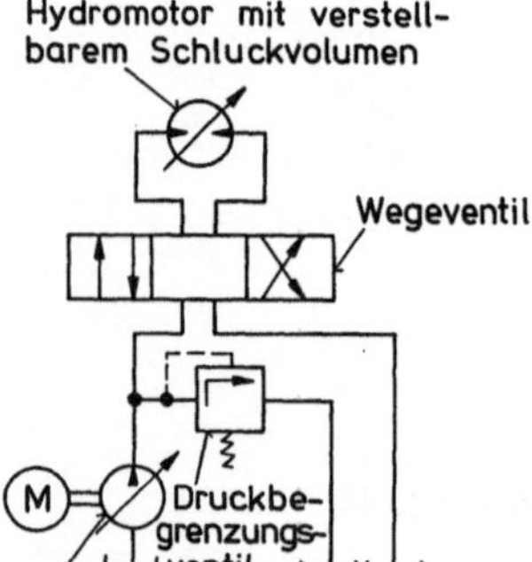

Bild 3.34. Hydraulikplan des Hydromotors für Drehzahländerung bei konstantem Drehmoment bzw. bei konstanter Leistung [45]

Bild 3.34 ist ein universeller Hydraulikplan für einen Antrieb durch Hydromotor dargestellt, der sowohl für die Drehzahländerung bei konstantem Drehmoment als auch für die Drehzahländerung bei konstanter Leistung verwendet werden kann.

Dieser Hydraulikplan gilt für den Hauptantrieb. Im ersten Teil der Kennlinie (Bild 3.15) können die Drehzahlen bei konstantem Drehmoment durch die Veränderung des Förderstromes der Pumpe bei Konstanthaltung des Motorschluckvolumens geändert werden. Im zweiten Teil der Kennlinie werden sie bei konstanter Leistung durch Veränderung des Motorschluckvolumens bei Konstanthaltung des Pumpenförderstromes geändert.

Hydromotoren werden selten für Hauptantriebe angewandt, da die einzigen Hydromotoren, die hohe Laufruhigkeit und Laufgleichmäßigkeit aufweisen, als Rollflügelmotoren mit konstantem Schluckvolumen ausgeführt werden.

3.2.7 Antrieb durch Hydraulikzylinder

Vorschubantriebe durch Hydraulikzylinder werden häufig für hydraulisch gesteuerte Sonderwerkzeugmaschinen und Transferstraßen angewandt. Für NC-Werkzeugmaschinen finden sie keine Anwendung, da die Resonanzfrequenz unter den von den Steuerungsfirmen vorgeschriebenen, minimal zulässigen Werten liegt (vgl. Berechnungsbeispiel 3.2.7.1).

Die Resonanzfrequenz des Vorschubantriebes wird nach (3.37) bestimmt:

$$f = \frac{1}{2\pi} \sqrt{\frac{K}{m_1}}.$$

Die Federkonstante der Ölsäure des Hydraulikzylinders wird durch die Anwendung des Hookeschen Gesetzes abgeleitet:

$$\sigma = \frac{F}{A} = E_h \frac{\Delta l}{l},$$

$$F = \frac{A E_h \, \Delta l}{l}.$$

Da die Federkraft F direkt proportional der Längenänderung der Ölsäule Δl ist und die Federkonstante der Ölsäule als Proportionalitätsfaktor eingesetzt werden kann, ergibt sich

$$F = \frac{A E_h}{l} \Delta l = K_h \, \Delta l.$$

Daraus folgt

$$K_h = \frac{A E_h}{l} = \frac{D^2 \pi E_h}{4 \cdot 1}. \tag{3.46}$$

Aus (3.46) und (3.37) wird deutlich, daß die hydraulische Resonanzfrequenz nur durch die Vergrößerung des Kolbendurchmessers D vergrößert werden könnte, da die Schlittenmaße m_1 und die Länge der Ölsäule l (Hub des Schlittens) schon beim Maschinenkonzept festgelegt werden. Die Vergrößerung des Kolbendurchmessers ist jedoch meistens aus Platzgründen nicht durchführbar.

Die Federkonstante der Kolbenstange wird nach (3.40) bestimmt,

$$K_s = \frac{d_s^2 \pi E}{4 \cdot l_s} \, .$$

Die resultierende axiale Federkonstante des Vorschubantriebes wird nach dem Prinzip der Reihenschaltung von Federn bestimmt:

$$\frac{1}{K} = \frac{1}{K_s} + \frac{1}{K_h} \, . \tag{3.47}$$

In Bild 3.35 ist ein Vorschubantrieb durch Hydraulikzylinder mit hydraulischer Steuerung dargestellt.

Die Kolbenstange des Hydraulikzylinders a ist mit dem Vorschubtisch b durch einen Mitnahmekörper verbunden. Mit der hydraulischen Steuerung ist es möglich, „Eilgang-Vor" (EV), „Arbeitsgang-Vor" (AV) und „Eilgang-Zurück" (EZ) zu fahren. Der Eilgang-Vor wird nach dem gegebenen Startimpuls durch die Schaltung des Elektromagnetventils c so eingeleitet, daß der Volumenstrom von der Pumpe d durch

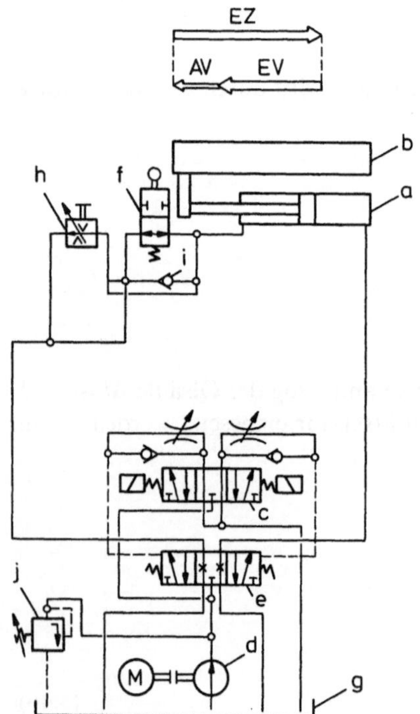

Bild 3.35. Vorschubantrieb durch Hydraulikzylinder mit hydraulischer Steuerung

das Wegeventil *e* zur Kolbenseite des Hydraulikzylinders *a* strömt. Das verdrängte Öl strömt von der Kolbenstangenseite des Vorschubzylinders durch das geöffnete Wegeventil *f* und durch das Wegeventil *e* zum Ölbehälter *g* zurück.

Ein an der Nockenleiste des Vorschubtisches befestigter und auf den gewünschten Hub eingestellter Nocken betätigt bei der Tischbewegung das mechanische Ventil *f*, der Durchfluß wird somit abgesperrt. Das von der Kolbenstangenseite des Hydraulikzylinders verdrängte Öl strömt jetzt durch das auf die gewünschte Vorschubgeschwindigkeit eingestellte Stromregelventil *h* und das Wegeventil *e* zum Ölbehälter *g* zurück.

Ein an dem Vorschubtisch befestigter Nocken betätigt in der vordersten Tischstellung einen Endschalter, der Eilgang-Zurück wird eingeleitet. Das Elektromagnetventil *c* wird nun so umgeschaltet, daß der Volumenstrom von der Pumpe durch das Wegeventil *e* zur Kolbenstangenseite des Hydraulikzylinders strömt. Da das mechanische Ventil *f* noch immer abgesperrt ist, strömt das Öl vom Ventil *e* durch das Rückschlagventil *i* zum Zylinder. Das von der Kolbenseite des Hydraulikzylinders verdrängte Öl strömt durch das Wegeventil *e* zum Ölbehälter zurück.

Bei dieser Lösung wird das Elektromagnetventil *c* nicht direkt, sondern über ein vorgesteuertes Ventil *e* mit dem Vorschubzylinder angeschlossen, damit der hydraulische Schlag bei der Umschaltung minimiert wird.

3.2.7.1 Berechnungsbeispiel

Gegeben:

Ein Vorschubantrieb für eine NC-Maschine durch Hydraulikzylinder soll ausgelegt werden.
Kolbendurchmesser $D = 80$ mm,
Kolbenstangendurchmesser $d_s = 40$ mm,
Länge der Kolbenstange $l_s = 700$ mm,
Zylinderhub, zugleich Länge der Ölsäule $l = 630$ mm,
Elastizitätsmodul des Öles $E_h = 15 \cdot 10^8$ N/m^2,
Elastizitätsmodul der Kolbenstange aus Stahl $E = 2,1 \cdot 10^{11}$ N/m^2,
Masse des Vorschubtisches $m_l = 2000$ kg.

Gesucht:

Resultierende axiale Federkonstante des Vorschubantriebes,
Resonanzfrequenz des Vorschubantriebes,
Kolbendurchmesser bei $f = 40$ s^{-1}.

Lösung:

Die Federkonstante der Kolbenstange errechnet sich nach (3.40) zu

$$K_s = \frac{d_s^2 \pi E}{4 l_s} = \frac{0,040^2 \cdot \pi \cdot 2,1 \cdot 10^{11}}{4 \cdot 0,7} = 376{,}991 \cdot 10^6 \text{ N/m} .$$

Die Federkonstante der Ölsäule wird nach (3.46)

$$K_h = \frac{D^2 \pi E_h}{4 l} = \frac{0,080^2 \cdot \pi \cdot 15 \cdot 10^8}{4 \cdot 0,630} = 11{,}968 \cdot 10^6 \text{ N/m} .$$

Für die resultierende axiale Federkonstante des Vorschubantriebes gilt mit (3.47)

$$\frac{1}{K} = \frac{1}{K_s} + \frac{1}{K_h} = \frac{1}{376{,}991 \cdot 10^6} + \frac{1}{11{,}968 \cdot 10^6} = 8{,}62 \cdot 10^{-8} ,$$

$$K = 11{,}599 \cdot 10^6 \text{ N/m} .$$

Es wird deutlich, daß das schwächste Glied einer Kette bei der Reihenschaltung, in diesem Falle die Federkonstante der Ölsäule, den entscheidenden Einfluß auf die resultierende Federkonstante ausübt.

Für die Resonanzfrequenz des Vorschubantriebes folgt aus (3.37)

$$f = \frac{1}{2\pi}\sqrt{\frac{K}{m_1}} = \frac{1}{2\pi}\sqrt{\frac{11{,}599 \cdot 10^6}{2000}} = 12{,}12 \text{ s}^{-1}.$$

Wie schon erwähnt, zeigt sich, daß Vorschubantriebe durch Hydraulikzylinder sehr kleine Resonanzfrequenzen haben. Damit die Resonanzfrequenz die erforderlichen 40 Hz erreicht, muß die resultierende Federkonstante den Wert

$$K = f^2 2^2 \pi^2 m_1 = 40^2 \cdot 2^2 \pi^2 2000 = 126{,}33 \cdot 10^6 \text{ N/m}$$

erreichen oder übertreffen.

Falls mit gleichbleibendem Kolbenstangendurchmesser gerechnet wird, gilt für die Federkonstante der Ölsäule

$$\frac{1}{K_h} = \frac{1}{K} - \frac{1}{K_s} = \frac{1}{126{,}33 \cdot 10^6} - \frac{1}{376{,}991 \cdot 10^6} = 5{,}2632 \cdot 10^{-9},$$

oder

$$K_h = 189{,}998 \cdot 10^6 \text{ N/m}.$$

Der Kolbendurchmesser bei $f = 40 \text{ s}^{-1}$ muß nach (3.46)

$$D = \sqrt{\frac{4 l K_h}{\pi E_h}} = \sqrt{\frac{4 \cdot 0{,}630 \cdot 189{,}998 \cdot 10^6}{\pi 15 \cdot 10^8}} = 0{,}318 \text{ m} = 318 \text{ mm}$$

erreichen oder übertreffen, damit die Resonanzfrequenz 40 Hz erreicht. Jedoch kann ein Kolben dieser Größe in der Regel aus konstruktiven Gründen nicht eingebaut werden.

Fazit: Hydraulikzylinder sind bei NC-Maschinen kaum einsetzbar.

3.2.8 Wegmeßsysteme

Bei der Auslegung des Vorschubantriebes muß im Zusammenhang mit der Resonanzfrequenz die Wahl zwischen der direkten und der indirekten Wegmessung getroffen werden. Bei der direkten Wegmessung (Bild 3.36) ist das Wegmeßsystem in Form eines linearen Maßstabes ausgeführt, dessen bewegliches Teil an dem Schlitten, das unbewegliche an dem Bett befestigt ist. Die elastische axiale Verformung der Kugelrollspindel, der Axiallager und der Kugelumlaufmutter bestimmt das dynamische Verhalten des Vorschubantriebes, hat aber keinen Einfluß auf die Wegmessung.

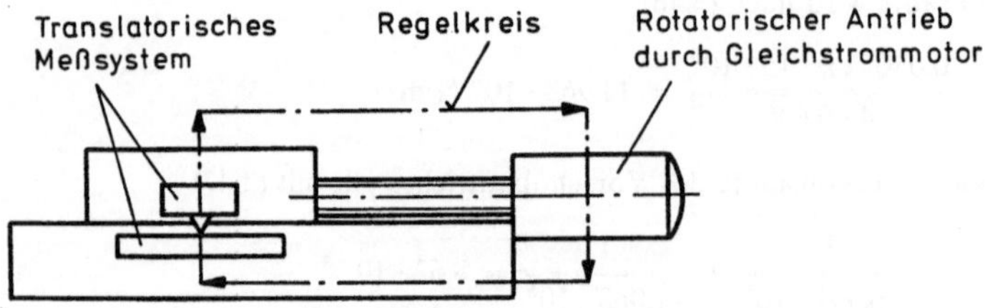

Bild 3.36. Direkte Wegmessung [45]

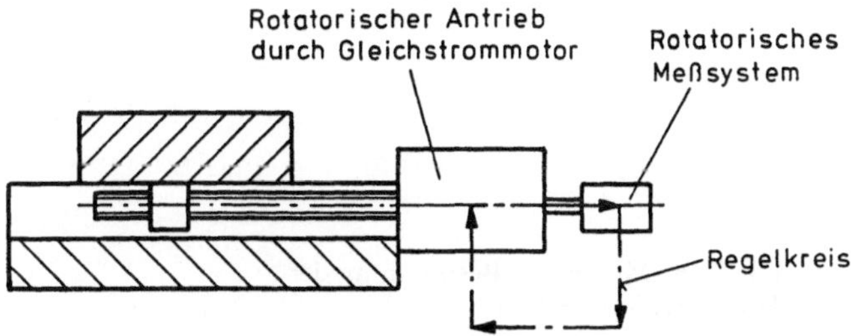

Bild 3.37. Indirekte Wegmessung, rotatorisches Wegmeßsystem am Motor [45]

Bei der Berechnung der Resonanzfrequenz nach (3.37),

$$f = \frac{1}{2\pi} \sqrt{\frac{K}{m_1}} \,,$$

wird die resultierende axiale Federkonstante nach (3.38) berechnet,

$$\frac{1}{K} = \frac{1}{K_s} + \frac{1}{K_L} + \frac{1}{K_M}.$$

Da direkt zwischen Schlitten und Bett gemessen wird, ist eine Kugelrollspindel großer Steigungsgenauigkeit nicht erforderlich.

Bei der indirekten Wegmessung kann das rotatorische Meßsystem direkt am Motor eingebaut werden (Bild 3.37). Die einzige elastische Verformung, die innerhalb des Regelkreises auftritt, ist die Verwindung der Motorwelle, die das rotatorische Wegmeßsystem antreibt.

Die Resonanzfrequenz wird nach folgender Gleichung berechnet:

$$f = \frac{1}{2\pi} \sqrt{\frac{K_T}{I_{MS}}} \,. \tag{3.48}$$

Bei diesem Wegmeßsystem ist eine Kugelrollspindel großer Steigungsgenauigkeit erforderlich. Die axiale Verformung und die Verwindung der Kugelrollspindel, die axiale Verformung der Lager und die axiale Verformung der Kugelumlaufmutter treten außerhalb des Regelkreises auf, beeinflussen aber die Wegmessung. Bei der Anwendung dieses Wegmeßsystems sollen deshalb die starre axiale Lagerung und die vorgespannte Kugelumlaufmutter vorgesehen werden.

Die Torsionsfederkonstante wird in (3.48) genauso wie in (3.45) und (3.44) in Nm angegeben, da sie durch folgende Gleichung (s. Bild 3.38) definiert wird:

$$K_T = \frac{J_p G}{l} = \frac{\pi d^4}{32} \frac{G}{l}. \tag{3.49}$$

Da der Wellendurchmesser d in m, die Wellenlänge l in m und das Gleitmodul G in N/m² angegeben werden, bekommt man die Federkonstante in Nm und das polare Flächenträgheitsmoment J_p in m⁴.

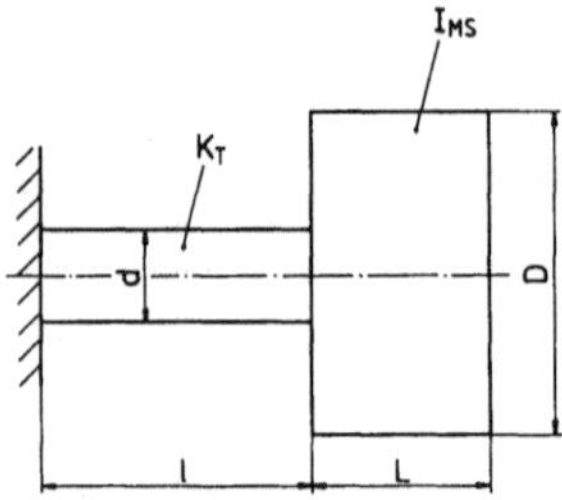

Bild 3.38. Modell für Bestimmung der Torsionsfederkonstante

Bei indirekter Wegmessung wird das rotatorische Wegmeßsystem gelegentlich am Spindelende eingebaut (s. Bild 3.39). Die Verwindung der Kugelrollspindel von der Kugelumlaufmutter bis zum rotatorischen Wegmeßsystem befindet sich innerhalb des Regelkreises und beeinflußt die Wegmessung. Auch bei diesem System muß eine Kugelrollspindel großer Steigungsgenauigkeit vorgesehen werden.

Wenn bei der Auslegung eines Vorschubantriebes die Resonanzfrequenz unter dem minimal zulässigen Wert liegt und die Vergrößerung des Durchmessers und der Lager der Kugelrollspindel aus konstruktiven Gründen nicht möglich ist, muß eine andere Art der Wegmessung gewählt werden. Anstelle der direkten sollte die indirekte Wegmessung vorgesehen werden, damit die Resonanzfrequenz erhöht wird.

3.2.8.1 Berechnungsbeispiel

Gegeben:
Bei der indirekten Wegmessung nach Bild 3.37 wird das rotatorische Wegmeßsystem direkt vom Servomotor angetrieben (s. Bild 3.38).
Motorwelle: $d = 10$ mm, $l = 30$ mm.
Drehendes Teil des Wegmeßsystems: $D = 50$ mm, $L = 20$ mm .
Gleitmodul der Welle aus Stahl $G = 0,81 \cdot 10^{11}$ N/m^2,
Dichte des Stahles für die Welle aus Stahl $\gamma = 7,85 \cdot 10^3$ kg/m^3.

Gesucht:
Resonanzfrequenz.

Lösung:
Die Torsionsfederkonstante der Antriebswelle beträgt nach (3.49)

$$K_T = \frac{\pi d^4}{32} \frac{G}{l} = \frac{\pi 0,010^4 \cdot 0,81 \cdot 10^{11}}{32 \cdot 0,030} = 2,6507 \cdot 10^3 \text{ Nm} .$$

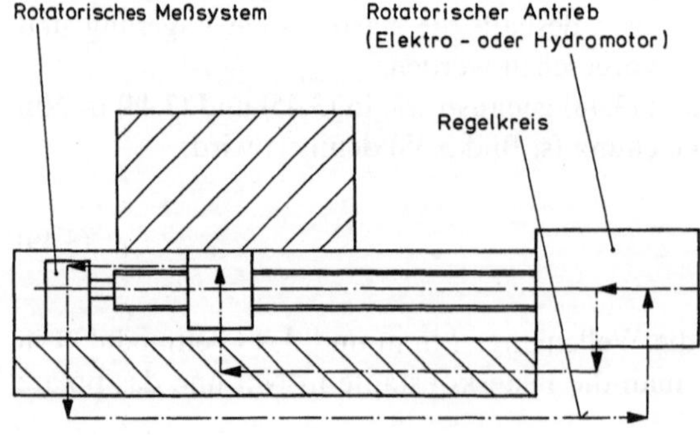

Bild 3.39. Indirekte Wegmessung, rotatorisches Wegmeßsystem am Spindelende [45]

Die Masse des drehenden Teiles des Wegmeßsystems erhält man aus (3.18) zu

$$m_\mathrm{d} = \gamma R^2 \pi L = 7{,}85 \cdot 10^3 \cdot (0{,}050/2)^2 \, \pi 0{,}020 = 0{,}3083 \, \mathrm{kg} \, .$$

Das Massenträgheitsmoment der drehenden Masse wird nach (3.17)

$$I_\mathrm{MS} = \frac{1}{1} \, m_\mathrm{d} R^2 = \frac{1}{2} \, 0{,}3083 \left(\frac{0{,}050}{2}\right)^2 = 0{,}0001 \, \mathrm{kg} \, \mathrm{m}^2 \, .$$

Die Resonanzfrequenz beträgt nach (3.48)

$$f = \frac{1}{2\pi} \sqrt{\frac{K_\mathrm{T}}{I_\mathrm{MS}}} = \frac{1}{2\pi} \sqrt{\frac{2{,}6507 \cdot 10^3}{0{,}0001}} = 834{,}8 \, \mathrm{s}^{-1} \, .$$

Dieses Beispiel macht deutlich, daß mit diesem System sehr hohe Resonanzfrequenzen erreicht werden können.

3.3 Führungen für geradlinige Bewegungen

3.3.1 Einleitung und Einteilung

Führungen haben die Aufgabe, eine geometrisch bestimmte Lage von Werkzeug und Werkstück zu sichern und die Schnitt-, Gewichts- und Beschleunigungskräfte aufzunehmen.

Nach der Berührungsart werden die Führungen in

— gleitende,
— wälzende,
— hydrostatische

eingeteilt.

Nach der Gestaltungsform werden die Führungen wie folgt eingeteilt (Bild 3.40).

FÜHRUNGEN FÜR GERADLINIGE BEWEGUNGEN

Prismatische Führungen		Zylindrische Führungen
Rechtwinklige	Offene Flachführungen Geschlossene Flachführungen	
Schiefwinklige	V - Führungen Dachführungen Schwalbenschwanzführungen	

Bild 3.40. Einteilung der Führungen nach der Gestaltungsform

3.3.2 Verwendete Kurzzeichen

A_R in m^2 — Gesamttreibfläche (Gl. (3.73), (3.74))

A_w in m^2 — Wirksame Taschenfläche (Gl. (3.52), (3.53), (3.55))

A_{wI} in m^2 — Wirksame Taschenfläche der Tragbahn (Gl. (3.60), (3.61), (3.66), (3.70))

A_{wII} in m^2 — Wirksame Taschenfläche des Umgriffes (Gl. (3.60), (3.61), (3.66))

B_w in m — Wirksame Taschenbreite (Gl. (3.50), (3.52), Bild 3.71)

b in m — Abströmbreite (Gl. (3.50), (3.51), (3.59), (3.67), (3.68))

F in N — Kraft, die unter Wirkung der äußeren Kraft auf ein hydrostatisches Lager wirkt (Gl. (3.53), (3.56), (3.70), Bild 3.71, 3.72, 3.73, 3.74, 3.75, 3.77, 3.78)

F_0 in N — Kraft, die im Anfangszustand auf ein hydrostatisches Lager wirkt (Gl. (3.54), (3.55), (3.60), (3.66), (3.70), Bild 3.77, 3.78)

F_G in N — Gewichtskraft des Tisches (Gl. (3.54), (3.56))

$F_{äuß}$ in N — Äußere Kraft (Gl. (3.56))

H in m — Drosselspalthöhe (Bild 3.75, 3.76)

h in m — Lagerspalthöhe unter Wirkung der äußeren Kraft (Gl. (3.51), (3.57), Bild 3.71, 3.72, 3.73, 3.74, 3.75, 3.77)

h_0 in m — Lagerspalthöhe im Anfangszustand (Gl. (3.57), (3.58), (3.59), (3.62), (3.63), (3.64), (3.65), (3.68), (3.70), (3.73), (3.74), Bild 3.77)

h_I in m — Lagerspalthöhe bei Tragbahn unter Wirkung der äußeren Kraft (Gl. (3.64), Bild 3.78)

h_{II} in m — Lagerspalthöhe bei Umgriff unter Wirkung der äußeren Kraft (Gl. (3.65), Bild 3.78)

K in N/m — Steifigkeit des hydrostatischen Lagers (Gl. (3.70))

K_{BEZ} — Bezogene Steifigkeit (Gl. (3.70))

L_w in m — Wirksame Taschenlänge (Gl. (3.50), (3.52), Bild 3.71)

l in m — Abströmlänge (Gl. (3.51), (3.59), (3.67), (3.68), Bild 3.71)

P_P in W — Pumpenleistung (Gl. (3.71), (3.72))

P_R in W — Reibleistung (Gl. (3.71), (3.73))

P_{VER} in W — Verlustleistung (Gl. (3.71), (3.74))

p_p in N/m^2 — Pumpendruck (Gl. (3.58), (3.62), (3.63), (3.70), (3.72), (3.74), Bild 3.72, 3.73, 3.74, 3.75)

p_T in N/m^2 — Taschendruck unter Wirkung der äußeren Kraft (Gl. (3.51), (3.53), Bild 3.71, 3.73, 3.74, 3.75, 3.76, 3.77)

p_{T0} in N/m^2 — Taschendruck im Anfangszustand (Gl. (3.55), (3.58), (3.59), (3.62), (3.63), (3.66), (3.68), Bild 3.77)

p_{T0I} in N/m^2 — Taschendruck im Anfangszustand bei Trafbahn (Gl. (3.60), Bild 3.78)

p_{T0II} in N/m^2 — Taschendruck im Anfangszustand bei Umgriff (Gl. (3.60), Bild 3.78)

p_{TI} in N/m^2 — Taschendruck unter Wirkung der äußeren Kraft bei Tragbahn (Gl. (3.61), (3.62), Bild 3.78)

p_{TII} in N/m^2 — Taschendruck unter Wirkung der äußeren Kraft bei Umgriff (Gl. (3.61), (3.63), Bild 3.78)

$\dot{V}$ in m^3/s — Volumenstrom durch eine hydrostatische Tasche (Gl. (3.51))

$\dot{V}_{0GES}$ in m^3/s — Gesamtvolumenstrom durch alle Taschen im Anfangszustand (Gl. (3.59), (3.68), (3.72), (3.74))

v in m/s — Gleitgeschwindigkeit (Gl. (3.73), (3.74))

z	Anzahl der hydrostatischen Taschen bei Führung ohne Umgriff (Gl. (3.54), (3.56), (3.59))
z	Anzahl der Taschenpaare bei Führung mit Umgriff (Gl. (3.54), (3.56), (3.68))
γ in kg/cm³	Dichte (Gl. (3.69), Tab. 3.3)
ΔF in N	Kraftanstieg
Δh in m	Spaltänderung (Gl. (3.57), (3.64), (3.65), Bild 3.77, 3.78)
η in Ns/m²	Dynamische Viskosität des Öles (Gl. (3.51), (3.59), (3.68), (3.69), (3.74))
v in mm²/s	Kinematische Viskosität des Öles (Gl. (3.69), Tab. 3.2, Bild 3.79)

3.3.3 Konstruktionsmerkmale der Führungen verschiedener Gestaltungsform

Wenn angenommen wird, daß die Bewegung in z-Richtung stattfindet, muß der Tisch bei allen Gestaltungsformen einwandfrei in der x–z und y–z-Ebene geführt werden. Bei rechtwinkligen, offenen, prismatischen Flachführungen (Bild 3.41) können Momente, die in der y–z-Ebene wirken, nicht aufgenommen werden. Deshalb werden diese Führungen bei relativ schweren Tischen und kleinen Schnittkräften und Momenten angewandt. Rechtwinklige, geschlossene, prismatische Flachführungen (Bild 3.42) können Momente, die in allen drei Koordinatenebenen wirken, aufnehmen. Die Führung des Tisches in der x–z-Ebene übernimmt im Bild a) die exzentrische Schmalführung, im Bild b) die zentrische Schmalführung und im Bild c) die Breitführung. Das Spiel zwischen den Führungsbahnen des Tisches und dem Bett wird mit der Leiste 1 eingestellt. Das Spiel zwischen den Führungsbahnen in der y–z-Ebene wird durch das Schleifen der Umgriffsleiste 2 auf das vorgeschriebene Maß eingehalten.

Die einstellbare Leiste 1 kann mit parallelen Flächen versehen und durch seitlich angeordnete Schrauben einstellbar gemacht werden (Bild 3.43a). Sie kann aber auch keilförmig ausgelegt und durch Längsverschiebung eingestellt werden (Bild 3.43b). In diesem Falle muß der Tisch ebenso wie die Keilleiste auf der ganzen Länge unter dem Neigungswinkel 1:60 bis 1:100 bearbeitet werden. Da diese Bearbeitung sehr aufwendig ist, werden häufig Doppelkeilleisten (Bild 3.43c) angewandt. Die beiden Keilleisten 1 und 2 werden beim Einstellen des Führungsbahnspieles auf der abgeschrägten Fläche gegeneinander verschoben. Ihre Lage wird nach dem Erreichen des gewünschten Führungsbahnspiels durch Schrauben gesichert.

Bei der Anwendung von stellbaren Führungsleisten des Fabrikats Spieth [64] werden die Leisten 1 an den Tischenden eingebaut. Die Leisten sind so ausgebildet, daß sie sich durch Anziehen der Spannschrauben 2 verformen. Auf diese Art wird das gewünschte Führungsspiel eingestellt.

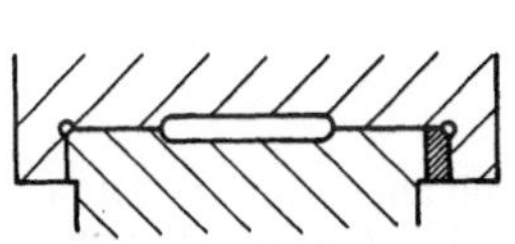
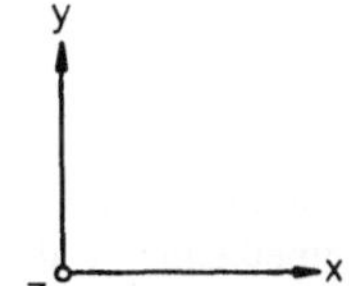

Bild 3.41. Rechtwinklige offene prismatische Flachführung

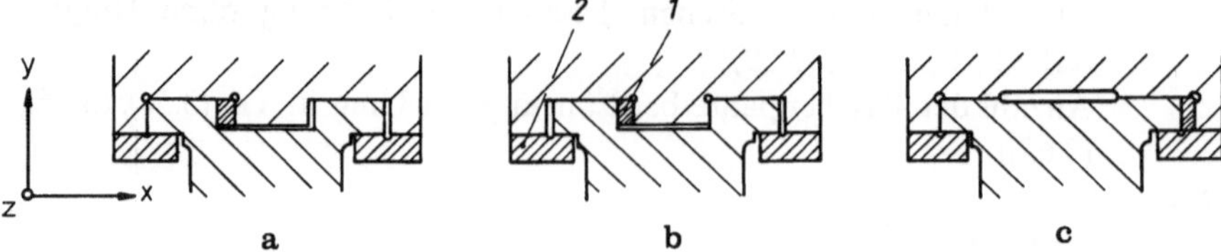

Bild 3.42.a – c. Rechtwinklige geschlossene prismatische Flachführungen. **a** exzentrische Schmalführung, **b** zentrische Schmalführung, **c** Breitführung

Die schiefwinkligen prismatischen V- und Dachführungen werden meistens mit den rechtwinkligen Flachführungen kombiniert (Bild 3.44). Die Führung des Tisches in der x–z-Ebene übernehmen die schiefwinkligen, prismatischen Führungen, in der y–z-Ebene die schiefwinkligen und die rechtwinkligen, prismatischen Führungen.

Damit auf der ganzen Tischlänge die Berührung zwischen den Führungsbahnen des Tisches und des Bettes erreicht wird, ist eine teure und aufwendige Bearbeitung (Schaben) der Tischbahnen erforderlich. Der höhere Preis der kombinierten Führungen aus Bild 3.44 durch die aufwendige Bearbeitung der schiefwinkligen, prismatischen Führungen wird in bezug auf die rechtwinkligen Führungen aus Bild 3.41 und Bild 3.42 teilweise kompensiert, da die kombinierten Führungen weniger Führungsbahnen (bei den geschlossenen 5 anstatt 6, bei den offenen 3 anstatt 4) und keine Leiste benötigen. Diese Führungen werden an Genauigkeitsmaschinen angewandt. Die im Bild 3.44a) dargestellte Führung kann die in der y–z-Ebene wirkenden Momente nicht aufnehmen; beide schiefwinkligen Führungen (Bild 3.44a und 3.44b) sind für größere in x–z-Richtung wirkende Kräfte und Momente nicht geeignet, da der Tisch die schiefwinkligen Bahnen verlassen könnte. Die exakte Führung in der z-Richtung wäre dann nicht gewährleistet.

Bei manchen Schleifmaschinen werden an beiden Bahnen schiefwinklige, prismatische Führungen (Bild 3.45) vorgesehen. Diese Führungen haben 6 Bahnen, sie sind

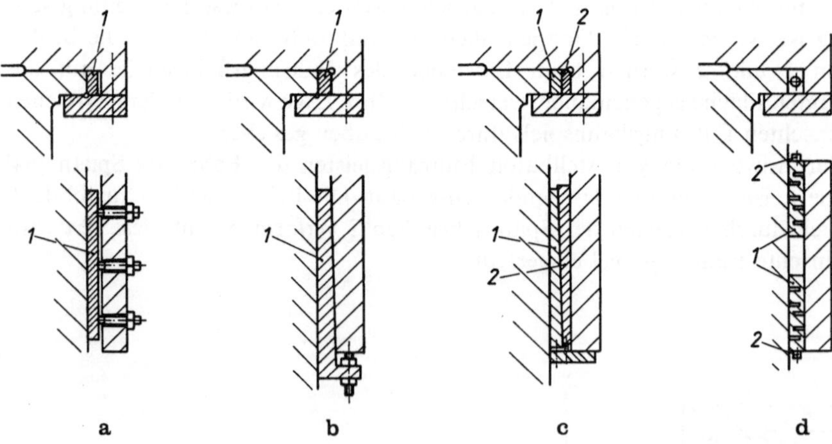

Bild 3.43.a – d. Einstellung der Leisten. **a** prismatische Leiste mit seitlich angeordneten Schrauben, **b** keilförmig ausgebildete Leiste, **c** Doppelkeilleiste, **d** Führungsleiste Fabrikat Spieth

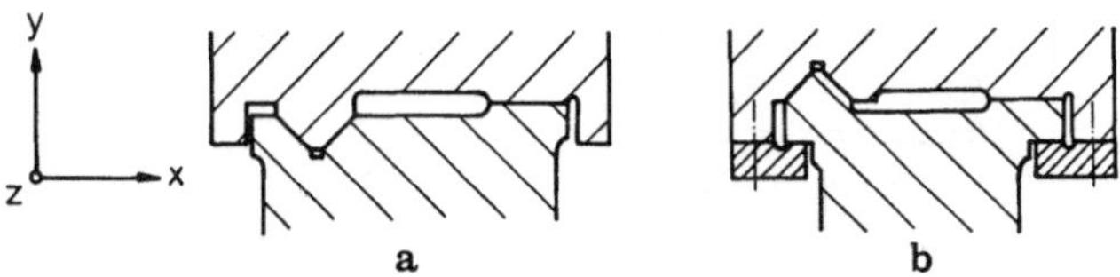

Bild 3.44.a – b. Schiefwinklige prismatische Führungen kombiniert mit rechtwinkligen Flachführungen. **a** V-Führungen, **b** Dachführungen

sehr teuer, und die Wahrscheinlichkeit, daß alle Führungsbahnen in vollkommener Berührung stehen, ist gering. Das System ist statisch umbestimmt. Diese Führungen werden trotzdem angewandt, wenn die Forderung gestellt wird, daß der Führungsbahnverschleiß geringen Einfluß auf die Arbeitsgenauigkeit ausübt.

Schiefwinklige, prismatische Schwalbenschwanzführungen (Bild 3.46) werden nur für die kleineren Schnittkräfte und Momente angewandt, da es nicht einfach ist, dieses Führungssystem steif auszulegen. Bei der Schwalbenschwanzführung aus Bild 3.46 b) kann größere Steifigkeit des Tisches erreicht werden.

Zylindrische Führungen mit zwei Zylindern (Bild 3.47) sind nicht zwangsfrei und müssen außerordentlich sorgfältig hergestellt werden, da Schaben oder Einpassen für Führungen dieser Art nicht möglich ist. Sie können nicht für große Längen des Tisches 1 und für größere Tischhübe verwendet werden, da der Durchmesser der Zylinderführung 2 aus Starrheitsgründen unzulässig groß werden müßte.

Die Kombination eines Zylinders und einer rechtwinkligen, prismatischen Flachführung (Bild 3.48) ergibt eine völlig zwangsfreie Führung. Der zylindrische Teil der kombinierten Führung läßt nicht zu, daß diese Führungen für größere Tischlängen und Tischhübe angewandt werden.

Die in Bild 3.49 dargestellten zylindrischen Führungen mit zwei Zylindern sind zwangsfrei und können für größere Tischlängen und Tischhübe angewandt werden. Die zylindrischen Führungen 1 werden durch die Wellenunterstützungen 2 über die ganze Länge gestützt, die Steifigkeit wird dadurch auch für sehr große Tischhübe sehr groß. Die Wellenunterstützungen werden auf dem Bett 3 ausgerichtet und von unten mit Schrauben befestigt. Die offenen Zylinderelemente 4 werden bei der Montage zuerst durch leichtangezogene Schrauben mit Tisch 5 befestigt. Nach dem endgültigen Ausrichten werden sie durch zwei Stifte mit dem Tisch formschlüssig verbunden.

3.3.4 Gleitende Führungen

Gleitende Führungen werden noch immer an Werkzeugmaschinen angewandt. Gründe dafür sind der relativ niedrige Preis, die große Steifigkeit und die gute Schwingungsdämpfung der Führungen. Gleitführungen in der Paarung Grauguß

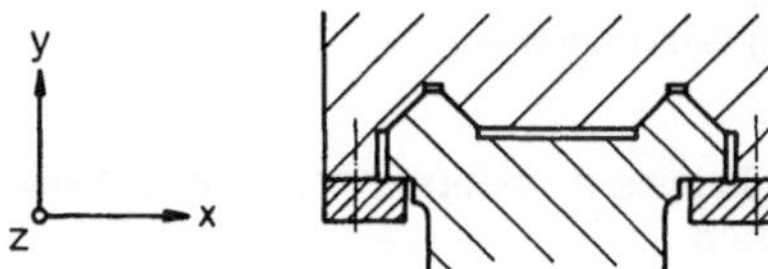

Bild 3.45. Schiefwinklige geschlossene prismatische Dachführungen

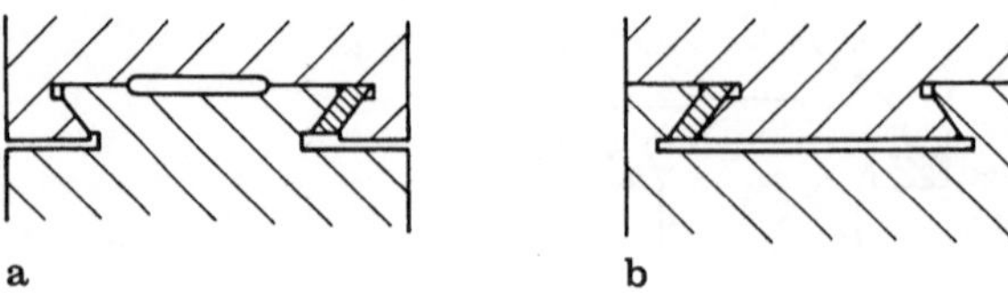

Bild 3.46 a, b. Schiefwinklige prismatische Schwalbenschwanzführung. **a** Führungen mit kleinerer Steifigkeit des Tisches, **b** Führung mit größerer Steifigkeit des Tisches

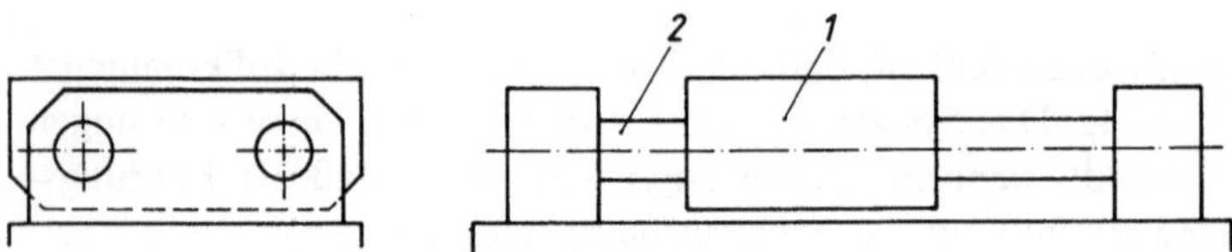

Bild 3.47. Zylindrische Führung mit zwei Zylindern

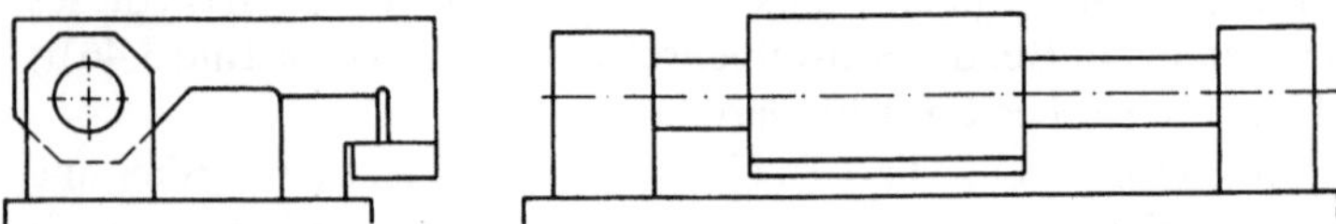

Bild 3.48. Zylindrische Führung mit einem Zylinder, kombiniert mit einer rechtwinkligen prismatischen Flachführung

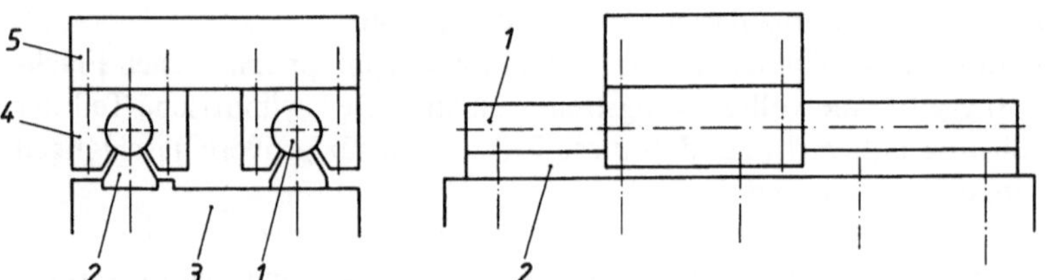

Bild 3.49. Zylindrische Führungen mit zwei über die ganze Länge gestützten Zylindern

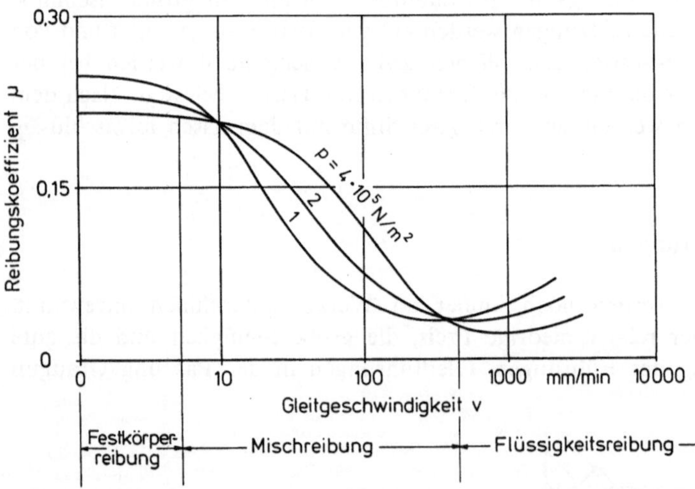

Bild 3.50. Reibungskoeffizient in Abhängigkeit von der Gleitgeschwindigkeit bei verschiedener Flächenpressung für die Paarung Gußeisen gegen Gußeisen

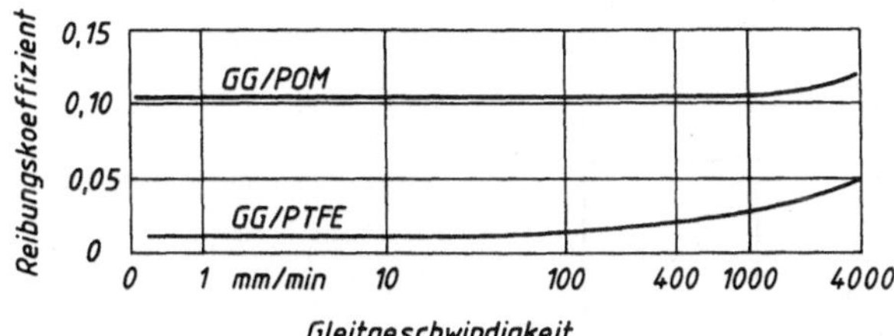

Bild 3.51. Reibungskoeffizient in Abhängigkeit von der Gleitgeschwindigkeit für die Paarungen Gußeisen gegen POM und Gußeisen gegen PTFE

gegen Grauguß oder Grauguß gegen Stahl entsprechen den an heutige Werkzeugmaschinen gestellten Anforderungen nicht, da bei niedrigen Tischgeschwindigkeiten Mischreibung auftritt. Ruckendes Gleiten (stick-slip), Verschleiß der Gleitbahnen und erhöhte Erwährmung sind die Folge.

Bei der Auswahl der Gleitbahnwerkstoffe sind deshalb folgende Gesichtspunkte maßgebend:

— Keine Neigung zum ruckenden Gleiten,
— möglichst geringer Reibungskoeffizient,
— gute Notlaufeigenschaften.

Nach den Untersuchungen von Opitz [49, 50, 51] für die Paarung Grauguß gegen Grauguß (Bild 3.50) wird der Verlauf des Reibungskoeffizienten in drei Gebiete der Gleitgeschwindigkeit eingeteilt:

— Festkörperreibung beim Beginn der Bewegung,
— Mischreibung im Bereich zwischen Festkörper- und Flüssigkeitsreibung,
— Flüssigkeitsreibung ab einer bestimmten Gleitgeschwindigkeit aufwärts.

Im Bereich der Festkörperreibung bleibt der Reibungskoeffizient bei zunehmender Gleitgeschwindigkeit konstant. Höhere Reibungskoeffizienten werden bei niedrigeren Flächenpressungen gemessen.

Im Bereich der Mischreibung wird der Reibungskoeffizient mit zunehmender Gleitgeschwindigkeit kleiner. Höhere Reibungskoeffizienten werden bei höheren Flächenpressungen erreicht.

Für die reine Flüssigkeitsreibung gelten hydrodynamische Gesetze, nach welchen der Reibungskoeffizient mit zunehmender Gleitgeschwindigkeit ansteigt. Höhere Reibungskoeffizienten werden bei niedrigeren Flächenpressungen gemessen.

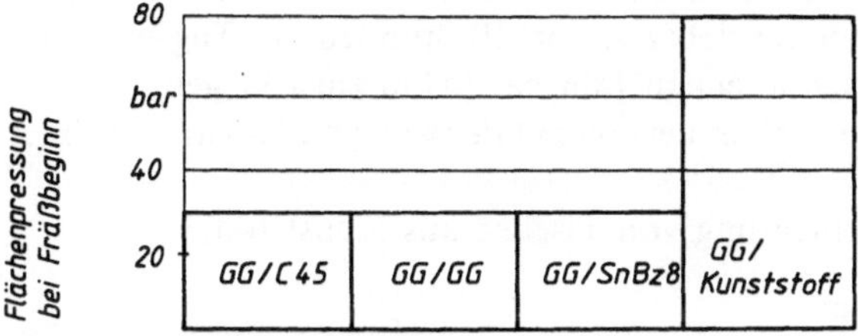

Bild 3.52. Flächenpressung bei Freßbeginn für verschiedene Materialpaarungen, wenn beide Gleitbahnflächen umfangsgeschliffen sind

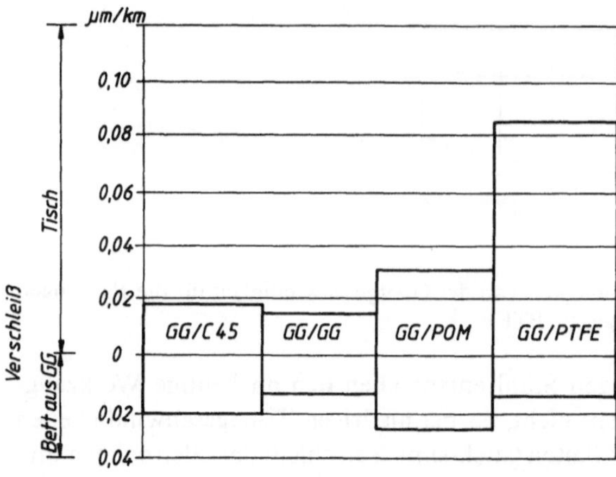

Bild 3.53. Verschleißverhalten der Paarungen Grauguß gegen Stahl, Grauguß, POM und PFTE

Da das ruckende Gleiten nur im Bereich der fallenden Reibungskennlinie auftreten kann [52], werden an heutigen Werkzeugmaschinen nur solche Werkstoffpaarungen angewandt, bei welchen der Reibungskoeffizient unverändert bleibt.

Die Kunststoffe Polyoxymethylen (POM) und Polytetrafluoräthylen (PTFE oder Teflon) weisen in der Paarung mit Gußeisen oder mit Stahl einen kleinen und nahezu gleichbleibenden Reibwert über der Gleitgeschwindigkeit auf (Bild 3.51) und neigen daher nicht zum ruckenden Gleiten.

Alle Kunststoffe haben sehr gute Notlaufeigenschaften. Untersuchungen haben gezeigt, daß es bei allen Kunststoffen, die mit Gußeisen im Trockenlauf gepaart waren, selbst bei Flächenpressungen über 80 bar kein Fressen der Gleitbahnen gab (Bild 3.52). Die Werkzeugmaschinenführungen werden so konstruiert, daß die Flächenpressung 2 bar nicht überschreitet. Als Beispiel läßt sich eine 2 m lange Führung mit zwei Flachführungen, die 100 mm breit sind, anführen. Wenn der Tisch mit einer Kraft von 40000 N belastet wird, ergibt sich eine Flächenpressung von 1 bar.

Die Untersuchungen von Opitz [49, 50, 51] haben ergeben, daß die Paarung Gußeisen gegen PTFE auf der Kunststoffseite einen relativ großen Verschleiß aufweist (Bild 3.53). Bei diesen Untersuchungen war das Bett (der untere Teil der Führung) aus Gußeisen, der Tisch hatte eine Gleitbahnbeschichtung aus dem angegebenen Versuchswerkstoff. Die Führungen wurden durch kontinuierliche Ölzufuhr geschmiert.

Damit dieser Verschleiß praktisch erfaßt werden kann, könnte als Beispiel eine Werkzeugmaschine mit einer durchschnittlichen Vorschubgeschwindigkeit von 500 mm/min und einem Hub von 1000 mm angenommen werden. Der Tisch fährt 1000 mm in zwei Minuten. Bei einer Betriebszeit von 10 Stunden am Tag während einer 5-Tage-Woche würde der Tisch in einem Jahr ca. 70 km zurücklegen.

Nach Bild 3.53 wird nun der Verschleiß bei einem Gleitweg von 70 km berechnet und in Tabelle 3.1 aufgestellt.

Es gibt drei Verfahren für die Beschichtung von Tischen aus Kunststoff:

— Aufkleben von Kunststoffbelägen,
— Spachtelverfahren,
— Gieß- oder Injizierverfahren.

Tabelle 3.1. Verschleiß von verschiedenen Materialpaarungen bei einem Gleitweg von 70 km

Verschleiß in µm bei einem Gleitweg von 70 km		
Paarung	am Bett aus GG	am Tisch aus Versuchswerkstoff
GG/C45	1,4	1,4
GG/GG	1	1
GG/POM	2	2
GG/PTFE	1	6

In allen Fällen muß die Kunststoffschicht dünn sein (unter 2 mm), da sich die Kunststoffe unter Last wegen des sehr kleinen Elastizitätsmoduls ($E = 32 \cdot 10^8$ N/m^2) wesentlich stärker als Stahl oder Gußeisen elastisch verformen.

Ausführliche technische Daten und Anwendungsunterlagen für die Folien aus der Werkstoffkombination Metallgewebe und PTFE [53], für Spachtelverfahren mit dem Kunststoff SKC 3 [54] und für das Gieß- oder Injizierverfahren von Epoxidharz [55] sind in den angegebenen Firmendruckschriften zu finden.

3.3.5 Wälzende Führungen

Wälzende Führungen werden in zunehmendem Maße an heutigen Werkzeugmaschinen angewandt, da sie einen geringeren Reibwert und geringeren Verschleiß als gleitende Führungen aufweisen. Für bahngesteuerte Tische und für alle Tische mit genauer Positionierung sind diese Führungen unerläßlich.

Im Vergleich zu gleitenden und hydrostatischen Führungen haben Wälzführungen jedoch den Nachteil, daß sie eine relativ große Bauhöhe aufweisen und daß die Schlittenbewegung bei hoher Flächenpressung und schlechter Schwingungsdämpfung stattfindet.

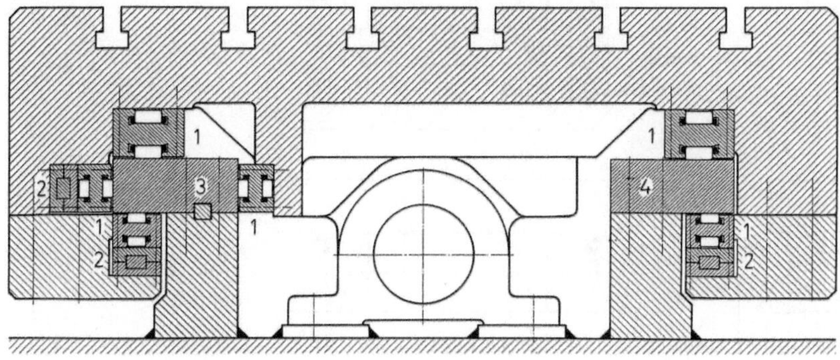

Bild 3.54. Tischführung einer NC-Bohrmaschine durch INA-Rollenumlaufschuhe

3.3.5.1 Wälzende Führungen mit Zurückführung der Wälzkörper

Durch die Zurückführung der Wälzkörper sind diese Führungen für unbegrenzte Bewegungslängen konzipiert.

Bild 3.54 zeigt eine durch INA-Rollenumlaufschuhe [56] geführte Tischführung. Die Führung ist als rechtwinklige, geschlossene, prismatische Flachführung mit exzentrischer Schmalführung ausgeführt (s. Bild 3.41a). Der Tisch wird durch zwölf Rollenumlaufschuhe 1 gegen die Führungsschienen 3 und 4 geführt. Über Vorspannkeile 2 werden die gewünschten Vorspannkräfte in der Schmalführung und in der Umgriffsleiste exakt eingestellt. Rollenumlaufschuhe (Bild 3.55) sind Wälzkörperelemente, bei welchen die gehärteten Rollen durch Umlauf zwischen Tisch und Führungsschiene zurückgeführt werden. Die Vorspannkeile (Bild 3.56) arbeiten nach dem gleichen Prinzip wie die in Bild 3.43c beschriebenen Doppelkeilleisten. Sie bestehen aus zwei geschliffenen Keilleisten, die mit einer zentralen Paßleiste gegenseitig geführt sind. Eine stirnseitig befestigte Stellplatte stützt die Einstell- und Konterschrauben ab.

Diese Führungen, die aus Rollenumlaufschuhen, Vorspannkeilen und Führungsschienen bestehen, zeichnen sich durch höchste Steifigkeit und Tragfähigkeit und hohe Führungsgenauigkeit aus. Bei längeren Tischen und größeren Belastungen müssen mehrere Rollenumlaufschuhe vorgesehen werden, damit sich der Tisch zwischen den Stützelementen nicht zu stark elastisch verformt. Aus Bild 3.54 wird außerdem deutlich, daß der Tisch durch die relativ große Bauhöhe der Wälzkörperelemente geschwächt wird. Durch die Vorschubkräfte entstehen Momentbelastungen, da der Tisch durch exzentrische Schmalführung geführt wird.

Bei der in Bild 3.57 dargestellten Tischführung [56] entsteht keine Momentbelastung durch Vorschubkräfte, da der Tisch wie in Bild 3.42b durch zentrische Schmalführung geführt wird. Durch das konstruktive Anordnen von je zwei Vorspannkeilen 2 in der Schmalführung ist es möglich, den Tisch genau auszurichten. Die Führung der Rollenumlaufschuhe 1 wird bei dieser Konstruktion durch zwei gleiche Führungsschienen 3 übernommen. Die seitlichen Kräfte und Momente werden durch Vierkantleisten formschlüssig ins Maschinenbett übertragen. Nach dem Ausrichten und Festschrauben der Führungsschienen werden die verbleibenden Spalten

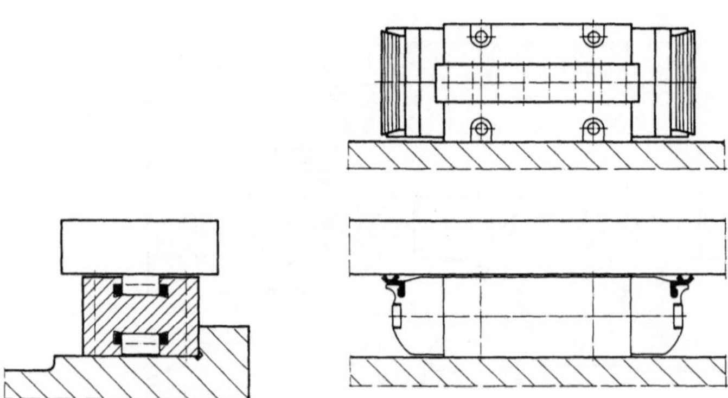

Bild 3.55. INA-Rollenumlaufschuh als Element der Linearführung

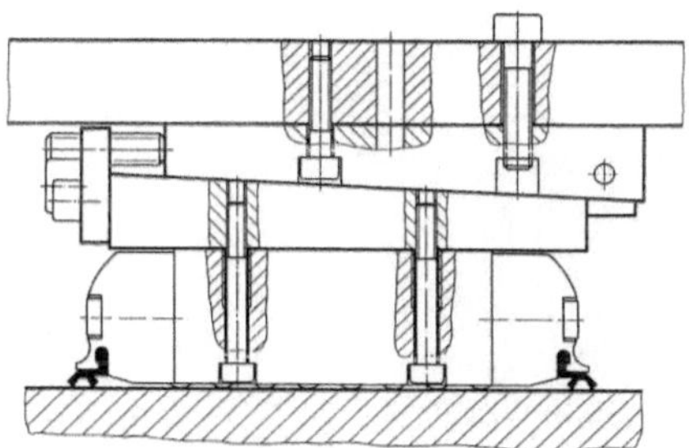

Bild 3.56. Einstellung der Vorspannkraft durch Vorspannkeile

zwischen Vierkantleisten und Nutzen durch Kunstharz ausgegossen. Die Vorspannkräfte in den Umgriffsleisten werden durch harte und dünne Abstimmleisten eingestellt. So ist es bei dieser Konstruktion möglich, eine etwas kleinere Bauhöhe der Umgriffsleisten als bei dem in Bild 3.54 dargestellten Tisch zu erreichen.

Tischführungen durch Rollenumlaufschuhe [56] werden auch für schiefwinklige, prismatische Dachführungen (Bild 3.58) angewandt. Der Tisch wird durch Rollenumlaufschuhe 1 gegen die Führungsschienen 4 geführt. Die gewünschten Vorspannkräfte werden über einen Vorspannkeil, der mit Adapter 3 zusammenwirkt, eingestellt. Ein weiterer Adapter 2 ist an der gegenüberliegenden Seite des Tisches angebracht. Mit diesem Tisch können die in allen Richtungen wirkenden Kräfte und Momente aufgenommen werden. Bei dieser Konstruktion ergeben sich für den Tisch und das Bett geometrisch sehr einfache Bearbeitungsflächen, die nicht gehärtet werden müssen, da die Wälzkörper auf gehärteten Führungsschienen und Adaptern rollen.

Bild 3.59 zeigt einen durch THK-Linearbewegungslager [57] geführten Kreuztisch. Bei dieser Konzeption ergeben sich geometrisch einfache Bearbeitungsflächen für den Tisch und für das Bett.

Für jede Bewegungsachse wurden je zwei Führungsschienen 1 und je vier Lagerelemente 2 mit Zurückführung der Wälzkörper eingebaut. Wälzkörper sind bei THK-Linearbewegungslagern die Kugeln (Bild 3.60). Diese Lager zeichnen sich durch

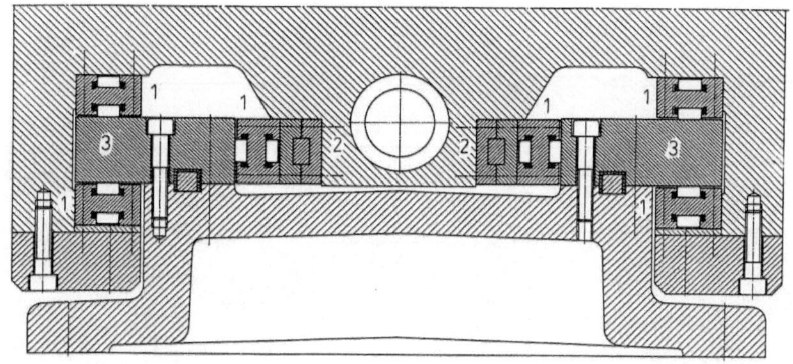

Bild 3.57. Tischführung einer Fräsmaschine durch INA-Rollenumlaufschuhe

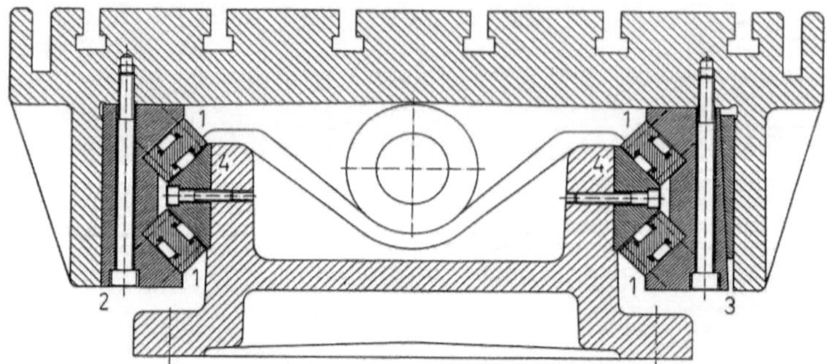

Bild 3.58. Schiefwinklige geschlossene prismatische Dachführungen für einen Werkzeugmaschinentisch

hohe Tragfähigkeit, hohe Steifigkeit und hohe Führungsgenauigkeit aus. Sie werden deshalb häufig an Werkzeugwechseleinrichtungen, Industrierobotern und an Schleifmaschinen angewandt.

Die Gestaltungsform zylindrischer Führungen mit zwei über die ganze Länge gestützten Zylindern (s. Bild 3.49) können auch durch wälzende Führungen mit Zurückführung der Wälzkörper realisiert werden. Bild 3.61 zeigt die senkrechte Führung eines Industrie-Roboters durch INA-Linear-Lagereinheiten [56]. Die gehärteten zylindrischen Führungen 3 werden durch die Wellenunterstützungen 2 an der Vierkantsäule des Handhabungsgerätes befestigt. Für jede zylindrische Führung werden zwei offene Linear-Lagereinheiten 1 mit dem Handhabungsgerät befestigt.

Eine offene INA-Linear-Lagereinheit [56] mit zwei Abdichtungsausführungen ist in Bild 3.62 dargestellt.

Führungen von geschlossener, zylindrischer Gestaltungsform (s. Bild 3.47) können als wälzende Führungen mit Zurückführung der Wälzkörper realisiert werden. Bild 3.63 zeigt die Führung der oszillierenden Bewegung einer Kantenschleifeinrichtung durch geschlossene INA-Linear-Kugellager [56]. Die Führung besteht aus zwei gehärteten Wellen und vier geschlossenen INA-Linear-Kugellagern 1, die im Gehäuse der Kantenschleifeinrichtung eingebaut sind. Diese Führungen können aus Steifigkeitsgründen nicht für größere Längen des Tisches und für größere Tischhübe angewandt werden.

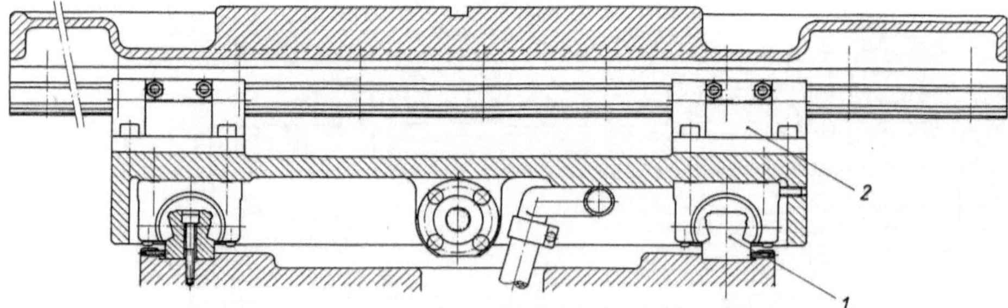

Bild 3.59. Tischführungen eines Kreuztisches durch THK-Linearbewegungslager

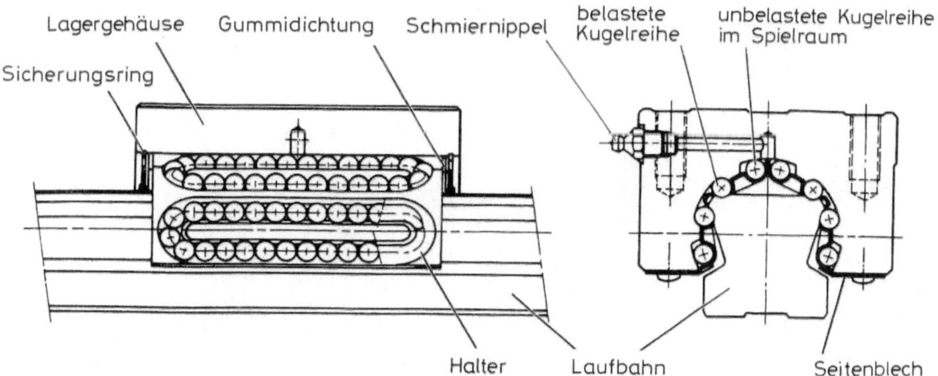

Bild 3.60. THK-Linearbewegungslager

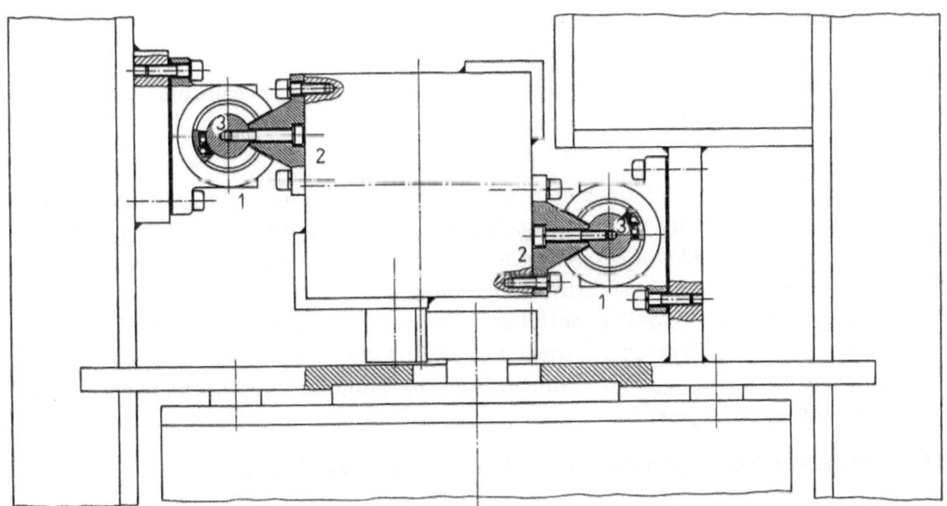

Bild 3.61. Senkrechte Führung eines Industrie-Roboters durch offene INA-Linear-Lagereinheiten

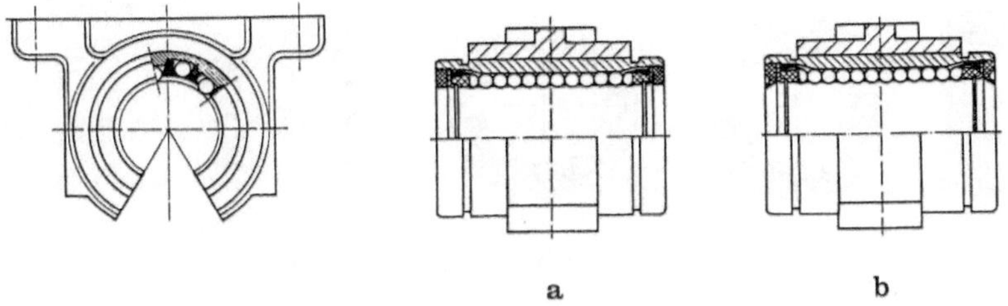

Bild 3.62 a, b. Offene INA-Linear-Lagereinheiten. **a** mit Spaltdichtungen, **b** mit schleifenden Dichtungen

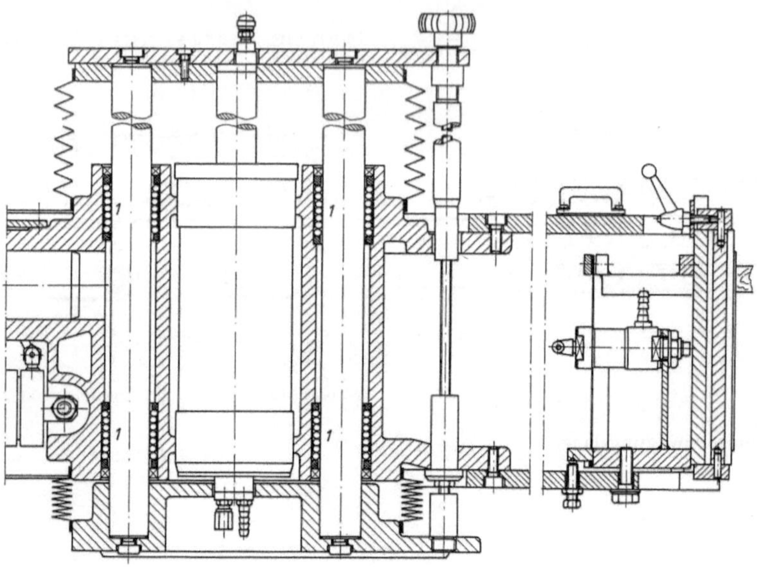

Bild 3.63. Führung der oszillierenden Bewegung einer Kantenschleifeinrichtung durch geschlossene INA-Linear-Kugellager

Die offenen und die geschlossenen Linear-Kugellager können in einer Lagereinheit (wie in Bild 3.62) oder als Linear-Kugellager (wie in Bild 3.63) ausgeführt werden. Bild 3.64 zeigt ein INA-Linear-Kugellager [56], auch Kugelbüchse genannt, in geschlossener und offener Ausführung. Führungen, die aus Linear-Kugellagern und aus gehärteten Präzisionswellen bestehen, zeichnen sich durch geringen Verschiebewiderstand, geringen Verschleiß sowie hohe Führungs- und Positioniergenauigkeit aus. Sie werden bevorzugt für Führungen von Handhabungseinrichtungen und Schleifeinrichtungen angewandt.

3.3.5.2 Wälzende Führungen ohne Zurückführung der Wälzkörper

Diese Führungen sind für begrenzte Bewegungslängen konzipiert, da sie ohne Zurückführung der Wälzkörper konzipiert wurden. Der von dem Käfig mit den Wälzkörpern zurückgelegte Weg ist halb so groß wie der des beweglichen Tisches. Deshalb darf der Käfig weder direkt am Bett noch am Tisch befestigt werden.

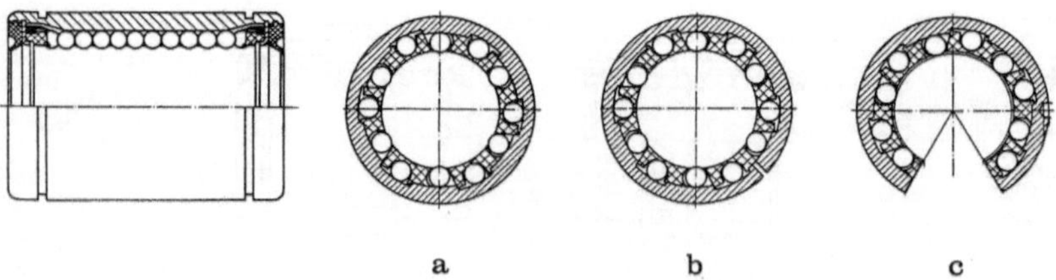

Bild 3.64 a–c. Linear-Kugellager. **a** geschlossene Ausführung, **b** geschlossene Ausführung mit geschlitztem Gehäuse, **c** offene Ausführung

Bild 3.65 zeigt die schematische Darstellung der wälzenden Führung ohne Zurückführung der Wälzkörper.

Nach Bild 3.65 wird deutlich, daß der Hub des Tisches H kleiner als $2(S - L)$ sein muß,

$$H < 2(S - L),$$

d. h., daß die Länge des Käfigs L kleiner als $S - H/2$,

$$L < S - \frac{H}{2}$$

sein muß.

Bild 3.66 zeigt einen durch IBC-lineare Führungs-Rollenlager [58] geführten Tisch. Die Führung ist als schiefwinklige, geschlossene, prismatische V-Führung ausgeführt. Der Tisch wird durch zwei rechtwinklige Rollenkäfige 1, zwei Führungsschienen 2 und zwei Führungsschienen 3 geführt.

Mit den gleichen Führungselementen können auch schiefwinklige, geschlossene, prismatische Dachführungen aufgebaut werden. Diese Gestaltungsform wird für kleinere Abmessungen durch zwei IBC-rechtwinklige Rollenkäfige 1 [58], zwei Führungsschienen 2 und eine zentrale Führungsschiene 3 ausgeführt (Bild 3.67).

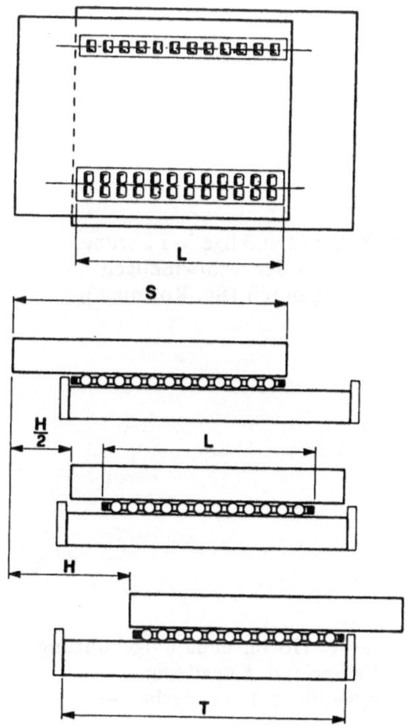

Bild 3.65. Schematische Darstellung der wälzenden Führung ohne Zurückführung der Wälzkörper

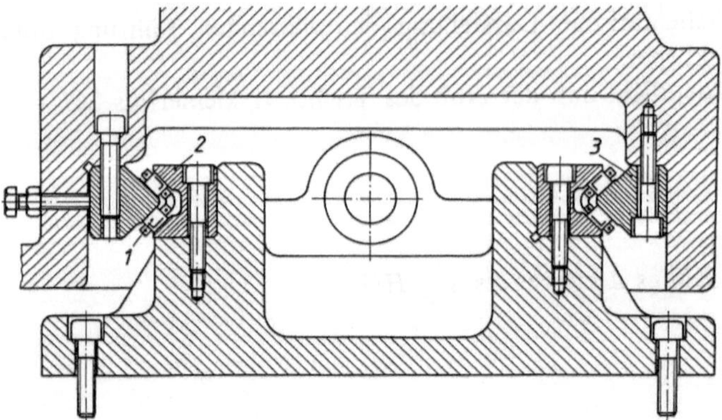

Bild 3.66. Tischführung durch IBC-lineare Führungs-Rollenlager

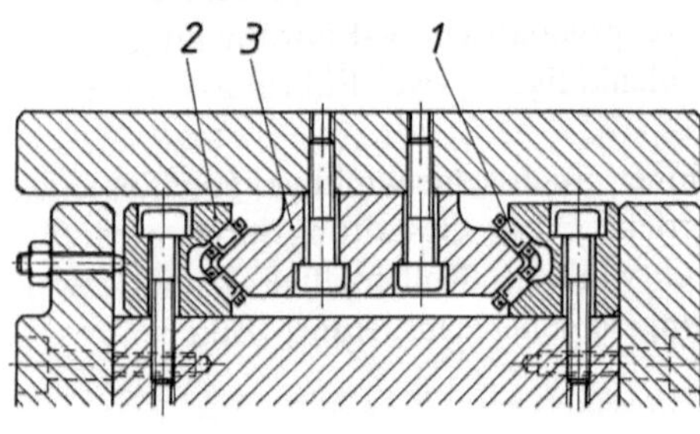

Bild 3.67. Tischführung durch
IBC-lineare Führungs-Rollenlager
und zentrale Führungsschiene

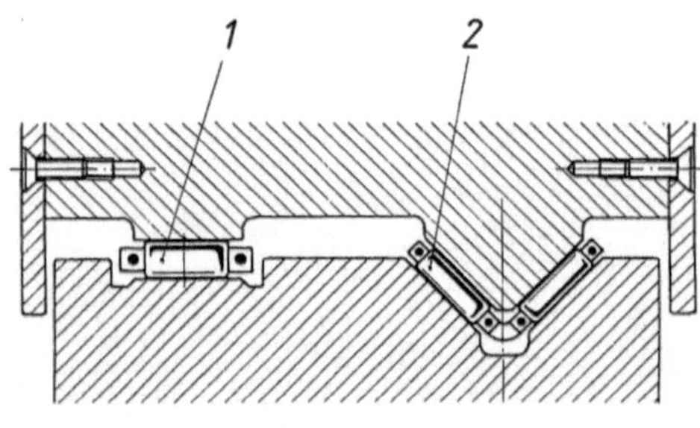

Bild 3.68. Schiefwinklige V-Führung,
kombiniert mit der rechtwinkligen
Flachführung durch IBC-Rollenkäfige

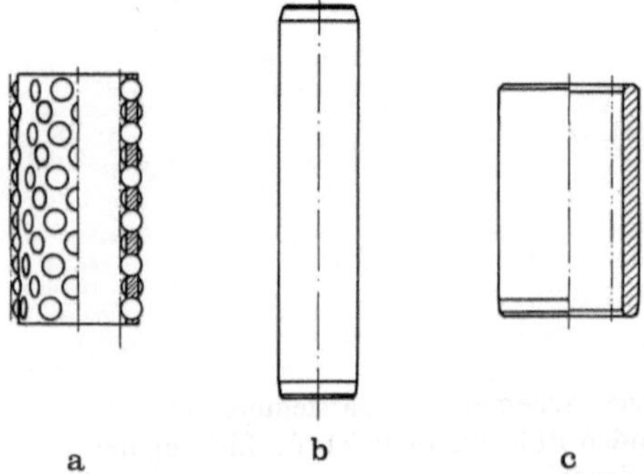

Bild 3.69 a – c. Hochgenaue Kugelführung
von Fa. Feinprüf: **a** Kugelkäfig,
b Führungswelle, **c** Führungsbuchse

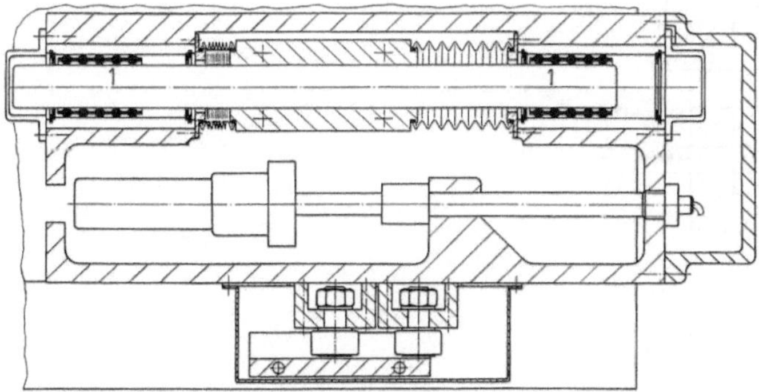

Bild 3.70. Schlittenführung eines Schleifautomaten durch Feinprüf-Kugelkäfige

Die Kombination einer schiefwinkligen, prismatischen V-Führung mit einer rechtwinkligen Flachführung (wie in Bild 3.44) kann auch durch IBC-Rollenkäfige [58] realisiert werden (Bild 3.68). Die flachen Rollenkäfige 1 und die rechtwinkligen Rollenkäfige 2 laufen direkt zwischen Tisch und Bett.

Tischführungen durch Rollenkräftige zeichnen sich durch höchste Genauigkeit und sehr geringe Reibung ($\mu \leqq 0{,}002$) aus. Bei direktem Einbau wie in Bild 3.68 haben diese Führungen auch eine kleine Bauhöhe. Da diese Bauart meistens für Genauigkeitsschleifmaschinen angewandt wird, laufen die Rollenkräfte auf den ungehärteten Laufbahnen des Tisches und des Bettes, da wegen kleinen Belastungen auch mit niedrigen Flächenpressungen gerechnet werden kann. Bei den Bauarten mit Führungsschienen (Bild 3.66 und 3.67) wird auch hohe Tragfähigkeit und Steifigkeit erreicht. Die Führungsschienen sind hart und durch Kurzhubhonen (superfinish) bearbeitet.

Hochgenaue Kugelführungen (Bild 3.69) von Fa. Feinprüf [59] bestehen aus gehärteten und feinbearbeiteten zylindrischen Führungselementen, Führungswelle, Führungsbuchse und Kugeln, die in einem Metall- oder Kunststoffrohr leicht beweglich gehalten sind. Diese Kugelführungen sind für spielfreie, gradlinige Dreh- und kombinierte Bewegungen konzipiert. Sie werden an Maschinen und Geräten eingesetzt, wo die höchste Führungsgenauigkeit verlangt wird, wie Schleifmaschinen, Meß- und Positioniereinrichtungen und feinwerktechnische und optische Geräte.

Bild 3.70 zeigt einen durch Feinprüf-Kugelkäfige [59] geführten Schlitten eines Schleifautomaten. Die Führung besteht aus zwei Feinprüf-Kugelkäfigen, zwei Führungsbuchsen und einer Führungswelle.

3.3.6 Hydrostatische Führungen

Bei hydrostatischen Führungen werden, wie in Bild 3.71 veranschaulicht, die Berührungsflächen zweier aufeinander gleitender Maschinenteile durch einen während des Betriebes jederzeit vorhandenen Ölfilm voneinander getrennt. Ein außerhalb der Maschine angeordnetes Ölversorgungsaggregat sorgt für die Aufrechterhaltung des Ölfilms.

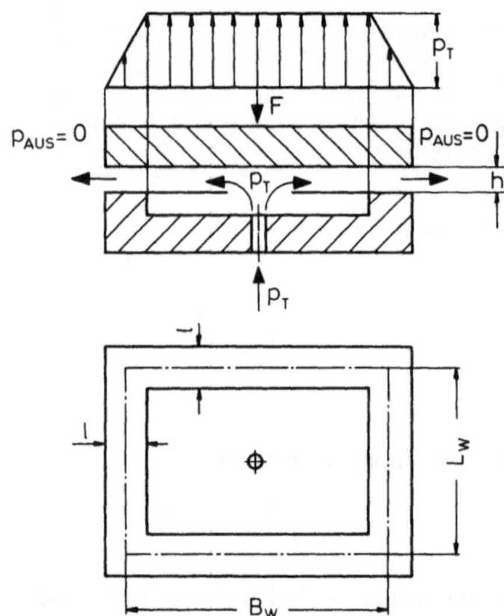

Bild 3.71. Grundsätzlicher Aufbau eines hydrostatischen Lagers

In einem der beiden Maschinenteile, meistens in dem beweglichen Tisch, sind Aussparungen, sogenannte Taschen, eingearbeitet, die von Pumpen mit Öl versorgt werden. Der Abstand zwischen beiden Gleitflächen heißt Lagerspalthöhe h. Die Taschen sind von Stegen der Breite l umgeben. Das Öl strömt in allen vier Richtungen über die Stege ab, der Öldruck wird vom Taschendruck p_T auf $p_{AUS} = 0$ abgebaut.

Die Abströmbreite, senkrecht zur Strömungsrichtung, entspricht hier der Länge der gestrichelten Umrandungslinie,

$$b = 2B_W + 2L_W.$$ (3.50)

Der Volumenstrom, der durch eine hydrostatische Tasche fließt, wird nach dem Hagen-Poiseuilleschen Gesetz bestimmt:

$$\dot{V} = \frac{p_T h_3}{12\eta} \frac{b}{l}.$$ (3.51)

3.3.6.1 Ölversorgungssysteme

Es ist sehr wichtig, für jeden Betriebsfall das richtige Ölversorgungssystem zu wählen, damit die gewünschten technischen Anforderungen erfüllt werden.

In Bild 3.72 ist die Kennlinie des Ölversorgungssystems „Eine Pumpe pro Tasche" dargestellt. Bei diesem System wird für jede einzelne hydrostatische Tasche eine gesonderte Verdrängerpumpe vorgeschaltet. Man kann praktisch mit einem konstanten Volumenstrom $\dot{V}$ rechnen, da dieser bei der Charakteristik volumetrischer Pumpen im normalen Druckbereich nahezu unabhängig von der Belastung ist.
Aus (3.51) wird deutlich, daß die Lagerspalthöhe h mit dem Anstieg der Kraft F und damit auch des Taschendruckes p_T abnimmt, da der Volumenstrom konstant

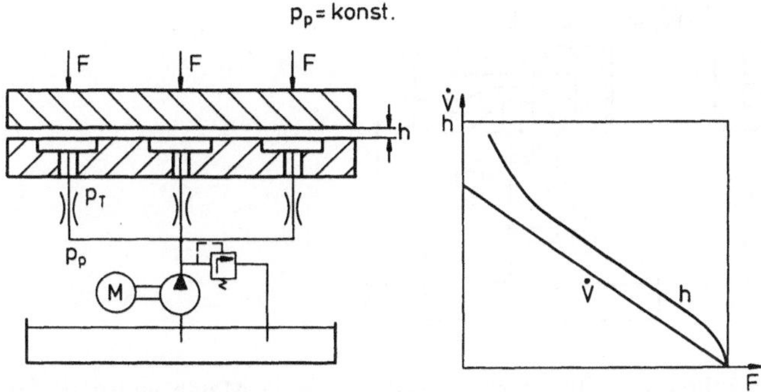

Bild 3.72. Kennlinie des Ölversorgungssystems „Eine Pumpe pro Tasche"

bleibt. Das Strömungsverhältnis b/l und die Ölviskosität η bleiben bei einem hydrostatischen Lager von der Belastung unabhängig. Die Volumenströme der Pumpen müssen bei diesem System vorher genau bestimmt werden, da die nachträgliche Veränderung des Pumpenvolumenstromes zum Zwecke der Anpassung des Ölversorgungssystems an das hydrostatische Lager nicht möglich ist.

Da für jede Tasche eine Pumpe vorgeschaltet werden muß, sind die Herstellungskosten sehr hoch. An den beweglichen Tischen von Genauigkeits- und NC-Maschinen können die Pumpen in den meisten Fällen nicht eingebaut werden, da die schwingungserregend sind. Eine Unterbringung der Pumpen außerhalb der Maschine bedeutet, daß zwischen ihnen und dem beweglichen Tisch mehrere Schläuche vorgesehen werden müssen, die weder technisch noch preislich vertretbar sind.

Bild 3.73 zeigt die Kennlinie des Ölversorgungssystems „Eine gemeinsame Pumpe und Kapillardrosseln". Dieses System wird bei konstantem Pumpendruck (p_p = const) betrieben. Beim Anstieg der Kraft F erhöht sich der Taschendruck p_T, der Volumenstrom $\dot{V}$ nimmt ab. Aus (3.51) wird deutlich, daß die Lagerspalthöhe beim Anstieg der Kraft noch stärker abnimmt, als dies beim System von Bild 3.72 der Fall war. Dieses System hat deshalb eine noch geringere Lagersteifigkeit, wird aber trotzdem häufig angewandt, da mit diesem System relativ niedrige Herstellungskosten

Bild 3.73. Kennlinie des Ölversorgungssystems „Eine gemeinsame Pumpe und Kapillardrosseln"

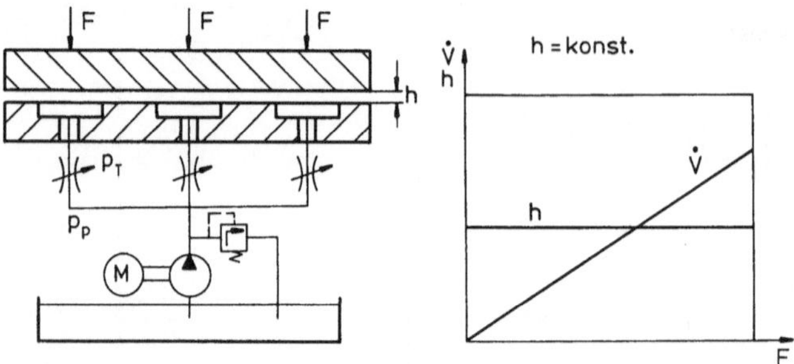

Bild 3.74. Kennlinie des Ölversorgungssystems „Eine gemeinsame Pumpe und Membrandrosseln"

erreicht werden und durch die Einstellung der Kapillardrosseln das Ölversorgungssystem an das hydrostatische Lager angepaßt werden kann. Da die Kapillardrosseln ruhige Vorwiderstände sind, d. h. keine Schwingungen erregen, können sie direkt an den beweglichen Tischen der Maschine eingebaut werden.

Mit dem System „Eine gemeinsame Pumpe und Membrandrosseln" (Bild 3.74) wird die größte Steifigkeit des hydrostatischen Lagers erreicht.

Dieses System fand früher wegen der hohen Herstellungskosten und der aufwendigen Einstellung der Membrandrosseln selten Anwendung.

Die gleiche Kennlinie bei wesentlich niedrigeren Herstellungskosten kann mit dem System „Eine Membrandrossel für drei Taschen" [60] erreicht werden (Bild 3.75). Bei diesem System wird wie bei dem in Bild 3.74 dargestellten System eine Verdrängerpumpe eingebaut. Mit dem Anstieg der Kraft F erhöht sich der Taschendruck p_T, was eine größere Durchbiegung der Membran H und somit einen größeren Volumenstrom $\dot{V}$ zur Folge hat. Bei gleichzeitigem Anstieg des Taschendruckes p_T und des Volumenstromes $\dot{V}$ bleibt die Lagerspalthöhe h konstant (s. (3.51)).

Da beim Kraftanstieg die Lagerspalthöhe unverändert bleibt, ist die Lagersteifigkeit K unendlich groß,

$$K = \frac{\Delta F}{\Delta h} = \infty \quad \text{bei} \quad \Delta h = 0.$$

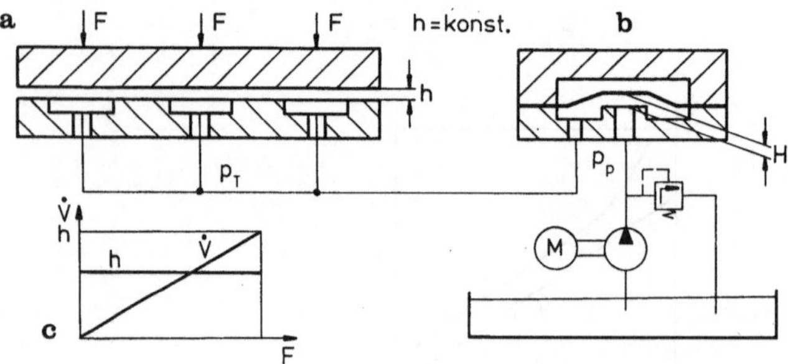

Bild 3.75 a–c. Prinzip und Kennlinie des Ölversorgungssystems „Eine Membrandrossel für drei Taschen" **a** Führung, **b** Membrandrossel, **c** Kennlinie

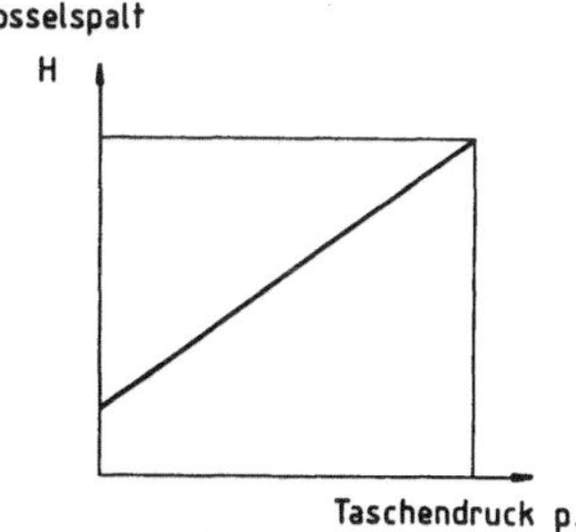

Bild 3.76. Testdiagramm für optimale Einstellung der Membrandrossel

Die Membranstärke s wird beim Einstellen durch Schleifen solange verändert, bis die Funktion $H = f(p_T)$ dem vorher rechnerisch ermittelten Testdiagramm (Bild 3.76) entspricht [60]. In diesem Falle ist die Membrandrossel auf optimale Funktion, d. h. auf unendlich große Steifigkeit, eingestellt.

Die Membrandrosseln sind ruhige Vorwiderstände, die keine Schwingungen erregen, sie können deshalb direkt an den bewglichen Teilen der Maschine eingebaut werden. Beim Anschluß von drei hydrostatischen Taschen an eine Membrandrossel (Bild 3.75) können auch mit diesem System relativ niedrige Herstellungskosten erreicht werden.

3.3.6.2 Hauptmerkmale von hydrostatischen Führungen

Da die Gleitflächen in jedem Betriebszustand durch einen Ölfilm voneinander getrennt sind, ist die bei hydrostatischen Führungen auftretende Reibung eine reine Flüssigkeitsreibung. Deshalb können kein Fressen und kein Verschleiß der Gleitbahnen auftreten. Der Reibungskoeffizient ist klein, die Kennlinie des Reibungskoeffizienten mit der Gleitgeschwindigkeit ist ansteigend, so daß kein ruckendes Gleiten auftreten kann.

Durch die Wahl der Taschenfläche und des Taschendruckes kann konstruktiv jede gewünschte Tragfähigkeit des hydrostatischen Lagers erreicht werden. Durch die Wahl der Taschenfläche, des Lagerspaltes, des Pumpendruckes und des Ölversorgungssystems können konstruktiv höchste Steifigkeiten erreicht werden. Die Schwingungsdämpfung normal zur Gleitfläche ist sehr hoch. Durch die Ölkühlung kann das thermische Verhalten der Maschine verbessert werden. Beim Einsatz des Ölversorgungssystems mit Membrandrosseln werden die Gleitflächen auch bei höchsten Flächenpressungen sowie bei Punkt- und Linienbelastungen durch einen Ölfilm voneinander getrennt gehalten.

Mit hydrostatischen Führungen für geradlinige Bewegungen können relativ niedrige Herstellungskosten erreicht werden. Dies gilt besonders in den Fällen, wenn bei einer Maschine mindestens drei Bewegungsachsen hydrostatisch geführt werden, da mit einem Ölversorgungsaggregat mehrere Führungen mit Drucköl versorgt werden können.

3.3.6.3 Berechnung von hydrostatischen Führungen

Die wirksame Taschenfläche wird bei Taschen mit scharfen Ecken und kleinen Verhältnissen l/b nach folgender Näherungsgleichung bestimmt:

$$A_w = B_w L_w . \tag{3.52}$$

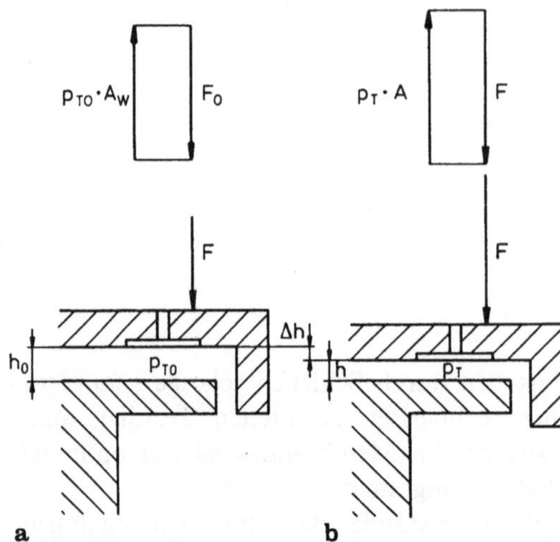

Bild 3.77 a, b. Gleichgewicht bei hydrostatischer Führung ohne Umgriff. **a** unter Wirkung der Anfangskraft F_0, **b** unter Wirkung der äußeren Kraft F

Die Kraft, die auf ein hydrostatisches Lager wirkt, errechnet man (s. Bild 3.71) zu

$$F = p_T A_w . \tag{3.53}$$

Die Führung einer Maschine besteht aus mehreren hydrostatischen Taschen. Bild 3.77 zeigt eine hydrostatische Führung ohne Umgriff, und zwar unter Wirkung der Anfangskraft F_0 und unter Wirkung der äußeren Kraft F.

Die Kraft F_0, die auf ein hydrostatisches Lager im Anfangszustand wirkt, wird aus der Gewichtskraft des Tisches F_G und der Anzahl der hydrostatischen Taschen z bestimmt:

$$F_0 = \frac{F_G}{z} . \tag{3.54}$$

Die Gleichgewichtsgleichung lautet

$$F_0 = p_{T0} A_w . \tag{3.55}$$

Die Lagerspalthöhe im Anfangszustand werde mit h_0 bezeichnet (Bild 3.77a).

Wenn auf den Tisch eine äußere Kraft $F_{\text{äuß}}$, meistens eine Zerspankraft, zentrisch einwirkt, verändert sich auch die Kraft, die auf das hydrostatische Lager wirkt, von F_0 auf F, wobei

$$F = \frac{F_G + F_{\text{äuß}}}{z} . \tag{3.56}$$

Die Gleichgewichtsgleichung lautet (vgl. (3.53))

$$F = p_T A_w .$$

Die Lagerspalthöhe ändert sich um Δh (Bild 3.77b)

$$h = h_0 - \Delta h . \tag{3.57}$$

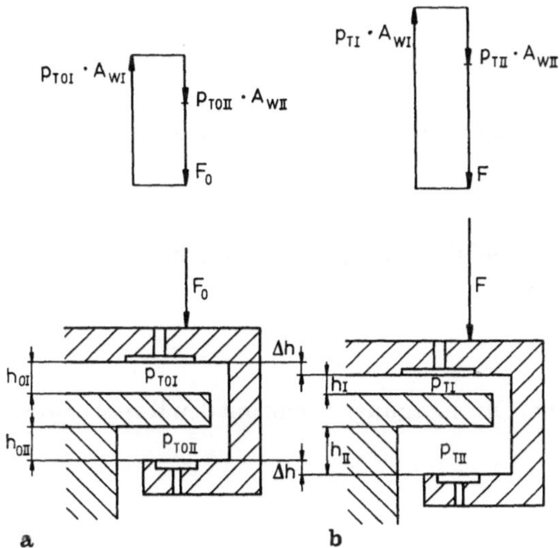

Bild 3.78 a, b. Gleichgewicht einer hydrostatischen Führung mit Umgriff. **a** unter Einwirkung der Anfangskraft F_0, **b** unter Einwirkung der äußeren Kraft F

Der Taschendruck ändert sich dabei von p_{TO} auf p_T, wobei sich p_T beim Ölversorgungssystem mit den Kapillardrosseln errechnet durch [60]

$$p_T = \frac{p_P}{\left(\dfrac{p_P}{p_{TO}} - 1\right)\left(1 - \dfrac{\Delta h}{h_0}\right)^3 + 1} . \tag{3.58}$$

Der Gesamtvolumenstrom durch alle Taschen im Anfangszustand ergibt sich zu

$$\dot{V}_{0\,GES} = z\,\frac{p_{TO}h_0^3}{12\eta}\,\frac{b}{l} . \tag{3.59}$$

In Bild 3.78 ist eine hydrostatische Führung mit Umgriff dargestellt.

Die Kraft F_0, die auf ein hydrostatisches Lager im Anfangszustand wirkt, wird nach (3.54)

$$F_0 = \frac{F_G}{z} .$$

Die Gleichgewichtsgleichung lautet

$$F_0 = p_{TOI}A_{wI} - p_{TOII}A_{wII} . \tag{3.60}$$

Mit h_{OI} bzw. h_{OII} werde die Lagerspalthöhe bei der Tragbahn bzw. beim Umgriff im Anfangszustand (Bild 3.78a) bezeichnet. Wenn auf den Tisch eine äußere Kraft $F_{äuß}$ zentrisch einwirkt, verändert sich auch die Kraft, die auf ein hydrostatisches Lager wirkt, von F_0 auf F, wobei gemäß (3.56)

$$F = \frac{F_G + F_{äuß}}{z} .$$

Die Gleichgewichtsgleichung lautet

$$F = p_{TI}A_{wI} - p_{TII}A_{wII} \,.\tag{3.61}$$

Die Lagerspaltenhöhe bei der Tragbahn hat sich von h_{0I} auf h_I verändert,

$$h_I = h_{0I} - \Delta h \,.$$

Unter der Annahme unendlich hoher Steifigkeit des Umgriffs ergibt sich für die Lagerspalthöhe beim Umgriff daraus

$$h_{II} = h_{0II} + \Delta h \,.$$

Der Taschendruck bei der Tragbahn beim Ölversorgungssystem mit den Kapillardrosseln beträgt nun [60]

$$p_{TI} = \frac{p_p}{\left(\dfrac{p_p}{p_{TOI}} - 1\right)\left(1 - \dfrac{\Delta h}{h_{0I}}\right)^3 + 1} \,,$$

der Taschendruck beim Umgriff

$$p_{TII} = \frac{p_p}{\left(\dfrac{p_p}{p_{TOII}} - 1\right)\left(1 + \dfrac{\Delta h}{h_{0II}}\right)^3 + 1} \,.$$

Es ist zweckmäßig, die hydrostatischen Führungen so zu konzipieren, daß im Anfangszustand die Taschendrücke und die Lagerspaltenhöhen bei der Tragbahn und beim Umgriff gleich sind:

$$p_{TOI} = p_{TOII} = p_{TO} \,,$$

$$h_{0I} = h_{0II} = h_0 \,.$$

In diesem Falle können die Taschendrücke an Tragbahn und Umgriff wie folgt abgeleitet werden:

$$p_{TI} = \frac{p_p}{\left(\dfrac{p_p}{p_{TO}} - 1\right)\left(1 - \dfrac{\Delta h}{h_0}\right)^3 + 1} \,,\tag{3.62}$$

$$p_{TII} = \frac{p_p}{\left(\dfrac{p_p}{p_{TO}} - 1\right)\left(1 + \dfrac{\Delta h}{h_0}\right)^3 + 1} \,.\tag{3.63}$$

Die Lagerspalthöhe bei Tragbahn wird

$$h_I = h_0 - \Delta h \,.\tag{3.64}$$

Tabelle 3.2. Vergleich der kinematischen Viskosität der Schmierstoffe verschiedener Viskositätsklassen nach DIN 51517

ISO-Viskositätsklassifikation					SAE-Viskositätsklasse			
DIN 51519					DIN 51511		DIN 51512	
Viskositäts-klasse ISO	Viskositäts-bereich mm^2/s bei 40 °C	Ungefähre Viskosität in mm^2/s bei anderen Temperaturen für den Viskositätsindex 95			SAE-Viskositäts-klasse	Viskositätsbereich mm^2/s bei 100 °C	SAE-Viskositäts-klasse	Viskositätsbereich mm^2/s bei 98,9 °C
		bei 20 °C	bei 50 °C	bei 100 °C				
ISO VG 2	1,98 bis 2,42	(2,92 bis 3,71)	(1,69 bis 2,03)					
ISO VG 3	2,88 bis 3,52	(4,58 bis 5,83)	(2,39 bis 2,86)					
ISO VG 5	4,14 bis 5,06	(7,09 bis 9,03)	(3,32 bis 3,99)					
ISO VG 7	6,12 bis 7,48	(11,4 bis 14,4)	(4,76 bis 5,72)					
ISO VG 10	9,0 bis 11,0	18,1 bis 23,1	6,78 bis 8,14					
ISO VG 15	13,5 bis 16,5	29,8 bis 38,3	9,80 bis 11,8					
ISO VG 22	19,8 bis 24,2	48,0 bis 61,7	13,9 bis 16,6	4,0 bis 4,4	(10 W)	über 4,1		
ISO VG 32	28,8 bis 35,2	76,9 bis 98,7	19,4 bis 23,3	4,8 bis 5,5	(10 W)	über 5,6	(75)	über 4,2
ISO VG 46	41,4 bis 50,6	120 bis 153	27,0 bis 32,5	6,2 bis 7,0	(15 W, 20 W) (20)	5,6 bis unter 9,3	(75)	
ISO VG 68	61,2 bis 74,8	193 bis 244	38,7 bis 46,6	8,1 bis 9,0	20	5,6 bis unter 9,3	(75)	
ISO VG 100	90 bis 110	303 bis 383	55,3 bis 66,6	10,3 bis 11,8	30	9,3 bis unter 12,5	(80)	
ISO VG 150	135 bis 165	486 bis 614	80,6 bis 97,1	13,3 bis 15,5	40	12,5 bis unter 16,3	(80), (90)	
ISO VG 220	198 bis 242	761 bis 964	115 bis 138	17,5 bis 20,0	50	16,3 bis unter 21,9	90	14,2 bis unter 25,0
ISO VG 320	288 bis 352	1180 bis 1500	163 bis 196	22,5 bis 26,0			(90), (140)	
ISO VG 460	414 bis 506	1810 bis 2300	228 bis 274	28 bis 32			140	25,0 bis unter 43,0
ISO VG 680	612 bis 748	2880 bis 3650	326 bis 393	35 bis 41			140	
ISO VG 1000	900 bis 1100	4550 bis 5780	466 bis 560	47 bis 54			250	über 43,0
ISO VG 1500	1350 bis 1650	7390 bis 9400	676 bis 812	60 bis 70			250	

Die eingeklammerten Zahlen sind extrapolierte Näherungswerte

Die eingeklammerten SAE-Viskositätsklassen können nicht eindeutig zugeordnet werden bzw. überdecken nur einen Teil der jeweiligen ISO-Viskositätsklassen

Tabelle 3.3. Physikalische Kennwerte verschiedener Schmierstoffe

		10	22	32	46	68	100
ersetzt		915	923	927	933	937	945
Viskositätsklasse	DIN 51519	10	22	32	46	68	100
Kinematische Viskosität bei 40 °C mm^2/s (cSt)	DIN 51562	10	22	32	46	68	100
bei 50 °C mm^2/s (cSt)		7,4	15	22	30	43	61
bei 100 °C mm^2/s (cSt)		2,5	4,3	5,4	6,8	8,6	11,2
Dichte bei 15 °C g/cm^3	DIN 51757	0,873	0,865	0,870	0,877	0,881	0,883
Flammpunkt COC °C	DIN 51376	150	200	210	225	230	230
Viskositätsindex	DIN 51564	55	100	105	100	97	97
Pourpoint °C	DIN 51597	−51	−30	−30	−27	−24	−21
Korrosionsschutz Korrosions- grad	DIN 51585	0 − A					
Kupferstreifenprüfung Korrosions- grad	DIN 51759	1 − 100 A3					
Luftabscheidevermögen bei 50 °C min	DIN 51381	<2	2	3	4	7	12
Mechanische Prüfung in der FZG- Zahnrad-Verspannungs-Prüfmaschine Schadenskraftstufe Spez. Gewichtsänderung mg/kW h	DIN 51354	11 <0,3	12 <0,3	12 <0,3	12 <0,3	12 <0,3	12 <0,3
Mechanische Prüfung in der Flügelzellenpumpe	DIN 51389	bestanden					
Alterungsbeständigkeit Nz-Zunahme nach 1000 h mg KOH/g	DIN 51587	<2					
Verhalten gegen Dichtungswerkstoff 88 NBR/101, 100 h bei 80 °C rel. Volumenänderung % Änderung der Härte Shore A	DIN 53521	+2,2 −4	−0,1 ±0	−0,3 −1	−0.8 −1	−1 ±0	−1 ±0
Dichtungsverträglichkeitsindex DVI		11,1	5,6	5,1	4,2	3,4	2,6

Für die Lagerspaltenhöhe beim Umgriff gilt

$$h_{\text{II}} = h_0 + \Delta h \,.$$
(3.65)

Die Gleichgewichtsgleichung (3.60) lautet unter den angegebenen Bedingungen

$$F_0 = p_{\text{TO}}(A_{\text{wI}} - A_{\text{wII}}) \,.$$
(3.66)

Weiter ist es zweckmäßig, die hydrostatischen Führungen so zu gestalten, daß die Strömungsverhältnisse gleich sind:

$$\frac{b_{\text{I}}}{l_{\text{I}}} = \frac{b_{\text{II}}}{l_{\text{II}}} = \frac{b}{l} \,.$$
(3.67)

In diesem Falle beträgt der Gesamtvolumenstrom durch alle Taschen der Tragbahn und des Umgriffes im Anfangszustand

$$\dot{V}_{0\,\text{GES}} = 2z \frac{p_{\text{TO}} h_0^3}{12\eta} \frac{b}{l} \,.$$
(3.68)

In Tabelle 3.2 werden kinematische Viskositäten der Schmierstoffe verschiedener Viskositätsklassen verglichen [61]. Es wurden ISO-Viskositätsklassen von ISO VG 2 bis ISO VG 1.500 nach DIN 51519 und SAE-Viskositätsklassen nach DIN 51511 und DIN 51512 aufgestellt.

Die Ölviskosität als Funktion der Temperatur der Schmierstoffe verschiedener Viskositätsklassen ist in Bild 3.79 dargestellt.

Die Dichte und die anderen physikalischen Kennwerte der Schmierstoffe sind in Tabelle 3.3 aufgestellt.

Da in den Tabellen 3.2 und 3.3 und in Bild 3.79 die kinematische Viskosität v in mm²/s, d. h. in cSt angegeben wird, der Volumenstrom in (3.59) und (3.68) als dynamische Viskosität η in Ns/m² eingesetzt werden muß, wird die Umrechnung nach der Gleichung

$$\eta = v\gamma$$
(3.69)

durchgeführt, wobei die Dichte γ des Schmierstoffes in kg/cm³ einzusetzen ist.

Die Steifigkeit des hydrostatischen Lagers wird nach folgender Gleichung ermittelt [60]:

$$K = \frac{F - F_0}{\Delta h} = K_{\text{BEZ}} \frac{p_{\text{p}} A_{\text{wI}}}{h_0} \,.$$
(3.70)

Es wird deutlich, daß der Pumpendruck p_{P} und die Taschenfläche der Tragbahn A_{wI} groß, die Lagerspalthöhe h_0 klein gewählt werden müssen, damit hohe Lagersteifigkeiten K erreicht werden. Den größten Einfluß auf die Steifigkeit hat das Ölversorgungssystem durch den Faktor K_{BEZ} (s. Abschn. 3.3.6.1).

Für längere Tische und Tischwege werden bei den Führungen mit Umgriff aus Fertigungsgründen relativ große Lagerspalthöhen gewählt. Die Ölviskosität wird im Zusammenhang mit der Gleitgeschwindigkeit gewählt. Für größere Gleitgeschwindigkeiten werden Öle geringerer Viskosität, für kleinere Gleitgeschwindigkeiten Öle

Den Kurven ist ein Viskositätsindex von VI ≈ 95 zugrundegelegt, der etwa üblichem Mineralöl entspricht. Der Viskositätsindex beschreibt die Neigung der Kurve und damit das Viskositäts/Temperatur-Verhältnis bei anderen Temperaturen als 40°C.

Die Linien erscheinen als Geraden, weil für die Ordinate ein logarithmischer Maßstab gewählt wurde; man kann also leicht mit Hilfe von 2 Meßpunkten die Steigung der Kurven festlegen. Das kleine Diagramm zeigt eine Kurve im kartesischen Koordinatensystem.

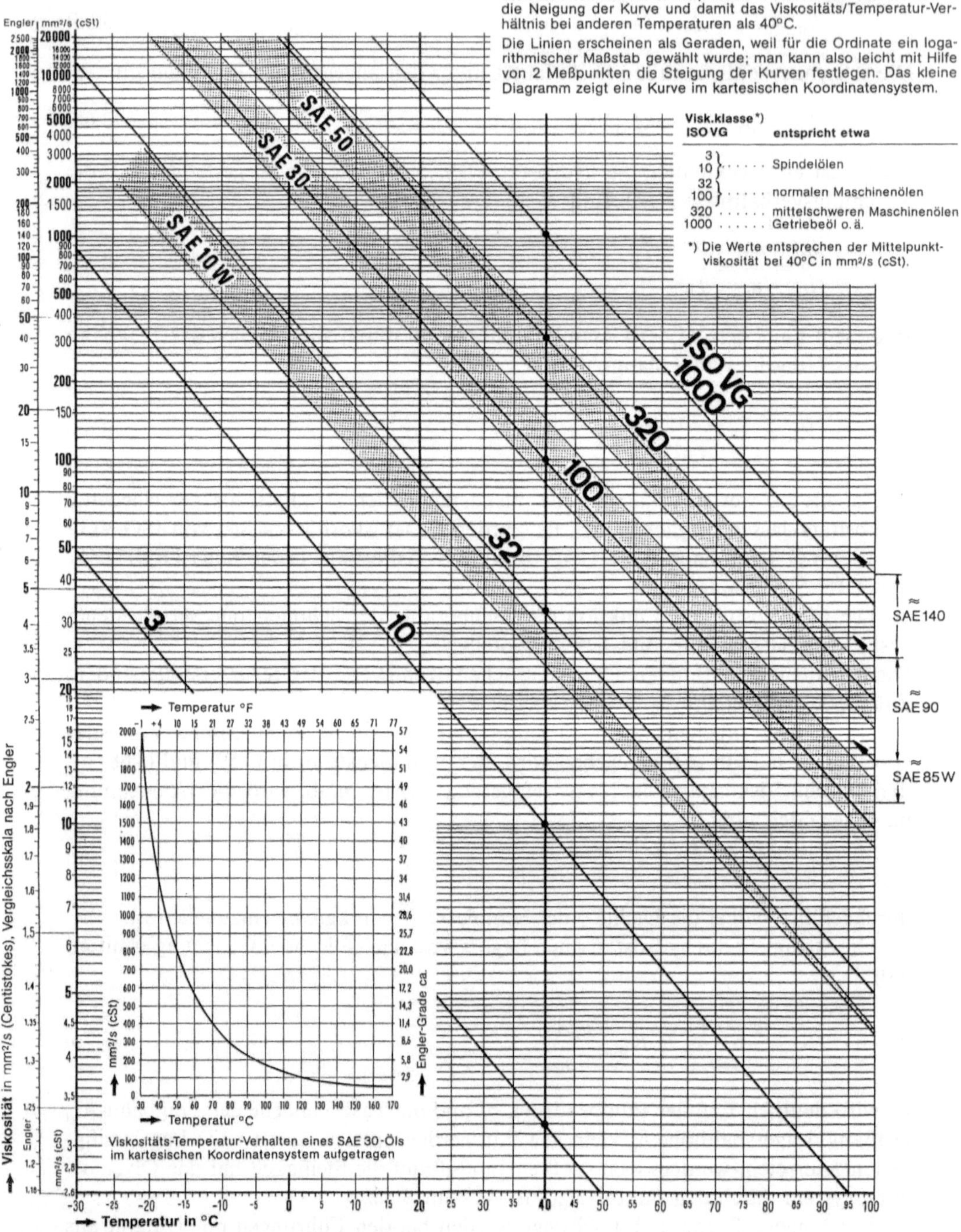

Visk.klasse*)

ISO VG	entspricht etwa
3 } 10	Spindelölen
32 } 100	normalen Maschinenölen
320	mittelschweren Maschinenölen
1000	Getriebeöl o. ä.

*) Die Werte entsprechen der Mittelpunkt-viskosität bei 40°C in mm²/s (cSt).

Beachte: Die Viskositätsänderung von Ölen ist im Bereich niedriger Temperaturen ungleich größer als in höheren Temperaturbereichen. So ergibt sich beispielsweise bei einem Öl mit der Nennviskosität 100 in unterschiedlichen Temperaturbereichen bei gleicher Temperaturdifferenz folgende Viskositätsänderung:

bei +80°C = 18 mm²/s
bei +75°C = 21 mm²/s   dagegen   bei +10°C = 875 mm²/s
Änderung um 3 mm²/s   bei + 5°C = 1450 mm²/s
                                   Änderung um 575 mm²/s

größere Viskosität gewählt. Da für die geradlinigen Bewegungen grundsätzlich geringere Gleitgeschwindigkeiten auftreten, können in jedem Fall Öle größere Viskosität vorgesehen werden.

Die Lagerspalthöhe und die Ölviskosität müssen auch im Zusammenhang mit der Verlustleistung gewählt werden, die gegeben ist durch

$$P_{VER} = P_P + P_R .$$

(3.71)

Für die Pumpenleistung P_P gilt dabei

$$P_P = \dot{V}_{0\,GES}p_P .$$

(3.72)

Die Reibleistung P_R wird aus der Reibfläche A_R, der Ölviskosität η, der Gleitgeschwindigkeit v und der Lagerspalthöhe h_0 bestimmt gemäß

$$P_R = \frac{A_R \eta v^2}{h_0} .$$

(3.73)

Aus (3.71), (3.72), (3.73) bekommt man

$$P_{VER} = \dot{V}_{0\,GES}p_P + \frac{A_R \eta v^2}{h_0} .$$

(3.74)

Es wird deutlich, daß bei größeren Lagerspalthöhen größere Pumpenleistungen (s. (3.59) und (3.68)) und kleinere Reibleistungen entstehen. Bei größeren Ölviskositäten werden kleinere Pumpenleistungen und größere Reibleistungen erzielt. Bei größeren Gleitgeschwindigkeiten ergeben sich größere Reibleistungen.

3.3.6.4 Berechnungsbeispiel

Gegeben:
Eine hydrostatische Führung mit Umgriff soll ausgelegt werden.
Wirksame Taschenbreiten $B_{wI} = 200$ mm, $B_{wII} = 125$ mm,
wirksame Taschenlängen $L_{wI} = 100$ mm, $L_{wII} = 100$ mm,
Strömungsverhältnisse $b_I/l_I = b_{II}/l_{II} = b/l = 40$,
Lagerspalthöhen $h_{0I} = h_{0II} = h_0 = 0{,}020$ mm $= 0{,}02 \cdot 10^{-3}$ m,
Anzahl der Taschenpaare $z = 8$,
Pumpendruck $p = 20$ bar $= 20 \cdot 10^5$ N/m²,
Schmierstoff ISO VG 32,
Öltemperatur 20 °C,
Gewichtskraft des Tisches $F_G = 60000$ N,
zulässige Spaltänderung $\Delta h = 0{,}004$ mm $= 0{,}004 \cdot 10^{-3}$ m,
die bezogene Steifigkeit des hydrostatischen Lagers des Systems „Eine gemeinsame Pumpe und Kapillardrosseln" wurde für
$\Delta h/h_0 = 0{,}2$ und $A_{wII}/A_{wI} = 0{,}6$ nach [60] ermittelt:

$$K_{BEZ} = 1{,}21,$$

höchste Gleitgeschwindigkeit $v = 10000$ mm/min $= 0{,}1667$ m/s.

◄
Bild 3.79. Ölviskosität als Funktion der Temperatur der Schmierstoffe verschiedener Viskositätsklassen [61]

Gesucht:

Taschendruck im Anfangszustand $p_{TOI} = p_{TOII} = p_{TO}$,
Gesamtvolumenstrom durch alle Taschen der Tragbahn und des Umgriffes $\dot{V}_{0\,GES}$,
Taschendrücke p_{TI} und p_{TII} bei Spaltänderung $\Delta h = 0,004$ mm,
äußere Kraft $F_{äuß}$, unter welcher sich der Tisch um $\Delta h = 0,004$ mm verlagert,
Steifigkeit des hydrostatischen Lagers K,
Verlustleistung P_{VER}.

Lösung:

1. Die Abströmbreiten ergeben sich nach (3.50) zu

$$b_I = 2B_{wI} + 2L_{wI} = 2 \cdot 0,2 + 2 \cdot 0,1 = 0,6 \text{ m} ,$$

$$b_{II} = 2B_{wII} + 2L_{wII} = 2 \cdot 0,125 + 2 \cdot 0,1 = 0,45 \text{ m} .$$

2. Die Abströmlängen betragen nach (3.67)

$$l_I = \frac{b_I}{40} = \frac{0,6}{40} = 0,015 \text{ m} ,$$

$$l_{II} = \frac{b_{II}}{40} = \frac{0,45}{40} = 0,0113 \text{ m} .$$

3. Die wirksamen Taschenflächen errechnet man nach (3.52) zu

$$A_{wI} = B_{wI}L_{wI} = 0,2 \cdot 0,1 = 0,02 \text{ m}^2 ,$$

$$A_{wII} = B_{wII}L_{wII} = 0,125 \cdot 0,1 = 0,0125 \text{ m}^2 .$$

4. Die Kraft, die auf ein hydrostatisches Lager im Anfangszustand wirkt, beträgt nach (3.54)

$$F_0 = \frac{F_G}{z} = \frac{60000}{8} = 7500 \text{ N} .$$

5. Der Taschendruck im Anfangszustand beträgt nach (3.66)

$$p_{TO} = \frac{F_0}{(A_{wI} - A_{wII})} = \frac{7500}{0,02 - 0,0125} = 10 \cdot 10^5 \text{ N/m}^2 = 10 \text{ bar} .$$

6. Viskosität des Öles:
Nach Tabelle 3.2 und nach Bild 3.79 wird für den Schmierstoff ISO VG 32 die kinematische Viskosität bei der Öltemperatur

$$\vartheta_{öl} = 20 \,°\text{C ermittelt zu}$$

$$v = 98,7 \text{ mm}^2/\text{s} .$$

Nach Tabelle 3.3 wird für Öl ISO VG 32 die Dichte bei Öltemperatur $\vartheta_{öl} = 15\,°\text{C}$ ermittelt zu

$$\gamma = 0,870 \text{ g/cm}^3 = 0,870 \cdot 10^{-3} \text{ kg/cm}^3 .$$

Es kann angenommen werden, daß sich die Dichte des Öles bei Temperaturschwankungen im Bereich von 15 °C bis 20 °C unwesentlich verändert.
  Für die dynamische Viskosität des Öles gilt mit (3.69)

$$\eta = v\gamma = 98,7 \cdot 0,870 \cdot 10^{-3} = 0,0859 \text{ Ns/m}^2 .$$

7. Der Gesamtvolumenstrom durch alle Taschen der Tragbahn und des Umgriffes beträgt nach (3.68)

$$\dot{V}_{0\,\text{GES}} = 2z\,\frac{p_{\text{T0}}h_0^3}{12\eta}\,\frac{b}{l} = 2\cdot 8\,\frac{10\cdot 10^5(0{,}02\cdot 10^{-3})^3}{12\cdot 0{,}0859}\,40$$

$$= 4{,}967\cdot 10^{-6}\ \text{m}^3/\text{s} = 0{,}298\ \text{dm}^3/\text{min}\,.$$

8. Die Taschendrücke bei der Tragbahn und beim Umgriff bei einer Spaltänderung $\Delta h = 0{,}004$ mm errechnet man nach (3.62) und (3.63) zu

$$p_{\text{TI}} = \frac{p_{\text{P}}}{\left(\dfrac{p_{\text{P}}}{p_{\text{T0}}} - 1\right)\left(1 - \dfrac{\Delta h}{h_0}\right)^3 + 1}$$

$$= \frac{20\cdot 10^5}{\left(\dfrac{20\cdot 10^5}{10\cdot 10^5} - 1\right)\left(1 - \dfrac{0{,}004\cdot 10^{-3}}{0{,}02\cdot 10^{-3}}\right)^3 + 1}$$

$$= 13{,}2\cdot 10^5\ \text{N/m}^2$$

$$= 13{,}2\ \text{bar}\,,$$

$$P_{\text{TII}} = \frac{p_{\text{P}}}{\left(\dfrac{p_{\text{P}}}{p_{\text{T0}}} - 1\right)\left(1 + \dfrac{\Delta h}{h_0}\right)^3 + 1}$$

$$= \frac{20\cdot 10^5}{\left(\dfrac{20\cdot 10^5}{10\cdot 10^5} - 1\right)\left(1 + \dfrac{0{,}004\cdot 10^{-3}}{0{,}02\cdot 10^{-3}}\right)^3 + 1}$$

$$= 7{,}33\cdot 10^5\ \text{N/m}^2$$

$$= 7{,}33\ \text{bar}$$

9. Die Kraft, die auf das hydrostatische Lager unter Wirkung der äußeren Kraft $F_{\text{äuß}}$ wirkt, beträgt nach (3.61)

$$F = p_{\text{TI}}A_{\text{wI}} - p_{\text{TII}}A_{\text{wII}}$$

$$= 13{,}2\cdot 10^5\cdot 0{,}02 - 7{,}33\cdot 10^5\cdot 0{,}0125$$

$$= 17237{,}5\ \text{N}\,.$$

10. Die äußere Kraft, unter welcher sich der Tisch um $\Delta h = 0{,}004$ mm verlagert, ergibt sich nach (3.56) als

$$F_{\text{äuß}} = zF - F_{\text{G}} = 8\cdot 17237{,}5 - 60000 = 77900\ \text{N}\,.$$

11. Die Steifigkeit des hydrostatischen Lagers beträgt nach (3.70)

$$K = K_{\text{BEZ}}\,\frac{p_{\text{P}}A_{\text{wI}}}{h_0} = 1{,}21\,\frac{20\cdot 10^5\cdot 0{,}02}{0{,}02\cdot 10^{-3}} = 2{,}420\cdot 10^9\ \text{N/m}$$

$$= 2420\ \text{N/}\mu\text{m}\,.$$

12. Die Reibflächen bei der Tragbahn und beim Umgriff werden nach Bild 3.71 bestimmt. Man erhält

$$A_{RI} = (B_{wI} + l_I) \, l_I 2z + (L_{wI} - l_I) \, l_I 2z$$

$$= (0{,}2 + 0{,}015)\,0{,}015 \cdot 2 \cdot 8 + (0{,}1 - 0{,}015)\,0{,}015 \cdot 2 \cdot 8$$

$$= 0{,}072 \text{ m}^2 \, ,$$

$$A_{RII} = (B_{wII} + l_{II}) \, l_{II} 2z + (L_{wII} - l_{II}) \, l_{II} 2z$$

$$= (0{,}125 + 0{,}0113)\,0{,}0113 \cdot 2 \cdot 8 + (0{,}1 - 0{,}0113)\,2 \cdot 8$$

$$= 0{,}0407 \text{ m}^2 \, .$$

Als Gesamtreibfläche erhält man

$$A_R = A_{RI} + A_{RII} = 0{,}072 + 0{,}0407 = 0{,}1127 \text{ m}^2 \, .$$

13. Die Verlustleistung ergibt sich nach (3.74) als

$$P_{VER} = \dot{V}_{0\,GES} p_P + \frac{A_R \eta v^2}{h_0}$$

$$= 4{,}967 \cdot 10^{-6} \cdot 20 \cdot 10^5 + \frac{0{,}113 \cdot 0{,}0859 \cdot 0{,}1667^2}{0{,}02 \cdot 10^{-3}}$$

$$= 23{,}39 \text{ N} \, .$$

3.4 Spindellagerungen

Die Hauptspindeln müssen bei Drehmaschinen die Werkstücke, bei Bohr-, Fräs- und Schleifmaschinen die Werkzeuge aufnehmen, geometrisch fixieren und antreiben. Deshalb werden Maß-, Lage- und Formgenauigkeit sowie Oberflächengüte entscheidend von der Genauigkeit der Spindellagerung und der statischen und dynamischen Steifigkeit des Spindel-Lager-Systems beeinflußt.

Nach der Berührungsart werden die Spindellagerungen in

- gleitende,
- hydrodynamische,
- wälzende und
- hydrostatische

eingeteilt.

3.4.1 Verwendete Kurzzeichen

A_R in m^2 Gesamtreibfläche (Gl. (3.74), (3.79), (3.82))
A_w in m^2 Wirksame Taschenfläche (Gl. (3.52))
a in m   Kraglänge (Gl. (3.83), (3.84), (3.85), (3.86), Bild 3.93)
B_w in m   Wirksame Taschenbreite (Gl. (3.50), (3.52), (3.76), (3.79), 3.82), Bild 3.90, 3.91)
b in m   Abströmbreite (Gl. (3.50) , (3.59), (3.77))
b in m   Lagerabstand (Gl. (3.83), (3.84), (3.85), (3.86), Bild 3.93, 3.96)
b_a in m   Axiale Abströmbreite (Gl. (3.75), (3.77))

b_{OPT} in m	Optimaler Lagerabstand (Bild 3.94)
b_u in m	Abströmbreite in Umfangsrichtung (Gl. (3.76), (3.77))
D in m	Lagerdurchmesser (Gl. (3.78), (3.80), (3.81), (3.82), Bild 3.90, 3.91)
D in m	Spindeldurchmesser (Gl. (3.87))
E in N/m²	Elastizitätsmodul (Gl. (3.83), (3.85), (3.86))
F in N	Statische Kraft (Gl. (3.83), (3.84), (3.85), (3.88), Bild 3.93
$\tilde{F}$ in N	Dynamische Kraft (Gl. (3.89), Bild 3.95)
h in m	Lagerspalthöhe (Bild 3.90, 3.91)
h_0 in m	Lagerspalthöhe im Anfangszustand (Gl. (3.59), (3.74))
J_{sp} in m⁴	Axiales Flächenträgheitsmoment (Gl. (3.83), (3.85), (3.86), (3.87))
K in N/m	Statische Steifigkeit (Gl. (3.88))
K_{DYN} in N/m	Dynamische Steifigkeit (Gl. (3.89))
K_h in N/m	Radiale Steifigkeit des hinteren Lagers (Gl. (3.84), (3.86), Bild 3.93
K_v in N/m	Radiale Steifigkeit des vorderen Lagers (Gl. (3.84), (3.86), Bild 3.93, 3.94, 3.95)
L_w in m	Wirksame Taschenlänge (Gl. (3.50), (3.75), (3.78), (3.81), Bild 3.90, 3.91)
l in m	Abströmlänge (Gl. (3.59), (3.77), (3.81), (3.82), Bild 3.91)
l_a in m	Abströmlänge in axialer Richtung (Gl. (3.77), (3.79), Bild 3.90)
l_u in m	Abströmlänge in Umfangsrichtung (Gl. (3.77), (3.78), (3.79), Bild 3.90)
l_1 in m	Nutbreite (Gl. (3.78), (3.79), (3.81), (3.82), Bild 3.90, 3.91)
n in min⁻¹	Spindeldrehzahl (Gl. (3.80))
P_{VER} in W	Verlustleistung (Gl. (3.74))
p_P in N/m²	Pumpendruck (Gl. (3.74))
p_{T0} in N/m²	Taschendruck im Anfangszustand (Gl. (3.59))
$\dot{V}_{0\,GES}$ in m³/s	Gesamtvolumenstrom durch alle Taschen im Anfangszustand (Gl. (3.59), (3.74))
v in m/s	Gleitgeschwindigkeit (Gl. (3.74), (3.80))
y in m	Gesamtverformung des Spindel-Lager-Systems an der Kraftangriffsstelle (Gl. (3.85), (3.88), Bild 3.93, 3.94)
y_L in m	Lageranteil an der Kraftangriffsstelle (Gl. (3.84), Bild 3.93)
y_{SP} in m	Statische Verformung der Spindel (Gl. (3.83), Bild 3.93)
z	Anzahl der hydrostatischen Taschen (Gl. 3.59), (3.78), (3.79), (3.81), (3.82))
η in Ns/m²	Dynamische Viskosität des Öles (Gl. (3.59), (3.74))

3.4.2 Gleitlager

Gleitlager, die noch immer im Maschinenbau vertreten sind, werden nicht mehr an den Hauptspindeln der Werkzeugmaschinen angewandt. Die wichtigsten Gründe dafür sind

— geringe Rundlaufgenauigkeit,
— im unteren Drehzahlbereich kann Ruckgleiten (stick-slip) auftreten.

In Bild 3.80 ist ein Gleitlager mit Druckdiagramm dargestellt. Bei diesem Lager wird nur eine Druckzone mit dem Druckmaximum kurz vor der engsten Stelle in

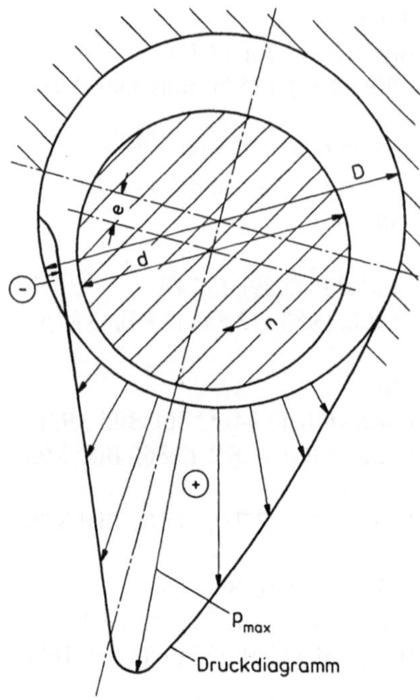

Bild 3.80. Gleitlager und Druckdiagramm [45]

Umlaufrichtung aufgebaut. Die Rundlaufgenauigkeit ist gering, da die Exzentrizität e nur bei unendlich hoher Drehzahl gleich Null wird. Beim Stillstand erreicht die Exzentrizität den größten Wert

$$e = \frac{D - d}{2}.$$

3.4.3 Hydrodynamische Spindellagerungen

Bei dem in Bild 3.81 dargestellten Mehrgleitflächen-Lager (MGF-Lager [62, 63]) werden an vier Gleitflächen vier Druckzonen aufgebaut. Durch die unrunde Bohrung mit vier Radien R und die runde Welle mit Radius r ergeben sich auf dem Wellenumfang mehrere Schmierkeilspalten, in denen beim Drehen der Welle mehrere hydrodynamische Druckzonen aufgebaut werden. Die Einzeltragkräfte P_1, P_2, P_3,

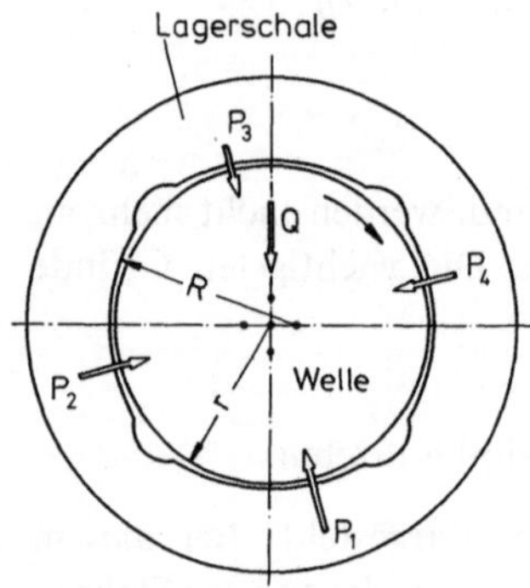

Bild 3.81. Schematische Darstellung des Mehrgleitflächen-Lagers

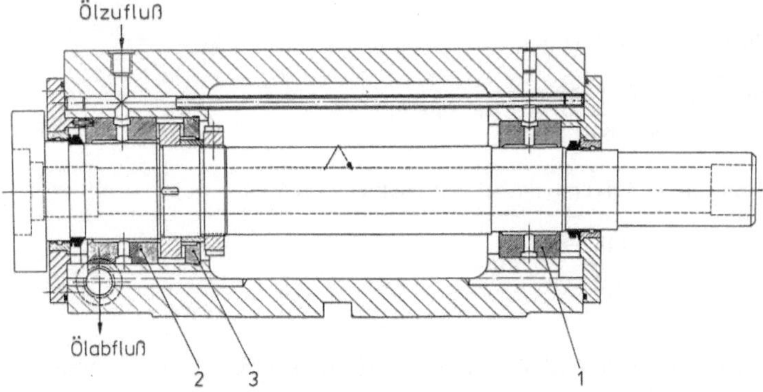

Bild 3.82. Feinbohrspindel mit MGF-Lagern

P_4, die an den Gleitflächen wirken, werden zur resultierenden hydrostatischen Tragkraft P, die sich automatisch auf die Lagerbelastung Q einstellt, geometrisch addiert.

Dieses Lager erfordert präzise Fertigung und beste Oberflächengüte von Lagerschale und Welle, da schon geringste Abweichungen von den vorgeschriebenen Maß-Form-Lagegenauigkeiten und der Oberflächengüte ein Klemmen der Welle in der Lagerbohrung und dadurch eine baldige Zerstörung des Lagers herbeiführen können.

Das Lagerspiel wird nach Gleitgeschwindigkeit und Betriebstemperatur auf Grund praktischer Erfahrungen gewählt. Die maximale Tragkraft ist direkt von der Gleitgeschwindigkeit und der Ölviskosität abhängig.

Hydrodynamische Lager zeichnen sich durch hohe Rundlaufgenauigkeit, hohe Laufruhe, hohe (von der Drehzahl abhängige) Tragfähigkeit und durch kleinstmögliche Betriebslagerspiele aus. Da das Lagerspiel anhand der Gleitgeschwindigkeit gewählt wird, sind diese Lager nur für einen kleinen Drehzahlbereich geeignet. Sie finden deshalb Anwendung an Feinbohr- und Feindrehspindeln von Sondermaschinen und Transferstraßen sowie an Schleifspindeln von Universalschleifmaschinen.

Bild 3.82 zeigt eine durch MGF-Lager [62] gelagerte Feinbohrspindel. An dieser Spindel wurden ein Radiallager 1, ein Radiallager mit einseitigem Axiallager 2 und ein Axiallager 3 eingebaut. Es wurde hier eine Pumpenschmierung vorgesehen, damit die Lager durch größere Ölmengen intensiver gekühlt werden.

3.4.3.1 Berechnungsbeispiel

Gegeben:

Eine Schleifspindel mit Schleifkörperdurchmesser $D_s = 400$ mm und Schnittgeschwindigkeit $v_c = 45$ m/s soll hydrodynamisch gelagert werden.
Spindeldurchmesser an der Lagerstelle $d = 80$ mm,
radiale Belastung auf ein Lager $F_R = 2800$ N,
gewähltes Schmieröl ISO VG 10,
geschätzte Betriebstemperatur $\vartheta_{öl} = 40\,°C$.

Gesucht:

Hydrodynamische Tragkraft,
Reibkraft,
Reibleistung
Pumpenvolumenstrom.

Lösung:

1. Die Schleifspindeldrehzahl wird nach (1.57)

$$n_s = \frac{60 \cdot 1000 v_c}{\pi D_s} = \frac{60 \cdot 1000 \cdot 45}{\pi \cdot 400} = 2148{,}59 \text{ min}^{-1}\,.$$

2. Die Gleitgeschwindigkeit an der Lagerstelle beträgt nach (1.57) daher

$$u = \frac{\pi d n_s}{60 \cdot 1000} = \frac{\pi \cdot 80 \cdot 2148{,}59}{60 \cdot 1000} = 9 \text{ m/s}\,.$$

3. Viskosität des Öles:
Nach Tabelle 3.2 und nach Bild 3.79 wird für den Schmierstoff ISO VG 10 die kinematische Viskosität bei Öltemperatur
$\vartheta_{\text{öl}} = 40\,°C$ ermittelt zu
$v = 10 \text{ mm}^2/\text{s}$.
   Aus Tabelle 3.3 wird für Schmierstoff ISO VG 10 die Dichte bei Öltemperatur $\vartheta_{\text{öl}} = 15°$ entnommen,

$$\gamma = 0{,}873 \text{ g/cm}^3 = 0{,}873 \cdot 10^{-3} \text{ kg/cm}^3\,.$$

Unter der Annahme, daß sich die Dichte von $15\,°C$ bis $40\,°C$ unwesentlich verändert, ergibt sich die dynamische Viskosität nach (3.69) zu

$$\eta = v\gamma = 10 \cdot 0{,}873 \cdot 10^{-3} = 0{,}00873 \text{ Ns/m}^2\,.$$

4. Wahl des Lagers:
Es wurde ein Radiallager d/D/B = 80/125/60 gewählt [62, 63]. Aus dem Gleitlagerkatalog [62, 63] werden für $u = 9$ m/s die Tragfähigkeitszahl $P/\eta u = 106000$ und die Reibungszahl $T/\eta u = 280$ ermittelt.
5. Die maximale Tragfähigkeit beträgt

$$F_{\text{max}} = \left(\frac{P}{\eta u}\right)\eta u = 106000 \cdot 0{,}00873 \cdot 9 = 8328{,}42 \text{ N}\,.$$

Die Sicherheit

$$S = \frac{F_{\text{max}}}{F_R} = \frac{8328{,}42}{2800} = 2{,}97$$

ist ausreichend, die gewählte Lagerspalthöhe daher richtig ausgesucht.
6. Die zu F_{max} gehörende Reibungskraft errechnet sich zu

$$F_{\mu\,\text{max}} = \left(\frac{T}{\eta u}\right)\eta u = 280 \cdot 0{,}00873 \cdot 9 = 21{,}99 \text{ N}\,.$$

Da die wirkliche Belastung nur $F_R = 2800$ N beträgt, ist auch die Reibungskraft niedriger. Sie wird annähernd bis $F_R/F_{\text{max}} = 1/5$ nach folgender Näherungsgleichung bestimmt:

$$F_\mu = F_{\mu\,\text{max}} \sqrt{\frac{F_R}{F_{\text{max}}}} = 21{,}99 \sqrt{\frac{2800}{8328{,}42}} = 12{,}75 \text{ N}\,.$$

7. Für die Reibleistung gilt

$$P_\mu = F_\mu u = 12{,}75 \cdot 9 = 114{,}75 \text{ W} = 0{,}114 \text{ kW}\,.$$

8. Der Pumpenvolumenstrom wird nach folgender Gleichung ermittelt:

$\dot{V}_P = P_\mu \cdot$ Faktor.

Aus dem Gleitlagerkatalog [63] wird für $u = 9$ m/s der Faktor bestimmt:
Faktor $= 3$.
Der Pumpenvolumenstrom ergibt sich damit zu

$$\dot{V}_P = 0{,}114 \cdot 3 = 0{,}342 \ \text{dm}^3/\text{min} \ .$$

3.4.4 Wälzlager für Hauptspindeln

Wälzlager werden in den meisten Fällen als Hauptspindellagerung vorgesehen. Für jeden Betriebsfall findet man ein geeignetes Lager mit der gewünschten Steifigkeit und Rundlaufgenauigkeit. Geringer Schmiermittelbedarf, ruhiger Lauf, hoher Wirkungsgrad und die genormte Abmessung sind Vorteile dieser Lager.

Geringe Schwingungsdämpfung und Ruck-Gleiten bei niedrigsten Drehzahlen sind die Nachteile der Wälzlager.

3.4.4.1 Kegelrollenlager

Höchste radiale und axiale Tragfähigkeit und Steifigkeit werden durch Kegelrollenlager erreicht.

Bild 3.83 zeigt die Lagerung einer Drehmaschinenspindel durch SKF-Kegelrollenlager [65]. Mit diesen Lagern ist es möglich, das axiale Spiel und die Vorspannung einzustellen. Bei großen Kräften und hohen Drehzahlen wird durch die Gleitreibung eine große Reibleistung entwickelt, die eine Spieländerung verursachen kann. Diese Lager werden deshalb hauptsächlich für hochbelastete Spindeln mit relativ niedrigen Drehzahlen für relativ niedrige Rundlaufgenauigkeiten wie z. B. bei Schruppdreh- und Schruppfräsmaschinen angewandt.

3.4.4.2 Zweireihige Zylinderrollenlager mit kegeliger Bohrung

Diese Lager haben im vorgespannten Zustand hohe radiale Steifigkeit und hohe Rundlaufgenauigkeit. Durch die axiale Verschiebung des konischen Innenrings ist es möglich, das radiale Spiel einzustellen und die gewünschte Vorspannung zu erreichen.

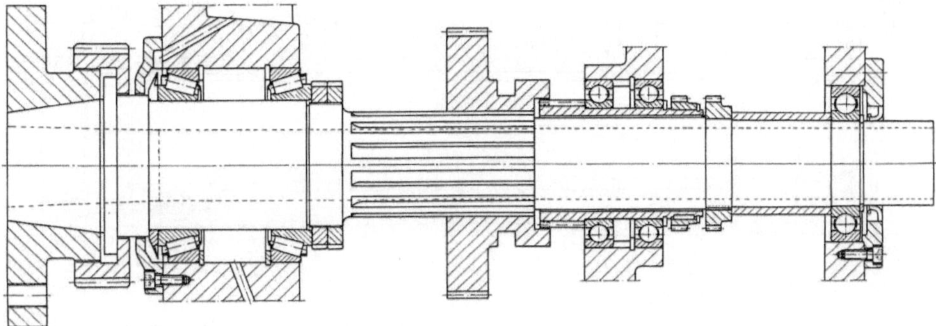

Bild 3.83. Lagerung einer Drehmaschinenspindel durch Kegelrollenlager

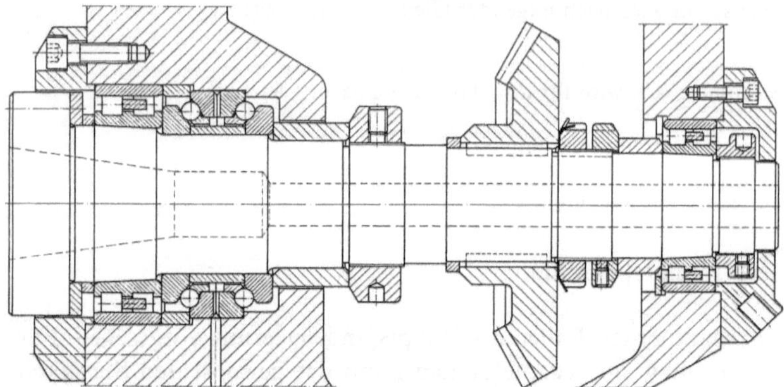

Bild 3.84. Hauptspindellagerung einer Fräsmaschine durch zweireihige Zylinderrollenlager mit kegeliger Bohrung und Axialschrägkugellager

Sie werden für mittlere Drehzahlen und hohe Belastungen eingesetzt. Bild 3.84 zeigt die Hauptspindel einer Universalfräsmaschine, die radial durch zweireihige Zylinderrollenlager mit kegeliger Bohrung [65] und axial durch Axialschrägkugellager, die für höhere Drehzahlen geeignet sind, gelagert ist.

Bei der in Bild 3.85 dargestellten Hauptspindel einer Mehrspindel-Feinstbohrmaschine wird die Hauptspindel radial durch ein zweireihiges Zylinderrollenlager [65] und axial durch Axialrillenkugellager gelagert. Das hintere Radiallager ist ein Zylinderrollenlager. Die Spieleinstellung und Vorspannung für das zweireihige Zylinderrollenlager wird getrennt von der Spieleinstellung der Axialrillenkugellager durchgeführt. Die Vorspannkraft für die Verschiebung des konischen Innenringes wird nicht auf die Axiarillenkugellager übertragen, was sich vorteilhaft auf ihre Lebensdauer auswirkt.

Zweireihige Zylinderrollenlager mit kegeliger Bohrung werden an Bohr-, Dreh-, Fräs- und Schleifmaschinen angewandt. Auch Bearbeitungszentren werden häufig so gelagert, da diese Lager alle Ansprüche in Hinsicht auf Steifigkeit und Genauigkeit erfüllen.

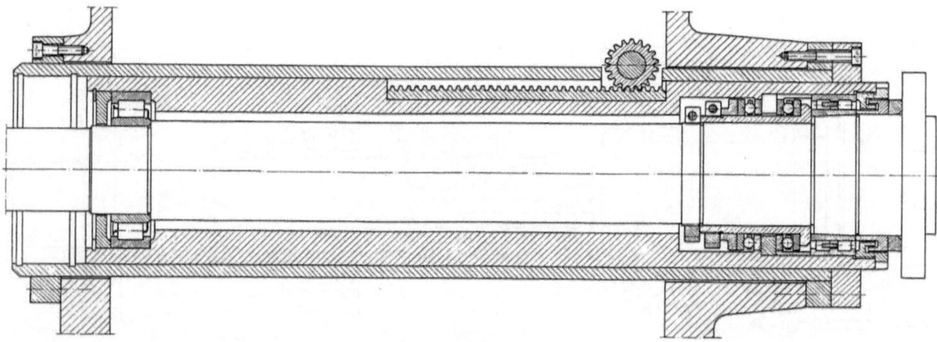

Bild 3.85. Hauptspindellagerung einer Feinstbohrmaschine durch zweireihiges Zylinderrollenlager mit kegeliger Bohrung und Axialrillenkugellager

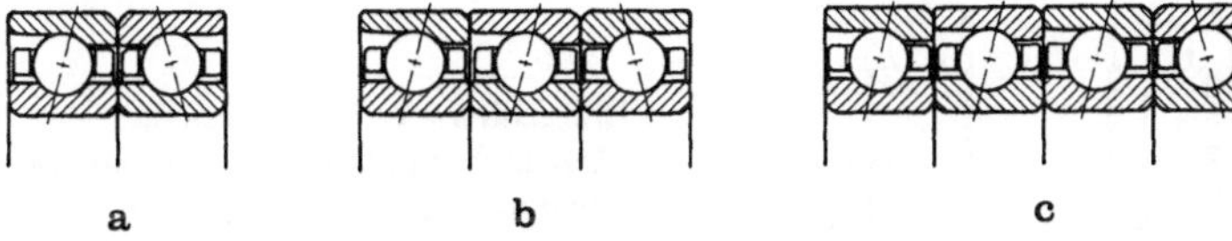

Bild 3.86 a – c. Mehrfach-Anordnungen für Hochgenauigkeitsschrägkugellager. **a** Satz mit zwei Lagern, **b** Satz mit drei Lagern, **c** Satz mit vier Lagern

3.4.4.3 Hochgenauigkeitsschrägkugellager

Diese Lager werden dort eingesetzt, wo höchste Anforderungen an die Rundlaufgenauigkeit gestellt werden. Sie werden deshalb an den schnellaufenden Genauigkeitsspindeln der Schleif-, Feinbohr-, Feindreh- und Feinfräsmaschinen angewandt.

Da die radiale und axiale Steifigkeit dieser Lager relativ klein ist, werden bei größeren Belastungen Mehrfachanordnungen verwendet. Bild 3.86 zeigt Sätze mit zwei, drei und vier Lagern. Um alle Anforderungen zu erfüllen, werden diese Lager mit verschiedenen Berührungswinkeln α konzipiert. Für höchste Laufgenauigkeiten und höchste Drehzahlen werden Lager mit einem Berührungswinkel von 12° vorgesehen. Wenn größere axiale Belastbarkeit oder höhere axiale Steifigkeit gefordert werden, kommen Lager mit einem Berührungswinkel von 25° zum Einsatz.

Bild 3.87 zeigt die axiale Federung des Lagers δx in Abhängigkeit von der Axialkraft F_a bei einem Berührungswinkel von 12° bis 25°.

Diese Lager werden auch mit drei Vorspannungsklassen

- leichte Vorspannung,
- mittlere Vorspannung,
- starke Vorspannung,

geliefert. Die Wahl der Vorspannung dient dazu, daß die Lager von Beginn an mit optimaler Steifigkeit laufen und die Spindel nicht unter der äußeren Arbeitskraft ausweicht. Die Vorspannung muß in Abhängigkeit von der Drehzahl gewählt werden, damit sich die Lager nicht zu stark erwärmen.

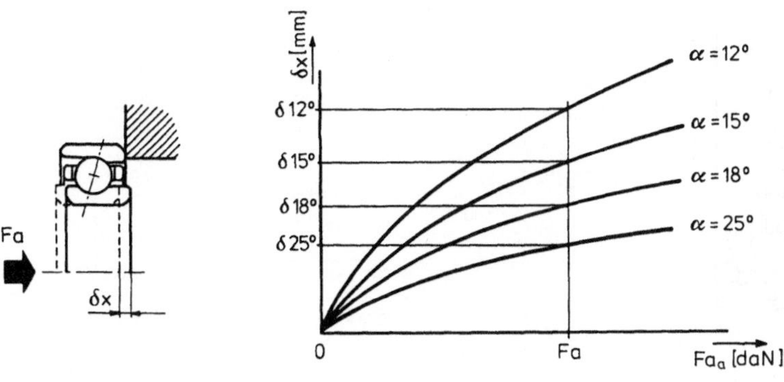

Bild 3.87. Axiale Federung des Lagers in Abhängigkeit von der Axialkraft für verschiedene Berührungswinkel

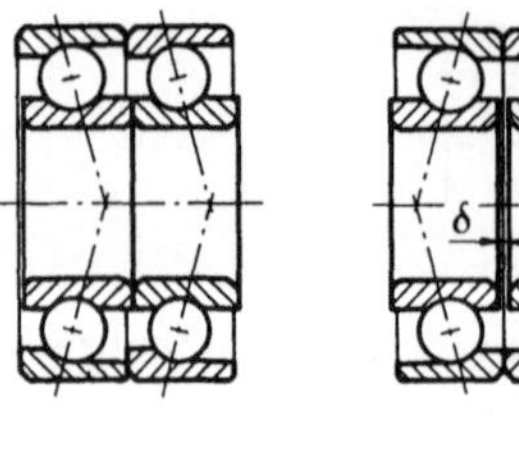 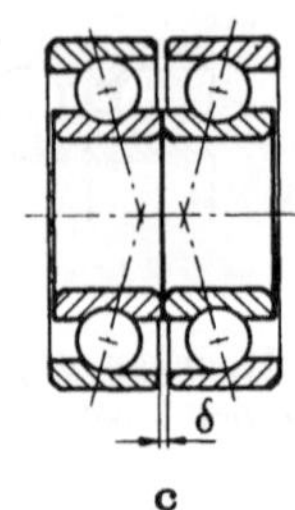

a   b   c

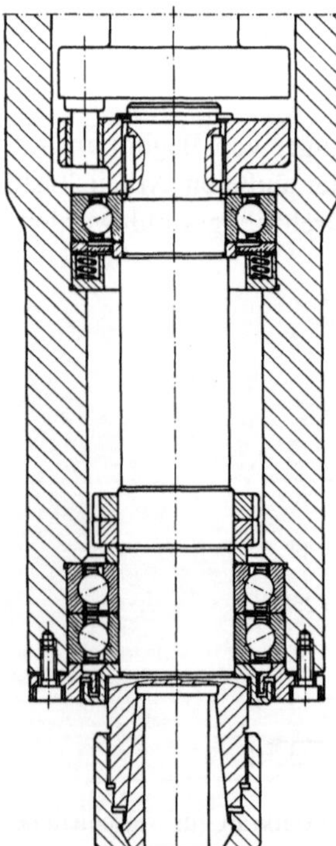

Bild 3.88 a – c. Verschiedene Mehrfachanordnungen der Lager vor dem Einbau. **a** „Tandem"-Anordnung, **b** „0"-Anordnung, **c** „X"-Anordnung

In Bild 3.88 sind drei verschiedene Mehrfach-Anordnungen vor dem Einbau dargestellt. Die vom Lagerhersteller paarweise gelieferten Lager haben am Innen- oder Außenring das Spiel δ, das meistens durch Anziehen von Muttern überbrückt wird, damit die gewünschte Vorspannung entsteht.

Bild 3.89 zeigt die Hauptspindellagerung einer Vertikal-Fräsmaschine durch FAG-Hochgenauigkeitsschrägkugellager [66]. Die Hauptspindel wurde vorn durch Sätze mit zwei Lagern in „0"-Anordnung, hinten durch ein Hochgenauigkeitsschräg-kugellager mit abgesetzter Schulter am Innenring gelagert.

3.4.5 Hydrostatische Spindellagerungen

Im hydrostatischen Lager herrscht unabhängig von der Gleitgeschwindigkeit stets reine Flüssigkeitsreibung. Im hydrostatischen Radiallager sind in der Bohrung des

Bild 3.89. Hauptspindellagerung einer Vertikal-Fräsmaschine durch Hochgenauigkeitsschrägkugellager

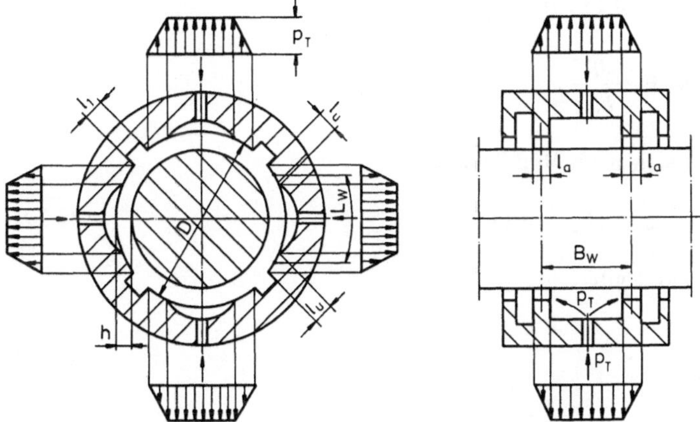

Bild 3.90. Hydrostatisches Radiallager

Außenteils mehrere Taschen angeordnet (Bild 3.90). Das Drucköl wird jeder Tasche zugeführt, es fließt axial über Stege der Breite l_a und in Umfangsrichtung über Stege der Breite l_u ab.

Die axiale Abströmbreite b_a wird aus der wirksamen Taschenlänge L_w bestimmt durch

$$b_a = 2L_w. \tag{3.75}$$

Die Abströmbreite in Umfangsrichtung b_u wird aus der wirksamen Taschenbreite B_w bestimmt,

$$b_u = 2B_w. \tag{3.76}$$

Die Strömungsverhältnisse für die Strömung in axialer und in Umfangsrichtung sollen gleich sein,

$$\frac{b_a}{l_a} = \frac{b_u}{l_u} = \frac{b}{l}. \tag{3.77}$$

Für die wirksame Taschenlänge gilt bei z Taschen

$$L_w = \frac{\pi D - z l_1}{z} - l_u. \tag{3.78}$$

Die wirksame Taschenfläche ergibt sich nach (3.52) zu

$$A_w = B_w L_w.$$

Der Gesamtvolumenstrom durch alle Taschen im Anfangszustand beträgt nach (3.59)

$$\dot{V}_{0\,GES} = z \frac{p_{T0} h_0^3}{12\eta} \frac{b}{l}.$$

Für die Verlustleistung gilt mit (3.74)

$$P_{\text{VER}} = \dot{V}_{0\,\text{GES}}\, p_{\text{P}} + \frac{A_{\text{R}}\eta v^2}{h_0}\,.$$

Die Reibfläche A_{R} ergibt sich nach Bild 3.90 zu

$$A_{\text{r}} = (B_{\text{w}} + l_{\text{a}})\, l_{\text{u}} 2z + (L_{\text{w}} - l_{\text{u}})\, l_{\text{a}} \cdot 2z\,. \tag{3.79}$$

Für die Gleitgeschwindigkeit gilt

$$v = \frac{\pi D n}{60}\,. \tag{3.80}$$

In Bild 3.91 ist ein hydrostatisches Axiallager dargestellt. Die Abströmbreite beträgt hier nach (3.50)

$$b = 2B_{\text{w}} + 2L_{\text{w}}\,.$$

Die wirksame Taschenlänge bei z Taschen errechnet sich nach der Gleichung

$$L_{\text{w}} = \frac{\pi D - z l_1}{z} - l\,. \tag{3.81}$$

Die wirksame Taschenfläche beträgt nach (3.52)

$$A_{\text{w}} = B_{\text{w}} L_{\text{w}}\,.$$

Der Gesamtvolumenstrom durch alle Taschen im Anfangszustand wird nach (3.59)

$$\dot{V}_{0\,\text{GES}} = z\,\frac{P_{\text{T}0} h_0^3}{12\eta}\,\frac{b}{l}\,.$$

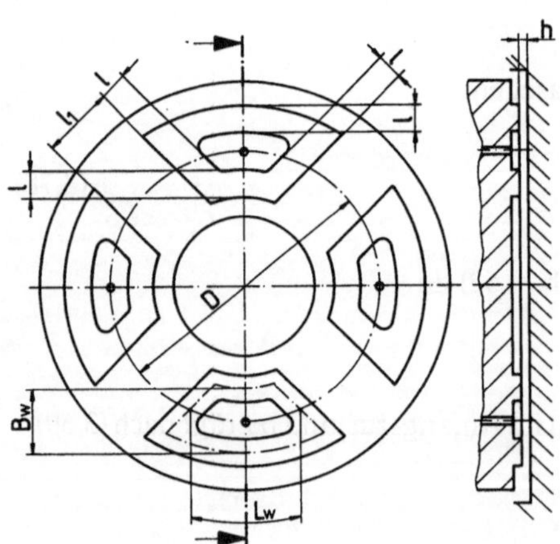

Bild 3.91. Hydrostatisches Axiallager

Für die Verlustleistung gilt nach (3.74)

$$P_{\text{VER}} = \dot{V}_{0\,\text{GES}}\, p_{\text{P}} + \frac{A_{\text{R}}\eta v^2}{h_0}\,.$$

Die Reibfläche A_{R} ergibt sich nach Bild 3.91 zu

$$A_{\text{R}} = (\pi D - z l_1)\, 2l + (B_{\text{w}} - l)\, l 2z\,. \tag{3.82}$$

Für die Gleitgeschwindigkeit gilt mit (3.80)

$$v = \frac{\pi D n}{60}\,.$$

Hauptmerkmale hydrostatischer Spindellagerungen sind:

- Hohe Rundlaufgenauigkeit,
- hohe Laufruhe,
- große Schwingungsdämpfung,
- hohe Tragfähigkeit bei richtiger Auslegung,
- hohe Steifigkeit bei richtiger Auslegung, d. h. bei der entsprechenden Wahl der Taschenfläche, des Taschendruckes und des Ölversorgungssystems.

Hydrostatische Spindellagerungen werden an Genauigkeits-, Dreh-, Bohr-, Fräs- und Schleifmaschinen angewandt.

3.4.5.1 Berechnungsbeispiel

Gegeben:

Eine hydrostatische Spindellagerung soll ausgelegt werden.
Die Spindellagerung besteht aus zwei Radiallagern mit je vier Taschen, einem Axiallager der Tragbahn mit drei Taschen und einem Axiallager des Umgriffes mit drei Taschen (Bild 3.92).
Pumpendruck $p_{\text{P}} = 30\,\text{bar} = 30 \cdot 10^5\,\text{N/m}^2$.
Taschendruck im Anfangszustand bei allen Taschen

$$p_{\text{TO}} = 10\,\text{bar} = 10 \cdot 10^5\,\text{N/m}^2\,,$$

Schmierstoff ISO VG 22,
Öltemperatur 20 °C,
Spindeldrehzahl $n = 2600\,\text{min}^{-1}$.
Taschenabmessungen — Radiallager (s. Bild 3.90):

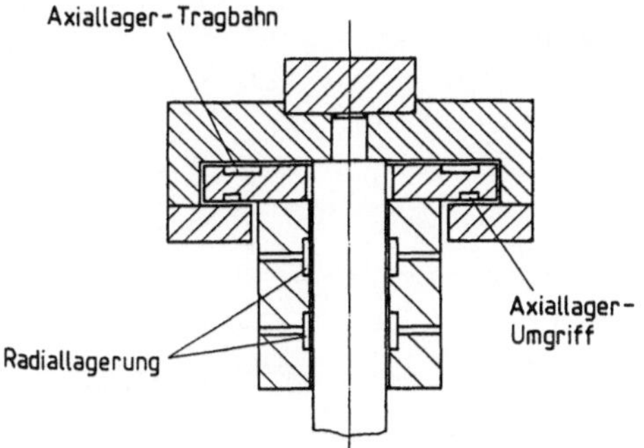

Bild 3.92. Hydrostatische Spindellagerung

Durchmesser $D = 80$ mm, Nutbreite $l_1 = 10$ mm, wirksame Taschenbreite $B_w = 47,47$ mm, Strömungsverhältnis $b/l = 40$, Anzahl der hydrostatischen Taschen $z = 4$, Lagerspalthöhe $h_0 = 0,030$ mm.

Taschenabmessungen — Axiallager der Tragbahn (ähnlich wie Bild 3.91, jedoch mit drei Taschen):
Durchmesser $D = 280$ mm, Nutbreite $l_1 = 100$ mm, wirksame Taschenbreite $B_w = 60,89$ mm, Strömungsverhältnis $b/l = 40$, Anzahl der hydrostatischen Taschen $z = 3$, Lagerspalthöhe $h_0 = 0,050$ mm.

Taschenabmessungen — Axiallager des Umgriffes (ähnlich wie im Bild 3.91, jedoch mit drei Taschen):
Durchmesser $D = 260$ mm, Nutzbreite $l_1 = 100$ mm, wirksame Taschenbreite $B_w = 16,04$ mm, Anzahl der hydrostatischen Taschen $z = 3$, Lagerspalthöhe $h_0 = 0,050$ mm.

Gesucht:

1. Wirksame Taschenflächen A_w,
2. Gesamtvolumenstrom durch alle Taschen im Anfangszustand $\dot{V}_{0\,\text{GES}}$,
3. Verlustleistung P_{VER}.

Lösung:

1. Wirksame Taschenfläche — Radiallager:
   Die Abströmbreite in Umfangsrichtung wird nach (3.76)

$$b_u = 2B_w = 2 \cdot 0,04747 = 0,0949 \text{ m} .$$

Die Absrömlänge in Umfangsrichtung beträgt nach (3.77)

$$L_u = \frac{b_u}{40} = \frac{0,0949}{40} = 0,0024 \text{ m} .$$

Die wirksame Taschenlänge ergibt sich nach (3.78) zu

$$L_w = \frac{\pi D - zl_1}{z} - l_u = \frac{\pi \cdot 0,080 - 4 \cdot 0,010}{4} - 0,0024 = 0,0505 \text{ m} .$$

Für die wirksame Taschenfläche erhält man aus (3.52) daher

$$A_w = B_w L_w = 0,04747 \cdot 0,0505 = 0,0024 \text{ m}^2 \cdot$$

Die axiale Abströmbreite ist nach (3.75) durch

$$b_a = 2L_w = 2 \cdot 0,0505 = 0,1010 \text{ m} ,$$

die Abströmlänge in axialer Richtung nach (3.77) durch

$$l_a = \frac{b_a}{40} = \frac{0,1010}{40} = 0,0025 \text{ m}$$

gegeben.

2. Wirksame Taschenfläche — Axiallager der Tragbahn:
   Als Abströmbreite erhält man nach (3.50)

$$b = 2B_w + 2L_w = 2 \cdot 0,06089 + 2L_w .$$

Für die wirksame Taschenlänge gilt nach (3.81)

$$L_w = \frac{\pi D - zl_1}{z} - l = \frac{\pi \cdot 0,220 - 3 \cdot 0,1}{3} - l .$$

Aus $b/l = 40$, d. h.

$$b = 40 \cdot l ,$$

folgt durch Einsetzen in (3.50)

$$40l = 2 \cdot 0{,}06089 + 2\left(\frac{\pi \cdot 0{,}220 - 3 \cdot 0{,}1}{3} - l\right).$$

Aus dieser Gleichung ergibt sich

$$l = 0{,}0091 \text{ m} = 9{,}1 \text{ mm}.$$

Als wirksame Taschenlänge erhält man daher

$$L_w = \frac{\pi \cdot 0{,}220 - 3 \cdot 0{,}1}{3} - 0{,}0091 = 0{,}1213 \text{ m}$$

Die wirksame Taschenfläche ergibt sich nach (3.52) zu

$$A_w = B_w L_w = 0{,}06089 \cdot 0{,}1213 = 0{,}0074 \text{ m}^2.$$

3. Wirksame Taschenfläche — Axiallager des Umgriffes:
Für die Abströmbreite gilt nach (3.50)

$$b = 2B_w + 2L_w = 2 \cdot 0{,}01604 + 2L_w.$$

Die wirksame Taschenlänge beträgt nach (3.81)

$$L_w = \frac{\pi D - z l_1}{z} - l = \frac{\pi \cdot 0{,}260 - 3 \cdot 0{,}1}{3} - l.$$

Aus $b/l = 40$, d. h.

$$b = 40l,$$

folgt durch Einsetzen in (3.50)

$$40 \cdot l = 2 \cdot 0{,}01604 + 2\left(\frac{\pi \cdot 0{,}260 - 3 \cdot 0{,}1}{3} - l\right).$$

Aus dieser Gleichung erhält man

$$l = 0{,}009 \text{ m} = 9 \text{ mm}.$$

Damit ergibt sich für die wirksame Taschenlänge

$$L_w = \frac{\pi \cdot 0{,}260 - 3 \cdot 0{,}1}{3} - 0{,}009 = 0{,}1633 \text{ m}.$$

Für die wirksame Taschenfläche erhält man aus (3.52)

$$A_w = B_w L_w = 0{,}01604 \cdot 0{,}1633 = 0{,}0026 \text{ m}^2.$$

4. Viskosität des Öles:
Aus Tabelle 3.2 und Bild 3.79 wird für den Schmierstoff ISO VG 22 die kinematische Viskosität bei der Öltemperatur
$\vartheta_{öl} = 20\,°C$ ermittelt,

$$\nu = 61{,}7 \text{ mm}^2/\text{s}.$$

Aus Tabelle 3.3 erhält man für Öl ISO VG 22 als die Dichte bei der Öltemperatur $\vartheta_{\ddot{o}l} = 15\,°\mathrm{C}$

$$\gamma = 0,865\ \mathrm{g/cm^3} = 0,865 \cdot 10^{-3}\ \mathrm{kg/cm^3}\ .$$

Wenn angenommen wird, daß sich die Dichte im Bereich von $15\,°\mathrm{C}$ bis $20\,°\mathrm{C}$ unwesentlich verändert, ergibt sich die dynamische Viskosität nach (3.69) zu

$$\eta = v\gamma = 61,7 \cdot 0,865 \cdot 10^{-3} = 0,0534\ \mathrm{Ns/m^2}\ .$$

5. Gesamtvolumenstrom − Radiallager:
   Es gibt $z = 2 \cdot 4 = 8$ Taschen, die Lagerspalthöhe beträgt $h_0 = 0,030\ \mathrm{mm} = 0,030 \cdot 10^{-3}\ \mathrm{m}$, es folgt

$$\dot{V}_{0\,\mathrm{GES}} = z\,\frac{p_{\mathrm{T0}}h_0^3}{12\eta}\,\frac{b}{l} = 8\,\frac{10 \cdot 10^5 (0,030 \cdot 10^{-3})^3}{12 \cdot 0,0534}\,40$$

$$= 1,3483 \cdot 10^{-5}\ \mathrm{m^3/s} = 0,809\ \mathrm{dm^3/min}\ .$$

6. Gesamtvolumenstrom − Axiallager der Tragbahn:
   Es gibt $z = 3$ Taschen, die Lagerspalthöhe beträgt $h_0 = 0,050\ \mathrm{mm} = 0,050 \cdot 10^{-3}\ \mathrm{m}$, es folgt

$$\dot{V}_{0\,\mathrm{GES}} = z\,\frac{p_{\mathrm{T0}}h_0^3}{12\eta}\,\frac{b}{l} = 3\,\frac{10 \cdot 10^5 (0,050 \cdot 10^{-3})^3}{12 \cdot 0,0534}\,40$$

$$= 2,3408 \cdot 10^{-5}\ \mathrm{m^3/s} = 1,4045\ \mathrm{dm^3/min}\ .$$

7. Gesamtvolumenstrom − Axiallager des Umgriffes:
   Es gibt $z = 3$ Taschen, die Lagerspalthöhe beträgt $h_0 = 0,050\ \mathrm{mm} = 0,050 \cdot 10^{-3}\ \mathrm{m}$, es folgt

$$\dot{V}_{0\,\mathrm{GES}} = z\,\frac{p_{\mathrm{T0}}h_0^3}{12\eta}\,\frac{b}{l} = 3\,\frac{10 \cdot 10^5 (0,050 \cdot 10^{-3})^3}{12 \cdot 0,0534}\,40$$

$$= 2,3408 \cdot 10^{-5}\ \mathrm{m^3/s} = 1,4045\ \mathrm{dm^3/min}\ .$$

8. Gesamtvolumenstrom von allen Taschen:

$$\dot{V}_{0\,\mathrm{GES}} = 0,809 + 1,4045 + 1,4045 = 3,618\ \mathrm{dm^3/min}\ .$$

9. Verlustleistung − Radiallager:
   Die Reibfläche ergibt sich nach (3.79) zu

$$A_{\mathrm{R}} = (B_{\mathrm{w}} + l_{\mathrm{a}})\,l_{\mathrm{u}} \cdot 2z + (L_{\mathrm{w}} - l_{\mathrm{u}})\,l_{\mathrm{a}} \cdot 2z$$

$$= (0,04747 + 0,0025) \cdot 0,0024 \cdot 2 \cdot 4 + (0,0505 - 0,0024) \cdot 0,0025 \cdot 2 \cdot 4$$

$$= 0,0019\ \mathrm{m^2}\ .$$

Die Gleitgeschwindigkeit beträgt nach (3.80)

$$v = \frac{\pi D n}{60} = \frac{\pi \cdot 0,080 \cdot 2600}{50} = 10,89\ \mathrm{m/s}\ .$$

Da es zwei Radiallager gibt (s. Bild 3.92), gilt

$$2A_{\mathrm{R}} = 2 \cdot 0,0019 = 0,0038\ \mathrm{m^2}\ .$$

Die Verlustleistung ergibt sich damit nach (3.74) zu

$$P_{VER} = \dot{V}_{0\,GES}\,p_P + \frac{A_R \eta v^2}{h_0}$$

$$= 1{,}3483 \cdot 10^{-5} \cdot 30 \cdot 10^5 + \frac{0{,}0038 \cdot 0{,}0534 \cdot 10{,}89^2}{0{,}030 \cdot 10^{-3}}$$

$$= 842{,}606\ \text{W}\,.$$

10. Verlustleistung — Axiallager der Tragbahn:
Die Reibfläche wird nach (3.82)

$$A_R = (\pi D - zl_1)\,2l + (B_w = l)\,l \cdot 2z$$

$$= (\pi \cdot 0{,}220 - 3 \cdot 0{,}1)\,2 \cdot 0{,}0091 + (0{,}06089 - 0{,}0091)\,0{,}0091 \cdot 2 \cdot 3$$

$$= 0{,}0099\ \text{m}^2\,.$$

Für die Gleitgeschwindigkeit gilt nach (3.80)

$$v = \frac{\pi D n}{60} = \frac{\pi\ 0{,}220\ 2600}{60} = 29{,}94\ \text{m/s}\,.$$

Die Verlustleistung ergibt sich damit nach (3.74) zu

$$P_{VER} = \dot{V}_{0\,GES}\,p_P + \frac{A_R \eta v^2}{h_0}$$

$$= 2{,}3408 \cdot 10^{-5} \cdot 30 \cdot 10^{-5} + \frac{0{,}0099 \cdot 0{,}0534 \cdot 29{,}94^2}{0{,}050\ 10^{-3}}$$

$$= 9\,548{,}07\ \text{W}\,.$$

11. Verlustleistung — Axiallager des Umgriffes:
Die Reibfläche beträgt nach (3.82)

$$A_R = (\pi D - zl_1)\,2l + (B_w - l)\,l \cdot 2z$$

$$= (\pi \cdot 0{,}260 - 3 \cdot 0{,}1)\,2 \cdot 0{,}009 + (0{,}01604 - 0{,}009)\,0{,}009 \cdot 2 \cdot 3$$

$$= 0{,}0097\ \text{m}^2\,.$$

Die Gleitgeschwindigkeit errechnet man nach (3.80) als

$$v = \frac{\pi D n}{60} = \frac{\pi \cdot 0{,}260 \cdot 2600}{60} = 35{,}39\ \text{m/s}\,.$$

Die Verlustleistung ergibt sich damit nach (3.74) zu

$$P_{VER} = \dot{V}_{0\,GES}\,p_P + \frac{A_R \eta v^2}{h_0}$$

$$= 2{,}3408 \cdot 10^{-5} \cdot 30 \cdot 10^5 + \frac{0{,}0097 \cdot 0{,}0534 \cdot 35{,}39^2}{0{,}050 \cdot 10^{-3}}$$

$$= 13045{,}12\ \text{W}\,.$$

12. Die Gesamtverlustleistung an allen Taschen beträgt also

$$P_{VER} = 842{,}606 + 9\,548{,}07 + 13045{,}12 = 23435{,}79\ \text{W}\,.$$

3.4.6 Steifigkeit des Spindel-Lager-Systems

Die statische und die dynamische Steifigkeit des Spindel-Lager-Systems haben großen
Einfluß auf die Maß-, Lage- und Formgenauigkeit sowie auf die Oberflächengüte des
zu bearbeitenden Werkstücks. Während die geometrische Formgenauigkeit besonders
von der statischen Steifigkeit des Spindel-Lager-Systems abhängt, wird die Oberflächengüte vor allem von der dynamischen Steifigkeit des Systems beeinflußt.

3.4.6.1 Statische Steifigkeit

Bild 3.93 ist die schematische Darstellung einer Spindel, die durch zwei Lager am
Abstand b gelagert ist. Die Kraft F wirkt an der Kraglänge a.

Wenn angenommen wird, daß die Lager starr sind, wird die Verformung der
Spindel nach folgender Gleichung berechnet:

$$y_{SP} = \frac{Fba^2}{3J_{sp}E}\left(1 + \frac{a}{b}\right).$$

(3.83)

Es wird deutlich, daß die Verformung der Spindel von dem axialen Flächenträgheitsmoment J_{sp}, dem Lagerabstand b, der Kraglänge a und der Kraft F abhängt.

Wenn angenommen wird, daß die Spindel starr ist, wird die Verformung der
Lager an der Kraftangriffsstelle wie folgt bestimmt:

$$y_L = \frac{F}{b^2}\left[\frac{(a+b)^2}{K_v} + \frac{a^2}{K_h}\right].$$

(3.84)

Radiale Steifigkeit des vorderen Lagers K_v und des hinteren Lagers K_h beeinflussen
daher die Verformung an der Kraftangriffsstelle.

Die Gesamtverformung des Spindel-Systems an der Kraftangriffsstelle erhält man
durch Addition der Spindel- und der Lagerverformung,

$$y = y_{SP} + y_L = \frac{Fba^2}{3J_{sp}E}\left(1 + \frac{a}{b}\right) + \frac{F}{b^2}\left[\frac{(a+b)^2}{K_v} + \frac{a^2}{k_h}\right].$$

(3.85)

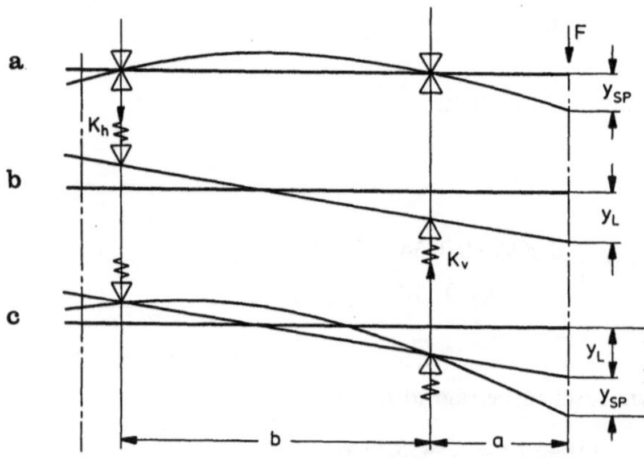

Bild 3.93 a – c. Verformung des
Spindel-Lager-Systems [45].
a Verformungen der Spindel
(Lager starr angenommen),
b Verformungen des Lagers
(Spindel starr angenommen),
c Verformungen des
Spindel-Lager-Systems

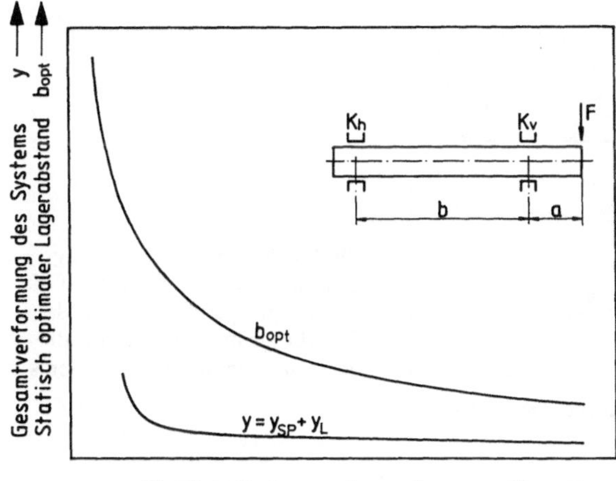

Bild 3.94. Einfluß der Steifigkeit des vorderen Lagers auf die
Gesamtverformung des Spindel-
Lager-Systems an der Kraftangriffsstelle und auf den statisch
optimalen Lagerabstand

Wenn diese Gleichung nach b differenziert und ihr Differential gleich Null gesetzt
wird, bekommt man die Gleichung für die Ermittlung des optimalen Lagerabstandes:

$$b^3 - \frac{6EJ_{sp}}{aK_v} b - \frac{6EJ_{sp}(K_v + K_h)}{K_v K_h} = 0 \,. \tag{3.86}$$

Nach (3.85) und (3.86) wurden die Einflüsse der Steifigkeit des vorderen Lagers K_v
auf die Gesamtverformung des Spindel-Lager-Systems an der Kraftangriffsstelle y
und auf den statischen optimalen Lagerabstand b_{OPT} ermittelt und qualitativ in
Bild 3.94 dargestellt.

Aus diesem Diagramm geht hervor, daß mit zunehmender Lagersteifigkeit die
Gesamtverformung des Spindel-Lager-Systems abnimmt. Für größere Lagersteifigkeit
sollen kleinere Lagerabstände gewählt werden, damit die Gesamtverformung des
Systems den kleinen Wert erreichen.

Das axiale Flächenträgheitsmoment der Spindel berechnet sich nach der Gleichung

$$J_{sp} = \frac{\pi D^4}{64} \,. \tag{3.87}$$

Die statische Steifigkeit wird bestimmt durch

$$K = \frac{F}{y} \,. \tag{3.88}$$

3.4.6.2 Dynamische Steifigkeit

Höhere Lagersteifigkeiten beeinflussen das dynamische Verhalten des Spindel-Lager-
systems sehr günstig, da die Schwingungsamplituden an der Kraftangriffsstelle
abnehmen und gleichzeitig die Resonanzfrequenz des Systems ansteigt (Bild 3.95).

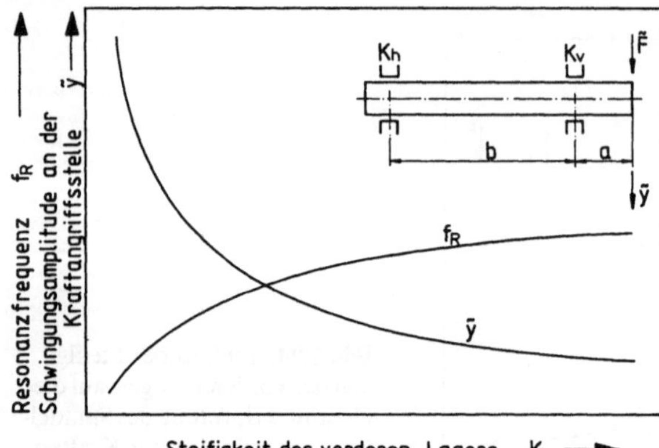

Bild 3.95. Einfluß der Steifigkeit des vorderen Lagers auf die Schwingungsamplitude an der Kraftangriffsstelle und auf die Resonanzfrequenz des Systems

Das dynamische Verhalten des Spindel-Lager-Systems wird mit der Verringerung des Lagerabstandes sehr günstig beeinflußt, da bei der Abnahme von Resonanzamplituden gleichzeitig die Systemdämpfung ansteigt (Bild 3.96).

Hierbei muß auch Bild 3.94 berücksichtigt werden, wonach kleinere Lagerabstände nur bei größeren Lagersteifigkeiten gewählt werden sollen, damit die statische Verformung minimal wird.

Die dynamische Steifigkeit errechnet sich nach

$$K_{\mathrm{DYN}} = \frac{\tilde{F}}{\tilde{y}}. \tag{3.89}$$

Die dynamischen Steifigkeiten von Werkzeugmaschinen-Spindeln wurden durch Kunkel [67] und Honrath [68] analytisch und experimentell untersucht. Die Bilder 3.95 und 3.96 sind vereinfachte qualitative Darstellungen aus diesen Untersuchungen.

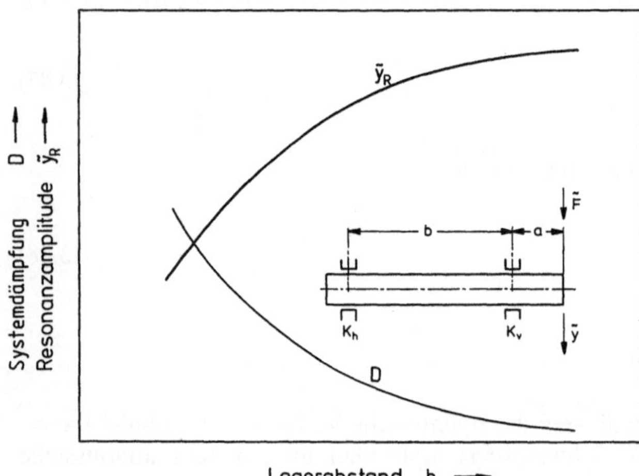

Bild 3.96. Einfluß des Lagerabstandes auf die Resonanzamplitude und auf die Systemdämpfung

Tabelle 3.4. Verschiedene Spindel-Lager-Systeme als Berechnungsbeispiel

Lfd.Nr.	D in mm	a in mm	K_v in N/µm	K_h in N/µm	F in N
1	120	350	1300	1000	30000
2	120	350	3500	2500	30000
3	140	350	1300	1000	30000
4	120	150	1300	1000	30000

3.4.6.3 Berechnungsbeispiel

Gegeben:

In der Tabelle 3.4 sind vier verschiedene Spindel-Lager-Systeme aufgeführt.
Der Elastizitätsmodul des Spindelwerkstoffes betrage

$$E = 2{,}1 \cdot 10^{11}\,\text{N/m}^2\,.$$

Gesucht:

Statisch optimaler Lagerabstand,
Gesamtverformung des Spindel-Lager Systems an der Kraftangriffsstelle.

Lösung:

Bei der Berechnung werden D und a in m, K_v und K_h in N/m eingesetzt. Im folgenden wird
die Berechnung für Lfd. Nr. 1 durchgeführt.

Als Flächenträgheitsmoment hat man nach (3.87)

$$J_{sp} = \frac{\pi D^4}{64} = \frac{\pi \cdot 0{,}120^4}{64} = 1{,}02 \cdot 10^{-5}\,\text{m}^4$$

Für den statisch optimalen Lagerabstand gilt mit (3.86)

$$\begin{aligned}
0 &= b^3 - \frac{6EJ_{sp}}{aK_v}\,b - \frac{6EJ_{sp}(K_v + K_h)}{K_v K_h} \\[2mm]
&= b^3 - \frac{6 \cdot 2{,}1 \cdot 10^{11} \cdot 1{,}02 \cdot 10^{-5}}{0{,}35 \cdot 1300 \cdot 10^6}\,b \\[2mm]
&\quad - \frac{6 \cdot 2{,}1 \cdot 10^{11} \cdot 1{,}02 \cdot 10^{-5}(1300 + 1000)\,10^6}{1300 \cdot 10^6 \cdot 1000 \cdot 10^6}\,.
\end{aligned}$$

Aus dieser Gleichung bekommt man

$$b = 0{,}3164\,\text{m} = 316{,}4\,\text{mm}\,.$$

Die Gesamtverformung des Spindel-Lager-Systems an der Kraftangriffsstelle ergibt sich nach
(3.85) zu

$$\begin{aligned}
y &= \frac{Fba^2}{3J_{sp}E}\left(1 + \frac{a}{b}\right) + \frac{F}{b^2}\left[\frac{(a+b)^2}{K_v} + \frac{a^2}{K_h}\right] \\[2mm]
&= \frac{30\,000 \cdot 0{,}3164 \cdot 0{,}35^2}{3 \cdot 1{,}02 \cdot 10^{-5} \cdot 2{,}1 \cdot 10^{11}}\left(1 + \frac{0{,}35}{0{,}3164}\right) + \frac{30000}{0{,}3164^2} \\[2mm]
&\quad \times \left[\frac{(0{,}35 + 0{,}3164)^2}{1300 \cdot 10^6} + \frac{0{,}35^2}{1000 \cdot 10^6}\right] \\[2mm]
&= 0{,}000512\,\text{m} = 0{,}512\,\text{mm}\,.
\end{aligned}$$

Tabelle 3.5. Berechnungsergebnisse für die
Aufgabe nach Tabelle 3.4

Lfd. Nr.	b_{OPT} in mm	y in mm
1	316,4	0,512
2	223	0,414
3	397	0,337
4	359	0,106

Die Ergebnisse dieser Brechnung für Lfd. Nr. 1 bis 4 sind in Tabelle 3.5 aufgestellt.

Es wird deutlich, daß die Kraglänge a den größten Einfluß auf die Gesamtverformung des Spindel-Lager-Systems hat (Lfd. Nr. 4). Eine steifere Lagerung hat unwesentlichen Einfluß auf die Verformungen, beeinflußt aber den optimalen Lagerabstand signifikant (Lfd. Nr. 2).

Bei allen vier berechneten Spindel-Lager-Systemen sind die Verformungen viel zu hoch. In der Praxis muß man D, K_v und K_h soweit vergrößern und a soweit verkleinern, daß sich die Verformungen im µm-Bereich befinden.

3.5 Gestelle

Werkzeugmaschinengestelle haben die Aufgabe, die wichtigsten Baugruppen der Maschine so zu verbinden, daß sie untereinander relativ beweglich (Führungen) oder unbeweglich (Verbindungen durch Schrauben und Stifte) sind.

Anforderungen an die Gestelle sind:

— Hohe Steifigkeit gegenüber statischen und dynamischen Kräften,
— fertigungsgerechte Gestaltung,
— ungehinderter Spänefall, rationelle Späneabfuhr,
— ästhetisch zufriedenstellende Formgebung.

3.5.1 Statische Steifigkeit

Die Gestelle sollen so konstruiert werden, daß hohe Steifigkeiten bei relativ niedrigem Gewicht erreicht werden.

Da die Biegesteifigkeit K_B direkt proportional zum axialen Flächenträgheitsmoment J ist, können Biegesteifigkeiten verschiedener Profile nach ihren Flächenträgheitsmomenten verglichen werden. Für sieben verschiedene Profile gleicher Fläche A und gleicher Wanddicke s sind die axiale Flächenträgheitsmomente in Quotientenform zum Trägheitsmoment das hohlen quadratischen Profils mit $J = 1$ in Bild 3.97 aufgestellt. Die niedrigste Biegesteifigkeit haben die hohlen rechteckigen Profile, die sich in der „liegenden" Anordnung zur angreifenden Kraft F bzw. zum angreifenden Biegemoment M_B befinden, die höchste Biegesteifigkeit haben die „stehenden" I-Profile.

Die Torisionssteifigkeit K_T ist direkt proportional zum polaren Flächenträgheitsmoment J_p. Deshalb können Torisionssteifigkeiten verschiedener Profile nach ihren polaren Flächenträgheitsmomenten verglichen werden. Für die in Bild 3.98 darge-

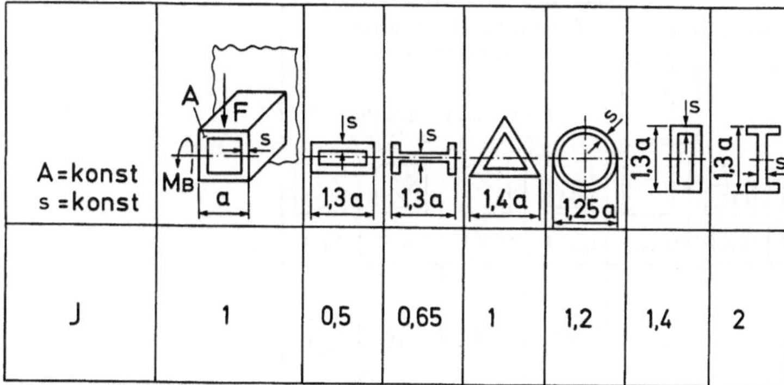

A = konst s = konst		1,3 a	1,3 a	1,4 a	1,25 a	1,3 a	1,3 a
J	1	0,5	0,65	1	1,2	1,4	2

Bild 3.97. Biegesteifigkeit verschiedener Profile

A = konst. s = konst.		1,3 a	1,4 a	1,3 a	1,25 a
J_p	1	0,004	0,66	0,8	1,6

Bild 3.98. Torsionssteifigkeit verschiedener Profile

	O.K.P.	M.K.P.	M.K.P.	O.K.P.	M.K.P	O.K.P	O.K.P.	M.K.P.
K_B	1	1	1,13	1,14	1,14	1,21	1,32	1,32
$\dfrac{K_B}{G}$	1	1	0,9	0,76	0,76	0,9	0,81	0,81

Bild 3.99. Biegesteifigkeiten von Senkrechtständern mit quadratischem Profil und verschiedenen Innenverrippungen

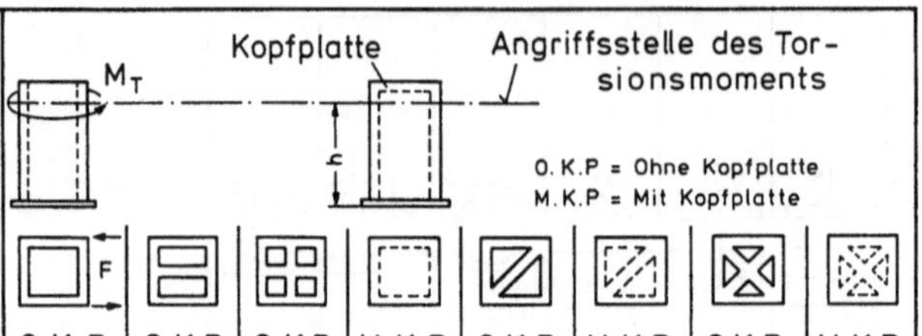

O.K.P	O.K.P	O.K.P	M.K.P	O.K.P	M.K.P	O.K.P	M.K.P
K_T							
0,06	0,09	0,15	0,5	0,65	0,8	1,15	1,26
$\dfrac{K_T}{G}$							
0,06	0,07	0,10	0,5	0,5	0,6	0,7	0,8

O.K.P = Ohne Kopfplatte
M.K.P = Mit Kopfplatte

Bild 3.100. Torsionssteifigkeiten der Senkrechtständer mit quadratischem Profil und verschiedenen Innenverrippungen

stellten Profile gleicher Fläche A und gleicher Wanddicke s wurden polare Flächenträgheitsmomente errechnet und in Quotientenform zum Trägheitsmoment des hohlen quadratischen Profils mit $J_p = 1$ dargestellt. Die niedrigste Torsionssteifigkeit haben die I-Profile, die höchste die Kreisringprofile. Es wird deutlich, daß die „offenen" Profile nicht durch Torsionsmomente M_T belastet werden dürfen.

Biegesteifigkeiten von Senkrechtständern mit quadratischem Profil und verschiedenen Innenverrippungen sind in Bild 3.99 aufgestellt. Aus diesem Bild wird deutlich, daß die Biegesteifigkeit K_B durch senkrechte Innenverippungen zunimmt, die auf das Eigengewicht bezogene Biegesteifigkeit K_B/G nimmt dabei ab. Die Kopfplatte hat keinen Einfluß auf die Biegesteifigkeit des Senkrechtständers. Die auf dem Abstand h angreifende Kraft F belastet den Ständer durch Biegung.

Bild 3.100 zeigt einen Senkrechtständer mit quadratischem Profil und verschiedener Innenverrippungen, der durch ein auf den Abstand h angreifendes Torsionsmoment M_T belastet wird. Aus diesen Untersuchungen wird deutlich, daß die Torsionssteifigkeit des Ständers durch senkrechte Diagonalverippungen und durch eine Kopfplatte wesentlich erhöht wird. Auch die auf das Eigengewicht bezogene Torsionssteifigkeit K_T/G nimmt dabei zu, obwohl das Ständergewicht durch die Verrippung ansteigt.

Die in den Bildern 3.97 bis 3.100 dargestellten Steifigkeitsuntersuchungen sind veinfachte Auszüge aus einer VDW-Arbeitstagung [69].

3.5.2 Dynamische Steifigkeit

Die dynamische Steifigkeit des Gestelles wird nach folgender Gleichung [45] bestimmt:

$$K_{DYN} = \varrho \omega_0 = \varrho \sqrt{\frac{K}{m}} \, . \tag{3.90}$$

Aus dieser Gleichung wird deutlich, daß die dynamische Steifigkeit des Gestelles erhöht werden kann, wenn die Dämpfungskonstante ϱ und die statische Steifigkeit K größer

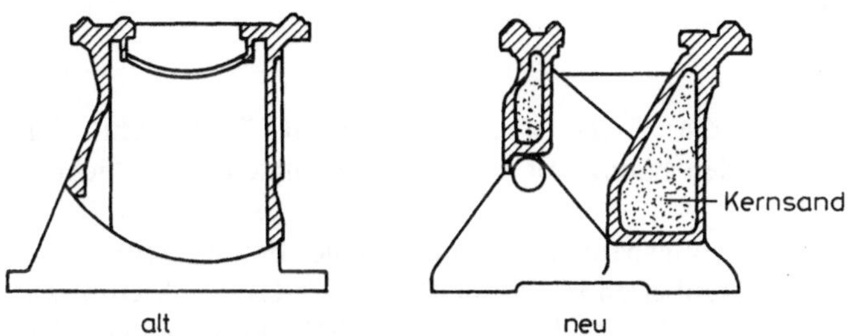

Bild 3.101. Drehmaschinengestell vor und nach der Umgestaltung (Werkbild VDF)

und gleichzeitig die Masse des Gestelles m kleiner werden. Es wurde bereits in den Bildern 3.97 bis 3.100 erläutert, wie durch die Wahl geeigneter Profile und Verrippungen eine hohe statische Steifigkeit erreicht werden kann.

Hohe dynamische Steifigkeit wird bei den Systemen mit hoher Eigenfrequenz ω_0 erreicht (s. (3.90)).

Die Dämpfungskonstante kann erhöht werden, wenn in den Hohlräumen des Gestelles der Kernsand belassen wird. Bild 3.101 zeigt ein Drehmaschinengestell, bei welchem durch die Umgestaltung die Biege- und die dynamische Steifigkeit erhöht wurden. Die Dämpfung kann erforderlichenfalls durch Hilfmassensysteme, z. B. durch gedämpfte Feder-Masse-Systeme, erhöht werden.

Die Dämpfung eines Gestelles setzt sich aus innerer Dämpfung (Werkstoffdämpfung) und äußerer Dämpfung zusammen. Die Werkstoffdämpfung wird durch die Reibung der Moleküle bei der elastischen Verformung hervorgerufen. Äußere Dämpfung wird durch die Reibung zwischen den einzelnen Bauteilen bzw. an den Fugen verursacht. Obwohl Gußeisen eine höhere Werkstoffdämpfung als Stahl aufweist, kann ein in schweißgerechter Stahlbauweise gefertigtes Gestell höhere Gesamtdämpfung besitzen als ein Gestell aus Gußeisen.

Die Erklärung dafür ist, daß bei geringen elastischen Verformungen auch eine kleine innere Reibung und somit eine kleine innere Dämpfung hervorgerufen wird. Entscheidend ist deshalb die äußere Dämpfung, die bei einem geschweißten Gestell durch mehrere Fugen höher als bei den gegossenen Gestellen sein kann.

Bild 3.102 zeigt Dämpfungswerte für eine Drehmaschine bei verschiedenen Montagezuständen. Der Dämpfungswert für das Bett ohne andere Bauteile entspricht der inneren Dämpfung; die komplette Maschine hat einen zehnfachen Dämpfungswert.

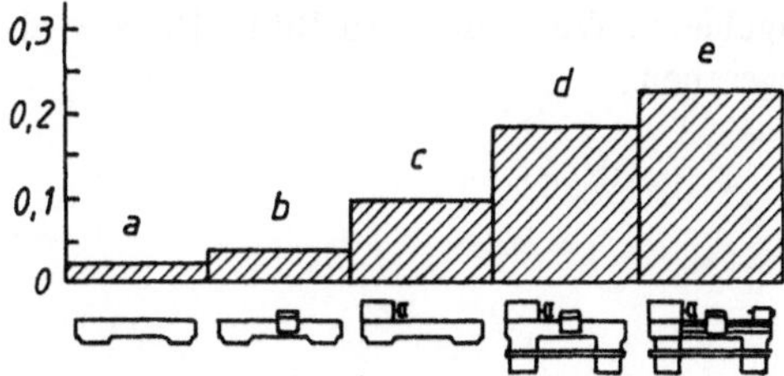

Bild 3.102 a – e. Dämpfungswerte einer Drehmaschine bei verschiedenen Montagezuständen [70]. **a** Bett allein, **b** Bett mit Support, **c** Bett mit Spindelkasten, **d** Bett mit Support, Spindelkasten und Füßen, **e** komplette Maschine

3.5.3 Gestelle aus Gußeisen

Für die Untergestelle und für die Tische wird meistens GG 25 gewählt. Die Führungsbahnen der Tische werden häufig mit einer Kunststoffgleitbahnschicht (s. Abschn. 3.3.4) versehen.

Für die Gestelle mit den Führungsbahnen (Tischunterteile, Betten, Senkrechtständer) werden härtbare GG 25, Gußeisen mit Lamellengraphit GGL 30, Gußeisen mit Kugelgraphit GGG 35 und GG 30 in Mehanitequalität GC 300 genommen. Die Führungsbahnen werden oberflächengehärtet auf HB 400 bis HB 420 (flammen- oder induktionsgehärtet) oder flächenlasergehärtet auf 660 + 80 HV 50, EHT ca. 1.0. Gestelle, an die hohe Genauigkeitsanforderungen gestellt werden, müssen vor der mechanischen Bearbeitung spannungsfrei geglüht werden.

Da der Elastizitätsmodul eines gegossenen Gestelles ($E = 0{,}8 \cdot 10^{11}$ N/m^2) wesentlich kleiner als der eines geschweißten Gestelles aus Stahl ($E = 2{,}1 \times 10^{11}$ N/m^2) ist, benötigen die gegossenen Gestelle größere Querschnitte. Da die Dichte des Gußeisens ($7{,}3 \cdot 10^3$ kg/m^3) fast so groß wie die des Stahles ($7{,}85 \cdot 10^3$ kg/m^3) ist, sind die gegossenen Gestelle schwerer als die geschweißten aus Stahl.

Für die Fertigung der gegossenen Gestelle sind Modelle und Kerne notwendig, die sehr aufwendig sein können. Trotzdem werden in vielen Fällen bei der Fertigung von mehr als drei Gestellen geringere Herstellungskosten erreicht als bei den geschweißten Gestellen.

Der Konstrukteur muß die Gestelle fertigungsgerecht gestalten, damit alle technischen und wertanalytischen Anforderungen erfüllt werden. In den Bildern 3.103 bis 3.107 werden die wichtigsten Gestaltungsrichtlinien nach den Empfehlungen der Von Roll Gießereien [71] aufgeführt.

Bild 3.103 zeigt, wie die Ecken eines Gestells ausgebildet werden sollen. Es wird ein allmählicher Übergang duch eine schräge Materialzunahme empfohlen, da sonst bei zu kleinen Radien Rießgefahr besteht, bei zu großen Radien Materialansammlungen entstehen können.

Bei Wand- und Rippenverbindung (Bild 3.104) soll bei gleich dicken Rippen (Bild 3.104a) die durchgehende Wand ausgespart werden, bei ungleich dicken Rippen (Bild 3.104b) soll die dünnere Wand allmählich durch eine schräge Materialzunahme in die dickere Wand übergehen. Auf diese Art wird in beiden Fällen Materialansammlung und damit die Bildung von Lunkern vermieden.

Bei der Verbindung mehrerer Rippen werden geringste Materialanhäufungen durch die in Bild 3.105 dargestellten Formen erzielt. Beide Diagonalrippen (Bild 3.105a) gehen unter 90° in die durchgehende Wand über. In Bild 3.105b wird in dem sechseckigen Knoten ein Kern vorgesehen.

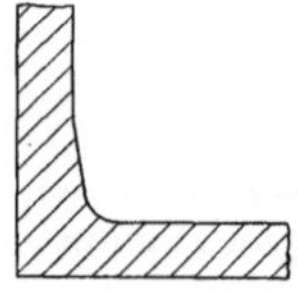

Bild 3.103. Ausbildung der Ecken

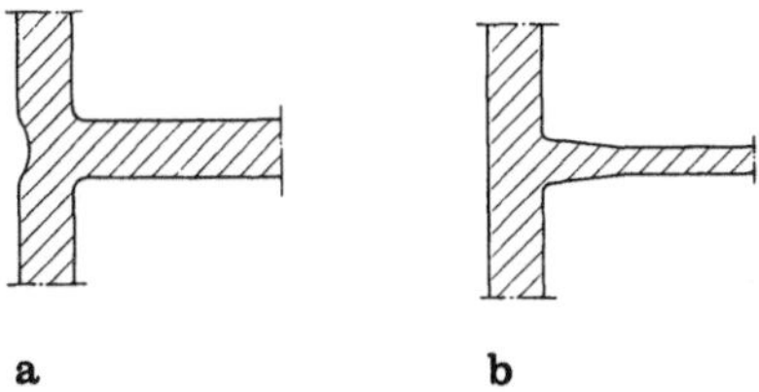

a   b

Bild 3.104 a, b. Wand- und Rippenverbindung. **a** Verbindung von zwei gleich dicken Rippen oder Wänden, **b** Verbindung von zwei ungleich dicken Rippen oder Wänden

Bild 3.106 zeigt, wie die Öffnungen ausgebildet werden. Durch den Verstärkungswulst wird die Rissgefahr verringert.

Die Gestelle sollen so konstruiert werden, daß nach Möglichkeit keine Kerne gebraucht werden. Bild 3.107a zeigt ein naturgeformtes Gestell, Bild 3.107b ein Gestell mit Kern. Das Formen ist unproblematisch, die Rippe *b* erhöht die Steifigkeit und verringert die Gefahr des Ausschusses. Die große Öffnung in der unteren Wand gestattet ein leichtes Entfernen des Kernsandes und der Kernarmierung.

3.5.4 Gestelle aus Polymerbeton

Polymerbeton wird nach zwei prinzipellen Methoden für Werkzeugmaschinengestelle angewandt:

— Als tragendes Material des Werkzeugmaschinengestelles (Bild 3.108),
— vorhandene Gestelle werden zur Verbesserung des dynamischen Verhaltens der Maschine mit Polymerbeton als Dämpfungsmasse ausgegossen.

Bei den Gestellen aus Polymerbeton (Bild 3.108) werden Befestigungselemente aus Metall wie Tische, Führungen, Maschinenfixatoren usw. mit eingegossen. Die im Kraftfluß liegenden Bauteile des Gestells werden in der Regel mit einer Wandstärke von 60 bis 80 mm. d. h. ungefähr mit der dreifachen Wandstärke eines Gestells aus Grauguß ausgeführt. Die kritischen Stellen können beliebig verstärkt werden, was bei nur unwesentlichem Mehrgewicht zu wesentlicher Erhöhung der Gestellsteifigkeit führt.

Einsätze aus Metall, deren Lagetoleranz im Zehntelmillimeterbereich liegt, werden in der Gießform befestigt und direkt eingegossen. Fertig bearbeitete Maschinenteile mit Lagetoleranzen im Hundertstelmillimeterbereich werden aufeinander ausgerichtet und nachträglich eingegossen [72].

Obwohl der Elastizitätsmodul des Polymerbetons geringer als der des Graugusses ist, werden mit Gestellen aus Polymerbeton höhere statische Steifigkeiten erzielt. Der Grund liegt in den wesentlich größeren Querschnitten des Polymerbetongestelles.

Bei der Untersuchung einer extreme dynamischen Belastungen ausgesetzten Hochgeschwindigkeitsfräsmaschine wurden ein Bett und Spindelkastenunterbau aus Polymerbeton und ein Gußgestell miteinander verglichen. Als besonderer Vorteil des Polymerbetongestells zeigt sich, daß in den Hauptanregungsbereichen des Zerspanungsprozesses keine kritischen Resonanzstellen liegen [73].

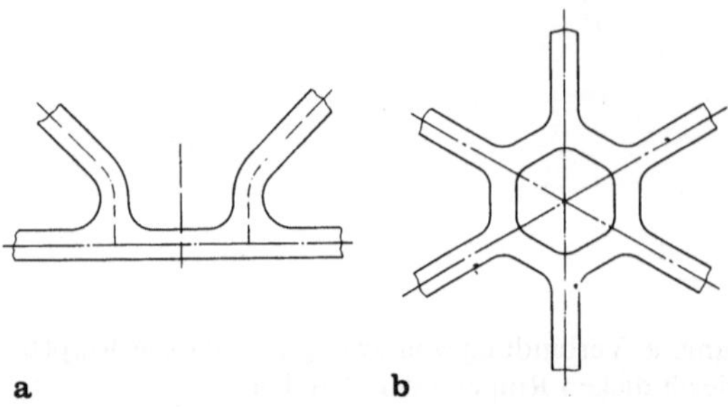

Bild 3.105 a, b. Verbindung mehrerer Rippen. **a** Verbindung von zwei Diagonalrippen mit einer durchgehenden Wand, **b** Verbindung mehrerer Rippen in einem Knotenpunkt

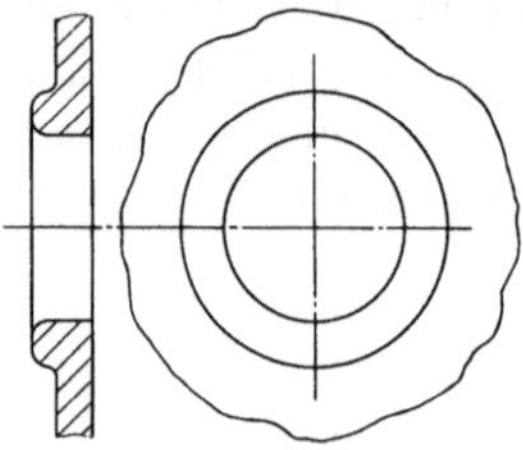

Bild 3.106. Ausbildung der Öffnungen

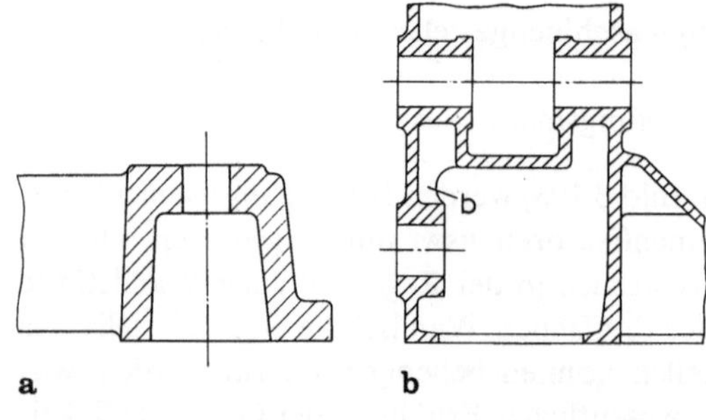

Bild 3.107 a, b. Gestelle mit und ohne Kern. **a** naturgeformtes Gestell (Kern unnötig), **b** Gestell mit Kern

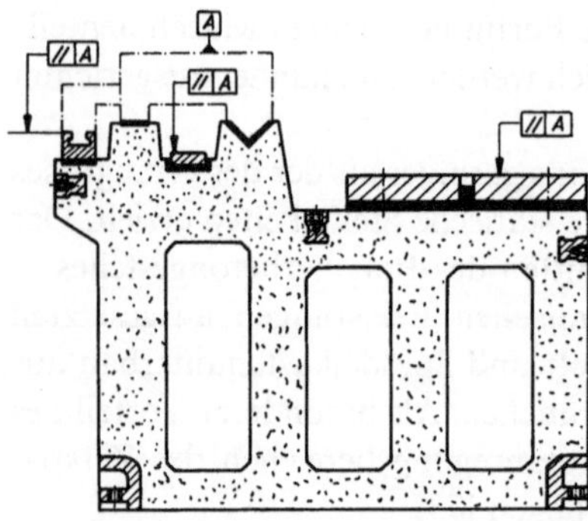

Bild 3.108. Gestell aus Polymerbeton [72]

3.6 Konstruktionsbeispiele

In diesem Abschnitt werden Konstruktionsbeispiele von mehreren schon behandelten Bauelementen der Maschine aufgeführt und die Funktion erläutert.

3.6.1 Kreuztisch für eine CNC-Bohrmaschine

In den Bildern 3.109 und 3.110 ist ein Kreuztisch für eine CNC-Bohrmaschine dargestellt. Der Tisch der x-Achse (untere Achse), Pos. 2, wird durch den Gleitstrom-Servomotor (Pos. 4) über die Metallbalgkupplung (Pos. 13), Kugelrollspindel (Pos. 8) und Kugelumlaufmutter (Pos. 9) angetrieben. Der Tisch der y-Achse (untere Achse), Pos. 3, wird durch den Gleichstrom-Servomotor (Pos. 5) über die Metallbalgkupplung (Pos. 12), Kugelrollspindel (Pos. 6) und Kugelumlaufmutter (Pos. 7) angetrieben. Für beide Achsen hat man harte Führungsschienen (Pos. 34 und 35) eingesetzt. Beide Führungen sind als rechtwinklige geschlossene prismatische Flachführungen mit exzentrischer Schmalführung ausgeführt. Für die x-Achse werden vier Rollenumlaufschuhe (Pos. 32) und eine Vorspannleiste (Pos. 36) eingesetzt. Der Tisch der y-Achse wird durch vier Rollenumlaufschuhe (Pos. 33) und eine Vorspannleiste (Pos. 37) in der $x-y$-Ebene geführt.

Die Führung der Tragbahn und des Untergriffs wurde durch Kunststoff-Gleitbahnbelag verwirklicht. Epoxidharz wird in die Gleitbahnen der Tische (Pos. 2 und 3) und der Umgriffsleisten (Pos. 46, 47, 48, 49) eingegossen.

Solche kombinierten wälzenden und gleitenden Führungen vereinigen die Eigenschaften beider Arten von Führungen. Durch die wälzenden Führungen wird der Reibwert herabgesetzt, durch die gleitenden Führungen die Schwingungsdämpfung erhöht.

Die Führungsbahnen und die Kugelrollspindeln werden durch Teleskopabdekkungen (Pos. 42, 43) abgedeckt.

Die Wegmessung für die x- und y-Achse übernehmen die an den Spindelenden eingebauten Drehgeber (Pos. 38, 39).

Für beide Achsen werden die Kugelrollspindeln direkt vom Servomotor angetrieben.

Berechnungen der y-Achse

Die höchste Drehzahl der Kugelrollspindel wird bei $v_{\text{EILG}} = 10$ m/min erreicht, bei einer Steigung $p = 10$ mm erhält man aus (3.10)

$$n_{s\,\text{max}} = \frac{v_{\text{EILG}}}{p} = \frac{10}{0{,}01} = 1\,000 \text{ min}^{-1}.$$

Als niedrigste Drehzahl der Kugelrollspindel erhält man bei $v_{\text{min}} = 1$ mm/min nach (3.11)

$$n_{s\,\text{min}} = \frac{v_{\text{min}}}{p} = \frac{0{,}001}{0{,}01} = 0{,}1 \text{ min}^{-1}.$$

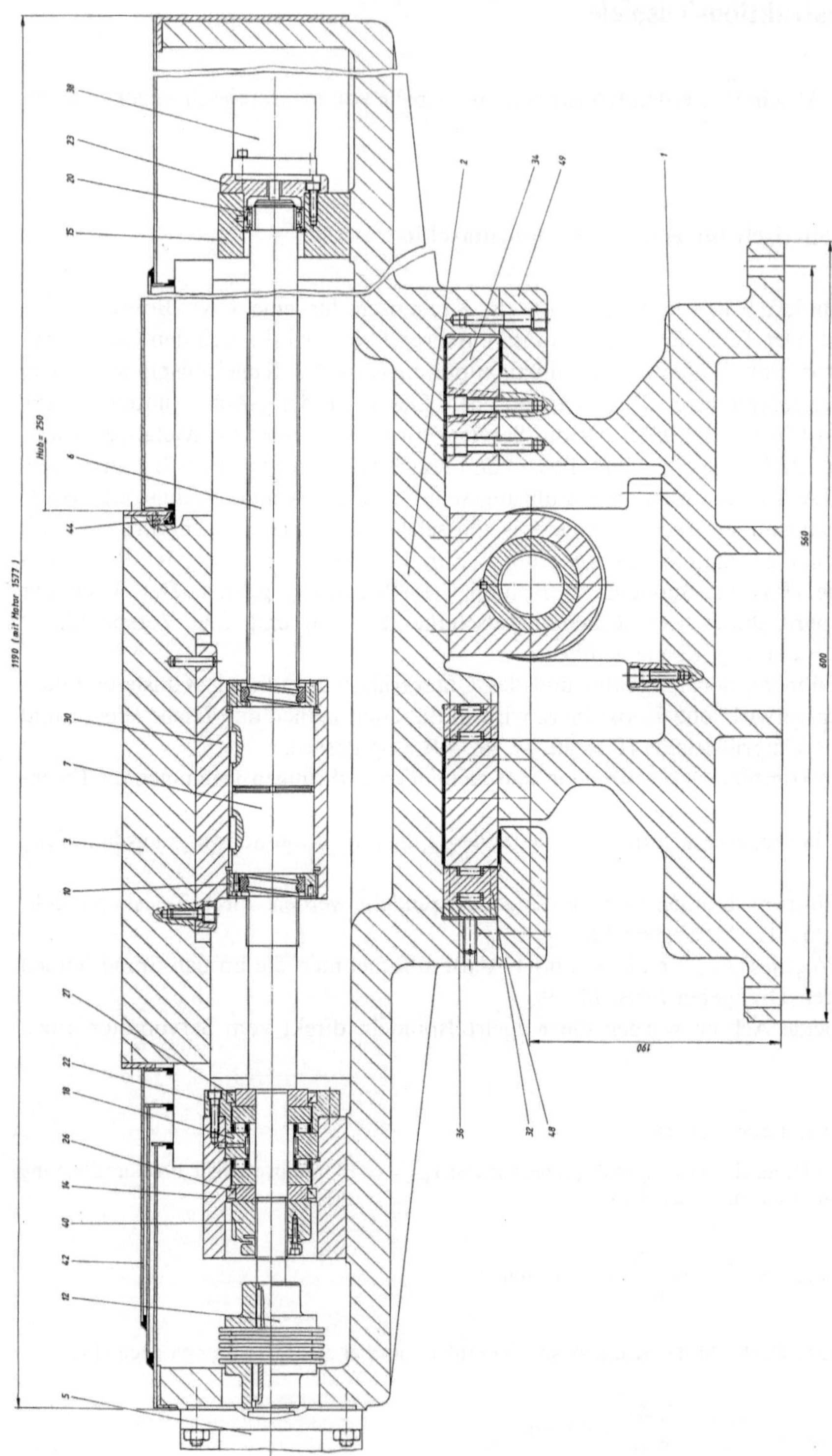

Bild 3.109. Kreuztisch für eine CNC-Bohrmaschine, Blatt I

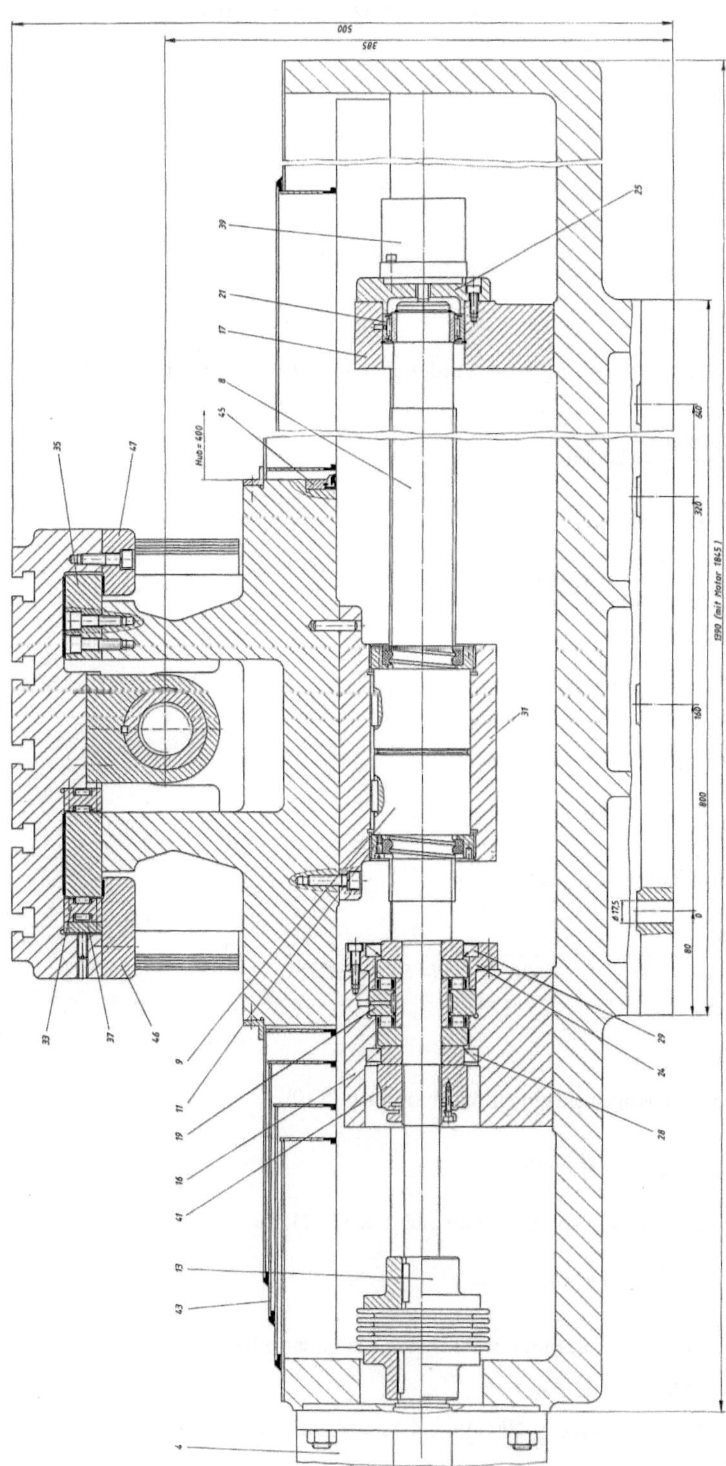

Bild 3.110. Kreuztisch für eine CNC-Bohrmaschine, Blatt II

Es wurde ein Gleichstrommotor mit folgenden technischen Daten eingesetzt:

$$M_M = 7\,\text{Nm},\ M_{M\max} = 28\,\text{Nm},$$
$$n_{M\max} = 2000\,\text{min}^{-1},\ n_{M\max D} = 1000\,\text{min}^{-1},$$
$$I_M = 0{,}0048\,\text{kg m}^2.$$

Nach (3.22) gilt

$$n_{s\max} = \frac{n_{M\max}}{ii_{el}},\ \text{also}$$

$$i_{el} = \frac{n_{M\max}}{in_{s\max}} = \frac{2000}{1 \cdot 1000} = 2$$

($i = 1$, da kein Untersetzungsgetriebe eingebaut wurde). Der Regelbereich errechnet sich nach (3.23) zu

$$i_R = \frac{n_{M\max}}{in_{s\min}} = \frac{2000}{1 \cdot 0{,}1} = 20000.$$

Der Steigungswinkel beträgt nach (3.7)

$$\tan \alpha = \frac{p}{\pi d_2} = \frac{0{,}010}{\pi \cdot 0{,}040} = 0{,}0796, \qquad \alpha = 4{,}55°.$$

Der Reibungswinkel wird

$$\varrho = \arctan \mu_s = \arctan 0{,}0048 = 0{,}275°.$$

Die Reibungskraft beträgt nach (3.12)

$$F_\mu = \mu m_1 g = 0{,}1 \cdot 74 \cdot 9{,}81 = 72{,}6\,\text{N}.$$

Für die Vorschubkraft gilt nach (3.14)

$$M \geqq (F_f + f_\mu)\frac{d_2}{2} \tan (\alpha + \varrho),\ \text{mithin}$$

$$F_f \leqq \frac{M}{d_2/2 \tan (\alpha + \varrho)} - F_\mu = \frac{7}{0{,}040/2 \tan (4{,}55° + 0{,}275°)} - 72{,}6$$

$$= 4073{,}74\,\text{N}.$$

Berechnungen der x-Achse

Für die höchste Drehzahl der Kugelrollspindel hat man nach (3.10)

$$n_{s\max} = \frac{v_{EILG}}{p} = \frac{10}{0{,}01} = 1000\,\text{min}^{-1}.$$

Die niedrigste Drehzahl der Kugelrollspindel ergibt sich nach (3.11) zu

$$n_{s\min} = \frac{v_{\min}}{p} = \frac{0{,}001}{0{,}01} = 0{,}1\,\text{min}^{-1}.$$

Es wurde ein Gleitstrommotor mit folgenden technischen Daten eingebaut:

$$M_M = 18\,\text{Nm},\ M_{M\max} = 72\,\text{Nm},$$
$$n_{M\max} = 1200\,\text{min}^{-1},\ n_{M\max D} = 500\,\text{min}^{-1},$$
$$I_M = 0{,}02\,\text{kg m}^2.$$

Nach (3.22) gilt

$$n_{s\,max} = \frac{n_{M\,max}}{ii_{el}}, \text{ also}$$

$$i_{el} = \frac{n_{M\,max}}{in_{s\,max}} = \frac{1200}{1 \cdot 1000} = 1,2.$$

Der Regelbereich beträgt nach (3.23)

$$i_R = \frac{n_{M\,max}}{in_{s\,min}} = \frac{1200}{1 \cdot 0,1} = 12000.$$

Als Steigungswinkel hat man nach (3.7)

$$\tan\alpha = \frac{p}{\pi \cdot d_2} = \frac{0,010}{\pi \cdot 0,050} = 0,0637, \quad \alpha = 3,64°.$$

Reibungswinkel: $\varrho = 0,275°$.
Die Reibungskraft beträgt nach (3.12)

$$F_\mu = \mu m_1 g = 0,1 \cdot 375 \cdot 9,81 = 368\,\text{N}.$$

Für die Vorschubkraft erhält man aus (3.14)

$$F_f = \frac{M}{d_2/2 \tan(\alpha + \varrho)} \quad F_\mu = \frac{18}{0,050/2 \tan(3,64° + 0,275°)} - 368$$

$$= 10152,75\,\text{N}.$$

3.6.2. Vorschubantrieb einer CNC-Schleifmaschine

Bei dem in Bild 3.111 dargestellten Vorschubantrieb wird nicht die Kugelrollspindel, sondern die Kugelumlaufmutter angetrieben.
Der Gleichstrom-Servomotor (Pos. 1) treibt über die Zahnriemenscheiben (Pos. 2 und 3) und Zahnriemen (Pos. 4) die Kugelumlaufmutter (Pos. 5) an. Die Kugelumlaufmutter ist mit der Lagerbuchse (Pos. 9) durch Schrauben verbunden. Das Lagergehäuse (Pos. 8), das mit dem Tisch (Pos. 40) durch Schrauben und Stifte verbunden ist, wird durch zwei Sätze mit je drei Hochgenauigkeitsschrägkugellagern auf der Lagerbuchse (Pos. 9) gelagert. Die Distanzplatte (Pos. 14) sorgt dafür, daß der Tisch zwangsfrei gelagert ist und gleichzeitig einwandfreie Berührung mit dem Maschinenbett auf der Gleitbahnfläche hat.

Die Abdeckung der Führungsbahnen und der Kugelrollspindel übernimmt der Faltenbalg (Pos. 16). Diese konstruktiven Lösungen mit angetriebener Kugelumlaufmutter werden bei langen Tischen und großen Tischhüben vorteilhaft angewandt. Da die Kugelrollspindel festehend ist, werden geringe Massenträgheitsmomente und somit kurze Beschleunigungszeiten erreicht. Um hohe mechanische Resonanzfrequenzen des Vorschubantriebes zu erreichen, wurden Sätze mit drei starkvorgespannten Hochgenauigkeitsschrägkugellagern vorgesehen. Um die Federkonstante der Kugelrollspindel zu erhöhen, wurde die Spindel durch Druckhülsen, Fabrikat Spieth, (s. Bild 3.112, Pos. 52) axial verspannt. Damit die Durchbiegung der langen

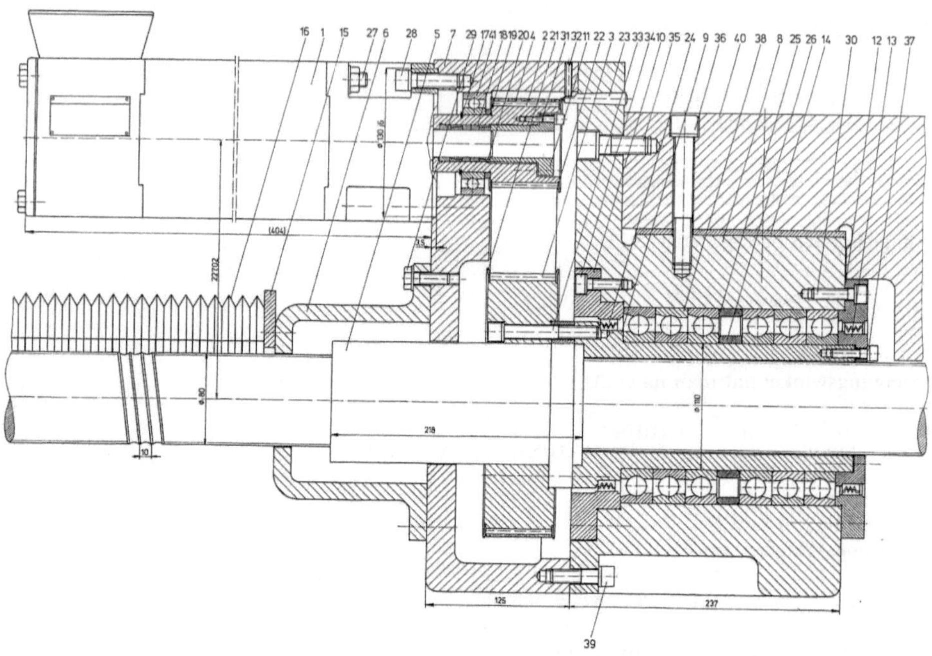

Bild 3.111. Vorschubantrieb einer CNC-Schleifmaschine

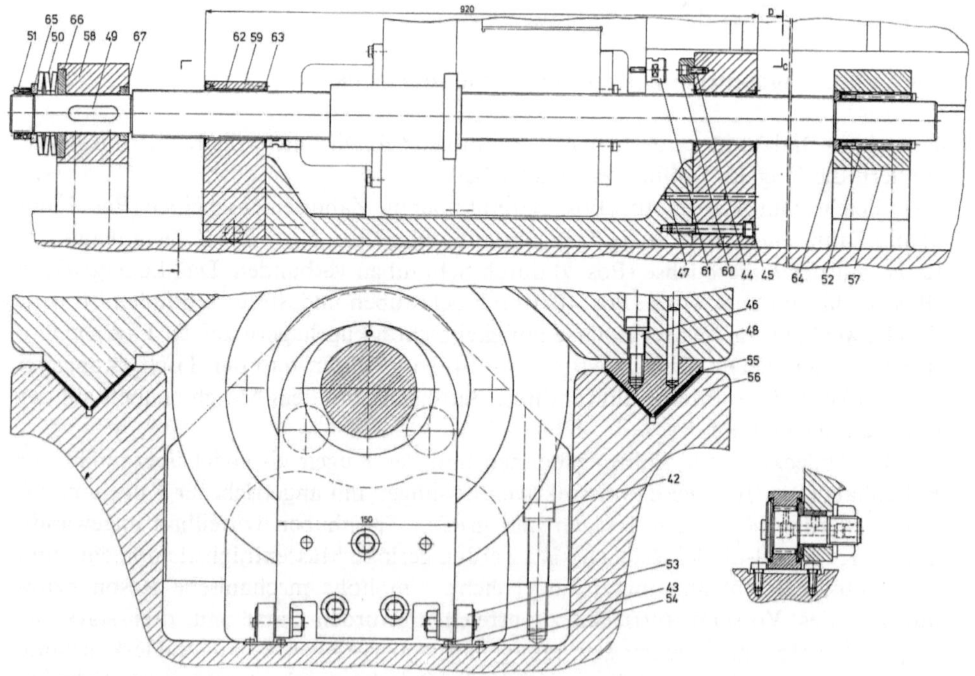

Bild 3.112. Axiale Verspannung und Abstützung der Kugelrollspindel

Kugelrollspindel nicht zu groß wird, hat man die Kugelrollspindel durch einen Stützwagen (Pos. 59) abgestützt. Die Gewichtskräfte der Spindel werden durch zwei Glycodurbuchsen (Pos. 62) über das Stützwagengehäuse auf vier Kurvenrollen (Pos. 53) und weiter auf zwei gehärtete Rollbahnen (Pos. 54), die auf dem Maschinenbett befestigt sind, übertragen. Der Stützwagen wird vom Tisch mit dem mitfahrenden Vorschubantrieb bei den Bewegungen in beiden Richtungen durch die Auflagebolzen (Pos. 61), die gegen die Gummipuffer (Pos. 60) anschlagen, geschoben.

Die Führung des Tisches übernehmen schiefwinklige offene prismatische V-Führungen der Materialpaarung Grauguß gegen PTFE (Teflon).

Berechnungen

Die höchste Drehzahl der Kugelumlaufmutter wird bei $v_{\text{EILG}} = 10$ m/min erreicht, bei einer Steigung $p = 10$ mm erhält man aus (3.10)

$$n_{s\,\text{max}} = \frac{v_{\text{EILG}}}{p} = \frac{10}{0,01} = 1\,000 \text{ min}^{-1}\,.$$

Die niedrigste Drehzahl der Kugelumlaufmutter beträgt bei $v_{\text{min}} = 1$ mm/min nach (3.11)

$$n_{s\,\text{min}} = \frac{v_{\text{min}}}{p} = \frac{0,001}{0,01} = 0,1 \text{ min}^{-1}\,.$$

Für den Vorschubantrieb wurde ein Gleichstrom-Servormotor mit folgenden technischen Daten eingebaut:

$$M_M = 10 \text{ Nm}\,, \quad M_{M\,\text{max}} = 40 \text{ Nm}\,, \quad n_{M\,\text{max}} = 3000 \text{ min}^{-1}\,,$$

$$n_{M\,\text{max}\,D} = 1500 \text{ min}^{-1}\,, \quad I_M = 0,0065 \text{ kg m}^2\,.$$

Durch die Zahnriemen wurde ein Untersetzungsverhältnis des Getriebes zwischen Motor und Kugelumlaufmutter von

$$i = 3$$

erreicht.

Die elektrische Untersetzung, die zum Erreichen von $n_{s\,\text{max}}$ erforderlich ist, wird nach (3.22)

$$i_{\text{el}} = \frac{n_{M\,\text{max}}}{i n_{s\,\text{max}}} = \frac{3000}{3 \cdot 1000} = 1\,.$$

Der maximale Regelbereich des Servoantriebes errechnet sich nach (3.23) zu

$$i_R = \frac{n_{M\,\text{max}}}{i n_{s\,\text{min}}} = \frac{3000}{3 \cdot 0,1} = 10000\,.$$

Für den Steigungswinkel der Kugelrollspindel erhält man aus (3.7)

$$\tan \alpha = \frac{p}{\pi d_2} = \frac{0,010}{\pi \cdot 0,080} = 0,03979\,, \quad \alpha = 2,2785°\,.$$

Bei einem angenommenen Reibungskoeffizient zwischen Kugelrollspindel und Kugelumlaufmutter von

$$\mu_s = 0{,}005$$

wird der Reibungswinkel

$$\varrho = \arctan \mu_s = \arctan 0{,}005 = 0{,}2865°\,.$$

Für die Reibungskraft zwischen Schlitten und Bett gilt nach (3.12)

$$F_\mu = \mu m_1 g\,.$$

Für Teflon wird bei Gleitgeschwindigkeiten bis $v = 1000$ mm/min

mit

$$\mu = 0{,}02\,,$$

im Bereich von $v = 1000$ bis 4000 mm/min mit $\mu = 0{,}05$ gerechnet [45].

Da die größten Vorschubkräfte bei v bis 1000 mm/min ereicht werden, und als linearbewegte Masse $m_1 = 3000$ kg angenommen wurde, ergibt sich

$$F_\mu = \mu m_1 g = 0{,}02 \cdot 3000 \cdot 9{,}81 = 588{,}6\ \text{N}\,.$$

Das Drehmoment an der Gewindespindel beträgt nach (3,16)

$$M = M_M i = 10 \cdot 3 = 30\ \text{Nm}\,.$$

Für die Vorschubkraft erhält man aus (3.14)

$$F_f = \frac{M}{d_2/2 \tan(\alpha + \varrho)} - F_\mu = \frac{30}{0{,}080/2 \tan(2{,}2785° + 0{,}2865°)} - 588{,}6$$
$$= 16153{,}35\ \text{N}\,.$$

Die axiale Federkonstante der Gewindespindel erhält man aus (3.40) zu

$$K_s = \frac{d_s^2 \pi E}{4 l_s} = \frac{0{,}080^2 \pi \cdot 2{,}1 \cdot 10^{11}}{4 \cdot 1{,}6} = 6{,}5973 \cdot 10^8\ \text{N/m}\,.$$

Die axiale Federkonstante der Lager bei starker Vorspannung beträgt 550 N/μm und bei einem Satz mit drei Lagern (Katalog SNFA)

$$K_L = 2{,}5 \cdot 550 = 1375\ \text{N/μm} = 13{,}75 \cdot 10^8\ \text{N/m}\,.$$

Die axiale Federkonstante der Kugelumlaufmutter (Katalog von Warner Electric) beträgt

$$K_M = 0{,}8 \cdot 5100 = 4080\ \text{N/μm} = 40{,}80 \cdot 10^8\ \text{N/m}\,.$$

Die resultierende Federkonstante bei axial eingespannter Kugelrollspindel wird nach (3.39)

$$\frac{1}{K} = \frac{1}{4K_s} + \frac{1}{2K_L} + \frac{1}{K_M}$$
$$= \frac{1}{4 \cdot 6{,}5973 \cdot 10^8} + \frac{1}{2 \cdot 13{,}75 \cdot 10^8} + \frac{1}{40{,}8 \cdot 10^8}$$
$$= 0{,}0988 \cdot 10^{-8}\,, \text{d. h.}$$

$$K = 10{,}1248 \cdot 10^8\ \text{N/m}\,.$$

Die mechanische Resonanzfrequenz beträgt nach (3.37)

$$f = \frac{1}{2\pi}\sqrt{\frac{K}{m_1}} = \frac{1}{2\pi}\sqrt{\frac{10{,}1248 \cdot 10^8}{3000}} = 92{,}45 \, \text{s}^{-1} \, .$$

Mit diesem System wurden sehr hohe Resonanzfrequenzen erreicht. Es wurde direkte Wegmessung zwischen Tisch und Bett vorgesehen, die Kugelrollspindel muß keine hohen Steigungsgenauigkeiten aufweisen.

Da die Kugelrollspindel feststehend ist, wurden nur die drehenden Massen der Lagerbuchse, der Kugelumlaufmutter und der Zahnriemenscheiben berücksichtigt, nach (3.17) ist dann

$$I_D = 0{,}1862 \, \text{kg m}^2 \, .$$

Das auf die Motorwelle reduzierte Massenträgheitsmoment von allen drehenden Massen beträgt nach (3,21)

$$I_{RD} = I_D \frac{1}{i^2} = 0{,}1862 \frac{1}{3^2} = 0{,}0207 \, \text{kg m}^2 \, .$$

Für die maximale Geschwindigkeit des Tisches im dynamischen Bereich erhält man aus (3.24)

$$v_{max} = \frac{n_{M\,max\,D}}{i} \, p = \frac{1\,500}{3} \, 0{,}010 = 5 \, \text{m/min} \, .$$

Die maximale Spindeldrehzahl im dynamischen Bereich beträgt nach (3.25)

$$n_{s\,max\,D} = \frac{n_{M\,max\,D}}{i} = \frac{1\,500}{3} = 500 \, \text{min}^{-1} \, .$$

Das Massenträgheitsmoment der linearbewegten Massen, bezogen auf die Gewindespindel, wird nach (3.26)

$$I_L = 91 m_1 \frac{(v_{max}/60)^2}{n_{s\,max\,D}^2} = 91 \cdot 3000 \frac{(5/60)^2}{500^2} = 0{,}0076 \, \text{kg m}^2 \, .$$

Das Massenträgheitsmoment der linearbewegten Massen des Tisches, reduziert auf die Motorwelle, wird nach (3.28)

$$I_{RL} = I_L \frac{L}{i^2} = 0{,}0076 \frac{1}{3^2} = 0{,}0008 \, \text{kg m}^2 \, .$$

Die Summe aller auf die Motorwelle reduzierten Massenträgheitsmomente beträgt nach (3.29) daher

$$I_R = I_{RD} + I_{RL} = 0{,}0207 + 0{,}0008 = 0{,}0215 \, \text{kg m}^2 \, .$$

Die Beschleunigungszeit errechnet sich nach (3.35) zu

$$t_B = \frac{\pi n_{M\,max\,D}(I_R + I_M)}{30 M_{M\,max}} = \frac{\pi \cdot 1\,500(0{,}0215 + 0{,}0065)}{30 \cdot 40}$$

$$= 0{,}110 \, \text{s} \, .$$

Da in 110 ms beschleunigt wird und nach der Motorkennlinie [46] noch 200 ms zulässig ist, hat man diesen Antrieb dynamisch sehr gut ausgelegt.

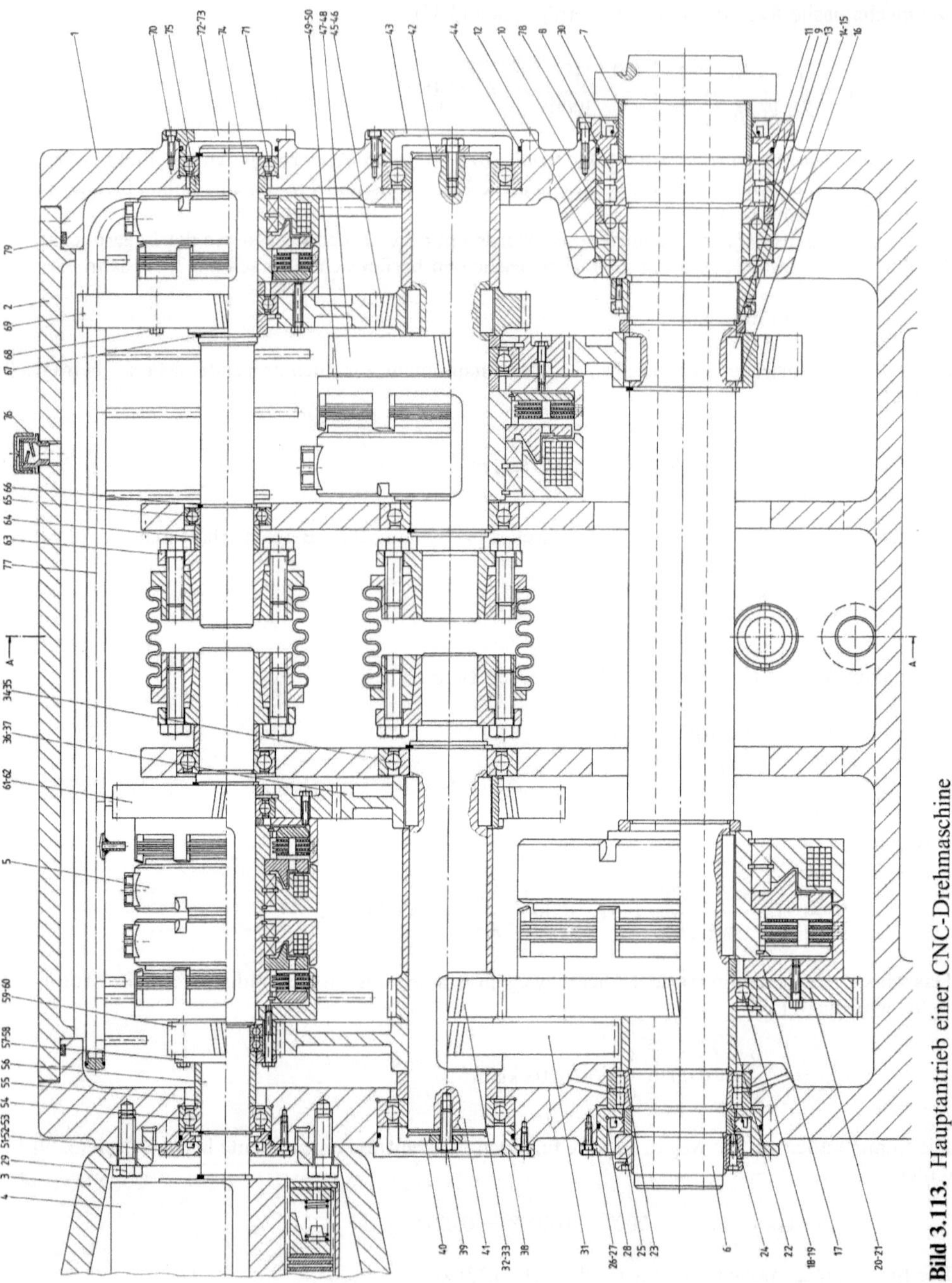

Bild 3.113. Hauptantrieb einer CNC-Drehmaschine

3.6.3 Hauptantrieb einer CNC-Drehmaschine

In Bild 3.113 ist der Hauptantrieb einer CNC-Drehmaschine dargestellt. Der Hauptspindel-Gleichstrommotor treibt über eine Sicherheitskupplung (Pos. 4) die Antriebswelle (Pos. 56) an. Die elektromagnetische Lamellendoppelkupplung (Pos. 5), die mit der Antriebswelle (Pos. 56) formschlüssig verbunden ist, überträgt das Antriebsdrehmoment entweder auf das Zahnrad (Pos. 59) oder auf das Zahnrad (Pos. 61). Die Antriebswelle (Pos. 56) ist durch die Metallbalgkupplung (Pos. 63) mit der Welle (Pos. 74) verbunden. Auf der Welle (Pos. 74) befindet sich eine elektromagnetische Lamellenkupplung, die das Zahnrad (Pos. 69) entweder einschaltet oder abschaltet. Die durch eine Metallbalgkupplung verbundenen Wellen (Pos. 56 und Pos. 74) werden im Getriebeplan (Bild 3.114) als Antriebswelle I bezeichnet.

Die Getriebewelle II besteht aus den Wellen (Pos. 41) und (Pos. 42), die auch durch eine Metallbalgkupplung verbunden sind. Durch das Schalten der Doppelkupplung (Pos. 5) können auf der Welle (Pos. 41) die Zahnräder (Pos. 31) oder (Pos. 36) angetrieben werden. Durch das Schalten der Einfachkupplung auf der Welle (Pos. 74) kann auf der Welle (Pos. 42) das Zahnrad (Pos. 45) angetrieben werden.

Die Getriebewelle II hat demnach folgende Drehzahlen

$$n_M \frac{z_1}{z_2},$$

$$n_M \frac{z_3}{z_4},$$

$$n_M \frac{z_5}{z_6}.$$

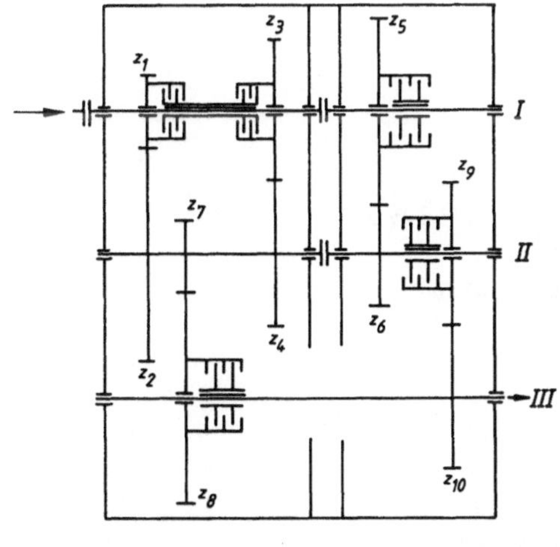

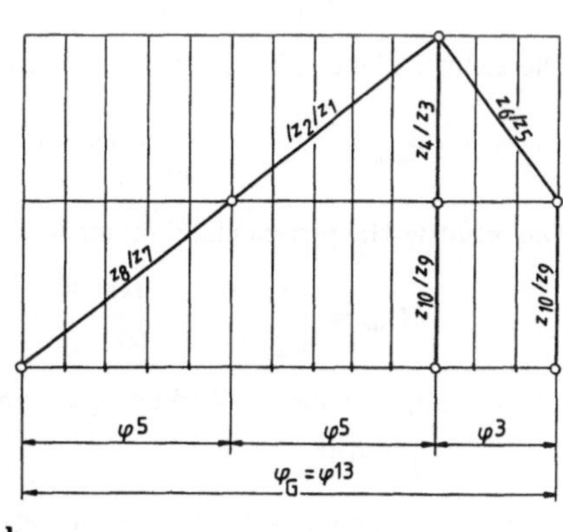

a   b

Bild 3.114 a, b. Getriebeplan und Aufbaunetz für den Hauptantrieb von Bild 3.113. **a** Getriebeplan, **b** Aufbaunetz

Von der Getriebewelle II werden Drehmomente entweder über die Zahnräder (Pos. 32) und (Pos. 20) oder über die Zahnräder (Pos. 48) und (Pos. 15) auf die Hauptspindel (Pos. 6) übertragen. Zu diesem Zwecke wurden noch zwei Kupplungen vorgesehen, auf der Getriebewelle (Pos. 42) die Kupplung (Pos. 49) und auf der Hauptspindel die Kupplung (Pos. 17).

Das Getriebe ist dreistufig mit folgenden Untersetzungs- und Übersetzungsverhältnissen:

$$i_1 = \frac{z_2\,z_8}{z_1\,z_7} = 3{,}17 \cdot 3{,}17 = 10\,,$$

$$i_2 = \frac{z_4\,z_{10}}{z_3\,z_9} = 1 \cdot 1 = 1\,,$$

$$i_3 = \frac{z_6\,z_{10}}{z_5\,z_9} = 0{,}5 \cdot 1 = 0{,}5\,.$$

Bei diesem Hauptantrieb wird von folgenden Vorgabedaten ausgegangen:
Höchste Hauptspindeldrehzahl $n_{\text{max}} = n_z = 5600\ \text{min}^{-1}$,
niedrigste Hauptspindeldrehzahl $n_{\text{min}} = n_1 = 35{,}5\ \text{min}^{-1}$,
Stufensprung $\varphi = 1{,}25$ (Drehzahlreihe R 20/2 nach Tabelle 1.13),
Hauptspindelleistung $P = 22\ \text{kW}$,
größtes Hauptspindeldrehmoment $M_{\text{max}} = 1875{,}8\ \text{Nm}$.
Die Stufenzahl beträgt nach (3.3)

$$z = \frac{\log\,(n_z/n_1)}{\log \varphi} + 1 = \frac{\log\,(5600/35{,}5)}{\log 1{,}25} + 1 = 23{,}68\,.$$

Somit wird $z = 23$ (Kontrolle nach Tabelle 1.13).
Das Drehzahlverhältnis beträgt nach (3.2)

$$\frac{n_z}{n_1} = \varphi^{z-1} = \varphi^{22} = \varphi_{\text{sp}}\,.$$

Die Nenndrehzahl der Hauptspindel ergibt sich aus (3.5) zu

$$n_{\text{N}} = \frac{P}{M_{\text{max}}}\,\frac{30}{\pi} = \frac{22000}{1875{,}8}\,\frac{30}{\pi} = 112\ \text{min}^{-1}\,.$$

Die kleinste Hauptspindelleistung ist nach (3.4)

$$P_{\text{min}} = M_{\text{max}} n_{\text{min}}\,\frac{\pi}{30} = 1875{,}8 \cdot 35{,}5\,\frac{\pi}{30} = 6973{,}3\ \text{W}\,.$$

Das kleinste Hauptspindeldrehmoment wird nach (3.4) zu

$$M_{\text{min}} = \frac{P}{n_{\text{max}}}\,\frac{30}{\pi} = \frac{22000}{5600}\,\frac{30}{\pi} = 37{,}5\ \text{Nm}\,.$$

Bei dem angenommenen Wirkungsgrad von

$$\eta = 0{,}91$$

kann die Leistung des Antriebsmotors bestimmt werden zu

$$P_{\text{M}} = \frac{P}{\eta} = \frac{22000}{0{,}91} = 24000\ \text{W}\,.$$

Der gewählte Hauptspindel-Gleichstrommotor wird bei konstanter Leistung von

$$n_{\mathrm{M}} = 2800\,\mathrm{min}^{-1} \quad \mathrm{bis} \quad n_{\mathrm{MN}} = 1.120\,\mathrm{min}^{-1}$$

gesteuert. Das größte Motormoment ist damit

$$M_{\mathrm{M\,max}} = \frac{P_{\mathrm{M}}}{n_{\mathrm{MN}}}\frac{30}{\pi} = \frac{24000}{1120}\frac{30}{\pi} = 204{,}6\,\mathrm{Nm}\,.$$

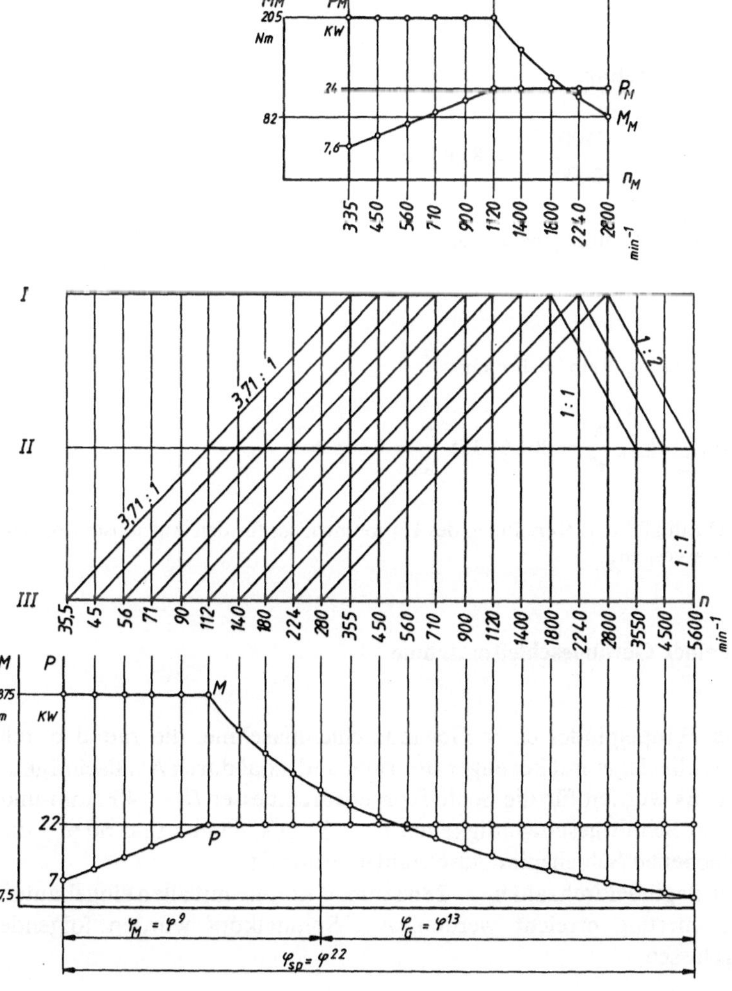

Bild 3.115. Drehzahlbild und Kennlinien des Hauptantriebes aus Bild 3.113 für den Antriebsmotor und für die Hauptspindel

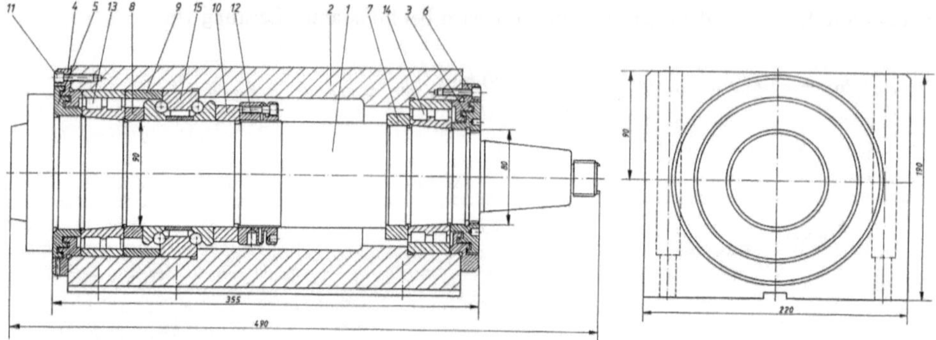

Bild 3.116. Hauptspindel einer Gewindeschleifmaschine mit zweireihigen Zylinderrollenlagern und Axialschrägkugellager

Das kleinste Motormoment beträgt

$$M_{M\,min} = \frac{P_M}{n_{M\,max}}\frac{30}{\pi} = \frac{24\,000}{2800}\frac{30}{\pi} = 81,85\ \text{Nm}\,.$$

Die niedrigste Motordrehzahl wurde gewählt zu

$$n_{N\,min} = 355\ \text{min}^{-1}\,.$$

Für die kleinste Motorleistung ergibt sich damit

$$P_{M\,min} = M_{M\,max}n_{M\,min}\frac{\pi}{30} = 204,6 \cdot 355\,\frac{\pi}{30} = 7606\ \text{W}\,.$$

In Bild 3.115 sind Drehzahlbild und Kennlinien des Hauptantriebes für den Antriebsmotor und für die Hauptspindel dargestellt.

3.6.4 Hauptspindel einer Gewindeschleifmaschine

Bild 3.116 zeigt die Hauptspindel einer Gewindeschleifmaschine, die radial durch zweireihige Zylinderrollenlager mit kegeliger Bohrung und axial durch Axialschrägkugellager gelagert ist. Es wurden für die Schleifkörperdurchmesser $D_s = 400$ mm und $D_s = 500$ mm bei den Schnittgeschwindigkeiten $v_c = 35$ m/s, 45 m/s und 60 m/s die in Tabelle 3.6 angegebenen Schleifspindeldrehzahlen ermittelt.

Die höchste Schleifspindeldrehzahl $n_s = 2865$ min^{-1} konnte mit allen eingebauten Lagern bei Fettschmierung erreicht werden. Am Spindelkopf wurden folgende Abweichungen zugelassen:

— Planlaufabweichungen bis 0,002 mm,
— Rundlaufabweichungen bis 0,003 mm.

Tabelle 3.6. Schleifspindeldrehzahlen in Abhängigkeit von der Schnittgeschwindigkeit für verschiedene Schleifkörperdurchmesser

Schleifspindeldrehzahl n_s in min^{-1}	Verfahren	Schleifkörperdurchmesser D_s in mm	Schnittgeschwindigkeit v_c in m/s
1337	Schleifen	500	35
1718		500	45
2292		500	60
1671		400	35
2148		400	45
2865		400	60
38	Abrichten	500	1
48		400	1

3.6.5 Hauptspindel einer Genauigkeits-Gewindeschleifmaschine mit Hochgenauigkeits-Schrägkugellagern

In dem Spindelgehäuse aus Bild 3.116 wurde die Hauptspindel für Genauigkeits-Gewindeschleifmaschinen durch Hochgenauigkeitsschrägkugellager gelagert (Bild 3.117).

An der Abtriebsseite wurden zwei Sätze der „Tandem"-Anordnung, an der Antriebsseite ein Satz der „0"-Anordnung eingebaut.

Da auch für diese Gewindeschleifmaschine mit den gleichen Schleifkörpern bei den gleichen Schnittgeschwindigkeiten geschliffen wurde, ergab sich auch hier die höchste Schleifspindeldrehzahl von $n_s = 2865$ min^{-1} (s. Tabelle 3.6).

Da diese Maschine für höchste Genauigkeitsansprüche konzipiert wurde, sind am Spindelkopf folgende Abweichungen zugelassen:

— Planlaufabweichungen bis 0,001 mm,
— Rundlaufabweichungen bis 0,002 mm.

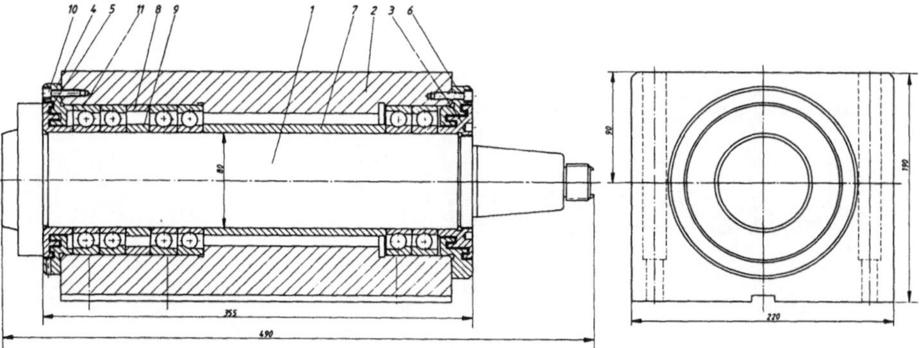

Bild 3.117. Hauptspindel einer Genauigkeits-Gewindeschleifmaschine mit Hochgenauigkeitsschrägkugellagern

Bei diesem Spindelkasten wurde auch Fettschmierung vorgesehen, die Abdichtung übernahmen Labyrinthdichtringe (Pos. 3, 4, 5, 6). Der Spindelkopf wurde nach DIN 55026 ausgeführt.

3.6.6 Hauptspindel einer Genauigkeits-Gewindeschleifmaschine mit hydrodynamischer Lagerung

Für die Genauigkeits-Gewindeschleifmaschine aus Bild 3.117 wurde für das gleiche Spindelgehäuse (die gleichen Außenmaße) als Alternativlösung eine hydrodynamische Lagerung [62] konzipiert (Bild 3.118).

Es wurden ein Radiallager (Pos. 24), ein Radiallager mit einseitigem Axiallager (Pos. 22) und ein Axiallager (Pos. 23) eingebaut. Die Durchmesser $\varnothing$ 80 und $\varnothing$ 60 werden an der Spindel nach den Istmaßen der gelieferten Lager geschliffen, bis die gewünschten radialen Schmierspalthöhen erreicht werden.

Auch für diesen Spindelkasten gelten die Werte aus Tabelle 3.6. Bei den höchsten Gleitgeschwindigkeiten (n_{max} = 2865 min^{-1}) werden für das größere Lager ($\varnothing$ 80) radiale Schmierspalthöhen h = 0,0123 bis 0,0154 mm, bei den niedrigsten Gleitgeschwindigkeiten (n_{min} = 1337 min^{-1}) wird h = 0,005 bis 0,009 mm empfohlen [45, 62]. Es wurden die Mittelwerte h = 0,009 bis 0,012 mm gewählt (s. Tabelle 3.7)

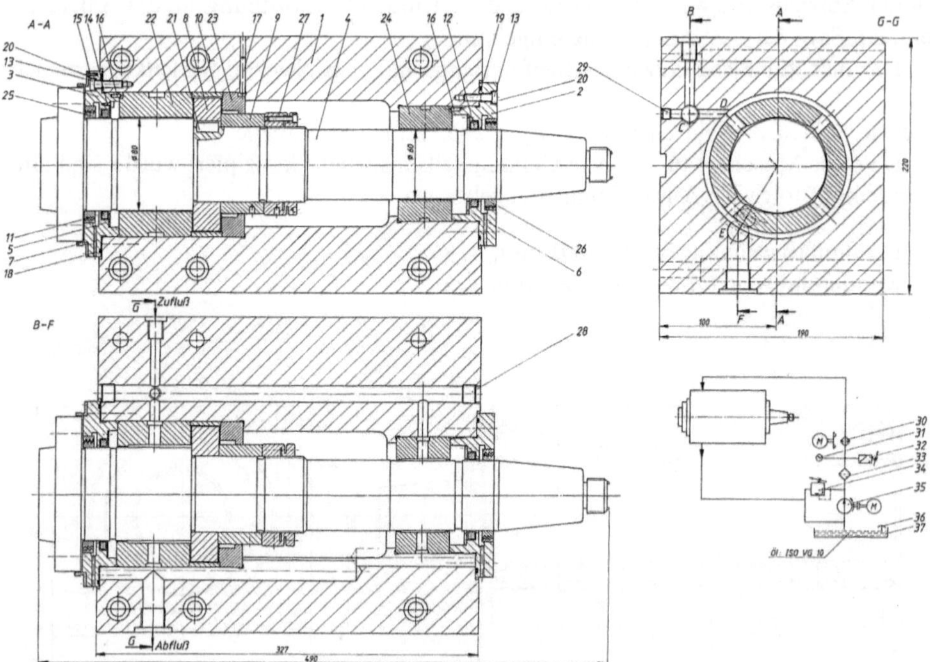

Bild 3.118. Hauptspindel einer Genauigkeits-Gewindeschleifmaschine mit hydrodynamischer Lagerung

Tabelle 3.7. Schmierspalthöhen für Lager $\varnothing\,80$ und $\varnothing\,60$

D in mm	80	60
h_{min} in mm bei $n_{max} = 2865\ \text{min}^{-1}$	0,0123	0,009
h_{max} in mm bei $n_{max} = 2865\ \text{min}^{-1}$	0,0154	0,011
h_{min} in mm bei $n_{min} = 1337\ \text{min}^{-1}$	0,005	0,004
h_{max} in mm bei $n_{min} = 1337\ \text{min}^{-1}$	0,009	0,006
angenommen	0,009 bis 0,012 mm	0,006 bis 0,008 mm

Auf die gleiche Art wurden die axialen Schmierspalthöhen bestimmt. Sie wurden gewählt zu $h = 0,006$ bis $0,007$ mm.

Die Distanzbuchse (Pos. 10) wurde bis zum Erreichen der gewünschten axialen Schmierspalthöhen geschliffen.

Die Lagerstellen der Spindel an den Durchmessern $\varnothing\,80$ und $\varnothing\,60$ und die Lagerstellen der Scheibe (Pos. 8), welche die axiale Lagerung übernimmt, wurden auf 60 HRC gehärtet und anschließend geschliffen und geläppt. Die vorgeschriebene Rauhtiefe betrug $R_z = 0,4$ bis $2,5\ \mu\text{m}$.

Für die Schmierung wurde Öl ISO VG 10 vorgesehen. Das Ölversorgungsaggregat besteht aus Motor-Pumpenaggregat 5 dm³/min (Pos. 35), Ölbehälter 40 dm³ (Pos. 37), Druckbegrenzungsventil (Pos. 34), Manometer (Pos. 31), Druckschalter (Pos. 32), Ölfilter der Feinheit 5 µm (Pos. 33) und Öl-/Luftkühlaggregat 2,8 bis 3,9 kW (Pos. 30).

Die Abdichtung übernehmen Schwimmringe aus Bronze SL 1 (Pos. 11, 12), die so bearbeitet werden, daß zwischen Schwimmring und Spindel und zwischen Schwimmring und Deckel (Pos. 2, 3) radiale und axiale Spiele von 0,02 mm entstehen. An den Spindelenden werden Labyrinthringe (Pos. 25, 26) eingebaut.

Berechnung

1. Gleitgeschwindigkeit bei $\varnothing\,80$ und $n_s = 2865\ \text{min}^{-1}$ wird

$$u = \frac{\pi d n_s}{60 \cdot 1000} = \frac{\pi \cdot 80 \cdot 2865}{60 \cdot 1000} = 12\ \text{m/s}\,,$$

Nach Tabelle 3.2 und nach Bild 3.79 wird für den Schmierstoff ISO VG 10 die kinematische Viskosität bei der Öltemperatur $\vartheta_{öl} = 25\ °\text{C}$ ermittelt,

$$v = 18\ \text{mm}^2/\text{s}\,.$$

Aus Tabelle 3.3 entnimmt man für ISO VG 10 die Dichte bei der Öltemperatur $\vartheta_{öl} = 15\ °\text{C}$ zu

$$\gamma = 0,873\ \text{g/cm}^3 = 0,873 \cdot 10^{-3}\ \text{kg/cm}^3\,.$$

Unter der Annahme, daß sich die Dichte im Bereich von 15 °C bis 25 °C unwesentlich verändert, ergibt sich für die dynamische Viskosität nach (3.69)

$$\eta = v\gamma = 18 \cdot 0,873 \cdot 10^{-3} = 0,0157\ \text{Ns/m}^2\,.$$

Für das gewählte Lager $d/D/B = 80/125/60$ wurden die Gleitgeschwindigkeit $u = 12$ m/s, die Tragfähigkeitszahl $P/(\eta u) = 77\,800$ und die Reibungszahl $T/(\eta u) = 234$ ermittelt [62, 63].
Die maximale Tragkraft beträgt dann

$$F_{\max} = \left(\frac{P}{\eta u}\right)\eta u = 77\,800 \cdot 0{,}0157 \cdot 12 = 14657{,}52 \text{ N} .$$

Die zu $F_{\max}$ gehörende Reibungskraft errechnet sich zu

$$F_{\mu\max} = \left(\frac{T}{\eta u}\right)\eta u = 234 \cdot 0{,}0157 \cdot 12 = 44{,}08 \text{ N} .$$

Für die Reibleistung gilt

$$P_\mu = F_\mu u = 44{,}08 \cdot 12 = 528{,}96 \text{ W} = 0{,}528 \text{ kW} ,$$

wenn die tatsächliche Belastung F_R mit $F_{\max}$ übereinstimmt. Aus dem Gleitlagerkatalog [63] wird für $u = 12$ m/s der Faktor bestimmt,

$$\text{Faktor} = 3 ,$$

mit dem der Pumpenvolumenstrom errechnet wird:

$$\dot{V}_p = P_\mu \cdot \text{Faktor} = 0{,}528 \cdot 3 = 1{,}58 \text{ dm}^3/\text{min} .$$

2. Die Gleitgeschwindigkeit bei $\varnothing\,60$ und $n_s = 2865 \text{ min}^{-1}$ wird

$$u = \frac{\pi d n_s}{60 \cdot 1000} = \frac{\pi \cdot 60 \cdot 2865}{60 \cdot 1000} = 9 \text{ m/s} .$$

Für das gewählte Lager $d/D/B = 60/100/45$ wurden die Gleitgeschwindigkeit $u = 9$ m/s, die Tragfähigkeitszahl $P/(\eta u) = 58\,000$ und die Reibungszahl $T/(\eta u) = 179$ ermittelt [62, 63].
Die maximale Tragkraft ergibt sich zu

$$F_{\max} = \left(\frac{P}{\eta u}\right)\eta u = 58\,000 \cdot 0{,}0157 \cdot 9 = 8195{,}4 \text{ N} .$$

Die zu $F_{\max}$ gehörende Reibungskraft wird

$$F_{\mu\max} = \left(\frac{T}{\eta u}\right)\eta u = 179 \cdot 0{,}0157 \cdot 9 = 25{,}29 \text{ N} .$$

Wenn sich die wirkliche Belastung F_R mit $F_{\max}$ überdeckt, gilt für die Reibleistung

$$P_\mu = P_\mu u = 25{,}29 \cdot 9 = 227{,}63 \text{ W} = 0{,}227 \text{ kW} .$$

Für den Pumpenvolumenstrom erhält man

$$\dot{V}_P = P_\mu \cdot \text{Faktor} = 0{,}227 \cdot 3 = 0{,}68 \text{ dm}^3/\text{min} .$$

3. Die Gleitgeschwindigkeit beim Axiallager beträgt

$$u = \frac{\pi d n_s}{60 \cdot 1000} = \frac{\pi \cdot 100 \cdot 2865}{60 \cdot 1000} = 15 \text{ m/s} .$$

Für das gewählte Lager $d/D = 86/115$ wurden die Gleitgeschwindigkeit $u = 15$ m/s, die Tragfähigkeitszahl $P/(\eta u) = 24600$ und die Reibungszahl $T/(\eta u) = 194$ ermittelt [62, 63]. Die maximale Tragkraft beträgt damit

$$F_{\max} = \left(\frac{P}{\eta u}\right)\eta u = 24600 \cdot 0,0157 \cdot 15 = 5793,3 \text{ N} .$$

Die zu $F_{\max}$ gehörende Reibungskraft wird

$$F_{\mu\max} = \left(\frac{T}{\eta u}\right)\eta u = 194 \cdot 0,0157 \cdot 15 = 45,68 \text{ N} .$$

Wenn sich die wirkliche Belastung F_a it $F_{\max}$ überdeckt, gilt für die Reibleistung

$$P_\mu = F_\mu u = 45,68 \cdot 15 = 685,2 \text{ W} = 0,685 \text{ kW} .$$

Für den Pumpenvolumenstrom hat man

$$\dot{V}_P = P_\mu \cdot \text{Faktor} = 0,685 \cdot 3 = 2,05 \ \text{dm}^3/\text{min} .$$

4. Der Gesamtvolumenstrom wird durch die Addition aller Volumenströme bestimmt,

$$\dot{V}_{P\,\text{GES}} = 1,58 + 0,68 + 2,05 = 4,31 \ \text{dm}^3/\text{min}$$

Es wurde ein Motor-Pumpenaggregat mit $\dot{V}_P = 5 \ \text{dm}^3/\text{min}$ gewählt.

3.6.7 Spindelstock einer Sonderwerkzeugmaschine mit hydrodynamischer Lagerung

In Bild 3.119 ist der Spindelstock einer Sonderwerkzeugmaschine mit hydrodynamischer Lagerung dargestellt. Es wurden ein Radiallager $\varnothing$ 80 (Pos. 20), ein Radiallager $\varnothing$ 70 (Pos. 19) und zwei Axiallager (Pos. 17 und 18) eingebaut.

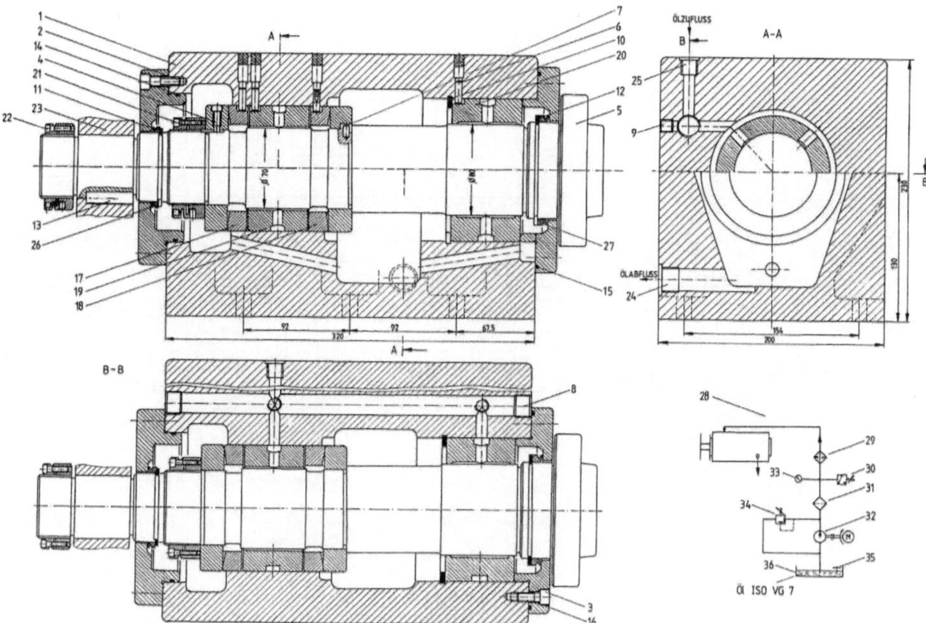

Bild 3.119. Spindelstock einer Sonderwerkzeugmaschine mit hydrodynamischer Lagerung

Die Sonderwerkzeugmaschine wurde zum Feininnendrehen bei $d = 100$ mm des Werkstückwerkstoffes GG-22 konzipiert.

Mit der Spindeldrehzahl $n = 315$ min^{-1} ergab sich die Schnittgeschwindigkeit

$$v_{\mathrm{c}} = \frac{\pi dn}{1000} = \frac{\pi \cdot 100 \cdot 315}{1000} = 98{,}96 \; \mathrm{m/min} \, .$$

Für das Lager $\varnothing$ 80 wurde die radiale Schmierspalthöhe $h = 0{,}004$ bis $0{,}007$ mm, für das Lager $\varnothing$ 70 $h = 0{,}003$ bis $0{,}005$ mm gewählt.

Für das Ölversorgungsaggregat mit Ölkühlung (Pos. 29) wurde Öl ISO VG 7 gewählt.

3.6.8 Bohrpinole $\varnothing$ 110 für Sonderwerkzeugmaschinen

In den Bildern 3.120 und 3.121 ist eine Bohrpinole $\varnothing$ 110 mm dargestellt. Die Bohrspindel (Pos. 1) ist durch drei Hochgenauigkeits-Schrägkugellager (Pos. 24) und ein Rillenkugellager (Pos. 25) in der Pinole (Pos. 2) gelagert. Ein Drehstrom-Stirnrad-Getriebe-Motor (Pos. 19) treibt über die Metallbalgkupplung (Pos. 8) die Bohrspindel an. Die Pinole ist in dem mittleren Bereich mit zwei Führungsbändern (Pos. 38) und einer Kompaktdichtung (Pos. 39) als Kolben, der sich im Zylinderrohr (Pos. 3) bewegt, ausgeführt. Glycodur-Gleitlager (Pos. 20 und 21) übernehmen die Führung der Pinole in dem vorderen und hinteren Flanschgehäuse (Pos. 5 und 4). Die Verdrehsicherung der Pinole übernimmt die Führungswelle (Pos. 12), die durch Glycodur-Gleitlager (Pos. 22 und 23) in dem hinteren Flanschgehäuse geführt wird. Die Führungswelle und somit die Pinole wird durch die Druckhülse (Pos. 30) über die Tellerfeder (Pos. 53) geklemmt und hydraulisch durch den Kolben (Pos. 10) gelöst.

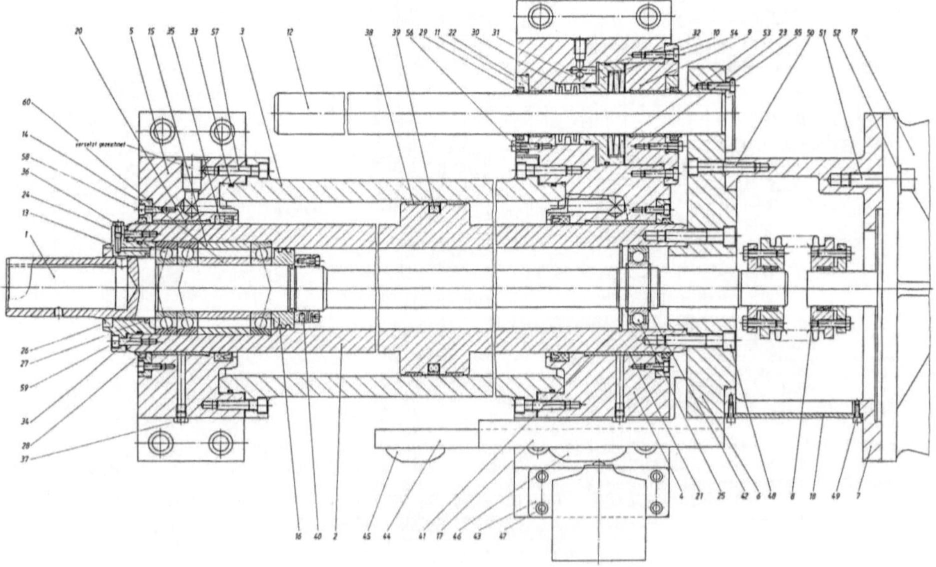

Bild 3.120. Bohrpinole $\varnothing$ 110, Blatt I

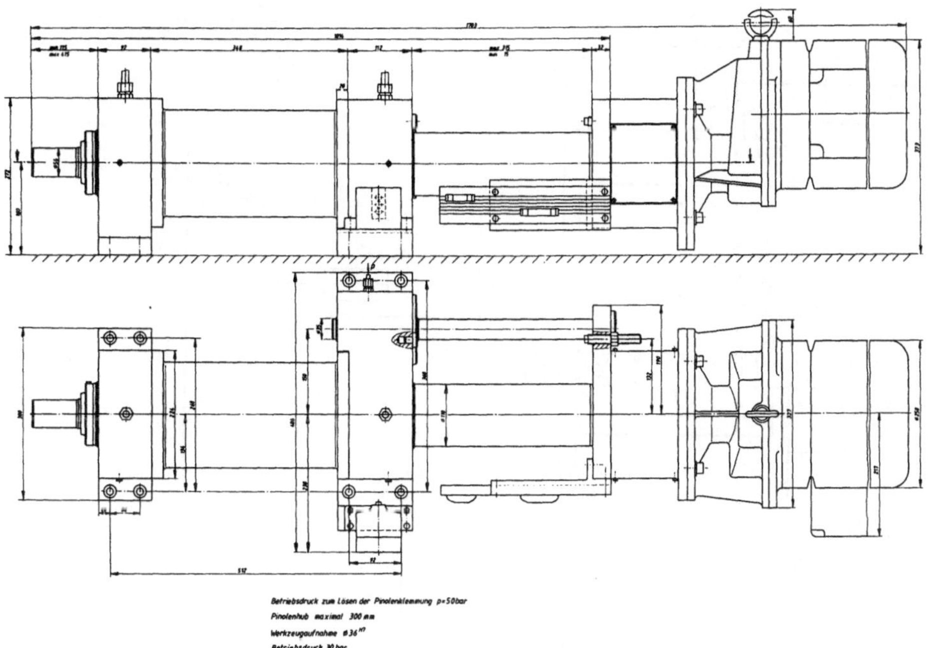

Bild 3.121. Bohrpinole ⌀ 110, Blatt II

Ein am hinteren Flanschgehäuse befestigter Reihenpositionsschalter (Pos. 43) wird durch Steuernocken (Pos. 45), die auf der Nockenleiste (Pos. 44) verschiebbar sind, betätigt.

Bild 3.122 zeigt den Hydraulikplan, in Bild 3.123 ist das Funktionsdiagramm dargestellt.

Der „Eilgang-Vor" wird nach dem gegebenen Startimpuls durch die Schaltung des 4/3-Elektromagnetventils (Pos. 1.1) so eingeleitet, daß der Volumenstrom von der Pumpe durch das 4/3-Wegeventil (Pos. 1.2) zur Seite A bzw. durch das hintere Flanschgehäuse strömt. Das verdrängte Öl strömt von der vorderen Kolbenseite durch das geöffnete 2/2-Wegeventil (Pos. 1.3) und durch das Wegeventil (Pos. 1.2) zum Ölbehälter zurück.

Beim „Arbeitsgang-Vor" ist der Durchfluß durch ein 2/2-Wegeventil (Pos. 1.3) gesperrt. Das verdrängte Öl strömt von der vorderen Kolbenseite durch das auf die gewünschte Vorschubgeschwindigkeit eingestellte Stromregelventil (Pos. 1.4) und das Wegeventil (Pos. 1.2) zum Ölbehälter zurück.

Der „Eilgang-Zurück" der Pinole wird nach dem gegebenen elektrischen Impuls durch die Schaltung des 4/3-Wegeventils (Pos. 1.1) so eingeleitet, daß der Volumenstrom von der Pumpe durch das 4/3-Wegeventil (Pos. 1.2) zur Seite B bzw. durch das vordere Flanschgehäuse strömt. Da das 2/2-Wegeventil (Pos. 1.3) abgesperrt ist, strömt das Öl vom Wegeventil (Pos. 1.2) durch das Rückschlagventil (Pos. 1.4) zum Zylinder. Das von der A-Seite des Hydraulikzylinders verdrängte Öl strömt durch das Wegeventil (Pos. 1.2) zum Behälter zurück.

Beim Stillstand wird die Pinole geklemmt, vor der Bewegung wird das 3/2-Wegeventil (Pos. 2.1) durch einen eigenen Druckkreis so geschaltet, daß die Klemmung gelöst wird.

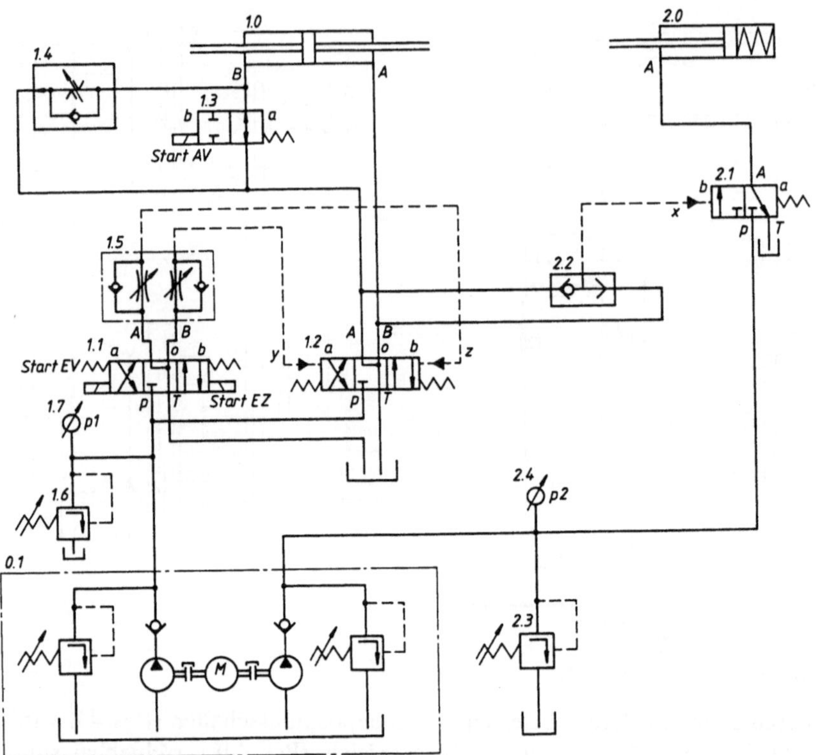

Pos.	Benennung
2.4	Druckmanometer
2.3	Druckbegrenzungsventil
2.2	Wechselventil
2.1	3/2 Wegeventil, Sperr-Ruhestellung
2.0	Pinolenklemmung
1.7	Druckmanometer
1.6	Druckbegrenzungsventil
1.5	Zwillings-Drosselrückschlagventil
1.4	Stromregelventil m. Rückschlagventil
1.3	2/2 Wegeventil, Durchfluß-Ruhestellung
1.2	4/3 Wegeventil, Schwimm-Mittelstellung
1.1	4/3 Wegeventil, Schwimm-Mittelstellung
1.0	Bohrpinole
0.1	Antriebseinheit mit Antriebsmotor, Pumpen, Druckbegrenzungsventile

Bild 3.122. Hydraulikplan

Berechnung

Die für die Zerspanung durch das Bohren geeigneten Werkstoffe lassen sich in drei Bereiche aufteilen [4]:

1. Werkstoffe schlechter Bohrbarkeit mit hohen spezifischen Schnittkräften,

    z. B.:   18CrNi8,
            42CrMo4,
            100Cr6;

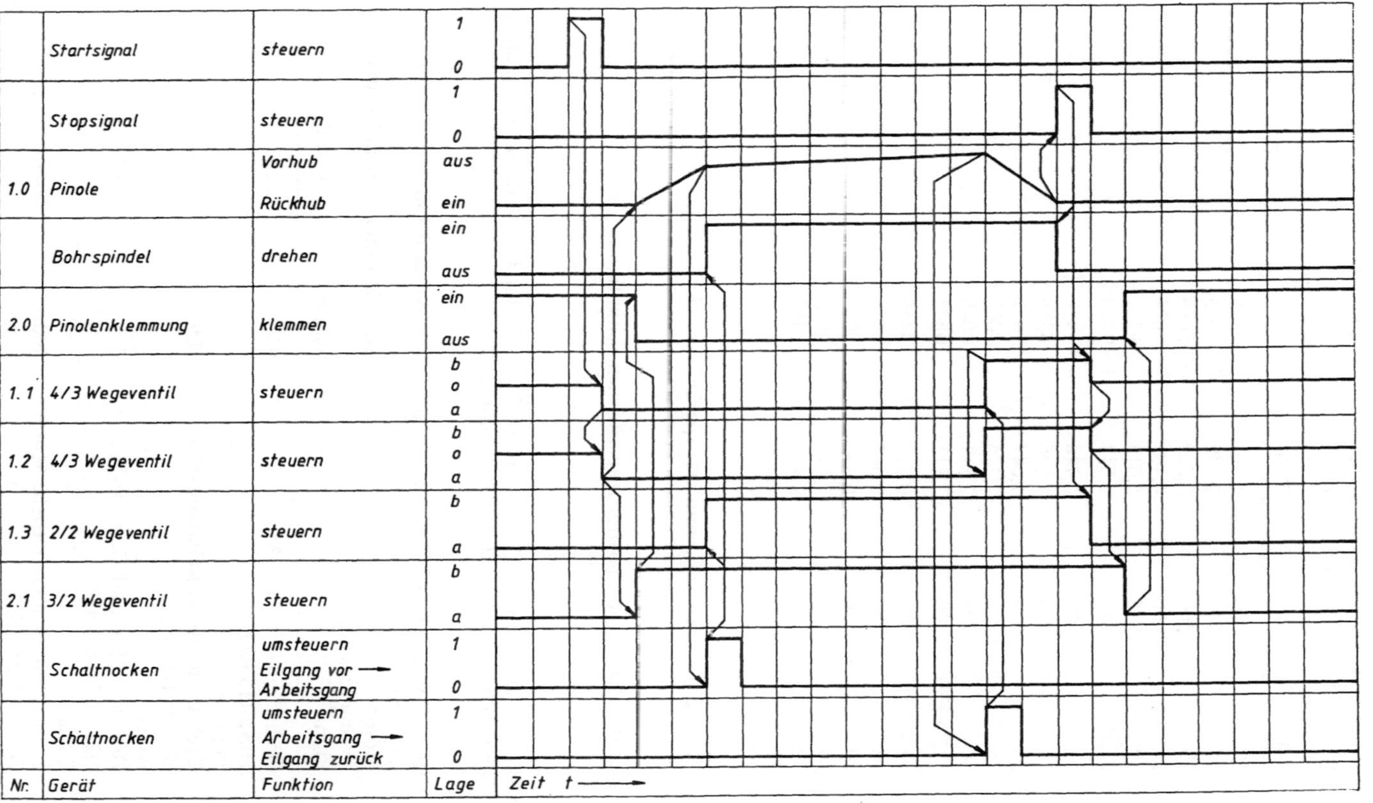

Bild 3.123. Funktionsdiagramm

Tabelle 3.8. Bohrerdrehzahl, Antriebsleistung und Vorschubkraft für die angegebenen Werkstoffe und Bohrerdurchmesser

Werkstoff	d/mm	n/min^{-1}	P_M/kW	F_f/N
St 50	12	900	1,567	2805
	16	710	2,440	4096
	20	500	3,032	5688
	25	400	4,109	7625
	30	315	5,015	9751
	31,75	315	5,617	10320
Ck60	12	630	0,784	2938
	16	450	1,666	4346
	20	355	1,644	5931
	25	280	2,276	8000
	30	224	2,811	10049
	31,75	200	2,811	10635
42CrMo4	12	315	0,411	3459
	16	250	0,662	5145
	20	180	0,836	7071
	25	140	1,124	9609
	30	112	1,356	11982
	31,75	100	1,356	12681

2. Werkstoffe mittlerer Bohrbarkeit und mittlerer spezifischer Schnittkraft,
   z. B.: 46MnSi4,
        Ck60,
3. Werkstoffe guter Bohrbarkeit mit niedrigen spezifischen Schnittkräften,
   z. B.: St50,
        16MnCr5,
        34CrMo4.

Aus jeder Gruppe wurde ein Werkstoff ausgewählt und durch ein Rechnerprogramm ausgewertet. Die Ergebnisse sind in Tabelle 3.8 aufgestellt.

Tabelle 3.9. Antriebsmotoren und Getriebe der Bohrpinole für Werkstückwerkstoff St 50

Bohrer- durchmesser d/mm	Motor Typenbezeichnung Firma	Nenndrehzahl n_2/min^{-1}	Nennleistung P_2/kW
12–13	Drehstromasynchron-Motor 1LA5 113-6AA21 Siemens	940	2,2
14–17	Drehstrom-Stirnrad-Getriebe-Motor G21-20/D1A4-283 Bauer	700	3,0
18–22	Drehstrom-Stirnrad-Getriebe-Motor G21-20/D2A4-309 K Bauer	475	3,7
23–27	Drehstrom-Stirnrad-Getriebe-Motor G31-20/D2A4-309 Bauer	400	4,4
28–31,75	Drehstrom-Stirnrad-Getriebe-Motor G41-20/D4A4-331 Bauer	280	5.5

Da die Bohrpinole als Baueinheit für Sonderwerkzeugmaschinen konzipiert ist, wurde auf den Einsatz von drehzahlregelbaren Elektromotoren verzichtet. Für den Antrieb wurde ein asynchroner Drehstrommotor mit konstanter Drehzahl und nachgeschaltetem Stufengetriebe eingebaut.

Aus der Tabelle 3.9 werden für den Werkstoff St 50 nach den aus Tabelle 3.8 ermittelten Daten Antriebsmotoren und Getriebe ausgewählt.

3.6.9 Gewindebohrpinole $\varnothing$ 110

Bild 3.124 zeigt eine Gewindebohrpinole, die als Baueinheit für Sonderwerkzeugmaschinen konzipiert ist.

Der Hydromotor (Pos. 3) treibt über die Kupplung (Pos. 4) die Antriebsspindel mit Trapezgewinde (Pos. 5) an. Über die Mutter (Pos. 19), die mit dem Schlitten (Pos. 18) verbunden ist, wird die Zustellbewegung eingeleitet. Die Führung des Schlittens im Gehäuse (Pos. 1) wird als Schwalbenschwanzführung ausgeführt. Nachdem der Schlitten gedämpft auf den Festanschlag (Pos. 13) angefahren ist, wird der Arbeitsgang über den Hydromotor (Pos. 25) und die Kupplung (Pos. 26) auf die Antriebsspindel (Pos. 21) eingeleitet. Die Antriebsspindel wird in der Leitmutter, auch Leitpatrone genannt (Pos. 22), geführt und führt eine kombinierte Dreh- und geradlinige Bewegung (Schraubenbewegung) aus. Der in der Antriebsspindel (Pos. 21) über Stell- und Klemmhülse aufgenommene Gewindebohrer hat die gleiche Steigung wie die Antriebsspindel bzw. die Leitmutter. Während die Antriebsspindel eine Schraubenbewegung ausführt, bewegen sich der Antriebsmotor mit dem Antriebsgehäuse

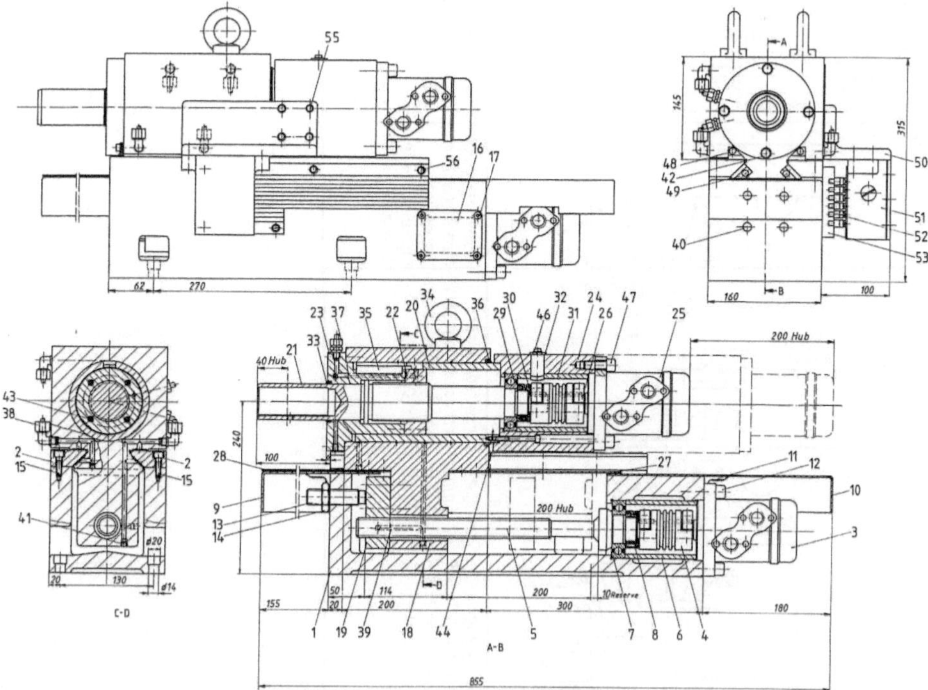

Bild 3.124. Gewindebohrpinole $\varnothing$ 110

(Pos. 24) und der Pinole $\varnothing$ 110 (Pos. 20) geradlinig. Die Steuerungsimpulse werden vom Reihengrenztaster (Pos. 51), der an dem beweglichen Antriebsgehäuse befestigt ist, über die Steuernocken (Pos. 52) gegeben. Die Nutleiste (Pos. 53), auf welcher die Steuernocken verschiebbar sind, ist auf dem Gehäuse (Pos. 1) befestigt.

In den Bildern 3.125 und 3.126 sind Hydraulikplan und Funktionsdiagramm dargestellt.

Der Zustellschlitten fährt „Eilgang-Vor" und „Eilgang-Zurück" bei geöffnetem Ventil DEF 4-15. Vor dem Festanschlag wird das Ventil DEF 4-15 in die gedämpfte Stellung umgeschaltet (s. Bild 3.125a).

Je nach der gewünschten Drehzahl werden für die Antriebsspindel mit Gewindebohrer drei verschiedene Hydraulikpläne (Bild 3.125b, 3.125c und 3.125d) vorgesehen. Bei der Stellung „Arbeitsgang-Vor" strömt das Öl vom Hydromotor durch das Stromregelventil MU 10 (Bild 3.125c) oder DU 12 (Bild 125 d) über das 5/3-Wegeventil SEE 5 G zum Behälter zurück.

Aus dem Funktionsdiagramm wird der ganze Arbeitszyklus deutlich. Nach dem gegebenen Startsignal fährt der Schlitten „Eilgang-Vor" und dann nach dem gegebenen elektrischen Signal („E") wird „gedämpft" auf den Festanschlag angefahren. Nach dem elektrischen Signal wird durch das Ventil SEE 5G der „Arbeitsgang-Vor" der Antriebsspindel mit Gewindebohrer eingeschaltet. Bei der vorgesehenen

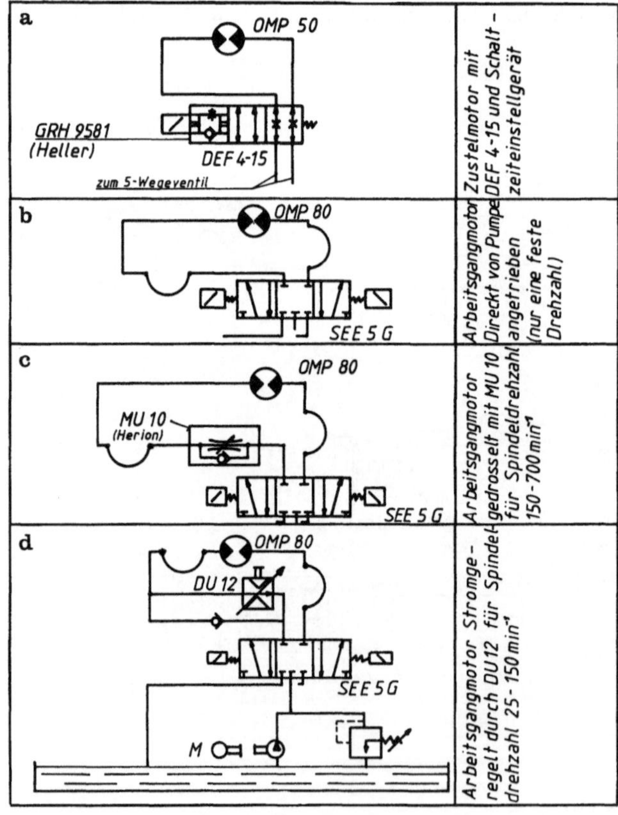

Bild 3.125. Hydraulikplan

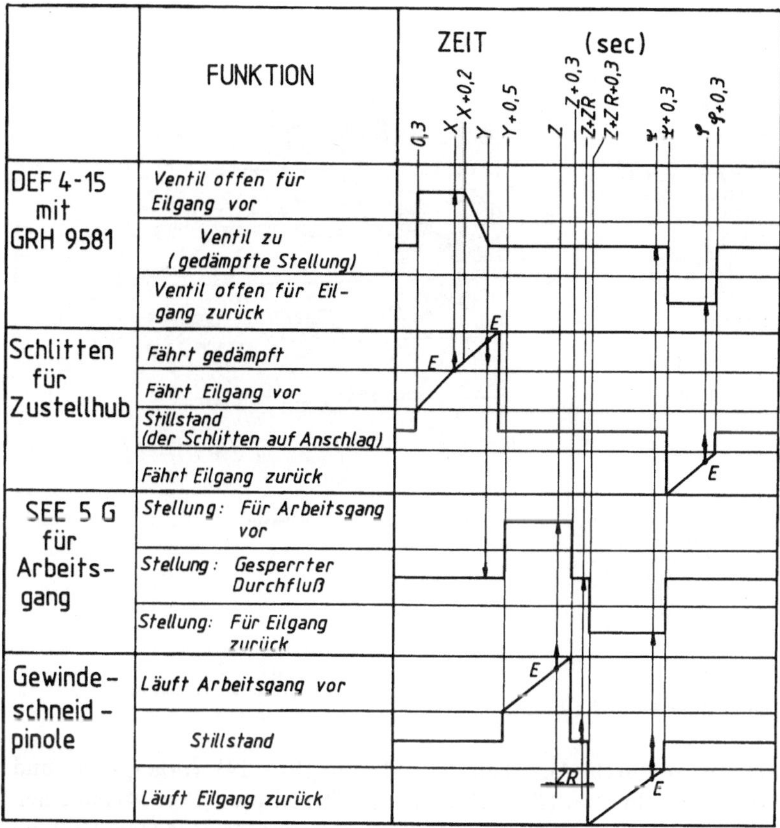

Bild 3.126. Funktionsdiagramm

Bohrung wird das Innengewinde auf die gewünschte und durch den Schaltnocken eingestellte Gewindetiefe gefertigt. Nach dem gegebenen elektrischen Signal (E) wird das elektromagnetisch betätigte Ventil SEE 5 G auf die Stellung „Eilgang-Zurück" umgeschaltet. Das Öl fließt über das Rückschlagventil von der linken Seite zum Hydromotor, die Arbeitsspindel mit Gewindebohrer macht eine Schraubenbewegung im Eilgang in anderer Drehrichtung, der Gewindebohrer fährt aus dem Werkstück hinaus. Nach dem gegebenen elektrischen Signal wird der „Eilgang-Zurück" für den Zustellschlitten eingeschaltet.

3.6.10 Frässpindeleinheit einer Sonderwerkzeugmaschine

In den Bildern 3.127 und 3.128 ist eine Frässpindeleinheit dargestellt. Diese Einheit, die für den Einsatz an Sonderwerkzeugmaschinen (s. Bild 3.142) und an den Stationen von Transferstraßen eingesetzt wird, wird nach dem Durchmesser des vorderen Lagers ($\varnothing$ 120 mm) bezeichnet. Die Hauptspindel wird durch zweireihige Zylinderrollenlager mit kegeliger Bohrung (Pos. 28 und 29) und durch zwei Axialrillenkugellager (Pos. 30) gelagert. Das hintere Zylinderrollenlager wird durch Anziehen der Mutter (Pos. 6) vorgespannt und anschließend durch die Stellmutter (Pos. 25) gesichert. Das vordere

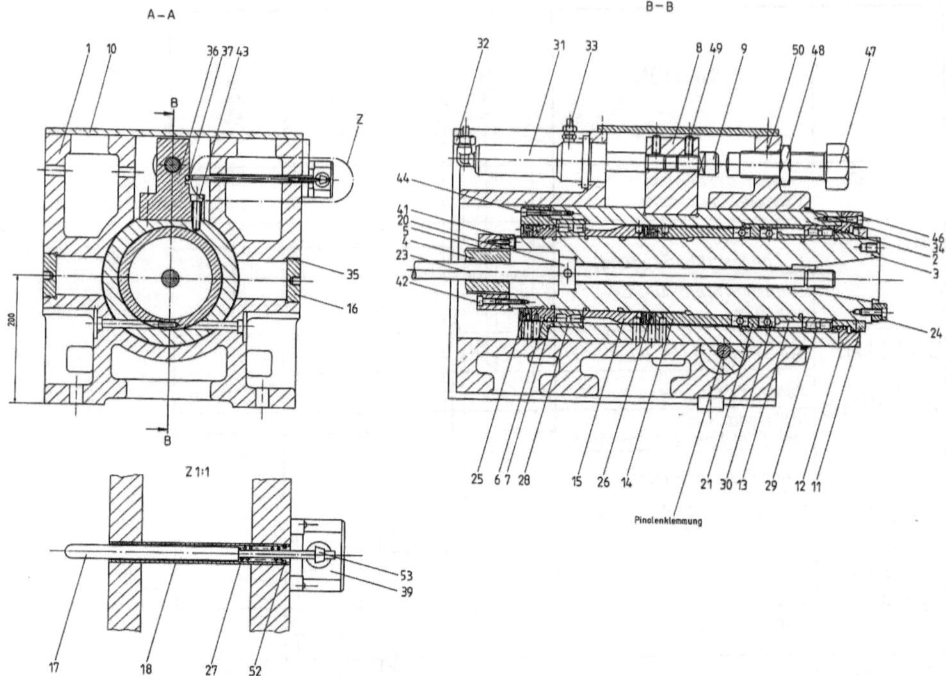

Bild 3.127. Frässpindeleinheit ⌀ 120, Blatt I

Zylinderrollenlager wird durch Anziehen der Mutter (Pos. 14) vorgespannt und anschließend durch die Stellmutter (Pos. 26) gesichert. Die Mutter (Pos. 14) hat einen langen Paßsitz auf der Hauptspindel, damit das Lager auf dem ganzen Umfang gleichmäßig vorgespannt wird. Der Gegenhaltering (Pos. 11) wird auf die Länge so eingeschliffen, daß die gewünschte Lagervorspannung erreicht wird. Da die Lager durch Fett geschmiert werden, wird die Abdichtung durch Labyrinthringe (Pos. 6 und Pos. 12) verwirklicht.

Die Hauptspindel wird an dem vorderen Teil als Spindelkopf der Größe 50 nach DIN 2079 ausgeführt. Ein Werkzeughalter mit Steilkegel wird in der kegeligen Bohrung der Hauptspindel aufgenommen, durch Mitnehmersteine (Pos. 24) auf Verdrehung gesichert und durch eine Anzugsstange (Pos. 23) axial gehalten. Die Anzugsstange, die nach DIN 6369 ausgeführt wird, wird in der Hauptspindel durch den Ring Pos. 20 aufgenommen.

Die Hauptspindel wird durch eine Antriebseinheit bzw. durch die Antriebsspindel mit Keilwellenprofil (Pos. 4) über die Antriebsnabe mit Keilnabenprofil (Pos. 5) angetrieben. Die Antriebsnabe ist durch zwei Mitnehmersteine und durch Zylinderschrauben (Pos. 42) mit der Hauptspindel verbunden.

Die Pinole wird durch einen Hydraulikzylinder (Pos. 31) über einen Mitnehmer (Pos. 8) verschoben. Beim Fräsvorgang befindet sich die geklemmte Pinole in der vorderen Stellung an dem Festanschlag (Pos. 47). Nach dem Fräsen wird die Pinole eingezogen, damit bei der Tischbewegung in der zur Hauptspindel unter 90° liegenden Achse das fertigbearbeitete Werkstück nicht durch den Messerkopf beschädigt wird. Die vorderste und die hinterste Stellung der Pinole wird durch zwei Endschalter

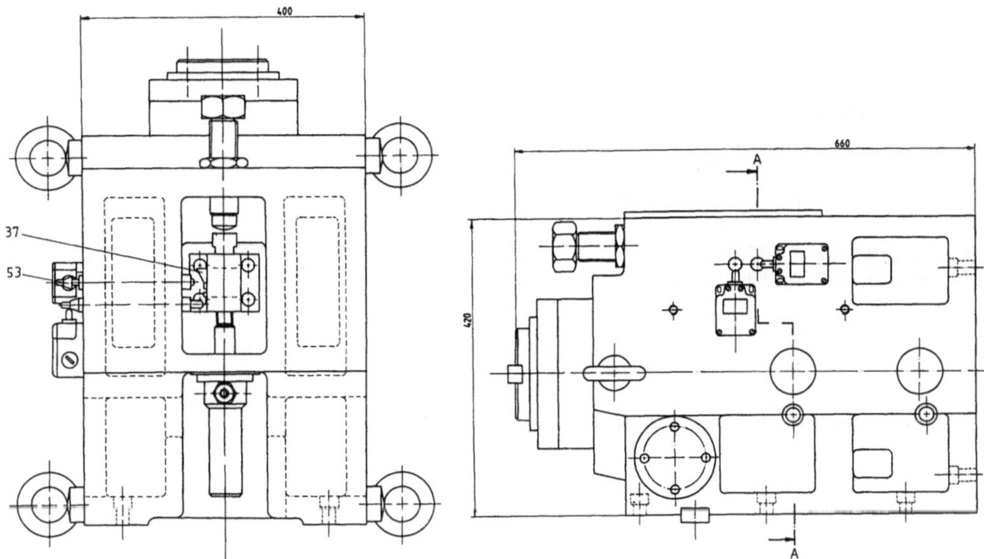

Bild 3.128. Frässpindeleinheit $\varnothing$ 120, Blatt II

(Pos. 39) kontrolliert. Die Steuernocken (Pos. 37), die die Endschalter über Bolzen (Pos. 17) und Steuernocken (Pos. 53) betätigen, sind in den Nuten des Mitnehmers verschiebbar.

Die in Bild 3.127 angedeutete Pinolenklemmung wird im folgenden Abschnitt behandelt.

Berechnung:

Diese Frässpindeleinheit wurde für Messerköpfe bis $D = 350$ mm konzipiert.

Sie wurde für verschiedene Bearbeitungsfälle, d. h. mit verschiedenen Drehzahlen vorgesehen. Beim Stirnschruppfräsen von GG-25, 160 HB mit einem WIDIA-Hartmetallmesserkopf der Bezeichnung THM bei der

Schnittiefe $a_p = 4$ mm, Werkstückbreite $a_e = 255$ mm, Einstellwinkel $\varkappa_r = 45°$, Zähnezahl des Fräsers $z = 12$, Vorschub je Zahn $f_z = 0,2$ mm, Verschleißmarkenbreite $VB = 0,5$ mm und Standzeit $T_f = 40$ min

wird zuerst aus Tabelle 1.19 die zuständige Tafel 14 ermittelt. Dann werden nach Tabelle 1.20 die Konstante C und Exponenten F ermittelt,

$$C = 557,\ F_1 = -0,17,\ F_2 = -0,10,\ F_3 = -0,32,\ F_4 = +0,28,\ F_5 = -0,24\,.$$

Die Schnittgeschwindigkeit beträgt nach (1.40)

$$
\begin{aligned}
v_c' &= C f_z^{F_1} a_p^{F_2} T_f^{F_3} VB^{F_4} (a_e/D)^{F_5} \\
&= 557 \cdot 0,2^{-0,17} \cdot 4^{-0,10} \cdot 40^{-0,32} \cdot 0,5^{0,28} (255/350)^{-0,24} \\
&= 173,99\ \text{m/min}\,.
\end{aligned}
$$

Nach Tabelle 1.21 werden die WS-Faktoren wie folgt bestimmt.
Für Werkstücke mit Gußhaut $WS = 0,8 \ldots 0,9 = 0,85$,
für besonders schlechten Maschinenzustand $WS = 0,8 \ldots 0,95 = 0,875$.
Es folgt

$$WS = 0,85 \cdot 0,875 = 0,7438\,.$$

Die Schnittgeschwindigkeit ergibt sich nach (1.17) daher zu

$$v_c = v_c' WS = 173{,}99 \cdot 0{,}7438 = 129{,}41 \text{ m/min}.$$

Die Drehzahl des Fräsers (d. h. der Frässpindeleinheit) beträgt nach (1.29)

$$n = \frac{1000 v_c}{\pi D} = \frac{1000 \cdot 129{,}41}{\pi \cdot 350} = 117{,}69 \text{ min}^{-1}.$$

Gewählt wird $n = 112 \text{ min}^{-1}$.
    Damit hat man letztendlich

$$v_c = \frac{\pi D n}{1000} = \frac{\pi \cdot 350 \cdot 112}{1000} = 123{,}15 \text{ m/min}.$$

Für den Schnittbogenwinkel hat man

$$\sin \frac{\varphi_s}{2} = \frac{a_e}{D} = \frac{255}{350} = 0{,}7286, \qquad \frac{\varphi_s}{2} = 46{,}76°, \qquad \varphi_s = 93{,}53°.$$

Die mittlere Spanungsdicke wird nach (1.31)

$$h_M = \frac{114{,}6}{\varphi_s} f_z \sin \varkappa_r \frac{a_e}{D} = \frac{114{,}6}{93{,}53} 0{,}2 \sin 45° \frac{255}{350} = 0{,}1262 \text{ mm}.$$

Die Spanbreite ergibt sich zu

$$b = \frac{a_p}{\sin \varkappa_r} = \frac{4}{\sin 45°} = 5{,}657 \text{ mm}.$$

Die Anzahl der Zähne im Eingriff errechnet sich nach (1.33) zu

$$z_{iE} = \frac{\varphi_s}{360} z = \frac{93{,}53}{360} 12 = 3{,}117.$$

Nach Tabelle 1.17 werden $K_{c1.1}\cdot 1 - z$ und γ_0 bestimmt:

$$K_{c1.1} = 760 \text{ N/mm}^2, \qquad 1 - z = 0{,}66, \qquad \gamma_0 = 8°.$$

Die Spanwinkelkorrektur beträgt nach (1.4)

$$K_\gamma = 1 - \frac{\gamma - \gamma_0}{66{,}7} = 1 - \frac{5 - 8}{66{,}7} = 1{,}045.$$

Aus Bild 1.14 ergibt sich daher

$$K_v = 0{,}98.$$

Die mittlere Schnittkraft beträgt nach (1.34) schließlich

$$\begin{aligned}
F_c &= z_{iE} b h_M^{1-z} K_{c1.1} K_\gamma K_v K_T \\
&= 3{,}117 \cdot 5{,}657 \cdot 0{,}1262^{0{,}66} \cdot 760 \cdot 1{,}045 \cdot 0{,}98 \cdot 1{,}3 \\
&= 4551{,}15 \text{ N}.
\end{aligned}$$

Die Schnittleistung ergibt sich nach (1.5) zu

$$P_c = \frac{F_c v_c}{60 \cdot 1000} = \frac{4551{,}15 \cdot 123{,}15}{60 \cdot 1000} = 9{,}34\,\text{kW} \;.$$

Als Drehmoment erhält man aus (3.4)

$$M = \frac{30 P_c}{\pi n} = \frac{30 \cdot 9340}{\pi \cdot 112} = 796{,}34\,\text{Nm}, \quad \text{oder}$$

$$M = F_c \frac{D}{2} = 4551{,}15 \, \frac{0{,}350}{2} = 796{,}34\,\text{Nm} \;.$$

3.6.11 Pinolenklemmung für Frässpindeleinheit

In den Bildern 3.129 und 3.130 sind zwei verschiedene Klemmungen der Pinole für eine Frässpindeleinheit $\varnothing$ 120 dargestellt. Die Klemmung der Pinole aus Bild 3.129 übernimmt eine hydraulisch betätigte Klemmhülse (Pos. 4).

Die Klemmkraft bei $p = 50$ bar, Pinolendurchmesser $d = 240$ mm und Länge der Klemmhülse $L = 80$ mm errechnet sich zu

$$F_{sp} = \pi d L p = \pi \cdot 24 \cdot 8 \cdot 500 = 301\,592{,}9\,\text{N} \;.$$

Die übertragbare Axialkraft der Pinole beträgt nach (2.22)

$$F = \pi D L p \mu = \pi \cdot 24 \cdot 8 \cdot 500 \cdot 0{,}1 = 30\,159{,}29\,\text{N} \;.$$

Die Klemmkraft der Pinole ist wesentlich größer als die in Frage kommenden Schnittkräfte (bei der Frässpindeleinheit aus Abschnitt 3.6.10 wurde bei der Bearbeitung von GG-25 $F_c = 4551{,}15$ N errechnet), die Klemmung mit diesem großen Sicherheitsfaktor ist als sehr gut zu bezeichnen.

Bei der in Bild 3.130 dargestellten Klemmung wird die Pinole durch Tellerfedern (Pos. 10) über Klemmbacken (Pos. 4 und Pos. 5) geklemmt und hydraulisch durch

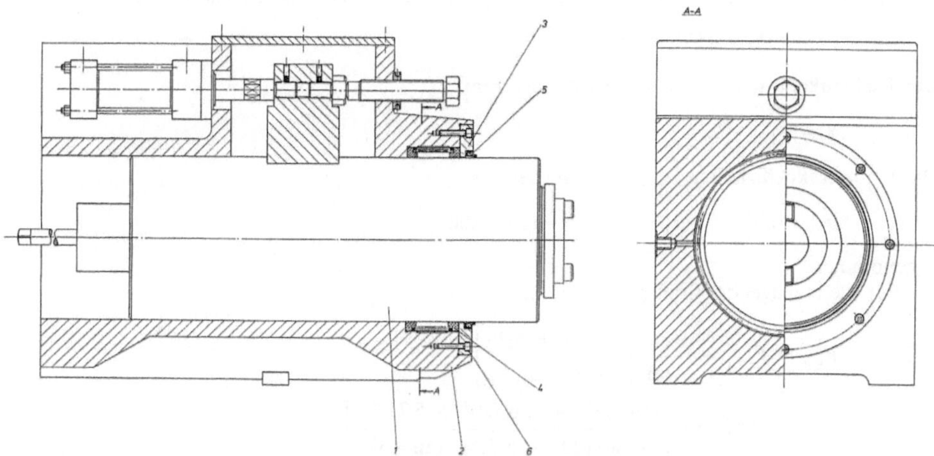

Bild 3.129. Klemmung der Pinole durch die Klemmhülse, Fabrikat Metron

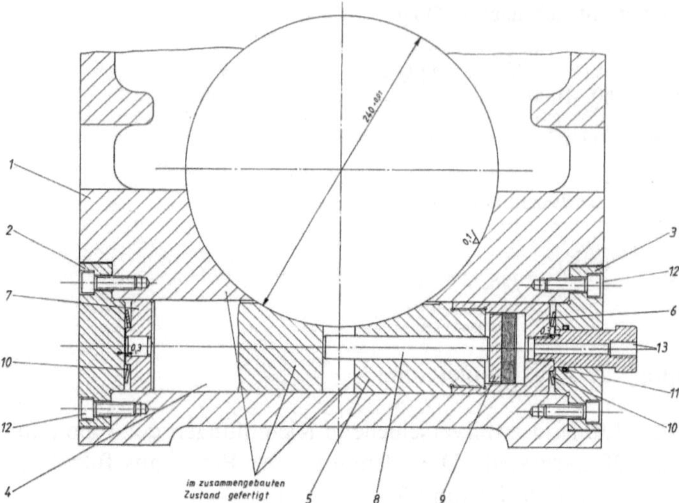

Bild 3.130. Klemmung der Pinole durch Tellerfedern

eine Klemmscheibe (Pos. 9) gelöst. Der hydraulische Druck wird beim Lösen von der Klemmscheibe auf den Bolzen (Pos. 8) und dann weiter auf die linke Klemmbacke (Pos. 4) und die Aufnahme der Tellerfedern (Pos. 7) übertragen. Die Aufnahme (Pos. 7) legt einen axialen Weg von 0,3 mm bis zum Anschlag auf den Deckel (Pos. 2) zurück. Da der hydraulische Druck weiter wirkt, wird auch die rechte Klemmbacke (Pos. 5) gelöst, da sie zusammen mit der Aufnahme für die Klemmscheibe (Pos. 6) einen axialen Weg von 0,3 mm bis zum Anschlag auf den Deckel (Pos. 3) zurücklegt.

Berechnung der Pinolenklemmung aus Bild 3.130

Die Klemmbacken (Pos. 4 und Pos. 5) können als einseitige Schubkeile (s. Bild 2.16b) und die Pinole als Spannkeil betrachtet werden. In diesem Falle wird die erzeugende Kraft nach (2.2) errechnet.

Da die Pinolenklemmkraft wenigstens so groß wie die Schnittkraft sein soll, gilt

$$F_{sp} = F_c = 4551,15 \text{ N} .$$

Der Keilwinkel α wird nach Bild 3.130 bestimmt,

$$\alpha = 20° .$$

Die Reibungskoeffizienten μ_1, μ_2, μ_3 werden als

$$\mu_1 = 0,08 , \qquad \mu_2 = 0,1 , \qquad \mu_3 = 0,08$$

angenommen.

Für die erzeugende Kraft gilt mit (2.2)

$$\begin{aligned}
F_{erz} &= F_{sp} \left[\frac{\tan \varrho_1 + \tan(\alpha + \varrho_2)}{1 - \tan (\alpha + \varrho_2) \tan \varrho_3} \right] \\
&= 4551,15 \left[\frac{\tan 4,57° + \tan (20° + 5,71°)}{1 - \tan (20° + 5,71°) \cdot \tan 4,57°} \right] \\
&= 2657,34 \text{ N} .
\end{aligned}$$

Es wurden Tellerfedern $\varnothing$ 56/$\varnothing$ 28,5/2 nach DIN 2093 mit der übertragbaren Kraft

$$F = 4440\ \text{N}$$

eingebaut.

Da beide Klemmbacken gleichzeitig durch zwei Tellerfedern geklemmt werden, beträgt die gesamte erzeugende Kraft

$$F_{\text{GES}} = 2F = 2 \cdot 4440\ \text{N} = 8880\ \text{N}\,.$$

Diese Kraft ist wesentlich größer als die erforderliche erzeugende Kraft.

Die Pinole wird mit einem bestimmten Bewegungsspiel im Gehäuse (Pos. 1) eingebaut. Dieses Spiel muß so bestimmt werden, daß die durch die Zerspanungsarbeit erwärmte Pinole bei der Bewegung im Gehäuse nicht klemmt. Bei einem Durchmesser von $\varnothing$ 240 mm dehnt sich die Pinole bei einer Erwärmung von nur 1 °C um

$$\Delta l = l_0 \alpha\, \Delta t = 240 \cdot 12 \cdot 10^{-6} \cdot 1 = 0{,}0029\ \text{mm}\,,$$

das bedeutet, daß schon bei einer Erwärmung um drei Grad bei dieser Pinole ein Spiel von mehr als ein Hundertstelmillimeter vorgesehen werden muß, damit die Pinole nicht klemmt.

3.6.12 Schneckenantriebseinheit für Frässpindeleinheit

Die in Abschnitt 3.6.10 beschriebene Frässpindeleinheit (s. Bilder 3.127 und 3.128) wurde beim Stirnfräsen von Gußeisen und Stahl für Bearbeitungen mit relativ niedrigen Drehzahlen durch eine Schneckenantriebseinheit angetrieben. Diese Antriebseinheit wurde so ausgelegt, daß je nach Betriebsfall Drehzahlen der Frässpindeleinheit von $n = 71$ bis $160\ \text{min}^{-1}$ (Tabelle 3.10) erreicht werden können. Es wurden Drehstrommotoren mit Leistungen von 5,5 bis 18,5 kW und Drehzahlen von $n = 1500\ \text{min}^{-1}$ eingesetzt.

In Bild 3.131 ist eine Schneckenantriebseinheit für die Frässpindeleinheit $\varnothing$ 120 dargestellt. Da hier Drehzahlen der Frässpindel von $n = 103\ \text{min}^{-1}$ benötigt wurden, baute man einen Schneckenradsatz mit Untersetzungsverhältnis $i = 14$ ein (s. Tabelle 3.10).

Tabelle 3.10. Durch Schneckenantriebseinheit erreichbare Nenn- und Istdrehzahlen der Frässpindel

Nenndrehzahl der Frässpindel in min^{-1}	Istdrehzahl der Frässpindel in min^{-1}	Nennübersetzung des Getriebes
71	69	20
80	76	18
90	91	16
100	103	14
112	114	12,5
140	136	10
160	166	8

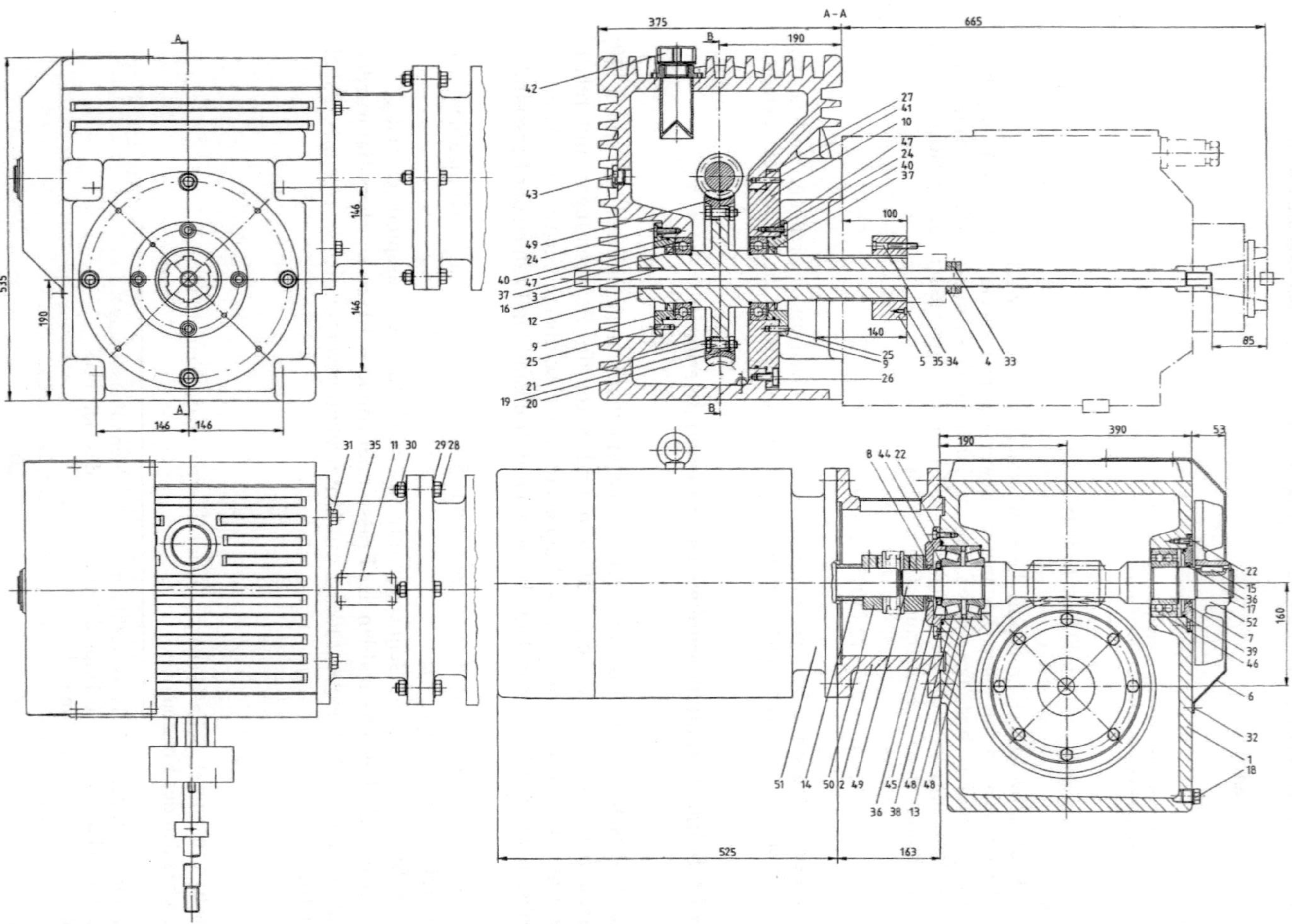

Bild 3.131. Schneckenantriebseinheit für Frässpindeleinheit $\varnothing$ 120

Der Drehstrommotor (Pos. 51) treibt über die Metallbalgkupplung (Pos. 50) die Schneckenwelle (Pos. 49) an. Das Antriebsdrehmoment wird vom Schneckenrad auf die Abtriebswelle mit Keilwellenprofil (nach DIN 5472, s. Pos. 12) und weiter über die Antriebsnabe mit Keilnabenprofil (Pos. 5) auf die Hauptspindel der Frässpindeleinheit (strichpunktiert dargestellt) übertragen. Damit die Verlustleistung des Getriebes nicht in die Frässpindeleinheit übertragen wird, ist auf der Schneckenwelle ein Lüfterrad (Pos. 52) eingebaut. Das Gehäuse der Schneckenantriebseinheit wurde mit vielen Rippen ausgeführt, damit größere Flächen zur Wärmeabgabe an die Luft zur Verfügung stehen. Die Anzugsstange (Pos. 3), die in der Abtriebswelle durch eine Lagerbuchse (Pos. 16) gelagert ist, dient zum axialen Halten des Werkzeughalters. Im Gehäuse befinden sich eine Öleinfüllschraube mit Belüftungsdeckel (Pos. 42), ein Ölschauglas (Pos. 43) und eine Ölablaßschraube (Pos. 18).

Berechnung

In Abschn. 3.6.10 wurde für die Frässpindeleinheit bei der Bearbeitung von GG-25 die Schnittleistung $P_c = 9{,}34\,\text{kW}$ berechnet. Unter Berücksichtigung des Wirkungsgrades des Getriebes wurde ein Drehstrommotor gemäß

$$P_M = \frac{P_c}{\eta} = \frac{9{,}34}{0{,}868} = 10{,}76\,\text{kW}, \quad \text{angenommen } P_M = 11\,\text{kW},$$

mit $n_M = 1500\,\text{min}^{-1}$ eingebaut.

Es wurde ein Cavex-Normal-Radsatz (Schnecke und Schneckenrad) mit Untersetzungsverhältnis

$$i = 14$$

eingebaut.

Da die Nenndrehzahl des Motors

$$n_M = 1442\,\text{min}^{-1}$$

beträgt, wird die Drehzahl der Hauptspindel

$$n = \frac{n_M}{i} = \frac{1442}{14} = 103\,\text{min}^{-1}.$$

Das Motormoment ergibt sich zu

$$M_M = \frac{30 P_M}{\pi n} = \frac{30 \cdot 11000}{\pi \cdot 1500} = 70{,}03\,\text{m}.$$

Für das Spindelmoment erhält man

$$M = M_M i \eta = 70{,}03 \cdot 14 \cdot 0{,}868 = 851\,\text{Nm}.$$

(Das erforderliche Spindelmoment beträgt $M = 796{,}34\,\text{Nm}$, s. Abschn. 3.6.10.)
Die Verlustleistung wird

$$P_{\text{VER}} = (1 - \eta)\,P_M = (1 - 0{,}868)\,11000 = 1452\,\text{W}.$$

Die Wärmeabgabefläche des Gehäuses beträgt (s. Bild 3.131)

$$A = 2 \cdot 0{,}390 \cdot 0{,}375 + 2 \cdot 0{,}390 \cdot 0{,}535 + 2 \cdot 0{,}375 \cdot 0{,}535 = 1{,}111\,\text{m}^2.$$

Die Fläche der Kühlrippen beträgt

$$A_{KR} = 0{,}454 \text{ m}^2 \,.$$

Als Gesamtkühlfläche erhält man

$$A_{GES} = A + A_{KR} = 1{,}111 + 0{,}454 = 1{,}565 \text{ m}^2 \,.$$

Die Verlustleistung, die im Getriebegehäuse erzeugt wird, wird vom heißen Öl an die Gehäuseinnenwände durch Konvektion, von den Gehäuseinnenwänden zu den Gehäuseaußenwänden durch Wärmedurchgang und von den Gehäuseaußenwänden an die Luft durch Konvektion und Wärmestrahlung übertragen.

Für die Konvektion von heißem Öl an die Innenwände gilt

$$P_{VER} = \alpha_1 A (\vartheta_{\ddot{o}l} - \vartheta_{IW}) \,.$$

Für den Wärmedurchgang von den inneren zu den äußeren Wänden gilt

$$P_{VER} = \lambda A (\vartheta_{AW} - \vartheta_{IW}) \,.$$

Für die Wärmekonvektion von den äußeren Wänden an die Luft gilt die Formel

$$P_{VER} = \alpha_2 A (\vartheta_L - \vartheta_{AW}) \,.$$

Dabei werden α_1, α_2 und λ nach empirischen Gleichungen, die man in technischen Formelsammlungen finden kann, wie folgt bestimmt.

$$\alpha_1 = 350 + 2100 \sqrt{v} = 350 + 2100 \sqrt{1{,}43} = 2922 \text{ W/m}^2/\text{K} \,.$$

Die Ölgeschwindigkeit v wird als Umfangsgeschwindigkeit des Schneckenrades angenommen,

$$v = \frac{\pi D n}{60} = \frac{\pi \cdot 0{,}262 \cdot 103}{60} = 1{,}43 \text{ m/s} \,.$$

Als Wärmedurchgangszahl für Gehäuse aus Gußeisen hat man

$$\lambda = 58 \text{ W/m}^2\text{K} \,.$$

Die Wärmeübergangszahl α_2 beträgt

$$\alpha_2 = 2{,}3 + 11{,}6 \sqrt{v} = 2{,}3 + 11{,}6 \sqrt{6{,}3} = 31{,}42 \text{ W/m}^2\text{K} \,.$$

Die Luftgeschwindigkeit wurde wie folgt errechnet:

$$v = \frac{\dot{V}}{A} = \frac{400/3600}{0{,}075^2 \pi} \doteq 6{,}3 \text{ m/s}$$

(Volumenstrom $\dot{V} = 400 \text{ m}^3/\text{h}$, Radius des Lüfterrades $R = 75 \text{ mm}$). Nun kann die resultierende Wärmeübergangszahl bestimmt werden:

$$\frac{1}{K} = \frac{1}{\alpha_1} + \frac{s}{\lambda} + \frac{1}{\alpha_2} = \frac{1}{2922} + \frac{0{,}015}{58} + \frac{1}{31{,}42} = 0{,}0324 \,,$$

$$K = 30{,}84 \text{ W/m}^2\text{K}$$

(s = Wandstärke = 15 mm).

Der Wärmeübergang von heißem Öl auf die Luft kann nun durch die resultierende Wärmeübergangszahl berechnet werden:

$$P_{VER} = KA(\vartheta_{öl} - \vartheta_L) \quad \text{oder}$$

$$\vartheta_{öl} = \vartheta_L + \frac{P_{VER}}{K \cdot A} = 20° + \frac{1452}{30,84 \cdot 1,565} = 50,1 \,°C \,.$$

Die Temperatur der Außenwand wird

$$\vartheta_{AW} = \vartheta_L + \frac{K}{\alpha_2}(\vartheta_{öl} - \vartheta_L) = 20° + \frac{30,84}{31,42}(50,1° - 20°) = 49,54 \,°C \,.$$

Die Wärmestrahlung wurde hier nicht berücksichtigt, da dieser Anteil sehr gering ist:

$$P_S = CA(T_{AW}^4 - T_L^4) = CA[(273 + \vartheta_{AW})^4 - (273 + \vartheta_L)^4]$$

$$= 2,51 \cdot 10^{-8} \cdot 1,565[(273 + 49,54)^4 - (273 + 20)^4] = 135,6 \,W$$

(die Strahlungskonstante beträgt $C = 2,51 \cdot 10^{-8} \,W/m^2K$).

3.6.13 Riemenantriebseinheit für Frässpindeleinheit

Die in Abschn. 3.6.10 beschriebene Frässpindeleinheit (s. Bilder 3.127 und 3.128) wurde beim Stirnfräsen von Aluminium-Legierungen und beim Stirnschlichtfräsen von Gußeisen mit relativ höheren Frässpindeldrehzahlen durch eine Riemenantriebseinheit angetrieben. Diese Antriebseinheit wurde so ausgelegt, daß je nach Betriebsfall Drehzahlen der Frässpindel von $n = 355$ bis $2800 \,min^{-1}$ (Tabelle 3.11) erreicht werden können.

So hohe Drehzahlen der Frässpindel sind notwendig, da bei der Bearbeitung von Aluminium-Legierungen (z. B. Al 99,5, AlMn, AlMg 1 und AlMg 2 Mn 0,8) mit Hartmetall Schnittgeschwindigkeiten von $v_c = 1000 \,m/min$ erreicht werden sollen [76]. Es wurden Drehstrommotoren mit Nenndrehzahlen von $750 \,min^{-1}$, $1000 \,min^{-1}$ und $1500 \,min^{-1}$ eingesetzt.

Tabelle 3.11. Nenndrehzahlen der Frässpindel, die durch Riemenantriebseinheit erreicht werden können

Nenndrehzahl der Frässpindel in min^{-1}	Nenndrehzahl des Motors in min^{-1}	Nennübersetzung des Getriebes
355	750	2
450	750	1,6
560	1000	1,7
710	1500	2
900	1500	1,6
1120	1500	1,25
1400	1500	1
1800	1500	1:1,25
2240	1500	1:1,6
2800	1500	1:2

In Bild 3.132 ist die Riemenantriebseinheit für Frässpindeleinheit $\varnothing$ 120 dargestellt. Da man in diesem Betriebsfall die Aluminium-Legierung AlMg 1 bei einer Schnittgeschwindigkeit von $v_c = 1000$ m/min mit dem Messerkopf $D = 140$ mm bearbeitete, wurde die Antriebseinheit für eine Nenndrehzahl der Frässpindel von $n = 2240$ min^{-1} ausgelegt. Die Nennübersetzung des Getriebes betrug $i = 1\!:\!1,\!6$.

Ein Drehstrommotor (Pos. 1) treibt über Keilriemenscheibe (Pos. 2) und Keilriemen (Pos. 4) die Keilriemenscheibe (Pos. 3) an. Das Antriebsmoment wird von der Keilriemenscheibe auf die Abtriebswelle mit Keilwellenprofil (Pos. 5) und weiter über die Antriebsnabe mit Keilnabenprofil (Pos. 6) auf die Hauptspindel der Frässpindeleinheit (strichpunktiert dargestellt) übertragen. Die Anzugsstange (Pos. 14) dient zum axialen Halten des Werkzeughalters. Der Antriebsmotor ist mit dem Getriebegehäuse (Pos. 11) über eine geschlitzte Platte (Pos. 12) verbunden, damit die Keilriemen eingebaut, ausgebaut und nachgespannt werden können. Zu diesem Zwecke dient auch die auf dem Getriebegehäuse befestigte Platte (Pos. 13), die mit Druck- und Zugschrauben versehen ist.

Berechnung

Die Drehzahl des Fräsers bei $D = 140$ mm wird nach (1.29)

$$n = \frac{1000 v_c}{\pi D} = \frac{1000 \cdot 1000}{\pi \cdot 140} = 2273 \text{ min}^{-1}.$$

Aus Tabelle 1.13 wird die genormte Drehzahl

$$n = 2240 \text{ min}^{-1}$$

gewählt.

Für die Schnittgeschwindigkeit gilt damit

$$v_c = \frac{\pi D n}{1000} = \frac{\pi \cdot 140 \cdot 2.240}{1000} = 985,2 \text{ m/min}.$$

Für den Schnittbogenwinkel hat man

$$\sin\frac{\varphi_s}{2} = \frac{a_e}{D} = \frac{84}{140} = 0,6\,, \qquad \frac{\varphi_s}{2} = 36,8°\,, \qquad \varphi_s = 73,73°\,.$$

Die mittlere Spanungsdicke ergibt sich nach (1.31) zu

$$h_M = \frac{114,6}{\varphi_s} f_z \sin\varkappa_r \frac{a_e}{D} = \frac{114,6}{73,73} 0,1 \sin 45° \frac{84}{140} = 0,0659 \text{ mm}.$$

Für die Spanbreite gilt

$$b = \frac{a_p}{\sin\varkappa_r} = \frac{2}{\sin 45°} = 2,8284 \text{ mm}.$$

Die Anzahl der Zähne im Eingriff beträgt nach (1.33)

$$z_{iE} = \frac{\varphi_s}{360} z = \frac{73,73}{360} 10 = 2,0481\,.$$

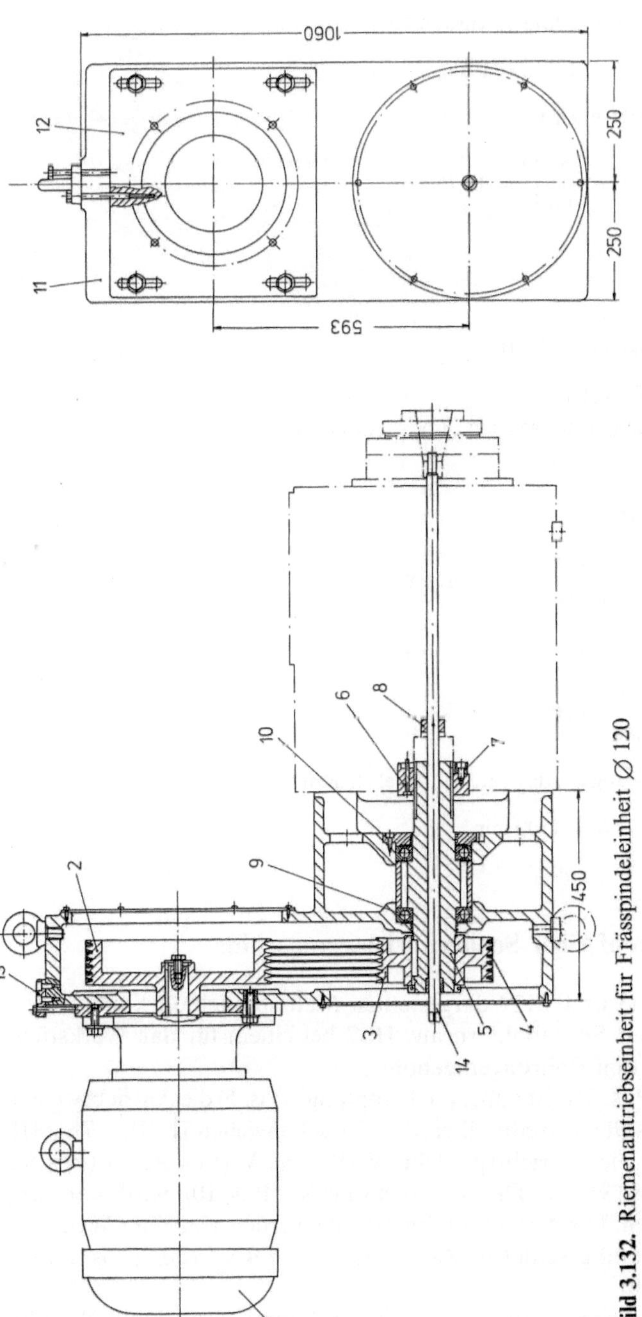

Bild 3.132. Riemenantriebseinheit für Frässpindeleinheit $\varnothing$ 120

Aus Tabelle 1.17 werden $K_{c1.1}$, $1 - z$ und γ_0 entnommen,

$$K_{c1.1} = 250 \text{ N/mm}^2 , \qquad 1 - z = 0{,}66 , \qquad \gamma_0 = 20° .$$

Die Spanwinkelkorrektur beträgt nach (1.4)

$$K_\gamma = 1 - \frac{\gamma - \gamma_0}{66{,}7} = 1 - \frac{15-20}{66{,}7} = 1{,}075 .$$

K_v wird nach Bild 1.14 bestimmt,

$$K_v = 0{,}85 .$$

Die mittlere Schnittkraft beträgt nach (1.34)

$$\begin{aligned}
F_c &= z_{iE} bh_M^{1-z} K_{c1.1} K_\gamma K_v K_T \\
&= 2{,}0481 \cdot 2{,}8284 \cdot 0{,}0659^{0{,}66} \cdot 250 \cdot 1{,}075 \cdot 0{,}85 \cdot 1{,}3 \\
&= 285{,}803 \text{ N} .
\end{aligned}$$

Die Schnittleistung wird nach (1.5)

$$P_c = \frac{F_c v_c}{60 \cdot 1000} = \frac{285{,}803 \cdot 985{,}2}{60 \cdot 1000} = 4{,}69 \text{ kW} .$$

Für das Drehmoment der Frässpindel erhält man aus (3.4)

$$M = \frac{30 P_c}{\pi n} = \frac{30 \cdot 4690}{\pi \cdot 2240} = 20{,}0 \text{ Nm} .$$

Mit Berücksichtigung des Wirkungsgrades wird ein Drehstrommotor mit

$$P_M = 5{,}5 \text{ kW} \quad \text{und} \quad n_M = 1500 \text{ min}^{-1}$$

eingebaut.

3.6.14 Mehrspindelbohrkopf einer Sonderwerkzeugmaschine

Bei dem in den Bildern 3.133 und 3.134 dargestellten Mehrspindelbohrkopf werden
an einer Platte aus St 50 mit Spiralbohrern aus HSS bei einem für das Werkstück
angegebenen Lochabstand fünf Bohrungen gebohrt.

Der Drehstrommotor (Pos. 3) treibt über die Kupplung (Pos. 5) die Antriebswelle I
(Pos. 6) an. Die Antriebswelle I treibt über die Zwischenwellen II (Pos. 7b), III
(Pos. 7a) und VII (Pos. 7a) die Antriebsspindeln IV (Pos. 8), V (Pos. 9), VI (Pos. 9),
VIII (Pos. 9) und IX (Pos. 9) an. Die Pumpenwelle X (Pos. 10) wird von der
Zwischenwelle II angetrieben. Die Antriebsdrehmomente werden von einer Welle auf
die andere durch gehärtete und geschliffene Zahnräder nach DIN 69001 (Pos. 11, 12,
13, 14, 15, 16, 17) übertragen.

Die Zahnräder und die Lager werden durch Öl geschmiert (s. Öleinfüllschraube
Pos. 28, sechs Rohrleitungen Pos. 33, Belüftungsschraube Pos. 27, Ölschauglas Pos.
34 und Schmierölpumpe Pos. 4). Die Spiralbohrer ($2 \times$ DIN 345 $-$ 10 $-$ HSS,
$2 \times$ DIN 345 $-$ 16 $-$ HSS und $1 \times$ DIN 345 $-$ 20 $-$ HSS, Pos. 54, 55 und 56) werden
durch Reduzierhülsen nach DIN 6326 (Pos. 91) über Stellhülsen nach DIN 6327
(Pos. 52) in den Antriebsspindeln aufgenommen.

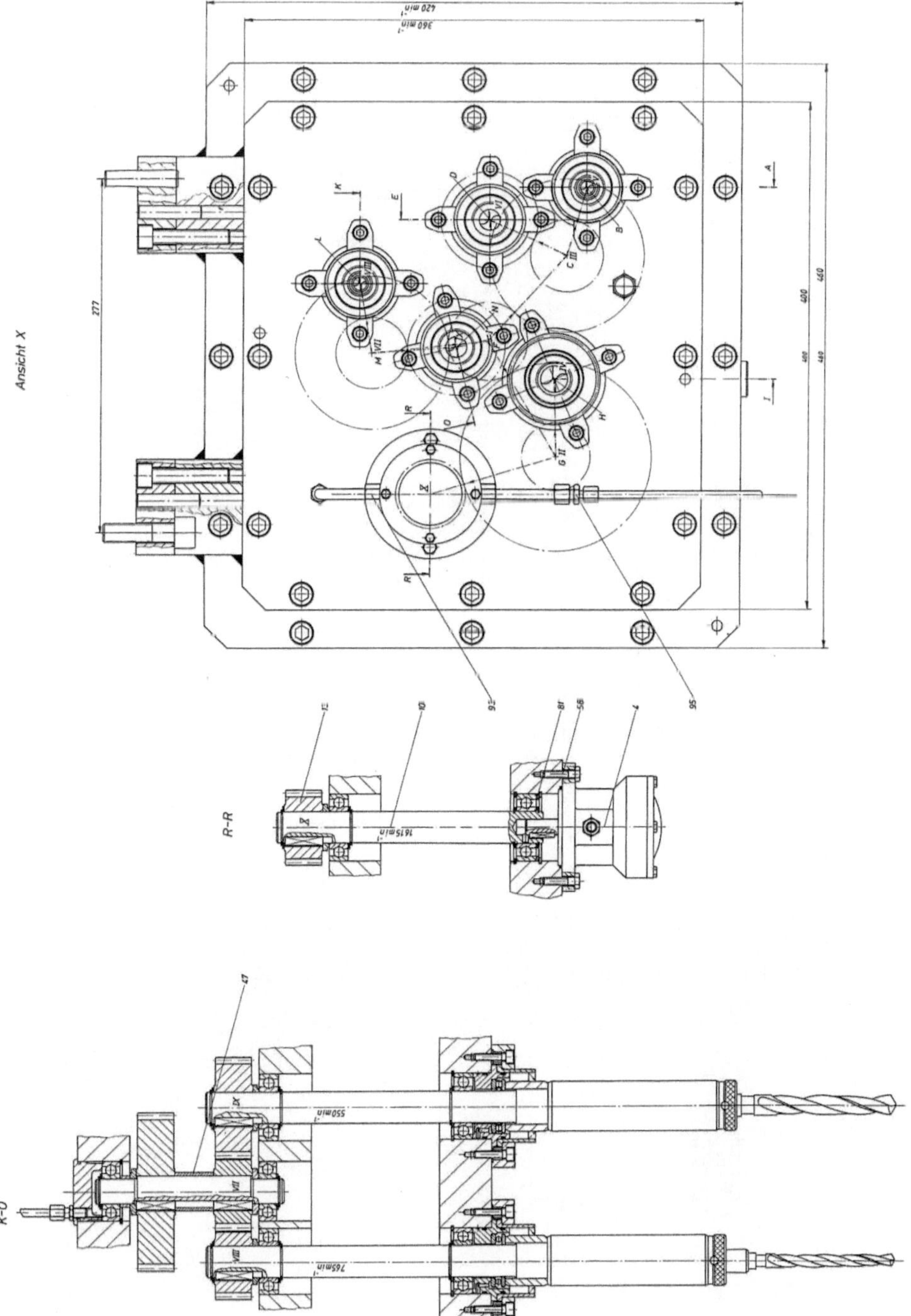

Bild 3.133. Mehrspindelbohrkopf einer Sonderwerkzeugmaschine, Blatt I

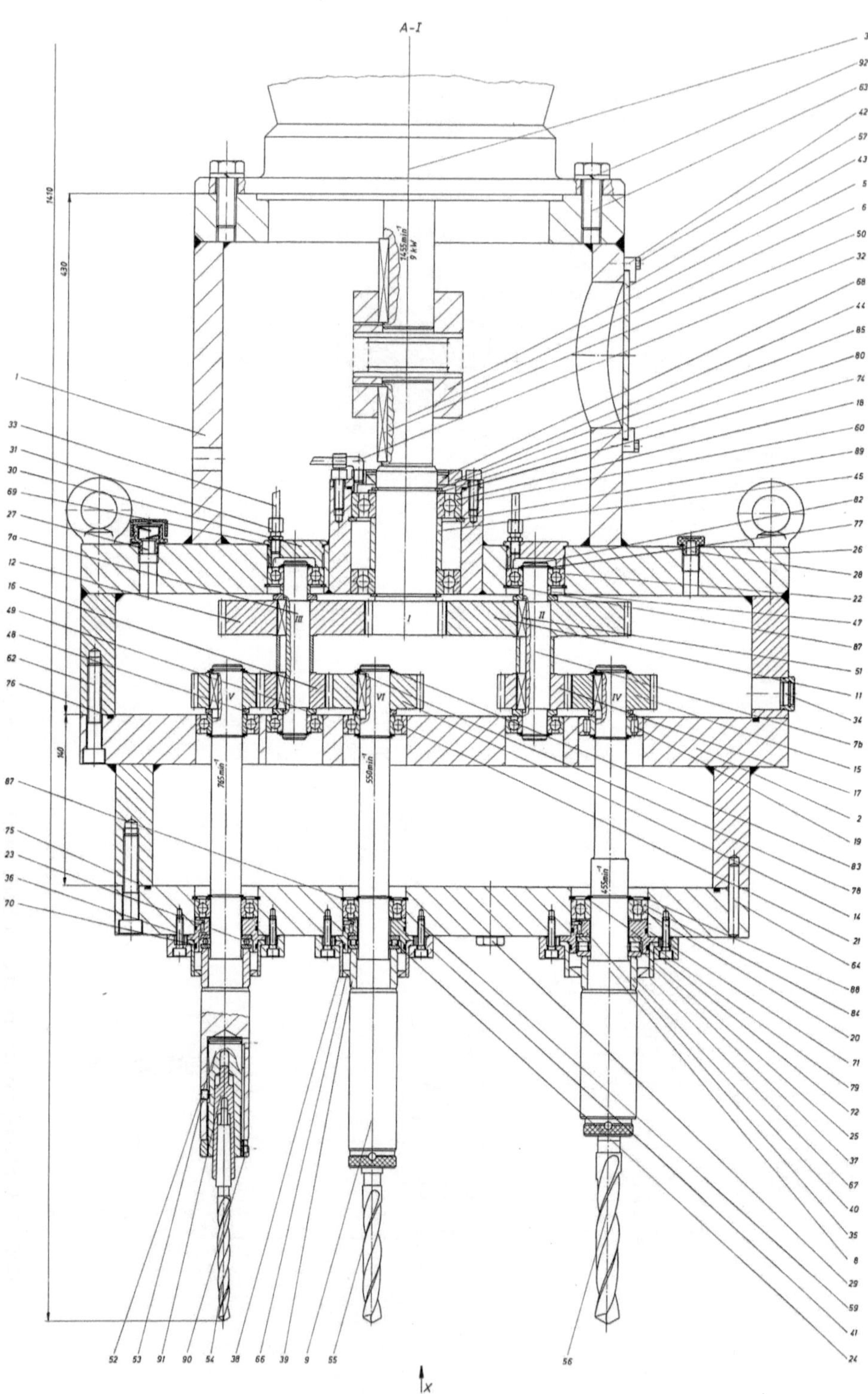

Dieser Mehrspindelbohrkopf wird auf den Tisch eines Senkrechtständers der Sonderwerkzeugmaschine (s. Bild 3.142) durch Schrauben und Stifte befestigt (s. Ansicht X). Nach dem gegebenen Startsignal bewegt sich der Maschinentisch im „Eilgang-Vor" nach unten und dann nach dem nächsten durch Nocken und Endschalter gegebenen Signal im „Arbeitsgang-Vor". Nach dem Fertigbohren aller fünf Löcher fährt der Tisch im „Eilgang-Zurück" in die Ausgangsstellung.

Berechnung

Nach Tabelle 1.16 werden beim Bohren des Werkstoffs St 50 mit HSS Schnittgeschwindigkeit und Vorschübe gewählt:

$$v_c = 25 \ldots 28 \text{ m/min},$$

$$f = 0,18 \text{ mm} \quad (\text{für } D = 10 \text{ mm}),$$

$$f = 0,22 \text{ mm} \quad (\text{für } D = 16 \text{ mm}),$$

$$f = 0,25 \text{ mm} \quad (\text{für } D = 20 \text{ mm}).$$

Es wurde $v_c = 26,5$ m/min als Mittelwert angenommen.
Die Bohrerdrehzahlen betragen nach (1.29) jeweils

$$n = \frac{1000 v_c}{\pi D} = \frac{1000 \cdot 26,5}{\pi \cdot 10} = 843,5 \text{ min}^{-1},$$

$$n = \frac{1000 \cdot 26,5}{\pi \cdot 16} = 527,2 \text{ min}^{-1},$$

$$n = \frac{1000 \cdot 26,5}{\pi \cdot 20} = 421,7 \text{ min}^{-1}.$$

Für die Vorschubgeschwindigkeit gilt nach (1.12) jeweils

$$v_f = fn = 0,18 \cdot 843,5 = 151,83 \text{ mm/min},$$

$$v_f = 0,22 \cdot 527,2 = 115,98 \text{ mm/min},$$

$$v_f = 0,25 \cdot 421,7 = 105,42 \text{ mm/min}.$$

Da für den Mehrspindelbohrkopf nur eine für alle Spiralbohrer gemeinsame Vorschubgeschwindigkeit möglich ist, wird der Mittelwert

$$v_f = 123 \text{ mm/min}$$

angenommen.

Tabelle 3.12. Gewählte Drehzahlen und Vorschubgeschwindigkeiten für die Bohrer $\varnothing$ 10, $\varnothing$ 16 und $\varnothing$ 20

Spindel Nr.	D in mm	v_c in m/min	n in min^{-1}	v_f in mm/min	f in mm
V, VIII	10	24	765	123	0,16
VI, IX	16	27,6	550	123	0,22
IV	20	28,5	455	123	0,27

Bild 3.134. Mehrspindelbohrkopf einer Sonderwerkzeugmaschine, Blatt II

Mit dieser angenommenen Vorschubgeschwindigkeit und den errechneten Drehzahlen würden sich ziemlich große Abweichungen von den empfohlenen Vorschüben f ergeben. Deshalb wurde so optimiert, daß die geringsten Abweichungen von den empfohlenen Werten für Schnittgeschwindigkeit und Vorschub entstehen. Die Ergebnisse sind in Tabelle 3.12 aufgestellt.

Nach Tabelle 1.14 werden $K_{c1.1}$ und $1 - z$ gewählt,

$$K_{c1.1} = 1960 \text{ N/mm}^2 , \qquad 1 - z = 0,82 .$$

Für die Schnittkraft gilt nach (1.20)

$$F_c = \frac{D}{2 \sin (\varepsilon_r/2)} \left(\frac{f}{2} \sin \frac{\varepsilon_r}{2} \right)^{1-z} K_{c1.1} K_T ,$$

man hat also jeweils

$$F_c = \frac{10}{2 \sin (118°/2)} \left(\frac{0,16}{2} \sin \frac{118°}{2} \right)^{0,82} 1960 \cdot 1,4 = 1778 \text{ N} ,$$

$$F_c = \frac{16}{2 \sin (118°/2)} \left(\frac{0,22}{2} \sin \frac{118°}{2} \right)^{0,82} 1960 \cdot 1,4 = 3693,7 \text{ N} ,$$

$$F_c = \frac{20}{2 \cdot \sin (118°/2)} \left(\frac{0,27}{2} \sin \frac{118°}{2} \right)^{0,82} 1960 \cdot 1,4 = 5461,4 \text{ N} .$$

Die Leistung ergibt sich daraus nach (1.5) zu

$$P_c = \frac{F_c v_c}{60 \cdot 1000} = \frac{1778 \cdot 24}{60 \cdot 1000} = 0,71 \text{ kW} ,$$

$$P_c = \frac{3693,7 \cdot 27,6}{60 \cdot 1000} = 1,69 \text{ kW} ,$$

$$P_c = \frac{5461,4 \cdot 28,5}{60 \cdot 1000} = 2,59 \text{ kW} .$$

Da es zwei Spindeln mit $D = 10$, zwei mit $D = 16$ und eine mit $D = 20$ gibt, wird die Gesamtschnittleistung

$$P_c = 2 \cdot 0,71 + 2 \cdot 1,69 + 2,59 = 7,39 \text{ kW} .$$

Mit der Berücksichtigung des Wirkungsgrades des Getriebes wurde ein Drehstrommotor mit

$$P_M = 9 \text{ kW} \quad \text{und}$$
$$n_M = 1500 \text{ min}^{-1} \text{ (Lastdrehzahl 1455 min}^{-1})$$

gewählt.

3.6.15 Mehrspindelbohrkopf mit Exzenterscheibe für eine Sonderwerkzeugmaschine

Bei dem in Bild 3.135 dargestellten Mehrspindelbohrkopf werden auf einem Lochkreis von $\varnothing$ 40 mm fünf Kernlochbohrungen für Gewinde M 8 in St 60 gebohrt. Bei einem so kleinen Abstand zwischen den einzelnen Antriebsspindeln konnte kein gewöhnlicher Antrieb durch Zahnräder eingebaut werden.

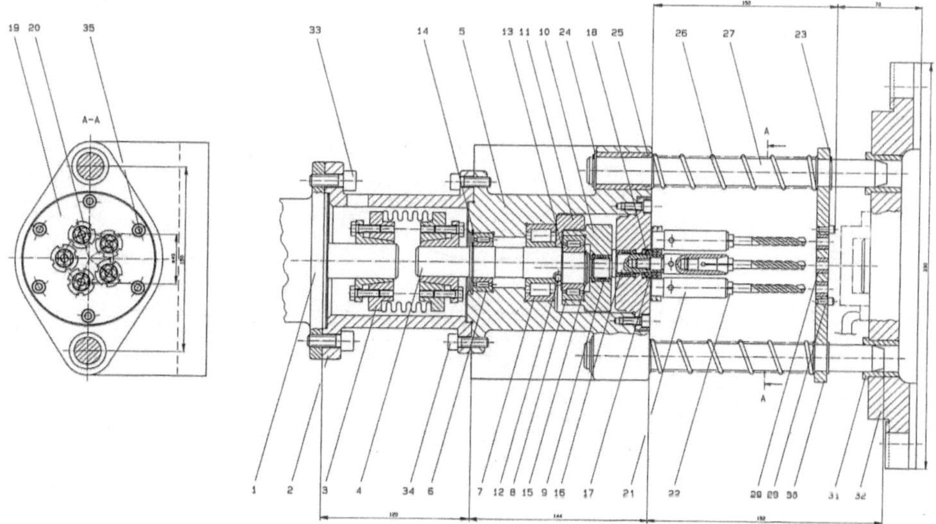

Bild 3.135. Mehrspindelbohrkopf mit Exzenterscheibe für eine Sonderwerkzeugmaschine

Der Drehstrommotor (Pos. 1) treibt über die Kupplung (Pos. 3) die Exzenterwelle
(Pos. 4) an. Die Exzenterwelle, die im Gehäuse (Pos. 5) durch Zylinderrollenlager
(Pos. 6 und Pos. 7) gelagert ist, treibt die auf der Exzenterwelle durch Zylinderrollenlager (Pos. 8) gelagerte Antriebsscheibe (Pos. 10) an. Damit die Fliehkräfte
ausgeglichen werden können, ist ein Gegengewicht (Pos. 11) vorgesehen. Alle fünf
Spindeln (Pos. 16), die als Exzenterspindeln ausgeführt sind, sind im Gehäuse durch
Nadellager gelagert und werden von der Antriebsscheibe über Nadellager (Pos. 9)
angetrieben. Die Exzentrizität aller fünf Exzenterspindeln muß im höchsten Maße
mit der Exzentrizität der Exzenterwelle (Pos. 4) übereinstimmen, damit der Antrieb
ohne Zwang stattfindet. Die Vorschubkräfte der Arbeitsspindeln werden durch als
Sonderausführung gebaute Axialrillenkugellager (Pos. 17, 18) übernommen. Alle fünf
Spiralbohrer werden durch Spannzangen (Pos. 22) in den Arbeitsspindeln (Pos. 21)
aufgenommen. Die Arbeitsspindeln sind durch einen Paßsitz und ein Gewinde mit
den Exzenterspindeln verbunden.

Das Werkstück (strichpunktiert dargestellt) wird durch die Vorrichtungsgrundplatte (Pos. 32) aufgenommen. Die Spiralbohrer werden in den Bohrbuchsen (Pos. 28),
die sich in der Bohrplatte (Pos. 30) befinden, geführt. Das Lagebestimmen zwischen
Mehrspindelbohrkopf und Vorrichtung übernehmen zwei Führungsbolzen (Pos. 27),
die im Bohrkopfgehäuse und in der Vorrichtungsgrundplatte durch Bohrbuchsen
(Pos. 25 und Pos. 31) geführt werden. Die Führungsbolzen fahren zuerst mit ihrer
kegeligen Fläche in die Vorrichtungsgrundplatte (gezeichnete Stellung in Bild 3.135),
die Anschlagbolzen (Pos. 29) schlagen auf das Werkstück an, die Bohrplatte bleibt
stehen, die Spiralbohrer fahren weiter mit der vorgesehenen Vorschubgeschwindigkeit
des Maschinentisches, auf dem das Bohrkopfgehäuse (Pos. 5) befestigt ist, die
Druckfedern (Pos. 27) werden zusammengedrückt. Nach Beendigung des Bohrvorganges wird durch elektrische Impulse eines Positionsschalters der „Eilgang-
Zurück" des Maschinentisches eingeschaltet.

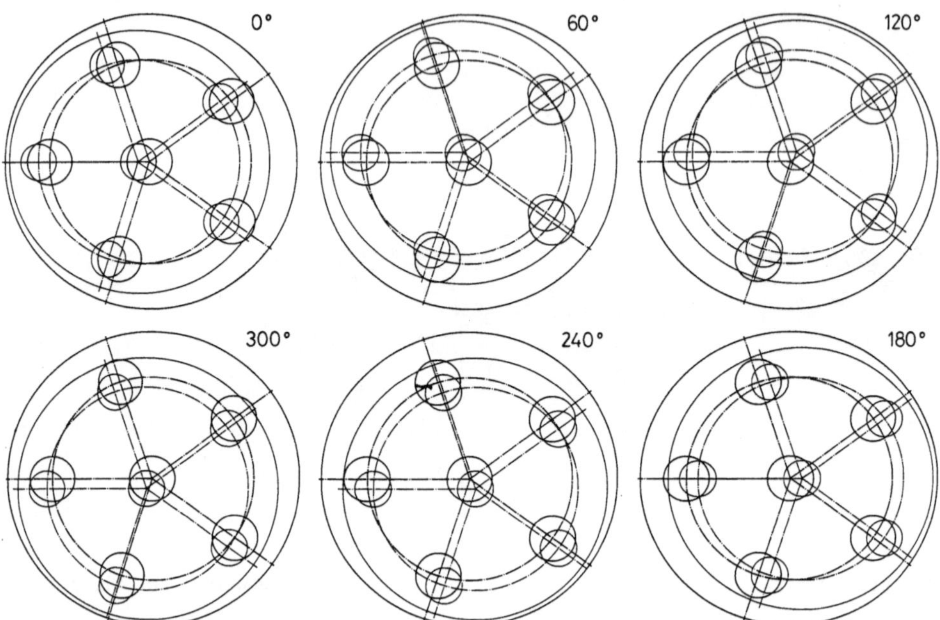

Bild 3.136. Prinzipskizze des Antriebes mit Exzenterscheibe

Die Prinzipskizze des Antriebes mit Exzenterscheibe ist in Bild 3.136 dargestellt. Es wurde in sechs Stellungen (von 0° bis 300°, rechtsdrehend) dargestellt, wie die Exzenterscheibe (Pos. 10) durch ihre exzentrische Rotation alle fünf Antriebsspindeln zum Drehen bringt. Die kleineren Kreise zeigen die momentane Lage des Kurvenzapfens.

Die Mehrspindelbohrköpfe werden auf dem Maschinentisch befestigt, der die Vorschub- und Eilgangbewegungen ausführt.

Berechnung

1. Für den angegebenen Werkstoff (St 60) beim Bohren mit HSS ergeben sich aus Tabelle 1.16

$$v_c = 30\,\text{m/min}\,, \quad f = 0,15\,\text{mm}\,.$$

Die Drehzahl wird rechnerisch ermittelt zu

$$n = 1492\,\text{min}^{-1}\,, \quad \text{gewählt wird} \quad n = 1500\,\text{min}^{-1}\,.$$

2. Es wird rechnerisch

$$F_{c1} = 1290\,\text{N}\,, \quad F_{f1} = 1448\,\text{N}$$

ermittelt.
Die Gesamtschnittkraft von fünf Spindeln beträgt

$$F_c = 6452,8\,\text{N}\,,$$

die Gesamtvorschubkraft

$$F_f = 7240\,\text{N}\,.$$

Die Schnittleistung beträgt nach (1.5)

$$P_c = \frac{F_c v_c}{60 \cdot 1000} = \frac{6452,8 \cdot 30,16}{60 \cdot 1000} = 3,24 \text{ kW},$$

die Antriebsleistung nach (1.6)

$$P_M = \frac{P_c}{\eta} = \frac{3,24}{0,85} = 3,83 \text{ kW}.$$

Es wurde ein Drehstrommotor

$$P_M = 4 \text{ kW}, \qquad n_M = 1500 \text{ min}^{-1}$$

gewählt.

3. Die Radiallager der Arbeitsspindeln werden nach der Schnittkraft $F_c = 1290,6$ berechnet,

$$c = \frac{f_L P}{f_n} = \frac{2,46 \cdot 1290,6}{0,319} = 9,95 \text{ kN},$$

$$(f_{L10000} = 2,46, \qquad f_{n1500} = 0,319).$$

Das gewählte Lager hat $c = 10,5 \text{ kN}$.

4. Das Axiallager der Arbeitsspindel wird nach der Vorschubkraft $F_f = 1448$ N berechnet,

$$c = \frac{f_L P}{f_n} = \frac{2,71 \cdot 1,448}{0,288} = 13,6 \text{ kN},$$

$$(f_{L10000} = 2,71, \qquad f_{n1500} = 0,288).$$

Das gewählte Lager hat $c = 16,6 \text{ kN}$.

5. Das Radiallager (Pod. 8) wird nach der Gesamtkraft

$$F_{GES} = 5 \frac{F_c \cdot D/2}{e} = 5 \frac{1290,6 \cdot 6,4/2}{4} = 5162 \text{ N}$$

$$(D = 6,4 \text{ mm}, \quad e = 4 \text{ mm})$$

berechnet.
Man hat danach

$$c = \frac{f_L P}{f_n} = \frac{2,46 \cdot 5162}{0,319} = 39,8 \text{ kN}$$

$$(f_{L10000} = 2,46, \qquad f_{n1500} = 0,319).$$

Das gewählte Lager hat $c = 46 \text{ kN}$.

6. Die Berechnung der Lager (Pos. 7) und (Pos. 6) wird nach folgender Skizze durchgeführt (Bild 3.137).
Auf dieser Skizze wurden die Lager wie folgt bezeichnet:

(Pos. 8) als 3,

(Pos. 7) als 1,

(Pos. 6) als 2.

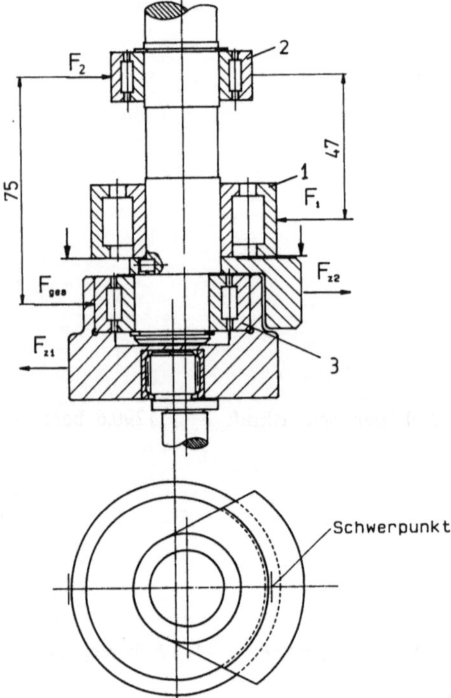

Bild 3.137. Skizze für die Lagerberechnung

Die Momentgleichung bezogen auf Lager 2 lautet

$$F_{GES} \cdot 75 - F_1 \cdot 47 = 0, \quad \text{es folgt}$$

$$F_1 = \frac{F_{GES} \cdot 75}{47} = \frac{5162 \cdot 75}{47} = 8237\,\text{N}.$$

Die Momentgleichung bezogen auf Lager 3 lautet

$$F_1(75 - 47) - F_2 \cdot 75 = 0, \quad \text{also}$$

$$F_2 = \frac{F_1(75 - 47)}{75} = \frac{8237 \cdot (75 - 47)}{75} = 3075\,\text{N}.$$

Für Lager 1 gilt

$$c = \frac{f_L P}{f_n} = \frac{2{,}46 \cdot 8237}{0{,}319} = 63{,}5\,\text{kN},$$

das gewählte Lager hat $c = 63\,\text{kN}$.

Für Lager 2 gilt

$$c = \frac{f_L P}{f_n} = \frac{2{,}46 \cdot 3075}{0{,}319} = 23{,}7\,\text{kN},$$

das gewählte Lager hat $c = 31{,}5\,\text{kN}$.

3.6.16 Mehrspindelgewindebohrkopf mit Leitpatrone für eine Sonderwerkzeugmaschine mit drei Spindeln

In den Bildern 3.138 und 3.139 ist ein Mehrspindelgewindebohrkopf mit Leitpatrone (Leitmutter) dargestellt. Der Drehstrom-Stirnrad-Getriebemotor (Pos. 15) treibt über die Kupplung (Pos. 14) die Antriebswelle I (Pos. 38) an. Die Antriebswelle I treibt über die Zwischenwelle II (Pos. 44) die Antriebsspindel III (Pos. 39) an. Die Antriebsspindel IV (Pos. 39) wird auch von der Zwischenwelle II angetrieben. Die Antriebsspindel IV treibt über die Zwischenwelle V (Pos. 44) die Antriebsspindel VI (Pos. 39) an. Die Antriebsdrehmomente werden von den Antriebsspindeln III, IV und VI über die Überlastkupplungen (Pos. 18) auf die Arbeitsspindeln (Pos. 40 und Pos. 41) übertragen, die in den Leitmuttern (Pos. 42 und Pos. 43) geführt werden und deshalb kombinierte Dreh- und geradlinige Bewegungen (Schraubenbewegungen) ausführen. Die in den Arbeitsspindeln über Klemmhülsen nach DIN 6328 (Pos. 7 und Pos. 8) und Stellhülsen nach DIN 6327 (Pos. 3 und Pos. 4) aufgenommenen Gewindebohrer haben die gleichen Steigungen wie die Leitmuttern.

Damit die Arbeitsspindeln bei dem angegebenen Hub $H = 20$ mm in jeder Lage die Antriebsdrehmomente formschlüssig übertragen können, sind sie mit dem Kupplungsteil durch ein Keilwellenprofil verbunden. Die Lagerung der Arbeitsspindeln an dem vorderen Teil übernehmen Glycodur-Gleitlager (Pos. 12 und Pos. 13). Alle mit Modul 3,0 mm versehenen Zahnräder sind gehärtet und geschliffen und wurden nach DIN 69001 ausgeführt.

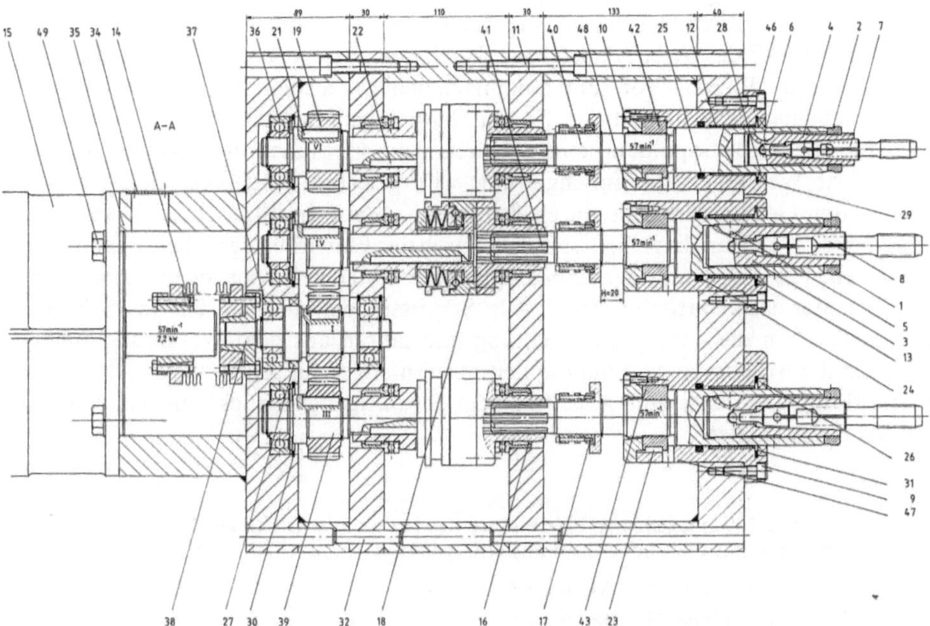

Bild 3.138. Mehrspindelgewindebohrkopf mit Leitpatrone, Blatt I

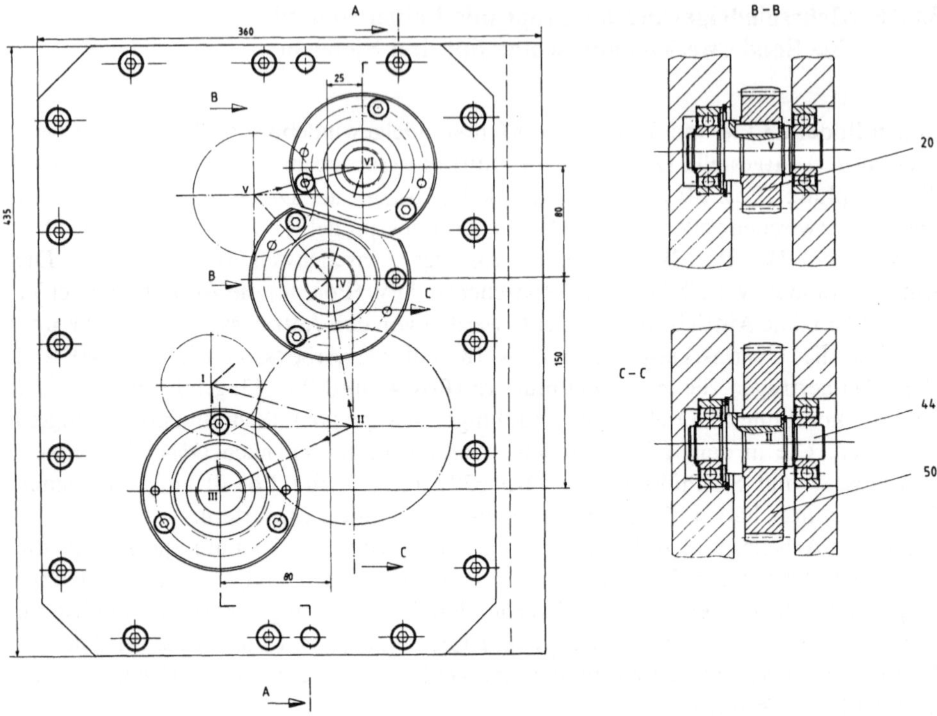

Bild 3.139. Mehrspindelgewindebohrkopf mit Leitpatrone, Blatt II

Die Mehrspindelgewindebohrköpfe werden auf den waagerechten oder senkrechten Maschinentischen befestigt, die die Zustellbewegungen „Eilgang-Vor" und „Eilgang-Zurück" des Tisches ausführen. Nach dem gegebenen Startsignal fährt der Maschinentisch „Eilgang-Vor" und dann nach dem gegebenen Signal „Schleichgang-Vor". Nachdem der Tisch auf den Festanschlag angefahren ist, wird „Arbeitsgang-Vor" für die Arbeitsspindeln eingeschaltet. Die Gewindebohrer fahren in das vorgebohrte Werkstück, das Innengewinde wird gefertigt. Nach dem Erreichen der gewünschten Gewindetiefe, die durch den Anschlag auf die Flanschdeckel (Pos. 48) bestimmt wird, bleiben die Arbeitsspindeln durch das Einwirken der Überlastkupplungen stehen. Die Kupplung der Arbeitsspindel, die zuletzt stehen bleibt, gibt durch einen Schalter das elektrische Signal. Alle Arbeitsspindeln drehen sich im „Schleichgang-Zurück" in die andere Drehrichtung und fahren aus dem Werkstück hinaus. Nachdem die Arbeitsspindeln auf die Leitmuttern angeschlagen sind, wird durch die Überlastkupplung der letzten Arbeitsspindel der „Eilgang-Zurück" für den Maschinentisch eingeschaltet.

Berechnung

Nach dem in Bild 3.139 angegebenen Bohrbild werden in dem Werkstück aus 16MnCr5 folgende Gewindebohrungen mit Gewindebohrer aus HSS gefertigt:

Bei Arbeitsspindel III M 20 × 1,5,
bei Arbeitsspindel IV M 20 × 1,5,
bei Arbeitsspindel VI M 16 × 1,5.

Für Werkstoffe mit $R_m > 900\,\text{N/mm}^2$ wie 16MnCr5 werden beim Gewindebohren mit HSS Schnittgeschwindigkeiten von

$$v_c = 2\ \text{bis}\ 4\,\text{m/min}$$

empfohlen [13, 31].

Diese Schnittgeschwindigkeiten werden am mittleren Gewindedurchmesser $(D + d)/2$ für Gewindebohrer M $16 \times 1{,}5$ und M $20 \times 1{,}5$ bei $n = 57\,\text{min}^{-1}$ erreicht (s. (1.18)), man hat also jeweils

$$v_c = \frac{\pi(D + d)/2n}{1000} = \frac{\pi(16 + 13{,}916)/2 \cdot 57}{1000} = 2{,}67\,\text{m/min}\,,$$

bzw.

$$v_c = \frac{\pi(20 + 17{,}916)/2 \cdot 57}{1000} = 3{,}39\,\text{m/min}\,.$$

Die Gewindebohrer werden von Durchmesser D auf Durchmesser d nach einem Anschnittwinkel ϑ kegelig auf die Länge l verjüngt.

Die Anschnittlänge l wird bei $\vartheta = 10°$

$$l = \frac{(D - d)/2}{\tan \vartheta} = \frac{(16 - 13{,}916)/2}{\tan 10°} = 5{,}9\,\text{mm}\,,$$

bzw.

$$l = \frac{(20 - 17{,}916)/2}{\tan 10°} = 5{,}9\,\text{mm}\,.$$

Die Anzahl der Schneidstellen wird bei der Gewindesteigung p

$$z = \frac{l}{p} = \frac{5{,}9}{1{,}5} = 3{,}93\,,\quad \text{d. h.}\quad z = 4\,.$$

Der Vorschub wird bestimmt zu

$$f = \frac{p}{z} = \frac{1{,}5}{4} = 0{,}375\,\text{mm}\,.$$

Nach Tabelle 1.3 für $f = 0{,}4\,\text{mm}$, Einstellwinkel $\varkappa_r = 60°$ (metrisches Feingewinde nach DIN 13) wird für 16MnCr5 die spezifische Schnittkraft

$$K_c = 2698\,\text{N/mm}^2$$

ermittelt.

Das Gewindebohren kann bei der Berechnung der Schnittkraft mit dem Innendrehen verglichen werden, wenn noch ein Verfahrenfaktor K_{VER} berücksichtigt wird.

Bei $D = 16\,\text{mm}$ bzw. $D = 20\,\text{mm}$ gilt [13] in beiden Fällen $K_{VER} = 1.1$.

Verschleißkorrektur K_T wird wie beim Drehen

$$K_T = 1{,}3\ \text{bis}\ 1{,}5\,,\quad \text{d. h.}$$
$$K_T = 1{,}4\,.$$

Für den Spanungsquerschnitt gilt

$$A = p\,\frac{(D-d)}{2} = 1{,}5\,\frac{(20-17{,}916)}{2} = 0{,}3908\ \text{mm}^2\,, \quad \text{ebenso}$$

$$A = 1{,}5\,\frac{(16-13{,}916)}{2} = 0{,}3908\ \text{mm}^2\,.$$

Für die Schnittkraft folgt in beiden Fällen

$$F_c = AK_cK_{\text{VER}}K_T = 0{,}3908 \cdot 2698 \cdot 1{,}1 \cdot 1{,}4 = 1623{,}5\ \text{N}\,.$$

Die Schnittleistung bei M 16 × 1,5 beträgt damit

$$P_c = \frac{F_c v_c}{60 \cdot 1000} = \frac{1623{,}5 \cdot 2{,}67}{60 \cdot 1000} = 0{,}07\ \text{kW}\,,$$

bei M 20 × 1,5

$$P_c = \frac{1623{,}5 \cdot 3{,}39}{60 \cdot 1000} = 0{,}09\ \text{kW}\,.$$

Die Gesamtschnittleistung ergibt sich daraus zu

$$P_c = 2 \cdot 0{,}09 + 0{,}07 = 0{,}25\ \text{kW}\,.$$

Es wurde ein Getriebe-Motor mit

$$P = 2{,}2\ \text{kW} \quad \text{und} \quad n = 57\ \text{min}^{-1}$$

eingebaut.

3.6.17 Mehrspindelgewindebohrkopf mit Leitpatrone für eine Sonderwerkzeugmaschine mit fünf Spindeln

In den Bildern 3.140 und 3.141 ist ein Mehrspindelgewindebohrkopf mit fünf Spindeln dargestellt. Bei diesem Gewindebohrkopf werden wie bei dem in den Bildern 3.138 und 3.139 beschriebenen Bohrkopf die Arbeitsspindeln in den Leitmuttern geführt. Solche Konstruktionen werden vorteilhaft für die Fertigung von größeren Gewindebohrungen angewandt. Bei der Fertigung kleinerer Gewindebohrungen bewegt sich der Maschinentisch mit dem Mehrspindelgewindebohrkopf mit einer für alle Spindeln gemeinsamen Vorschubgeschwindigkeit. Die Gewindebohrer werden in den Gewindeschneid-Schnellwechselfuttern mit eingebautem Längenausgleich auf Zug und Druck aufgenommen, damit Differenzen zwischen dem Vorschub und der Gewindesteigung automatisch ausgeglichen werden.

Der Drehstrom-Stirnrad-Getriebemotor (Pos. 34) treibt über die Kupplung (Pos. 37) die Antriebswelle I (Pos. 7) an. Die Antriebswelle I treibt die Antriebsspindeln II, V, VI und VII an. Die Antriebsspindel IV wird von der Antriebsspindel II über die Zwischenwelle III angetrieben. Die Antriebsdrehmomente werden von den Antriebsspindeln II, IV, V, VI und VII über die Überlastkupplungen (Pos. 35) auf die Arbeitsspindeln (Pos. 10, Pos. 11) übertragen, die in den Leitmuttern (Pos. 25) geführt werden und deshalb Dreh- und geradlinige Bewegungen (Schraubenbewegungen)

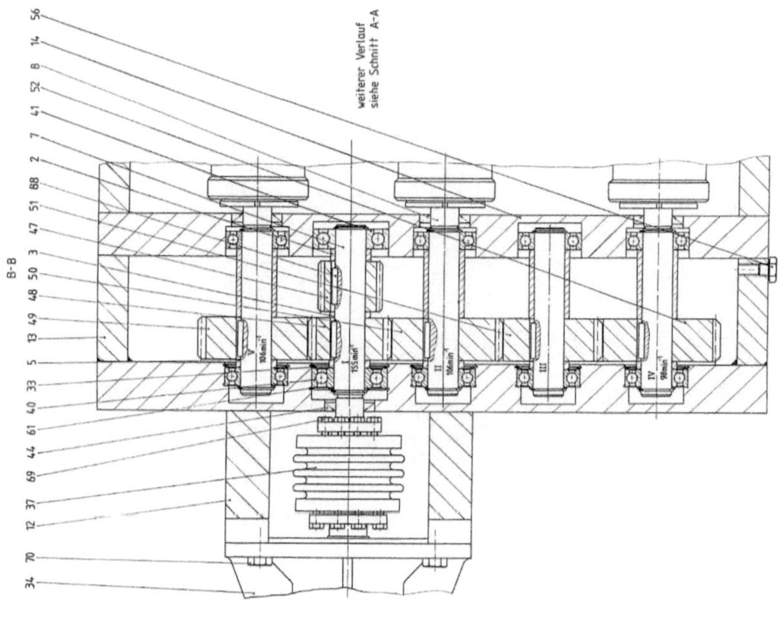

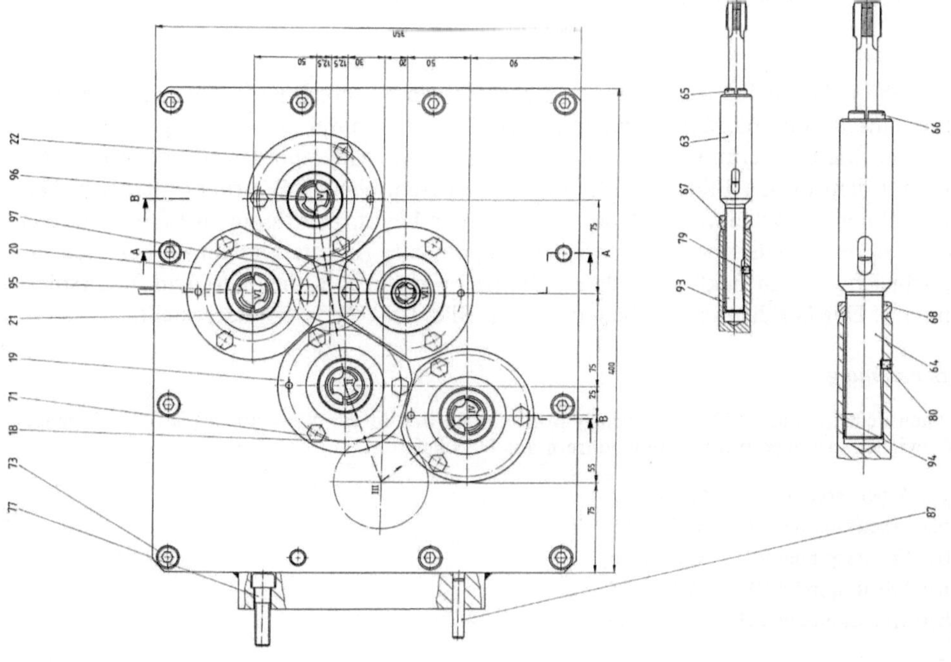

Bild 3.140. Mehrspindelgewindebohrkopf mit fünf Spindeln, Blatt I

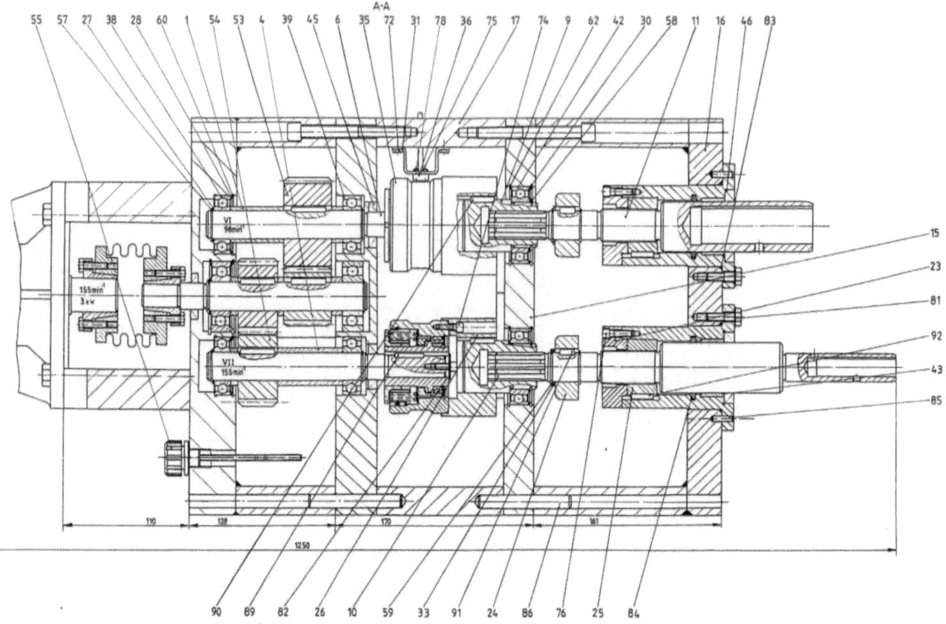

Bild 3.141. Mehrspindelgewindebohrkopf mit fünf Spindeln, Blatt II

ausführen. Die in den Arbeitsspindeln über Klemmhülsen (Pos. 65, 66) und abgesetzte Stellhülsen (Pos. 63, 64) aufgenommenen Gewindebohrer haben die gleichen Steigungen wie die Leitmutter. Die Arbeitsweise dieses Mehrspindelgewindebohrkopfes ist mit dem in den Bildern 3.138 und 3.139 beschriebenen Bohrkopf identisch. Die Kupplung der Arbeitsspindel, die zuletzt stehen bleibt, gibt durch einen Schalter das elektrische Signal. Der Motor wird umgepolt, alle Arbeitsspindeln drehen sich im „Schleichgang-Zurück" in anderer Drehrichtung und fahren aus dem Werkstück hinaus. Der berührungslose Schalter ist in Bild 3.141 (Pos. 36) dargestellt.

Berechnung

Nach dem in Bild 3.140 angegebenen Bohrbild werden in ein Werkstück aus St 70 folgende Gewindebohrungen mit Gewindebohrern aus HSS gefertigt:

Bei Arbeitsspindel II	M 24 × 1,5,
bei Arbeitsspindel IV	M 24 × 1,5,
bei Arbeitsspindel V	M 24 × 1,5,
bei Arbeitsspindel VI	M 24 × 1,5,
bei Arbeitsspindel VII	M 16 × 1,5.

Für Werkstoffe mit $R_\mathrm{m} = 500$ bis $700\ \mathrm{N/mm^2}$ wie St 70 werden beim Gewindebohren mit HSS folgende Schnittgeschwindigkeiten von

$$v_\mathrm{c} = 4 \text{ bis } 8 \text{ m/min}$$

empfohlen [13, 31].

Diese Schnittgeschwindigkeiten werden am mittleren Gewindedurchmesser $(D + d)/2$ für Gewindebohrer M $16 \times 1,5$ und M $24 \times 1,5$ bei den in den Zusammenstellungen angegebenen Drehzahlen wie folgt erreicht:

$$\text{Spindeln II, V} \qquad v_c = \frac{\pi(D + d)/2n}{1000} = \frac{\pi(24 + 21,916)/2 \cdot 106}{1000} = 7,64 \text{ m/min},$$

$$\text{Spindeln IV, VI} \qquad v_c = \frac{\pi(24 + 21,916)/2 \cdot 98}{1000} = 7,06 \text{ m/min},$$

$$\text{Spindel VII} \qquad v_c = \frac{\pi(16 + 13,916)/2 \cdot 155}{1000} = 7,28 \text{ m/min}.$$

Die Anschnittlänge l der Gewindebohrer beträgt bei $\vartheta = 10°$

$$l = \frac{(D - d)/2}{\tan \vartheta} = \frac{(16 - 13,916)/2}{\tan 10°} = 5,9 \text{ mm},$$

bzw.

$$l = \frac{(24 - 21,916)/2}{\tan 10°} = 5,9 \text{ mm}.$$

Die Anzahl der Schneidstollen bei Gewindesteigung p wird

$$z = \frac{l}{p} = \frac{5,9}{1,5} = 3,93, \quad \text{d. h.} \quad z = 4.$$

Für den Vorschub gilt

$$f = \frac{p}{z} = \frac{1,5}{4} = 0,375 \text{ mm}.$$

Nach Tabelle 1.3 für $f = 0,4$ mm, $\varkappa_r = 60°$ (metrisches Feingewinde nach DIN 13) wird für St 70 die spezifische Schnittkraft bestimmt zu

$$K_c = 3041 \text{ N/mm}^2.$$

Der Verfahrensfaktor beträgt für $D = 16$ $K_{VER} = 1,1$, für $D = 24$ $K_{VER} = 1,05$.
Die Verschleißkorrektur K_T wird wie beim Drehen

$$K_T = 1,4.$$

Für den Spanungsquerschnitt gilt

$$A = p \frac{D - d}{4} = 1,5 \frac{24 - 21,916}{4} = 0,3908 \text{ mm}^2.$$

Die Schnittkraft ergibt sich zu

$$F_c = AK_cK_{VER}K_T = 0,3908 \cdot 3041 \cdot 1,1 \cdot 1,4 = 1830,17 \text{ N}$$

für $D = 16$ und

$$F_c = 0,3908 \cdot 3041 \cdot 1,05 \cdot 1,4 = 1746,98 \text{ N}$$

für $D = 24$.

Die Schnittleistung des Gewindebohrers M $16 \times 1,5$ ist

$$P_c = \frac{F_c v_c}{60 \cdot 1000} = \frac{1830,17 \cdot 7,28}{60 \cdot 1000} = 0,22 \text{ kW} \,,$$

für $M\ 24 \times 1,5$ (Spindel II, V) hat man

$$P_c = \frac{1746,98 \cdot 7,64}{60 \cdot 1000} = 0,22 \text{ kW} \,,$$

für $M\ 24 \times 1,5$ (Spindel IV, VI)

$$P_c = \frac{1746,98 \cdot 7,06}{60 \cdot 1000} = 0,205 \text{ kW} \,.$$

Die Gesamtschnittleistung ergibt sich somit zu

$$P_c = 0,22 + 2 \cdot 0,22 + 2 \cdot 0,205 = 1,07 \text{ kW} \,.$$

Es wurde ein Getriebe-Motor mit

$$P = 3 \text{ kW} \quad \text{und} \quad n = 155 \text{ min}^{-1}$$

eingebaut.

3.6.18 Rundschalttisch $\emptyset$ 800 für eine Sonderwerkzeugmaschine

Rundschalttische werden als genormte Baueinheiten zum Zusammenstellen von Sonderwerkzeugmaschinen eingesezt. Eine Rundschalttisch-Sonderwerkzeugmaschine, die aus genormten Baueinheiten zusammengestellt wird, ist in Bild 3.142 dargestellt.

In den Rahmennormen nach DIN 69 512 bis 69 643 sind nur die einzuhaltenden wesentlichen Haupt- und Anschlußmaße der verschiedenen Baugruppen festgelegt. Besondere konstruktive Eigenheiten werden dadurch nicht betroffen.

In Bild 3.143 ist ein Rundschalttisch mit Durchmesser $\emptyset$ 800 mm und Teilung $3 \times 120°$ dargestellt.

Der Hydromotor (Pos. 3) treibt über die Kupplung (Pos. 44) die Schneckenwelle (Pos. 4) an. Das Antriebsdrehmoment wird von der Schnecke auf das Schneckenrad (Pos. 5) und somit auf das Rundschalttisch-Oberteil (Pos. 2) übertragen. Damit eine hohe Teilungsgenauigkeit erreicht werden kann, ist der Tisch durch hochgenaue Kugelführungen gelagert (s. Bild 3.69), die aus Kugelkäfig (Pos. 10), Führungsbuchse (Pos. 9) und Führungswelle (Pos. 8 bestehen. Weitere Voraussetzung zum Erreichen hoher Teilungsgenauigkeiten ist, daß alle drei Anschlagsteine (Pos. 54), mit welchen der Tisch auf den Anschlagbolzen (Pos. 57) anschlägt, bei der Montage abgestimmt werden können.

Beim Einbau der Anschlagsteine werden die Schrauben (Pos. 56) nur leicht angezogen.Anschließend werden die Anschlagsteine gegen den Anschlagbolzen gefahren, damit sie an den mit „X" bezeichneten Flächen anliegen. Dann werden die Schrauben festgezogen, die Teilgenauigkeit mit Hilfe eines optischen Meßtisches,

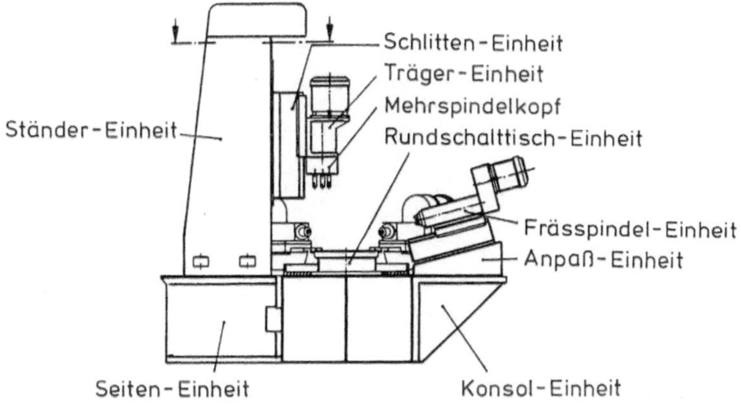

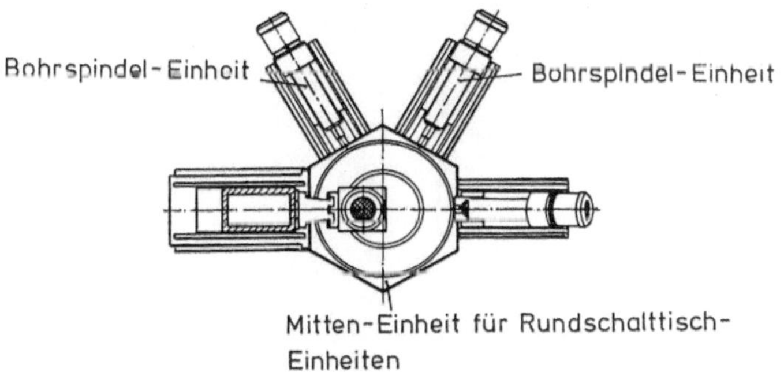

Bild 3.142. Rundschalttisch-Sonderwerkzeugmaschine, die aus genormten Baueinheiten zusammengestellt wird

der auf dem Tisch eingebaut wird, gemessen und die Anschlagsteine ausgebaut und abgestimmt. Beim Wiedereinbau wird genauso verfahren. Der Anschlagbolzen muß in der Mitte der Abstimmfläche des Anschlagsteines anschlagen (zulässige Abweichung $\pm 0,5$ mm).

Beim Abstimmen (Abstimmradius $R = 250$ mm) gilt: $2R\pi$ (in mm) entspricht $360 \cdot 60 \cdot 60$ (in Winkelsekunden), eine Winkelsekunde entspricht demnach an der Abstimmfläche

$$x = \frac{2R\pi}{360 \cdot 60 \cdot 60} = \frac{2 \cdot 250 \cdot \pi}{360 \cdot 60 \cdot 60} = 0,0012 \text{ mm} = 1,2 \text{ } \mu\text{m}.$$

Das bedeutet, wenn der optische Meßtisch eine Abweichung von 1 Winkelsekunde gemessen hat, soll der entsprechende Anschlagstein um den Betrag von 1,2 μm nachgeschliffen werden.

Mit den Anschlagsteinen kann eine viel höhere Teilungsgenauigkeit erreicht werden als die, die durch Stirnverzahnung oder durch zwei Fixierbolzen erreicht werden kann.

Eine weitere Anforderung wird an diese Tische gestellt: Sie sollen eine sehr kurze Taktzeit aufweisen. Um dies zu erreichen, wurde bei diesem Tisch auf ein Abheben

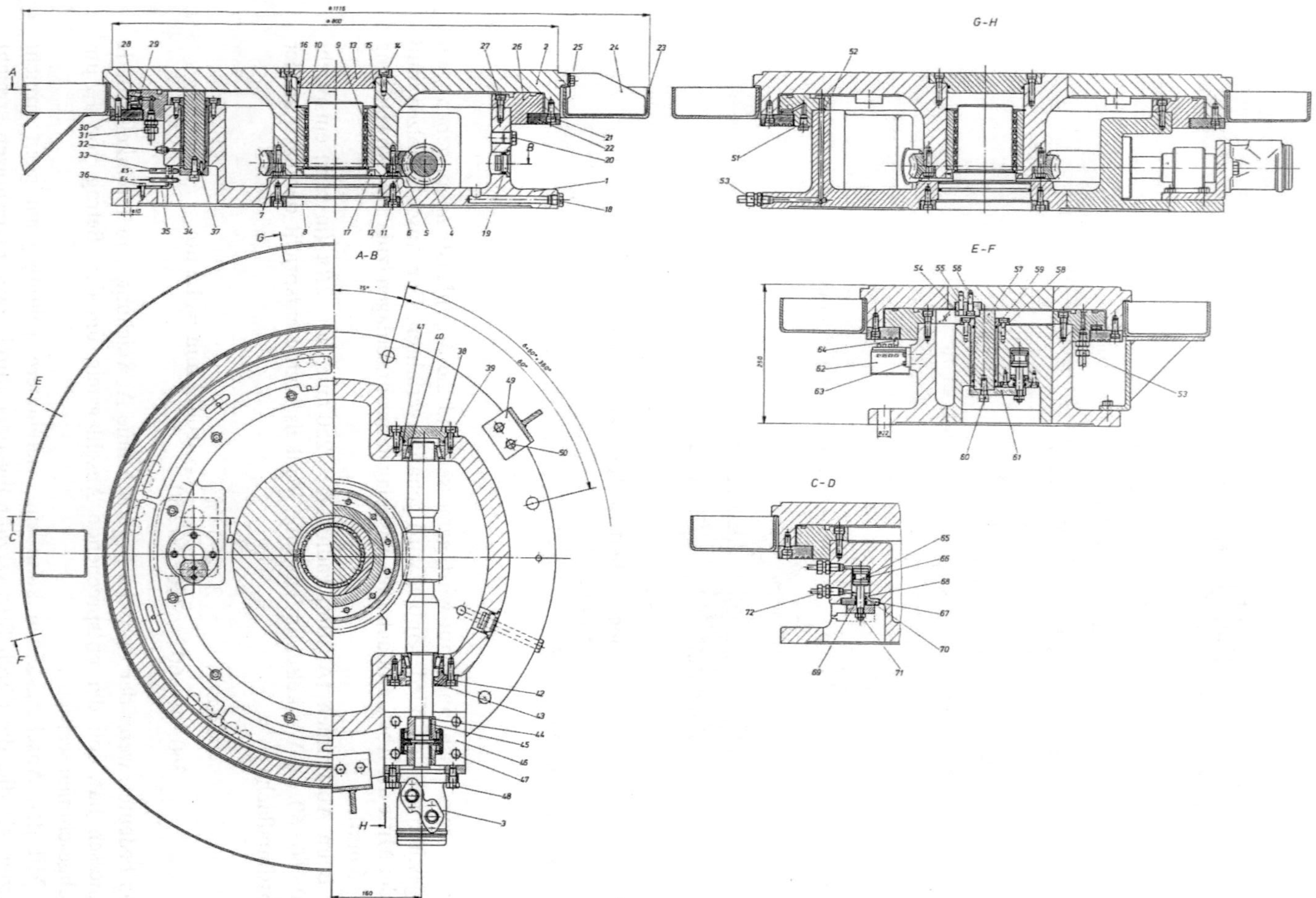

Bild 3.143. Rundschalttisch $\varnothing$ 800 mit Teilung $3 \times 120°$

des Tisches vor dem Schwenken verzichtet. Der Tisch wird durch eingeschaltete Hydrostatik (s. Pos. 53) „leicht gemacht", da der Druck am Druckbegrenzungsventil so eingestellt wird, daß das Tischoberteil mit allen auf dem Tisch befindlichen Aufbauten (Vorrichtungen und Werkstükke) durch hydrostatische Kräfte getragen wird. Der Tisch darf sich dabei nicht abheben, damit die Genauigkeit bei seitlichen Bearbeitungen hoch bleibt.

Das Funktionsdiagramm (Bild 3.144) wird nun erläutert.

Nach dem Startsignal wird die Klemmung des Tisches ausgeschaltet, die Hydrostatik eingeschaltet, diese Information durch Druckschalter (DS) dem Anschlagbolzen mitgeteilt (Bild 3.144). Der Anschlagbolzen fährt nach unten, es erfolgt ein elektrisches Signal durch Endschalter E 4, das 4/3-Ventil wird geöffnet, der Hydromotor dreht sich, das Tisch-Oberteil fährt Eilgang (Bild 3.145). Nach einem durch Schaltnocken eingestellten Schwenkhub wird Endschalter E 1 betätigt, der Anschlagbolzen fährt nach oben, Endschalter E 5 wird betätigt. Wenn Endschalter E 5 und anschließend E 6 (Sicherheitsendschalter) betätigt werden, fährt der Tisch weiter (im Gegenteil wird der Antrieb abgeschaltet), durch Endschalter E 2 wird das 4/3-Ventil auf Drosselstellung umgeschaltet. Der Tisch fährt im Schleichgang weiter, der Endschalter E 3 wird betätigt, der Tisch fährt auf den Festanschlag. Die Hydrostatik wird ausgeschaltet, die Tischklemmung eingeschaltet.

Der Anschlagbolzen wird über die Verbindungsplatte (Pos. 61) von dem Kolben (Pos. 66) des Hydraulikzylinders bewegt.

Die Tischklemmung erfolgt durch 5 × 5 hydraulisch betätigte Klemmscheiben (Pos. 29).

Die Späne werden hinausgeschoben durch die Schaufel (Pos. 24), die sich in der Spänerinne dreht.

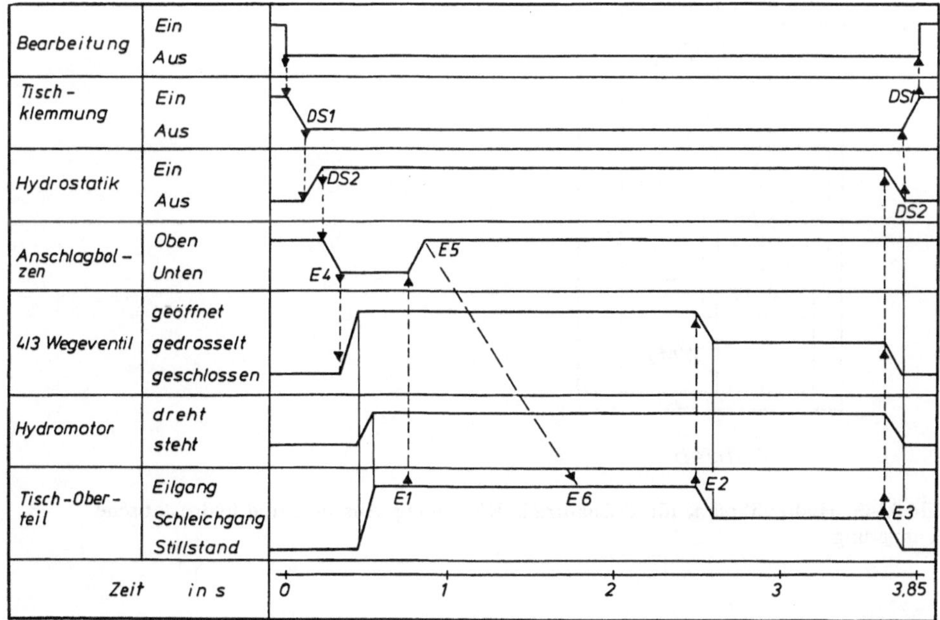

Bild 3.144. Funktionsdiagramm

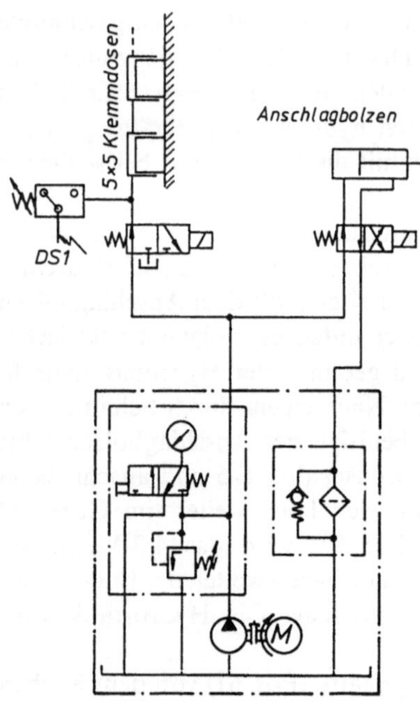

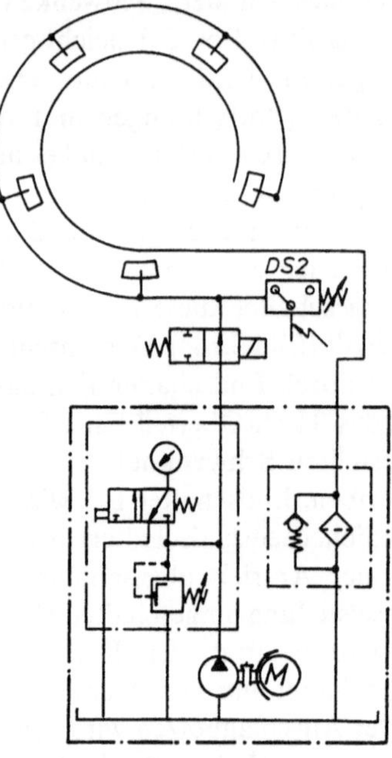

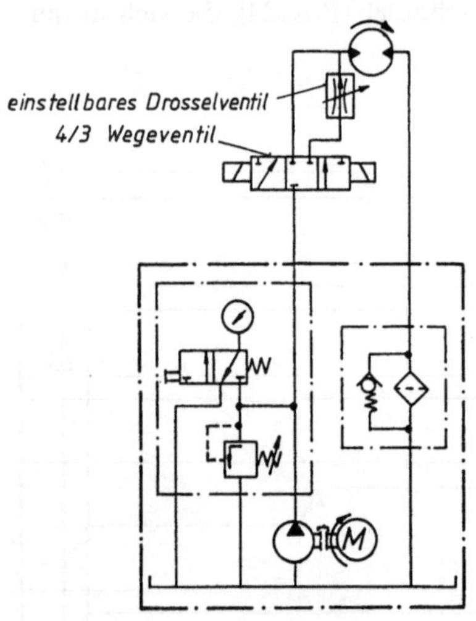

Bild 3.145. Hydraulikpläne für Tischantrieb, Klemmung, Anschlag und hydrostatische Schmierung

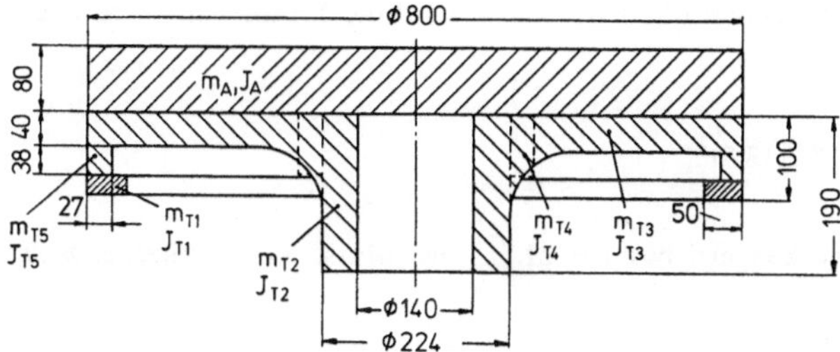

Bild 3.146. Abmaße der Aufbauten und des Tisch-Oberteiles

Berechnung

Die Masse der Aufbauten (Stahlplatte $\varnothing$ 800 × 80) beträgt nach (3.18)

$$m = \gamma R^2 \pi l = 7{,}85 \cdot 10^3 \left(\frac{0{,}8}{2}\right)^2 \pi \cdot 0{,}080 = 315{,}66 \text{ kg} .$$

Das Massenträgheitsmoment der Aufbauten ergibt sich nach (3.17) zu

$$I_A = \frac{1}{2} mR^2 = \frac{1}{2} \cdot 315{,}66 \left(\frac{0{,}8}{2}\right)^2 = 25{,}25 \text{ kg m}^2 .$$

Für das Rundschalttisch-Oberteil, das aus mehreren Hohlzylindern besteht, werden die drehenden Massen nach (3.20) und die Massenträgheitsmomente nach (3,19) wie folgt bestimmt (Bild 3.146).

$$m_1 = \gamma(R^2 - r^2)\,\pi l = 7{,}85 \cdot 10^3 (0{,}4^2 - 0{,}35^2)\,\pi \cdot 0{,}022 = 20{,}34 \text{ kg} ,$$

$$I_1 = \frac{1}{2} m_1 (R^2 + r^2) = \frac{1}{2}\,20{,}34(0{,}4^2 + 0{,}35^2) = 2{,}87 \text{ kg m}^2 ,$$

$$m_2 = 7{,}85 \cdot 10^3 (0{,}112^2 - 0{,}07^2)\,\pi \cdot 0{,}19 = 35{,}81 \text{ kg} ,$$

$$I_2 = \frac{1}{2}\,35{,}81(0{,}112^2 + 0{,}07^2) = 0{,}3124 \text{ kg m}^2 ,$$

$$m_3 = 7{,}85 \cdot 10^3 (0{,}4^2 - 0{,}216^2)\,\pi \cdot 0{,}04 = 111{,}8 \text{ kg} ,$$

$$I_3 = \frac{1}{2}\,111{,}8(0{,}4^2 + 0{,}216^2) = 11{,}55 \text{ kg m}^2 ,$$

$$m_4 = 7{,}85 \cdot 10^3 (0{,}216^2 - 0{,}112^2)\,\pi \cdot 0{,}077 = 64{,}77 \text{ kg} ,$$

$$I_4 = \frac{1}{2}\,64{,}77(0{,}216^2 + 0{,}112^2) = 1{,}9174 \text{ kg m}^2 ,$$

$$m_5 = 7{,}85 \cdot 10^3 (0{,}4^2 - 0{,}373^2)\,\pi \cdot 0{,}038 = 19{,}55 \text{ kg} ,$$

$$I_5 = \frac{1}{2}\,19{,}55(0{,}4^2 + 0{,}373^2) = 2{,}9253 \text{ kg m}^2 .$$

Das Massenträgheitsmoment des Tisches ergibt sich damit zu

$$\begin{aligned} I_T &= I_1 + I_2 + I_3 + I_4 + I_5 = 2{,}87 + 0{,}31 + 11{,}55 + 1{,}91 + 2{,}92 \\ &= 19{,}56 \text{ kg m}^2 . \end{aligned}$$

Die Summe aller Massenträgheitsmomente auf der Tischachse ergibt sich zu

$$I = I_A + I_T = 25{,}25 + 19{,}56 = 44{,}81 \text{ kg m}^2 .$$

Das Massenträgheitsmoment der drehenden Massen, reduziert auf die Motorwelle, wird nach (3.21)

$$I_R = I\,\frac{1}{i^2} = \frac{44,81}{21,5^2} = 0,0969\ \text{kg m}^2$$

(Untersetzungsverhältnis des Schneckengetriebes $i = 21,5$). Die Masse der Schneckenwelle beträgt nach (3.18)

$$m_s = \gamma R^2 \pi l = 7,85 \cdot 10^3 \left(\frac{0,05}{2}\right)^2 \pi \cdot 0,5 = 7,7\ \text{kg}\,.$$

Als Massenträgheitsmoment der Schneckenwelle erhält man aus (3.17)

$$I_s = \frac{1}{2}\,m_s R^2 = \frac{1}{2}\,7,7 \left(\frac{0,05}{2}\right)^2 = 0,0024\ \text{kg m}^2\,.$$

Die Beschleunigungszeit ergibt sich aus (3.35), wobei das Massenträgheitsmoment des Motors vernachlässigt werden kann, zu

$$t_B = \frac{\pi n_{M\,max}(I_R + I_s)}{30 M_{M\,max}} = \frac{\pi \cdot 215(0,0969 + 0,0024)}{30 \cdot 42} = 0,053\ \text{s}\,.$$

(Es wurde ein Hydromotor mit $M = 42$ Nm bei $p = 70$ bar und $n = 215$ min^{-1} bei $\dot{V} = 11$ dm^3/min gewählt.)

Der Tisch fährt im Eilgang bei einer Drehzahl von

$$n = \frac{n_M}{i} = \frac{215}{21,5} = 10\ \text{min}^{-1}$$

den Schwenkweg von $\varphi_E = 102°$.

Die Schwenkzeit für den Eilgang beträgt

$$t_E = \frac{60\varphi_E}{360 \cdot n} = \frac{60 \cdot 102}{360 \cdot 10} = 1,7\ \text{s}\,.$$

Im Schleichgang fährt der Tisch

$$\varphi_s = \varphi - \varphi_E = 120° - 102° = 18°\,.$$

Die Drehzahl des Tisches wird an dem einstellbaren Drosselventil (s. Bild 3.145), das auch als Stromregelventil oder mechanisch betätigtes Dämpfungsventil ausgeführt werden kann, so eingestellt, daß der Tisch weich und gedämpft anschlägt.

Wenn die Drehzahl des Tisches im Schleichgang als

$$n = 2\ \text{min}^{-1}$$

angenommen wird, bekommt man als Schwenkzeit für den Schleichgang (s. Funktionsdiagramm Bild 3.144)

$$t_s = \frac{60\varphi_s}{360 \cdot n} = \frac{60 \cdot 18}{360 \cdot 2} = 1,5\ \text{s}\,.$$

3.6.19 Rundschalttisch $\varnothing$ 1800 für eine Sonderwerkzeugmaschine

Die Bilder 3.147 und 3.148 zeigen einen Rundschalttisch, Durchmesser $\varnothing$ 1800 mm, Teilung $6 \times 60°$, zusammen mit dem dazugehörigen sechseckigen Untergestell, Schlüsselweite 2450 mm (s. auch Bild 3.142).

Der Hydromotor (Pos. 87) treibt über die Kupplung die Schneckenwelle (Pos. 74) an. Diese Schneckenwelle treibt das Schneckenrad an (Pos. 58), das mit der Schneckenwelle (Pos. 53) durch eine Paßfeder (Pos. 69) verbunden ist. Das Antriebsdrehmoment wird von der Schneckenwelle (Pos. 53) auf das Schneckenrad (Pos. 20) und damit auf das Rundschalttisch-Oberteil (Pos. 1) übertragen.

Der Tisch wird durch zweireihige Zylinderrollenlager mit kegeliger Bohrung (Pos. 11) gelagert. Durch das Anziehen der Mutter (Pos. 5) wird der konische Lagerinnenring axial verschoben, bis das gewünschte radiale Spiel bzw. die Vorspannung erreicht werden.

Dieser Rundschalttisch wurde nach dem gleichen Prinzip wie der in dem Bild 3.143 beschriebene Rundschalttisch $\varnothing$ 800 konstruiert. Hohe Teilungsgenauigkeit wird auch hier durch spieleinstellbare Lagerung hoher Rundlaufgenauigkeit und durch sechs Anschlagsteine (Pos. 25), die bei Montage abgestimmt werden, erreicht. Der Anschlagbolzen (Pos. 93) wird direkt durch den hydraulisch betätigten Kolben (Pos. 103, 104) bewegt.

Der Tisch wird durch 6×4 hydraulisch betätigte Klemmscheiben (Pos. 38) geklemmt. Eine Schaufel (Pos. 28), die an dem Rundschalttisch-Oberteil befestigt ist, schiebt die Späne aus der Spänerinne (Pos. 30) hinaus.

Der Tisch wird vor dem Schwenken hydraulisch „entlastet" (s. Pos. 41).

Das Funktionsdiagramm (Bild 3.149) ist im Prinzip mit dem Funktionsdiagramm Bild 3.144 identisch. Der einzige Unterschied liegt darin, daß infolge großer Massenträgheitsmomente der Hydromotor primär und sekundär (von beiden Seiten) durch das Dämpfungsventil „gebremst" wird (Bild 3.150).
Das durch ein am Tisch befestigtes Steuerlineal betätigte 4/2-Wegeventil läßt beim Hinunterdrücken des Stößels eine immer geringere Ölmenge zum und vom Hydromotor fließen. Auf diese Art ist der Antriebsmotor durch beide Ölsäulen verspannt.

Berechnung

Beim Abstimmen, Abstimmradius $R = 670$ mm, gilt: $2R\pi$ (in mm) entspricht $360 \cdot 60 \cdot 60$ (Winkelsekunden), eine Winkelsekunde entspricht demnach an der Abstimmfläche

$$x = \frac{2R\pi}{360 \cdot 60 \cdot 60} = \frac{2 \cdot 670\pi}{360 \cdot 60 \cdot 60} = 0{,}0032 \text{ mm}.$$

Auf dem Rundschalttisch-Oberteil wurden sechs Spannvorrichtungen (mit Werkstück) gespannt (Bild 3.151). Die Maße der Spannvorrichtung sind

$$a = 450 \text{ mm}, \qquad b = 560 \text{ mm}, \qquad c = 650 \text{ mm}.$$

Das Gewicht einer Vorrichtung betrug $m = 500$ kg. Als Massenträgheitsmoment einer Vorrichtung, bezogen auf die eigene Achse y, erhält man

$$I_y = \frac{m}{12}(a^2 + c^2) = \frac{500}{12}(0{,}45^2 + 0{,}65^2) = 26{,}042 \text{ kg m}^2.$$

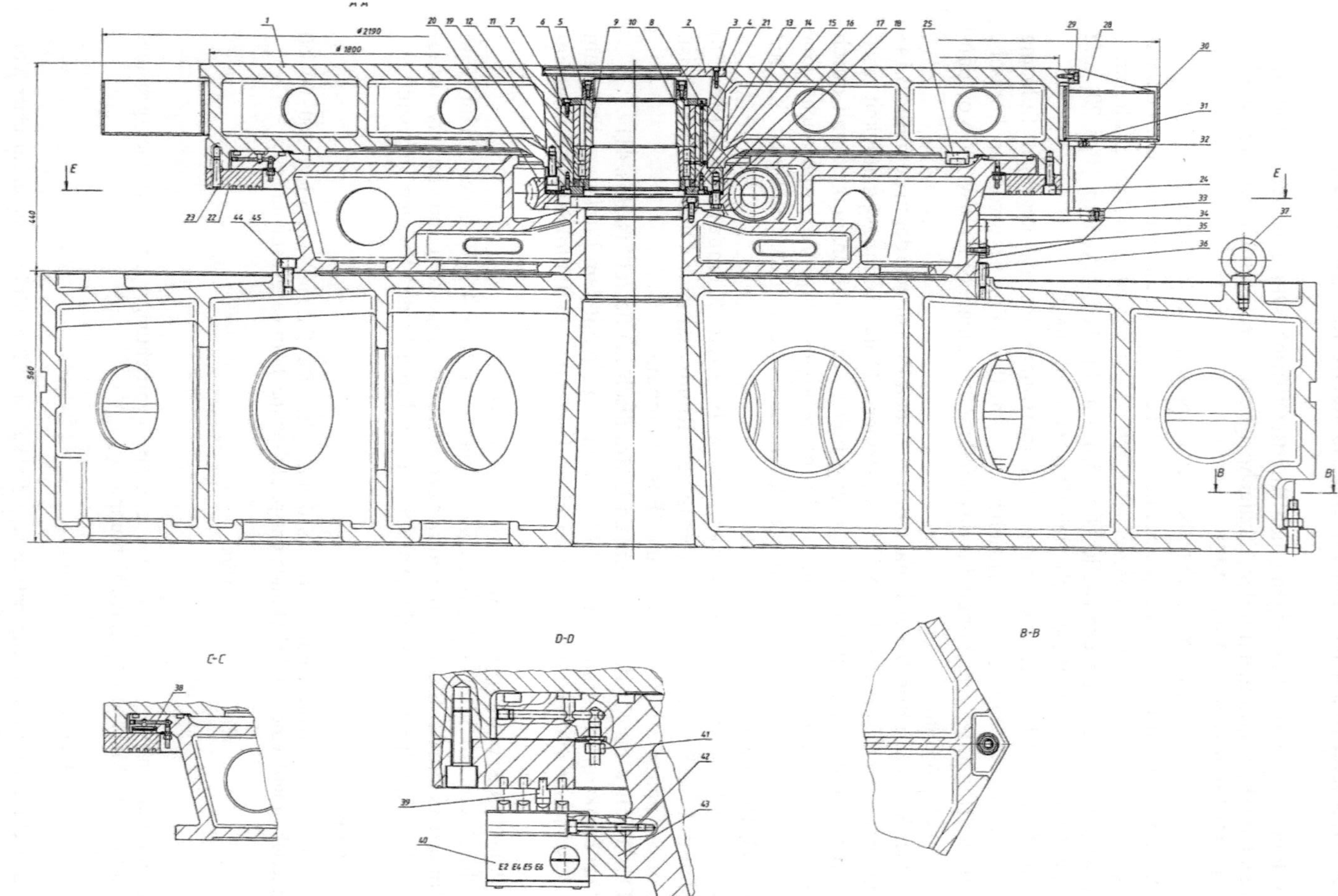

Bild 3.147. Rundschalttisch ⌀ 1800, Teilung 6 × 60°, mit sechseckigem Untergestell, Blatt I

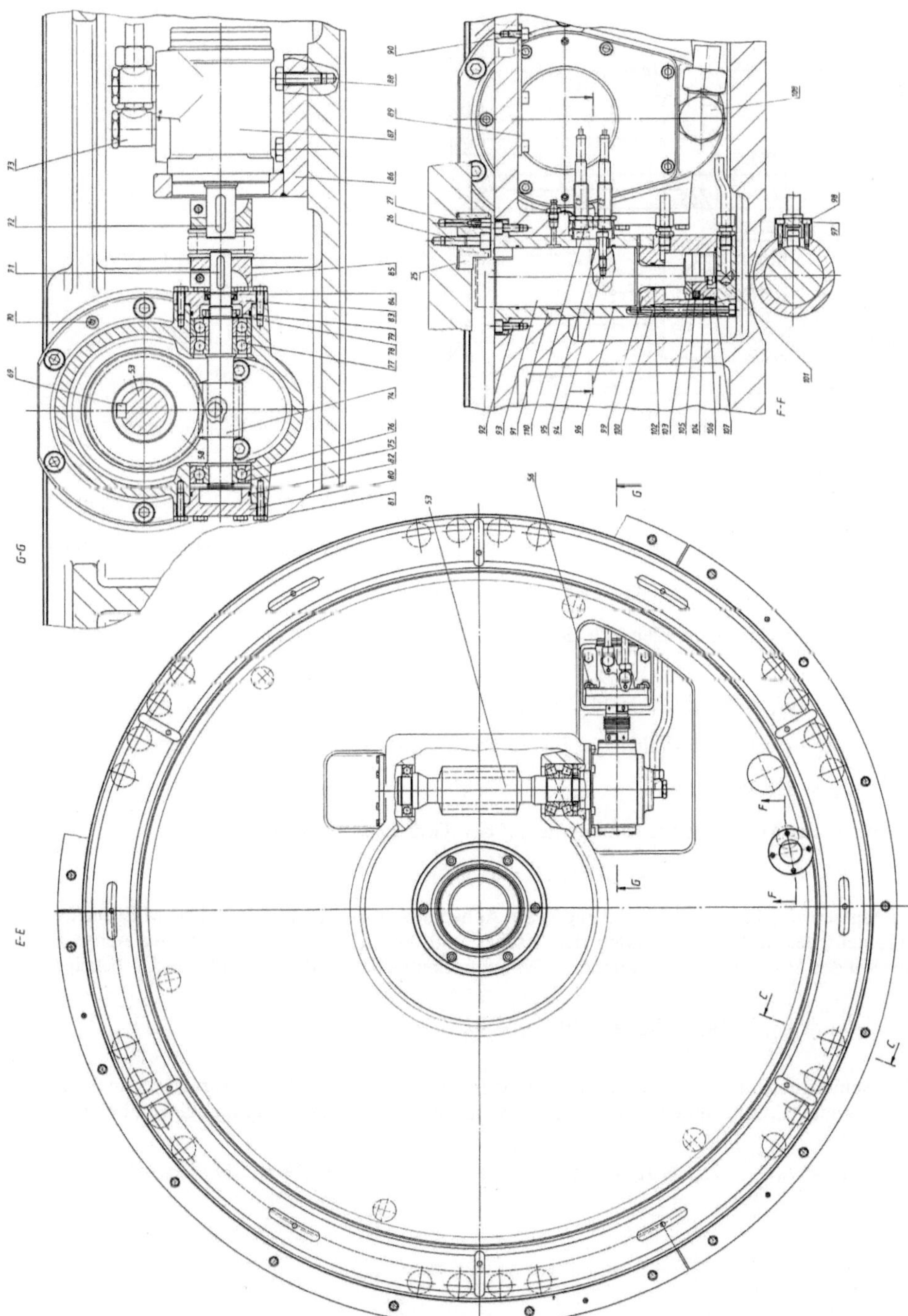

Bild 3.148. Rundschalttisch $\varnothing$ 1800, Teilung $6 \times 60°$, mit sechseckigem Untergestell, Blatt II

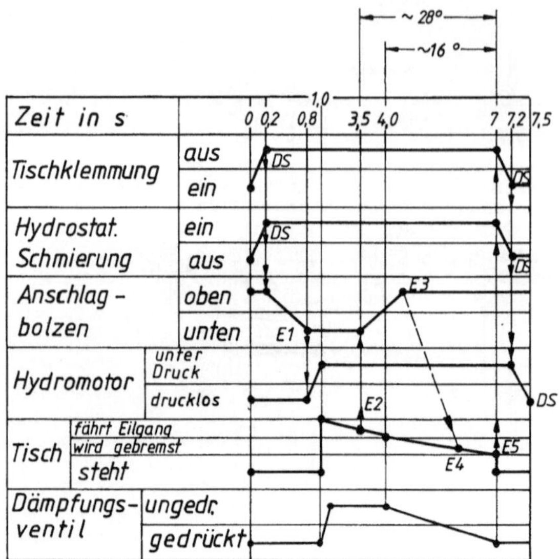

Bild 3.149. Funktionsdiagramm

Das Massenträgheitsmoment, bezogen auf die Tischachse a, wird nach dem Steinerschen Satz

$$I_\mathrm{a} = I_\mathrm{y} + ml^2 = 26{,}042 + 500 \cdot 0{,}65^2 = 237{,}29 \ \mathrm{kg\,m^2} \,.$$

Als Massenträgheitsmoment aller sechs Spannvorrichtungen, bezogen auf die Tischachse, erhält man daraus

$$I_\mathrm{V} = 6I_\mathrm{a} = 6 \cdot 237{,}29 = 1423{,}75 \ \mathrm{kg\,m^2} \,.$$

Beim Rundschalttisch wird ähnlich wie im Abschn. 3.6.18 gerechnet. Es ergibt sich

$$I_\mathrm{T} = 826{,}25 \ \mathrm{kg\,m^2} \,.$$

Die Summe aller Massenträgheitsmomente auf der Tischachse ist daher

$$I = I_\mathrm{V} + I_\mathrm{T} = 1423{,}75 + 826{,}25 = 2250 \ \mathrm{kg\,m^2} \,.$$

Dieses Massenträgheitsmoment wird zuerst auf Achse B reduziert (Bild 3.152). Das Massenträgheitsmoment der drehenden Massen des Tisches und Vorrichtungen, reduziert auf Achse B, addiert mit den Massenträgheitsmomenten der Schneckenwelle und des Schneckenrades, beträgt

$$I_\mathrm{B} = I\,\frac{1}{i_1^2} + I_\mathrm{SW} + I_\mathrm{SR} = 2250\,\frac{1}{14^2} + 0{,}042 + 0{,}003 = 11{,}525 \ \mathrm{kg\,m^2} \,.$$

Als Massenträgheitsmoment aller drehenden Massen, reduziert auf die Motorachse (Achse C), addiert mit den Massenträgheitsmomenten der Schneckenwelle und der Kupplung, erhält man

$$I_\mathrm{R} = I_\mathrm{B}\,\frac{1}{i_2^2} + I_\mathrm{SW} + I_\mathrm{K} = 11{,}525\,\frac{1}{10^2} + 0{,}00004 + 0{,}00044 = 0{,}1157 \ \mathrm{kg\,m^2} \,.$$

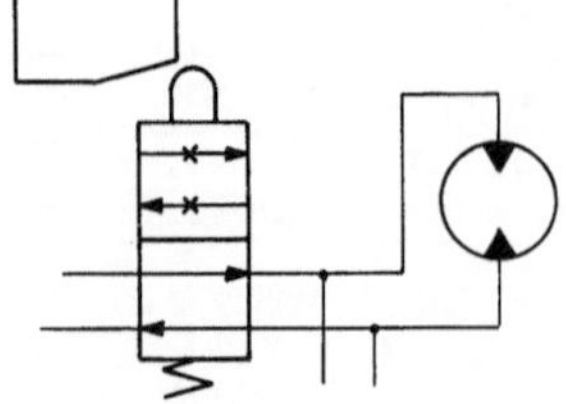

Bild 3.150. Hydraulikplan für Tischantrieb

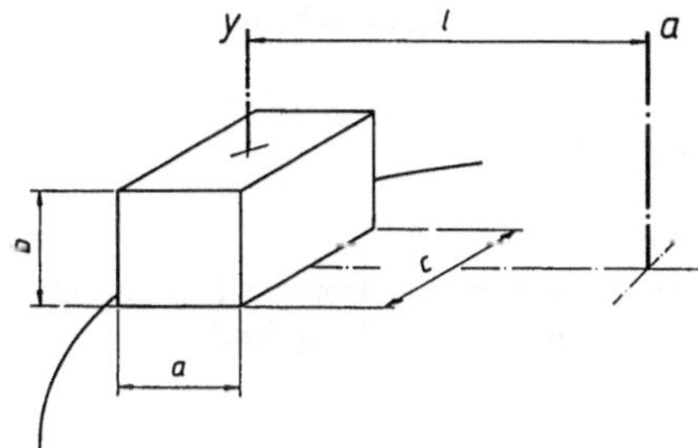

Bild 3.151. Spannvorrichtung (schematisch)

Es wird ein Hydromotor mit $M = 90$ Nm bei $p = 50$ bar und $n = 400$ min^{-1} bei $\dot{V} = 60$ dm^3/ min gewählt. Die Beschleunigungszeit ergibt sich aus (3.35), wobei das Massenträgheitsmoment des Motors vernachlässigt werden kann, zu

$$t_B = \frac{\pi n_{M\,max}(I_R + I_M)}{30 M_{M\,max}} = \frac{\pi \cdot 400 \cdot 0{,}1156}{30 \cdot 90} = 0{,}0538 \text{ s}\,.$$

Der Tisch fährt im Eilgang mit einer Drehzahl von

$$n = \frac{n_M}{i_1 i_2} = \frac{400}{14 \cdot 10} = 2{,}85 \text{ min}^{-1}$$

den Schenkweg von $\varphi_E = 60° - 16° = 44°$ (s. Bild 3.148). Die Schwenkzeit für den Eilgang beträgt damit

$$t_E = \frac{60\varphi_E}{360 n} = \frac{60 \cdot 44}{360 \cdot 2{,}85} = 2{,}57 \text{ s}\,.$$

Der Tisch wird nach Zurücklegen eines Schwenkweges

$$\varphi_B = 16°$$

gebremst.

Bei gleichförmiger Verzögerung gilt

$$t_B = \frac{2 \cdot 60\varphi_B}{360 \cdot n} = \frac{2 \cdot 60 \cdot 16}{360 \cdot 2{,}85} = 1{,}87 \text{ s}\,.$$

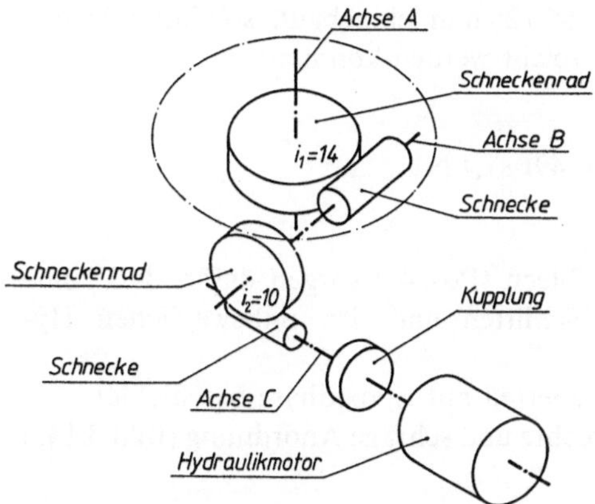

Bild 3.152. Tischantrieb (schematisch)

Die Klemmkraft von $n = 24$ Klemmscheiben $\varnothing$ 52 bei $p = 30$ bar ergibt sich zu

$$F = np\,\frac{D^2\pi}{4} = 24 \cdot 30 \cdot 10^5\,\frac{0{,}052^2\pi}{4} = 152907{,}6\ \text{N}\ .$$

Da zwischen der Umgriffsleiste aus Stahl und der Klemmscheiben aus Bronze mit Reibungs-koeffizienten von $\mu = 0{,}2$ gerechnet werden kann, bekommt man die Reibungskraft

$$F_\mu = \mu F = 0{,}2 \cdot 152207{,}6 = 30581{,}5\ \text{N}\ .$$

Der Tisch kann in der Tischebene wirkende Kräfte von ca. 30000 N aufnehmen.

Das ist beim Einsatz seitlicher Einheiten notwendig (s. Bild 3.142).

3.6.20 Hydraulische Schlitteneinheit für Sonderwerkzeugmaschinen

Schlitteneinheiten werden an Sonderwerkzeugmaschinen und Transferstraßen einge-setzt (s. Bild 3.142). Die Haupt- und Anschlußmaße sind nach DIN 69572 genormt.

Bild 3.153 zeigt eine hydrauliche Schlitteneinheit, Tischbreite 630 mm, Hub 630 mm. Der Hydraulikzylinder (Pos. 4), der an dem Schlitten-Unterteil (Pos. 1) durch den Zylinderhalter (Pos. 40) befestigt ist, ist durch die Kolbenstange über einen Tischmitnehmer (Pos. 39) mit dem Schlitten-Oberteil (Pos. 2) verbunden. Bei der Bewegung nach vorn im Arbeitsgang schlägt der Schlitten an den genau eigestellten Anschlagbolzen (Pos. 34) an, der durch das Gehäuse (Pos. 41) auf dem Schlitten-Unterteil befestigt ist. Diese Schlitteneinheit hat gleiche hydraulische Steuerung wie der in Bild 3.35 beschriebene Vorschubantrieb. Sie fährt demnach „Eilgang-Vor", „Arbeitsgang-Vor" und „Eilgang-Zurück". Die elektrischen Impulse werden durch einen Reihenpositionsschalter gegeben (Pos. 23), der durch Steuernocken (Pos. 25) betätigt wird.

Die in Bild 3.35 beschriebenen Ventile, d. h. das mechanisch betätigte Wegeventil f und das Stromregelventil h werden bei dieser Einheit in einem Element als 2/2-Wege-Verzögerungsventil (Pos. 3) integriert. Dieses Ventil wird durch das auf der T-Nutschiene (Pos. 22) auf den gewünschten Hub eingestellte Steuerlineal (Pos. 18) betätigt.

Es wurde hier ein Hydraulikzylinder $\varnothing$ 125 mm eingebaut, so daß folgende hydraulische Schubkräfte bei $p = 40$ bar erreicht werden konnten:

$$F = pD^2\,\frac{\pi}{4} = 40 \cdot 10^5 \cdot 0{,}125^2\,\frac{\pi}{4} = 49087{,}4\ \text{N}\ .$$

Ein Schutzblech (Pos. 47) und ein Abstreifblech (Pos. 44) sorgen dafür, daß keine Gegenstände zwischen den beweglichen Schlitten und den unbeweglichen Hy-draulikzylinder kommen können.

Die Gleitbahnen werden am Schlitten-Oberteil mit Epoxidharz beschichtet.

Diese Schlitteneinheit wurde für waagerechte und schräge Anordnung (Bild 3.142) konzipiert.

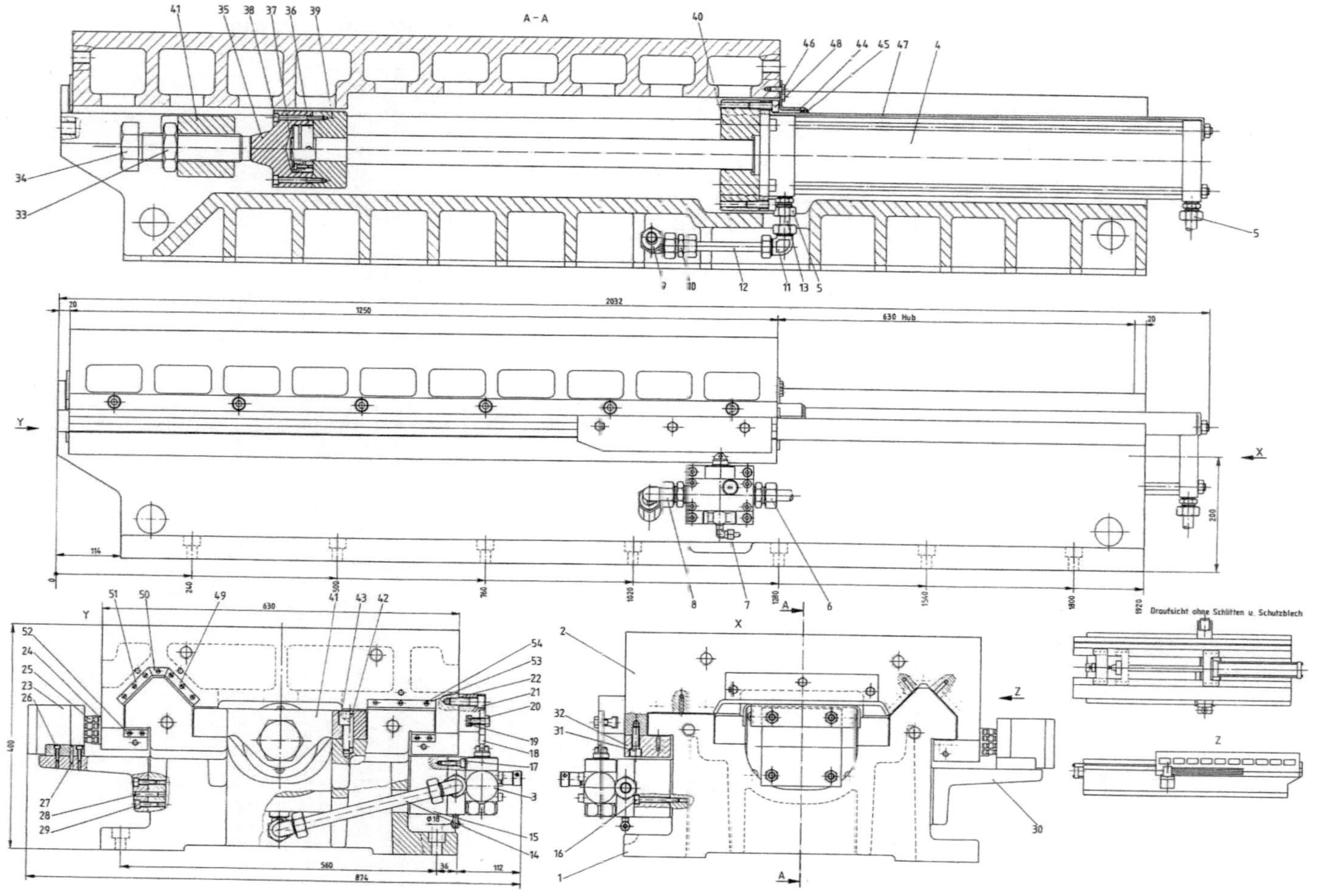

Bild 3.153. Hydraulische Schlitteneinheit 630/630

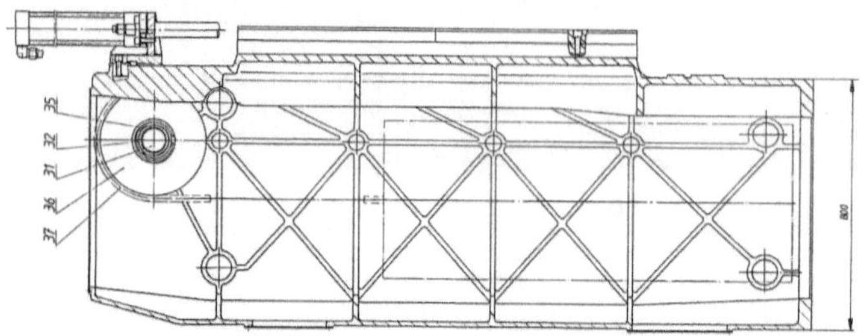

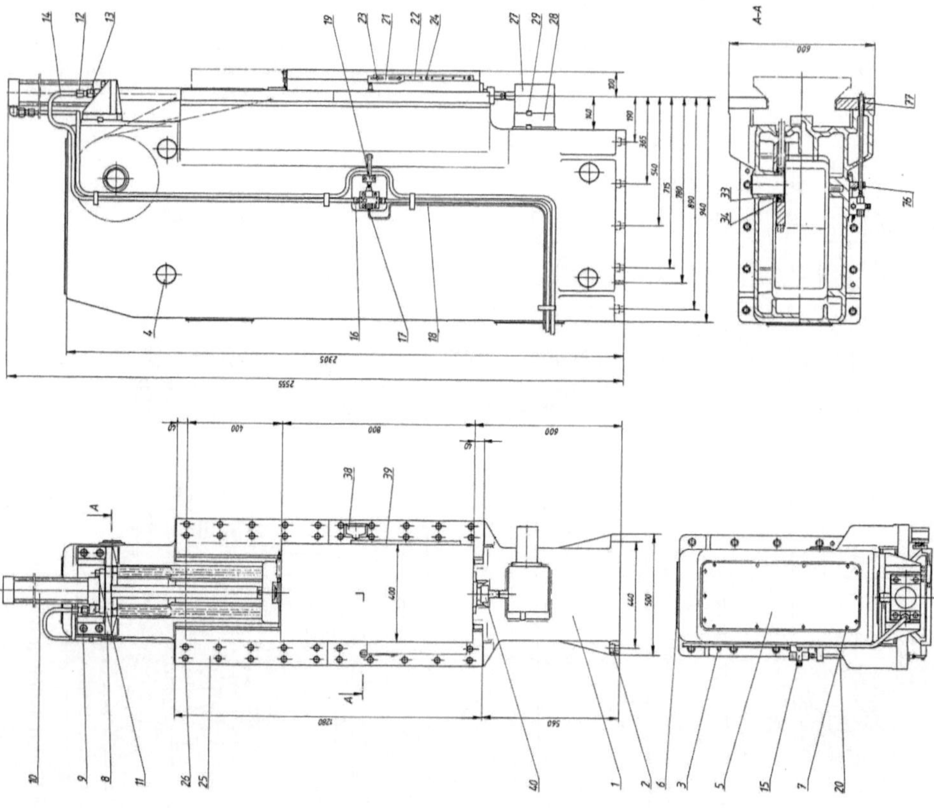

Bild 3.154. Hydraulische Schlittenständereinheit 400/400, Blatt I

3.6.21 Hydraulische Schlittenständereinheit für Sonderwerkzeugmaschinen

Schlittenständereinheiten werden an Sonderwerkzeugmaschinen und Transferstraßen eingesetzt. Die Haupt- und Anschlußmaße sind nach DIN 69526 genormt. Dabei wurden nur zwei Baugrößen, und zwar mit den Schlittenbreiten 500 mm und 630 mm, durch DIN-Normen erfaßt.

Die Bilder 3.154 und 3.155 zeigen eine hydraulische Schlittenständereinheit, Tischbreite 400 mm, Hub 400 mm. Diese Einheit wurde ähnlich der im Bild 3.153 dargestellten Schlitteneinheit konzipiert, jedoch im Gegensatz zu dieser für Bewegung in senkrechter Richtung.

Der Hydraulikzylinder (Pos. 10), der an dem Senkrechtständer (Pos. 1) durch den Zylinderhalter (Pos. 8) befestigt ist, ist durch seine Kolbenstange über den Tischmitnehmer (Pos. 45) mit dem Schlitten (Pos. 44) verbunden. Bei der Bewegung nach unten mit dem Arbeitsgang schlägt der Schlitten auf den eingestellten Anschlagbolzen an, der durch das Gehäuse (Pos. 27) an dem Ständer befestigt ist.

Diese Einheit fährt auch die schon beschriebene Bewegung „Eilgang-Vor" (nach unten), „Arbeitsgang-Vor" (nach unten) und „Eilgang-Zurück" (nach oben). Die elektrischen Impulse werden durch den Reihenpositionsschalter gegeben (Pos. 38), der durch auf der Nockenleiste (Pos. 39) verschiebbare Steuernocken betätigt wird. Hier wurde auch ein 2/2-Wege-Verzögerungsventil (Pos. 15) eingebaut, das mechanisch von dem Steuerlineal (Pos. 21) über die Stößelstange (Pos. 20) betätigt wird und wie bei der Schlitteneinheit aus Bild 3.153 auch die Funktion der Stromregelung übernimmt.

Die Führung des Schlittens wird durch rechtwinklige geschlossene prismatische Führungen realisiert. Kombinierte schiefwinklige und rechtwinklige Führungen (wie in Bild 3.153) finden hier keine Anwendung, da der Schlitten infolge des Kippmomentes den oberen Teil der Ständerdachbahnen verlassen würde, so daß eine exakte Führung nicht gewährleistet werden könnte. Die Umgriffsleisten (Pos. 25) werden nicht wie üblich an dem Schlitten, sondern an dem Ständer befestigt. Die Vorteile dieses Konzeptes ergeben sich aus der großen Steifigkeit des Ständers. Die Einstellung des Spieles an der zentrischen Schmalführung übernehmen Doppelkeilleisten (Pos. 59, 60). Sie werden beim Einstellen durch Druck- und Zugschrauben (Pos. 62, 61) aufeinander verschoben (vgl. Bild 3.43).

Durch Gegengewichte (Pos. 72) wird der hydraulische Vorschubantrieb entlastet. Zwei Flyerketten nach DIN 8152 (Pos. 37) sind von einer Seite mit dem Tischaufnehmer (Pos. 45) und von der anderen Seite mit zwei Haltestangen verbunden (Pos. 73), die über die Halteplatte (Pos. 74) die Gegengewichte tragen. Die Flyerketten werden durch zwei Umlenkrollen (Pos. 36) geführt, die durch Radwellen (Pos. 31) am Ständer gelagert sind.

Für die hydraulische Schlittenständereinheit kommen nur Vorschubzylinder mit Entlüftung in Frage, die so konstruiert werden müssen, daß in dem gesamten Geschwindigkeitsbereich eine ruhige Bewegung ohne stick-slip bei geringer Reibung stattfindet.

Da hier ein $\varnothing$ 80 mm Hydraulikzylinder eingebaut wurde, ergab sich bei $p = 40$ bar die hydraulische Schubkraft

$$F = pd^2 \frac{\pi}{4} = 40 \cdot 10^5 \cdot 0{,}080^2 \frac{\pi}{4} = 20206 \text{ N} \,.$$

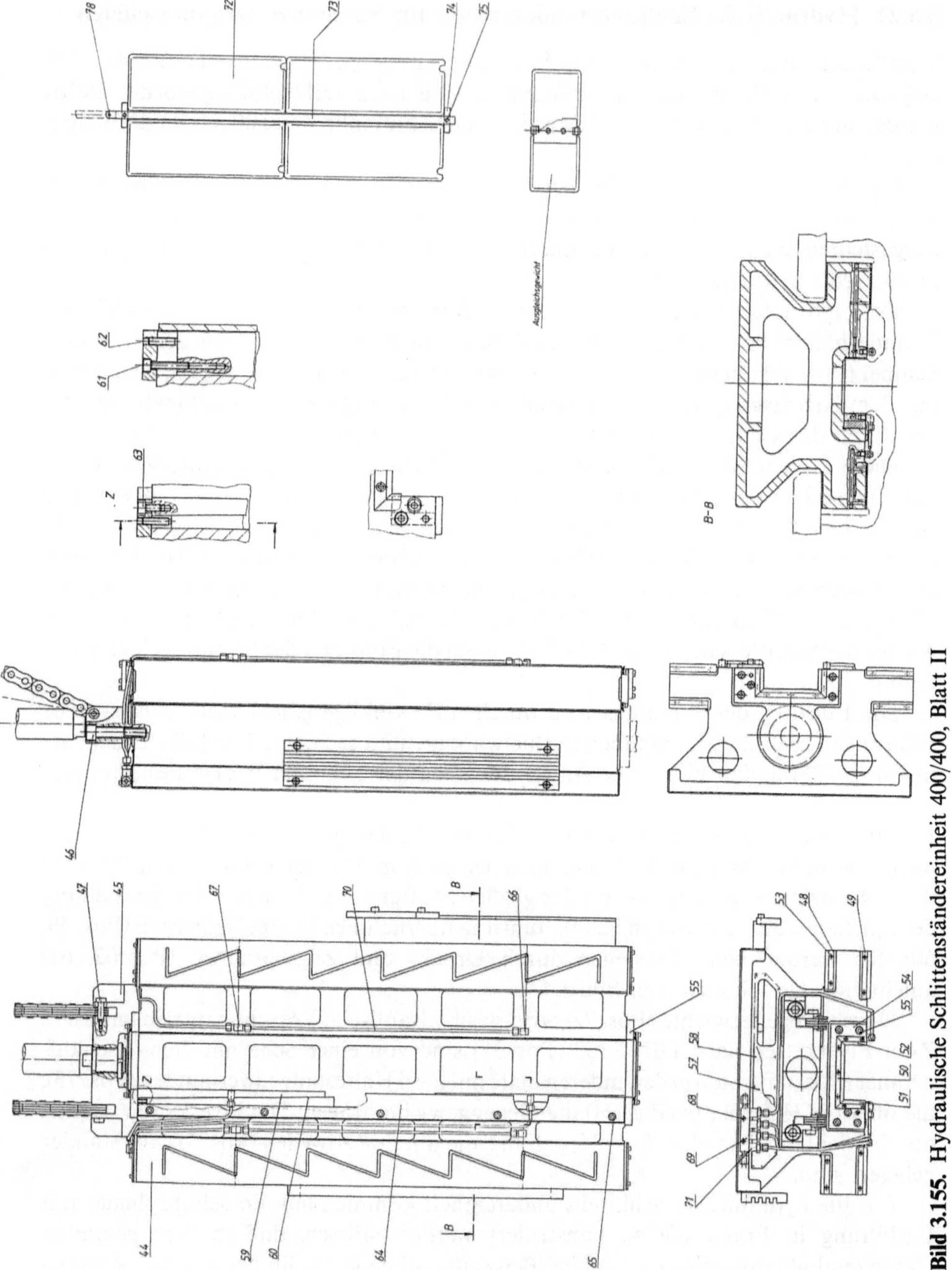

Bild 3.155. Hydraulische Schlittenständereinheit 400/400, Blatt II

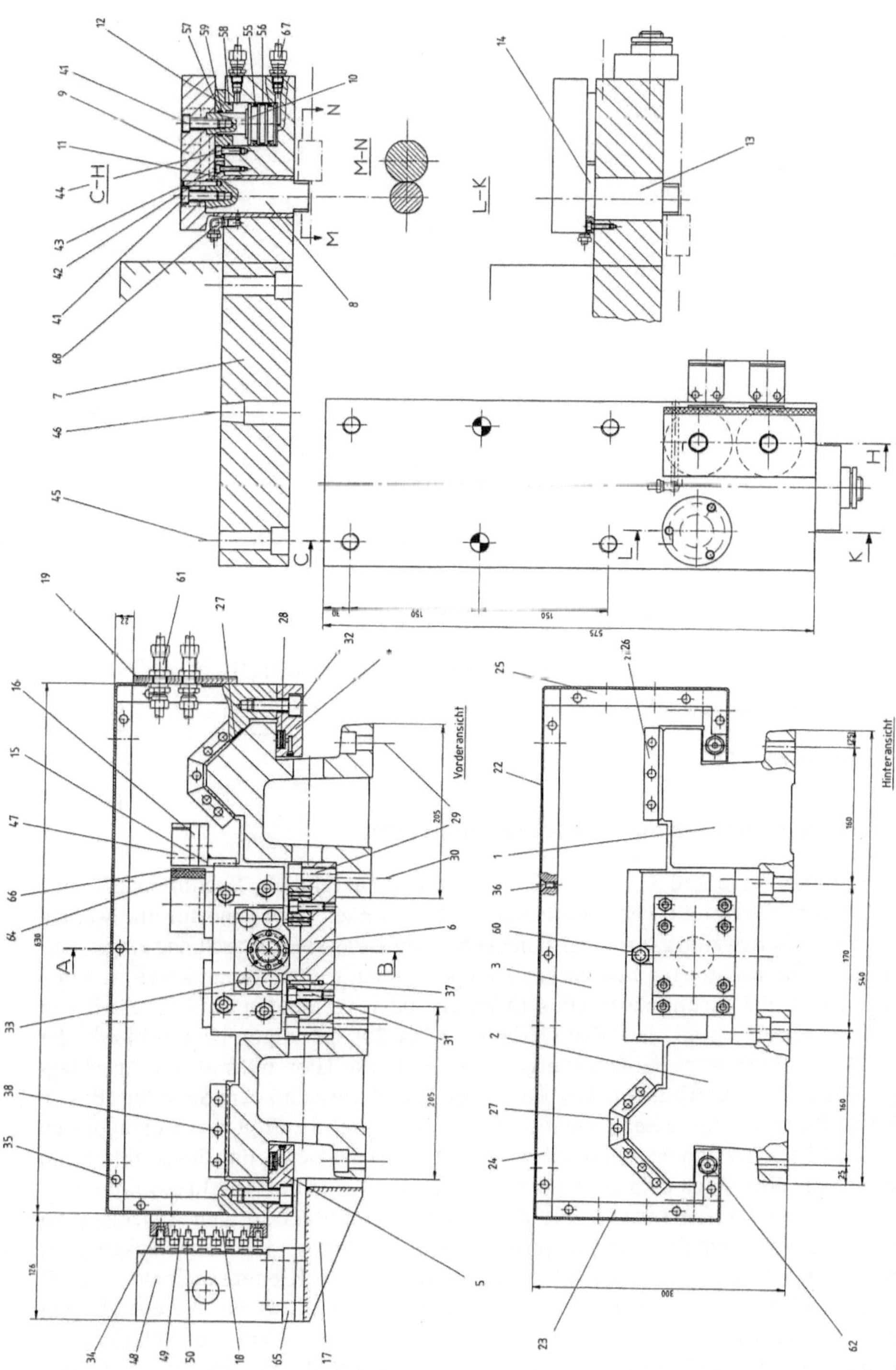

Bild 3.156. Hydraulische Takteinheit 630/800, Blatt I

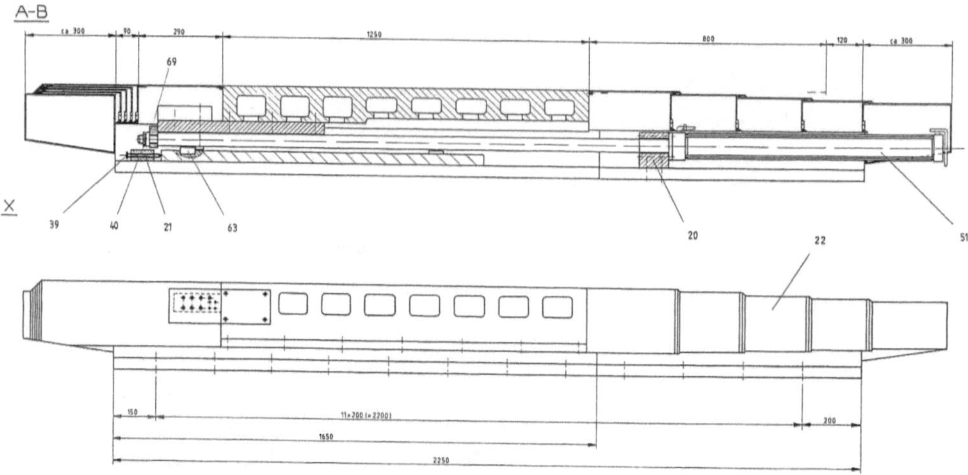

Bild 3.157. Hydraulische Takteinheit 630/800, Blatt II

Mit den eingebauten Gegengewichten (zwei Gegengewichte $500 \times 200 \times 640$) können folgende Gewichte ausgeglichen werden:

$$2 \cdot 0{,}5 \cdot 0{,}2 \cdot 0{,}640 \cdot 7{,}25 \cdot 10^3 = 928 \text{ kg}\,.$$

Da der Schlitten ca. 260 kg wiegt, können weitere Aufbaugewichte (Bohrkopf) von etwa

$$928 - 260 = 668 \text{ kg}$$

eingebaut werden.

3.6.22 Takteinheit für Sonderwerkzeugmaschinen

In den Bildern 3.156 und 3.157 ist eine hydraulische Takteinheit, Tischbreite 630 mm, Hub 800 mm, dargestellt. Diese Einheiten sind nicht nach DIN genormt und werden als Sondereinheiten zum Zusammenstellen von Sonderwerkzeugmaschinen eingesetzt.

Das Schlitten-Unterteil besteht aus zwei getrennten Führungsbahnen (Pos. 1 und 2), die durch die Grundplatte (Pos. 6) miteinander verbunden sind. Der an den Führungsbahnen durch den Zylinderhalter (Pos. 20) befestigte Hydraulikzylinder (Pos. 51) ist durch seine Kolbenstange über die Platte (Pos. 69) mit der Anschlagträgerplatte (Pos. 7) verbunden. Die Anschlagträgerplatte ist an dem Schlitten (Pos. 3) befestigt. Sie trägt (bei dieser Aufgabe) einen hydraulisch betätigten Anschlagbolzen (Pos. 8) und einen festen Anschlagbolzen (Pos. 13). Bei der Bewegung des Schlittens im Schleichgang fährt nach dem gegebenen elektrischen Signal der Anschlagbolzen nach unten, der Schlitten fährt weiter, der Anschlagbolzen schlägt auf den Anschlagstein (Pos. 63) an. Nach dem durch Reihenpositionsschalter (Pos. 48) gegebenen elektrischen Signal wird der Schlitten durch 14 hydraulisch betätigte Klemmscheiben (Pos. 28) geklemmt. Nach der durchgeführten Bearbeitungsaufgabe fährt der Anschlagbolzen nach oben, die Klemmung wird gelöst, der Schlitten fährt wieder im Schleichgang zum nächsten Anschlagstein. Werden sehr kurze Takthübe gewünscht, so werden von jeder Seite je ein hydraulisch betätigter Anschlagbolzen in die Anschlagträger-

platte eingebaut. Der feste Anschlagbolzen wird nur beim letzten Takten benötigt.
Die Anschlagsteine werden je nach der Aufgabe in den gewünschten Abständen auf
der Grundplatte festgeschraubt und verstiftet.

Da auf den Takteinheiten keine Bearbeitungseinheiten, sondern Vorrichtungen
mit den Werkstücken befestigt werden, müssen die Führungsbahnen von beiden Seiten
des Tisches durch eine Teleskop-Stahlabdeckung (Pos. 22) geschützt werden.

3.6.23 Gestelle für Werkzeugmaschinen

Bei dem in Bild 3.158 dargestellten Gestell handelt es sich um eine nach DIN 69516
genormte Seiteneinheit (s. Bild 3.142). Dieses Gestell wird als Untergestell für die
Schlitteneinheit 320/400 DIN 69572 (Schlitten-Unterteil 320 × 1070) verwendet.
Diese Gestelle werden meistens durch Gewichte und Biegemomente belastet. Da es
sich hier um komplizierte, statisch unbestimmte Systeme handelt, können sie nicht
analytisch mit Festigkeitsgleichungen berechnet werden. Die einzige Möglichkeit
besteht in der Anwendung der Methode der Finiten Elemente. Bei der gegebenen
Belastung ist es mit dieser Methode möglich, nicht nur die Spannungen und die
Durchbiegungen zu bestimmen, sondern auch die für das Erreichen hoher statischer
Steifigkeit optimale Verrippung und Wandstärke zu ermitteln.

Die obere Tragwand des Gestelles wurde durch eine Längsrippe und fünf
Querrippen, die Seitenwände durch zwei Querrippen verstärkt. In der unteren Wand
des Gestelles befinden sich Öffnungen für die Kerne. An den Seitenwänden sind drei
Bohrungen für Transsportstangen vorgesehen. In dem Bodenflansch sind vier

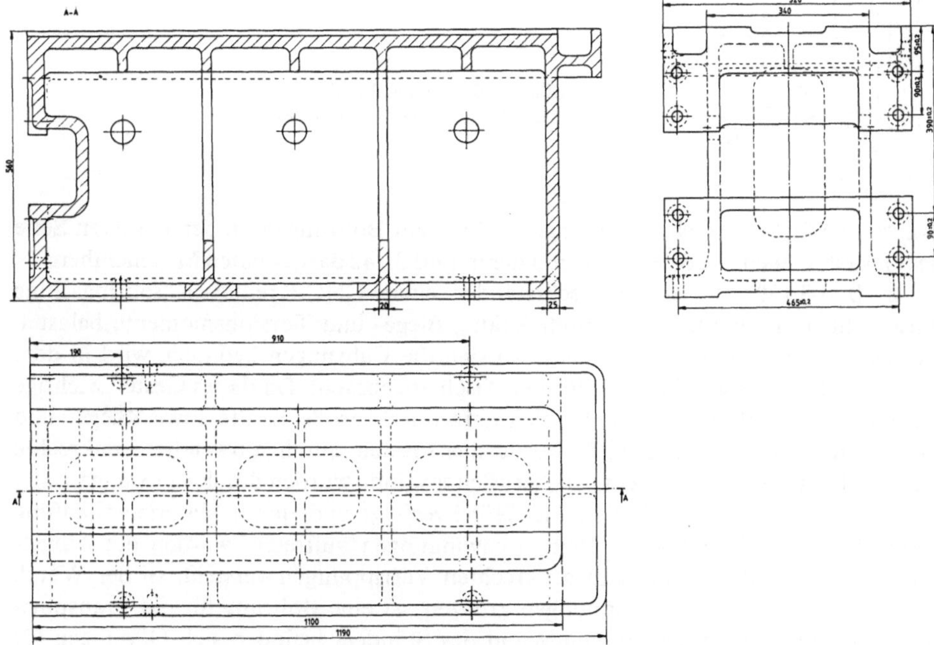

Bild 3.158. Seiteneinheit für Sonderwerkzeugmaschinen

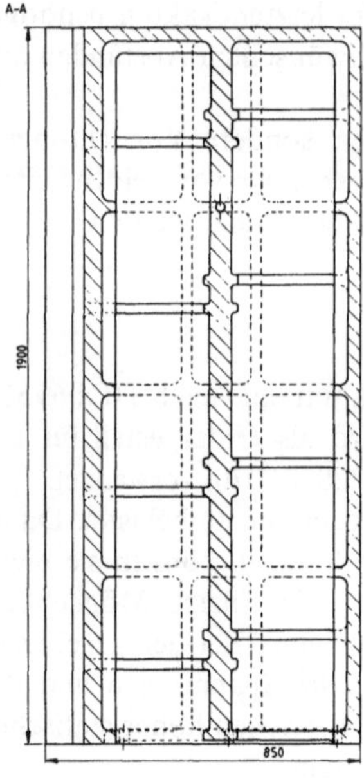

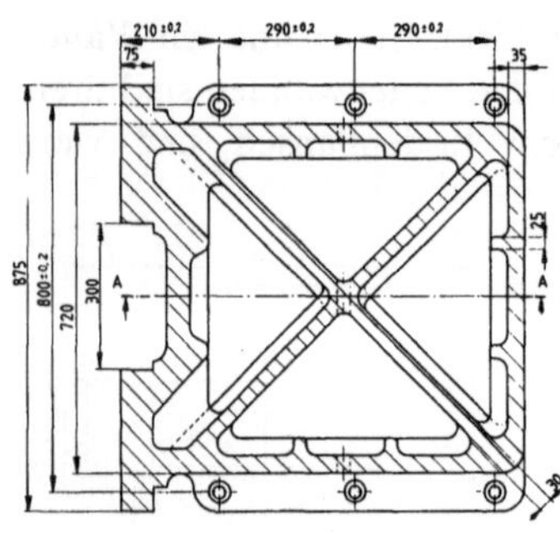

Bild 3.159. Senkrechtständer einer
CNC-Kreuztisch-Bohrmaschine

Bohrungen für Ankerschrauben angebracht. Acht Bohrungen an der vorderen Seite
des Gestells dienen zur Befestigung mit der in Bild 3.142 dargestellten Mitteneinheit.

In Bild 3.159 ist der Senkrechtständer einer CNC-Kreuztisch-Bohrmaschine
dargestellt. Der Ständer wird durch Kräfte, Biege- und Torsionsmomente belastet.
An der vorderen Seite des Gestelles, wo sich die Führungen befinden, wird in dem
oberen Teil ein Vorschubantrieb für den Tisch angebracht. Da dieses Gestell wichtige
Funktionen zu erfüllen hat und gleichzeitig durch große Kräfte sowie Biege- und
Torsionsmomente belastet wird, wurde das Gestell durch aufwendige senkrechte
Diagonalverrippungen versteift. Alle vier Seitenwände wurden durch vier waagerechte
Innenverrippungen versteift, die in der Höhe versetzt sind, damit Materialanhäufung
vermieden wird. Damit keine Plattenschwingungen auftreten, wurden die Außen-
wände noch zusätzlich mit acht senkrechten Verrippungen versteift. In der Wand,
an der sich die Diagonalverrippungen kreuzen, ist eine Bohrung für die Transport-
stange angebracht. In der unteren Wand des Ständers befinden sich Öffnungen für
die Kerne.

Literatur

1. Lange K (1982) Neuere Entwicklungen in der Blechverarbeitung. Forschungsgesellschaft Umformtechnik, Stuttgart
2. Sander M, Oberflächenmeßtechnik für den Praktiker. Drucksache Bielegeld und Peschke
3. Harth H (1978) Braunschweig: Einführung in die Meßtechnik. Vieweg & Sohn
4. Spur G., Stöferle Th (1979) Handbuch der Fertigungstechnik, Band 3/1 Spanen. Carl Hanser, München, Wien
5. Kienzle O, Victor H Spezifiscche Schnittkräfte bei der Metallbearbeitung. Werkstatttechnik und Maschinenbau 47 (1957) 224 – 225
6. Victor H (1969) Schnittkraftberechnungen für das Abspanen von Metallen. Wt.-Z. ind. Fertig. 59: 317 – 327
7. Degner W, Lutze H, Smejkal E (1963) Spanende Fertigung. Manuskriptdruck. Karl-Marx-Stadt: Selbstverlag der TH Karl-Marx-Stadt
8. Lutze H (1977) Untersuchungen der Raumwinkel der Zerspankraft. Dr.-Ing. Diss., BTH Karl-Marx-Stadt
9. Hommel B (1982) Spanungsverhältnisse im Bereich der spanenden Endbearbeitung und deren Einfluß auf Kräfte, Rauheit und Standzeit. Dr.-Ing. Diss., BTH Karl-Marx-Stadt
10. König W, Essel K (1973) Spezifische Schnittkraftwerte für die Zerspanung metallischer Werkstoffe. Düsseldorf: Verlag Stahleisen
11. Kronenberg M (1954) Grundzüge der Zerspanungslehre. Erster Band, 2. Aufl. Berlin: Springer
12. WIDIA – Richtwerte für das Drehen von Eisenwerkstoffen. Druckschrift Nr. W5.3-10.3d187. Essen: Fa. Krupp Widia (1988)
13. Degner W, Lutze H, Smejkal E (1985) Spanende Formung. Berlin: VEB Verlag Technik
14. Pahlitzsch G (1964) Ermittlung von Richtwerten beim Bohren mit Spiralbohrern unter Berücksichtigung ausgewählter Einflußgrößen. V.D.W. – Forschungsbericht
15. Spur G (1961) Beitrag zur Schnittkraftmessung beim Bohren mit Spiralbohrern unter Berücksichtigung der Radialkräfte. Dr.-Ing. Diss., TH Braunschweig
16. Spiralbohrer und Hartmetallwerkzeuge. Druckschriften S 87 und H 87. Berlin: Fa. R. Stock AG 1987
17. Optimale Zerspanung von Stahl. Druckschrift P 1877 D. Frankfurt am Main: Fa. Günther & Co. 1988
18. Auswahl und Anwendung von Fette – Spiralbohrern. Druckschrift Nr. 1206 (8872 S). Schwarzenbek bei Hamburg: Fa. Wilhelm Fette 1988
19. Haidt H (1968) Wirtschaftliches Fräsen mit Hartmetallwerkzeugen. Günter Grossmann, Stuttgart-Vaihingen: Technischer Verlag
20. Weilemann R (1957) Beirag zur Berechnung des Leistungsbedarfes beim Fräsen. Werkstatt und Betrieb 90: 296 – 298
21. Kronenberg M (1963) Grundzüge der Zerspanungslehre. Zweiter Band, 2. Aufl., Springer, Berlin
22. WIDIA – Richtwerte für das Fräsen von Eisenwerkstoffen. Druckschrift Nr. W5.3-11.1d687. Essen: Fa. Krupp Widia 1988
23. TGL 8923: Zerspanungsrichtwerte Fräsen mit Walzen,- Walzenstirn,- Form,- Scheiben-und Schaftfräsern, Schneidstoff SS, HSS, Ausg. 3.63

24. Richter A, Strempel H 1960 Spanende Formung, 12. Lehrbrief Räumen. Lehrbriefe für das Fernstudium der TH Dresden. VEB Verlag Technik, Berlin
25. Duppels Taschenbuch für den Maschinenbau. Zweiter Band, 12. Aufl. Berlin Göttingen Heidelberg: Springer 1961, S. 657
26. Preger K.-Th (1977) Zerspanungstechnik, 4. Aufl. Vieweg & Sohn, Braunschweig
27. Preger K.-Th (1964) Vorschläge für die Ermittlung der Schleifleistung und für eine ergänzende Kennzeichnung der Schleifscheiben. Werkstatt und Betrieb 97: 665−668
28. Paucksch E, Preger K-Th (1985) Zerspantechnik, 6. Aufl. Braunschweig/Vieweg & Sohn, Wiesbaden
29. Haasis G (1955) Untersuchungen über wirtschaftliches Honen. Dr.-Ing. Diss., TH Stuttgart
30. Zebrowsky H (1973) Die Dynamik des Honens. Werkzeugmasch. Internat: 23−27
31. Spur, G, Stöferle Th (1980) Handbuch der Fertigungstechnik, Band 3/2 Spanen. Carl Hanser, München Wien
32. Kirmse W (1968) Diamant- Honwerkzeuge in der Serienfertigung. Ind Diamond Rev (Deutsche Ausgabe) 2: 53−62
33. Schleiffer C J (1979) Vorrichtungsbau, 6. Aufl. Carl Hanser, München Wien
34. Schreyer K (1949) Werkstückspanner. Springer, Berlin Göttingen Heidelberg
35. Matuszewski H (1985) Handbuch Vorrichtungen. Vieweg & Sohn, Braunschweig/Wiesbaden
36. Fronober M, Hennig W., Thiel H, Wiebach H (1980) Vorrichtungen, 6. Aufl. VEB Verlag Technik Berlin
37. Sternscheiben und Spannscheiben. Druckschrift 30d.45.7/82A. Bad Homburg: Fa. Ringspann Albrecht Maurer KG 1982
38. Spannelemente RfN 8006 Ringfeder. Druckschrift S80. Krefeld: Fa. Ringfeder G.m.b.H. 1982
39. Druckhüsen Reihe ADK-ADL-IDK-IDL. Druckschrift Ausgabe 7705. Esslingen-Zell: Fa. Spieth- Maschinenelemente G.m.b.H. o.J.
40. Klemmhülsen. Druckschrift K06/4. Essen: Fa. Metron G.m.b.H. 1983
41. ETP Spannbuchse. Druckschrift ETP4/79. Waiblingen: Fa. Südtechnik Maroldt & Co. KG. 1979
42. Matek W, Muhs D, Wittel H (1986) Roloff/Matek Maschinenelemente, 10. Aufl. Vieweg & Sohn, Braunschweig/Wiesbaden
43. Flexibles Normteilsystem für wirtschaftliche Konstruktionen. Druckschrift D 8504 B. Markgröningen: Fa. Norelem Normelemente G.m.b.H. o.J.
44. Halder Vorrichtungs-System 70. Druckschrift. Laupheim Fa. Erwin Halder 1982
45. Perović B (1984) Werkzeugmaschinen. Vieweg & Sohn, Braunschweig/Wiesbaden
46. Gleichstrom-Hauptspindelantriebe, Drehstrom-Hauptspindelantriebe, Gleichstrom-Vorschubantriebe, Drehstrom-Vorschubantriebe. Druckschriften DA36, DA41, DA42. Berlin: Fa. Siemens A.G. 1985 und 1987
47. Engel D, Riedel H (1983) Gleichstrom-Vorschubantriebe für Werkzeugmaschinen. Sonderdruck aus Siemens-Energietechnik, Produktinformation 3: 42−44
48. Tobias S A (1961) Schwingungen an Werkzeugmaschinen. Carl Hanser, München
49. Opitz H, 1. Bericht über Untersuchungen des Reibungs- und Verschleißverhaltens von Werkzeugmaschinen-Gleitführungen. V.D.W.-Forschungsbericht 1966
50. Opitz H, 2. Bericht über Untersuchungen des Reibungs- und Verschleißverhaltens von Wekrzeugmaschinen-Gleitführungen. V.D.W.-Forschungsbericht 1967
51. Opitz H, 4. Bericht über Untersuchungen des Reibungs- und Verschleißverhaltens von Werkzeugmaschinen-Gleitführungen. V.D.W.-Forschungsbericht 1969
52. Opitz H, Salje E (1952) Reibwertmessungen an Kunststoffgleitführungen für Werkzeugmaschinen. Industrie-Anzeiger 74: 116
53. Pampus Fluorkunststoff-Gleitlager. Druckschrift 03354. Willich: Fa. Pampus G.m.b.H. o.J.
54. SKC3. Druckschrift. Coburg: Fa. Gleitbelag-Technik G.m.b.H. o.J.
55. Verarbeitungshinweise für Epoxidharz-Gleitbeläge. Druckschrift. Nürtingen: Fa. Heinrich Kuhn o.J.
56. Linearführungen. Druckschrift 204541-9/601 D 078610. Herzogenaurach: Fa. INA Wälzlager Schäffler K.G. o.J.

57. THK-Bearings. Druckschrift SA 580610. Tokyo: Fa. THK Co., LTD. o.J.
58. Linear Rollenlager-Rollon. Druckschrift, Katalog 41-3D. Solms-Oberbiel/Wetzlar: Fa. IBC Wälzlager G.m.b.H. o.J.
59. Hochgenaue Kugelführungen. Druckschrift KF85. Göttingen: Fa. Feinprüf G.m.b.H. o.J.
60. Perović B (1977) Optimierung von hydrostatischen Führungen nach Steifigkeit und thermischem Verhalten. Dr.-Ing. Diss., TU Berlin
61. Schmierungstechnik. Druckschrift Pr. 0111 V 00086. Berlin: Willy Vogel A.G. 1986
62. Gleitlager-Katalog. Druckschrift Nr. 400. Göttingen: Fa. Sartorius G.m.b.H. o.J.
63. GMH-Gleitlagerkatalog. Druckschrift. Herzberg am Harz: Fa. Gleitlagerfabrik und Metallgießerei Herzberg G.m.b.H. o.J.
64. Stellbare Führungsleisten, Baureihe AFS und BFS. Druckschrift Ausgabe 7709. Esslingen-Zell: Fa. Spieth- Maschinenelemente G.m.b.H. o.J.
65. SKF-Wälzlager in Werkzeugmaschinen. Druckschrift Nr. 2580 T. Schweinfurt: SKF Kugellagerfabriken G.m.b.H. 1967
66. FAG-Spindellager für Werkzeugmaschinen. Druckschrift, Publ. Nr. 41114. Schweinfurt: Fa. FAG Kugelfischer Georg Schäfer & Co. o.J.
67. Kunkel H (1966) Untersuchungen über das statische und dynamische Verhalten verschiedener Spindel-Lager-Systeme. Dr.-Ing. Diss., TH Aachen
68. Honrath K (1960) Über die Starrheit von Werkzeugmaschinenspindeln und deren Lagerung. Dr.-Ing. Diss., TH Aachen
69. Opitz H Berechnungen von Maschinenelementen und Gestellbauteilen mit Digitalrechnern. Bericht über die V.D.W.-Konstrukteur-Arbeitstagung am 24. und 25. Januar 1969 in Aachen
70. Loewenfeld K Die Dämpfung bei Werkzeugmaschinen. Der Maschinenmarkt 63 (1957) H. 10
71. Werkstoffgerechtes Gestalten von Grauguß. Druckschrift D 420-6312. Gerlafingen Fa. Von Roll A.G. o.J.
72. Tanner H Anwendung von Polymerbeton im Maschinenbau. Vierter internationaler Kongreß ICPIC, 19. bis 21. September 1984
73. Schulz H Statisches und dynamisches Verhalten von Werkzeugmaschinen-Gestellen aus Kunstharzbeton. Vierter internationaler Kongreß ICPIC, 19. bis 21. September 1984
74. Bayer H G, Küppers K Flexible Transferstraße zum Bearbeiten von Spurstangenhebeln. Werkstatt und Betrieb 121 (1988) 637−639
75. Flores G Honen von Kurbelgehäusen aus übereutektischem Aluminium. Werkstatt und Betrieb 121 (1988) 848−851
76. Die spanende Bearbeitung von Aluminiumlegierungen. Druckschrift Nr. 1208 P6. Schwarzenbek bei Hamburg: Fa. Wilhelm Fette G.m.b.H. 1988

Sachverzeichnis

G. Kirschling

Qualitätssicherung und Toleranzen

Toleranz- und Prozeßanalyse für Entwicklungs- und Fertigungsingenieure

1988. X, 326 S. 278 Abb. Brosch. DM 148,–
ISBN 3-540-18482-1

Technische Produkte können nicht genau auf Sollmaß gefertigt werden. Systematische und zufallsbeingte Abweichungen vom Sollmaß sind unvermeidlich, die Vorgabe von Toleranzen notwendig.

Das Buch liefert hierzu eine umfassende Darstellung der Toleranzproblematik und ihrer Bewältigung durch statistische Verfahren. Besonders anschaulich und transparent geschieht dies durch die bildliche Darstellung rechnerischer Lösungen einer großen Zahl praxisrelevanter Beispiele.

Das Buch wendet sich in erster Linie an Mitarbeiter in Entwicklung und Konstruktion einerseits und in der Fertigung und Qualitätssicherung andererseits, hauptsächlich im Bereich des Maschinenbaus und angrenzender Fachgebiete.

W. Plinke

Industrielle Kostenrechnung für Ingenieure

1989. XIII, 251 S. 83 Abb. Brosch. DM 39,–
ISBN 3-540-50333-1

Industrielle Kostenrechnung für Ingenieure bietet sowohl für den Ingenieurstudenten als auch für den im Beruf stehenden Ingenieur eine sichere Einführung in die Grundlagen und in die modernen Verfahren der industriellen Kostenrechnung. Didaktisch geschickt wird der Ingenieur mit den Elementen der Kostenrechnung, der Vollkosten und Deckungsbeitragsrechnung und der Ist- und Plankostenrechnung vertraut gemacht. Für die Vorbereitung auf die Praxis des Ingenieurs sind die spezifischen Verfahren der Auftragskalkulation im industriellen Produkt- und Anlagengeschäft von besonderem Interesse. Das Buch hebt sich von anderen Lehrtexten vor allem durch eine klare Systematik der Verfahren der industriellen Kostenrechnung sowie durch eine an der Zielgruppe der Ingenieure orientierte Darstellung ab.

Springer-Verlag Berlin
Heidelberg New York London
Paris Tokyo Hong Kong

H.-J. Warnecke, W. Dutschke (Hrsg.)

Fertigungsmeßtechnik

Handbuch für Industrie und Wissenschaft

Redaktion: H.-P. Grode

1984. XXIX, 812 S. 972 Abb. 144 Tab.
Geb. DM 400,– ISBN 3-540-11784-9

Dieses Handbuch faßt erstmals das gesamte Wissen über das Messen und Prüfen in der industriellen Fertigung zusammen. Es behandelt vorzugsweise Geräte und Verfahren für den Einsatz in der Industrie, in Forschungsinstituten und in Hochschulen. Das Buch beginnt mit Grundlagen, insbesondere mit denen der geometrischen Meßtechnik, mit Maßen, Toleranzen und Fassungen einschließlich der für Form und Lage, Oberfläche, Winkel, Kegel, Gewinde und Verzahnung. Innerhalb der Prüfverfahren und Prüfmittel für Werkstatt und Meßraum nehmen neue Technologien wie der Einsatz inkrementaler Meßsysteme, die Koordinaten- und Lasermeßtechnik, die rechnerunterstützten Prüfautomaten sowie die Bildverarbeitungssysteme zur automatisierten Sichtprüfung breiten Raum ein.

Springer-Verlag Berlin
Heidelberg New York London
Paris Tokyo Hong Kong